冷轧板形控制理论与应用

王鹏飞　李旭　著

北京
冶金工业出版社
2022

内 容 提 要

本书全面、系统介绍冷轧带材板形控制过程的工艺模型、控制模型及工业实践经验。全书分为8章，具体为冷轧板形控制概况、冷轧板形检测技术、冷轧板形的解析模型及三维有限元仿真、冷轧板形预设定控制、冷轧板形自动控制系统、冷轧板形控制过程的工艺模型、冷轧带钢的边部减薄控制，以及典型的冷轧板形控制工程实践。

本书是一本介绍冷轧板形控制理论与应用技术方面的专著，可供从事冶金自动化工作的工程技术人员、高等院校冶金机械及冶金自动化专业的师生阅读，对从事相关专业的工程技术人员也有一定的参考价值。

图书在版编目(CIP)数据

冷轧板形控制理论与应用/王鹏飞，李旭著.—北京：冶金工业出版社，2022.8

ISBN 978-7-5024-9231-1

Ⅰ.①冷… Ⅱ.①王… ②李… Ⅲ.①冷轧—板形控制 Ⅳ.①TG335.12

中国版本图书馆CIP数据核字(2022)第143972号

冷轧板形控制理论与应用

出版发行 冶金工业出版社　　电　话 (010)64027926
地　址 北京市东城区嵩祝院北巷39号　　邮　编 100009
址 www.mip1953.com　　电子信箱 service@mip1953.com

编辑 卢 敏 张佳丽 美术编辑 彭子赫 版式设计 郑小利
交对 石 静 责任印制 禹 蕊
双峰印刷装订有限公司印刷
月第1版，2022年8月第1次印刷
00mm 1/16；26.75印张；521千字；415页
元

010)64027932 投稿信箱 tougao@cnmip.com.cn
(010)64044283
天猫旗舰店 yjgycbs.tmall.com
量问题，本社营销中心负责退换）

前　言

由于冷轧过程固有的工艺特点及金属塑性变形的物理特性，带材在轧制过程中容易产生不均匀的残余应力分布，从而出现瓢曲、浪形及鼓包等板形缺陷。板形是冷轧带材最重要的质量指标之一，其相关技术一直是冷轧领域技术研究的难点和热点。随着国民经济的快速发展，汽车、家用电器、电子和航空航天等行业对冷轧带材产生了巨大的需求，同时也对其板形质量提出了更高的要求。如何进一步提高冷轧带材的板形控制精度，是从事冷轧领域技术研究人员需要面对的重要课题。

为了满足国内冷轧板带生产的技术需求，为广大工程技术人员提供相关参考资料，作者将多年来在冷轧板形控制方面的理论研究成果与工程应用实践进行总结和凝练，形成本书。

本书内容聚焦冷轧行业的关键技术问题，结合数据处理技术及人工智能等学科前沿知识，融合轧制机理及优化控制理论，旨在服务于提升薄带材冷轧生产的技术水平和产品质量，推动轧制行业从工艺技术到产品质量获得全面提升，促进钢铁行业向绿色低碳方向发展。

本书开篇介绍了冷轧板形的基本概念及影响因素，然后着重讲述冷轧板形检测技术；冷轧板形的解析模型及有限元仿真方法；冷轧板形的预设定控制；冷轧板形自动控制系统的建模方法与算法设计；冷轧板形调控功效、中间辊横移控制、调节机构的动态替代控制及工作辊分段冷却控制等过程工艺及控制模型。作为冷轧板形控制技术的范畴之一，本书对边部减薄控制模型及控制系统也做了重点讲述。最后作者以参与开发设计的多条冷轧生产机组为例，介绍了板形控制系的开发及优化实践工作。

本书共分8章，其中第2章、第5章、第6章及第7章由燕山大学王鹏飞编写，第1章、第3章、第4章、第8章由东北大学李旭编写。书中的部分仿真算例及理论验证工作由华北电力大学王青龙老师完成，燕山大学陈树宗老师及东北大学秦皇岛分校张欣老师为本书中的部分模型及算法设计提供了宝贵资料，对此作者深表感谢。

本书的编写过程中，东北大学轧制技术及连轧自动化国家重点实验室张殿华教授在基础理论和学术思想方面均给予了深入指导，在此特别感谢。

感谢闫朝鹏、邓金坤、唐照楠、李剑南等研究生对本书文稿图表编辑提供的帮助。

感谢河钢股份唐山分公司李文田厂长、么玉林高工；冠洲集团张昭董事长、宋章峰副总经理、姬支敬部长、高磊部长、梁锦堂部长；九江线材薄板厂李首辰副总经理、王得位部长、王玉部长、邱天庆部长等在现场调试过程中给予的支持和帮助。

另外，本书编写过程中还得到了许多其他专家学者的帮助和支持，在此一并感谢。希望本书对促进我国冷轧工业技术的发展能有一些微薄的贡献。书中必然有一些内容值得商榷，请读者给予批评指正。

作 者

2022年5月

目　　录

1 冷轧板形控制概况

1.1 冷轧板形分类

由于轧制过程固有的工艺特点及金属塑性变形自身的物理特性，带材在轧制过程中容易沿长度及宽度方向上发生不均匀的塑性变形，产生翘曲、断面形貌不良等板形缺陷问题。板形概念的内涵很广泛，具体包括平直度、板凸度以及边部减薄三个方面。一般而言，凸度、边部减薄是带钢横截面形状的主要指标，反映带材沿宽度方向的厚度差，而平直度反映的是带钢沿长度方向的延伸变形差。这三个方面的指标相互影响，共同决定了带材的板形质量，是板形控制中必须兼顾的技术指标。

1.1.1 平直度

平直度也称为平坦度，是表征冷轧带材轧后翘曲程度的指标，也是冷轧带材最常见的板形缺陷。在带材的冷轧过程中，辊缝的宽度要比辊缝的长度大得多，在辊缝中带材质点沿宽度方向的流动要比沿轧制方向的流动困难得多，因此可以认为带材质点只沿轧机出口和入口两个方向流动，这就是带材在冷轧过程中可以近似认为没有宽展，只有沿轧制方向延伸的原因。根据金属体积不可压缩的原理，压下量较大的纤维条，其在轧制方向上的延伸也较大。由于轧件是一个连续体，各纤维条不同的延伸必然引起纤维条相互间的牵制效应，延伸较长的纤维条受到压应力，延伸较短的受拉应力，形成内应力场。当压应力达到某一临界值时，受压应力作用的地方便发生屈曲失稳，产生翘曲等板形缺陷。

设带钢宽度方向上各点的纵向延伸率为 $\lambda(x)$，根据胡克定律有：

$$\Delta\sigma(x) = -E \times \lambda(x) \tag{1.1}$$

式中 $\Delta\sigma(x)$——带材各纤维条延伸不均产生的张应力偏差，MPa；

x——带材宽度方向上的坐标；

E——杨氏模量，MPa。

根据塑性力学的研究结果带材发生翘曲的力学条件可以表示为：

$$\sigma_{cr} = k_{cr}\frac{\pi^2 E_p}{12(1+\nu_p)}\left(\frac{h}{B}\right)^2 \tag{1.2}$$

式中　σ_{cr}——带材宽度方向上的坐标；

k_{cr}——带材发生翘曲临界应力系数；

B，h——带材的宽度及厚度，mm；

ν_p——泊松比；

E_P——带材的杨氏模量，MPa。

当某点应力偏差 $\Delta\sigma(x)$ 达到某一临界值 σ_{cr}时，便发生屈曲失稳。当应力偏差没有达到引起带钢翘曲的程度时，带材的浪形并没有显现出来，此时称为潜在板形缺陷。但内应力的存在是客观事实，一旦带材内部相互牵制的约束条件不存在时，带材会以另一种形式发生变形并从表观上直接反映出来，此时则称为表观板形缺陷。例如将一段中间受压应力的带材沿长度方向分切成以中心线为对称的若干条，此时纤维条之间的约束解除，中间的纤维条达到自由的伸长，同样两边的纤维条也这样，但其距中心线近的一侧要比离中心线远的一侧长些。同样道理，如果将一段中间受拉应力的带材沿长度方向分切成以中心线为对称的若干条，那么发生的情况将与前者相反。

1.1.1.1　平直度缺陷的主要分类

带材的平直度缺陷以其翘曲形式可以划分为对称性平直度缺陷、非对称性的平直度缺陷以及局部高点。对称性平直度缺陷主要有双边浪形、双侧肋浪、中部浪形及边中复合浪形等类型。非对称性板形缺陷主要有单边浪形、单侧肋浪等类型。局部高点主要由轧辊的局部热膨胀和磨损引起，轧后带材板面呈现局部翘曲。图 1.1 所示为平直度缺陷的主要类型。

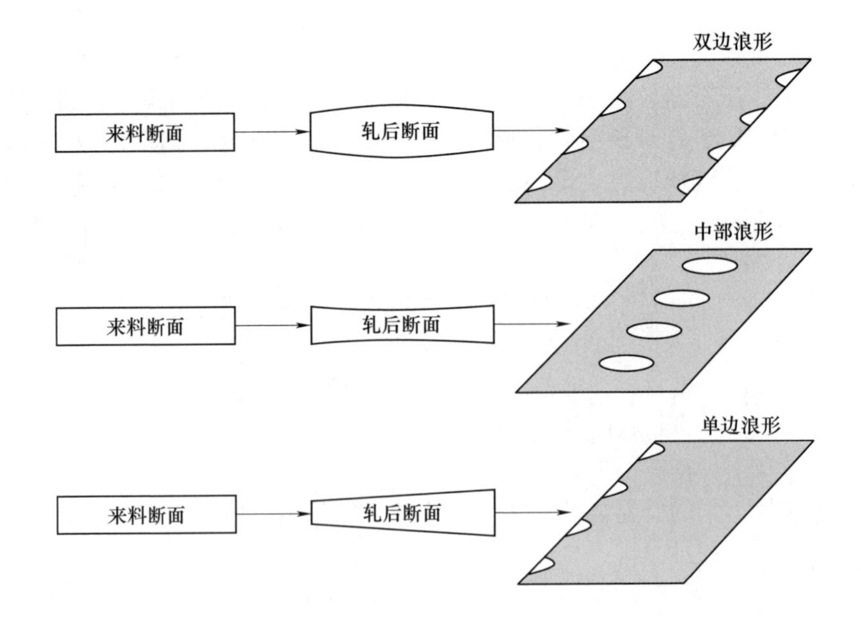

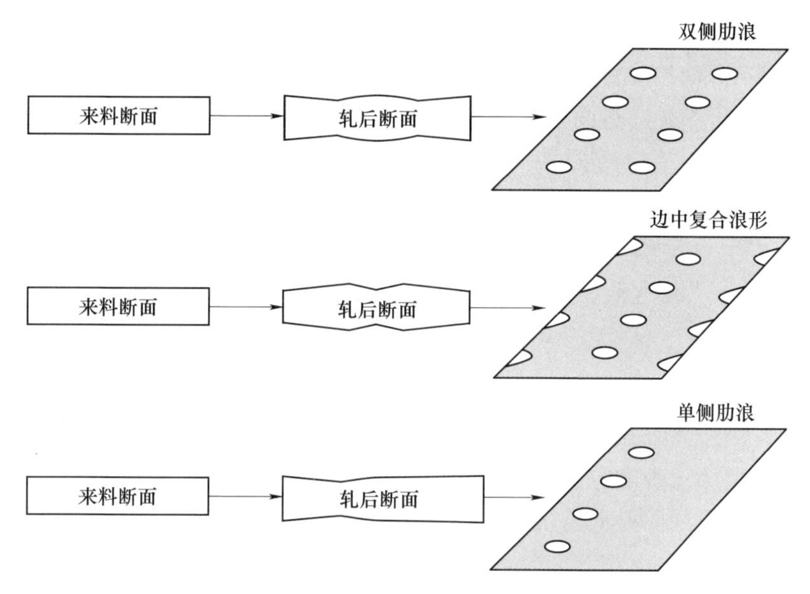

图 1.1 平直度缺陷的主要类型

1.1.1.2 平直度的定量表征

定量地表示板形，既是生产中衡量板形质量的需要，也是研究板形问题和实现板形自动控制的前提条件。如图 1.2 所示为轧后出现板形缺陷的带钢，将该带钢切成若干纵条并平铺，可以清楚地看出横向各纵条有不同的延伸。

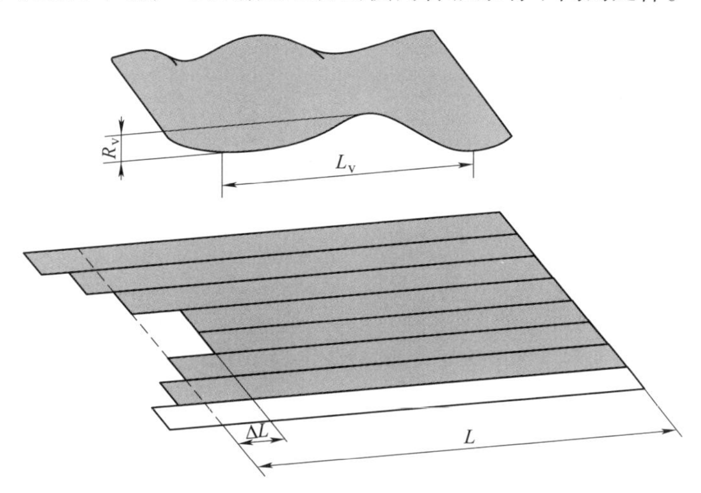

图 1.2 带钢各纵条的相对延伸差

因此一般使用带钢长度方向上各纵条的伸长率来表征板形，即：

$$\lambda = \frac{\Delta L}{L} \tag{1.3}$$

式中　λ——带钢长度方向上纵条的伸长率,%;

ΔL——带钢长度方向上纵条长度与基准长度之间的差值，m;

L——带钢基准长度，一般取各纵条长度的平均值，m。

由式（1.3）计算的伸长率是一个很小的数值。为了直观地表征板形缺陷，在实际生产中常采用 IU(I-Unit) 单位来表示板形。以 IU 单位表征的板形值 λ(IU) 与伸长率的关系为:

$$\lambda(\mathrm{IU}) = \frac{\Delta L}{L} \times 10^5 \tag{1.4}$$

另外，由于离线在检查台上测量带钢的相对长度来求出伸长率很不方便，人们还采用了更为直观的方法，即以翘曲度（急峻度）来表示板形。图 1.3 所示为带材翘曲度概念的两种典型情况。

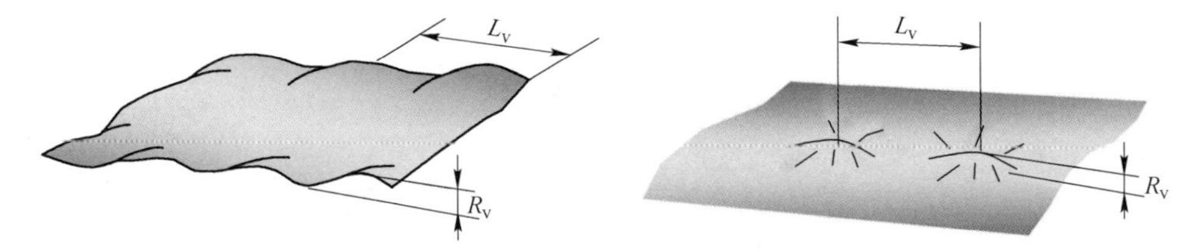

图 1.3　带材翘曲度(急峻度)的两种典型情况

如图 1.3 所示，将带钢切取一段置于平台上，测量波长 L_v 和波幅 R_v，翘曲度 δ 可由式（1.5）表示。

$$\delta = \frac{R_v}{L_v} \times 100\% \tag{1.5}$$

式中　δ——带钢翘曲度,%;

L_v——带钢翘曲部分的波长，m;

R_v——带钢翘曲部分的波幅，m。

设图 1.3 中与波长 L_v 相对应的曲线部分长为 $L_v+\Delta L_v$，并认为该曲线按正弦规律变化，如图 1.4 所示。

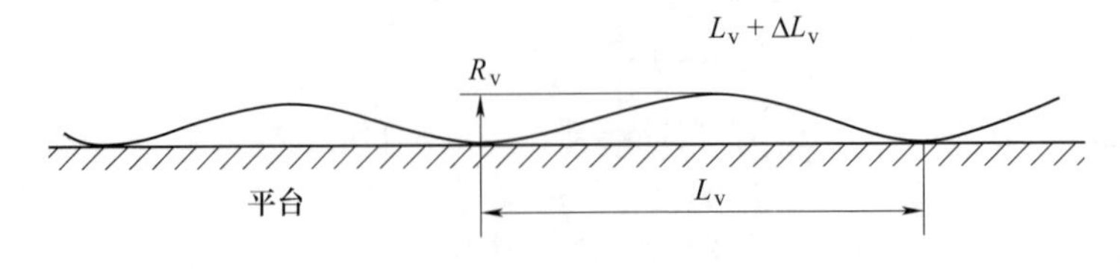

图 1.4　近似正弦波曲线

利用线积分原理可求出曲线部分与波长的相对长度差，即：

$$L_v + \Delta L_v \approx L_v\left[1 + \left(\frac{\pi R_v}{2L_v}\right)^2\right] \tag{1.6}$$

则伸长率 $\lambda(\mathrm{IU})$ 与翘曲度之间的转化关系为：

$$\lambda(\mathrm{IU}) = \frac{\Delta L_v}{L_v} \times 10^5 = \left(\frac{\pi R_v}{2L_v}\right)^2 \times 10^5 = \frac{\pi^2}{4}\delta^2 \times 10^5 \tag{1.7}$$

由于上式只考虑了纵条延伸状态下的长度差，因此上式转换的板形 IU 值始终是正值。因此，在转换时还需要对上式进行修正。各个纵条上 IU 单位表示的板形值 $\lambda(i)$ 转换方法为：

$$\begin{cases} \lambda(i) = \dfrac{\Delta L_v(i)}{L_v} \times 10^5 = \dfrac{\pi^2}{4}\delta(i)^2 \times 10^5 - M \\ M = \dfrac{1}{n}\sum\limits_{i=1}^{n}\left(\dfrac{\pi^2}{4}\delta(i)^2 \times 10^5\right) \end{cases} \tag{1.8}$$

式中 i——带材宽度方向上各纵条序号；

n——带材宽度方向上划分的纵条数目。

式（1.8）表明了带钢波形可以作为伸长率的另一种表示方法。离线在检查台上，只要测出带钢波形，就可以换算出伸长率。由于实物板形测量和转换采用近似方法，并且在测量过程中无法避免误差的产生，因此，采用伸长率和翘曲度之间的关系来进行相互验证并不能做到完全统一。表 1.1 所示为一组来自某 1450mm 五机架冷连轧机组的生产过程数据。样本带钢规格为：宽度 1015mm，厚度 0.43mm，沿带钢宽度方向划分为 20 个测量段。表中的实测板形值为轧机出口处的板形仪实测数据，转换板形值则是将同卷带钢切取一段置于检查台上，通过测量带钢浪形的波长和波高再通过式（1.8）进行转换得到的以 IU 单位表示的伸长率，测量过程如图 1.5 所示。

表 1.1 伸长率实测值和转换值对比

序数	波高/mm	波长/mm	转换板形值/IU	实测板形值/IU
1	1.0	450	-13.6	-8.8
2	2.1	450	-9.4	-7.9
3	2.9	450	-4.6	-5.3
4	3.3	450	-1.5	-1.8
5	3.5	450	0.1	0.2
6	3.7	450	1.9	1.6
7	3.9	450	3.7	2.2

续表 1.1

序数	波高/mm	波长/mm	转换板形值/IU	实测板形值/IU
8	4.5	450	9.9	2.7
9	4.8	450	13.3	2.4
10	4.6	450	11.0	2.6
11	4.5	450	9.9	3.1
12	4.3	450	7.7	3.1
13	4.1	450	5.7	3.2
14	4.0	450	4.7	3.1
15	3.6	450	1.0	2.8
16	3.3	450	-1.5	1.4
17	2.8	450	-5.2	-0.2
18	1.9	450	-10.4	-1.8
19	1.7	450	-11.3	-3.0
20	1.7	450	-11.3	0.5

图 1.5　样本带钢翘曲度测量现场

1.1.2　板凸度

板凸度又称横向断面厚度差，是表征带材板形质量的另外一个重要技术指标，常通过沿带材横向宽度方向等距离分布的厚度值来描述。通常板带在轧制后除其边部外，板带断面形状基本具有二次曲线特征，即轧制中心处的厚度大，越往边部其厚度越小。严格来说，板凸度是指图 1.6 中心区部分的带材，即中心板凸度，而凸度又有绝对板凸度和比例凸度两种概念。板凸度为板带中心处厚度与边部厚度之差，边部厚度是以接近边部但又不在边部减薄区的一个靠近边部的代表点处厚度来表示。

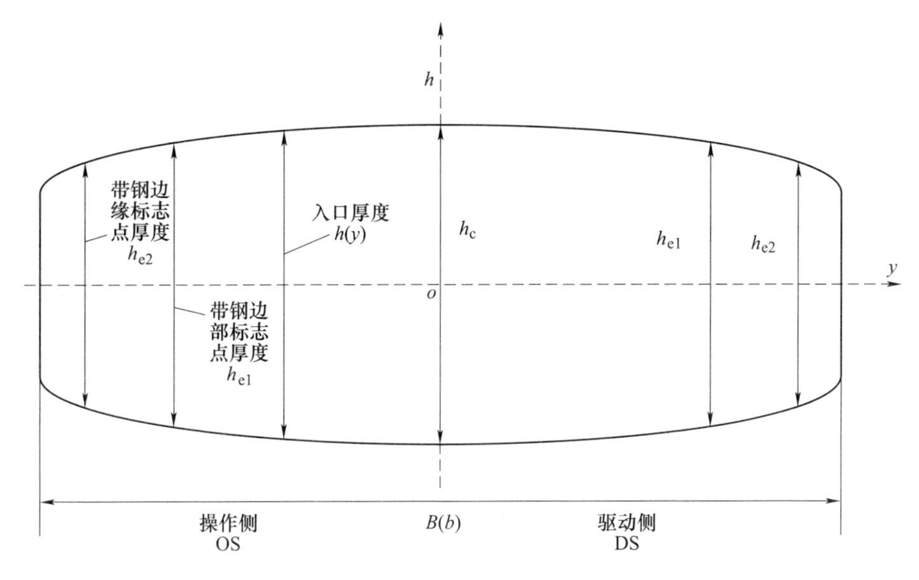

图1.6 带钢宽度方向厚度分布

绝对板凸度是指带材中点厚度与两侧边部代表点处平均厚度之差，如式（1.9）所示：

$$C_h = h_c - \frac{h_{e1} + h_{e2}}{2} \tag{1.9}$$

式中 h_c——轧后板带中心厚度，mm；

h_{e1}，h_{e2}——分别为轧后带钢边部左右代表点处厚度，mm。

板凸度及平直度均与带材厚度有密切的关系，为了将这个因素考虑进去，引入了比例凸度的概念。在实际轧制过程中，为保持板形平直度，可以对绝对凸度进行调整，但比例凸度应保持不变，其值可以用百分比表示，即：

$$C_p = \frac{C_h}{\bar{h}} \times 100\% \tag{1.10}$$

式中 $\bar{h}$——轧后带钢的平均厚度，mm。

1.1.2.1 板凸度与平直度的关系

作为板形横向典型指标的板凸度和纵向典型指标的平直度之间的关系相互制约、相互影响，不可分割。依据带钢平直条件，平直度的控制最终还是要归结到板凸度的控制上，亦即要归结到轧机辊缝形状的控制上。如何控制好板凸度是解决板形控制问题的关键。

在原料板形良好的条件下，在冷轧过程中如果要求严格保证良好的板形，轧制过程中板凸度的绝对值不断减小，但比例凸度应始终保持不变。而热轧则有所不同，有时在板形允许的范围内改变比例凸度以满足产品在凸度方面的要求。这就要求搞清楚板凸度变化和板形变化的对应关系，以便进行板凸度控制。

首先考虑冷轧时板形变化和板凸度变化之间比较严格的关系，根据带钢轧前与轧后的尺寸和比例凸度的定义可得：

$$\begin{cases} C_{p1} = \dfrac{C_h}{\bar{h}} = \dfrac{h_c - h_e}{\bar{h}} \\ C_{p2} = \dfrac{C_h}{\bar{H}} = \dfrac{H_c - H_e}{\bar{H}} \end{cases} \tag{1.11}$$

式中　C_{p1}——轧前带钢比例凸度；

C_{p2}——轧后带钢比例凸度；

h_c——轧后带钢中心厚度，mm；

h_e——轧后带钢边部代表点处厚度，mm；

$\bar{h}$——轧后带钢的平均厚度，mm；

$\bar{H}$——轧前带钢平均厚度，mm；

H_c——轧前带钢中心厚度，mm；

H_e——轧前带钢边部代表点处厚度，mm。

分别用 h_e、H_e 代替上面式中的 $\bar{h}$、$\bar{H}$，并代入式（1.11）中，则有：

$$\Delta C_p = \frac{h_c - h_e}{h_e} - \frac{H_c - H_e}{H_e} = \frac{h_c}{h_e} - \frac{H_c}{H_e} \tag{1.12}$$

根据金属体积不可压缩原理可得：

$$\frac{h_c}{h_e} = \frac{l_e}{l_c}, \ \frac{H_c}{H_e} = \frac{L_e}{L_c} \tag{1.13}$$

式中　L_c——轧前带钢中部长度；

L_e——轧前带钢边部长度；

l_c——轧后带钢中部长度；

l_e——轧后带钢边部长度。

轧前带钢中部和边部长度相等，即 $L_e = L_c$，所以

$$\Delta C_p = \frac{l_e}{l_c} - 1 = \frac{\Delta l}{l_e} \tag{1.14}$$

结合前面关于翘曲度与伸长率的关系，可知翘曲度 δ 和比例凸度变化 ΔC_p 之间有下述关系：

$$\Delta C_p = \frac{\Delta l}{l_e} = \frac{\pi^2}{4}\delta^2 \tag{1.15}$$

即：

$$\omega = \frac{2}{\pi}\sqrt{|\Delta C_p|} \tag{1.16}$$

1.1.2.2 板凸度与良好板形的关系

带钢内的残余应力可能在生产过程的每个阶段产生，例如轧制、卷取和退火过程。在轧制过程中，带钢受到机架间张力和不均匀变形引起的残余应力的影响。如果整体张力足够大以保持带材平直，那么板形缺陷在生产线上是不可见的。当张力释放后，板形缺陷才会显现。一般来说，板形缺陷最常见的类型有边浪、中浪、M 型复合浪和 W 型复合浪等，如图 1.7 所示。

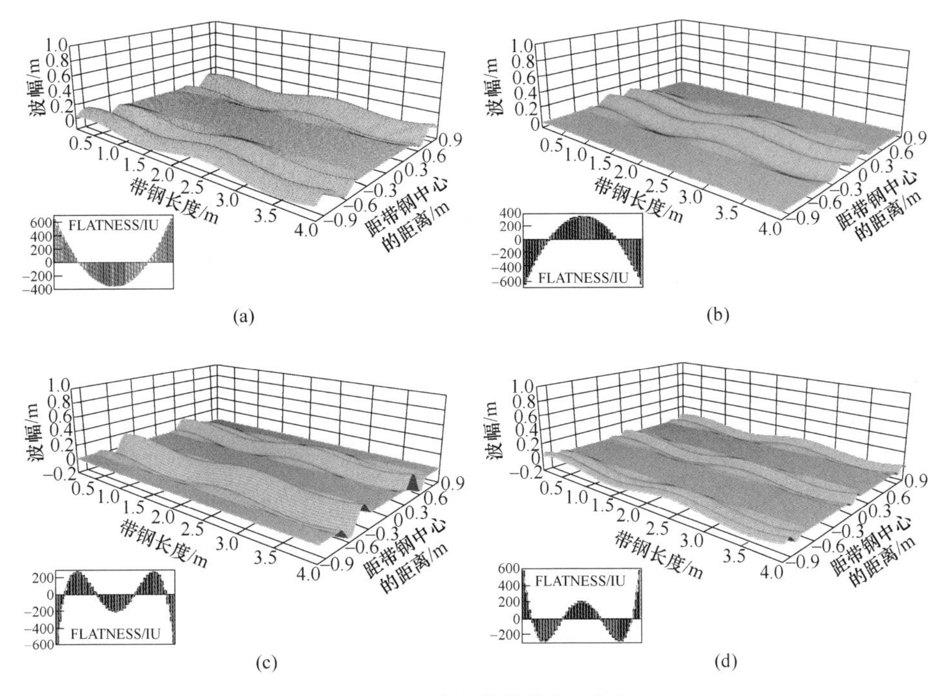

图 1.7 板形缺陷种类的示意图

（a）边浪；（b）中间浪；（c）M 型浪；（d）W 型复合浪

为获得良好板形，要求带钢沿其横向有均匀延伸，即保证来料带钢的横断面形状与承载辊缝的形状相匹配，从而使带钢横向上的纵向延伸均匀，带钢的轧前与轧后断面各处尺寸比例恒定。由此，有式（1.17）关系成立。

$$\frac{H_c}{h_c} = \frac{H_e}{h_e} \Rightarrow \frac{h_c - h_e}{h_e} = \frac{H_c - H_e}{H_e} \Rightarrow \frac{C_h}{h} = \frac{C_H}{H} \tag{1.17}$$

因此，良好板形使比例凸度差值为零，即：

$$\Delta C_{pi} = C_{p2} - C_{p1} \tag{1.18}$$

当然并不是当 ΔC_{pi} 不等于 0 时，就一定出现板形缺陷。由于轧件横向流动的影响，即使材料断面形状与承载辊缝不相匹配，也有可能不会导致轧后出现板形缺陷。因此，在实际轧制时可以根据产品凸度方面的要求进行轧件凸度的修正，允许有一定程度的比例凸度变化。

图 1.8 反映轧机各道次“板形良好区”，上部曲线是产生边浪的临界线，当 ΔC_{pi} 处于曲线的上部时产生边浪，下部曲线为产生中浪的临界线。此曲线限制了每个道次能对相对凸度改变的量，超过此量将产生翘曲，破坏了平直度。

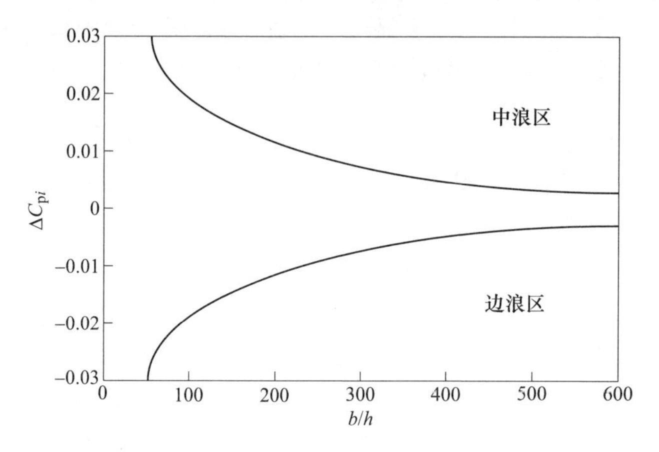

图 1.8　ΔC_{pi} 允许变化范围

随着轧件宽厚比的增大，要想不出现浪形，轧件的比例凸度的可改变量越小，板形良好区域越窄。而对于宽厚比较大的轧件，金属的横向流动的可能性较大，因而允许的比例凸度变化就相应地要大。

1.1.3　边部减薄

1.1.3.1　边部减薄控制研究状况

在轧制过程当中距离带钢边部某一固定尺寸范围内，带钢厚度方向上的减少量称为边部减薄，又称为边降、塌边或边缘降。边部减薄是板带轧制过程中辊系的弹性变形和轧件的三维变形共同作用的结果。为了减少轧后带钢的切边量，提高产品的成材率，许多科研人员对边部减薄进行了深入的研究。

在边部减薄控制设备技术研究方面，一系列用于边部减薄控制的特有技术不断被开发出来，如 T-WRS(Taper Work Roll Shift) 控制技术、EDC 边部减薄控制技术等。在边降控制工艺模型研究方面，浦项制铁公司采用轧辊分割模型，通过辊系变形计算获得带钢冷轧过程中的板形及边部减薄量，根据数值解析的结果建立起描述边部减薄的控制模型。日本 Furukawa 公司采用刚塑性有限元及辊系弹性变形模型对铝带轧制过程进行了三维数值分析，获得了与实验相符合的带钢凸度、边部减薄及金属横向流动结果。三菱重工通过数值解析与实验研究分析了PC轧机控制带钢边部减薄的工作特性及轧制负荷、摩擦系数、带钢厚度、辊径等因素对金属横向变形的影响。东京大学相关学者采用影响函数法及弹性有限元法计算轧辊变形，用刚塑性有限元法计算带钢的三维变形，得到了带钢轧制过程金属变形规律的特点。国内诸多学者也分别采用边界元法、刚塑性有限元及实验研究，探讨了带钢边部的金属流动规律及控制原理。

除了边部减薄设备及工艺方面的研究，边部减薄在线自动控制控制技术也不断获得深入发展。边部减薄自动系统，最早可追溯到1993年日本八幡和水岛冷轧厂五连轧六辊UCMW机组边部减薄自动控制系统。该系统通过采用在轧机入口侧安装边降仪的方式，实时检测带钢的厚度，根据不同规格的带材实现前馈控制；通过在第四机架的出口处安装边降仪，在轧制过程中，实时检测带材边部减薄程度，配合安装在第一机架工作辊的横移机构实现边部减薄反馈闭环控制。

国内钢厂首先通过引进先进的边部减薄控制技术，包括Kawasaki Steel Corporation基于T-WRS控制技术的自动控制系统，以此建立的生产线包括宝钢1550mm UCMW冷连轧生产线、武钢1420mm UCMW冷连轧生产线，后通过对引进技术的消化吸收，并针对现场状况也做了一定优化和改进。

1.1.3.2　边部减薄的表征方法

为了更精确地描述带钢断面，分析各种因素对带钢横截面各区域形状的影响，通常将带钢横截面分为中心区、边部减薄区和骤减区，如图1.9所示。

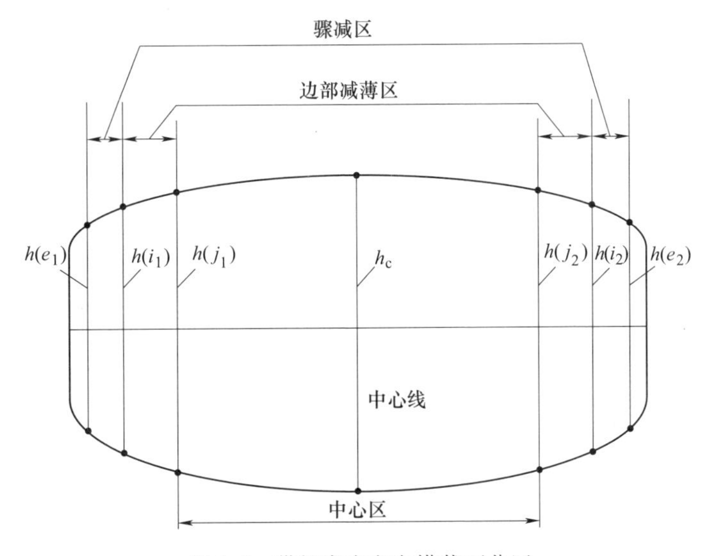

图1.9　带钢宽度方向横截面分区

图1.9中$h(i_1)$为传动侧骤减区域的最大带材厚度（mm），$h(i_2)$为操作侧骤

减区域的最大带材厚度（mm），$h(j_1)$ 为传动侧边部减薄区域的最大带材厚度（mm），$h(j_2)$ 为操作侧边部减薄区域的最大带材厚度（mm），$h(e_1)$ 为传动侧在距离带钢边缘 e 处测得的轧件厚度（mm），$h(e_2)$ 为操作侧在距离带钢边缘 e 处测得的轧件厚度（mm），h_c 为中心厚度，指将轧件分为相等两部分的中心线处的轧件厚度。

边部减薄一般由带钢边部横截面上两个点之间的厚度差来表示，主要分为传动侧（DS）边部减薄与操作侧（OS）边部减薄。传动侧边部减薄定义可通过公式（1.19）定义：

$$h(e_1) = h(j_1) - h(i_1) \tag{1.19}$$

操作侧边部减薄定义可通过公式（1.20）定义：

$$h(e_2) = h(j_2) - h(i_2) \tag{1.20}$$

1.2　影响冷轧板形的主要因素

有载辊缝的形貌必须与带钢断面形貌保持匹配，才能保证板形质量。影响有载辊缝形貌的因素很多，主要可归纳为轧制张力、轧制力波动、轧辊凸度变化、轧辊的弹性压扁等，带钢断面形貌则主要由来料厚度分布情况表征。

1.2.1　张力

在轧制生产中，施加张力是调整板形、保证轧制过程顺利进行的重要手段。冷轧生产最重要的特点就是大张力轧制，变形区内金属受到轧制力、张力和摩擦力的作用而产生塑性变形，金属变形反过来对单位轧制力和张应力的分布又产生影响，因而形成了十分复杂的变形机制，决定了板形的优劣。轧制过程中前后张力之间存在着复杂的耦合关系，且都对板形产生影响。

20 世纪 70 年代末，意大利的 M. Borghesi 首次提出用改变后张力的方法改善板形。他们研究了各种输入张力对板形的影响，当输入张力的横向分布形式由均匀到抛物线变化时，输出的张应力分布由抛物线形变化到均匀分布，即板形由边浪到平直。

在冷轧过程中，张力的主要作用有防止板带跑偏、保证平直度、减小板带的变形抗力、减小电机负荷和适当调节板厚。张力轧制示意图如图 1.10 所示，其中 V_0 为板带与下工作辊接触的点速度，σ_1、σ_2 分别为板带出口侧和入口侧的张力。

张力对板形的影响体现在以下几个方面：

(1) 张力对凸度产生影响。由于张力的变化会使得轧件金属的纵向流动变化，从而影响轧件厚度方向的变形，对出口轧件凸度有很大影响，特别是后张力的影响更大，因而调整张力是控制板形的手段。

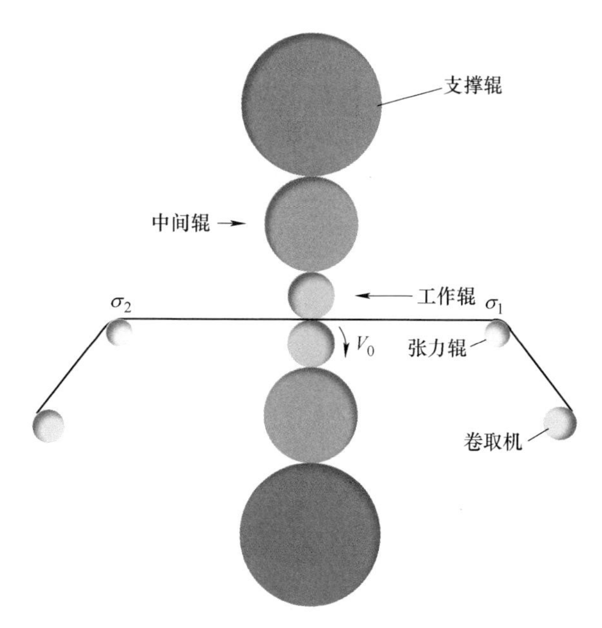

图 1.10 张力轧制示意图

(2) 张力对轧制压力产生影响。根据轧制理论，由于张力变化，特别是后张力变化，对轧制压力有很大影响，而轧制压力变化必然导致轧辊弹性变形发生变化，所以必然对板形产生影响。

以某 1250mm 冷轧机的轧制过程为例，根据表 1.2 带材参数和表 1.3 轧制工艺参数，分别固定后张力改变前张力，固定前张力改变后张力，得到轧制压力沿板宽的横向分布。图 1.11 分别为前张力、后张力对轧制压力横向分布的影响。

表 1.2 带材参数

板宽/mm	变形抗力/MPa	摩擦系数	入口厚度	出口厚度
1250	608.98	0.05	0.94	0.59

表 1.3 轧制工艺参数

前张力/kN	后张力/kN	倾辊量/mm	弯辊力/kN		中间辊横移量/mm
			工作辊	中间辊	
142.48	138.65	0	240.9	250.1	6.1

由图 1.11 可知，前张力、后张力的增大都可以降低轧制压力，并且不会改变轧制压力分布规律。因此，在轧制过程中适当增大张力可以使得带钢板形良好。两图对比，后张力对轧制压力的影响要大于前张力。

(3) 张力分布对金属流动产生影响。户泽等人的研究指出，辊缝中的金属流

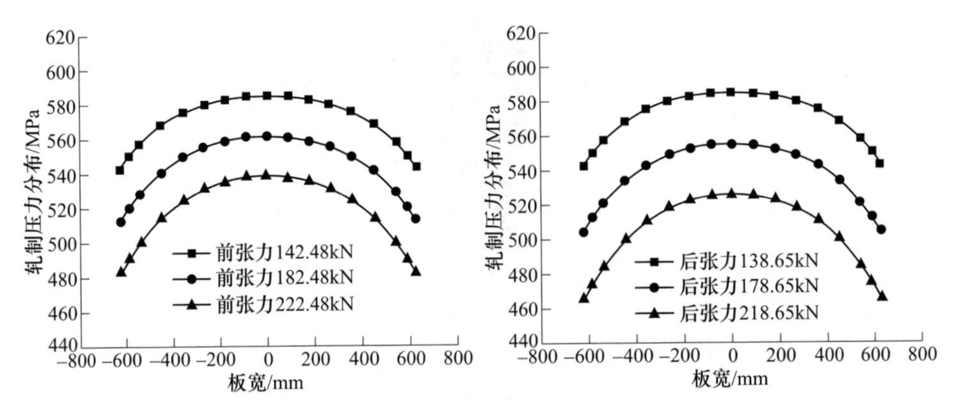

图 1.11　张力对轧制压力横向分布影响

动受所加外张力的影响较显著。还有学者研究了张力对大宽厚比铝箔板形的影响。这些研究结果表明当张力沿横向分布不均匀时，会使金属产生明显的横向流动，即使对于板材轧制这种宏观看来近似于平面变形的情况也是如此。在一定程度的变形下，横向流动的结果必然改变沿横向的延伸分布，因而必然改变金属板带的板形。

图 1.12（a）、(b）分别为前张力、后张力对横向位移沿板宽分布的影响规律。对比发现，单独增大前张力时，轧件横向位移减小，即加大前张力减小了金属横向流动，使横向厚度更加均匀，且对边部的影响大于对中部的影响。而单独增大后张力时，横向位移增大，说明后张力的增大使得金属横向流动的趋势加强。

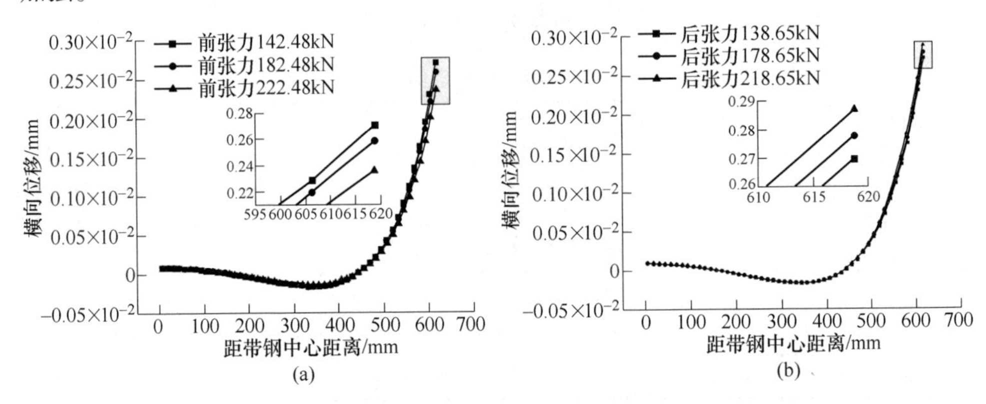

图 1.12　张力对横向位移的影响

1.2.2　轧制力波动

带钢在轧辊的压力作用下产生塑性变形，与此同时，轧辊也会发生挠曲变形。轧制力越大，轧辊挠曲变形的越严重，导致带钢边部的厚度与中心处的厚度差越大，带钢的正凸度越大。从板形控制的角度看，可以将轧制力的大小和板形之间的关系形象地描述如下：轧制力减小，相当于增加一个正弯辊力，板形有从边浪向中浪过渡的趋势，过渡的趋势取决于轧制力减小的幅度；反之，轧制力增大，板形有从中浪向边浪过渡的趋势。

轧制过程中，轧制力受到带钢的变形抗力、来料厚度、摩擦系数以及入口、出口张力分布等诸多因素的影响。这些因素的变化会引起轧制力的变化。同时由于轧辊热膨胀、轧辊磨损等无法准确预知因素的影响，为了保证轧后厚度精度，AGC（厚度自动控制）系统需要不断地调整辊缝，也会导致轧制力在很大的范围内发生变化。轧制力的变化会影响到轧辊的弹性变形，也就是影响轧辊的挠曲程度，从而影响到所轧带钢的板形。

在带材的冷连轧过程中，相比于其他影响因素，轧制力波动在加减速、动态变规格等非稳态轧制阶段更为活跃。在加减速阶段，轧制力和轧制速度等实时变化参数造成辊间、轧辊和带材之间的摩擦与润滑状态的改变，也会导致轧制力出现较大的波动。而在动态变规格期间，为了保证所轧带材可以由一种规格稳定过渡到另一种不同规格，厚度自动控制系统需要不断地调整辊缝，造成带头带尾的厚度波动、强度波动也会导致轧制力在很大的范围内波动。轧制力的波动，必然会引起轧辊弹性压扁变形及挠曲程度的变化，进而影响到辊缝的形貌，最终影响带材的板形。

图 1.13 给出了某 1720mm 冷连轧机在轧制原料钢种为 SPHC，宽度 1250mm，入口厚度 2.9mm，成品厚度 0.98mm 的带钢时，高速稳定轧制阶段 1~4 机架的实测轧制力分布，其中采样周期为 40ms，1~4 机架的稳定轧制速度分别为 395m/min、570m/min、801m/min 和 814m/min。从图 1.13 上可以看出，即使是在稳定的轧制阶段，轧制力的变化也是很大的，在整个轧制阶段，轧制力变化的最大值，1 机架为 386kN，2 机架为 469kN，3 机架为 584kN，4 机架为 199kN；每两个采样周期之间轧制力变化最大值，1 机架为 172kN，2 机架为 226kN，3 机架为 400kN，4 机架为 129kN。虽然为了保证末机架出口带钢的板形质量，4 机架采用了恒轧制力的轧制策略，但是轧制力的变化仍然很大。

图 1.14 给出了某 1700mm 五机架冷连轧机在轧制原料钢种为 DQ，宽度为 1250mm，入口厚度 0.89mm，出口厚度 0.78mm，轧制速度达到 800m/min 稳定轧制阶段时的实测轧制力分布，其中采样周期为 100ms。可以看出，轧制力在整个轧制阶段的变化最大值达到了 434kN，每两个采样周期之间的变化最大值为 170kN。由此可见，无论是在整个轧制阶段，还是每两个控制周期之间，轧制力的变化都很大。

轧制力的波动势必会引起轧辊弹性变形的变化，从而引起有载辊缝形状发生

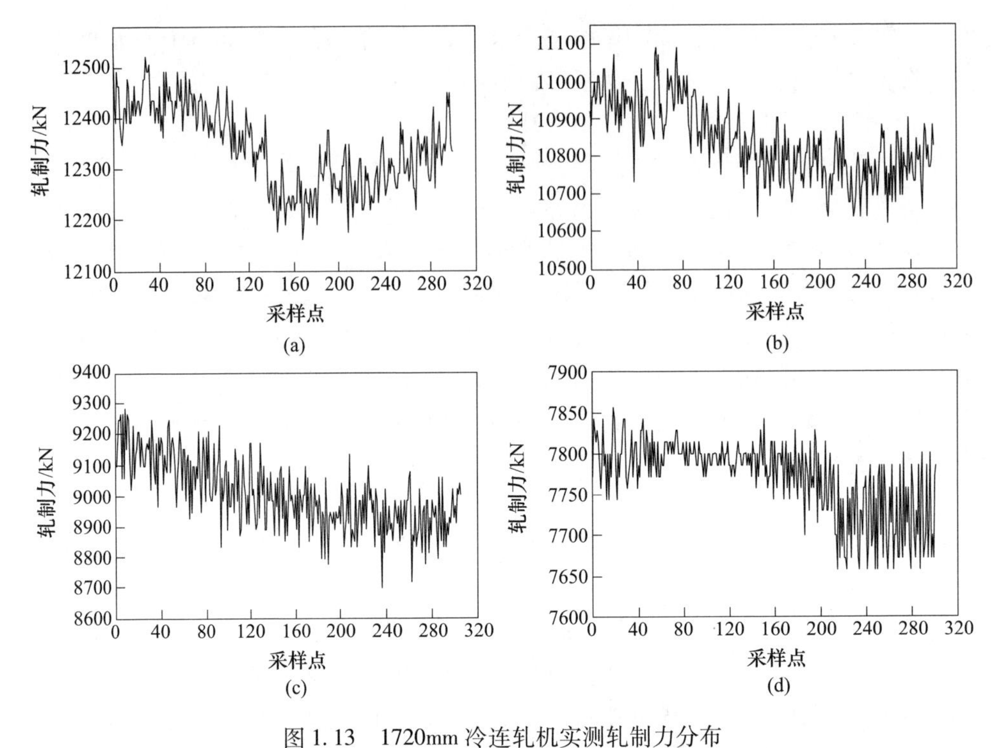

图 1.13　1720mm 冷连轧机实测轧制力分布

（a）第一机架采样点；（b）第二机架采样点；（c）第三机架采样点；（d）第四机架采样点

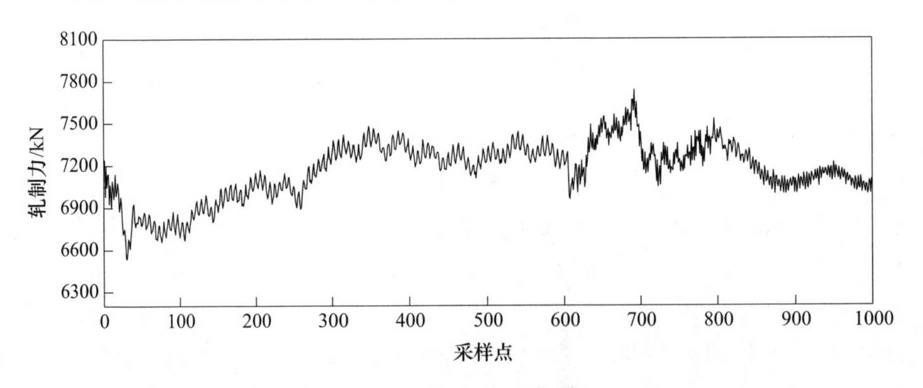

图 1.14　1700mm 冷连轧机 5 机架实测轧制力分布

变化，最终影响到带钢的板形。为了定量分析轧制力变化对带钢板形的影响，使用辊系弹性变形计算模型，计算带材宽度为 1000mm，入口厚度 1.5mm，出口厚度 1.0mm，入口带材板凸度 0.040mm，轧制速度 350m/min，工作辊弯辊力 250.0kN，中间辊弯辊力 300.0kN，前后张应力分别为 145MPa 和 65MPa 时，轧制力变化对二次板形分量、四次板形分量以及带钢平直度标准差的影响。

如图 1.15 所示，当轧制力变化量为-144.18kN 时，二次板形分量为 4.11MPa，四次板形分量为 0.60MPa；当轧制力变化量为 273.98kN 时，二次板形分量为 -7.88MPa，四次板形分量为-1.15MPa。随着轧制力变化量由负值向正值方向增大，二次板形分量和四次板形分量均减小，并且由正值向负值变化，即轧制力的变化使得带钢的二次板形由中浪变化到边浪，四次板形由四分浪过渡到边中浪。

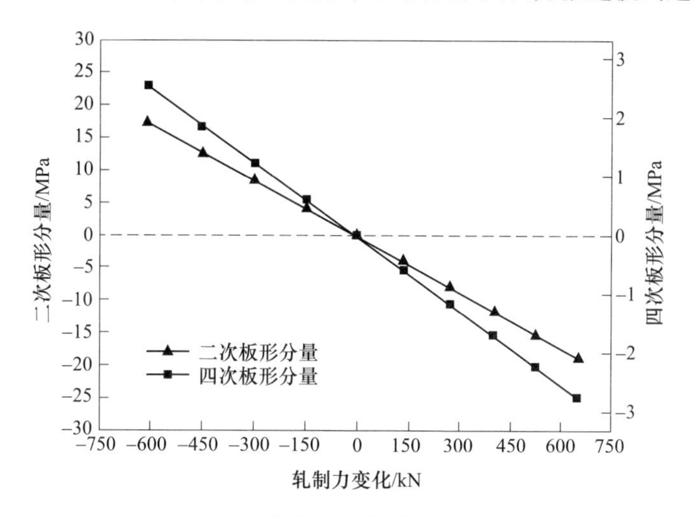

图 1.15 轧制力变化对板形的影响

假设轧后带钢的目标板形为平直板形，轧制力变化为 0 时的平直度标准差为 0，轧制力变化对平直度标准差的影响规律如图 1.16 所示。当轧制力的变化量为 -608.77kN 时，平直度误差为-5.64IU，当轧制力的变化量为 652.4kN 时，平直度误差为 7.22IU，可见，随轧制力变化量的增大，平直度标准差也增大，其变化趋势呈现出线性关系。

对于 1720mm 冷连轧机，假设轧制过程中各机架的轧制力在每两个控制周期之间的变化量为+100kN，那么经过 4 个机架的连续轧制后，根据图 1.16 中轧制力变化量与平直度线性关系可得将会产生大约 5IU 的平直度误差，并且会出现严重的边浪板形缺陷。因此，在带钢的冷连轧过程必须要对轧制力的变化量进行有效的补偿和控制。

冷连轧过程中，轧制力的变化很大，如果任由其发展而不加以补偿，那么带钢的板形必然也会随之变化，造成板形的恶化和生产的不稳定。

1.2.3 轧辊辊形

造成轧辊本身凸度发生变化的因素主要有轧辊热凸度和轧辊磨损。在冷轧过程中，轧件温度较低，轧辊热变形主要是由塑性变形功和摩擦热引起的。这些热量通过热传导传递给工作辊和带钢，又从工作辊传递给中间辊和支撑辊。对于各轧辊内部也存在径向和轴向热传导。另外，在轧辊高速旋转过程中，还会通过与

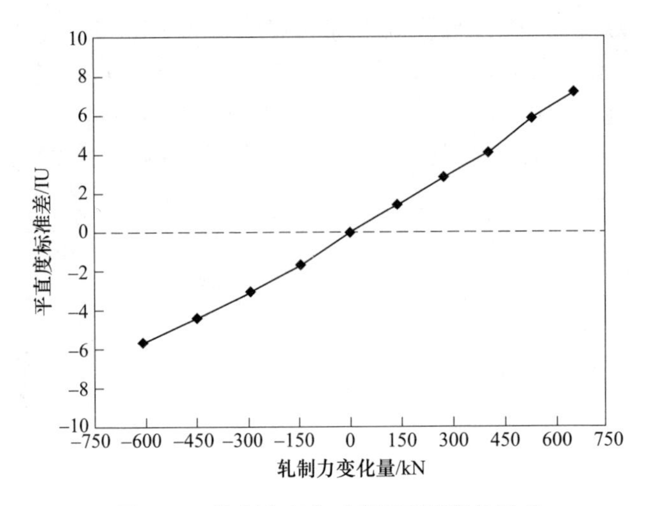

图 1.16　轧制力变化对带钢平直度的影响

乳化液及空气间的对流换热散失一定热量。这些热量一部分被冷却水带走，另一部分则滞留在轧辊里，使轧辊产生热变形，偏离原来设计的辊形。热流传递过程如图 1.17 所示。

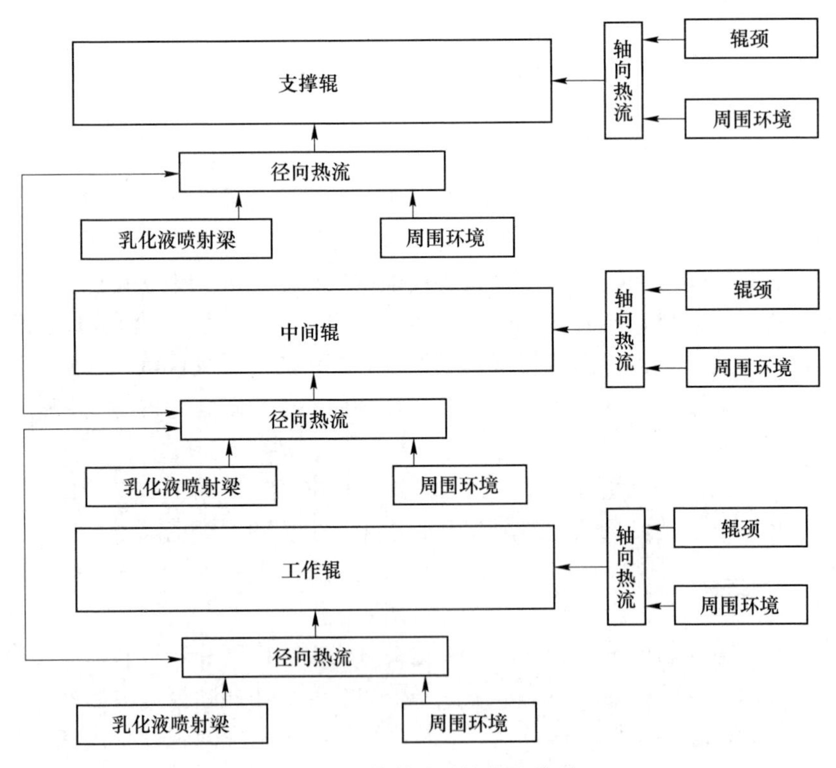

图 1.17　轧制过程的热流传递

热凸度使得轧辊的凸度增加，这与正弯辊力的效果是一致的。工作辊辊形的变化将直接导致辊缝形状的改变，进而影响轧机的出口带钢板形质量。影响轧辊热凸度的主要因素很多，主要有轧制速度、冷却液的换热能力、轧制力、轧制摩擦系数和冷却液的温度。一般而言，由于轧辊边部区域较中部区域散热快，因此，轧辊的热凸度通常是轧辊中部热膨胀较大，两边热膨胀较小。

以某1250mm六辊可逆冷轧机工作辊为例，图1.18为稳定轧制时的热凸度，其分布规律与温度分布规律相同。由于工作辊的横移使热凸度的分布也不以轧机中心线为对称轴对称分布，会导致不对称浪形的出现，从而影响带钢板形。因此必须掌握其变化规律，并采用适当方法（如分段冷却法）进行控制。

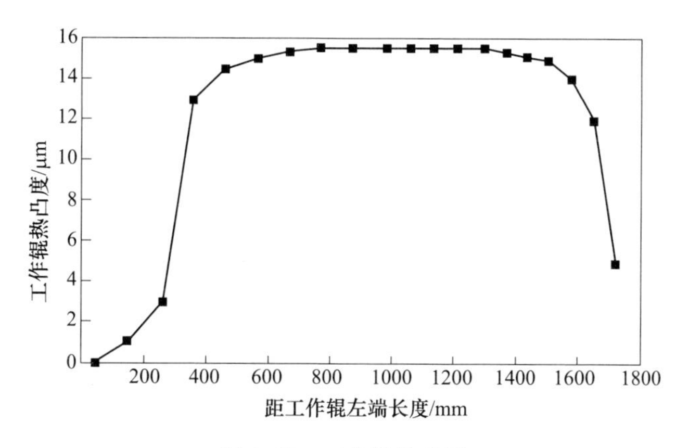

图1.18　工作辊热凸度

在轧机机型确定的情况下，辊形是影响板形控制的最直接、最活跃的因素，轧辊磨损辊形是轧辊服役过程中影响轧辊辊形变化的重要因素。轧辊磨损会直接影响到轧辊的初始凸度，从而与热凸度、机械凸度和轧辊的弹性变形一同影响到板凸度和板形。

冷轧轧辊磨损以及轧辊磨损辊形形成过程主要与下列因素有关：

（1）单位轧制压力的大小及其沿带钢宽度方向的横向分布。

（2）轧制长度，轧辊圆周上某点与轧件的接触次数，以及轧辊与轧件之间的滑动量。

（3）轧辊表面粗糙度、辊面硬度及轧件表面状况等。

（4）工作辊与支撑辊间的相对滑动量及辊间压力的横向分布。

（5）轧辊横移及交叉等控制手段的采用。

（6）轧辊与轧件间的摩擦系数以及辊间摩擦系数。

同样以某1250mm六辊可逆冷轧机为例，分析工作辊、中间辊以及支撑辊的磨损量。

由图1.19~图1.21可知，支撑辊的磨损分布基本上是以轧机中心线为对称

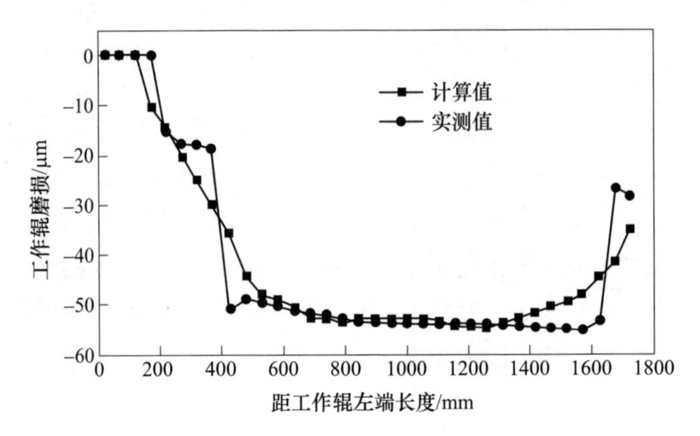

图 1.19　工作辊磨损

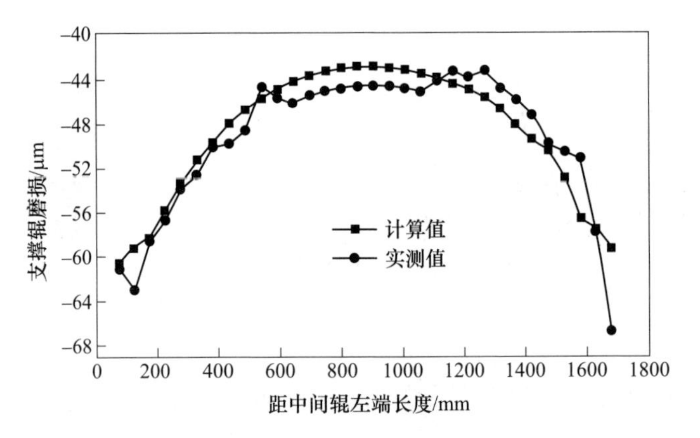

图 1.20　中间辊磨损

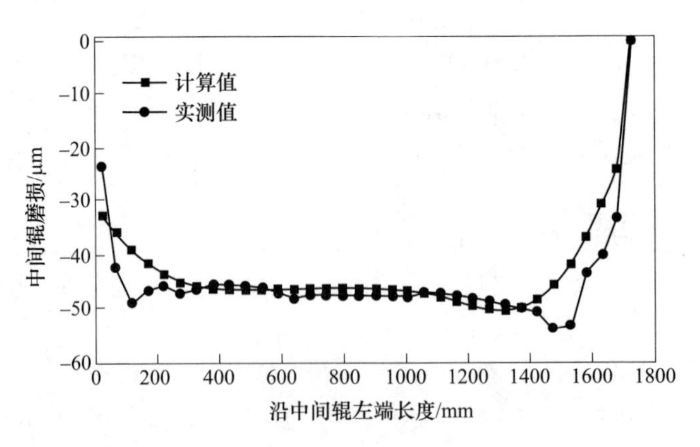

图 1.21　支撑辊磨损

轴呈对称分布，而工作辊与中间辊的磨损分布则呈不对称分布。这是由于工作辊的横移使工作辊与中间辊之间的辊间压力分布发生改变，横移端辊间压力低而非横移端辊间压力出现峰值。与辊间压力分布变化情况相对应，工作辊和中间辊的磨损也会出现相同的变化。

与热凸度和轧辊的弹性变形相比，磨损凸度具有更多的不确定性和难以控制性，且磨损一旦出现，便不可恢复，不能在短期内加以改变。

1.2.4 轧辊压扁

在轧制过程中，轧辊受到轧制力、辊间压力、弯辊力等作用时，轧辊将会产生弹性弯曲和压扁变形。轧辊的这种弹性压扁状况既会发生在轧辊之间，也会发生在工作辊与带钢之间。弹性压扁的存在，直接会影响到辊缝的形状，进而对板形产生影响。

当轧件宽度与工作辊辊面宽度之比较小时，无论辊间的接触压扁，还是变形区出口侧工作辊压扁，其最大值均位于辊面的中部，并从中部朝两端逐渐减小。这种分布与轧辊的弹性挠曲变形叠加起来，加剧了辊缝正凸度的增大，不利于带钢板形的控制，并加剧边部减薄。如果增加带钢宽度，情况则朝有利于板形控制的方向发展，因为随着宽度比的增大，端部压扁值逐渐增加，当宽度比达到一定程度时，轧辊压扁最大值会出现在两端部。轧辊压扁这种分布能够补偿由于轧辊弹性变形造成的轧件边部压下过大，有利于使轧件厚度沿宽度方向均匀分布。

1.2.5 来料厚度分布

来料带钢厚度分布对带钢的板形的影响也很大。在辊缝形状一定的情况下，来料带钢凸度的变化、厚度不均匀以及来料出现楔形，都会导致出口带钢产生一定的板形缺陷。图 1.22 所示为来料带钢凸度大于辊缝凸度和来料楔形的情况。

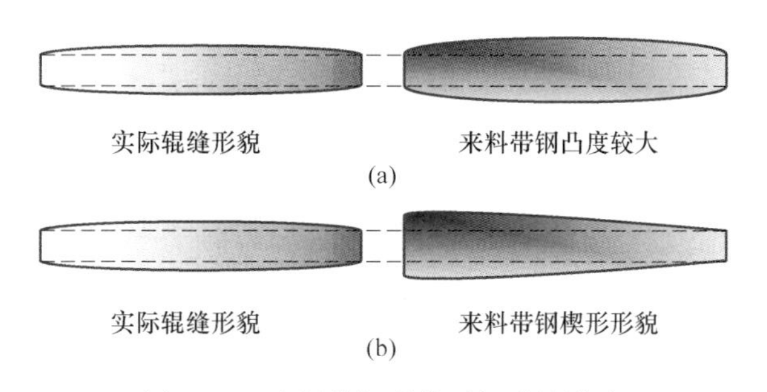

图 1.22 来料带钢形貌对板形的影响

在辊缝形状一定的情况下，沿辊缝宽度方向上，带钢厚度较大的部分会产生更大压下量，导致更多的纵向延伸，因此，带钢厚度分布不均对板形控制的影响可以通过带钢局部压下量和延伸量之间的关系来说明。

例如某卷带钢宽度方向上存在厚度较大的纵条，在轧制过程中，将该卷带钢沿长度方向划分为若干段，每段的平均压下量为 Δh_i，导致的纵向延伸量为 Δl_i，考虑轧制过程中带钢两向受压应力，一向受拉应力，忽略宽展，不考虑金属流动，由体积不变原理可得：

$$\Delta l_i = \frac{\Delta h_i}{h_i - \Delta h_i} l_i \tag{1.21}$$

式中 Δl_i——第 i 段带钢轧后的延伸量，m；

Δh_i——第 i 段带钢轧后的压下量，m；

l_i——第 i 段带钢的长度，m；

h_i——第 i 段带钢的平均厚度，m；

i——沿带钢长度方向划分的带钢段序号。

同理，该段带钢沿宽度方向上厚度较大的纵条伸长量为：

$$\Delta l_i' = \frac{\Delta h_i'}{h_i' - \Delta h_i'} l_i \tag{1.22}$$

式中 $\Delta l_i'$——沿带钢宽度方向上第 i 段厚度较大纵条的延伸量，m；

$\Delta h_i'$——沿带钢宽度方向上第 i 段厚度较大纵条的压下量，m；

h_i'——沿带钢宽度方向上第 i 段厚度较大纵条的平均厚度，m。

由于轧机辊缝是连续的曲线形貌，且辊缝刚度分布均匀，因此沿宽度方向上厚度较大的纵条必然比其他区域有更大的相对压下量，则沿宽度方向上厚度较大的纵条必然比其他区域有更长的延伸。

轧制力作用下则轧后沿宽度方向上厚度较大的纵条相比其他区域延伸量的增加为：

$$\Delta L_i = \left(\frac{\Delta h_i'}{h_i' - \Delta h_i'} - \frac{\Delta h_i}{h_i - \Delta h_i}\right) l_i \tag{1.23}$$

式中 ΔL_i——带钢沿宽度方向上第 i 段厚度较大的纵条比其他区域增加的延伸量。

从式（1.23）可以看出，只要某处的带钢有较大的相对压下量，就会有相应的比其他区域延伸的增加量，整个带钢长度方向上的延伸增加量为：

$$\Delta L = \sum_{i=1}^{N} \Delta L_i = \sum_{i=1}^{N} \left(\frac{\Delta h_i}{h_i - \Delta h_i} - \frac{\Delta h_i'}{h_i' - \Delta h_i'}\right) l_i \tag{1.24}$$

式中 ΔL——带钢宽度方向上厚度较大的纵条在整个带钢长度内增加的总延伸量，m；

N——带钢长度方向划分的带钢段数。

从式（1.24）可以看出，由于沿带钢长度方向上的纵向延伸是个累加值，沿宽度方向上的来料厚度不均造成的相对压下量不均对带钢的纵向延伸不均会造成很大影响。沿带钢长度方向上的每一小段带钢在宽度方向上的厚度不均对该段带钢的延伸产生的影响不大，但是在整个带钢长度范围内这种影响是累计的，当这种延伸差的累积达到一定程度，就会导致带钢出现浪形。假设轧后一卷带钢长3000m，入口带钢厚度为1mm，而沿带钢宽度方向上某个纵条的带钢厚度为1.002mm，且沿带钢长度范围内该纵条厚度一致，经过轧制后，出口带钢厚度为0.8mm，由于该纵条较其他区域厚，使该处的轧辊有较大的弹跳量和压扁量，该纵条带钢厚度并不能跟出口带钢厚度保持一致。假设其出口厚度为0.801mm，则相比其他区域有0.001mm的压下量增加，代入式（1.22）可得该纵条会比其他区域的带钢延伸量增加2.778m。可见，很小的厚度分布不均都会导致带钢延伸量最终出现较大的不均，且随着带钢长度的增加，这种延伸不均更加突出。

除了以上主要影响板形控制的因素，还有带钢宽度、来料硬度不均、卷取形状等都会对板形控制产生影响。

1.3 主要冷轧机型及其板形控制方法

随着70年代末到80年代初诸如HC、CVC等新型板形控制轧机的出现，冷轧板形控制技术作为轧钢领域的一项高水平技术在世界范围内被广泛地应用和研究。了解冷轧板形控制机型的现状与发展历程，是正确把握板形控制研究方向，避免在科研上走弯路的重要保障。同时，对研究和开发新的板形控制技术也具有重要的借鉴意义。

目前常用的冷轧机已形成两大主流：东方以日立为代表的HC系列和西方以西马克为代表的CVC系列。CVC轧机、PC轧机、HC/UC轧机都是以板形控制能力强大为主要特征的新一代高技术板带轧机，也是当前板带轧机中的主流轧机机型。除此，还有森吉米尔轧机、动态板形辊技术DSR（Dynamic Shape Roll）、变凸度辊技术VC（Variable Crown）等。不同的机型都包涵了各自独特的机座设计、辊型设计、工艺制度和控制模型，因而具有同样强大但又内涵区别明显的板形控制性能。

1.3.1 HC/UC类轧机

HC（High Crown）轧机是日本的日立和新日铁公司于1974年联合研制开发的六辊轧机，这种轧机具有优异的板形和凸度控制能力，如图1.23所示。HC轧机在传统的四辊轧机的工作辊与支撑辊之间增加了一对可以轴向移动的中间辊，通过上、下中间辊向相反方向的横向移动，改变工作辊与支撑辊之间的接触长度，使得两辊在板带宽度范围之外脱离接触，从而可以有效地消除有害接触弯矩，提高工作辊弯辊的板形控制效果。

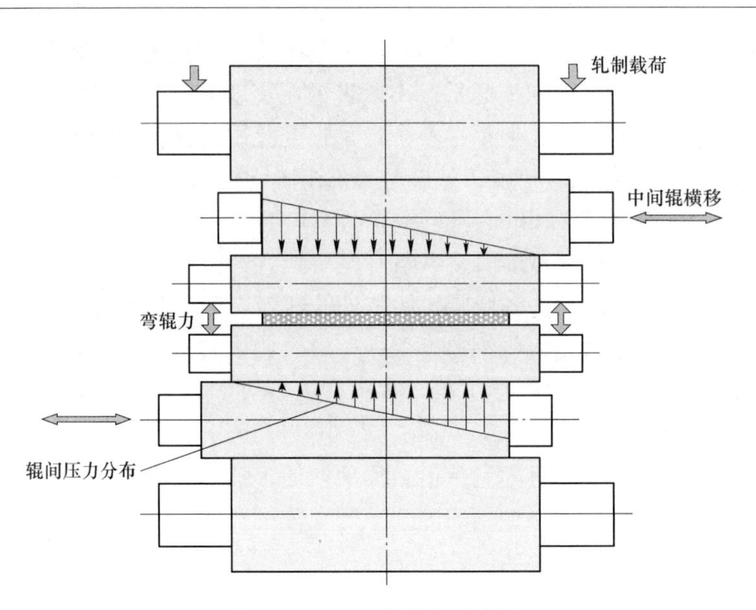

图 1.23　HC 六辊轧机示意图

20 世纪 70 年代初日本日立公司与新日铁合作发明了 HC 六辊轧机，并在 HC 轧机的基础上衍生出了 HCW 、HCM、HCMW 等机型。其中应用较多的为 HCMW 六辊轧机和 HCW 四辊轧机。所谓 HCMW 轧机，为在原有 HCM 六辊轧机的基础上，增加了工作辊轴向横移，并通过配置单锥度的工作辊实现对带钢的边部减薄控制。而 HCW 四辊轧机则是在原有四辊轧机上增加了工作辊横移控制的功能。HCW、HCMW 轧机的板形控制机构如图 1.24 所示。

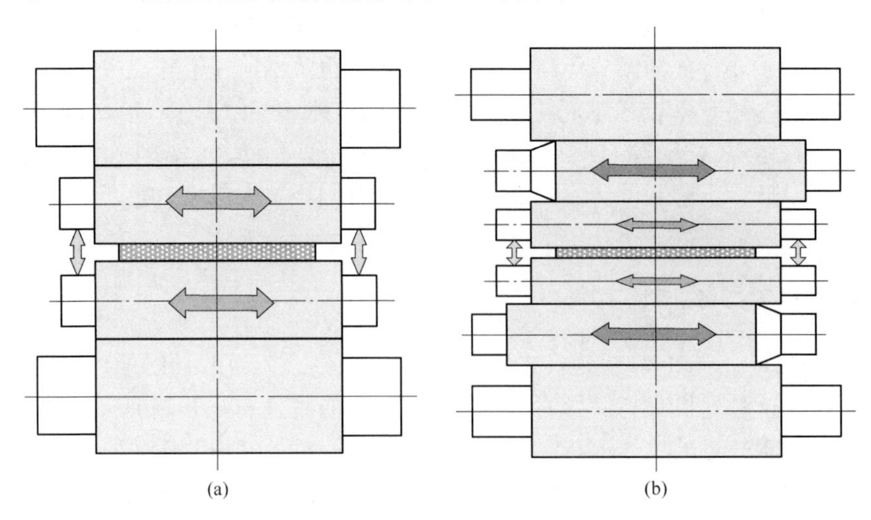

图 1.24　不同类型的 HC 轧机

（a）HCW 四辊轧机；（b）HCMW 六辊轧机

在生产中，为了轧制更宽、更薄及精度更高的带钢，需要采用小辊径工作辊，并增加高次板形缺陷的控制手段。日本日立公司于1981年研制开发出了UC轧机，它是在HC轧机的基础上，通过采用小辊径的工作辊，同时增加了中间辊弯辊的控制手段。随后又开发出了UCM、UCMW等板形控制能力更强的机型。图1.25所示为UCM、UCMW六辊轧机。

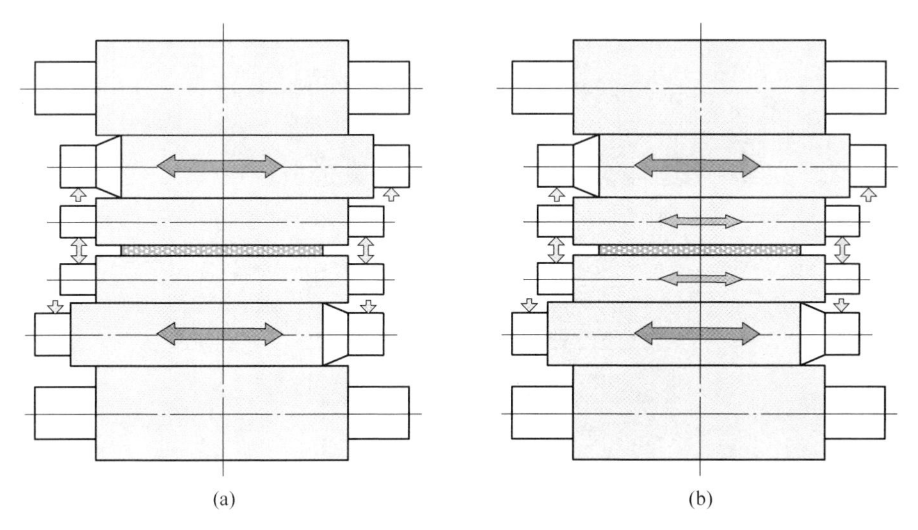

图1.25　不同类型的UC轧机
(a) UCM六辊轧机；(b) UCMW六辊轧机

HC/UC类轧机通过上下工作辊或中间辊沿相反方向的相对横移，改变了工作辊与支撑辊或工作辊与中间辊的接触长度，使工作辊与支撑辊或工作辊与中间辊在带宽范围之外脱离接触，从而可有效地消除有害接触弯矩，由此工作辊弯辊的控制效果得到了大幅增强，同时也显著地降低了边部减薄程度。通过轧机工作辊或中间辊的横移，可适应轧制带宽的变化，实现轧机的较大横向刚度，有利于板形控制。此外，HC/UC类六辊轧机采用小辊径工作辊轧制，可以实现大压下轧制。大压下轧制减少了轧制道次，可以在材料硬化且边部开裂之前轧到所设定的厚度，抑制了边裂缺陷。

1.3.2　CVC类轧机

CVC技术是德国西马克公司于1982年研制成功的一种板形控制技术。CVC译为“连续可变凸度”，是采用双向移动支持辊、中间辊或者工作辊的方式调节辊缝的形状，最初应用在二辊轧机上，随后推广到中性凸度四辊和六辊轧机中，并得到了广泛的应用。如图1.26所示，CVC轧机将工作辊或者中间辊的辊面加工成S形，上下两个外形相同的工作辊或中间辊在轧机中互相倒置180°布置，并且可以在轴向相反方向上移动，通过工作辊或者中间辊的反方向对称轴向移动，形成可连续变化的辊缝凸度的控制效果。CVC 系统与液压弯辊、液压压下以及工作辊分段冷却组成的板形控制系统，控制效果十分理想。CVC 轧机按轧辊的数目，可分为 CVC 二辊轧机、CVC 四辊轧机和 CVC 六辊轧机。为了更有效地控制带钢的高次浪形缺陷，西马克公司在 CVC 辊形曲线的基础上开发出了 CVC plus 辊形技术。

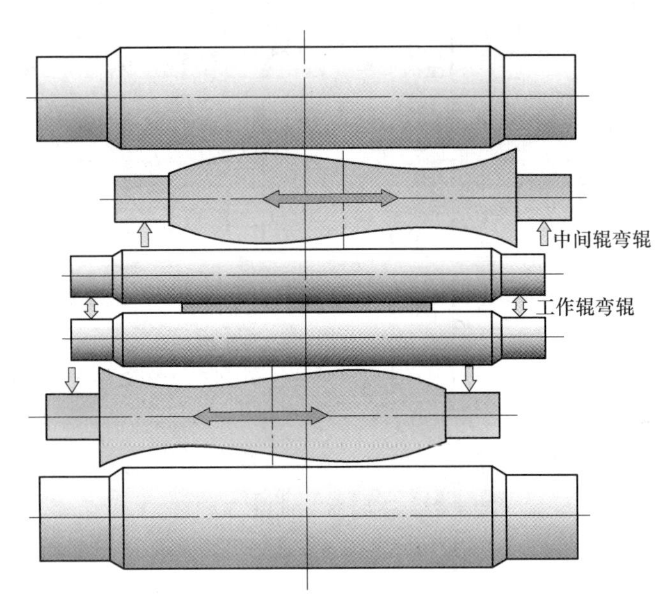

图 1.26　CVC 六辊轧机示意图

此外，奥钢联基于 CVC 技术的原理，开发出了 SmartCrown 辊形技术。该技术与 CVC 技术的差异在于，CVC 辊形曲线函数为三次多项式，辊缝形状曲线为二次曲线，而 SmartCrown 辊形曲线函数则是三角函数和一次函数叠加，辊缝形状曲线表现为余弦函数，并且可以通过调整辊形参数中形状角的大小，改变辊缝形状中的高次凸度含量，因此可以有效地控制高次复合浪，扩大带钢平直度的调节范围。

1.3.2.1　CVC 辊形曲线模型

对于轧机的上工作辊，三次 CVC 辊形曲线函数可以表示为：

$$y_{t0} = R_0 + \alpha_1 x + \alpha_2 x^2 + \alpha_3 x^3 \tag{1.25}$$

式中　R_0——轧辊半径，mm；

x——轧辊轴向坐标，mm；

α_1，α_2，α_3——辊形系数。

根据 CVC 上下工作辊的反对称性可以求得辊缝二次凸度为：

$$C_W = g\left(\frac{L}{2}\right) - g(0) = \frac{1}{2}\alpha_2 L^2 + \frac{3}{4}\alpha_3 L^2 - \frac{3}{2}\alpha_3 L^2 n \tag{1.26}$$

式中 $g(x)$ ——辊缝函数；

L——轧辊辊身长度，mm；

n——窜辊位置。

1.3.2.2 SmartCrown 辊形曲线模型

对于轧机的上工作辊，SmartCrown 辊形函数可以用通式表示为：

$$y_{t0} = R_0 + \alpha_1 \sin\left[\frac{\pi\theta}{90L}(x - s_0)\right] + \alpha_2 x \tag{1.27}$$

式中 θ——形状角；

α_1，α_2——辊形系数。

辊缝二次凸度为：

$$C_W = g\left(\frac{L}{2}\right) - g(0) = -2\alpha_1 \sin\left[\frac{\pi\theta}{90L}\left(\frac{L}{2} - n - \alpha_0\right)\right]\left(\cos\frac{\pi\theta}{180} - 1\right) \tag{1.28}$$

辊缝四次凸度为：

$$C_h = -2\alpha_1 \sin\left[\frac{\pi\theta}{90L}\left(\frac{L}{2} - n - \alpha_0\right)\right]\left(\cos\frac{\pi\theta}{360} - \frac{1}{4}\cos\frac{\pi\theta}{180} - \frac{3}{4}\right) \tag{1.29}$$

辊缝凸度 C_W 和 C_h 均只与系数 θ、α_0、α_1 有关，若已知 θ 则可以根据式（1.28）和式（1.29）解出 α_0 和 α_1。

CVC 辊形设计的关键是确定横移量与相应的等效凸度，这是 CVC 辊形设计的本质。CVC 窜动的轧辊较不窜动的轧辊长，这样，尽管轧辊轴向窜动了，辊间接触长度不变。由于不像 HC/UC 类轧机可以通过横移来消除辊间的有害接触区，增大轧机的刚度，CVC 技术提供的是低横向刚度的辊缝，整个辊系抵抗轧制力波动的能力较弱，属于柔性辊缝调节策略型的板形控制技术。另外，由于 CVC 工作辊形成的是抛物线无载辊缝，无论窜辊位置如何，只能避免二阶形状误差，对高次板形缺陷没有调控能力，并且其凸度调整范围比较小，尤其是轧制窄带材，板形控制效果并不理想。为此，在常规 CVC 控制技术的基础上，又发展出了 SmartCrown 和 CVC+等板形控制技术。

1.3.3 森吉米尔轧机

多辊轧机于 20 世纪 30 年代问世。森吉米尔轧机由于工作辊直径小、刚度大，广泛应用于冷轧不锈钢、硅钢、高精度及极薄带钢和有色金属的高精度带材轧制。最早出现的 1-2-3-4 型多辊轧机是森吉米尔和罗恩型。罗恩型二十辊轧机采用钳式机架，如图 1.27 所示。

森吉米尔轧机具有良好的各向刚性，可承受较大的轧制力和水平带材张力，

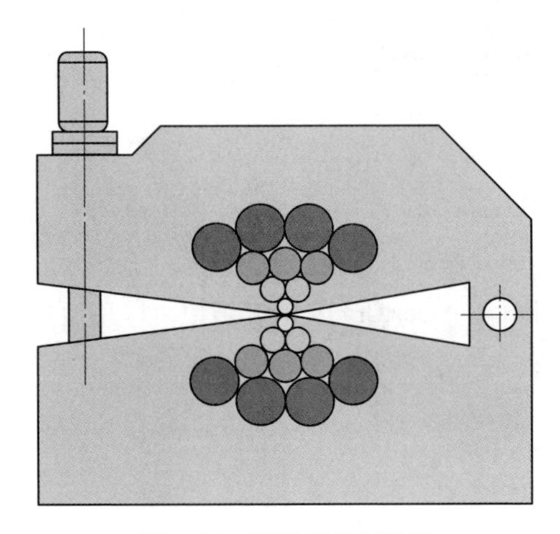

图 1.27　罗恩型多辊轧机

轧制能耗低、成品精度高、轧制规格薄，轧制不锈钢的轧机 90%以上都是森吉米尔轧机。另外，森吉米尔轧机还有一个突出特点就是整体牌坊，号称零凸度。森吉米尔轧机辊系分为上下两组，分别由 1 对工作辊、2 对第一中间辊、3 对第二中间辊和 4 对支承辊组成，如图 1.28 所示。

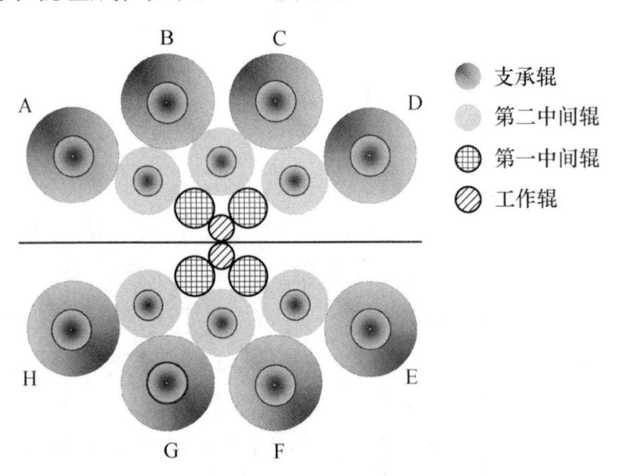

图 1.28　森吉米尔二十辊轧机辊系图

森吉米尔轧机上下 2 对第一中间辊为一端带锥度并可轴向横移的轧辊，主要用于调节带钢边部的板形。上下 3 对第二中间辊中的边部 2 对第二中间辊为传动辊，其余为随动辊。上下 4 对支承辊的结构与其他辊的不同，采用分段轴承、多点支撑结构，其余辊均采用直接叠放的方式，无固定支撑。其中 B、C 支承辊具有内外双偏心结构，其余 6 个支承辊采用单偏心结构。B、C 辊内偏心及其余 6 个辊的偏心用于支承辊的整体位置调整，这些偏心具体功能为：B、C 辊压下以实现轧制厚度的调整；G、F 辊主要用于调整下辊系的高度以调整轧制线高度和快速打开辊缝，便于穿带和更换工作辊；A、D、H、E 四辊主要用于补偿轧辊直径变化引起的辊系位置的变化。B、C 支承辊外偏心可分段单独调节，用于复杂板形的控制。

森吉米尔轧机是最适合冷轧不锈钢、硅钢和高强度金属及合金薄带与极薄带的轧机。这种轧机与传统的四辊轧机相比，主要具有下列特点：

（1）使用直径尽可能小的工作辊，则轧制力也较小，因此就能获得很大的道次压下率（达到80%以上），通过较少的轧制道次，不经中间退火即可轧制硬而薄的难变形材料。在相同道次压下量下，其轧制力仅为四辊轧机的1/4，降低了能耗。

（2）机架为整体铸钢，轧机在纵向和横向上都有极大的刚性，配合特殊结构的辊型控制装置能够轧制出精度很高的薄带钢。

（3）换辊迅速简便，生产成本较低，仅为四辊轧机的40%~80%。

1.3.4 其他类型轧机

除了 HC/UC 类轧机、CVC 类轧机以及森吉米尔轧机等主流板形控制机型，还衍生出了一系列其他板形控制技术和控制机型，如 DSR 和 VC 辊技术等。

1.3.4.1 DSR 技术

DSR 技术是由 PECHINEY 和 CLECIM 公司从 1985 年开始开发的，1990 年开始在冷轧机上试验，1992 年将板形、正负弯辊及冷却系统改造为闭环控制应用在带材的冷热轧生产中。DSR 的技术核心是一套具有复杂结构的支承辊，主要由一根工作中静止不转的芯轴、一个随工作辊旋转的辊套和七个可独立调节辊套内表面与芯套相对位置的液压压块。安装在芯轴上的七个压块在工作中不旋转，并且与旋转套筒内表面之间通过七个分段的动静压油膜实现力的传递和转动与非转动部件之间的链接。由于七个压块的压力可由相应伺服阀单独控制，因此轧制力可在 DSR 内部进行动态分布，通过工作辊的传递，实现轧制力沿带钢横向上的动态分配调节，从而实现控制板形的目的。

1.3.4.2 VC 辊

VC 辊技术是由日本住友金属于 1974 年研制成功，并于 1977 年应用于现场生产的。VC 辊由辊芯和辊套组成，在辊芯和辊套之间设有液压腔，通过调整液压腔内高压油的压力，改变辊套向外膨胀的凸度，达到控制板形的目的，VC 辊的板形控制原理如图 1.29 所示。

VC 辊的辊套和辊芯两端在一定长度内采用过盈配合，一方面对高压油起密封作用，另一方面在承受轧制力时，传递所需要的扭矩，保证轧辊的整体刚度，

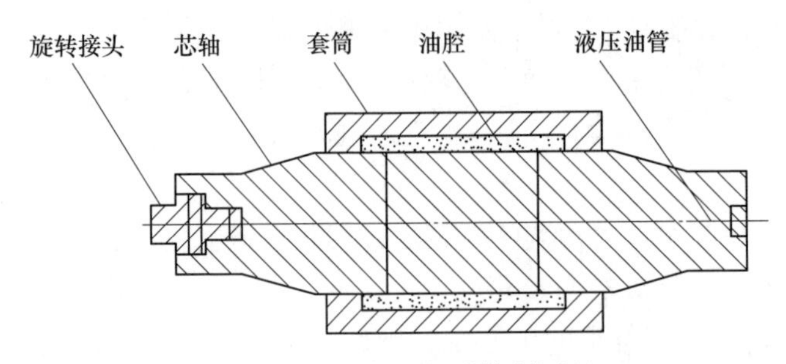

图 1.29　VC 辊的板形控制原理

在工作时，辊芯和辊套作为一个整体旋转。VC 辊的主要特点是可以改善板形控制、可在线改变凸度以及换辊后不需要对轧辊进行预热。

1.3.4.3　3C 六辊轧机

在 HC 六辊轧机的基础上，达涅利维恩公司今年来开发出 3C 六辊轧机，如图 1.30 所示。该轧机除了具备通常的工作辊及中间辊正负弯辊、工作辊横向移动的板形控制执行机构外，还同时具有中间辊的交叉功能。中间辊的交叉控制可在轧制过程中加以动态应用，通过中间辊的交叉，改变中间辊与工作辊和支撑辊之间的接触状态，这种辊间接触的变化可以近似的等同于中间辊的等效二次凸度随交叉角的动态变化。

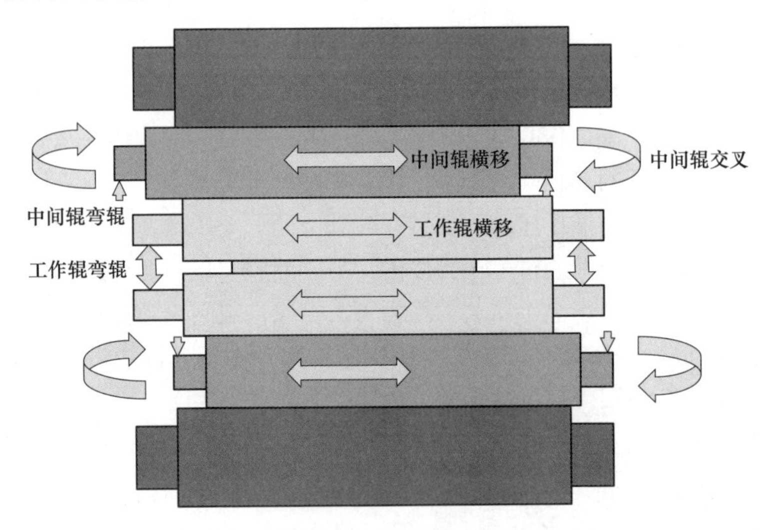

图 1.30　3C 六辊轧机

3C 六辊轧机增加了板形执行机构，使得其在改变辊缝几何尺寸的能力方面得到了增强，相对于传统四辊轧机及 HC 六辊轧机而言，有较大的板形控制范围。此外，3C 六辊轧机还避免 HC 六辊轧机由于中间辊横移而导致的辊间接触力不均匀分布、出现峰值的现象，延长了轧辊的使用寿命。

1.3.4.4 边部减薄控制轧机

边部减薄是冷轧带钢生产普遍存在的问题，通常采用带单锥度工作辊的HCW轧机、HCMW轧机或HCMW轧机，实现对带钢边部减薄的控制。

除此之外，德国西马克公司于20世纪90年代开发出一种边部减薄控制技术，如图1.31所示。通过在工作辊的单侧端部内侧切出环形的凹槽，改变端部工作辊的刚性，实现对工作辊端部的柔性控制，同时通过工作辊的轴向横移，作用与带钢的边部，可适应不同宽度带钢的轧制，最终降低带钢的边部减薄量。

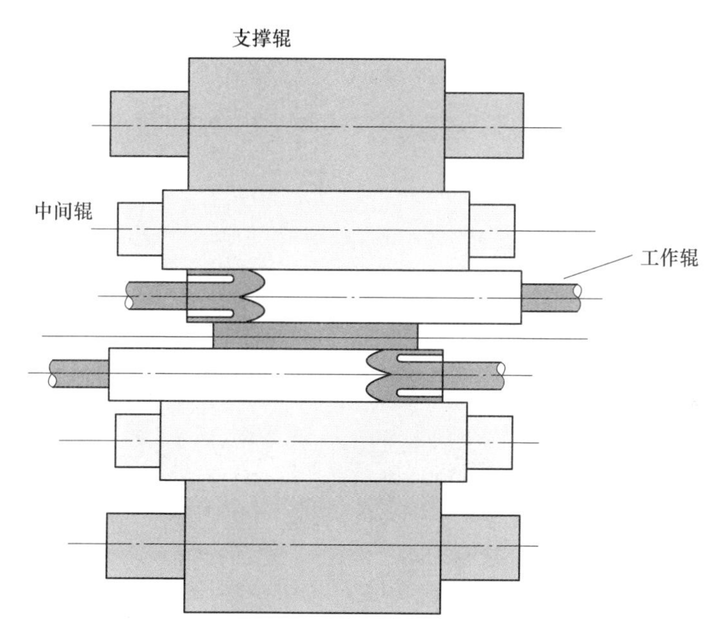

图1.31 边部减薄控制轧机

1.3.4.5 偏八辊和双偏八辊轧机

前面介绍的森吉米尔多辊轧机的一个特点是可以采用小直径的工作辊。将这一优点移植到传统四辊轧机上，则出现了一些新的轧机形式，如图1.32所示的偏八辊轧机及双偏八辊轧机。

偏八辊轧机采用了小直径的工作辊，具备了多辊轧机的一些优点。但是偏八辊轧机的工作辊没有侧向支撑，轧辊的侧向刚度较差，虽然双偏八辊有所改进，提高了工作辊的侧向刚度，但该类轧机的中间辊无轴向横移功能，因而无法达到多辊轧机通过中间辊横移控制带钢板形及边部形状的效果。

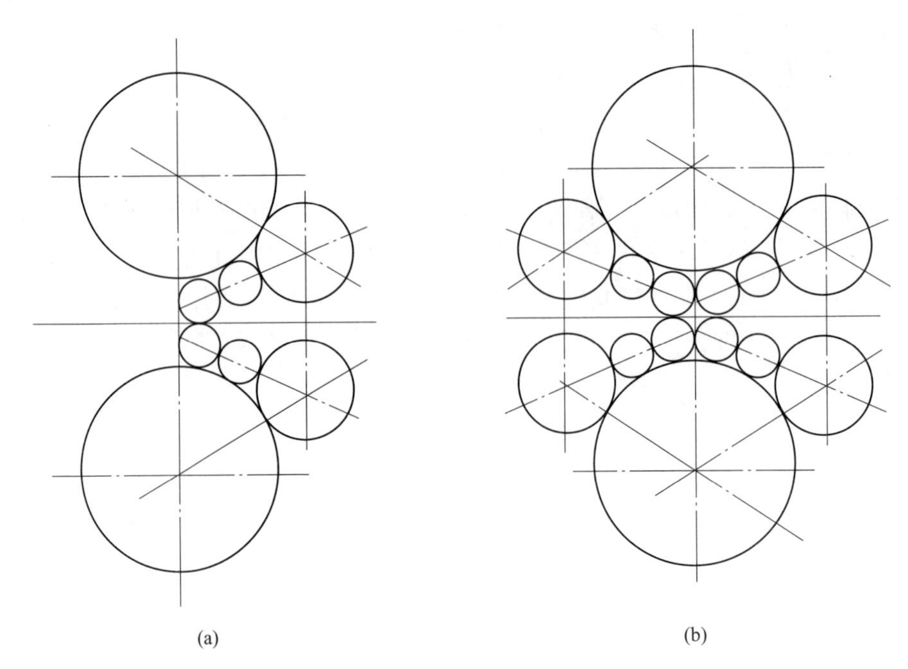

图 1.32　偏八辊轧机
（a）偏八辊轧机；（b）双偏八辊轧机

参 考 文 献

[1] 李旭．提高冷连轧带钢厚度精度的策略研究与应用［D］．沈阳：东北大学，2008.
[2] 陈树宗，李旭，彭文，等．基于数值积分与功率损耗测试的冷轧电机功率模型［J］．东北大学学报（自然科学版），2017，38（3）：361-365.
[3] 王鹏飞．冷轧带钢板形控制技术的研究与应用［D］．沈阳：东北大学，2011.
[4] 王国栋．板形控制和板形理论［M］．北京：冶金工业出版社，1986.
[5] 张殿华，孙杰，李旭，等．1450mm 酸洗冷连轧机组自动化控制系统研究与应用［M］．北京：冶金工业出版社，2014.
[6] 翁宇庆，康永林．中国轧钢近年来的技术进步［J］．钢铁，2010，45（9）：1-13.
[7] 康永林，丁波，陈其安．我国轧制学科发展现状与趋势分析及展望［J］．轧钢，2017，34（6）：1-9.
[8] 王国栋．钢铁行业技术创新和发展方向［J］．钢铁，2015，50（9）：1-10.
[9] Ataka M. Rolling technology and theory for the last 100 years: The contribution of theory to innovation in strip rolling technology [J]. ISIJ International, 2015, 55 (1): 89-102.
[10] Babak M, Mahmoud S. Investigations on relations between shape defects and thickness profile variations in thin flat rolling [J]. International Journal of Advanced Manufacturing Technology, 2015, 77 (5-8): 1315-1331.

[11] 王青龙，孙杰，王振华，等. UCM 轧机板形调控机构对轧制压力分布影响 [J]. 东北大学学报（自然科学版），2018，39（3）：345-350.

[12] Arif S. Malik, Ramana V. Grandhi. A computational method to predict strip profile in rolling mills [J]. Journal of Materials Processing Technology, 2008, 206 (1-3): 263-273.

[13] Mohieddine Jelali. Performance assessment of control systems in rolling mills-application to strip thickness and flatness control [J]. Journal of Process Control, 2007, 17 (10): 805-816.

[14] Jiang Z Y, Wei D, Tieu A K. Analysis of cold rolling of ultra thin strip [J]. Journal of Materials Processing Technology, 2009, 209 (9): 4584-4589.

[15] Abdelkhalek S, Montmitonnet P, Potier-Ferry M, et al. Strip flatness modeling including buckling phenomena during thin strip cold rolling [J]. Ironmaking and Steelmaking, 2010, 37 (4): 290-297.

2 冷轧带材板形检测技术

对冷轧带材而言，其板形问题主要表现为平直度缺陷。平直度缺陷可以通过带材宽度方向上各个纵条的相对伸长率来表示，然而对于实际的板形控制技术而言，在线测定带材的各个纵条的相对伸长率，定量计算板形缺陷是板形自动控制技术得以实现的前提。在成熟的板形检测设备出现以前，在一个相当长的时期内，人们仅靠目测感觉和操作经验进行板形调节和控制，难以保证产品质量，尤其是宽厚比较大和压下率较大的极薄带，成材率较低。只有通过板形检测设备将带材的在线板形信息定量地反映出来，板形控制系统才能依据板形测量信息对板形调节机构发出指令控制板形。鉴于板形检测设备的重要性，从 20 世纪 60 年代开始，有关板形检测技术的研究工作十分活跃，人们不断探索新的检测原理和开发更好的板形检测设备以提高板形检测精度。就板形检测原理和检测方法而言，几乎所有能够反映板形质量的物理量和相关元件，都被尝试用于板形检测方法和板形检测设备开发的研究，如测张法、测距法、电磁法、测振法、激光法、测厚法以及测温法等。

目前用于冷轧带材板形检测的设备主要分为接触式的和非接触式的。接触式板形仪具有信号检测直接、板形信号保真性能好以及测量精度高的特点。典型的接触式板形检测设备主要有瑞典 ABB 公司的压磁式板形仪、以德国钢铁工艺研究所（BFI）开发的压电板形检测专利技术为基础的压电式板形仪以及英国 Davy 公司的维迪蒙（Vidimon）空气轴承式板形仪。非接触式板形检测设备硬件结构相对简单且易于维护，其传感器为非传动件且不与带材表面接触，可避免带材的表面划伤；但是，非接触式板形检测设备的板形测量信号为非直接信号，测量精度较低，应用较少。

考虑到冷轧板形检测设备大多采用的是瑞典 ABB 公司的压磁式板形仪和 BFI 类型的压电式板形仪，本章主要介绍这两种接触式板形仪的结构特点、测量原理以及板形测量信号的传输过程；从温度分布、安装偏差、带材形貌、带材跑偏 4 个方面总结影响板形测量的主要因素；另外，为了提高板形测量精度，以 BFI 类压电式板形仪为研究对象，制定了板形测量值的计算模型，并通过实际应用验证模型的精度；最后介绍板形在线云图监控系统，以反映整卷带材任意区域的板形分布细节及其变化趋势，实现对带材板形质量的在线精细监控。

2.1 压磁式板形仪

压磁传感器板形仪的生产厂家以瑞典 ABB 公司为典型代表，经过多年的实验和改进推广，其产品已经成熟地应用于工业生产。国内某些科研机构也初步开发出了压磁式板形仪，并应用到了国内一些冷轧生产线上。

2.1.1 压磁式板形仪的结构

ABB 公司生产的压磁式板形仪由实心的钢质芯轴和经硬化处理后的热压配合钢环组成，芯轴沿其圆周方向 90°的位置刻有 4 个凹槽，凹槽内安装有压力测量传感器。板形仪的结构和主要组件如图 2.1 所示。

图 2.1 ABB 板形仪的结构及主要组件

位于板形仪圆周对称凹槽内的两个测量元件作为一对，当其中一个位于上部时，另一个恰好位于下部，这样就可以补偿钢环、辊体以及外部磁场的干扰。每个分段的钢环标准宽度为 26mm 或者 52mm，称为一个测量段。测量段的宽度对测量的精确性有较大影响，一般测量段越窄，测量精度就越高。在带材边部区域，由于带材板形变化梯度较大，为有利于精确测量，测量段宽度为 26mm；中部区域带材板形波动不大，测量段宽度一般为 52mm。板形仪的辊径一般为 313mm，具体辊身长度根据覆盖最大带材宽度所需的测量段数及测量段宽度而定。板形仪的测量传感器为磁弹性压力传感器，可测量最小为 0.7N 的径向压力。钢环质硬耐磨，具有足够的弹性以传递带材所施加的径向作用力。为保证各测量段的测量互不影响，各环间留有很小的间隙。

为了满足各种不同的冷轧生产条件和测量精度的要求，ABB 公司在标准分段式板形仪的基础上开发了高灵敏度板形仪和表面无缝式板形仪，如图 2.2 所示。

在这 3 种结构的 ABB 板形仪中，标准分段式板形仪一般用于对带材表面质

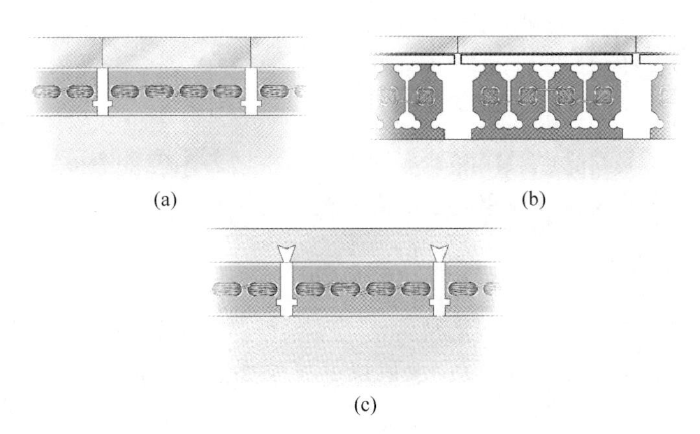

图 2.2　ABB 板形仪的种类
（a）标准分段式板形仪；（b）高灵敏度板形仪；（c）表面无缝式板形仪

量要求不高、灵敏度要求一般的普通冷轧带材生产线上；高灵敏度板形仪适用于箔材轧制、超薄带材轧制等对板形仪灵敏度有较高要求的生产线上；表面无缝式板形仪主要应用于对轧材表面要求较高的轧制生产线上。

2.1.2　压磁式板形仪的板形检测原理

压磁传感器由硅钢片叠加而成，其上缠绕有两组线圈，一组为初级线圈，另一组为次级线圈。初级线圈中有正弦交变电流，在它的周围产生交变的磁场，如果没有受到外力作用，磁感方向与次级线圈平行，不会产生感应电流；当硅钢片绕组受到压力时，会导致磁感方向与次级线圈产生夹角，次级线圈上就会产生感应电压，通过检测该感应电压可确定机械压力大小，如图 2.3 所示。

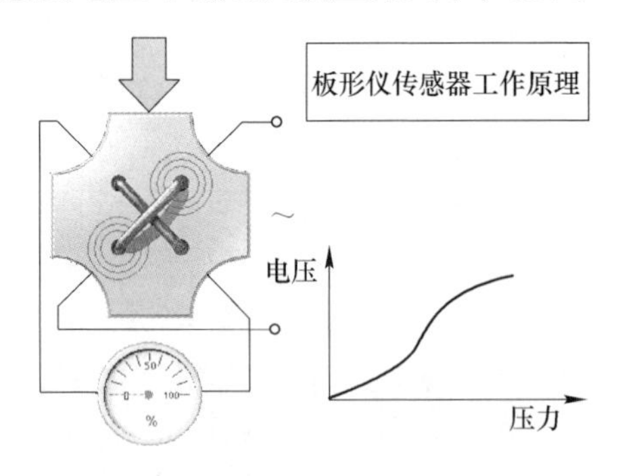

图 2.3　压磁式传感器的工作原理

轧制过程中，在带材与板形仪相接处，由于带材是张紧的，因而会对板形仪产生一个径向压力，通过板形仪身上安装的压磁式传感器可测得该径向压力大小。由于 ABB 板形仪的传感器被辊环覆盖，因此传感器所测的径向力并不是带材作用在板形仪上的实际径向力值。实际径向力中的一部分转化成了导致辊环发生弹性变形的作用力，被辊环变形所吸收，剩余的部分才是传感器所测的径向力。如果通过板形仪包角和径向力测量值计算带材张应力分布，则需要进行复杂的辊环弹性变形计算。为此，引入出口带材总张力，再根据带材的宽度、厚度以及各测量段测量的径向压力即可求解各测量段对应的带材张应力，即：

$$\Delta\sigma(i)=\frac{f(i)-\frac{1}{n}\sum_{i=1}^{n}f(i)}{\frac{1}{n}\sum_{i=1}^{n}f(i)}\cdot\frac{T}{wh} \tag{2.1}$$

式中 $\Delta\sigma(i)$——各测量段的带材张应力，N/m^2；

$f(i)$——各测量段测量的径向压力，N；

T——带材总张力，N；

w——带材宽度，m；

h——带材厚度，m；

i，n——测量段序号和总的测量段数。

根据伸长率与张应力的关系可得各测量段对应的带材板形值为：

$$\lambda(i)=\frac{\Delta L(i)}{L}\times 10^5=\frac{-\Delta\sigma(i)}{E}\times 10^5 \tag{2.2}$$

式中 $\lambda(i)$——各测量段测量的板形值，IU。

式（2.1）中求解张应力分布的方法不需要知道板形仪包角，但需要得到出口带材的总张力数据。

2.2 压电式板形仪

压电石英传感器板形仪最早由德国钢铁研究所（BFI）研制成功，这类板形仪也称为BFI板形仪。这类板形仪具有较好的精度与响应速度，在轧制领域有着广泛的应用。

2.2.1 压电式板形仪的结构

压电式板形仪主要由实心辊体、压电石英传感器、电荷放大器、传感器信号线集管以及信号传输单元组成。在板形仪的辊体上挖出一些小孔，在小孔中埋入压电石英传感器，并用与之配套的螺栓固定，螺栓对传感器施加预应力使其处于线性变化范围内。

所有这些孔中的传感器信号线通过实心辊的中心孔道与板形仪一端的放大器相连接。外部用一圆形金属盖覆盖保护传感器，保护盖和辊体之间有10~30μm的间隙，间隙的密封采用Viton-O-环。由于传感器盖与辊体之间存在缝隙，因此相当于带材的径向压力直接作用在了传感器上。压电式板形仪的结构如图 2.4 所示。

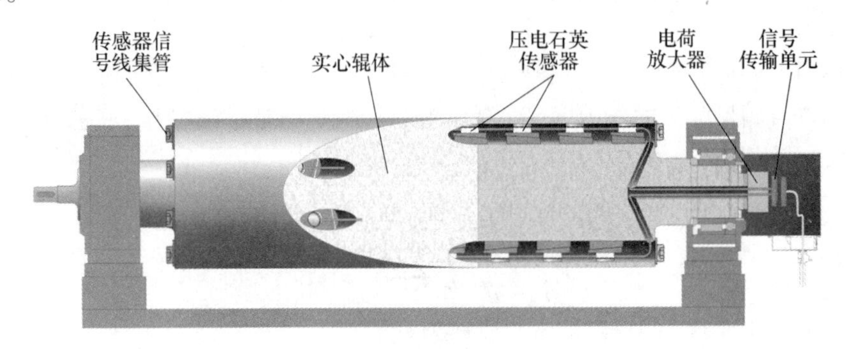

图 2.4　压电式板形仪结构

板形仪上的每个传感器对应一个测量段，测量段的宽度有 26mm 和 52mm 两种规格。传感器沿辊身分布状况是中间比较稀疏，两边相对密集，这是因为边部带材板形变化梯度较大，中间部分带材板形变化梯度相对较小。为了节省信号传输通道，这些压电石英传感器沿辊身的分布并不是直线排列的，而是互相错开一定的角度，这样在板形仪旋转过程中不在同一个角度上的若干个传感器就可以共用一个通道传递测量信号。由于传感器彼此交错排列，因此传感器发送的信号也是彼此错开的。例如，若沿板形仪圆周方向划分为 9 个角度区，则每个角度区对应的传感器数目最大为 12 个，因此板形仪只需要有 12 个信号传输通道就可以同时传输一个角度区上各个传感器所测得的板形测量值，如图 2.5 所示。

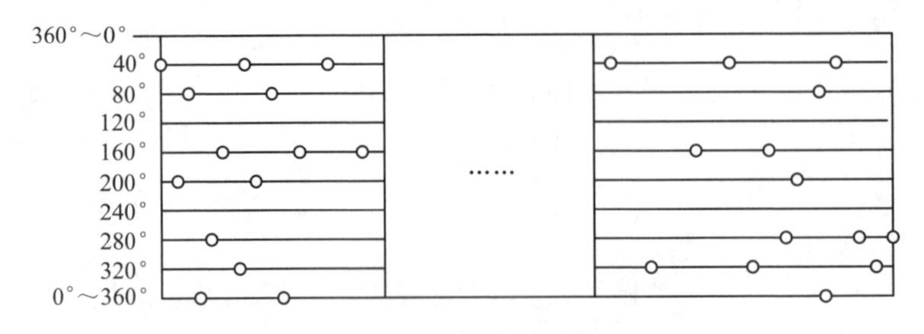

图 2.5　压电式板形仪传感器沿辊面分布展开

2.2.2　压电式板形仪的板形检测原理

一些离子型晶体的电介质（如石英、酒石酸钾钠、钛酸钡等）在机械力的作用下，会产生极化现象，即在这些电介质的一定方向上施加机械力使其变形时，就会引起它内部正负电荷中心相对转移而产生电的极化，从而导致其两个相对表面（即极化面）上出现大小相等、符号相反的束缚电荷，且其电位移与外加的机械力成正比。当外力消失时，又恢复原来不带电的状态；当外力变向时，电荷极性随之改变。这种现象称为正压电效应，或简称为压电效应。压电式板形仪采用的就是具有压电效应的传感器进行板形测量的。压电式板形仪的传感器如图 2.6 所示。

图 2.6　压电式板形仪上的压电石英传感器

压电石英传感器在带材径向压力作用下产生电荷信号，这些电荷信号经过电荷放大器转变为电压信号，通过测量该电压信号的值就可以换算出带材在板形仪上施加的径向压力。压电石英传感器测量精度可达 0.01N。与 ABB 板形仪不同的是，由于压电式板形仪不存在辊环，压电石英传感器所测径向压力值就是带材作用在传感器受力区域上的实际径向压力大小。因此，压电式板形仪测量值的计算无需引入出口张力，只需要进行简单的板形仪受力分析即可根据径向力测量值、板形仪包角、各测量段对应的带材宽度、厚度等参数即计算出每个测量段处的带材板形值，详细的板形测量值计算模型将在 2.6.2 节中进行详细描述。另外，如果轧机出口安装有高精度的张力计，也可以通过引入出口带材总张力按照式（2.1）计算张应力分布。

2.3　压磁式和压电式板形仪信号处理的区别

目前，在冷轧带材板形检测设备中，压磁式板形仪和压电式板形仪的使用量是最大的。因此，研究它们在板形信号处理上的不同特点可以帮助我们有针对性地开发精确的板形测量模型，提高板形测量精度。

2.3.1　信号传输环节的区别

以 ABB 公司为代表生产的压磁式板形仪在信号传输环节采用的是滑环配合电刷的方式，传感器测得的板形信号首先进入集流装置，然后通过滑环与电刷之间的配合进行传输，如图 2.7 所示。

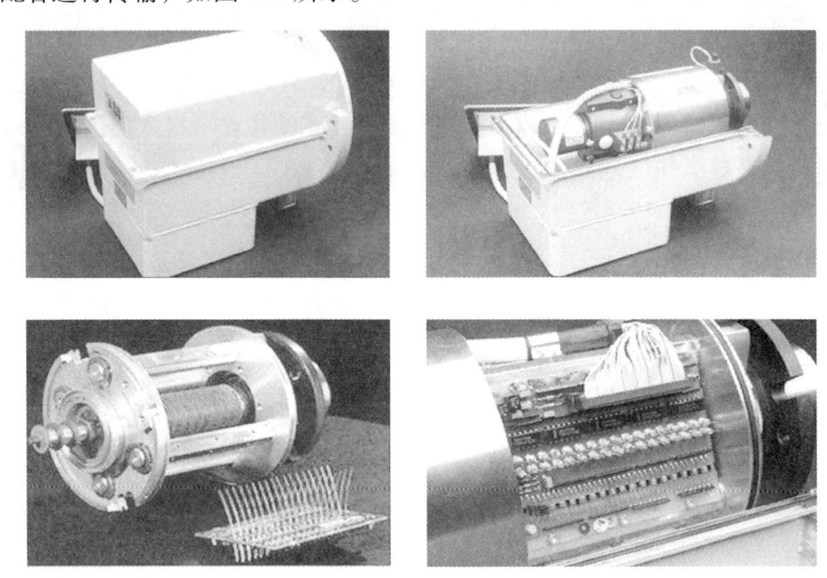

图 2.7　压磁式板形仪的信号传输方式

这种传输方式的优点是输出信号大、过载能力强、寿命长、抗干扰性能好、结构简单及测量精度较高，传感器在压力的作用下产生相应的电压信号，电压信号直接通过滑环传输到控制系统的 A/D 模板，减少了在信号传输环节的失真与信号转换误差。但是，这种传输方式也存在着缺点。因为信号传输通过电刷完成，容易在滑环和电刷之间产生磨损，长时间运行后产生摩擦颗粒附着在滑环与电刷之间，使板形测量信号失真。

BFI 类型的板形仪分为固定端和转动端，其信号传输实物图如图 2.8 所示。

在信号传输环节采用无线传输模式，如图 2.9 所示。

压电式板形仪的信号无线传输具有通道少、测量精度高的优点，同时也避免了由滑环和电刷的磨损造成的信号失真。但是，压电式板形仪的板形信号处理流程较长，增大了信号处理难度，需要在每个处理环节上都要制定完善的方案，保证每个环节的信号精度。压电石英传感器在带材径向压力作用下产生电荷信号，这些电荷信号经过电荷放大器转变为电压信号，再经滤波、A/D 转换、编码，然后通过红外传送将测量信号由旋转的辊体中传递到固定的接收器上，再经解码后传送给板形计算机，压电式板形仪的信号处理过程如图 2.10 所示。

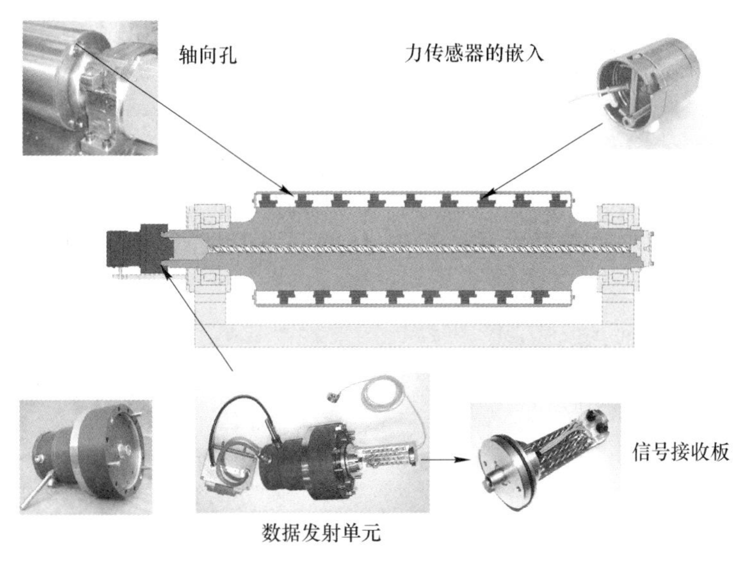

图 2.8　压电式板形仪的信号传输实物图

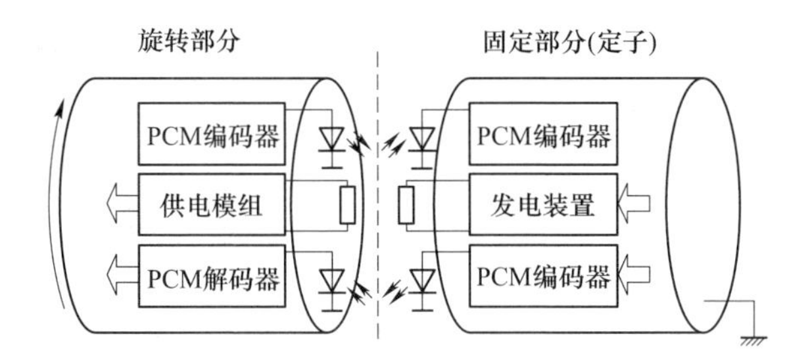

图 2.9　压电式板形仪的信号传输方式

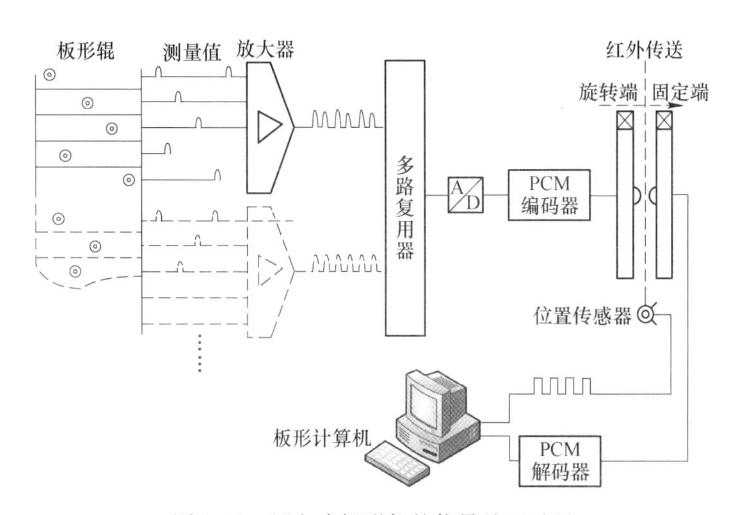

图 2.10　压电式板形仪的信号处理过程

2.3.2　信号处理方式的区别

由于压磁式板形仪上传感器沿辊身的分布与压电式板形仪不同，因此，它们所测量的板形信号的形式也是不一样的。压磁式板形仪的传感器沿辊身轴向分布，每隔90°沿轴向有一排传感器，因此，它测量的带材板形是实时的带材横断面板形分布。压磁式板形仪的传感器分布与板形测量信号分布对应关系如图2.11所示。

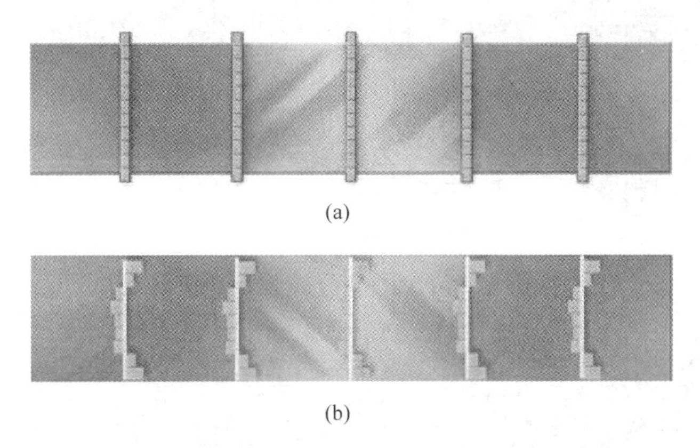

图2.11　压磁式传感器沿辊身表面的展开图分布与板形信号分布的对应关系
（a）板形仪展开图中的传感器分布；（b）板形信号沿带材的分布

对于压电式板形仪而言，由于压电石英传感器沿辊身是互相错开一个角度分布的，因此，板形信号并不是实时带材横断面的板形分布。压电式板形仪的传感器分布与板形测量信号分布的对应关系如图2.12所示。

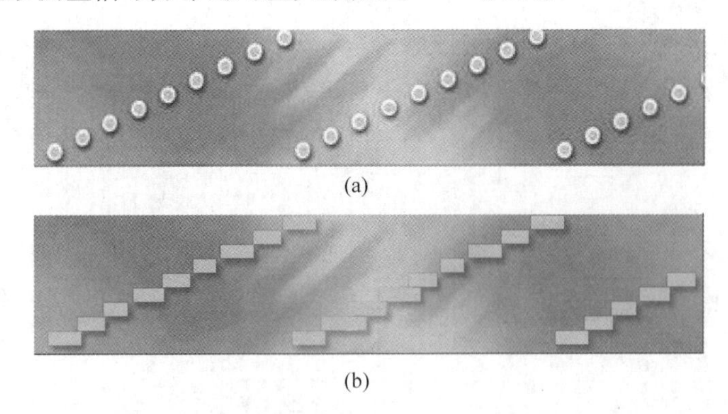

图2.12　压电式传感器沿辊身表面的展开图分布与板形信号分布的对应关系
（a）板形仪展开图中的传感器分布；（b）板形信号沿带材的分布

压磁式板形仪的传感器沿辊身为直线分布，优点是可以保证在同一时刻测到的板形是同一个断面上的，但它的缺点是不能将其他时刻的板形信息考虑进来，容易漏掉局部离散的板形缺陷。压电式板形仪传感器沿辊身互相错开一定的角度，可以将其他时刻的板形信息考虑到本周期的板形测量中，但是不能准确测得同一断面在同一时刻的板形分布，而需要在信号处理系统中进行数学回归，增加了信号处理难度。

2.4　其他类型板形检测技术

2.4.1　其他类型的平直度检测

前面介绍了 ABB 公司的压磁式板形仪和 BFI 类型的压电式板形仪两种接触式板形仪。接触式板形仪的检测信号为直接信号，板形检测精度高，信号保真性好，信号易处理，调试和标定过程稳定可靠，但对板形仪的辊面精度要求高，辊面磨损后须对其重新打磨，否则易划伤带材表面，重新打磨后需重新标定。

非接触式板形仪在板形检测过程中不与带材表面接触，不会划伤带材表面，使用寿命长。但非接触式板形仪检测信号为非直接信号，板形检测精度较接触式板形仪低，信号易失真，信号处理难度大。主要检测方法有振动法、激光法等，本节主要介绍采用振动法、激光法并已应用于轧制生产线上的板形仪，分别为 SI-FLAT 板形仪、激光式板形仪，并介绍采用气压法在实际现场应用较多的接触式空气轴承式板形仪。表 2.1 给出了冷轧带材板形检测技术主要分类。

表 2.1　冷轧带材板形检测技术主要分类

分　类	方　法	检　测　设　备
接触式	测张法	ABB 压磁式板形仪
		BFI 压电式板形仪
		Vidimon、川崎制铁空气轴承式板形仪
非接触式	振动法	SI-FLAT 板形仪
	激光法	激光式板形仪

2.4.1.1　SI-FLAT 板形仪

气流激振-涡流测幅方法是目前应用较广的方法，其中，西门子公司开发的 SI-FLAT 板形仪如图 2.13 所示。其采用非接触式测量原理，最大限度地降低了划痕的风险，并降低了操作和维护成本。

A　SI-FLAT 板形仪结构及检测原理

SI-FLAT 板形检测系统主要包括带有气孔和涡流测距传感器的感应装置，用于产生低压气流的风机，从风机到压力平衡罐的空气管道，用于风机和调节器的传动控制设备，用于信号处理和板形分布计算的计算机装置。SL-FLAT 板形仪测量原理示意图如图 2.14 所示。

图 2.13　SI-FLAT 板形仪

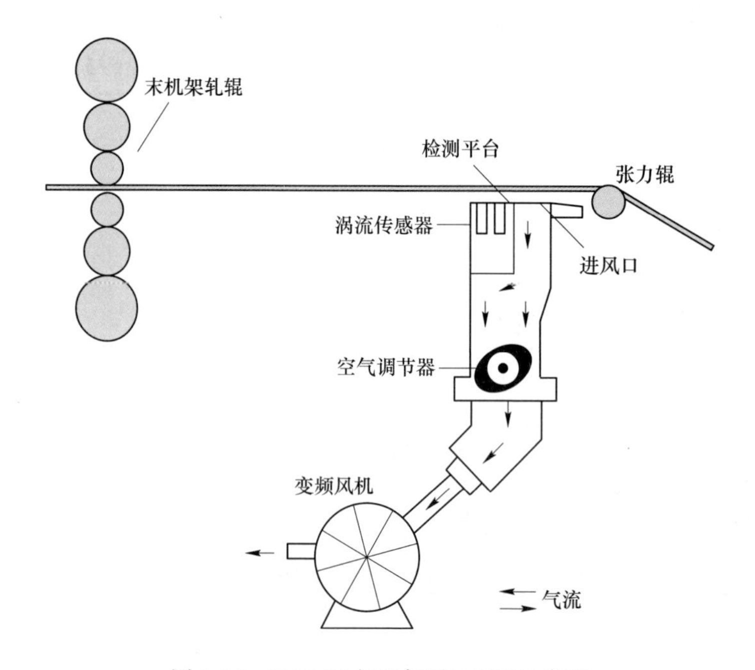

图 2.14　SI-FLAT 板形仪测量原理示意图

SI-FLAT 板形仪工作原理：对带材进行周期性的激振，测量沿带材宽度方向的激振高度，用激振高度的分布来衡量带材的张力分布及平直度。激振力产生于轧制线下方 5mm 左右的气孔板与带材间所构成的空间，通过一台变频风机把带材与平板之间的空气抽走，在带材下侧和平板之间形成低压。利用空气通道中由变频电机控制转速的空气调节器，使带材下部的空气产生 3～10Hz（须避开带材的共振频率）的正弦型周期振荡，从而造成带材产生同频率的周期振动。针对不同规格的带材，通过调节风机使带材的平均振幅保持在 100～200μm 的范围。利用非接触式涡流测距传感器测量出带材的振幅，并通过快速傅里叶变换计算出带材在激振频率下的受迫振动振幅，再将带材的受迫振动振幅通过板形计算模型转换为带材的板形。

由于 SI-FLAT 板形仪结构的特点，决定了其与传统接触式板形仪相比有以下几个方面的优点：测量频率不依赖于轧制速度，测量分辨率高，具有极强的抗干扰能力，较长的使用寿命。

a 测量频率不依赖于轧制速度

传统接触式板形仪是通过安装在板形仪上的传感器随辊体每转一圈输出一些测量值，若轧制速度低时，测量频率也是较慢的。而 SI-FLAT 非接触式板形仪是基于时间的测量，所以测量频率不依赖于轧制速度，即使轧机停止，系统也可以进行测量。对于不同的轧制速度，SI-FLAT 非接触式板形仪都可以每秒测量 10 次以上。快速的响应时间，使板形控制系统可以及时调整板形，减小带材超差长度。

b 测量分辨率高

由于 SI-FLAT 非接触式板形仪的传感器位于轧制线下方，与带材脱离接触。这种结构方式允许其传感器的安装间隔小于传统的板形仪。ABB 压磁式板形仪及 BFI 压电式板形仪每个测量区的宽度通常为 52mm，边部考虑分段宽度细化，可选择为标准宽度的一半，即 26mm。可见传统接触式板形仪测量区宽度最小也要达到 25mm，而 SI-FLAT 非接触式板形仪传感器的直径可以做到 18mm 甚至更小，这对于带材的边部测量来说尤为重要。因此，非接触式板形仪的板形测量分辨率高。

此外，SI-FLAT 非接触式板形仪还具有极强的抗干扰能力，完全摆脱了轧制机组生产时张力波动对板形实测结果的影响。在设备维护方面，标定时设备不需从轧线拆卸，仅需一个覆盖所有传感器的标定板即可实现快速标定。与传统系统相比，由于磨损的减少和快捷的维护，加上传感器表面有可防止被异物损坏的金属板覆盖，且各传感器的使用状态由电气系统实时监控，因此非接触式板形仪的使用寿命更长。一旦板形仪出问题，仅需单独更换具体的测量元件即可，而不需要更换整套的测量装置，从而可节约投资和维修费用。

由于 SI-FLAT 非接触式板形仪不存在与板面接触的磨损，不需标定装置且测量结果不受带材速度的影响，并可达到甚至超过接触式板形仪的检测精度，因而随着用户对带材表面质量要求的日益提高，SI-FLAT 非接触式板形仪在冷轧领域的应用越来越广阔。

B SI-FLAT 板形仪计算模型

以国内某冷连轧机组采用的 SI-FLAT 板形仪为例，其最大测量宽度可达 2100mm，适用温度最高可达 80℃；共有 110 个涡流传感器，传感器根据安装的位置可以分为 3 个区域，分别为操作侧区域、中心区域和传动侧区域。

如图 2. 15 所示，在中心区域有 10 个传感器，传感器的间距为 60mm；在操作侧区域和传动侧区域分别各有 50 个传感器，传感器的间距为 15mm。由于传感器的直径大小为 18mm，大于操作侧区域和传动侧区域的传感器间距，所以在操作侧区域和传动侧区域，传感器采取间隔性双排布置的方式。与在冷轧带材应用最为广泛的接触式板形仪相比，SI-FLAT 板形仪的传感器布置间距更小，使得对相同宽度带材的检测点更多，理论上能更好地反映板形分布，这一点对于带材边部区域尤为重要。

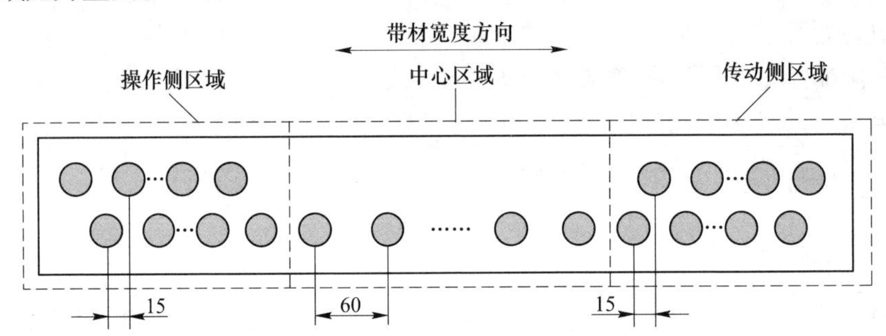

图 2. 15　涡流测距传感器沿带材宽度方向布置情况

SI-FLAT 板形仪通过对带材施加随时间呈正弦变化的激振力，使带材产生受迫振动，利用涡流测距传感器测量出带材沿宽度方向作受迫振动的振幅，再通过振幅与板形之间（张应力）的计算模型，计算得到带材的板形。SI-FLAT 板形仪检测带材受力如图 2. 16 所示。

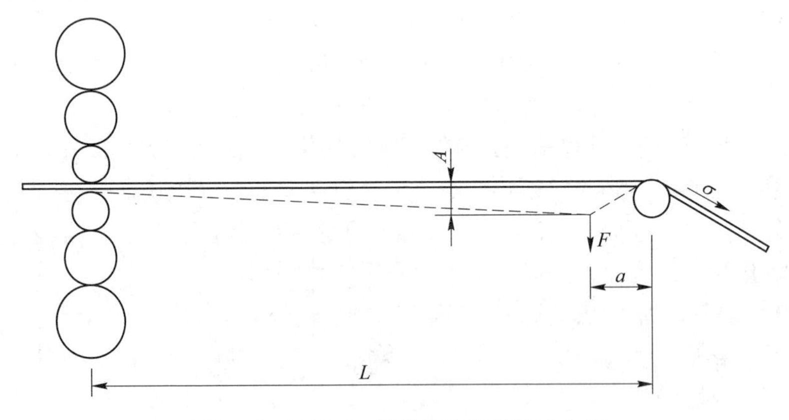

图 2. 16　SI-FLAT 板形仪检测带材受力图

其中机架出口到张力辊中心的距离 L 远远大于激振力到张力辊中心的距离 a，SI-FLAT 板形仪的板形计算模型为：

$$\sigma(i) = \frac{F}{bd} \cdot \frac{a}{A(i)} \tag{2.3}$$

式中 $\sigma(i)$——第 i 个测量段的带材张应力，MPa；

F——施加随时间呈正弦变化的激振力，N；

$A(i)$——带材第 i 个测量段受到的振幅。

由带材第 i 个测量段的张应力与带材平均应力之差和胡克定律得：

$$\lambda(i)=\frac{\nabla L(i)}{L}=-\frac{\sigma(i)}{E}\left[\frac{\frac{1}{A(i)}-\overline{\frac{1}{A}}}{\overline{\frac{1}{A}}}\right]\times 10^5 \tag{2.4}$$

式中 $\lambda(i)$——第 i 个测量段带材的板形值，IU；

$\frac{\Delta L(i)}{L}$——第 i 个测量段带材相对长度差；

$\sigma(i)$——第 i 个测量段带材张应力，MPa；

E——杨氏模量，MPa；

$\overline{\frac{1}{A}}$——带材各测量段振幅倒数的平均数。

2.4.1.2 激光式板形仪

随着激光技术、光电元件的进步，采用激光作光源的非接触式平直度板形检测仪已广泛应用。常见的激光带材板形测量方法有激光莫尔法、激光光切法和激光三角法。本小节着重介绍采用激光三角法的 ROMETER F200-3 平直度仪。

A 激光莫尔法

当两块光栅重叠或一块光栅和它的像重叠时，栅线交点的轨迹被称为莫尔条纹。而莫尔条纹等高线是利用格栅来实现的。所谓格栅，就是一个二维光栅，利用格栅就可以形成被测物体表面轮廓的等高线。这种反映被测物体三维形状的等高线图称为莫尔条纹等高线图。图 2.17 所示为照射型莫尔条纹等高线法测量原理。

等高线的间隔 Δh_N 代表相邻两莫尔条纹的深度差，其条纹深度 h_N 可由式（2.5）计算得到：

$$h_N=\frac{N\omega_0 l}{d-N\omega_0} \tag{2.5}$$

式中 d——点光源到观察点的距离；

ω_0——格栅 G 的栅距。

激光莫尔法属于三维形状测量方法，可以实时测量带材的真实形状。适当进行数据处理可以克服带材跳动造成的平直度测量影响。然而采用格栅照射法测量带材板形时，需要一块大型耐热格栅，在实际测量中，大型格栅的加工、耐热、变形、安装等，都妨碍了测量系统可靠性的提高。此外，莫尔条纹等高线的自动识别（级次、高度），由莫尔条纹等高线推算带材板形等问题还有待进一步的研究。

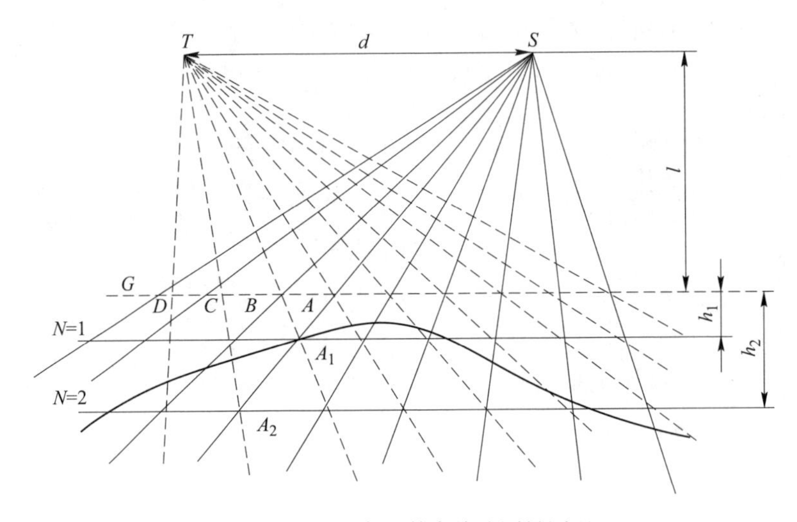

图 2. 17　莫尔条纹等高线法测量原理

B　激光光切法

激光光切法是一种激光扫描计量技术，即利用方向性强和高能量密度的激光束对被测带材表面扫描。当带材无平直度不良等板形缺陷时，激光扫描线为空间直线；当带材出现平直度不良等波浪形状时，激光扫描线为空间曲线。找出曲线与浪形之间的关系，即可用该方法测量板形。

单束激光沿带材宽度方向倾斜扫描带材的情况如图 2. 18 所示。

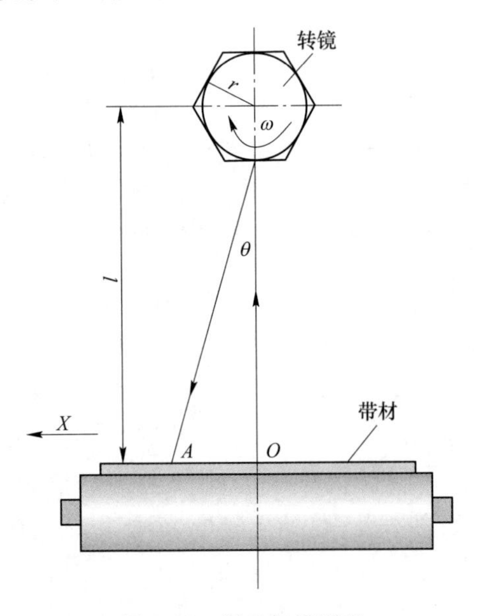

图 2. 18　激光扫描原理

当扫描转镜以 ω 角速度转动时，扫描角 $\theta=2\omega t$，扫描光斑沿带材表面的速度 $v=\frac{\mathrm{d}x}{\mathrm{d}t}$，由图可知，当 $r\ll1$ 时，有 $x=l\tan\theta$，求导数可有：

$$v=\frac{\mathrm{d}x}{\mathrm{d}t}=l(\tan\theta)'=\frac{2l\omega}{\cos^2\theta} \tag{2.6}$$

当 $\theta=0$ 时，$v=2\omega t$ 为最小值；当 $\theta\neq0$ 时，$v>2\omega l$。

光斑扫描速度随扫描角度变化而变化，当使用面阵 CCD 接收激光扫描光斑图像时（A 点），各点光斑图像的亮度是非均匀的。另外，由图 2.18 还可看出，扫描光斑尺寸和形状随扫描角度 θ 的变化会造成光斑光强出现偏差。若测量原理涉及扫描速度和光斑光强，可能会引入测量误差。

1987 年由松井健一等人最先提出采用三束激光扫描测量带材平直度的方法，其示意图如图 2.19 所示。三束激光沿带材运动方向分布为 3 个光斑，相邻光斑间隔 400mm，当带材因板形缺陷产生浪形时，光斑相对基准位置 A_0、B_0、C_0 发生位置移动至 A、B、C；通过标定过程可以确定 A_0、B_0、C_0、θ_1、θ_2、θ_3、L_{12}、L_{23}的数值，ΔX_1、ΔX_2、ΔX_3 可由设置在被测带材上方的摄像机测量确定。

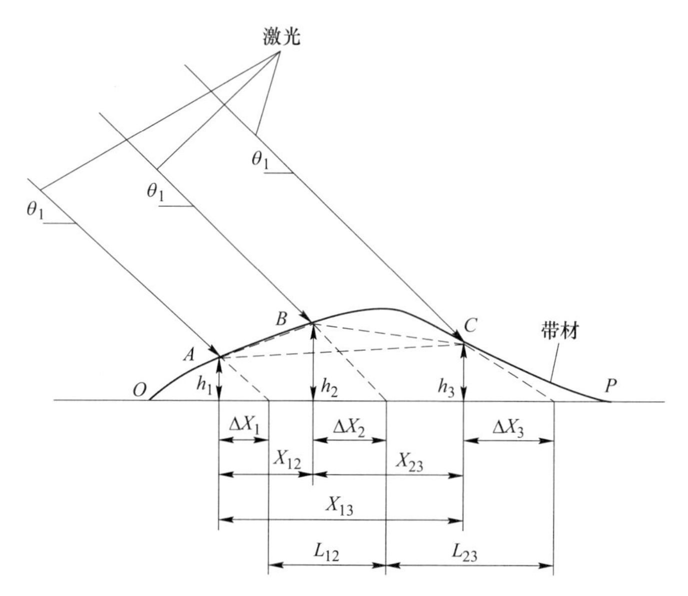

图 2.19　三束激光光切法测量原理

根据图 2.19 中几何关系可得：

$$h_1=\Delta X_1\tan\theta_1,\ h_2=\Delta X_2\tan\theta_2,\ h_3=\Delta X_3\tan\theta_3$$

$$X_{12}=L_{12}+\Delta X_1-\Delta X_2,\ X_{23}=L_{23}+\Delta X_2-\Delta X_3,\ X_{13}=X_{12}+L_{23}$$

$$\overline{AB}=\sqrt{X_{12}^2+(h_2-h_1)^2},\ \overline{BC}=\sqrt{X_{23}^2+(h_3-h_2)^2},\ \overline{AC}=\sqrt{X_{13}^2+(h_3-h_1)^2}$$

通常相对延伸差 ρ 可由式（2.7）计算：

$$\rho = \frac{OP - \overline{OP}}{OP} \times 10^5 \tag{2.7}$$

考虑到实际需要及测量方便，可以用近似值 ρ_0 来评价相对延伸差：

$$\rho_0 = \frac{\overline{AB} + \overline{BC} - \overline{AC}}{\overline{AC}} \times 10^5 \tag{2.8}$$

C　激光三角法

激光三角法是最常用的激光测量位移方法之一，最早用于热轧带材平直度的测量。这种测量方法简单、响应速度快，在线数据处理容易实现，根据激光三角法设计的 ROMETER F200-3 平直度仪已经应用于板形测量领域。

a　ROMETER F200-3 平直度仪的结构及测量原理

ROMETER F200-3 平直度仪主要由传感器箱、冷却箱、风机、控制柜、稳压变压器、电源分配箱、警示灯箱、现场控制盒、人机界面等构成，平直度测量系统结构如图 2.20 所示。

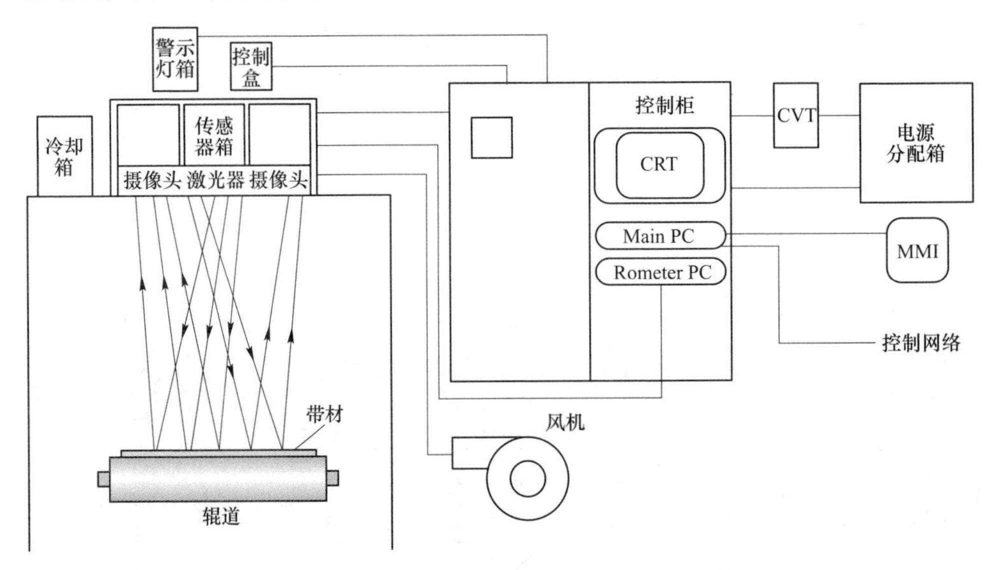

图 2.20　ROMETER F200-3 平直度仪系统结构

控制柜内含两台工控机，一台为 Rometer PC，另一台称为 Main PC。Main PC 与传感器箱中的调度计算机联网，将摄像头的光点位置信号转换为带材纤维高度，计算出对应的纤维长度及平直度。Main PC 提供用户对系统的维护接口，并用于对环境温度的监控、对轧机信号（如咬材、带材速度等）的响应、对标定工具的监控，以及与控制计算机的网络接口等。MMI 用于操作工对带材平直度进行控制，并采取适当措施进行手动干预控制。计算机负责对应的摄像头信号的采集处理。

ROMETER F200-3 平直度仪的测量原理是通过测量带材上不同位置的纵向纤维长度来计算平直度指标。首先测量出带材速度并计算出一定时间间隔内各纤维条的长度，然后根据各纤维条的长度计算出不同的平直度指标。

b ROMETER F200-3 平直度仪检计算模型

ROMETER F200-3 平直度仪对带材各纤维条高度的测量基于光学三角测量原理，如图 2.21 所示。实际测量前，ROMETER F200-3 平直度仪现场传感器箱中的 5 组激光器和相应的 5 个摄像头根据带材的目标宽度设定好各自的角度。角度的定位依据以下原则：第 1 组和第 5 组激光分别距离带材边部 100mm，第 3 组激光位于带材中心线上，其余 2 组激光均布在带材两侧。测量时激光器中的激光二级管发出的激光照射到带材表面上并反射到作为激光接收器的摄像头中。

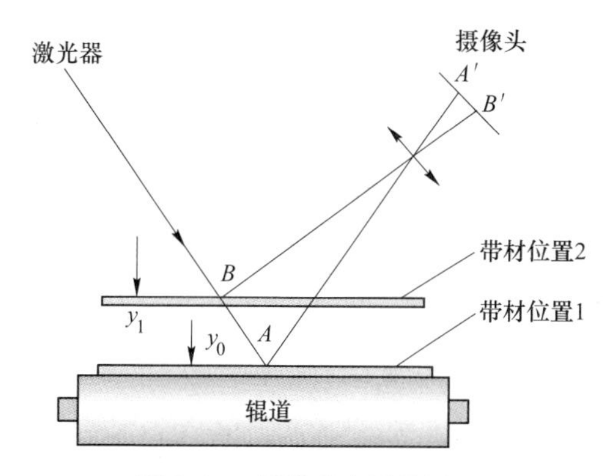

图 2.21 纤维高度测量原理

由于测量时发射器的轴线和接线器的轴线相对于辊面固定不动，因此当带材高度从 y_0 变化到 y_1 时，带材表面上激光点从 A 转移到 B，同时成像点由 A'转移到 B'。根据已知的几何数据、激光器和摄像头的设定角度以及标定数据，就可从 $A'B'$计算出相应的带材高度变化。

如图 2.22 所示，假设带材从右向左运动，以一个基准平面（输出辊道）为准，在 t_1、t_1、…、t_n 时刻，则可测量出辊面对应时刻的带材瞬时高度 y_1、y_1、…、y_n。

根据下面关系即得到纤维长度 L：

$$L = \sum_{i=1}^{n} \sqrt{(y_i - y_{i-1})^2 + v_i^2 (t_i - t_{i-1})^2} \tag{2.9}$$

这里 v_i 是测量 t_i 时刻的带材速度，而 n 是一个积分期间高度采样的数目。带材速度由用户以模拟信号形式给出。速度测量精度不是很关键，因为所有波纹长度都如此测量。

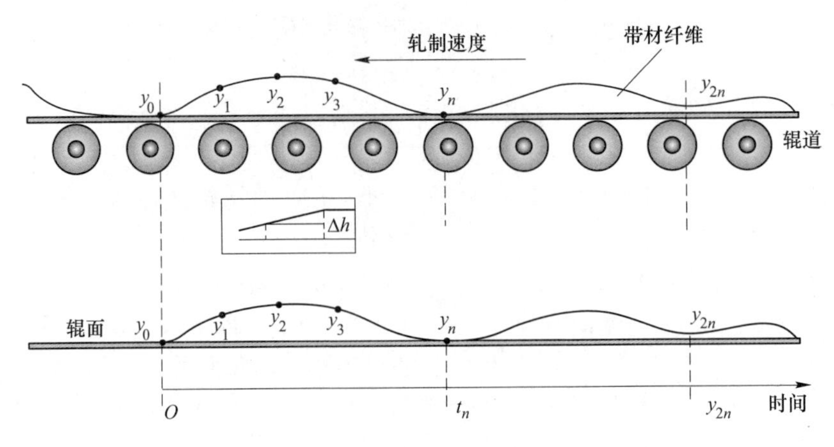

图 2.22　纤维长度测量原理

根据计算出的条纤维长度 $L_1 \sim L_2$，平直度仪可以计算出各种平直度指标 λ_0 主要包括：

（1）伸长率

$$\begin{cases} \lambda o_{1-3} = (L_1 - L_3)/L_3 \\ \lambda o_{2-3} = (L_2 - L_3)/L_3 \\ \lambda o_{4-3} = (L_4 - L_3)/L_3 \\ \lambda o_{5-3} = (L_5 - L_3)/L_3 \end{cases} \tag{2.10}$$

（2）对称性

$$\begin{cases} \lambda o_{1+5-3} = [(L_1 + L_5)/2 - L_3]/L_3 \\ \lambda o_{2+4-3} = [(L_2 + L_4)/2 - L_3]/L_3 \end{cases} \tag{2.11}$$

（3）水平度

$$\begin{cases} Ro_{1-5} = (L_1 - L_5)/(L_1 + L_5) \\ Ro_{2-4} = (L_2 - L_4)/(L_2 + L_4) \end{cases} \tag{2.12}$$

2.4.1.3　空气轴承式板形仪

空气轴承式板形仪是一种使用空气轴承的组合辊，其通过测量空气轴承中气体压力来测定带材中的张应力。

图 2.23 所示为英国洛威-罗伯逊（Loewy-Robertson）工程公司制造的 Vidimon 空气轴承式板形仪，图 2.24 所示为板形仪横断面。板形仪由固定轴、一组转动辊环、空气入口、内置静压转换器的油密封端头箱及信号输出端组成。板形仪的中心是一根固定轴，外面是一排辊环，在压力检测部分和辊环之间通以高压空气形成气垫，辊环悬浮在气垫上可自由地在轴上转动，此即所谓空气轴承。为提高带材边部检测精度，可以选择不同宽度的辊环，并采用中间宽辊环、两边

窄辊环的配置方式。在固定轴内装有压力检测元件，当带材对辊环的压力改变时，轴承内空气层的压力也变化，这种压力变化可由检测元件测出。将各辊环内的检测元件测得的信号引出，经过处理，可以给出张应力沿宽向的分布。

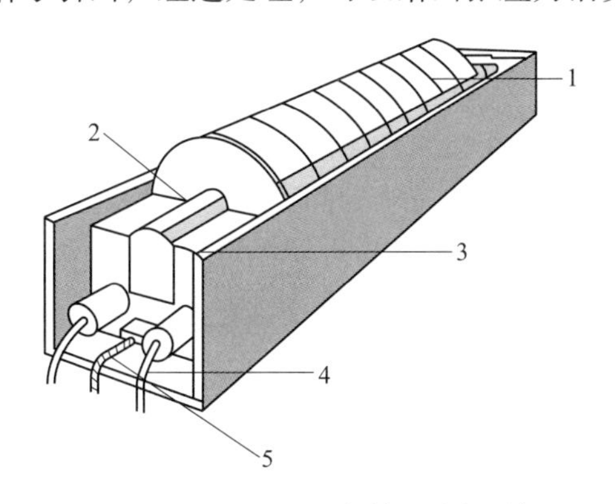

图 2.23 Vidimon 空气轴承式板形仪

1—固定轴；2—转动辊环；3—油密封的端头箱，内置静压转换器；4—信号输出；5—空气入口

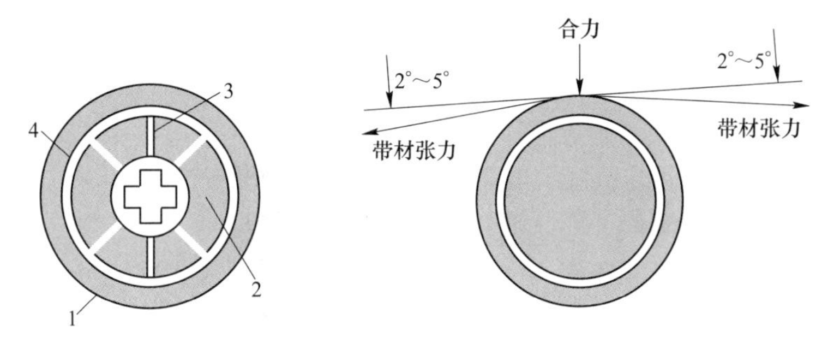

图 2.24 Vidimon 空气轴承式板形仪横断面

1—转动辊环；2—固定轴；3—压力检测部分；4—空气注入口

川崎制铁设计了结构类似的空气轴承式板形仪，但其气体压力的测定方法有所不同。如图 2.25 所示，与每个辊环相对应，在空气轴承的最高和最低两个位

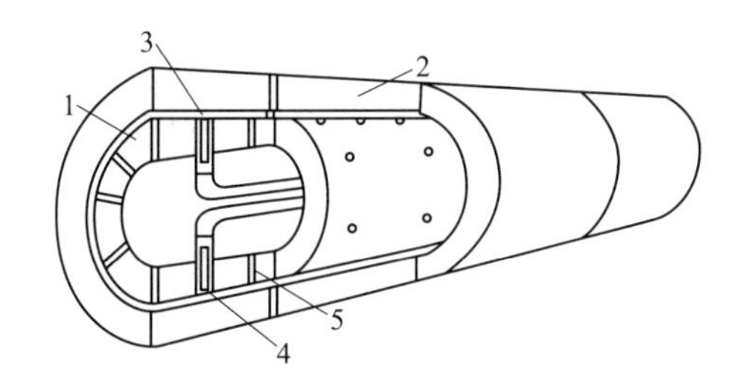

图 2.25 川崎制铁空气轴承式板形仪

1—固定轴；2—转子；3，4—气压检测通道；5—喷气口

置上有两个传送气体的通道，它通到装有固定轴端头的压力传感器上。当带材对分段辊的辊环施加压力时，能够改变空气轴承内气体压力的分布，固定轴上部压力增大，下部压力减小，且张力越大，这两部分的压力差也越大。利用转子（即辊环）所承受垂直压力和转子输出（气压差）之间存在的线性关系，将转子上下两个通道对应的压力传感器压力差以电信号的形式输出，经过电子回路的处理，可以在显示装置上显示出带材的张应力分布。

这种板形仪的转动惯量小，辊环和固定轴之间无摩擦，所以带材对板形仪的包角可以很小。Vidimon 空气轴承式板形仪包角只有 2°~5°，不会擦伤带材表面，所以它特别适用于箔材等精密材料的板形检测。这种装置对工作环境的要求特别严格箔材生产可以满足这种要求。

2.4.2 边部减薄检测

对带钢边部厚度进行测量的仪器称为边降仪。边降仪装置主要厂商包括德国的 FAG 公司和 IMS 公司、美国的 RMC 公司和日本的 TOSHIBA 公司。根据辐射物体时会发生强度衰减的原理，边降仪主要分为 X 射线边降仪和同位素边降仪。

2.4.2.1 X 射线边降仪的测量原理

德国 IMS 公司提供的一种以 X 射线为载体的非接触式边降测量系统，可在不接触和无破坏的条件下完成边降区测量，且测量精度能达到 1‰。X 射线边降仪系统可以通过单独设定高压对辐射进行调整，并使得停止高压给定时射线立即停止，没有任何残余辐射，因此具有很高的安全性。

X 射线边降仪系统主要由 X 射线管 MXR161、高压发生器 HSG101、高压控制器 RSG100、电离室 KG20/20、放大传输单元 AMP、主控中心以及人机界面（HMI）组成。高压控制器控制高压发生器产生稳定高压，作用到 X 射线管上激发射线，同时还反馈包括阳极电流等必要的信号，用以确保发射的是恒定的射线强度。电离室把射线强度信号转换为微弱电压信号，经放大传输单元完成前置放大和指数放大后，送给控制器进行材质补偿等相关补偿运算后输出厚度值，同时也接受目标厚度进行偏差放大后输出偏差厚度。图 2.26 所示为 X 射线边降仪。

2.4.2.2 同位素边降仪的测量原理

同位素边降仪从高压射线管里发射具有放射性的光子，穿过带材时射线被带材吸收一部分，未吸收的射线进入电离室的填充气体电离，产生电流，电流和入射射线的强度成比例。电流通过计算机计算变成 0~10V 范围的电压信号，再通过特定的函数降电流转化为被测边降值。

图 2.27 所示为 ABB 公司开发的同位素和 X 射线复合边降仪，它兼有同位素和 X 射线两种边降仪的优点，沿着带钢中心线方向上并排安装 2 个传感器以检测边降值。X 射线边降仪对边部减薄区厚度作初步检测、控制以及进行数据记录，

图 2.26 X 射线边降仪

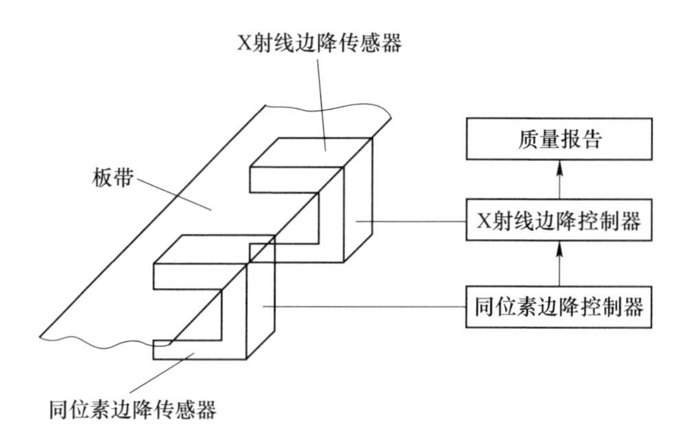

图 2.27 ABB 公司开发的同位素和 X 射线复合边降仪

而同位素边降仪利用其稳定性，为 X 射线边降仪提供测量修正值。

2.5 影响板形测量的主要因素

2.5.1 温度分布

轧制过程中，带材的金属变形热、摩擦、冷却等因素会使带材在宽度方向上温度分布不均匀，这导致带材沿横向出现不均匀的延伸。研究表明如果不进行横向温差补偿，会使得在线板形良好的带材在冷却至室温后，温差将转化为带材内部的应力差，进而导致板形缺陷。例如某带材的中部温度高于两边温度，带材横向热应力差使带材出现中浪的趋势，随后应对板形闭环进行调节，以保证带材的板形良好。如果未进行温度补偿，在线板形良好的带材冷却至室温后，带材的横向温度偏差随之消失，将导致带材中部拉紧，边部松弛，即出现双边浪的板形缺陷。

以长1m、线膨胀系数$\alpha=13.0\times10^{-6}℃^{-1}$、横向温差为5℃的碳钢为例，按照线弹性膨胀简化计算，可以得到产生的板形误差为：

$$\frac{\Delta l}{l}\times10^5=\frac{\Delta t\alpha l}{l}\times10^5=\Delta t\cdot\alpha\times10^5=5\times13.0\times10^{-6}\times10^5=6.5 \tag{2.13}$$

式中　Δl，l——分别为带材长度方向上的延伸差和基准长度，m；

α——带材线膨胀系数，$℃^{-1}$。

也就是说对于低碳钢来说，横向温差1℃会引起1.3IU的板形缺陷。因此，带材在宽度上的温差，必将影响最终的板形控制效果。为了消除带材横向温差对轧后板形的影响，可以采用温度补偿曲线的方法。

目前确定带材横向温度分布有以下三种方法。方法一是在线测量轧机出口的带材横向温度分布，图2.28所示为安赛乐米塔尔公司某冷轧镀锡板轧机出口的温度测量装置示意图。温度测量仪与板形闭环控制系统相连接，这样就实现了带材横向温度不均在线补偿。方法二是假设带材温度场的边界条件，以带材的塑性变形热、带材与轧辊的热传导和带材的分段冷却为基础建立数学模型，通过有限差分或者其他方法求解得到带材的横向温度分布。方法三是采用测温仪测量刚下机的带卷获得带材的横向温度分布。

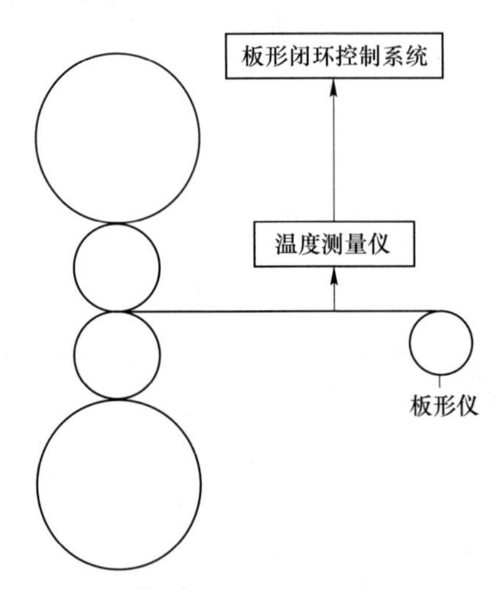

图2.28　在线测量温度板形目标曲线补偿装置

考虑生产成本和安装空间的限制，一般的冷连轧末机架出口没有配备在线测量带材横向温度分布的装置，不能实时测量带材的温度分布；采用解析法假设条件多，计算得不够准确。因此，针对特定轧机和带材规格一般通过红外非接触式测温仪测量刚下机的带卷的横向温度分布，并根据此温度分布情况设置板形补偿曲线。以某1450mm五机架冷连轧机组生产现场为例，为了获得准确的温度补偿拟合模型，统计了不同规格带材的轧机出口温度分布数据，且对同一规格带材统计了不同卷的平均温度分布数据。表 2.2 和表 2.3 所示分别为统计的样本钢卷规格参数及相应的带材横向温度分布。

表 2.2 统计的样本钢卷参数

规格序号	卷号范围	原料规格/mm×mm	成品规格/mm×mm	钢种	压下率/%
规格 1	8Y055645～8Y055650	4.0×1219	2.03×1219	DD11	49.0
规格 2	8Y055651	4.0×1219	1.98×1219	DD11	51.0
规格 3	8Y055659～8Y055662	4.0×1219	1.63×1219	DD11	59.0
规格 4	8Y055986～8Y055986	3.5×1250	1.10×1219	DD11	69.1
规格 5	8Y055992～8Y055998	3.5×1250	1.00×1219	DD11	72.1
规格 6	8Y056026～8Y056031	3.0×1250	0.785×1219	DD11	74.0

表 2.3 样本钢卷的轧后横向温度分布平均值 (℃)

带材宽度方向测温点序号	规格 1	规格 2	规格 3	规格 4	规格 5	规格 6
1	34.08	33.80	33.83	33.83	34.18	31.25
2	34.55	34.00	34.40	34.13	34.48	31.95
3	35.15	34.90	34.85	34.93	34.85	32.38
4	35.45	35.00	35.33	35.33	35.60	32.93
5	36.13	35.70	35.75	35.70	36.20	33.45
6	36.30	36.00	35.90	36.30	36.53	33.80
7	36.43	36.60	36.90	36.43	36.95	33.85
8	36.65	36.70	37.78	36.87	37.33	33.83
9	37.03	37.70	37.70	37.00	37.28	34.08
10	37.40	38.00	38.03	37.47	38.18	34.20
11	37.13	37.90	37.98	37.93	38.45	34.55
12	37.20	38.00	38.00	37.67	38.73	34.45
13	37.35	38.00	37.93	37.77	38.95	34.78
14	37.13	37.90	37.98	37.90	38.80	34.05
15	36.70	37.80	37.35	38.03	38.70	34.05

续表 2.3

带材宽度方向测温点序号	规格 1	规格 2	规格 3	规格 4	规格 5	规格 6
16	36.45	37.00	37.13	46.30	38.55	33.83
17	35.88	36.60	36.35	36.97	38.15	33.6
18	35.38	36.50	36.20	36.87	37.80	33.35
19	35.50	36.20	36.15	36.97	37.83	33.98
20	34.18	35.50	35.58	36.50	37.55	33.35

利用红外非接触式测温仪测量不同规格带材的横向温度，采用四次多项式拟合离散点，进而确定温度的分布函数，经过数据拟合后的温差分布函数为：

$$t(y) = a_4\left(\frac{2y}{b}\right)^4 + a_3\left(\frac{2y}{b}\right)^3 + a_2\left(\frac{2y}{b}\right)^2 + a_1\left(\frac{2y}{b}\right) + a_0 \tag{2.14}$$

式中，$a_0 \sim a_4$ 分别为曲线拟合后的温差分布函数的系数；y 为沿带材宽度方向坐标；b 为带材宽度。

带材的横向温差板形补偿值为：

$$\sigma_t(y) = \alpha_t[\bar{t} - t(y)] \tag{2.15}$$

式中　α_t——带材的线膨胀系数，℃$^{-1}$；

$\bar{t}$——带材宽度方向温度的平均值，℃。

轧制的带材钢种为 DD11，原料规格为 3.5mm × 1250mm，成品规格为 1.0mm×1219mm，线膨胀系数 $\alpha_t = 11.9\times10^{-6}$℃$^{-1}$。利用红外非接触式测温仪测量刚下机的带卷的若干组横向温度，对取其平均值，然后采用式（2.14）进行拟合，图 2.29 所示为带材的横向温度的平均值及温度的拟合曲线。

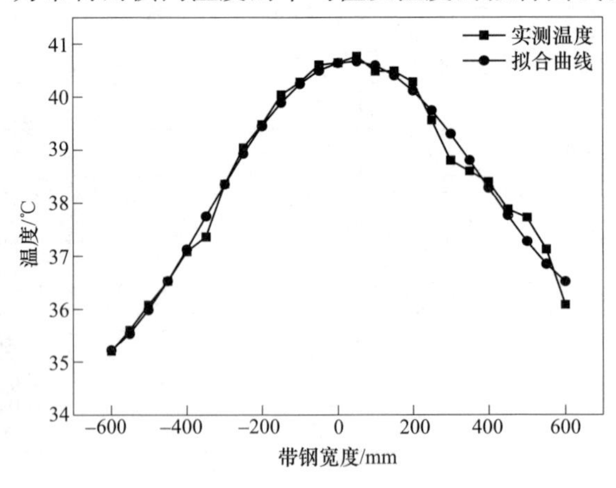

图 2.29　带材的横向温度

根据式（2.15）可以得到带材板形的补偿曲线，如图 2.30 所示。

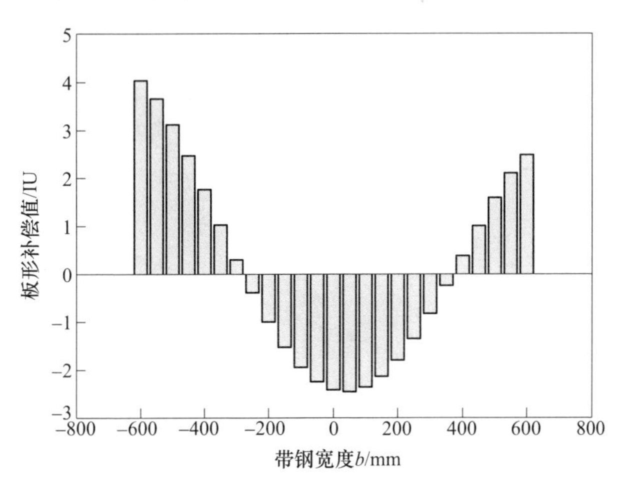

图 2.30 板形补偿曲线

2.5.2 安装偏差

由于安装空间和安装水平的限制，板形仪不可避免地会出现水平或者垂直方向的安装偏差。当板形仪在轧制过程中存在位置偏差时，若不及时对板形目标曲线或者板形仪的输出信号进行补偿，那么板形闭环控制系统就可能错误地调节弯辊、倾斜、横移等机构，使得带材在线板形标准偏差过大，导致板形缺陷的产生。影响板形测量的安装偏差主要归类为板形仪垂直位置偏差、水平位置偏差及轧机的主要几何参数，为了消除这种影响，本节给出了具体的补偿设定模型。

当板形仪的水平倾斜量 $\delta_h=0$，依次改变板形仪的垂直倾斜量，得到板形仪垂直倾斜量对板形偏差的影响；同理当板形仪的垂直倾斜量 $\delta_v=0$，依次改变板形仪的水平倾斜量，得到板形仪的水平倾斜量对板形偏差的影响。图 2.31 和图 2.32 所示分别为板形仪垂直倾斜量和水平倾斜量对板形偏差的影响。

2.5.2.1 垂直倾斜量对板形偏差的影响

从图 2.31 可以看出，当板形仪垂直倾斜量不变时，最大卷取直径引起的板形偏差小于最小卷取直径。当卷取直径最小，及板形仪垂直倾斜量在 0.02mm 以下时，引起的板形偏差值在 0.4IU 以下；当板形仪垂直倾斜量在 0.06mm 以下时，引起的板形偏差值在 0.8IU 以下；当板形仪垂直倾斜量大于 0.14mm 时，引起的板形偏差值在 1.6IU 以上。

2.5.2.2 水平倾斜量对板形偏差的影响

从图 2.32 可以看出，当板形仪的水平倾斜量不变时，最大卷取直径引起的

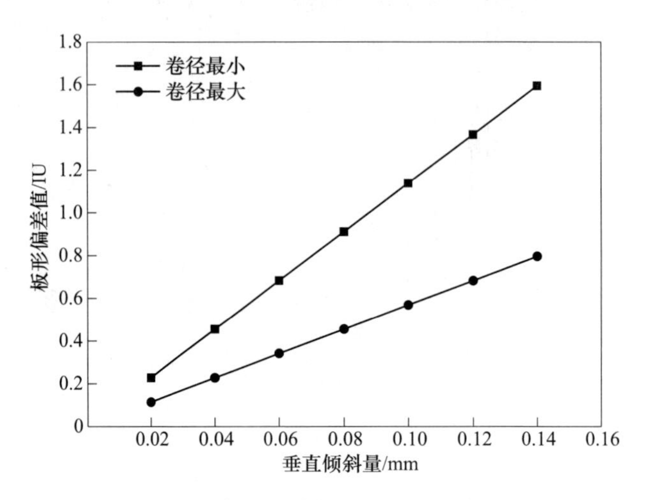

图 2. 31　板形仪的垂直倾斜量对板形偏差的影响

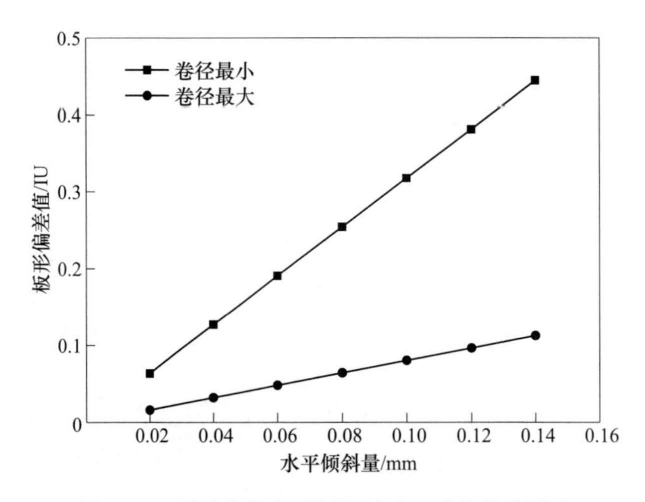

图 2. 32　板形仪的水平倾斜量对板形偏差的影响

板形偏差小于最小卷取直径。当卷取直径最小，及板形仪的水平倾斜量在 0. 02mm 以下时，引起的板形偏差值在 0. 1IU 以下；当板形仪的水平倾斜量在 0. 06mm 以下时，引起的板形偏差值在 0. 2IU 以下；当板形仪的水平倾斜量大于 0. 14mm 时，引起的板形偏差值在 0. 4IU 以上。

2. 5. 2. 3　设备主要几何参数对板形偏差的影响

考虑到实际工程应用中，轧机的主要几何参数的数量级相对于板形仪的位置偏差量较大且不可避免地存在测量偏差，因此需要分析轧机的主要几何参数对板形偏差的影响。

图 2.33 所示为板形仪与轧机出口的距离 L_1、板形仪与卷取机的中心垂直距离 L_2、板形仪与卷取机的中心水平距离 L_3 和板形仪辊身直径 D_1 的测量偏差对板形偏差的影响。在计算过程中，将 L_1、L_2、L_3 和 D_1 依次改变 2mm、4mm、6mm、8mm、10mm。

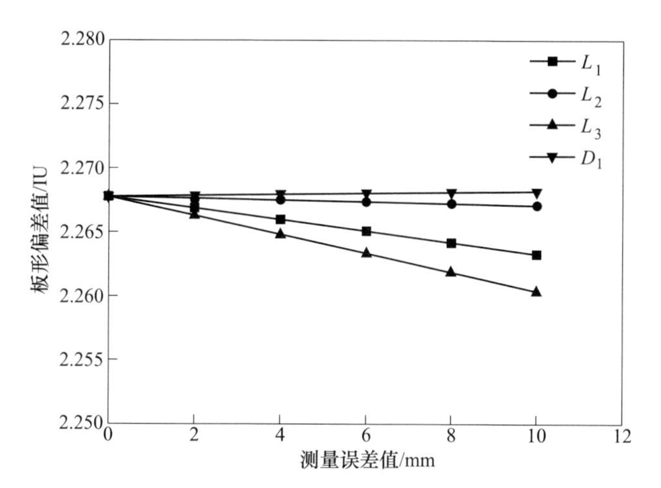

图 2.33 设备安装的主要几何参数对板形偏差的影响

从图 2.33 可以看出，当测量偏差值为 10mm 时，引起的最大板形偏差改变值为 0.008IU。与图 2.31 和图 2.32 进行对比，可以发现设备安装主要几何参数的测量偏差引起的板形偏差很小，可以近似忽略不计。

从计算模型的结构来看，当 L_1、L_2、L_3 和 D_1 存在较小测量偏差时，带材沿宽度方向的每等份都在均匀的变化（图 2.34），即 $L'(i)-L(i)=\bar{L}'-\bar{L}$，因此对于板形仪位置偏差引起的带材的板形变化有式（2.16）成立。

$$\frac{L(i)-\bar{L}}{\bar{L}}=\frac{L'(i)-\bar{L}'}{\bar{L}'} \tag{2.16}$$

这也证明了轧机主要几何参数的测量偏差引起的板形偏差很小，可以忽略不计。当板形仪位置偏差改变时，图 2.34 中带材最长条与最短条之间的距离发生了改变，这说明板形偏差对板形仪位置偏差是敏感的。

2.5.2.4 安装几何偏差补偿模型

为了消除安装几何偏差对板形测量的影响，在板形目标曲线中增加了板形仪安装几何偏差补偿环节，该偏差补偿为线性修正，根据板形仪或板形仪前后辊设备与轧制中心线之间的偏斜方向及偏斜角度来确定，其计算模型为：

$$\sigma_{\text{geo}}(x_i)=-x_i\frac{A_{\text{geo}}}{2x_{\text{os}}} \tag{2.17}$$

式中　A_{geo}——线性补偿系数，MPa。

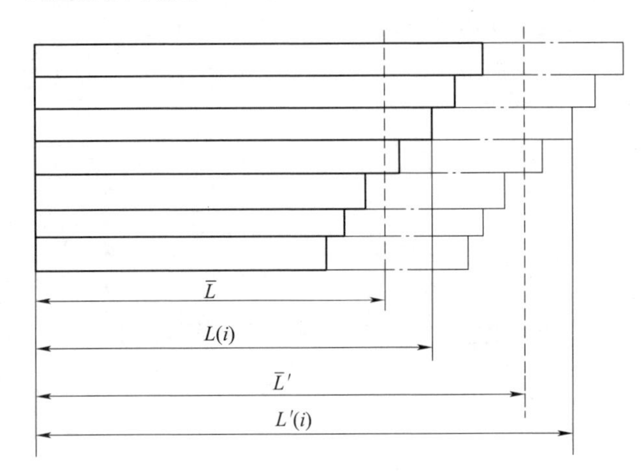

图 2.34　带材延伸示意图

式（2.17）中的 A_{geo} 与板形仪轴线与轧制中心线之间的偏斜方向和偏斜角度有关，表征了由于板形仪或前后辊设备轴线与轧制中心线之间的偏斜，导致的板形仪操作侧与传动侧之间产生的板形偏差大小。当卷取机传动侧在水平方向低于操作侧时，A_{geo} 值为负，反之为正。

当板形仪的水平倾斜量 $\delta_h = 0.3$mm，垂直倾斜量 $\delta_v = 0.1$mm，轧制的带材宽度 $b = 1000$mm 时，板形仪倾斜对带材板形的影响如图 2.35 所示。

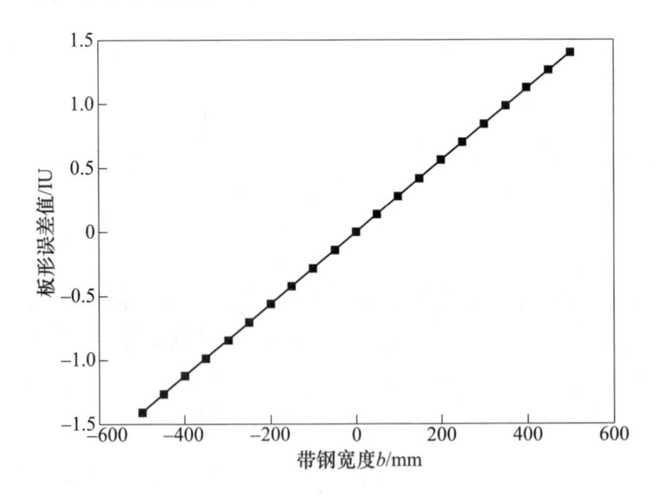

图 2.35　板形仪倾斜对带材板形的影响

为了补偿板形仪位置偏差对板形的影响，应在板形目标曲线中叠加如图 2.36 所示的补偿曲线。

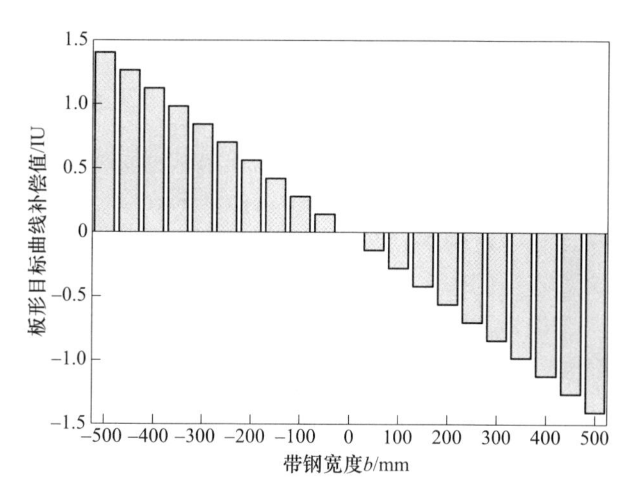

图 2.36 设定的板形仪倾斜补偿曲线

2.5.3 带材形貌

带材横断面几何形貌有 3 种常见的类型，分别为中凸、中凹和平直。这 3 种形貌有可能是对称、楔形非对称和局部高点等。下面以中凸形状的带材为例进行说明。

在轧制过程中，带材一卷一卷地缠绕在卷取机的卷筒上，由于带材横向厚度的不均匀，使得带卷横向直径不同，如图 2.37 所示。

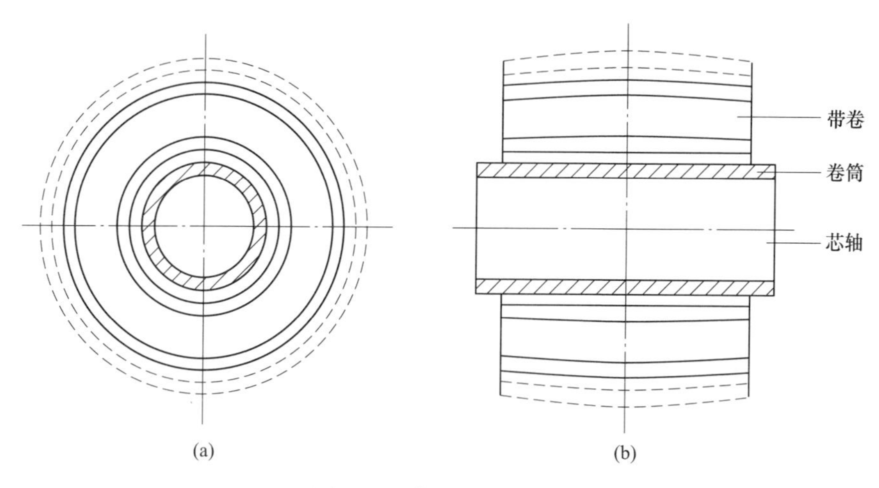

图 2.37 带材卷形示意图

（a）带卷的正视图；（b）带卷的侧视图

由于带卷中部的直径大于边部，导致横向上存在速度差，这种速度差使得中部的拉应力大于边部。在这种情况下，板形闭环自动控制系统检测到带材的板形与目标板形不符时，通过调节板形控制机构，使得带材的板形回到目标板形。这种带材的板形与目标板形的不相符合是由于钢卷的形状造成的，看似实测板形与目标板形基本一致，然而会造成板形缺陷。这种现象会导致技术人员错误地认为板形仪没有检测到带材的板形缺陷，即板形仪出现了故障。

板形调节机构使得带材的中部变松弛，直到实测板形与目标板形趋于一致才停止调节。随着带卷直径的增大，带材中部的应力又会变得比边部大，这样板形闭环控制系统又会错误地调节执行机构，直到实测板形与目标板形趋于一致。这种循环会一直持续到一卷带材轧制完成，所以造成的板形缺陷是周期性的。图 2.38 所示为卷形造成的板形缺陷。

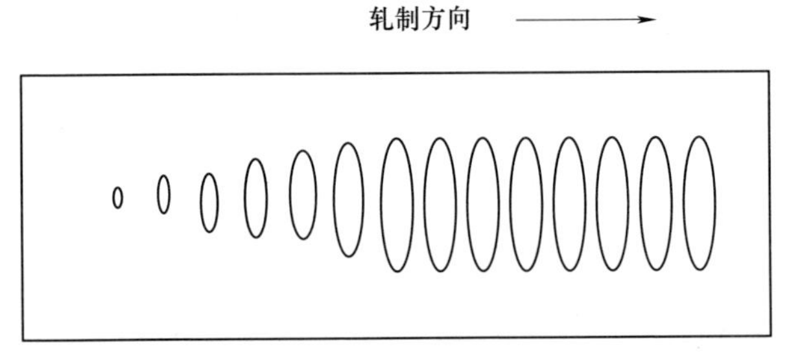

图 2.38　带材卷形造成的板形缺陷

为了消除带材卷形对板形测量的影响，确定用于补偿卷取附加应力的计算模型为：

$$\sigma_{\mathrm{cshc}}(x_i) = \frac{A_{\mathrm{cshc}}}{x_{\mathrm{os}}^2}\frac{d - d_{\min}}{d_{\max} - d_{\min}}x_i^2 \tag{2.18}$$

式中　A_{cshc}——卷形修正系数，由过程计算机根据实际生产工艺计算得到，MPa；

d——当前卷取机卷径，m；

$d_{\min}$——最小卷径，m；

$d_{\max}$——最大卷径，m。

2.5.4　带材跑偏

轧制过程中影响带材跑偏的因素有很多：当轧辊加工精度存在一定的锥度和轧辊在长期的生产运行中由于单边磨损大出现锥度，就会导致带材跑偏；当夹送辊轴向不平行时，带材总是有要与辊子成直角的趋势，会导致带材跑偏；当带材出现单边浪、瓢曲等情况时，带材与传动辊之间的摩擦力横向分布不均，会导致带材跑偏；张力横向不均分布也会导致带材跑偏等。

带材经过板形仪辊体时，很难做到带材严格对中，会使带材沿横向发生偏移，带材边部经常不能恰好覆盖一个完整的板形检测通道，导致带材边部的板形值偏小，不能反映真实的板形状态。带材跑偏示意图如图 2.39 所示。

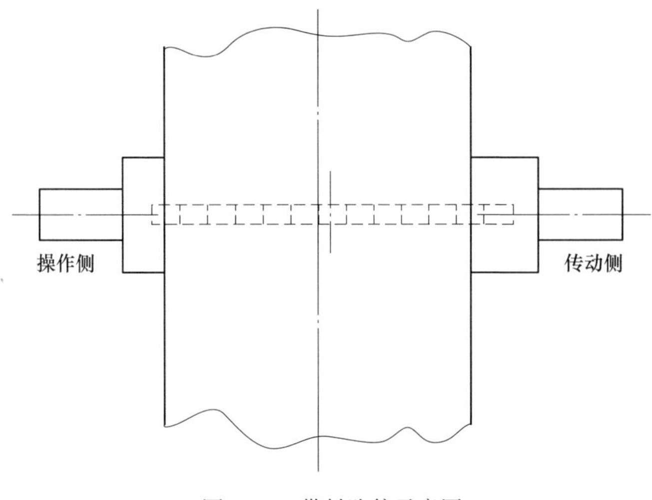

图 2.39 带材跑偏示意图

抑制带材跑偏对板形测量的影响，只能从设备维护入手，尽量保证带材对中。若是具备边缘跑偏量检测装置，则可将跑偏量与跑偏方向信息输入板形闭环控制系统进行补偿和调整。

2.6 板形测量信号处理模型

作为闭环板形控制系统的反馈值，板形测量值的准确性直接关系到板形控制系统的控制效果。板形仪作为在线板形测量仪器，对其测量信号进行准确的数学处理，进而使之能够精确地转化为实测板形值对闭环反馈板形控制系统至关重要。不同的板形仪有不同的测量值处理模型，本节以 BFI 类型板形测量设备为例进行介绍，通过分析板形仪的结构及板形测量原理，结合现场实际生产条件，介绍该类型板形仪的板形测量数据处理模型。相对于 BFI 类型板形仪，压磁式板形仪的板形信号更容易处理。本节所描述的板形测量值处理模型可以根据实际的生产状况进行简化，用于压磁式板形仪的板形测量值处理中。

2.6.1 板形仪的结构和主要参数

以某生产现场 1450mm 五机架冷连轧机组上装备的德国 ACHENBACH Sundwig 公司生产的一种规格的 BFI 压电式板形仪为例。该板形仪最大测量宽度是 1408mm，辊径为 313mm。辊身上一共安装有 44 个传感器，因此把板形仪划分为 44 个测量段。各测量段沿辊身分布情况是：两边各有 17 个宽度为 26mm 的测量段，中部有 10 个宽度为 52mm 的测量段。测量段沿辊身分布状况是中间疏，两边密。这是因为边部带材板形梯度较大，中间部分带材板形梯度较小。为了节省信号传递通道，这些压电石英传感器沿辊身的分布并不是直线排列的，而是互相错开一定的角度，这样在板形仪旋转过程中不在同一个角度上的若干个传感器就可以共用一个通道传递测量信号，如图 2.40 所示。

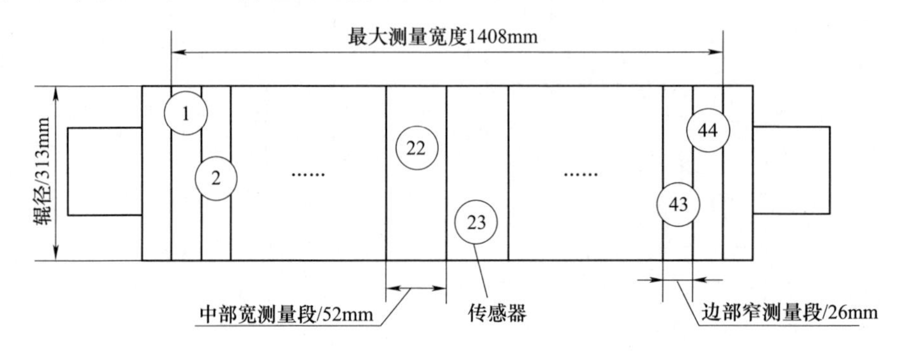

图 2.40　BFI 板形仪传感器分布

2.6.2　板形测量值表达式的推导

根据胡克定律，板形仪上各测量段所测带材板形可表示为：

$$\lambda(i)=\frac{\Delta L(i)}{L}\times 10^5=\frac{1}{E}\left[\sigma(i)-\frac{1}{n}\sum_{i=1}^{n}\sigma(i)\right]\times 10^5 \tag{2.19}$$

式中　$\lambda(i)$——第 i 个测量段带材的板形值，IU；

$\frac{\Delta L(i)}{L}$——第 i 个测量段带材相对长度差；

$\sigma(i)$——第 i 个测量段带材张应力，MPa；

E——杨氏模量，MPa。

由于压电式板形仪不存在辊环并且传感器与辊体之间存在缝隙，相当于带材对板形仪的径向压力直接作用在传感器上，因此带材张应力分布可以认为是以板形仪上各传感器所测径向力、板形仪包角、传感器的直径以及各测量段对应的带材厚度为参数的函数，可表示为：

$$\sigma(i)=f\left[f(i),\ \theta,\ d,\ h(i)\right] \tag{2.20}$$

式中　$f(i)$——第 i 个传感器所测径向力，N；

θ——板形仪与带材之间的包角，rad。

d——压力传感器直径，m；

$h(i)$——各测量段所对应的带材厚度，m。

由式（2.20）可知，要想准确获得每个测量段的张应力，进而得到该测量段的板形值需要两个步骤：第一步是建立这些参数与 $\sigma(i)$ 的函数关系；第二步是需要精确计算这些参数。

$f(i)$、θ、d、$h(i)$ 等参数与 $\sigma(i)$ 的函数关系通过分析带材与板形仪的接触状态以及传感器的受力状态建立。最能反映带材与板形仪的接触状态的就是板形仪与带材之间的包角，包角不同，板形仪上传感器的受力状态也会不同。因此，根据带材与板形仪接触弧长度，也就是包角对应的接触弧长度可以将板形仪受力状态分为不同的情况。

2.6.2.1 大包角时带材张应力分布计算

设板形仪半径为 r。轧制过程中，如果板形仪包角对应的接触弧长度大于传感器直径 d，即包角满足 $\theta>d/r$ 时，如图 2.41 所示，带材对板形仪的径向压力不是仅作用在传感器上面，而是作用于整个接触弧面上，此时传感器测得的径向力并不等于带材张力沿传感器受力方向上的合力。为了获得传感器所测径向力与带材张力之间的关系，可以对每个传感器直径内对应的接触弧面进行受力分解，求解单位接触弧面径向力。

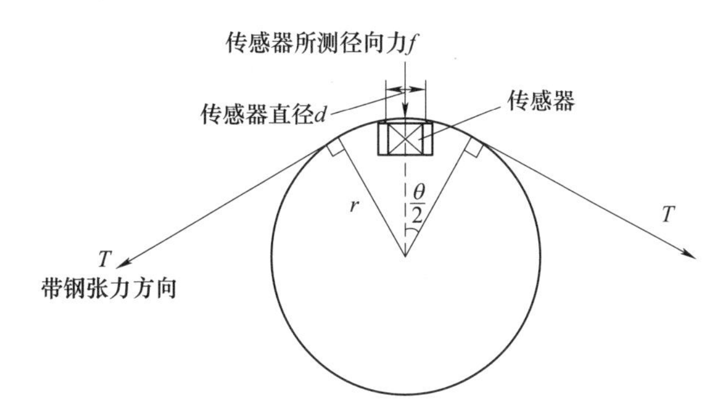

图 2.41 接触弧长大于传感器盖弧长

板形仪单独由电机带动旋转，且带材与板形仪表面光滑，轧制过程中带材速度与板形仪线速度相同，因此可以忽略带材与板形仪之间的摩擦力。将板形仪的某个测量段上带材与板形仪之间的接触弧等分为 m 段，则每段对应的圆心角为 θ/m，每段所受径向力可以看作是由作用在该段接触弧上的两个方向带材张力产生的。如图 2.42（a）所示接触弧段 1 所受径向力 F_1 可看作是由两个方向上的带材张力 T_1 和 T_1'产生的，由于不考虑带材与板形仪之间的摩擦力，则各个接触弧段对应的带材张力大小相同，即：

$$T_1 = T_1' = T_2 = T_2' = \cdots = T_m = T_m' = T \tag{2.21}$$

式中 T——某个测量段上带材实际张力，N。

当 m 取无穷大时，由式（2.21）结合图 2.42（a）分析可知单位宽度接触弧面上各段接触弧面受力大小相同，为均匀受力状态，故各段接触弧面的单位接触弧面径向力相等，即：

$$p = \frac{F_1}{\Delta s} = \frac{F_2}{\Delta s} = \cdots = \frac{F_m}{\Delta s} = \frac{4f}{\pi d^2} \tag{2.22}$$

式中　p——单位接触弧面所受径向力，MPa；

$F_1 \sim F_m$——分别为各接触弧段所受带材张力的合力，N；

Δs——各小段接触弧面的面积，mm^2；

f——传感器所测径向力，N；

d——传感器直径，mm。

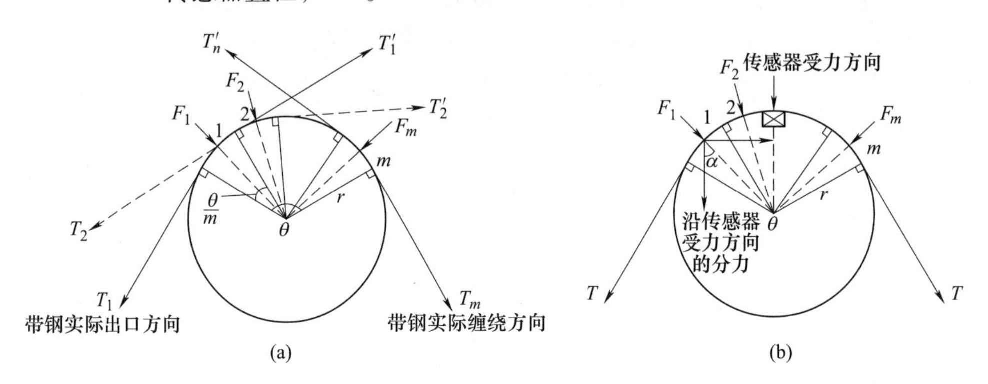

图 2.42　径向力沿接触弧分布

如图 2.42（b）所示，每段接触弧面上受到的径向力分解到传感器受力方向上为：

$$N_k = p\Delta s\cos\alpha_k = \frac{4f}{\pi d^2}\Delta s\cos\alpha_k \tag{2.23}$$

式中　N_k——第 k 段接触弧面所受径向力在传感器受力方向上的分力，N；

α_k——第 k 个接触弧面中心线与传感器受力方向之间的夹角。

k——接触弧段序号，$k \in [1, m]$。

对式（2.23）在整个接触弧面上积分可得各段接触弧面所受径向力在传感器受力方向上的分力之和：

$$N = 2\int_0^s \frac{4f}{\pi d^2}\cos\alpha \mathrm{d}s = 2\int_0^{\frac{\theta}{2}} \frac{4f}{\pi d^2}\cos\alpha \mathrm{d}r\mathrm{d}\alpha \tag{2.24}$$

式中　N——各段接触弧面所受径向力在传感器受力方向上的分力之和，N。

对式（2.24）化简可得：

$$N = \frac{8f}{\pi}\frac{r}{d}\sin\frac{\theta}{2} \tag{2.25}$$

该测量段对应的带材实际张力在传感器受力方向上的合力为：

$$N = 2T\sin\frac{\theta}{2} \tag{2.26}$$

由式（2.25）、式（2.26）可得传感器所测径向力与实际带材张力的关系：

$$T = \frac{4f}{\pi}\frac{r}{d} \tag{2.27}$$

由上式分析可知，当包角满足 $\theta > d/r$ 时，张力测量值 T 与包角 θ 无关，而只是与传感器所测径向力有关。

则各个测量段上传感器所测径向力与所在测量段对应的带材实际张力为：

$$T(i) = \frac{4f(i)}{\pi}\frac{r}{d} \tag{2.28}$$

由张应力的定义可得：

$$\sigma(i) = \frac{T(i)}{dh(i)} = \frac{4rf(i)}{\pi d^2 h(i)} \qquad (\theta > d/r) \tag{2.29}$$

2.6.2.2 小包角时带材张应力分布计算

当带材与板形仪之间的包角较小，即当包角满足 $\theta \leqslant d/r$ 时，包角对应的弧长等于或小于传感器直径。此时带材对板形仪的径向力直接作用在传感器上，因此传感器所测径向力等于该测量段上实际带材张力在传感器受力方向上的合力，即：

$$T(i) = \frac{f(i)}{2\sin\dfrac{\theta}{2}} \tag{2.30}$$

则此时张应力分布为：

$$\sigma(i) = \frac{T(i)}{dh(i)} = \frac{f(i)}{2dh(i)\sin\dfrac{\theta}{2}} \qquad (0 < \theta \leqslant d/r) \tag{2.31}$$

2.6.2.3 实时包角计算

由式（2.31）可知，当 $\theta \leqslant d/r$ 时，板形测量值除了与实测径向力有关，还与板形仪的包角有关。如果此时板形仪的包角固定，则可直接按照式（2.31）求解张应力分布。但是在有些情况下，由于现场设备配置及安装条件限制，板形仪与卷取机之间并没有导向辊或者压辊。这样就造成带材与板形仪之间的包角随卷取机上卷径的改变而变化，如图2.43所示。图中 θ' 代表板形仪与卷取机之间存在导向辊时的包角，由于导向辊存在，θ' 为固定值；θ 为不存在导向辊时的包角，它的值随着卷取机卷径的变化而改变，这时就需要确定板形仪的实时包角值，比较包角 θ 和 d/r 的关系，来决定使用哪个张应力分布计算方式。图中 R_0 和 R_1 为不同时刻的卷径。

卷取机有上卷取和下卷取两种工作方式，两种工作方式下包角的变化规律不同。根据轧机参数，以及设备之间的几何位置关系可以求解两种工作方式下的实时包角。

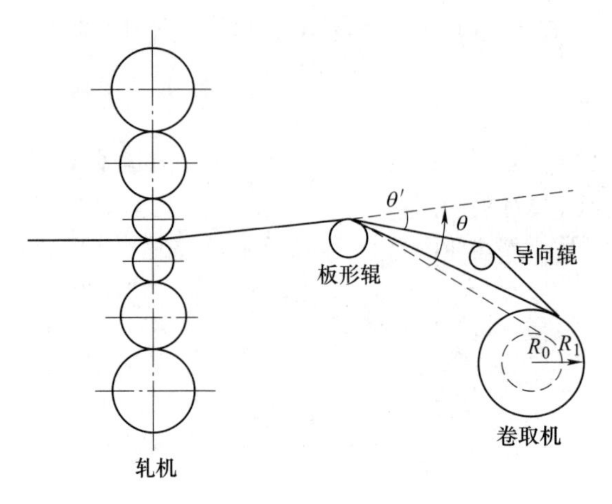

图 2.43　包角变化示意图

上卷取方式如图 2.44 所示，由几何关系可知包角：

$$\theta = \pi - \left[\left(\frac{\pi}{2} - \alpha\right) + \arctan\left(\frac{a}{b}\right) + \phi\right] \tag{2.32}$$

式中　α——出口带材与水平轧线之间的夹角，rad；

a，b——分别是板形仪中心到卷取机中心之间的水平距离和垂直距离，m；

ϕ——卷取机和板形仪中心线与卷取机上带材缠绕方向之间夹角。

又有：

$$\alpha = \arcsin\left(\frac{r}{c}\right) \tag{2.33}$$

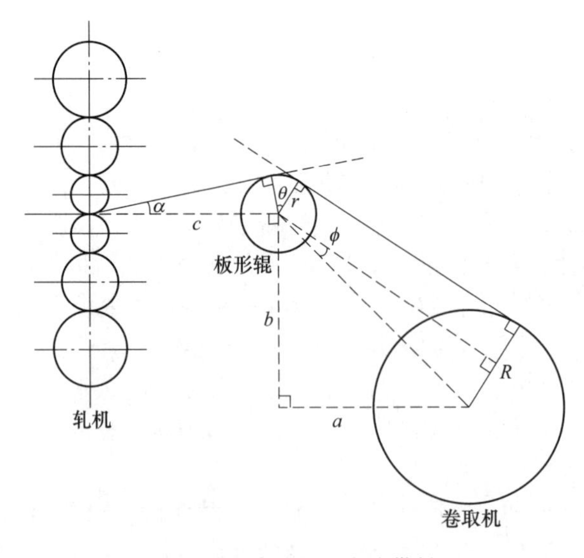

图 2.44　卷取机上卷取带材

$$\phi = \arcsin\left(\frac{R - r}{\sqrt{a^2 + b^2}}\right) \tag{2.34}$$

式中　c——工作辊辊缝中心与板形仪中心距离，m；

R——钢卷卷径，m。

将式（2.33）、式（2.34）代入式（2.32）中可得包角：

$$\theta = \frac{\pi}{2} + \arcsin\left(\frac{r}{c}\right) - \arctan\left(\frac{a}{b}\right) - \arcsin\left(\frac{R - r}{\sqrt{a^2 + b^2}}\right) \tag{2.35}$$

同理通过几何计算可得卷取机下卷取方式时包角为：

$$\theta = \frac{\pi}{2} + \arcsin\left(\frac{r}{c}\right) - \arctan\left(\frac{a}{b}\right) + \arcsin\left(\frac{R + r}{\sqrt{a^2 + b^2}}\right) \tag{2.36}$$

令 $k = \frac{\pi}{2} + \arcsin\left(\frac{r}{c}\right) - \arctan\left(\frac{a}{b}\right)$，又有：

$$R = \frac{v}{\omega} \tag{2.37}$$

式中　v——当前带材速度，m/s；

ω——卷取机角速度，rad/s。

则上卷取工作方式下实时包角为：

$$\theta = k - \arcsin\left(\frac{\frac{v}{\omega} - r}{\sqrt{a^2 + b^2}}\right) \tag{2.38}$$

下卷取工作方式下实时包角为：

$$\theta = k + \arcsin\left(\frac{\frac{v}{\omega} + r}{\sqrt{a^2 + b^2}}\right) \tag{2.39}$$

2.6.3　径向力测量值的标定平滑处理

板形仪上的压电石英传感器受到带材施加的径向压力后会产生一组极性相反的电荷信号，这些电荷信号经过电荷放大器转变为电压信号，再经滤波、A/D 转换和编码后传送给板形计算机。

板形仪转动的角度由位置编码器记录。板形仪每旋转一周会产生一个中断触发信号，该中断触发信号会启动 A/D 转换，经过放大之后的电压信号通过模拟量采集板来完成 A/D 转换，转换后的数字径向力信号在板形计算机中进行标定。

模拟量采集板每个通道具有 12 位的转换精度，输入电压范围是 0~10V，因此电压信号与数字信号的对应关系为：0V 对应数字量 0，10V 对应数字量 4095。则板形信号的标定方法为：

$$t(i) = \alpha(i)\frac{m(i)}{4095}F_{\max} \tag{2.40}$$

式中　$t(i)$——标定后的各传感器所测径向力，N；

$m(i)$——由电压信号进行 A/D 转换之后的数字信号；

$\alpha(i)$——各传感器的转换系数；

i——测量段序号；

$F_{\max}$——传感器在线性工作区间内所测径向力的最大值，N。

为了去除径向力测量中的尖峰信号，首先对径向力测量值进行一阶低通滤波处理。具体方法是取上周期径向力测量值的部分比例成分与本周期径向力测量值的部分比例成分进行叠加，作为本周期径向力测量值的输出量，计算模型为：

$$f(i) = k_0t_0(i) + k_1t_1(i) \tag{2.41}$$

式中　$f(i)$——本周期板形仪径向力的输出量，N；

$t_0(i)$——上周期板形仪所测径向力，N；

$t_1(i)$——本周期板形仪所测径向力，N；

k_0，k_1——滤波系数。

2.6.4　板形仪故障测量段处径向力的确定

实际轧制过程中，板形仪的工作环境较为复杂，如乳液、灰尘等均会对板形仪上的传感器造成不利影响。经过一段时间的运行后，某些传感器可能会产生故障，即使对其进行重新标定也无法完成测量工作，这些出现故障传感器所在测量段称为故障测量段，如图 2.45 所示。为了不影响板形控制，需要对这些故障测量段进行处理，得到一个近似的板形测量值，用于板形控制系统中。

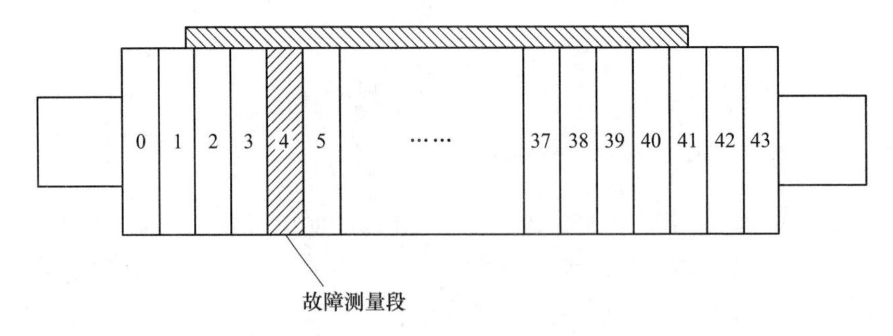

图 2.45　故障测量段的插值计算

故障测量段处带材作用于板形仪上的径向力可以通过对其两侧有效传感器所测径向力进行线性插值处理获得，计算方法为：

$$f_{\text{dummy}}(i) = \frac{f_{\text{active}}(j) - f_{\text{active}}(k)}{k - j}(j - i) + f_{\text{active}}(j) \tag{2.42}$$

式中 $f_{dummy}(i)$——测量段号为 i 的故障测量段板形仪所受径向力，N；

$f_{active}(j)$——故障测量段的操作侧最相邻的一个有效测量段所测径向力，N；

$f_{active}(k)$——故障测量段传动侧最相邻的一个有效测量段所测径向力，N；

j，k——操作侧和传动侧与故障测量段最相邻的两个有效测量段序号。

如图2.45所示，4号测量段为故障测量段时，可通过对操作侧和传动侧与其最相邻的3、5两个有效测量段上所测径向力进行插值计算来近似获得4号测量段上板形仪所受到的径向力。当连续的两个测量段都是故障测量段时，同样可以按照上述插值算法进行计算。

2.6.5 带材横向厚度分布计算

由于带材横向厚度分布不均，每个测量段对应的带材厚度也不相同，因此轧后带材断面形貌对板形测量也会产生影响。

轧后带材断面形貌基本可以分为对称二次抛物线形和楔形两种情况，如图2.46所示。无论轧后带材断面形貌是对称的还是楔形，除去边部减薄外的部分的横向厚度分布都可以用二次曲线来表示，即：

$$h(i) = -\frac{4h_c\lambda}{w_s^2}i^2 + \frac{h_c(h_{ds} - h_{os})}{w_s}i + h_c \tag{2.43}$$

式中 h_c——带材中心厚度，由测厚仪测得，m；

w_s——去除减薄区后的带材宽度，m；

λ——厚度附加系数，由轧后带材目标厚度设定模型计算获得；

h_{os}，h_{ds}——除去边部减薄区外的操作侧与传动侧带材边部厚度，由过程计算机根据轧后带材目标厚度设定模型计算获得，m。

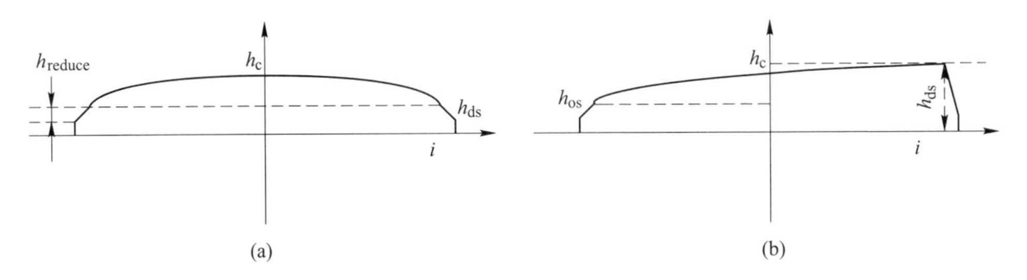

图2.46 轧后带材断面厚度分布形貌

（a）轧后带材形貌为二次抛物线形；（b）轧后带材形貌为楔形

由式（2.43）可知，当除去边部减薄区外的操作侧与传动侧带材边部厚度 h_{os} 和 h_{ds} 相同时，带材形貌为对称的抛物线，如图2.46（a）所示；反之，则为非对称的楔形分布，如图 2.46（b）所示。

边部减薄区域的厚度分布按照线性分布计算，计算模型为：

$$h_{\mathrm{reduce}}(i) = h_{\mathrm{c}} + h_{\mathrm{c}} \frac{h_{\mathrm{ds}} - h_{\mathrm{os}}}{w_{\mathrm{s}}} i - h_{\mathrm{c}} \lambda k(i) \tag{2.44}$$

式中，$k(i)$ 为边部减薄区域所在测量段的边部减薄系数，在操作侧和传动侧各选择最外侧的两个有效测量段作为边部减薄区域，这两个测量段的减薄系数分别取 3.0 和 1.5。

2.7　板形测量信号处理模型的应用实例

2.7.1　板形测量值的插值转换

将经过上述计算处理后的板形仪包角、径向力测量值以及各测量段对应的带材厚度代入式（2.13）或式（2.15）中，就可以准确确定各测量段的带材张应力值，再结合式（2.3）就可以得到各个测量段的板形测量值。将这些板形测量值与板形目标值作差就可以得到板形控制系统的实测板形偏差输入 $\Delta\lambda(i)$。

但是，这些测量段上的实测带材板形偏差并不是直接用于板形闭环控制中。为了便于说明问题在板形控制系统中，为了简化数据处理过程，将各测量段上的实测带材板形偏差 $\Delta\lambda(i)$ 进行插值计算转换为若干个特征点处的带材板形偏差 $\Delta\lambda_{\mathrm{j}}$，如图 2.47 所示。

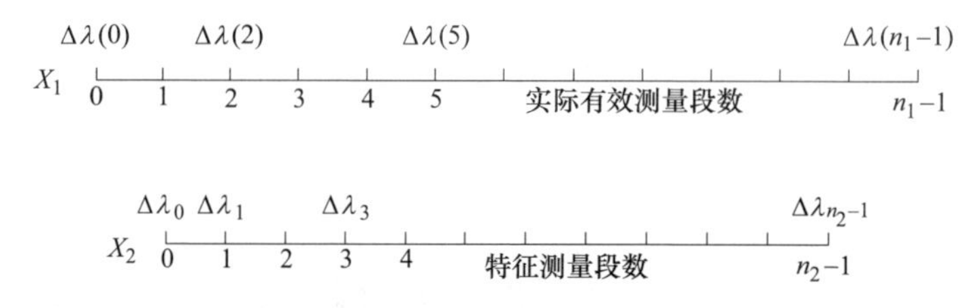

图 2.47　带材宽度方向有效测量段插值为若干个特征点

图 2.47 中数轴 X_1 为板宽方向上的有效测量段分布，为了便于说明问题，将操作侧到传动侧的有效测量段序号编排为 $0 \sim n_1-1$，每个测量段对应一个实测板形偏差 $\Delta\lambda(i)$。数轴 X_2 为板宽方向的特征点分布，每个特征点处对应一个经过插值计算的板形偏差 $\Delta\lambda_j$，这些特征点处的板形偏差将作为实测板形偏差用于板形闭环反馈控制系统中。

将数轴 X_2 上每个特征点 j 对应于数轴 X_1 上的一个坐标 x，这个坐标在数轴 X_1 上不一定是整数，由数轴 X_2 上的特征点 j 转化为数轴 X_1 上的一个坐标 x 的计算方法如下：

$$x = \frac{n_1 - 1}{n_2 - 1} j \tag{2.45}$$

式中 n_1，n_2——板宽方向的有效测量段（点）数和特征点数；

j——特征点序号，在 $[0, n_2-1]$ 之间。

得到数轴 X_2 上的特征点在数轴 X_1 上对应的坐标 x 后，首先确定该坐标在数轴 X_1 上两侧的两个整数边界点 $i-1$ 和 i，这两个边界点是两个相邻的测量段序号，再利用这两个测量段处的实测板形偏差插值计算坐标 x 处的板形偏差值，计算方法如下：

$$\Delta\lambda(x) = [\Delta\lambda(i) - \Delta\lambda(i-1)](x - i + 1) + \Delta\lambda(i-1) \qquad (i - 1 \leqslant x \leqslant i) \tag{2.46}$$

插值计算出的板形偏差值作为数轴 X_2 上的特征点 j 处的板形偏差值，即：

$$\Delta\lambda_j = \Delta\lambda(x) \tag{2.47}$$

数轴 X_2 两端处的特征点不需要进行处理，只是取数轴 X_1 上两端边部各一个有效测量段值，即

$$\Delta\lambda_0 = \Delta\lambda(0), \ \Delta\lambda_{n_2-1} = \Delta\lambda(n_1 - 1)$$

经过插值处理，板形仪上各测量段上的测量值被转换为 n_2 个特征点处的测量值。

2.7.2 板形测量值计算模型应用效果

板形测量值计算模型已用于某 1250mm 单机架六辊可逆冷轧机的板形控制系统改造中。为了能够有效地剔除异常径向力测量值，测量值的滤波系数 k_0、k_1 分别取 0.8 和 0.2。为了检测使用该模型后的在线板形测量精度，从 PDA（Process Data Acquisition）中引出在线带材板形测量值 $\lambda(i)$。

为了与在线板形测量值进行对比，使用激光式带材翘曲度检测仪检测轧后带材的翘曲度 δ，并将其转换为伸长率形式的板形值作为带材实际板形与在线板形测量值进行对比。由带材翘曲度与相对长度差之间的关系可得：

$$\lambda'(i) = \frac{\pi^2}{4}\delta^2(i) \times 10^5 \tag{2.48}$$

式中 $\lambda'(i)$ ——第 i 个测量段的伸长率形式的板形值，IU；

$\delta(i)$——第 i 个测量段带材翘曲度。

将各测量段带材翘曲度 $\delta(i)$ 通过式（2.48）转换为伸长率形式的板形值 $\lambda'(i)$，并与在线板形测量值 $\lambda(i)$，进行对比分析可以检测在线板形测量值计算模型的精度。

图 2.48 所示为模型投入后，末道次带材的一组在线板形测量值和最终离线板形实际值分布图（材质：ST12，原料厚度：3mm，成品厚度：0.8mm，带宽：1020mm，轧制速度 500~600m/min）。由图 2.48 可知，使用该模型获得的在线板形测量值与离线的实际板形值基本吻合，具有良好的测量精度。

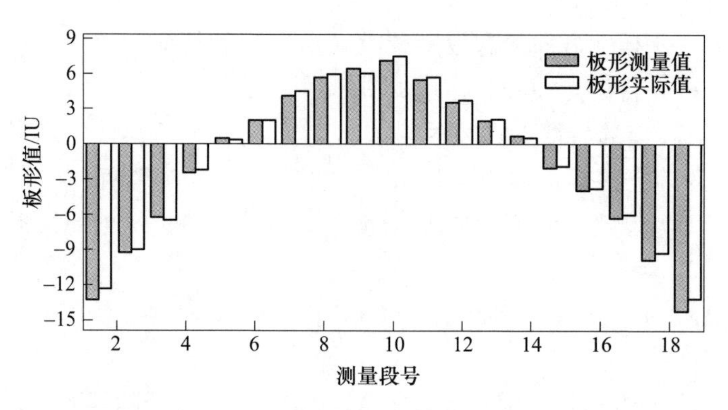

图 2.48　在线板形测量值与离线实际板形的分布

为了统计每个断面处在线板形测量值与实际板形值的误差，引入了标准差统计方法，即：

$$\varepsilon = \sqrt{\frac{\sum_{i=1}^{n}\left[\lambda(i) - \lambda'(i)\right]^2}{n-1}} \tag{2.49}$$

式中　ε——每个断面处各个测量段的实际板形和在线实测板形值的标准差；

n——带材宽度方向上的测量段数；

i——第 i 个测量段。

沿整个带材长度方向上，ε 的分布如图 2.49 所示。从图中可以看到，整个带材长度方向上，每个横断面处的各个测量段的在线板形测量值和实际板形值之间的误差非常小，其标准差基本在 0.1～0.2 之间，这与板形控制偏差相比非常微小，可以忽略不计。

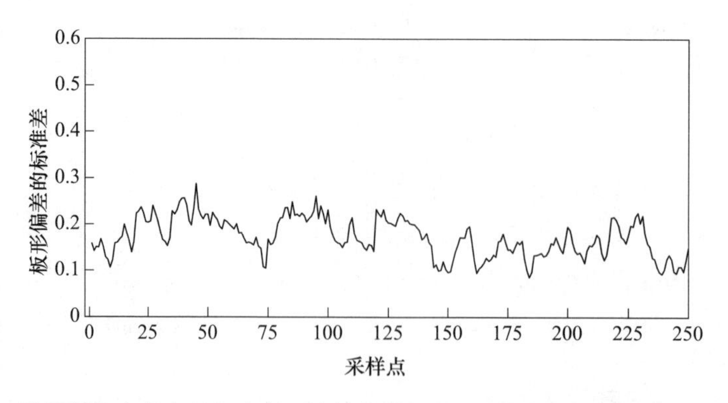

图 2.49　沿带材长度方向上每个断面处的在线板形测量值与实际板形值的标准差分布

标准差统计法通过统计带材断面上各个板形测量段的测量值和实际值的均方差来表征板形测量值处理模型的使用效果，但是这种统计方法也有其局限性，主要是不能全面反映带材断面板形测量值的精度。例如当带材宽度方向上出现1~2个测量段的板形测量值和实际板形值偏差较大，而其他测量段都只有很微小的偏差时，这时的板形测量精度并不高，但是整个断面的板形测量值偏差的标准差仍然可以很小。为了克服标准差统计法的这个缺点，需要将这种方法与整体板形测量值偏差的分布联系起来。这样做的优点是既可以通过标准差统计法可以定量评价板形测量值计算模型的精度，又可以通过对比分析在线的整体板形测量值分布和实际的整体板形测量值分布判断带材断面板形测量偏差的分布是否均匀，若均匀，则标准差统计法的定量评价计算则有效；反之，则不能完全反映出板形测量值计算模型的精度。

基于上述分析，为了检验整个带材长度方向上的整体板形值分布，将离线实测的板形测量数据引入PDA系统中使用ibaAnalyzer软件对其进行运算，并与在线实测板形数据进行分析对比。

图2.50所示为同一卷带材整个长度方向上的在线实测板形测量值和离线实测板形测量值的3D视图，图中的横坐标为沿带材长度方向上的采样点，纵坐标为IU单位的板形值。

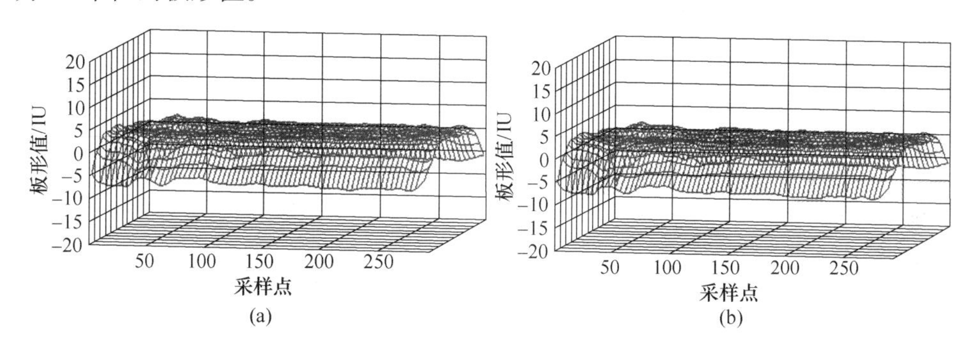

图2.50 在线实测板形测量值和离线实测板形测量值的3D线框图

（a）在线实测板形测量值；（b）离线实测板形测量值

图2.51所示为同一卷带材整个长度方向上的在线实测板形测量值和离线实测板形测量值的2D云图，图中的横坐标为沿带材长度方向上的采样点，纵坐标为带材宽度方向上的测量点。颜色标尺的范围为-20~20IU，将板形值云图中的颜色与标尺对应的颜色进行对比即可确定云图中各个区域的板形值大小和分布区域。

由图2.50和图2.51所示的数据分析可知，在线板形测量值沿带材长度方向上的整体分布与实际的板形值分布几乎相同，板形测量偏差分布均匀。因此，由标准差统计法得到的评价数据有效，证明了板形测量值处理模型具有很高的精度，完全可以满足高精度板形控制的要求。

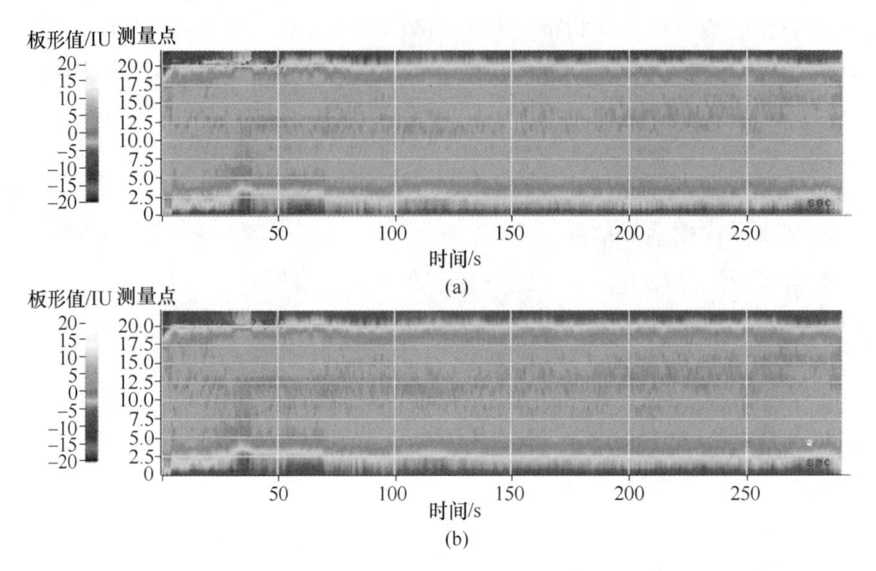

图 2.51　在线实测板形测量值和离线实测板形测量值的 2D 云图
（a）在线实测板形测量值；（b）离线实测板形测量值

2.8　带材板形的在线云图表征

科学定量地表示板形，既是生产中衡量板形质量的需要，也是研究板形问题和实现高精度板形自动控制的前提条件。当前带材板形控制质量的在线统计方式是以各测量段伸长率的标准差曲线或算数平均数曲线来表征整个带材的板形测量值和控制偏差分布。这种将带材宽度方向上各个测量段的板形测量值以一条曲线表征的方式无法反映整体板形分布情况及每个测量区域的板形变化趋势，不利于生产中对控制系统进行及时优化调整和后续的生产数据分析。本节介绍一种基于可视化技术的带材板形在线彩色云图表征方法，可以在线直观地表征整个带材宽度范围内的板形分布及其变化趋势。在线云图监控系统已用于某 1450mm 五机架冷连轧机组的板形控制系统中，应用结果表明板形在线云图监控系统绘制的板形云图能反映整卷带材任意区域的板形分布细节及其变化趋势，实现对带材板形质量的在线精细监控。

2.8.1　冷轧带材板形的在线评价方法

带材的板形表示方法有很多种，目前在冷轧带材生产和冷轧板带工程验收中常用的板形表示方法主要有两种。一种是急峻度（翘曲度）表示法，另一种是相对伸长率差表示法。其中前者用于离线板形测量，评价轧后失张状态下的实物带材板形质量；后者则是用于在线板形测量，为板形闭环控制系统提供反馈信号。由于伸长率是一个很小的数值，为了直观地表征板形缺陷和提高输入信号的分辨率，在实际生产中常采用伸长率的 10^5 倍，即 IU 单位来表示板形。在线控制和质量评判都是将以 IU 单位表示的各个测量段的板形值或控制偏差值采用标准差或者算数平均数的方式转换成一个数值，并将该数值跟随轧制时间变化的实时曲线作为评价在线板形控制质量的方式。以均方差形式表示的带材板形偏差如式（2.50）所示。

$$\varepsilon = \sqrt{\frac{\sum_{i=1}^{n}[\gamma(i) - \gamma'(i)]^2}{n-1}} \tag{2.50}$$

式中 ε——采样时刻带材板形控制偏差的标准差，IU；

$\gamma(i)$，$\gamma'(i)$——实测板形和目标板形设定值，IU。

以算数平均数形式表示的带材板形偏差如式（2.51）所示。

$$\varepsilon' = \frac{1}{n}\sum_{i=1}^{n}|\gamma(i) - \gamma'(i)| \tag{2.51}$$

式中 ε'——采样时刻带材板形控制偏差的算数平均数。

这两种方法均是通过数学方法将带材断面上各个板形测量段的控制偏差转换为一个值来表征当前时刻的板形控制效果。其最主要的局限性是不能全面反映整卷带材宽度方向上的板形偏差分布情况。

图 2.52 所示为某 1450mm 五机架冷连轧机组生产过程中的一卷带材板形质量在线统计曲线（带材宽度：963mm，出口厚度：0.3mm，测量段数：24）。

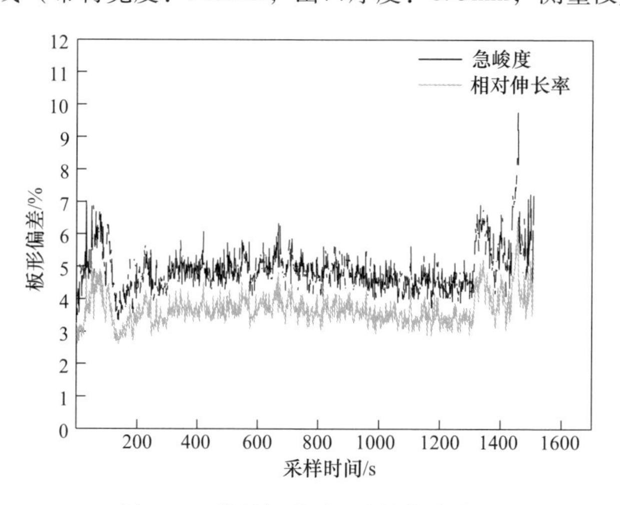

图 2.52 带材板形质量在线统计曲线

从图 2.52 可以看出，该卷带材板形控制偏差的标准差基本上在 7IU 以内，算数平均数评价方式下的控制偏差更小，从这种数据统计上评价已经达到了较好的控制水平。虽然同一卷带材采用这两种在线统计方式下的板形偏差数值不同，但其变化趋势基本一致。

图 2. 53 所示为同卷带材某个时刻横断面上的板形分布情况。从图 2. 53 可以看出，该带材宽度方向上出现了一个实测段的板形实测值和板形设定值相差较大的情况，而其他测量段都只有很微小的偏差。虽然整个断面的板形控制偏差的标准差或算数平均数仍然可以很小，但此时带材宽度方向上某个区域仍存在板形缺陷问题。因此这种单值表示方式无法全面反映整个带宽范围内的板形分布，个别区域的板形缺陷会被隐藏起来，影响操作人员的判断和整体板形质量的提高。

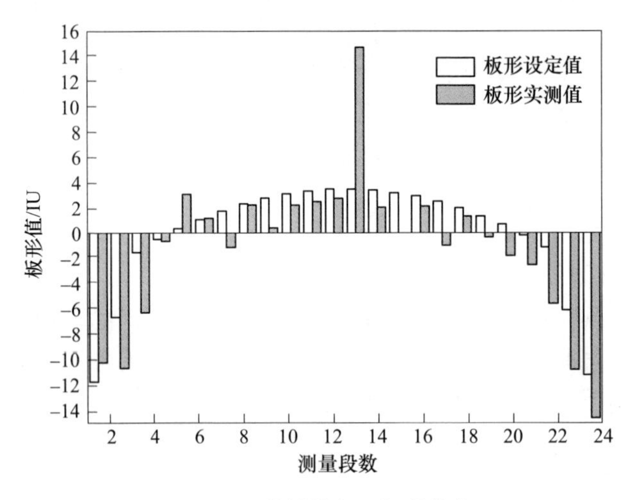

图 2. 53 带材横断面板形分布

为了克服标准差统计法及算术平均数统计法的这个缺点，需要对带材整体板形分布情况进行精细表征，使板形的表征和评价更接近带材真实板形分布情况，以便及时对板形控制模型和轧制工艺参数进行优化调整。

2. 8. 2 带材板形在线云图表征模型

板形云图是将带材宽度上的所有点处某一板形值的不同数值用相对应的颜色值来体现。板形在线云图是一种实时动态变化的云图，需要相对较快的绘图方法。现有绘制彩色云图的方法大致有两类。第一类是填充方法，首先进行等值线绘制，然后在相邻的两条等值线之间区域填充不同的颜色，即条形云图。该法虽然绘制速度快，但从整体上分析，物理过渡层次感较强，不能充分刻画场域中物理量变化的细节。第二类是扫描线方法，采用一条线扫描过单元，用插值法计算扫描线上各点数值，利用事先建立好的数值颜色映射关系绘制出高质量的彩色云图，即平滑曲线。但此方法需要对区域内所有像素点进行计算，计算量大会影响绘图的实时性。针对板形测量值在带材宽度方向上是连续变化的特点，本小节介绍的板形在线云图绘制算法参考了扫描线法的优点，结合实际板形缺陷在整个带材表面的分布状况，可绘制出满足工程要求的彩色云图。

2.8.2.1 板形测量值的数值拟合

压磁式板形仪的结构是沿辊身长度方向划分为若干个测量段，带材宽度范围内完全覆盖的测量段为有效测量段。每个有效测量段所测带材张应力用于计算该测量段宽度内带材的板形值，即带材横向板形分布由若干个测量点的板形数据表征。当测量段宽度越小，带材所覆盖的有效测量段数就会越多，则板形测量值也更能精细反映实际板形。然而，出于板形仪的制造工艺和成本考虑，绝大多数板形仪的测量段宽度均控制在 26~52mm 的范围内，能反映整个带材宽度范围内的板形测量值数目很有限。鉴于轧机的辊缝形貌可以看成平滑曲线，因此带材通过辊缝后其板形分布也可以看成平滑连续的波形，也就是在宽度方向上相邻测量段的板形变化可以近似认为是连续的，而不是突变的。所以，可以在带材宽度方向上每两个测量点之间插值出若干个新的板形值，将每个测量段宽度内的带材板形拟合出来，形成更密集的板形信息，进而反映整个带材横断面的板形信息。

数据拟合是一种重要的数据处理方法，常用的数据拟合方法有多项式曲线拟合法、最小二乘法、抛物线调配曲线法等。当数据点较多，多项式阶数太低时，多项式曲线拟合法的拟合精度和效果不太理想，而升高阶数又会增加计算的复杂性。最小二乘法通过最小化误差的平方和寻求数据最佳函数匹配，但实际板形曲线在拟合过程中选取的拟合项次数较高，特别是板形波动较大的区域，易造成过多的计算量，且局部拟合数据会偏离真实数据，引起更大的误差。抛物线调配曲线法通过绘制连续的过三点的抛物线段，相邻线段之间进行调配处理。在带材宽度方向上，使得拟合曲线通过所有已知测量点，且拟合曲线连续、不突变，符合实际带材表面情况；此外，还避免了拟合项系数高次现象，大大减小了计算量，并且保持了计算精度。

在一个采样周期内，若在带材宽度方向上采集到 m 个板形测量值 $P_i(i=1, 2, \cdots, m)$，即可利用抛物线调配曲线法进行分段拟合。具体过程为：以 P_1、P_2、P_3 为控制点绘制第一条过 3 点的抛物线段；以 P_2、P_3、P_4 为控制点绘制第二条过 3 点的抛物线段；以此类推，最后，以 P_{m-2}、P_{m-1}、P_m 为控制点绘制第 $m-2$ 条过 3 点的抛物线段。每相邻两条抛物线段的相交部分会出现两条曲线段，需对相交部分的两条曲线段进行调配处理。

已知 3 个连续平面离散点 A、B、C，则由这 3 点定义的二次抛物线参数矢量方程如式（2.52）所示。

$$y(x) = a + bx + cx^2 \qquad (0 \leqslant x \leqslant 1) \tag{2.52}$$

约束条件为：$x=0$ 时，抛物线经过 A 点；$x=1/2$ 时，抛物线经过 B 点；$x=1$ 时，抛物线经过 C 点。则二次抛物线参数方程的矩阵形式如式（2.53）所示。

$$y(x) = [x^2 \quad x_1]\begin{bmatrix} 2 & -4 & 2 \\ -3 & 4 & -1 \\ 1 & 0 & 0 \end{bmatrix}\begin{bmatrix} A \\ B \\ C \end{bmatrix} \qquad (0 \leqslant x \leqslant 1) \tag{2.53}$$

展开的二次抛物线通式如式（2.54）所示。

$$y(x) = \begin{cases} (2x^2 - 3x + 1)A + (4x - 4x^2)B + (2x^2 - x)C \\ S.t. \quad 0 \leqslant x \leqslant 1 \end{cases} \tag{2.54}$$

若沿带材宽度方向的 m 个板形测量值依次取 P_1、P_2、P_3、…、P_{m-2} 作为起点绘制三点抛物线，则共绘制 $m-2$ 条抛物线段，二次抛物线如图 2.54 所示。

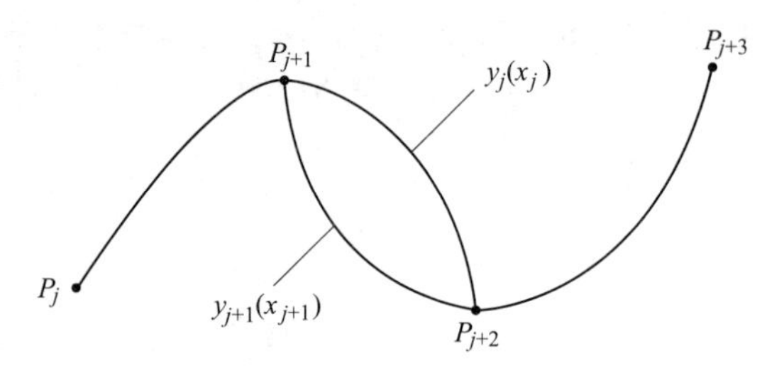

图 2.54　二次抛物线曲线

第 j 条抛物线参数方程如式（2.55）所示。

$$\begin{cases} y_j(x_j) = (2x_j^2 - 3x_j + 1)\,p_j + (4x_j - 4x_j^2)\,p_{j+1} + (2x_j^2 - x_j)\,p_{j+2} \\ S.t. \quad 0 \leqslant x_j \leqslant 1,\ j = 1,\ 2,\ \cdots,\ m-2 \end{cases} \tag{2.55}$$

第 $j+1$ 条抛物线参数方程如式（2.56）所示。

$$\begin{cases} y_{j+1}(x_{j+1}) = (2x_{j+1}^2 - 3x_{j+1} + 1)p_{j+1} + (4x_{j+1} - 4x_{j+1}^2)p_{j+2} + (2x_{j+1}^2 - x_{j+1})p_{j+3} \\ S.t. \quad 0 \leqslant x_{j+1} \leqslant 1,\ j = 1,\ 2,\ \cdots,\ m-3 \end{cases} \tag{2.56}$$

取第 j 条抛物线与第 $j+1$ 条抛物线的加权平均，调配第 j 条抛物线的右半部分与第 $j+1$ 条抛物线的左半部分，如图 2.55 所示。

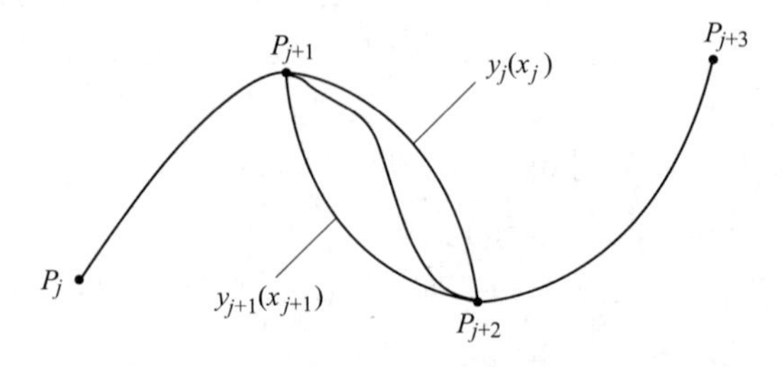

图 2.55　二次抛物线调配曲线

假设权函数如式（2.57）所示。

$$\begin{cases} f_0(T) = 1 - T \\ f_1(T) = T \\ S.t. \quad 0 \leqslant T \leqslant 1 \end{cases} \tag{2.57}$$

若以 P_{j+1} 为起点，P_{j+2} 为终点，则调配曲线方程如式（2.58）所示。

$$\begin{cases} p_{j+1}(x) = f_0(T)y_j(x_j) + f_1(T)y_{j+1}(x_{j+1}) \\ S.t. \quad 0 \leqslant T \leqslant 1,\ 0.5 \leqslant x_j \leqslant 1,\ 0 \leqslant x_{j+1} \leqslant 0.5 \end{cases} \tag{2.58}$$

对参数 x 进行归一化处理，取参数 x 取值范围为 $x \in (0,\ 0.5)$，各参数如式（2.59）所示。

$$\begin{cases} T = 2\mathrm{t} \\ x_j = x + 0.5 \\ x_{j+1} = x \end{cases} \tag{2.59}$$

联立式（2.55）~式（2.59）可得抛物线调配曲线的参数方程，如式（2.60）所示。

$$\begin{cases} P_{j+1}(x) = (4x^2 - x - 4x^3)P_j + (1 - 10x^2 + 12x^3)P_{j+1} + \\ \qquad (x + 8x^2 - 12x^3)P_{j+2} + (4x^3 - 2x^2)P_{j+3} \\ S.t. \quad 0 \leqslant x \leqslant 0.5,\ j = 1,\ 2,\ \cdots,\ m - 3 \end{cases} \tag{2.60}$$

P_1 到 P_2，P_{m-1} 到 P_m 仍采用二次抛物线形式，二次抛物线参数方程分别如式（2.61）、式（2.62）所示。

$$\begin{cases} P_{j+1}(x) = (2x^2 - 3x + 1)P_j + (4x - 4x^2)P_{j+1} + (2x^2 - x)P_{j+2} \\ S.t. \quad 0 \leqslant x \leqslant 0.5,\ j = 0 \end{cases} \tag{2.61}$$

$$\begin{cases} P_{j+1}(x) = (2x^2 - 3x + 1)P_j + (4x - 4x^2)P_{j+1} + (2x^2 - x)P_{j+2} \\ S.t. \quad 0.5 \leqslant x \leqslant 1,\ j = m - 2 \end{cases} \tag{2.62}$$

压磁式板形仪中，传感器位于各个测量段中部，传感器以外的带材边部区域无法进行准确测量，只能根据轧制经验进行预估，所以对于 P_1、P_m 以外的边部区域，给出经验参数方程分别如式（2.63）、式（2.64）所示。

$$\begin{cases} P'_1(x) = (2x^2 - 3x + 1)P_j + (4x - 4x^2)P_{j+1} + (2x^2 - x)P_{j+2} \\ S.t. \quad -0.25 \leqslant x \leqslant 0,\ j = 0 \end{cases} \tag{2.63}$$

$$\begin{cases} P'_m(x) = (2x^2 - 3x + 1)P_j + (4x - 4x^2)P_{j+1} + (2x^2 - x)P_{j+2} \\ S.t. \quad 1 \leqslant x \leqslant 1.25,\ j = m - 2 \end{cases} \tag{2.64}$$

在一个采样周期内，在带材宽度方向上拟合的板形数据如图 2.56 所示。由于横坐标方向取值范围不同，在整个带材区域，由操作侧至传动侧执行 3 个纵坐标测量标准，即分为 3 个拟合区域。对于左侧拟合区域，实际带材宽度需要约束的取值范围为 $x \in (-0.25,\ 0) \cup (0,\ 0.5)$；对于中间拟合区域，实际带材宽度需要在每个测量段区域内约束取值范围为 $x \in (0, 0.5)$；对于右侧拟合区域，实际带材宽度需要约束的取值范围为 $x \in (0.5, 1) \cup (1, 1.25)$。若每个测量段宽度为 w，对于带材上任意位置 P，对应找到相应坐标区域，根据上述约束取值范围，即可求出任意位置处的拟合板形测量值。

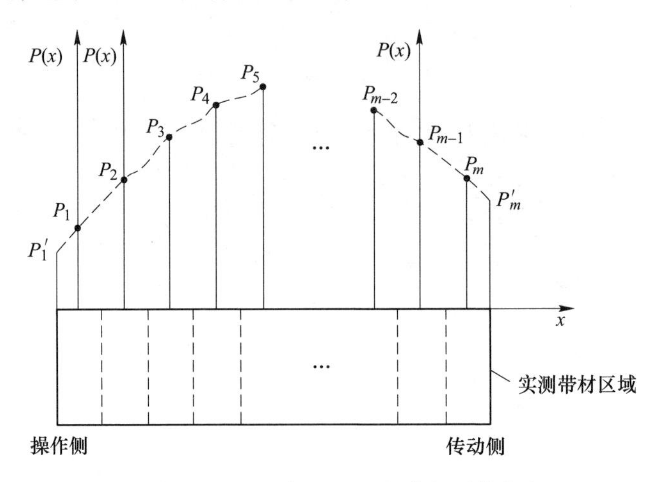

图 2.56　平面坐标系下的拟合板形值分布

2.8.2.2　颜色模型选择

颜色模型和渐变色轴设计是实现板形在线云图的基础。在计算机图形学和图像处理领域主要有 RGB 和 HSL 两种颜色模型。RGB 颜色模型基于红色、绿色、蓝色这三种基色对光源中强度比较，调节基色比例而形成不同颜色。HSL 颜色模型是通过对色相、饱和度、明度这三个颜色通道变化以及互相之间的叠加得到不同颜色。但是，RGB 颜色模型中需要 3 个颜色分量同时参与变化，而 HSL 颜色模型只需要对色相变量单独进行线性变化，所以，通过采用 HSL 颜色模型设定渐变色轴。考虑到后期汇编软件大多数支持 RGB 颜色模型，因此若使用 HSL 颜色模型实现色轴多色渐变，则需要设定 HSL 模型和 RGB 模型之间的转换关系。

A　RGB 模型转换为 HSL 模型过程

假设 RGB 模型的 3 个颜色分量分别为 R、G、B，分别表示红、绿和蓝分量。HSL 颜色模型中的 3 个颜色分量分别为 H、S、L，分别表示色相、饱和度和明度分量。Max 与 Min 为 R、G、B 中的最大值和最小值。模型转换前，对部分分量进行归一化处理，即 R、G、B、L、$S \in [0, 1]$，$H \in [0, 360]$。具体如式（2.65）~式（2.67）所示：

$$L = \frac{Max - Min}{2} \tag{2.65}$$

$$S=\begin{cases}0, & Max=Min\\ \dfrac{Max-Min}{Max+Min}, & L<\dfrac{1}{2}\\ \dfrac{Max-Min}{2-(Max+Min)}, & L\geqslant\dfrac{1}{2}\end{cases} \tag{2.66}$$

$$H=\begin{cases}0, & Max=Min\\ 60\times\dfrac{G-B}{Max-Min}, & R=Max\cap G>B\\ 60\times\dfrac{G-B}{Max-Min}+360, & R=Max\cap G\leqslant B\\ 60\times\left(2+\dfrac{B-R}{Max-Min}\right), & G=Max\\ 60\times\left(4+\dfrac{R-G}{Max-Min}\right), & B=Max\end{cases} \tag{2.67}$$

B HSL 模型转换为 RGB 模型过程

设定 3 个临时变量，分别为 T_1、T_2、T_{RGB}。首先判断饱和度 S 的值，当 $S=0$ 时，表示灰色，此时比值 $R:G:B=1$。当 $S\neq0$ 时，临时变量 T_2 如式（2.68）所示。

$$T_2=\begin{cases}L\times(1+S), & L<\dfrac{1}{2}\\ L+S-L\times S, & L\geqslant\dfrac{1}{2}\end{cases} \tag{2.68}$$

临时变量 T_1 如式（2.69）所示。

$$T_1=2\times L-T_2 \tag{2.69}$$

设定 T_{RGB}表示 RGB 颜色模型中 3 个颜色分量 R、G、B 的任意一个，则 T_{RGB} 如式（2.70）所示。

$$T_{RGB}=\begin{cases}R=H+1\\ G=H\\ B=H-\dfrac{1}{3}\end{cases} \tag{2.70}$$

此时再对 T_{RGB}值进行判定，具体如式（2.71）所示。

$$T_{RGB}=\begin{cases}T_{RGB}+1, & T_{RGB}<0\\ T_{RGB}-1, & T_{RGB}>1\end{cases} \tag{2.71}$$

最后，对于颜色分量 R、G、B 做最终测试，如式（2.72）所示。

$$T_{RGB}=\begin{cases}T_1+6\times(T_2-T_1)\times T_{RGB}, & 0\leqslant T_{RGB}<\dfrac{1}{6}\\ T_2, & \dfrac{1}{6}\leqslant T_{RGB}<\dfrac{1}{2}\\ T_1+6\times(T_2-T_1)\times\left(\dfrac{2}{3}-T_3\right), & \dfrac{1}{2}\leqslant T_{RGB}<\dfrac{2}{3}\\ T_1, & \dfrac{2}{3}\leqslant T_{RGB}<1\end{cases} \tag{2.72}$$

2.8.2.3　板形值与颜色的映射关系

绘制板形在线云图的关键技术之一是建立板形值与颜色之间的映射关系，使得每一个板形值都能有相对应的颜色去表征。考虑到显示效果问题，采用黄、红、绿、蓝 4 种颜色作为基准颜色。假设初始基色为 D，终止基色为 E，中间任意位置渐变色为 K。根据上述 RGB 颜色模型将 D、E 颜色分解为红、绿、蓝分量，分别为 D_R、D_G、D_B、E_R、E_G、E_B。根据 HSL 颜色模型将 D、E、K 颜色分解为色相、饱和度和明度分量，分别为 D_H、D_S、D_L、E_H、E_S、E_L、K_H、K_S、K_L。将基色 D 到 E 之间实际的屏幕像素长度进行归一化处理，则中间位置渐变色 $K\in(0, 1)$。采用色调顺时针插值法（Hue clock wise interpolation）进行颜色渐变。具体步骤如下所示。

利用上述式（2.65）和式（2.67），将 RGB 颜色模型转换为 HSL 颜色模型。将基色 D、E 分数部分进行函数变换，如式（2.73）所示：

$$\begin{cases}D_H=D_H-[D_H]\\ E_H=E_H-[E_H]\end{cases} \tag{2.73}$$

式中　[　]——取整运算。

中间任意位置渐变色 K 的色相、饱和度和明度分量分别如式（2.74）~式（2.76）所示。

$$K_H=\begin{cases}K\times E_H+(1-K)\times D_H, & E_H\geqslant D_H\\ K\times(1+E_H)+(1-K)\times D_H, & E_H<D_H\end{cases} \tag{2.74}$$

$$K_S=K\times D_S+(1-K)\times E_S \tag{2.75}$$

$$K_L=K\times D_L+(1-K)\times E_L \tag{2.76}$$

然后对 K_H 进行判断，若 K_H 大于 1，则令 $K_H=K_H-1$。最后利用上述式（2.68）~式（2.72）将 HSL 颜色模型转换为 RGB 颜色模型。

将板形值范围［Y_{min}，Y_{max}］等分成三段数值区间，对应三段颜色区间，并对每一段数值区间作归一化处理。这里 Y_{min} 和 Y_{max} 代表冷轧生产中带材板形的最小值和最大值，可以根据实际需要设置。板形值与颜色之间的映射关系如图 2.57 所示。

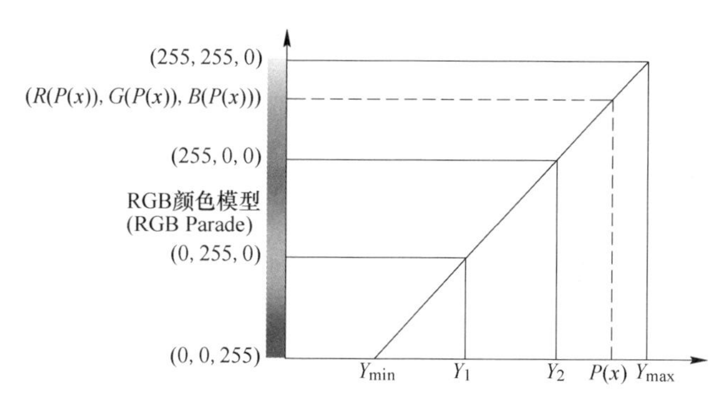

图 2.57 板形值与颜色映射关系

对于某一个板形测量值 $P(x)$，首先确定其隶属于哪一个区间，例如当 $Y_2 < P(x) < Y_{max}$ 时，对区间 $[Y_2, Y_{max}]$ 作归一化处理，则 $P(x)$ 归一化后如式（2.77）所示。

$$P(x)^* = \frac{P(x) - Y_2}{Y_{max} - Y_2} \tag{2.77}$$

将 $P(x)^*$ 代入式（2.74）~式（2.76），利用 HSL 模型转换为 RGB 模型，即完成板形值与颜色的映射关系。

2.8.2.4 冷轧板形在线云图监控系统开发

板形在线云图监控系统需要满足两个要求：一是能实现板形测量值的拟合及数据-颜色的转换；二是需要与现有的工控组态软件的兼容对接，实现板形数据的在线实时读取、绘制、显示和存储。基于这两点要求，本节通过采用 VB（Visual Basic）软件开发板形云图 OCX 控件的方式完成板形在线云图监控系统的开发。OCX 控件具有较好的兼容性和响应速度，它可以响应单击、双击等鼠标事件，支持“即插即用”程序的开发，在系统中可以用任何编程语言写入并可以由任何应用程序动态使用，非常适合于嵌入到任意支持第三方控件的工控组态软件系统中，例如 SIMATIC WinCC。VB 拥有图形用户界面（GUI）和快速应用程序开发（RAD）系统，可以轻易地使用 DAO、RDO、ADO 连接数据库，并可以用来创建 OCX 控件，用于高效生成类型安全和面向对象的应用程序。利用 VB 提供的访问 Windows 应用程序接口的方法，在完成图形设备接口 GDI（Graphics Device Interface）、设备场景 DC（Device Context）等设置后，通过调用 API（Application Programming Interface）函数可以直接使用 Windows 系统下各类功能来绘制板形云图。

因此，冷轧板形在线云图监控系统的开发分为两个过程。首先是采用 VB 软件开发对象链接和嵌入用户控件 OCX，将上述板形云图绘制模型封装至 OCX 控件中。然后是完成 OCX 控件与工控组态软件的嵌入、数据的通信与存储、接口属性开发以及人机画面系统的开发。开发板形云图 OCX 控件的流程图如图 2.58 所示。

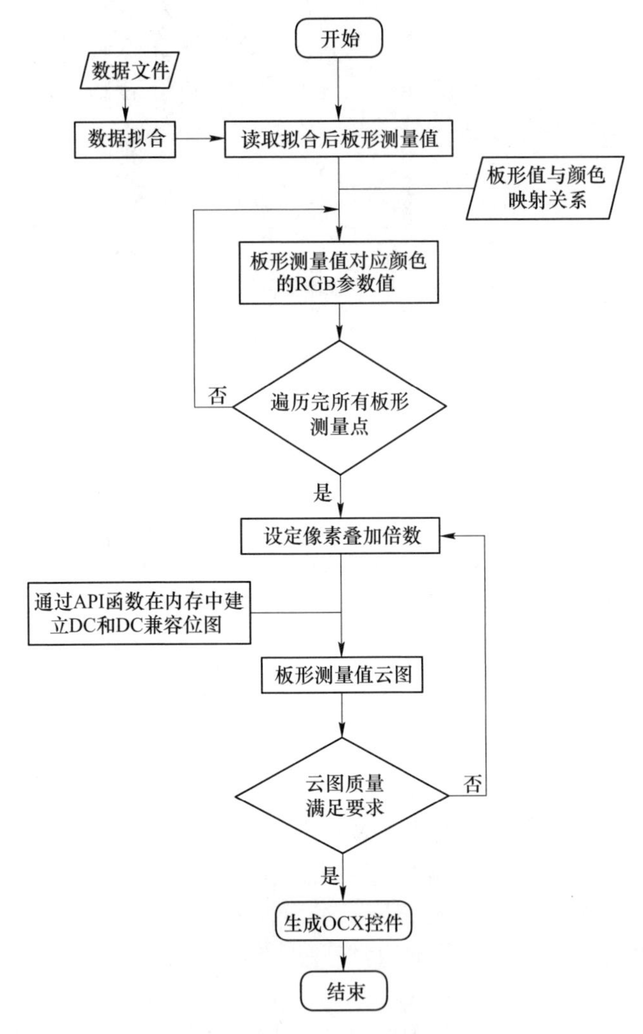

图 2.58　板形在线云图流程

2.8.3　带材板形在线云图监控系统的应用实例

冷轧板形在线云图监控系统已应用于某 1450mm 五机架冷连轧机组的板形控制系统中。板形控制系统组态软件采用的是 SIMATIC WinCC 软件，将板形云图控件 OCX 嵌入到该轧机的板形控制系统的人机系统中，完成了带材板形云图的实时绘制和存储。

图 2.59 所示为与图 2.52 和图 2.53 对应的同一卷带材的轧后实物板形情况，

其板形偏差的标准差曲线和某时刻带材断面板形分布情况如图 2.52 和图 2.53 所示。

图 2.59 轧后带材的实物板形

由图 2.59 可知，带材除了中部区域有一窄条出现板形缺陷外，其余部分非常平直。这种实际板形分布情况与图 2.52 和图 2.53 中的统计数据完全一致，即用于评价在线板形质量的板形标准差很小，但横断面上某个区域仍存在严重的板形缺陷。

图 2.60 所示为使用板形云图监控系统在线绘制的该卷带材板形云图。图中左侧的数值代表不同颜色对应的板形值，下面的数值代表采样点位置。由图 2.60 可以看出，带材的板形分布基本呈由边部向中部区域逐渐变大的趋势，与图 2.53 中的板形目标曲线设定情况保持一致。靠近带材中心区域的一个测量段板形值明显较大，说明该区域带材发生了过大的纵向延伸，导致其出现表观板形缺陷，即图 2.58 中的实物板形情况。使用板形在线云图监控系统将单个的板形测量值曲线转换为实时绘制的彩色云图，整卷带材的整体板形分布情况可以通过图 2.60 充分反映出来。

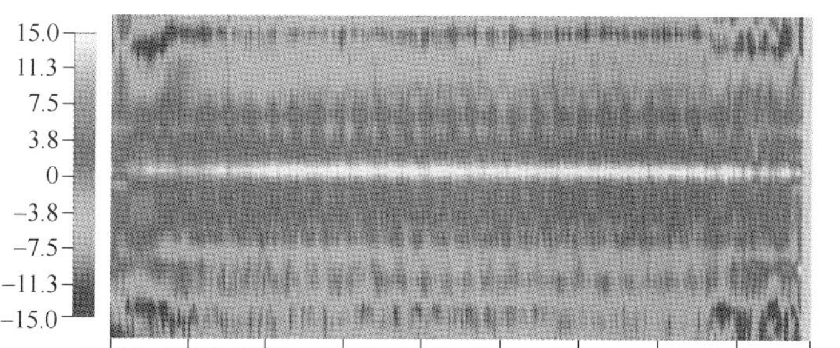

图 2.60 板形云图监控系统在线绘制的带材板形云图

板形云图监控系统的应用效果除了与实物板形进行了对比，也与目前冷轧生产线上最常用的数据采集分析系统 ibaPDA 进行了对比。ibaPDA 系统由德国 iba 公司开发，除了能实现轧制过程数据的实时采集和存储，使用其自带的数据分析软件 ibaAnalyzer 也可以将带材宽度范围内各个测量段上的实测板形值进行组合绘制成高精度彩色板形云图。图 2.61 所示为通过提取 ibaPDA 系统记录的该卷带材板形数据使用 ibaAnalyzer 绘制的板形云图。

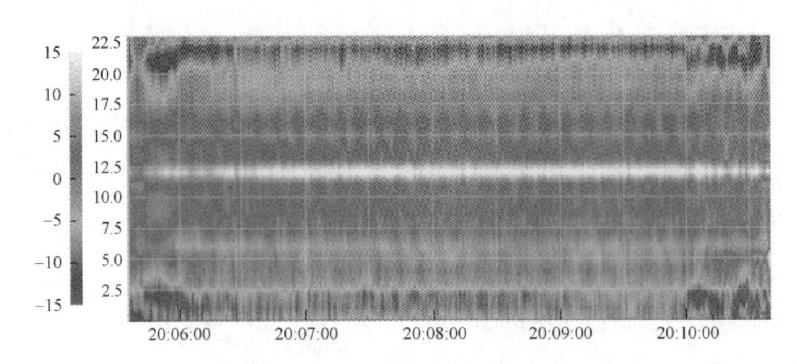

图 2.61 ibaAnalyzer 绘制的板形云图

通过对比图 2.60 与图 2.61 可知，在同一种板形值和颜色对应关系下，由板形在线云图监控系统绘制的带材板形云图与由 ibaAnalyzer 离线绘制的板形云图几乎一致，只是颜色的深浅显示略有区别，都可以反映整卷带材宽度方向上每个区域的板形分布细节及其变化趋势。相对于开发的板形在线云图监控系统，ibaPDA 存在的问题是无法实现板形云图的在线绘制，只能利用其存储的生产数据进行离线绘制分析。

开发的板形在线云图监控系统不仅有助优化改进板形控制系统的工艺模型参数，也便于现场操作人员根据实时绘制的板形云图快速调整执行机构的设定值和预测下一时刻可能出现的板形缺陷，提升了工作效率和实物板形质量。图 2.62 所示为板形在线云图监控系统投入前后该冷连轧机组的板形合格率月统计报表。

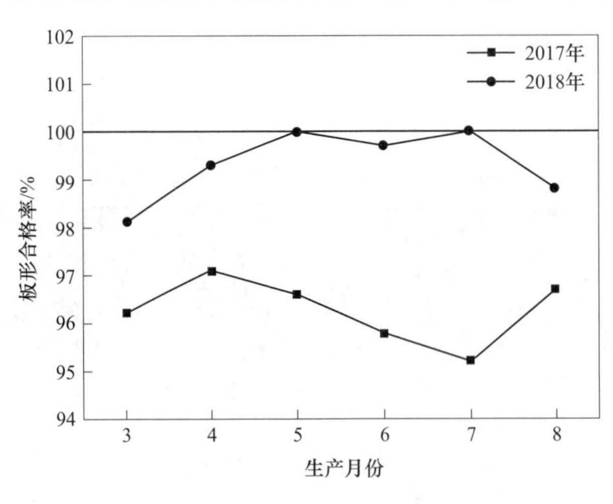

图 2.62 板形合格率月统计表

由现场生产的统计数据可知，自 2018 年 3 月板形在线云图监控系统投入的板形合格率与 2017 年同期相比有了一定的提升，其中在 2018 年的 5 月和 7 月达到了 100%的板形合格率。

参考文献

[1] 王鹏飞，张殿华，刘佳伟，等．冷轧板形测量值计算模型的研究与应用 [J]. 机械工程学报，2011 (4)：58-65.

[2] 王鹏飞，张殿华，刘佳伟，等．变包角板形测量值计算模型 [J]. 钢铁研究学报，2010，22 (1)：57-60.

[3] 尹家勇．SI-FLAT 板形仪在六辊可逆铜轧机的应用 [J]. 世界有色金属，2010 (6)：46-47.

[4] 梁勋国，矫志杰，王国栋，等．冷轧板形测量技术概论 [J]. 冶金设备，2006 (6)：36-39.

[5] Jürgen Hinzpeter. 两架平整机上的新型板形测试系统 [J]. 国际冶金设备和技术，2006 (1)：42-45.

[6] Scottow C. Shape measurement and coolant spray solutions for rolling mills [J]. Metallurgical Plant and Technology International，2002，25 (1)：72-74.

[7] 张存礼，周乐挺．传感器原理与应用 [M]. 北京：北京师范大学出版社，2005.

[8] 王鹏飞，张殿华，刘佳伟，等．1450 冷连轧机板形控制系统分析与改进 [J]. 中国冶金，2009，19 (9)：31-35.

[9] 徐乐江．板带冷轧机板形控制与机型选择 [M]. 北京：冶金工业出版社，2007.

[10] 汪旭，田凌，温颖怡．协同仿真信息可视化共享系统的设计和实现 [J]. 工程图学学报，2011 (2)：111-117.

[11] Donald Hearn，Pauline Baker M，Warren R Carithers. 计算机图形学 [M]. 4 版．北京：电子工业出版社，2014.

[12] 王鹏飞，张智杰，李旭，等．冷轧带材板形在线云图监控系统研究与应用 [J]. 中国有色金属学报，2019，29 (12)：2775-2784.

[13] Molleda J，Usamentiaga R，García D F. On-line flatness measurement in the steelmaking industry [J]. Sensors，2013，13 (8)：10245-10272.

[14] 郭明明．IMS 测厚仪的原理及影响因素 [J]. 中国金属通报，2020 (5)：133-134.

3 冷轧板形的解析模型及三维有限元仿真

3.1 板形-凸度-宽展耦合数学模型

在轧制过程中，沿厚度方向压下的金属转化为纵向延伸和横向宽展的金属的比例受最小阻力定律和秒流量恒定原理的控制。以往的研究人员通过一定的假设和简化，给出过带钢凸度和板形之间的转换关系模型，但大多忽略了轧制过程中金属横向流动对这种转换关系的影响。Shohet 和 Townsend 通过推导首先指出，在轧制过程中保持良好板形的几何条件是保持进出口带钢截面形状的几何相似性，即保持初始比例凸度和出口比例凸度的恒定。此外，他们还给出了轧制过程中板凸度变化与板形状态的定量关系式。但是，Shohet 和 Townsend 给出的关于凸度和板形之间的转换关系式没有考虑带钢的宽展变形对板形分布的影响。然而，金属横向流动对板形的影响是不能忽略的，因为其可以显著地影响凸度与板形之间的转变关系。

实践证明，对于较厚的带钢，由于该结论对带钢在轧制过程的变形做了平面变形的假设，而没有考虑金属质点在轧制变形区内的横向流动现象，即忽略了轧制变形过程中带钢的宽展变形，所以板形良好条件是不精确的。实际上，轧制过程中，带钢在宽向各个位置处的宽展变形是不均匀的，这直接影响出口带钢纵向纤维条的伸长率的分布。因此，板形计算和预测模型必须考虑金属横向流动的影响，舍去过多的假设条件，并综合考虑金属横向流动、板凸度及入口板形条件的耦合效应，才能准确地预测和分析不同尺寸的带材的板形分布。

因此，一些学者开始研究金属横向流动对板形的影响，试图将金属横向流动以影响系数的形式引入到板形模型中。有学者采用网格法研究了薄带钢的金属横向位移，并分析了压下率和前后张力对金属横向流动的影响；有学者提出了一项考虑金属横向流动的凸度设定模型，并与传统的保持比例凸度恒定的方法相比，优化了出口带钢的板形质量；此外，还有学者研究了金属的横向位移沿宽度方向的分布，指出由于金属横向流动引起的宽展变形会导致严重的边降。

这些研究工作中有的给出了带钢轧制过程中板形计算和预测模型，并初步探讨了金属横向流动对带材板形和凸度的影响，并将其引入了板形模型。但是，并未给出综合考虑入口板形状态、板凸度和金属横向流动，并据此建立的完整的板形计算和预测的解析数学模型。因此，本节旨在建立一个考虑轧制过程中金属横向流动的板形解析数学模型。

3.1.1 带钢轧制过程中的金属横向流动

对于带钢宽展的分析，金属的横向流动分布一般采用轧制接触变形区分区的假说，根据这一理论，轧制变形区可分为 2 个区域，即带钢两侧的 2 个宽展区和带钢中部的 2 个延伸区。轧制变形区的水平投影分区如图 3.1 所示，轧制实验分析证明，变形分区理论能定性地描述金属横向流动发生时轧制变形区金属质点流动的一般趋势，便于解释说明宽展变形的本质，为计算带钢宽展和分析金属横向流动提供依据。

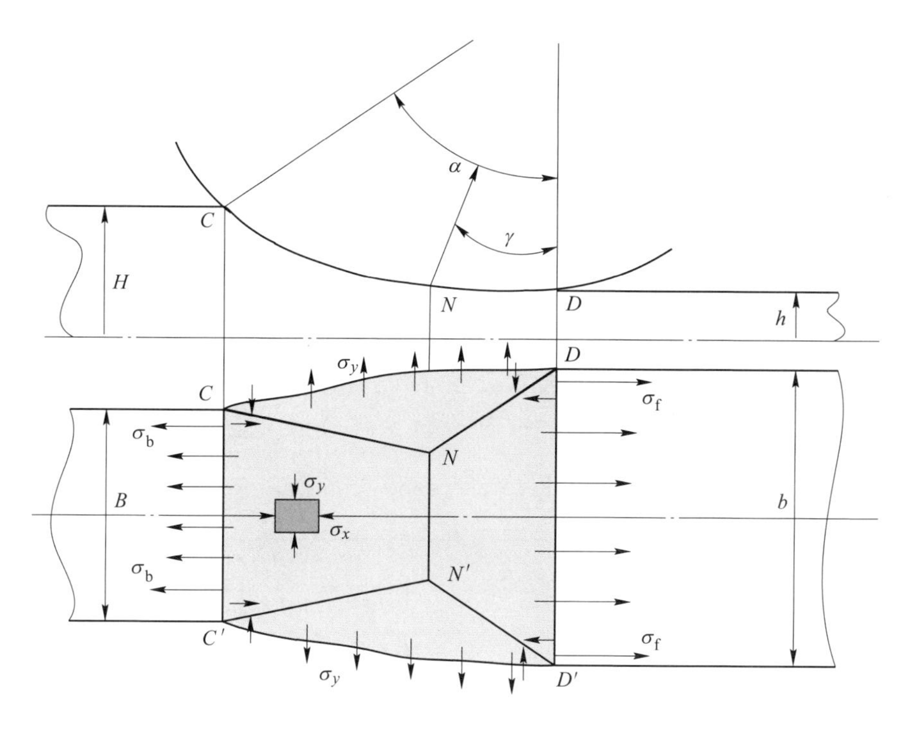

图 3.1 带钢轧制过程中的金属横向流动

从图 3.1 可知，一方面，带钢进入延伸区 $CNN'C'$（后滑区）和 $DNN'D'$（前滑区）的金属微元体所承受的横向阻应力 σ_y 大于纵向内阻力 σ_x，因此几乎所有的金属质点都向轧制方向流动，导致该区域的带钢获得较大的延伸变形；另一方面，处于带钢两侧宽展区 CND 和 $C'N'D'$ 内的金属微元体所承受的横向阻应力远小于纵向阻应力，因此该区内的金属质点倾向于向带钢两侧流动形成宽展变形。越靠近带材边缘的自由端，横向阻应力 σ_y 越小。因此，金属横向流动主要发生在带钢两侧端部，且带钢在后滑区的压下量大于前滑区压下量，使得后滑区的宽展变形更大。延伸区与宽展区的边界线 CN、ND、NN'、$C'N'$ 和 $N'D'$ 上的金属质点承受数值相等的阻应力 σ_y 和 σ_x，当金属在变形过程中流经这些交界处时，可认为金属质点瞬时不发生运动。由于轧制变形区横向和纵向阻力应力的变化，即相对于纵向阻应力 σ_x，横向阻应力 σ_y 由带钢中部向带钢两侧变得越来越小，根据最小阻力定律，金属质点向阻力最小的方向移动，因此越靠近带钢边缘，金属质点越容易发生横向流动，导致带材沿横向的宽展变形是分布不均匀的。此外，在非变形区外端作用下，带钢在轧制变形区需要保持其完整性，从而导致金属沿宽展区的轧制方向承受附加的拉应力 σ_b 和 σ_f，其值由宽展区外端向内部逐渐减小，而其他变形区域则承受附加的压应力。如果带钢两侧附加压应力过大，导致带材边缘应力状态发生变化，一旦出现水平拉应力，若其值超过金属强度极限时，带钢极易产生裂边缺陷。

3.1.2　板形解析数学模型的建立

首先，建立如图 3.2 所示的带钢坐标系，带钢厚度方向为 h 轴，宽度方向为 y 轴，除边部减薄区以外的带钢宽度为 B_i。假设带钢为连续的纵向纤维条组成的实体，在离带钢中心距离为 y 的任意位置取一微元纤维体，设该纤维体轧制前的宽度为 dy，厚度为 $H(y)$，长度为 $L(y)$。带钢轧制变形过程中存在着金属质点横向流动现象，设金属质点的横向位移函数为 $u(y)$，因此，由于金属的横向流动，轧制后的纤维体宽度增加为 $dy + [u(y + dy) - u(y)]$。

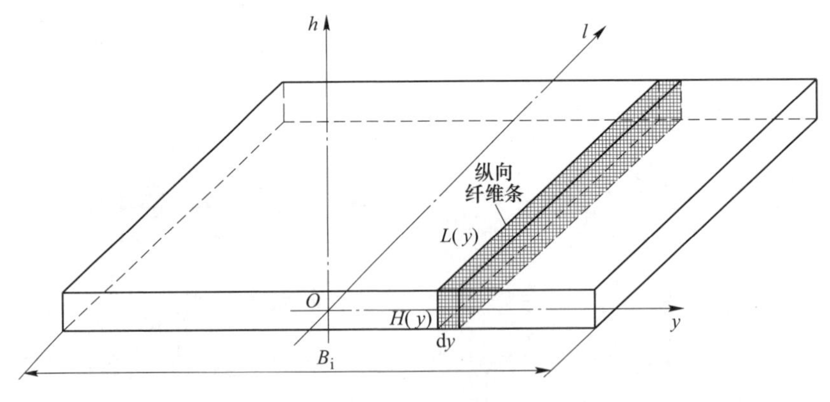

图 3.2　轧制带钢的坐标系

轧后该纤维体厚度减小为 $h(y)$，长度增大为 $l(y)$。设该纤维体轧制前后的体积分别为 V_{in} 和 V_{out}，则 V_{in} 和 V_{out} 为：

$$\begin{cases} V_{in} = H(y)L(y)dy \\ V_{out} = h(y)l(y)[dy + u(y + dy) - u(y)] \end{cases} \tag{3.1}$$

根据轧制过程中秒流量恒定原则，即带钢轧制前后体积不变原理，可知：

$$V_{out} = V_{in} \tag{3.2}$$

根据式（3.1）和式（3.2）有：

$$h(y)l(y)[\mathrm{d}y + u(y+\mathrm{d}y) - u(y)] = H(y)L(y)\mathrm{d}y \tag{3.3}$$

因此，根据式（3.3）可推导出，该纤维体轧后的长度为：

$$l(y) = \frac{H(y)L(y)\mathrm{d}y}{h(y)[\mathrm{d}y + u(y+\mathrm{d}y) - u(y)]} = \frac{H(y)L(y)}{h(y)[1+u'(y)]} \tag{3.4}$$

假设长度为 $\bar{l}$ 的纤维体（即轧后刚好不发生板形缺陷的纤维体）的横向坐标为 $\bar{y}$，这里认为该无板形问题纤维体的长度为带钢所有纵向纤维体的平均长度，那么，根据式（3.4）可知轧制后带钢纵向纤维条的平均长度为：

$$l(\bar{y}) = \frac{H(\bar{y})L(\bar{y})}{h(\bar{y})[1+u'(\bar{y})]} \tag{3.5}$$

由式（3.4）和式（3.5）可推导出，宽向位置坐标为 y 的任意纵向纤维体与无板形问题的纤维体轧后的长度之比为：

$$\frac{l(y)}{l(\bar{y})} = \frac{\dfrac{H(y)L(y)}{h(y)[1+u'(y)]}}{\dfrac{H(\bar{y})L(\bar{y})}{h(\bar{y})[1+u'(\bar{y})]}} = \frac{L(y)}{L(\bar{y})}\frac{\dfrac{H(y)}{H(\bar{y})}}{\dfrac{h(y)}{h(\bar{y})}}\frac{1+u'(\bar{y})}{1+u'(y)} = \frac{L(y)}{L(\bar{y})}\frac{1-\dfrac{H(\bar{y})-H(y)}{H(\bar{y})}}{1-\dfrac{h(\bar{y})-h(y)}{h(\bar{y})}}\frac{1+u'(\bar{y})}{1+u'(y)} \tag{3.6}$$

纤维体轧后的纵向应变为 $\varepsilon(y) = \dfrac{l(y)-l(\bar{y})}{l(\bar{y})}$，即 $\varepsilon(y) = \dfrac{l(y)}{l(\bar{y})} - 1$。因此，由式（3.6）可推导出带钢任意纤维体轧后的纵向应变为：

$$\left.\begin{aligned} &\frac{l(y)}{l(\bar{y})} = \varepsilon_{out}(y) + 1 \\ &\frac{l(y)}{l(\bar{y})} = \frac{L(y)}{L(\bar{y})}\cdot\frac{1-\dfrac{H(\bar{y})-H(y)}{H(\bar{y})}}{1-\dfrac{h(\bar{y})-h(y)}{h(\bar{y})}}\cdot\frac{1+u'(\bar{y})}{1+u'(y)} \end{aligned}\right\}\Rightarrow$$

$$\varepsilon_{out}(y) = [\varepsilon_{in}(y)+1]\cdot\frac{1-\dfrac{H(\bar{y})-H(y)}{H(\bar{y})}}{1-\dfrac{h(\bar{y})-h(y)}{h(\bar{y})}}\cdot\frac{1+u'(\bar{y})}{1+u'(y)} - 1 \tag{3.7}$$

这里定义轧制前后横向厚度差的变化因子为 $C_r = \dfrac{1-\dfrac{H(\bar{y})-H(y)}{H(\bar{y})}}{1-\dfrac{h(\bar{y})-h(y)}{h(\bar{y})}}$，宽展因

子为 $T_f = \dfrac{1 + u'(\bar{y})}{1 + u'(y)}$，因此，带钢任意纤维体的轧后纵向应变可以写为：

$$\varepsilon_{out}(y) = [\varepsilon_{in}(y) + 1] C_r T_f - 1 \tag{3.8}$$

出口带钢的板形 $I_{out}(y)$ 与纵向应变 $\varepsilon_{out}(y)$ 之间关系为：

$$I_{out}(y) = \varepsilon_{out}(y) / 10^{-5} \tag{3.9}$$

轧制过程中，带钢同时受到机架间张力 $\bar{\sigma}$ 和纵向残余张力 $\sigma_{xx}(y)$ 作用，带钢在线的潜在板形缺陷 $\sigma_{xx\_total}(y)$ 是由二者叠加引起的，接触式板形辊通过测量 $\bar{\sigma}$ 和 $\sigma_{xx}(y)$ 的总张应力来计算带钢的板形分布，如图 3.3 所示。当张力引起的带钢弹性变形假定为平面变形时，总张应力 $\sigma_{xx\_total}(y)$（潜在板形缺陷）与纵向应变的关系为：

$$\left.\begin{aligned} \sigma_{xx}^{out}(y) &= -\frac{E}{1-\nu^2}\varepsilon(y) \\ \sigma_{xx\_total}^{out}(y) &= \bar{\sigma}_{out} + \sigma_{xx}^{out}(y) \end{aligned}\right\} \Rightarrow \sigma_{xx\_total}^{out}(y) = \bar{\sigma}_{out} - \frac{E}{1-\nu^2}\varepsilon(y) \tag{3.10}$$

式中　$\bar{\sigma}_{out}$——出口基准张应力；

E——带钢弹性模量，MPa；

ν——带钢泊松比。

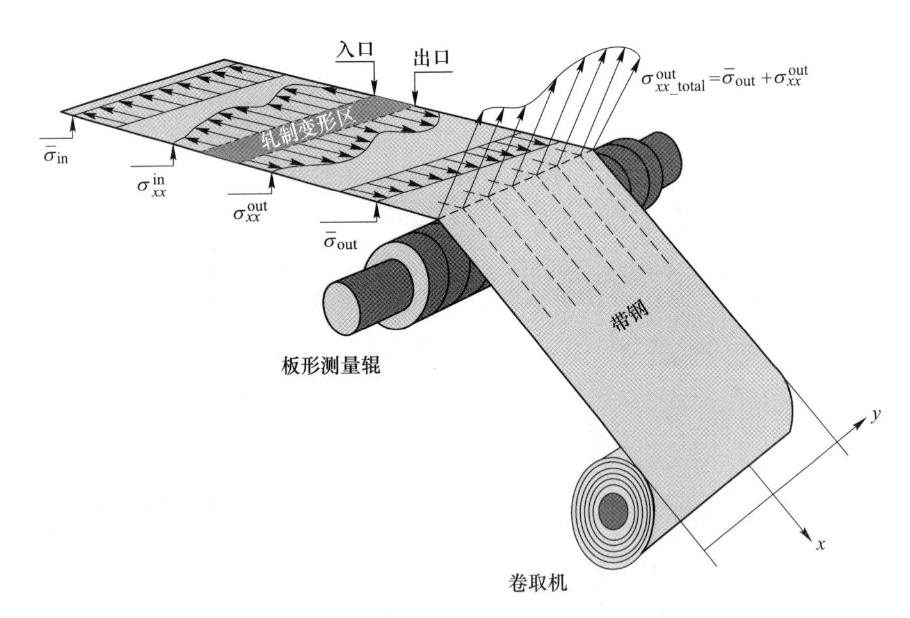

图 3.3　板形辊测量潜在板形缺陷示意图

因此，根据式（3.9）和式（3.10），可推导出带钢轧后的板形分布和出口总张应力分布，并通过以下数学模型来描述：

$$\begin{cases} I_{\text{out}}(y) = \{[I_{\text{in}}(y) \times 10^{-5} + 1]C_{\text{r}}T_{\text{f}} - 1\}/10^{-5} \\ \sigma_{xx\_\text{total}}^{\text{out}}(y) = \overline{\sigma}_{\text{out}} - \dfrac{E}{1-\nu^2}\{[I_{\text{in}}(y) \times 10^{-5} + 1]C_{\text{r}}T_{\text{f}} - 1\} \end{cases} \tag{3.11}$$

其中 $$C_{\text{r}} = \frac{1 - \dfrac{H(\overline{y}) - H(y)}{H(\overline{y})}}{1 - \dfrac{h(\overline{y}) - h(y)}{h(\overline{y})}}; \qquad T_{\text{f}} = \frac{1 + u'(\overline{y})}{1 + u'(y)}$$

式（3.11）给出了一个考虑轧制过程中金属横向流动的板形解析数学模型。正如 Molleda 等人所讲，有时由在线板形检测装置测量的板形数据须与离线法获得的板形数据进行比较。但是，一方面线下测量带钢纤维条之间的长度差非常困难，并且测量精度也得不到保证；另一方面，由于线下机架间的张力已经释放，通过测量线下带钢的张力来计算板形的方法是无法实现。相反，离线测量带材厚度相对容易，精度也易得到保证。式（3.11）给出了一个表达带钢横向厚度差与板形之间转换关系的数学模型，可间接计算离线的带钢板形分布。通过对轧制前后带钢横向厚度的测量，可以计算出横向厚度差的变化因子 C_{r}，宽展因子 T_{f} 的值可以通过解析和数值等方法求出，在当前研究中，通过数模拟结果的插值得到 T_{f} 的值。当计算薄带钢的板形时，金属横向流动对板形的影响可以忽略不计，这种情况下，T_{f} 的值为 1。因此，式（3.11）为离线计算带材板形分布提供了数学模型。

一般来说，在研究某道次的板形状态时，通常情况下认为来料带钢的板形是良好的，这也是为了研究横截面形状变化和金属横向流动对一次轧制带钢板形分布的影响。因此，忽略带钢入口的板形状态，即假定带材板形良好，则式（3.11）给出的轧制后带钢板形和残余张应力分布可简化为：

$$\begin{cases} I_{\text{out}}(y) = (C_{\text{r}}T_{\text{f}} - 1)/10^{-5} \\ \sigma_{\text{out}}(y) = \overline{\sigma} - \dfrac{E}{1-\nu^2}(C_{\text{r}}T_{\text{f}} - 1) \end{cases} \tag{3.12}$$

在实际带钢的生产过程中，边浪和中浪缺陷问题比较突出，具有普遍的代表性。因此，当我们只考虑带钢边浪和中浪缺陷的分析时，根据式（3.6）可以推导出轧后带钢中心纤维长度与两侧边缘纤维长度之比，即：

$$\frac{l(0)}{l(b_{\text{i}}/2)} = \frac{L(0)}{L(b_{\text{i}}/2)} \cdot \frac{\dfrac{H(0)}{H(b_{\text{i}}/2)}}{\dfrac{h(0)}{h(b_{\text{i}}/2)}} \cdot \frac{1 + u'(b_{\text{i}}/2)}{1 + u'(0)} \tag{3.13}$$

式中 $l(0)$ ——轧后带钢的中心纤维长度，mm；

$l(b_i/2)$——轧后带钢的两侧边缘纤维长度，mm。

当轧制带钢的宽厚比很大时，冷轧带钢的宽厚比有时甚至大于1000，可认为冷轧带钢在轧制过程中会发生平面变形，即此时可以忽略轧制过程中的宽展变形。在这种情况下，当入口带钢的板形状态良好时，轧后带钢的中心纤维长度与两侧边缘纤维长度之比为：

$$\frac{l(0)}{l(b_i/2)}=\frac{H(0)}{H(b_i/2)}\bigg/\frac{h(0)}{h(b_i/2)} \tag{3.14}$$

根据凸度的定义，这里定义带钢的入口和出口凸度分别为：

$$\begin{aligned} C_H &= H(0) - H(b_i/2) \\ C_h &= h(0) - h(b_i/2) \end{aligned} \tag{3.15}$$

所以式（3.14）可以写为：

$$\frac{l(0)}{l(b_i/2)}=\frac{\dfrac{H(0)}{H(b_i/2)}}{\dfrac{h(0)}{h(b_i/2)}}=\frac{\dfrac{H(0)-H(b_i/2)}{H(b_i/2)}+1}{\dfrac{h(0)-h(b/2)+1}{h(b_i/2)}}=\frac{\dfrac{C_H}{H(b_i/2)}+1}{\dfrac{C_h}{h(b_i/2)}+1} \tag{3.16}$$

根据上述假设和推导，可以将保持带钢形状良好的几何条件简化为轧制过程中保持比例凸度恒定的原则，即在轧制前后保持带钢的比例凸度不变：

$$\frac{l(0)}{l(b_i/2)}=\frac{\dfrac{C_H}{H(b_i/2)}+1}{\dfrac{C_h}{h(b_i/2)}+1}=1 \Rightarrow \frac{C_H}{H(b_i/2)}=\frac{C_h}{h(b_i/2)} \tag{3.17}$$

式（3.17）就是通常所说的在轧制过程中保持良好板形的几何条件，即保持入口带钢比例凸度和出口带钢比例凸度相等。然而，在实际轧制操作中，只要带钢没有翘曲变形，轧制过程中的比例凸度可以在一定范围内改变，这一可接受的比例凸度变化范围称为“平直度死区”（flatness deadband）。

图3.4所示为带钢轧制过程中比例凸度的变化与带钢板形状态的关系：当比例凸度变化量在平直度死区内时，带钢板形状态良好，无板形缺陷问题；当比例凸度变化量在平直度死区外且入口比例凸度大于出口比例凸度时，带钢出现中浪缺陷；当比例凸度变化量在平直度死区外且出口比例凸度大于入口比例凸度时，带钢出现边浪缺陷。但是，必须指出，这种判断板形状态的方法必须基于以下假设：

（1）该道次轧制前入口带钢的板形良好。

（2）带钢的宽厚比很大，在轧制过程中忽略金属的横向流动，并近似地认为带钢发生平面变形。

（3）仅用于分析和判断带钢中浪和边浪问题，其他板形缺陷模式，如M形浪、W形浪以及其他高次板形缺陷问题未予考虑。

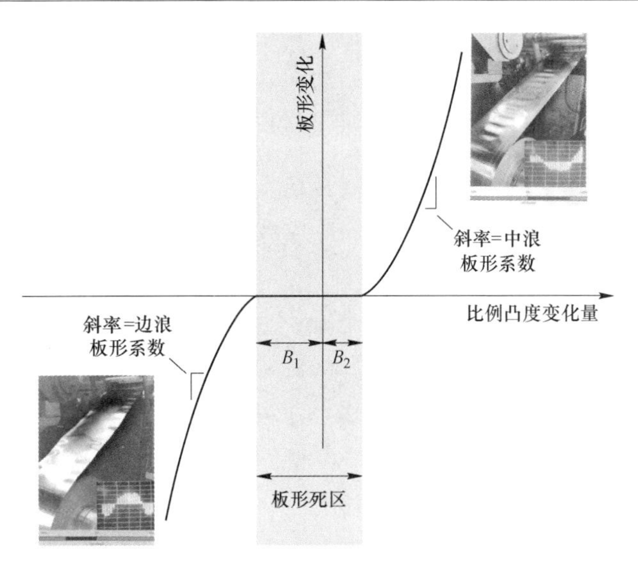

图 3.4　带钢板形缺陷与比例凸度变化之间的关系

3.2　板形解析数学模型验证

为了验证式（3.11）建立的板形解析数学模型，对不同规格的带钢的轧制过程进行模拟试验。分析轧制过程中金属的横向流动、压下率以及入口厚度对带钢出口板形影响，验证板形解析数学模型的准确性。

3.2.1　压下率对带钢宽展及板形的影响

取钢种为 SPHETi-3-T 的带钢试样进行轧制模拟试验，试样的入口比例凸度仍设定为 1%，且在轧制过程中保持不变。试验分为 12 组，带钢的压下率以定步长从 30%增加到 50%，其他轧制工艺参数不变，计算轧制后带钢的金属横向流动和板形分布。

如图 3.5 所示，根据金属横向流动曲线的形貌和斜率的变化，带钢的宽展变形大致可分为两部分，即中间线性变化的延伸区和两侧边部非线性变化的宽展区。由于金属在中间延伸区的横向阻力远大于纵向阻力，大部分金属质点都朝轧制方向流动，因此金属在该区域的横向流动很小，相应地带钢宽展变形也很小。由于轧制变形区的纵向和横向阻力沿带材的宽度方向变化，且越靠近带材边缘的自由端，横向阻力越小，因此，越靠近带材边缘，金属质点的横向流动越剧烈，这也导致了图 3.5 中金属横向流动曲线的斜率在带钢边部突然增大。

压下率对金属横向流动的影响如图 3.6 所示，随压下率的增大，带钢宽展曲线的中部线性区范围缩小，边部非线性区范围增大，且金属质点在边缘的横向位移增大，导致宽展曲线在带钢边部的斜率随之增大。因此，随压下率的增加，带

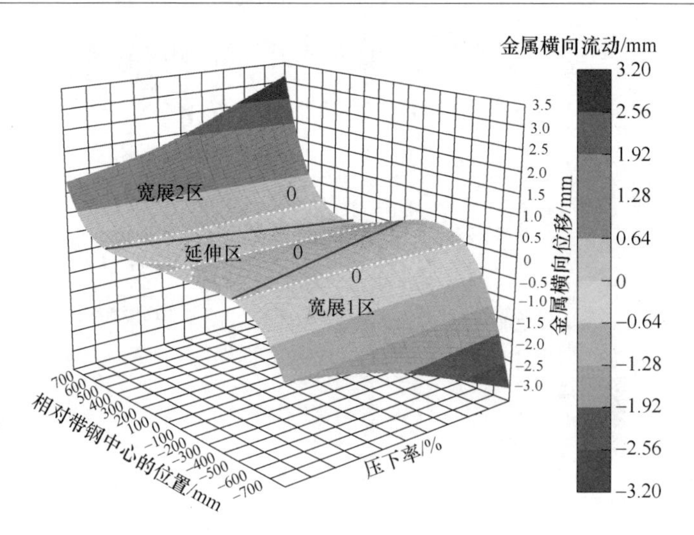

图 3.5　压下率对带钢金属横向流动的影响

钢的金属横向流动加剧，宽展变形增大。其主要原因是由于压下量增加，轧制接触弧变长，使得变形区内纵向阻力增大，金属更趋于向带钢两侧流动，从而导致宽展变形的增加。另一方面，压下率的增加使得厚度方向压下的金属体积增加，这也会导致金属在变形过程中横向流动的加剧。

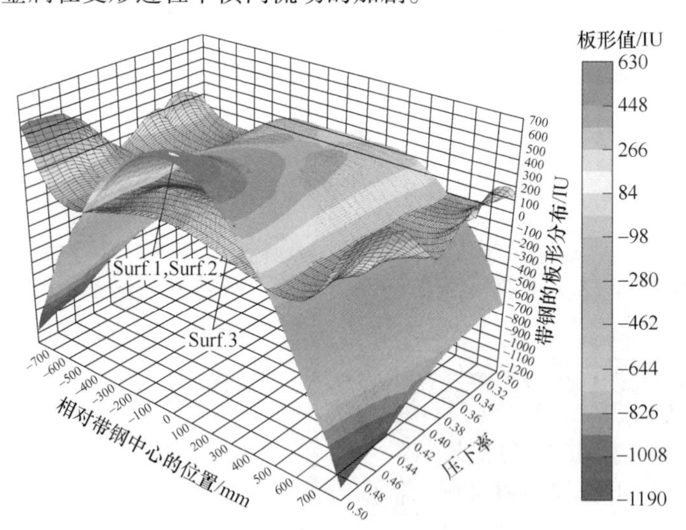

图 3.6　压下率对带钢板形分布的影响

不同压下率下带钢的板形分布如图 3.6 所示，图中 Surf. 1 是根据实测数据计算和绘制的板形分布曲面，Surf. 2 为基于板形解析数学模型计算的板形分布曲面，Surf. 3 为不考虑带钢宽展变形的情况下计算出的板形分布曲面。Surf. 1 中部的板形值为正，边部的板形值为负，且两者之间的最大偏差为 1000IU。结果表明，在轧制过程中，虽然设定了带钢的比例凸度保持恒定，但由于金属在带材边缘的剧烈横向流动，边缘金属纤维条的伸长率降低，导致带钢边部的板形值远小于中部的板形值，且越靠近带钢边缘，金属横向流动现象越严重，使得带钢边部板形值下降很快，导致带钢易发生中浪缺陷。

此外，从图3.6可知，板形曲面Surf.2和Surf.1几乎完全一致，但Surf.3与Surf.1却有严重偏差，甚至2个曲面的形状和变化趋势完全不同。该结果表明，采用式（3.11）给出的板形数学模型计算的板形值与实测值的误差很小，具有较高的精度和较广的适用性，并且金属横向流动引起的板形偏差是不可忽略的，否则会导致严重误差。此外，在图3.6中，Surf.1的板形分布随压下率的变化趋势表明，随着压下率的增大，带钢的金属横向流动加剧，宽展变形增加，使得由于宽展引起的板形偏差也增大。因此，随着压下率的增加，板形曲面Surf.1中部与边部的板形差值变大，曲面变得更陡峭，带钢更容易出现中浪缺陷问题。

3.2.2　入口厚度对带钢宽展及板形的影响

在轧制工艺参数相同的情况下，将带钢入口厚度以等步长从50mm减小到5mm分组进行模拟试验，然后根据结果计算金属质点的横向位移，并得到带钢宽展变形随入口厚度变化的云图，如图3.7所示。从图3.7可知，随着带钢入口厚度的减小，金属横向流动曲线的边部非线性区减小，但金属质点的横向位移在这一区域增加；中部线性区增大，但该区域内金属质点横向位移减小。其主要原因是随着带钢入口厚度的减小，轧制接触弧的长度随之减小，带钢中部的纵向阻力减小，因此，带钢中部的金属质点更倾向于朝轧制方向移动；另外，越靠近带钢边缘，金属质点受到的侧向阻力越小，使得金属质点的横向流动在带钢边部区域加剧。

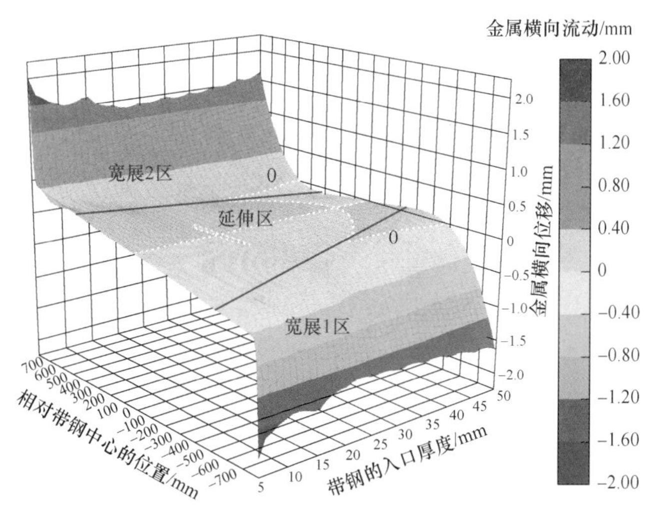

图3.7　入口带钢厚度对金属横向流动分布的影响

图 3.8 所示为带钢的板形分布随入口厚度变化云图，为了详细观察入口厚度和金属横向流动对带钢板形分布的影响规律，图 3.8 给出两个视角，Surf. 1、Surf. 2 和 Surf. 3 分别为带钢的实测板形分布曲面、基于式（3.11）计算获得的板形分布曲面和未考虑宽展变形计算得到的板形分布曲面。从图 3.8 可以得知，曲面 Surf. 2 与 Surf. 1 之间的误差非常小，二者几乎完全重合，表明板形解析数学模型的精度较高。另一方面，当入口带钢的厚度较大时，与实测板形曲面 Surf. 1 相比，Surf. 3 存在着较大的偏差，且两个曲面的分布形状也有很大差异。Surf. 1 和 Surf. 2 的中部板形值为正，边部板形值为负，而 Surf. 3 中的板形值分布则正好相反。随着带钢入口厚度的减小，板形曲面 Surf. 3 与 Surf. 1、Surf. 2 之间的偏差逐

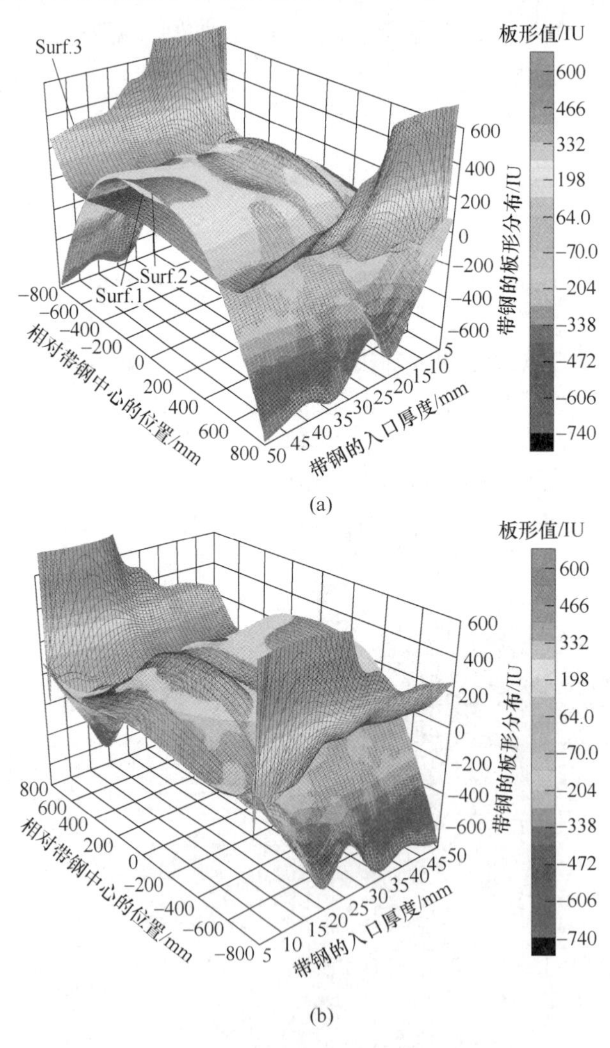

(a)

(b)

图 3.8　入口带钢厚度对板形分布的影响

（a）视角Ⅰ；（b）视角Ⅱ

渐缩小，3 个板形曲面的中部区域先重叠，然后重叠区域逐渐延伸到带钢的两侧。

结果表明，金属横向流动对带钢板形分布的影响随入口厚度减小而减弱，其原因是较厚的带钢的金属横向流动现象相对于薄带钢更为严重，造成宽展变形引起的板形偏差增加。此外，薄带钢的金属横向流动主要集中在带材两侧，而厚带钢有明显金属横向流动的区域则从带材边缘延伸到中部，使得金属横向流动对板形分布的影响程度更深，范围更大。

然而，尽管薄带钢的宽展变形主要集中在较小范围的边缘区域内，但金属质点在带材边缘的横向流动非常严重，使得宽展因子 T_f 变大，最终导致在带钢的边缘区域，金属横向流动引起的板形偏差明显增大，如图 3.8 中板形曲面 Surf. 3 所示，随着入口厚度的变薄，带钢两侧边缘的板形计算值与 Surf. 1 中的实测值之间的误差增加。为了更详细地研究带钢入口厚度变化对板形分布的影响，取带钢在不同横向坐标点（$y=0$mm、400mm、603mm 和 743mm）处的板形实测值和计算值，分析三者的差异随入口厚度的变化趋势，如图 3.9 所示。

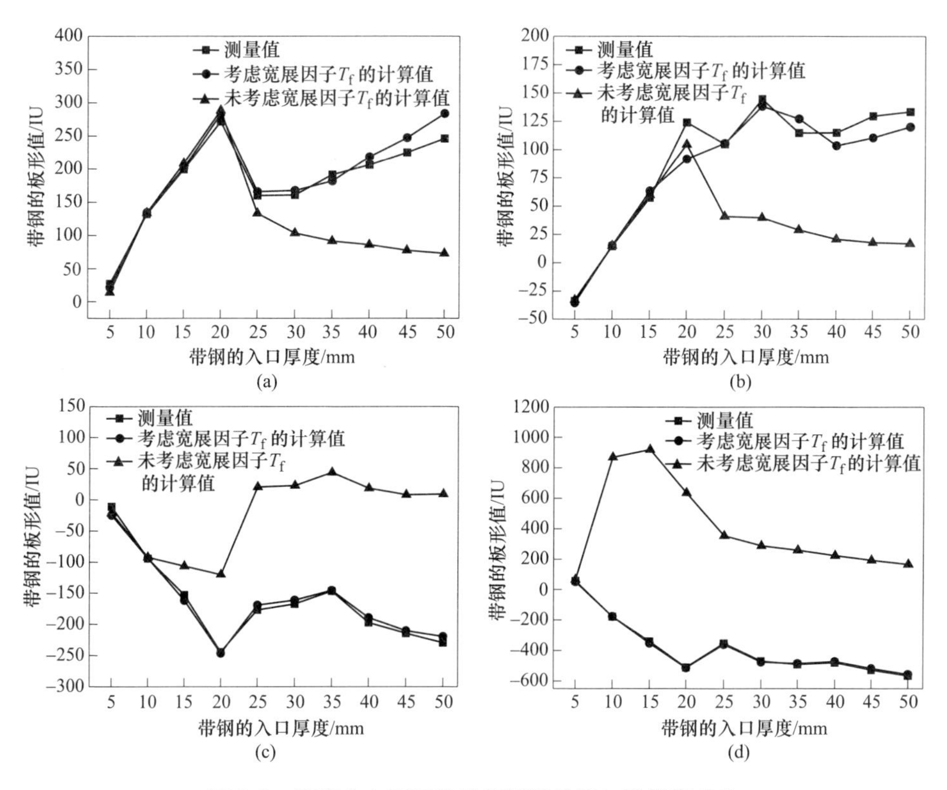

图 3.9 宽度方向不同位置板形测量值与计算值对比

（a）$y=0$mm；（b）$y=400$mm；（c）$y=603$mm；（d）$y=743$mm

首先，如图 3.9 所示，带材入口厚度从 50mm 减小到 5mm 过程中，采用引入宽展因子 T_f 的板形数学模型计算的板形计算值与实测值相比，在整个带材宽度范围内的误差都很小。其次，与板形实测值相比，当带钢入口厚度大于 25mm 时，在带钢不同位置处，不考虑金属横向流动影响的板形计算值存在很大误差，但随着带钢入口厚度的减小，计算误差减小。以上结果表明，当带钢入口厚度大于 25mm 时，宽展导致的板形偏差在带钢整个宽度范围内都存在，且随入口厚度的增加，宽展导致的板形偏差越来越严重。当入口厚度小于 25mm 时，随着入口厚度的减小，未考虑金属横向流动影响的板形计算值与实测值的误差较小，且二者随着厚度的减小逐渐重合，重合点的范围从带钢中部向两侧延伸。当入口厚度为 5mm 时，与板形实测值相比，宽度方向上 4 个位置的板形计算误差都很小，三个点基本重合，带钢宽展变形对板形分布的影响几乎可以忽略不计。为了更进一步解释金属横向流动对不同入口厚度带钢板形分布的影响，分别截图 3.8 所示的板形三维分布图中入口厚度为 25mm、20mm、10mm 和 5mm 的板形分布曲线，得到实测板形分布曲线和计算板形分布曲线的对比结果，如图 3.10 所示。

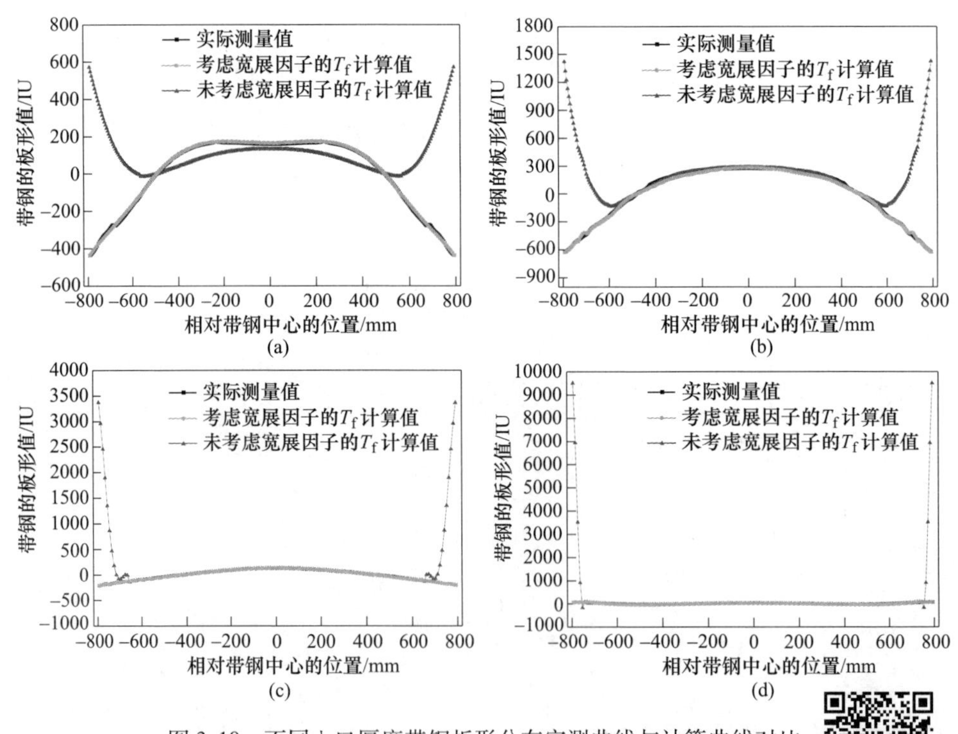

图 3.10　不同入口厚度带钢板形分布实测曲线与计算曲线对比

(a) H=25mm；(b) H=20mm；(c) H=10mm；(d) H=5mm

扫二维码
看彩图

如图 3.10 所示，当带钢入口厚度分别为 25mm、20mm、10mm 和 5mm 时，与实测板形分布曲线相比，由式（3.11）计算出的板形分布曲线误差很小，二者几乎完全重合。图 3.10（a）的对比结果表明，当入口带钢厚度为 25mm 时，未考虑宽展影响的板形分布曲线与实测板形曲线相比有较大的误差，其中带钢中部误差较小，边部误差较大，在边部 300mm 范围内二者的曲线形貌完全不同，两条曲线分布趋势完全相反。当入口厚度降到 20mm 时，与实测板形曲线相比，未考虑宽展影响的板形计算值在带钢中部-500~500mm 范围内的误差变得很小，二者几乎重合，但在该范围之外的边缘区域的误差仍然很大，如图 3.10（b）所示。当带钢入口厚度为 10mm 时，未考虑宽展影响的板形分布曲线与实测板形分布曲线的重叠点分布范围由带钢中间进一步扩大到两侧，使得两条分布曲线在带钢横坐标为-650~650mm 范围内几乎完全重合，如图 3.10（c）所示。当入口厚度继续减小 5mm 时，未考虑宽展影响的板形分布曲线与实测板形分布曲线在带钢边缘区域以外的宽度范围内基本完全重叠，二者误差很小，金属横向流动引起的板形偏差几乎可以忽略不计。因此，带钢入口厚度越薄，金属横向流动对带钢板形分布的影响越小。在实际的冷轧板形控制中，由于入口带非常薄，因此由宽变形引起的形状偏差几乎可以忽略不计。

从上述分析可以得知，金属横向流动对板形的影响在带钢两侧最为严重，影响程度随入口厚度的减小而增大。当带钢入口厚度大于 25mm 时，金属横向流动对板形的影响贯穿于带钢的整个宽度范围。带钢入口厚度为 5~20mm 之间是一个过渡区，随着入口厚度的减小，金属横向流动对板形分布的影响逐渐减弱，未受影响的区域从带材的中心逐渐延伸到两侧。当带钢的入口厚度小于 5mm 时，除了非常小的边缘减薄区域之外，由金属横向流动所引起的板形偏差在带材宽度范围内可以被忽略。

3.2.3 带钢凸度、宽展与板形的耦合效应

轧制过程中比例凸度的变化会改变带钢的出口横截面形状，导致板形出现偏差，严重时会给带钢带来板形缺陷问题。因此，为了获得良好板形，Shohet 指出，轧制过程中比例凸度必须保持不变或者在一个范围内变化。然而，通过该方法判断并预测带钢板形状态并没有考虑金属横向流动对板形的影响。如果带钢较厚，宽展变形严重，金属横向流动引起的板形偏差则不容忽视，此时如果仅依据比例凸度变化分析出口带钢的板形状态，分析结果会有很大误差。为了分析轧制过程中比例凸度和宽展变形对带钢板形的影响，将带钢入口比例凸度设为 1%，出口比例凸度分别设为-1%、2%和 3%，其余轧制工艺条件保持不变，进行轧制模拟试验，得到出口带钢的板形分布云图，如图 3.11 所示。

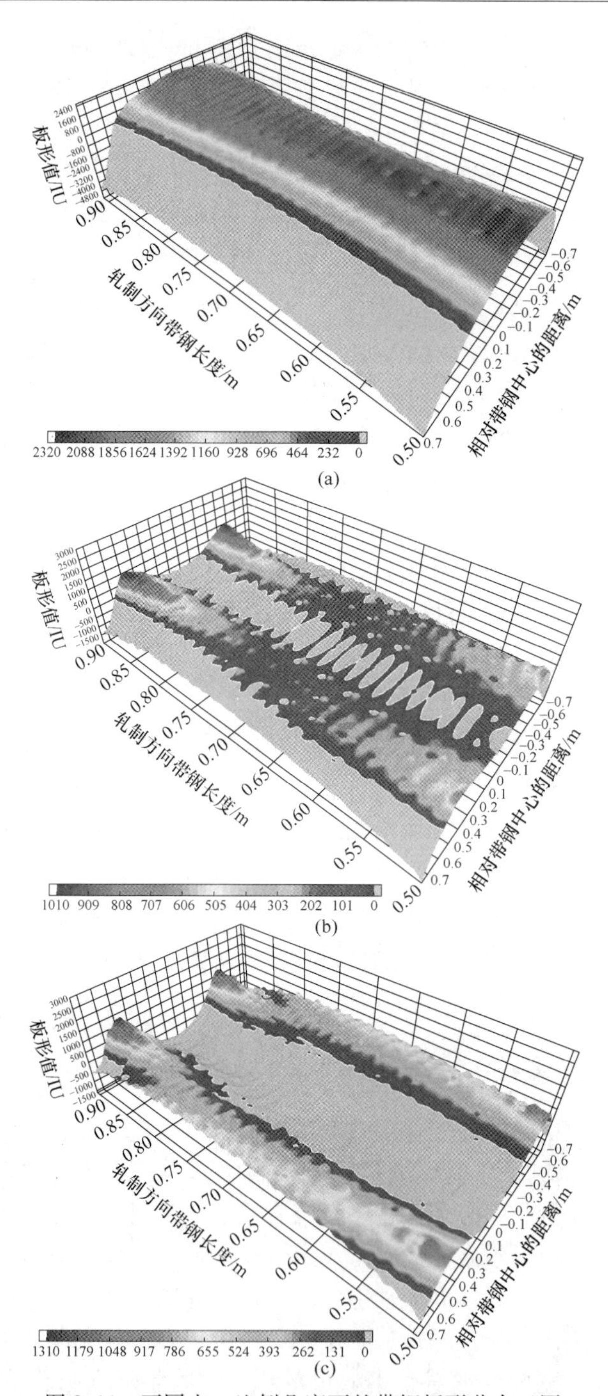

图 3.11　不同出口比例凸度下的带钢板形分布云图

（入口厚度/H：45.761mm；带钢宽展/B：1586.2mm；压下率/ε：40%；入口比例凸度设定值：1.0%）

（a）出口比例凸度为-1.0%；（b）出口比例凸度为 2.0%；（c）出口比例凸度为 3.0%

如图 3.11 所示，为了便于观察和分析，只对板形值大于零的区域进行颜色等值线处理，而板形值小于零的区域则用灰度轮廓处理。当带钢的出口比例凸度为-1%，即轧制过程中比例凸度变小时，带钢中部区域的板形偏差值为正，且中心区出现板形极大值，表明带钢可能存在中浪缺陷，如图 3.11（a）所示。当出口比例凸度增大到 2%时，如图 3.11（b）所示，板形偏差极大值的区域从带材中心向两侧移动，出现在带材宽度 1/4 处，此时，带钢容易出现 M 形浪形缺陷。根据比例凸性理论，当轧制过程中比例凸度增大（1%增大到 2%）时，带钢容易出现边浪问题。然而，很明显，实际的板形偏差分布与比例凸性理论预测结果并不一致，这主要是因为带钢较厚时，比例凸度变化和金属横向流动的综合作用影响着板形偏差的分布。因此，在这种情况下，仅采用比例凸度变化法来预测板形缺陷的位置是不准确的。当带钢出口比例凸度进一步提高到 3%时，板形偏差极值区由带材 1/4 宽处转移到带材边缘，此时带钢易发生边浪缺陷问题，如图 3.11（c）所示。

因此，为了研究比例凸度、宽展变形与板形分布之间的关系，以及相互作用的规律，将带钢出口比例凸度从-1%连续增加到 3%，其他轧制工艺参数保持不变进行模拟轧制试验。根据试验结果，计算得到不同出口比例凸度下带钢的金属横向流动与板形分布。

如图 3.12 所示，带钢金属质点的横向位移随出口比例凸度的增加而增大，宽展曲线在带钢两侧边部的斜率增大。因此，在轧制过程中，随着带钢比例凸度的增加，带钢的宽展变形会加剧，且离带钢边缘越近，金属横向流动越严重，使得边部的实际出口厚度小于设定值，导致带钢的实际出口比例凸度随之增大。另一方面，带钢出口比例凸度增大，使得带钢边部的压下率高于中间区域，导致边部的金属横向流动也随之加剧。因此，在轧制过程中，带钢的比例凸性增大，使

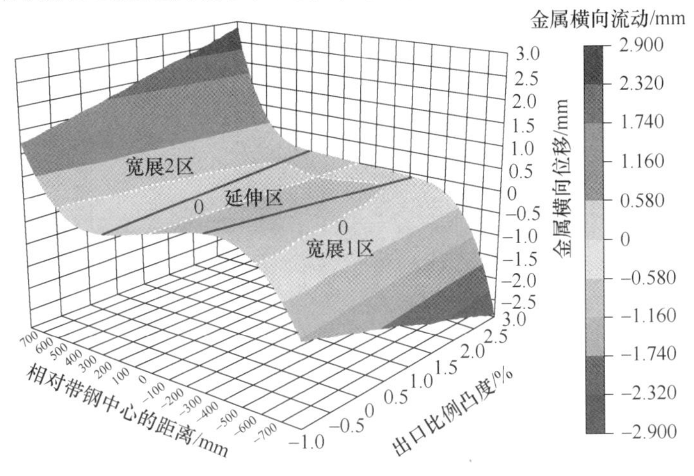

图 3.12　出口比例凸度对金属横向流动的影响

得带钢宽展变形变大；反之，带钢边部金属横向流动的加剧也使得带材的出口凸度增大，导致带钢出口比例凸度相对于设定值增大。

当带钢的出口比例凸度由1%降低到-1%时，图3.13给出了带钢的板形分布云图，其中，Surf.1是测量得到的板形分布曲面，Surf.2是在不考虑金属横向流动影响的情况下计算出的板形分布曲面。如图3.13所示，当轧制过程中比例凸度减小时，带钢边部的实测板形值为负，中部板形值为正，板形偏差极值出现在带钢中心区域，且出口比例凸度越小，带钢中心与两侧的板形偏差越大。此外，通过对比Surf.1与Surf.2两个板形分布曲面可以得知，Surf.2的中心与边部的板形差值相对较小，板形分布曲面的变化更平缓，且当出口比例凸度为1%时，板形在曲面边缘甚至出现了正值。Surf.1与Surf.2的对比结果表明，当出口比例凸度减小时，宽展变形会增大带钢中部与两侧的板形差异，导致带钢中心板形值变大，边部板形值变小，从而加剧带钢中浪缺陷。在实际轧制过程中，一旦出现中浪缺陷问题，带钢的宽展变形会加剧中浪的恶化。这主要是由于带钢边缘的金属横向流动比中心的金属横向流动更加剧烈，使得带钢边缘纵向纤维条的伸长率变小，从而导致带钢中心与两侧的板形差值变大，使带钢中浪问题加剧。

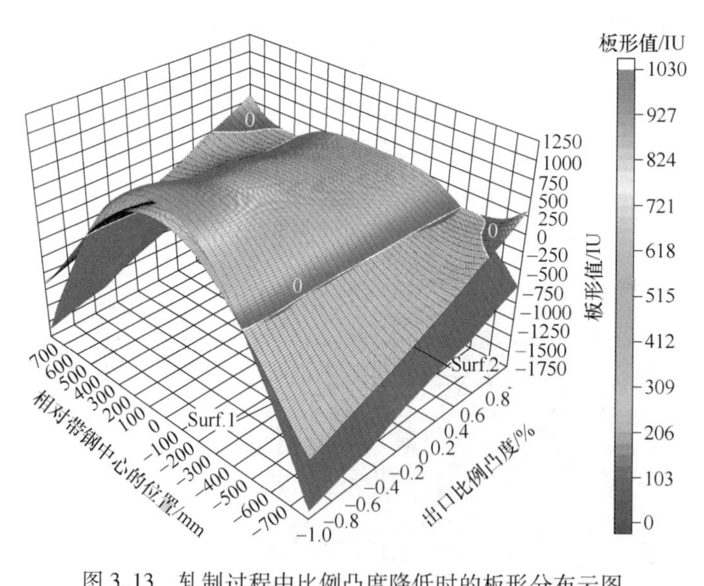

图3.13　轧制过程中比例凸度降低时的板形分布云图

当轧制过程中比例凸度增大时，图3.14分别给出了测量获得的板形分布云图和未考虑金属横向流动影响的计算结果云图。如图3.14（b）所示，当出口比例凸度由1.25%增加到3%时，板形峰值始终存在于带材边缘，并逐渐增大，这表明，当不考虑金属横向流动的影响时，带钢出口比例凸度增大会导致边浪的产

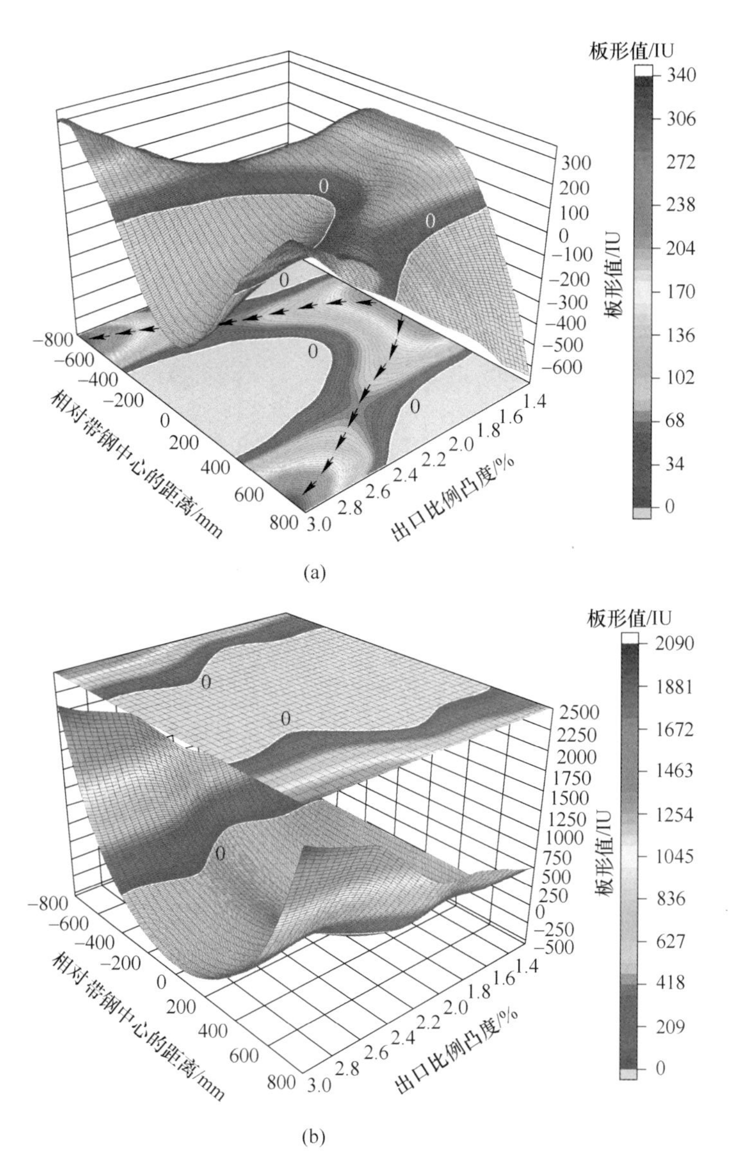

图 3.14 轧制过程中比例凸度增大时的板形分布云图

（a）实测的板形偏差分布；（b）考虑金属横向流动情况下计算的板形偏差分布

生，这种板形偏差分布的变化与比例凸度理论预测的结果是一致的。然而，事实上，金属横向流动引起的板形偏差是不容忽视的，如图 3.14（a）所示，它改变了带钢板形的分布趋势，导致增大比例凸度过程中板形偏差极大值的位置发生变化。首先，通过对比图 3.14（a）和（b）可知，实测板形偏差为正值的变化幅度相对较小，约为 0~300IU，且其分布区域随比例凸度的增加而逐渐从带钢中心向边缘部分过渡。然而，在不考虑宽展变形的情况下，计算出的板形正值的变化范围为0~2500IU，且始终分布在带钢两侧，分布范围不随比例凸度的增加而变化。其次，在将出口比例凸度由1.25%提高到3%的过程中，板形峰值区经历了从带钢中心到1/4宽然后再到边缘的连续变化过程，如图3.14（a）中所示的变化路径。

因此，当出口比例凸度增加较小时，带钢表现为中浪类型的板形分布，但随着出口比例凸度增大到约2.2%时，带钢中心板形缺陷逐渐转变为M形板形缺陷问题；当出口比例凸度继续增大时，M形板形缺陷则转变为边浪缺陷问题，这种板形缺陷分布的演变过程实际上是比例凸度变化与金属横向流动共同作用的结果。一方面，轧制过程中增大的比例凸度会使带钢边缘的压下率增加，从而导致带钢边部纵向纤维条伸长率变大。当出口比例凸度增大到临界值时，就会引起带钢边浪缺陷的产生；另一方面，带钢出口比例凸度的增加也会导致金属的横向流动变得严重，且越靠近带材的边缘，金属的横向流动就越强烈。金属在带材边部的强烈横向流动会降低纵向纤维条的伸长率，且越接近带钢边缘，金属横向流动引起的纤维条伸长率减小现象越严重。因此，由宽展变形引起的纵向纤维条伸长率的减小，会在数值上部分抵消由比例凸度变大引起的伸长率增大，这种效应甚至会使带钢边缘的纵向纤维条伸长率小于中间的纵向纤维条伸长率。当出口比例凸度增大的幅度较小时，金属横向流动引起的板形值下降在带钢边缘起主导作用，导致板形峰值出现在带钢中心。当出口比例凸度增加的幅度变大时，带钢边部的压下率增大，由比例凸度的增加所引起的边部纵向纤维伸长率的变大成为主导因素，但仍不足以消除由金属横向流动造成的带钢边缘纵向纤维伸长率的减小，此时，板形峰值区将由带钢中心向1/4宽处移动，从而形成M形的板形偏差分布。当出口比例凸度继续变大时，由比例凸度的增加引起的边部纤维伸长率的变大完全占据主导地位，使得M形板形偏差分布转变为边浪类型的板形偏差分布。因此，在比例凸度和金属横向流动的共同作用下，随着出口比例凸度的增加，带钢板形偏差的实际演变过程就与未考虑宽展变形影响的计算结果有很大的不同，如图3.14所示。

3.3　UCM轧机的刚度特性分析

实现高精度带钢形状控制的前提是对轧机性能的深入了解，而轧机的纵刚度和横刚度特性是影响轧机厚度和板形控制精度的重要因素。对于传统的四辊轧机，如四辊HC轧机，当轧机的结构固定时，轧机的纵刚度和横刚度系数将基本恒定，而六辊UCM轧机在四辊HC轧机的基础上增加了一对轴向可移动的中间辊，中间辊横向位置的变化导致轧辊的弹性挠曲和压扁变形发生改变，使轧机的纵刚度和横刚度特性也发生变化。因此，研究 UCM 轧机中间辊横向移动引起的轧机刚度特性的变化，对于板厚和板形的精确控制具有十分重要的意义。本节基于弹塑性有限元法建立 UCM 轧机的三维数值仿真模型，根据模拟计算结果，分析得到 UCM 轧机的刚度特性曲线，阐明中间辊横移对轧机纵刚度和横刚度特性的影响机理。

3.3.1 UCM 轧机三维有限元模型

本节基于弹塑性有限元方法，通过选择材料、设定参数以及模拟条件建立了将带钢弹塑性变形和轧辊弹性变形耦合分析的轧机与带钢的三维数值仿真模型，并通过质量缩放控制来优化模型。

3.3.1.1 材料模型

在有限元建模过程中轧辊被设定为弹性体，选择各向同性线弹性体材料模型，计算限制在线弹性范围内，应力不超过屈服极限，材料的应力-应变关系服从广义胡克定律。在三维模型中，轧辊材料模型的弹性矩阵 [$\boldsymbol{D}$] 为：

$$[\boldsymbol{D}] = \frac{E(1-\nu)}{(1+\nu)(1-2\nu)}\begin{bmatrix} 1 & \frac{\nu}{1-\nu} & \frac{\nu}{1-\nu} & 0 & 0 & 0 \\ \frac{\nu}{1-\nu} & 1 & \frac{\nu}{1-\nu} & 0 & 0 & 0 \\ \frac{\nu}{1-\nu} & \frac{\nu}{1-\nu} & 1 & 0 & 0 & 0 \\ 0 & 0 & 0 & \frac{1-2\nu}{2(1-\nu)} & 0 & 0 \\ 0 & 0 & 0 & 0 & \frac{1-2\nu}{2(1-\nu)} & 0 \\ 0 & 0 & 0 & 0 & 0 & \frac{1-2\nu}{2(1-\nu)} \end{bmatrix} \tag{3.18}$$

式中 E——材料的弹性模量，MPa；

ν——材料的泊松比。

带钢假定为各向同性硬化材料，在有限元模型中将其设置为弹塑性体，选择各向同性双线性硬化材料。带钢弹性变形阶段的应力-应变关系同样遵循广义胡克定律，此外，带钢塑性变形阶段遵循 von Mises 屈服准则和 Prandtl-Reuss 应力-应变关系，三维模型中带钢材料模型的弹塑性矩阵 $[\boldsymbol{D}]_{ep}$ 为：

$$[D]_{ep}=\frac{E}{1+\nu}\begin{bmatrix}\frac{1-\nu}{1-2\nu}-\frac{\sigma_x'^2}{S} & \frac{\nu}{1-2\nu}-\frac{\sigma_x'\sigma_y'}{S} & \frac{\nu}{1-2\nu}-\frac{\sigma_x'\sigma_z'}{S} & -\frac{\sigma_x'\tau_{xy}}{S} & -\frac{\sigma_x'\tau_{yz}}{S} & -\frac{\sigma_x'\tau_{zx}}{S}\\ \frac{\nu}{1-2\nu}-\frac{\sigma_x'\sigma_y'}{S} & \frac{1-\nu}{1-2\nu}-\frac{\sigma_y'^2}{S} & \frac{\nu}{1-2\nu}-\frac{\sigma_y'\sigma_z'}{S} & -\frac{\sigma_y'\tau_{xy}}{S} & -\frac{\sigma_y'\tau_{yz}}{S} & -\frac{\sigma_y'\tau_{zx}}{S}\\ \frac{\nu}{1-2\nu}-\frac{\sigma_x'\sigma_z'}{S} & \frac{\nu}{1-2\nu}-\frac{\sigma_y'\sigma_z'}{S} & \frac{1-\nu}{1-2\nu}-\frac{\sigma_z'^2}{S} & -\frac{\sigma_z'\tau_{xy}}{S} & -\frac{\sigma_z'\tau_{yz}}{S} & -\frac{\sigma_z'\tau_{zx}}{S}\\ -\frac{\sigma_x'\tau_{xy}}{S} & -\frac{\sigma_y'\tau_{xy}}{S} & -\frac{\sigma_z'\tau_{xy}}{S} & \frac{1}{2}-\frac{\tau_{xy}^2}{S} & -\frac{\tau_{xy}\tau_{yz}}{S} & -\frac{\tau_{xy}\tau_{zx}}{S}\\ -\frac{\sigma_x'\tau_{yz}}{S} & -\frac{\sigma_y'\tau_{yz}}{S} & -\frac{\sigma_z'\tau_{yz}}{S} & -\frac{\tau_{xy}\tau_{yz}}{S} & \frac{1}{2}-\frac{\tau_{yz}^2}{S} & -\frac{\tau_{yz}\tau_{zx}}{S}\\ -\frac{\sigma_x'\tau_{zx}}{S} & -\frac{\sigma_y'\tau_{zx}}{S} & -\frac{\sigma_z'\tau_{zx}}{S} & -\frac{\tau_{xy}\tau_{zx}}{S} & -\frac{\tau_{yz}\tau_{zx}}{S} & \frac{1}{2}-\frac{\tau_{zx}^2}{S}\end{bmatrix} \tag{3.19}$$

式中，σ_x'、σ_y'、σ_z'、τ_{xy}、τ_{yz}、τ_{zx}分别为带钢的微单元体在轧制变形区内的偏应力分量；$\bar{\sigma}$ 为等效应力；$S=\frac{2}{3}\bar{\sigma}^2\left(\frac{\psi'}{3G}+1\right)$；$G$ 为材料的剪切模量；ψ'为材料加工硬化曲线的斜率。

实际轧制实验中，带钢试样为 SPCC 钢，轧辊材料为镀铬合金锻钢，带钢和轧机辊系的材料模型和力学性能见表 3.1。

表 3.1　有限元模型各部分的材料性质设定

项　目	带钢	辊身与辊颈	轧辊限位体与驱动轴
材料模型	双线性各向同性硬化材料	线弹性各向同性材料	刚性材料
材料密度/$kg \cdot m^{-3}$	7850	7850	7850
弹性模量/GPa	207	210	210
泊松比	0.362	0.3	0.3
屈服应力/MPa	255	—	—
切线模量/MPa	700	—	—

3.3.1.2　工艺参数设定

如图 3.15 所示，UCM 轧机的板形执行机构主要包括工作辊弯辊（work roll bending，WRB）、中间辊弯辊（intermediate roll bending，IRB）、中间辊横向移动（intermediate roll shifting，IRS）、轧辊倾斜（roll tilting，RT）和轧辊分段冷却（roll sectional cooling，RSC）等。丰富的板形执行机构可以有效控制大变形下

带钢的横截面形状和板形分布，使得 UCM 冷轧机具有强大的形状控制能力和复杂的机械结构。

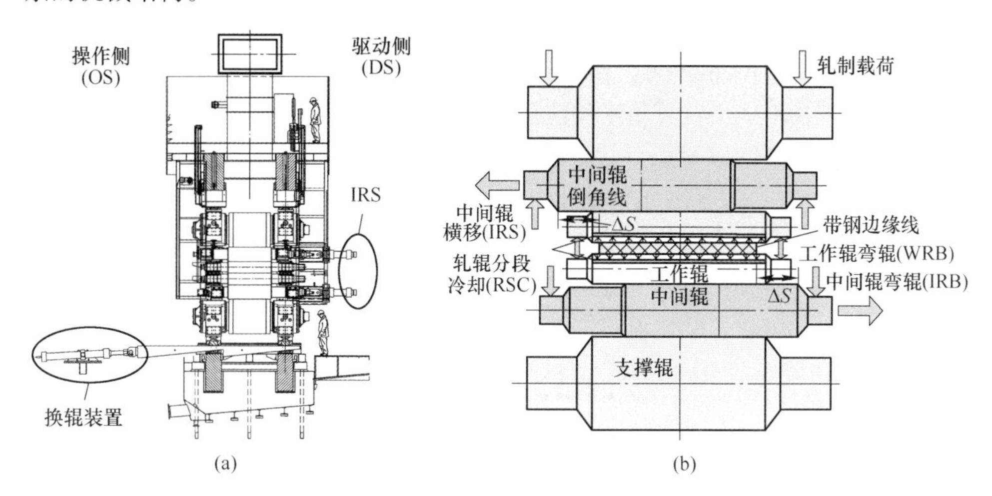

图 3.15 UCM 轧机示意图

（a）UCM 轧机附属机械设备；（b）UCM 轧机的板形执行机构

表 3.2 给出了某 1450mm UCM 轧机设备数据中用于建模的尺寸参数和工艺参数，考虑到有限元模型模拟的收敛性，模型中的带钢轧制速度设定值小于实际值。此外，如图 3.15 所示，中间辊横移 ΔS 的最大和最小设定值限制在允许的工程范围内。当带钢的边缘与中间辊的倒角线重合时，ΔS 定义为零值，中间辊的倒角线向轧机中心线方向移动所产生的 ΔS 定义为负值；反之，ΔS 定义为正值。本章的主要内容是研究中间辊横移位置对 UCM 轧机刚度特性的影响，因此，ΔS 的值被设置为 17 组（设定值以等步长从 80mm 减小到-210mm），根据控制单一实验变量的原理，将其他板形执行机构，如 WRB、IRB 等的调整量设定为零值。

表 3.2 有限元建模的轧机尺寸参数和工艺参数

轧机尺寸		轧制工艺参数	
工作辊辊身和辊颈直径/mm	425/240	带钢宽度/mm	1210
工作辊辊身和辊颈轴向长度/mm	1450/248	带钢入口和出口厚度设定值/mm	3.0/2.1
中间辊辊身和辊颈直径/mm	490/280	轧制速度/$m \cdot s^{-1}$	2.33
中间辊辊身和辊颈轴向长度/mm	1410/288	前和后张力设定值/MPa	142.89/56.04
支撑辊辊身和辊颈直径/mm	1300/780	摩擦设定（库伦摩擦）	$\mu=0.06$，$\tau=\mu\delta_n$
支撑辊辊身和辊颈轴向长度/mm	1420/780	WRB 和 IRB 设定值/kN	0

3.3.1.3 模拟条件设定

带钢冷轧过程要同时考虑动能和不可逆变形能，因此，采用显式动态有限元方法进行建模，选用等参六面体单元 SOLID164，该单元体由 8 个节点定义，每个节点有 8 个自由度。带钢在轧制过程中经历较大的变形过程，因此使用的单元体很容易出现黏滞沙漏。在轧制过程中，大应变梯度的轧辊和带钢的局部单元采用全积分算法来避免黏滞沙漏，而模型的其他部分则采用单点简化积分加黏性沙漏控制算法。在不损失计算精度的前提下，同时采用局部网格细化和并行计算方法来提高仿真计算的效率。

在图 3.16 所示的有限元模型中，在支撑辊外端设置了一个刚性的限位体，以限制支撑辊在 3 个方向的运动：轧制方向、压下方向和宽度方向。带钢所受张力以节点力的形式施加在前面和后面。工作辊外侧的刚性体驱动轴作为动力机构，带动工作辊旋转，并通过摩擦力将带钢咬入辊缝，实现轧制。将轧辊之间以及带钢与工作辊之间的接触类型设置为自动面对面型接触（surface-to-surface contact，ASTS），接触算法采用基于罚函数的增广拉格朗日方法。此外，将模型中滑动界面惩罚的尺度因子设置为 0.1，并对初始接触面的侵彻进行全面检验。整个轧机-带钢耦合变形的三维有限元模型由 290 多万个单元和 315 多万个节点组成，仿真计算平台的硬件和软件配置如下：CPU 处理器为 Intel Ⓡ Xeon Ⓡ E5-2643 v3 @ 3.4GHz，RAM 为 64GB，操作系统为 Windows Server 2008 R2 standard，采用 LS-DYNA 有限元计算程序计算，模拟一个工况大约耗时 60h。

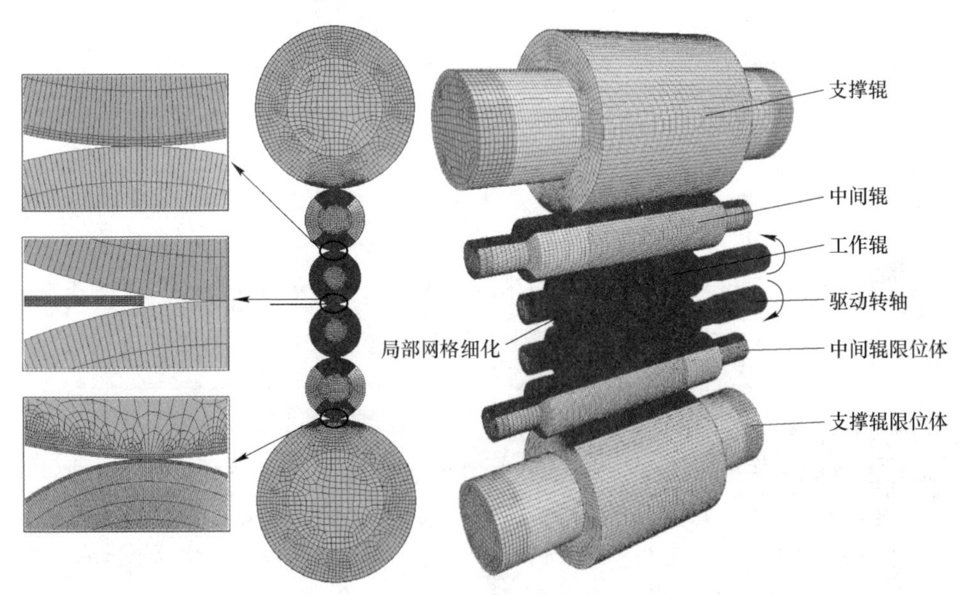

图 3.16　六辊 UCM 轧机的三维有限元模型

3.3.1.4　质量缩放控制

动力显式有限元采用中心差分算法来处理有限元的基本方程，中心差分法的稳定性计算条件是时间步长 Δt 小于一个临界值 Δt_{stable}。通常，根据 Courant-Friedrichs-Lewy 稳定性准则，可给出指定网格尺寸的临界时间步长：

$$\Delta t = \gamma \Delta t_{stable}; \qquad \Delta t_{stable} = \frac{2}{\omega_{max}} \leqslant \min_{e} \frac{L_e}{c} \tag{3.20}$$

式中 ω_{max}——组合线性化系统（the assembled linearized system）的最高频率；

L_e——单元 e 的特征长度；

γ——考虑非线性问题的缩放因子；

c——弹性波在材料中的传播速度，对于三维金属单元体，c 为：

$$c = \sqrt{\frac{2G(1 - \nu)}{(1 - 2\nu)\rho}} \tag{3.21}$$

式中 G——金属材料的剪切模量；

ν——泊松比；

ρ——金属材料的密度。

根据式（3.20），通过对单元的稳定性时间步长的估算，可以确定整个模型的稳定时间步长的极限，即所有单元的最小稳定时间步长。在 LS-DYNA 程序中，如果计算的时间步长太小，再加上模型中单元数量庞大，就会大幅增加 CPU 计算的时间。对于冷轧带钢问题而言，由于带钢厚度较薄，在进行有限元网格划分时，需要将带钢的几何模型离散为尺寸很小的单元，以保证在接触弧上有足够数量的单元来满足薄带钢轧制模拟计算的精度要求，因此需要将物理轧制时间离散为大量的极小时间步长，这对于大型三维六辊轧机带钢轧制过程的数值模拟，计算量将是非常巨大的。

从式（3.20）和式（3.21）可知，稳定计算的临界步长与单元的特征长度 L_e 成正比，与材料的密度 ρ 的平方成反比，因此可以通过增大材料的密度即质量缩放来控制最小时间步长，从而缩短 CPU 的计算时间。当使用质量缩放时，单元的密度会被调整，从而可以使得时间步长减小，达到缩短计算时间的目的。但值得注意的是，当质量缩放因子过大时，将会使静态平衡的状态引入过多动力学因素，导致惯性力影响加剧，从而可能偏离实际的试验结果。

在轧制过程中，带钢大部分的内能是由塑性变形产生的，而动能则是由带钢运动产生的。一般认为带钢轧制过程为一个准静态问题，为了判断有质量缩放应用的模型是否满足准静态问题的假设，采用计算动能与内能之比的方法来作为判据。通常情况下，当动能峰值最大为内能峰值的 1%~5%时，仍可认为该轧制过程为准静态问题，此时的质量缩放对模型精度的影响可忽略不计。刘立忠等和徐宏彬等分别研究了板带轧制问题中，不同质量缩放系数对带钢的应力场、带钢的形状以及带钢的动能和内能的比值的影响，并给出了质量缩放系数的一个参考范围。当质量缩放系数不大于 100 时，可以忽略对计算结果精度的影响。

当前的有限元模型同时采用两种质量缩放方案：首先给整体模型一个数值为 10 的质量缩放系数，然后再指定一个质量缩放临界时间步长。计算过程中，程序将判定模型中所有单元的时间步与该质量缩放临界时间步长的关系，当时间步小于这个临界步长时，相应的单元将施加质量缩放，并保证增加的这部分虚拟质量不超过模型整体质量的 0.5%。采用上述两种质量缩放方案，轧制过程中带钢的内能和动能随时间变化如图 3.17 所示，从图中可以看出，与内能相比，动能几乎为零。此外，能量分析计算结果表明，带钢的动能峰值约为内能峰值的 0.2%。因此，在该质量缩放的条件下，该模型仍可认为是完全准静态的。质量缩放几乎不会影响计算结果的精度，但可以大大缩短 CPU 的计算时间，提高数值模拟分析的效率。

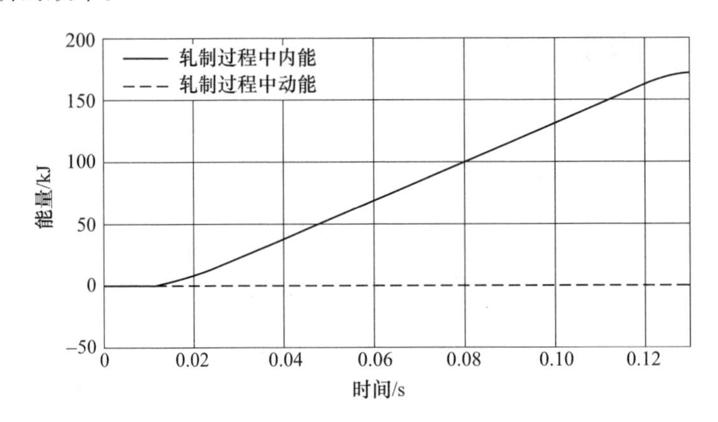

图 3.17 轧制过程中带钢内能与动能的比较

3.3.2 模型精度与稳定性验证

在带钢冷连轧机上进行轧制试验，验证该轧机三维有限元模型的准确性和稳定性，图 3.18 所示为某 1450mm 五机架冷连轧机现场图。模型精度验证一方面要保证在相同工艺条件下现场测量的轧制力与模型计算的轧制力之间误差在允许范围内，另一方面也要保证现场测量的带钢出口横向厚度分布与模型计算的横向厚度分布之间的误差也在一定范围之内。此外，该模型的稳定性验证试验必须保证带钢在轧制过程中能收敛到稳定轧制阶段，且轧制力在此轧制范围内的波动很小。因此，模型精度验证测试的内容主要包括两个方面：

（1）分别选取几种典型规格的带钢进行轧制试验，并在相同的工艺条件，利用轧机的有限元模型进行数值模拟计算，将有限元模型计算出的轧制力与轧制力实际值、轧制力理论值分别进行对比验证。

（2）在冷连轧机上对典型的带钢进行两道次轧制，并测量各道次的出口带钢横向厚度分布。在相同的工艺条件下，采用有限元模型进行模拟计算，获取两道次出口带钢的横向厚度分布。将实测的带钢横向厚度分布与有限元模型计算得到的横向厚度分布进行对比验证。

图 3.18 五机架带钢冷连轧机

3.3.2.1 轧制力验证

对于带钢冷连轧过程来说，带钢的变形抗力主要与金属材料本身的特性和累积变形程度等有关，且变形温度和变形速率对变形抗力的影响相对较小，因此采用对生产现场数据回归得到的带钢变形抗力计算模型：

$$\sigma_s = \sigma_0(A + B\varepsilon)(1 - Ce^{-D\cdot\varepsilon_\Sigma}) \tag{3.22}$$

$$\varepsilon_\Sigma = \frac{2}{\sqrt{3}}\ln\left(\frac{H}{h_m}\right) \tag{3.23}$$

式中 σ_s——带钢的变形抗力，MPa；

σ_0——变形抗力自适应系数；

H——带钢入口厚度，mm；

ε_Σ——带钢的累积应变；

h_m——轧制变形区名义厚度，$h_m = (H + 2h)/3$，mm。

h——带钢出口厚度，mm；

A，B，C，D——与钢种相关的系数。

轧制试验所用的带钢试样为 SPCC 钢，该钢种的变形抗力曲线如图 3.19 所示。

Bland-Ford 轧制力计算模型在理论上较为严谨，它综合考虑了外摩擦状态、张力以及轧辊弹性压扁变形等因素，是计算冷轧带钢轧制力的经典理论公式，在实际带钢生产中得到了广泛的应用。Bland-Ford 轧制力计算公式如下：

$$P = BKl'_c Q_P n_\tau \tag{3.24}$$

式中　B——带钢的宽度，mm；

K——带钢的平面变形抗力，$K=1.15\sigma_s$，MPa；

l_c'——轧辊压扁后变形区的接触弧长，mm；

Q_P——轧辊压扁后的外摩擦应力状态系数；

n_τ——张应力影响系数。

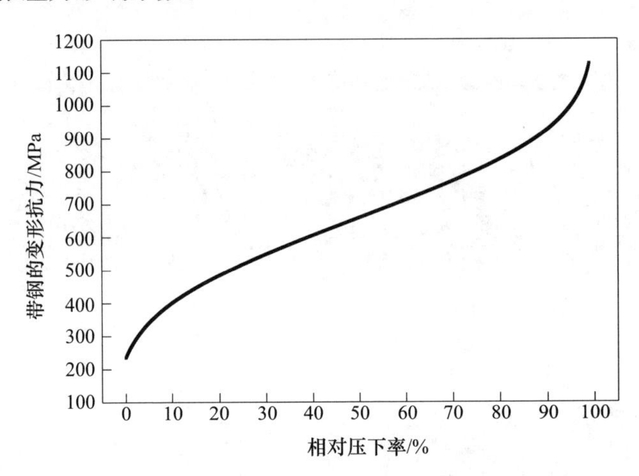

图 3.19　SPCC 钢变形抗力曲线

按照弹性接触变形理论，轧辊压扁后变形区接触弧长 l_c' 可由式（3.25）计算：

$$
\begin{aligned}
l_c' &= \sqrt{R'\Delta h} \\
R' &= R\left(1 + C_0 \frac{P}{B\Delta h}\right)
\end{aligned}
\tag{3.25}
$$

式中　R'——轧辊的压扁半径，mm；

Δh——带钢的压下量，mm；

C_0——轧辊弹性压扁系数，一般取 2.2×10^{-5}。

然而，Bland-Ford 轧制力公式中的外摩擦应力状态系数 Q_P 需要通过数值积分来计算，不仅计算过程比较复杂，且计算精度不易保证。因此，在实际应用中，一般采用 Bland-Ford-Hill 轧制力计算公式来计算轧制力。Bland-Ford-Hill 公式是在 Bland-Ford 公式计算结果的基础上，在 h 不大于 5.08，压下率 ε 在 0.1~0.6 范围内进行统计得到的 Q_P 的简化形式，简化后的 Q_P 计算公式为：

$$
Q_P = 1.08 + 1.79\mu \frac{\Delta h}{H}\sqrt{1-\varepsilon}\sqrt{\frac{R'}{h}} - 1.02\varepsilon \tag{3.26}
$$

Bland-Ford-Hill 公式考虑到后张应力 τ_b 对张力影响系数 n_τ 影响较大，采用式（3.27）计算张应力影响系数：

$$n_{\tau}=1-\frac{\mu_{\tau}\tau_{b}+(1-\mu_{\tau})\tau_{f}}{K} \tag{3.27}$$

式中 μ_{τ}——后张应力的加权系数，一般取 $\mu_{\tau}=0.6$；

τ_{b}——后张应力，MPa；

τ_{f}——前张应力，MPa。

因此，Bland-Ford-Hill 公式的数学表达式为：

$$P=B\sqrt{R'\Delta h}\left(1.08+1.79\mu\frac{\Delta h}{H}\sqrt{1-\frac{\Delta h}{H}}\sqrt{R'/h}-1.02\frac{\Delta h}{H}\right)\left(1-\frac{0.6\tau_{b}+0.4\tau_{f}}{1.15\sigma_{s}}\right)(1.15\sigma_{s}) \tag{3.28}$$

在用式（3.28）计算轧制力时，需要考虑轧辊弹性压扁变形对轧制力计算的影响，而轧辊压扁半径的计算又需要用到轧制力，轧制力与轧辊压扁半径之间是相互迭代计算的。因此，计算轧制力时需将二者迭代求解，计算流程如图 3.20 所示。

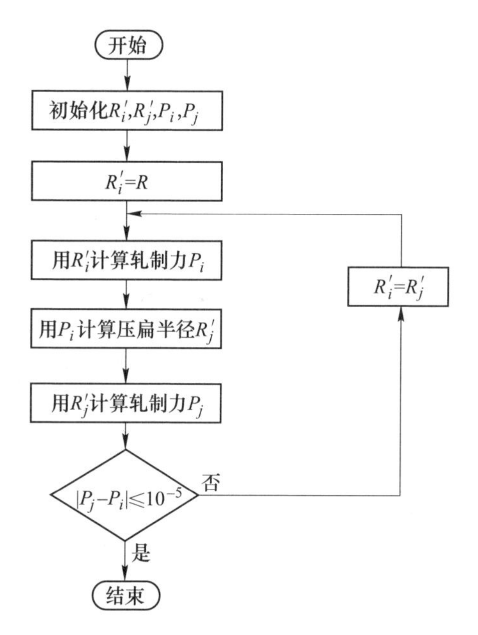

图 3.20 轧制力迭代计算流程

选用 6 种典型带钢进行现场轧制试验，测量并记录轧制力的实际值；同时采用 Bland-Ford-Hill 公式计算轧制力的理论值。在相同的轧制工艺参数设定下，通过轧机的三维弹塑性有限元模型对带钢试样的轧制过程进行模拟，计算得到稳定轧制时期的轧制力平均值。因为弹塑性有限元法将轧制过程中轧辊的弹性压扁和挠曲变形与带钢的弹塑性变形耦合分析，因此计算结果比刚塑性有限元法更精确，图 3.21 所示为基于弹塑性有限元的带钢冷轧变形过程等效应力云图。

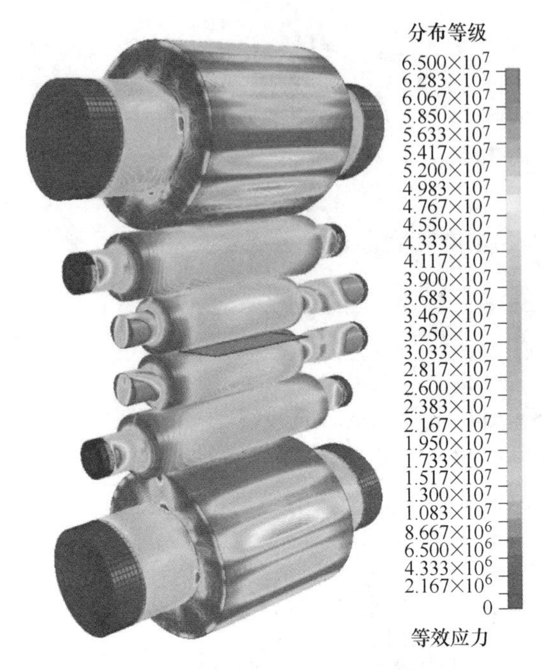

图 3.21 冷轧带钢变形过程中的等效应力云图

表 3.3 给出了轧制不同规格带钢时轧制力的实测值、Hill 计算值与有限元计算值的对比结果。P_{ACT}为轧制力实测值，P_{HILL}为基于 Bland-Ford-Hill 公式计算的轧制力理论值，公式中带钢的压下率采用有限元模型中的压下率 ε_{FEM}，P_{FEM}为有限元模型计算输出的轧制力，且该轧制力为稳定轧制阶段的平均值，$\delta(P_{ACT}, P_{FEM})$ 为轧制力 P_{FEM}与 P_{ACT}之间的相对误差，$\delta(P_{HILL}, P_{FEM})$ 为轧制力 P_{FEM}与 P_{HILL}之间的相对误差。如表 3.3 所示，轧制力有限元计算值 P_{FEM}与实测值 P_{ACT}和理论计算值 P_{HILL}吻合很高，相对误差 $\delta(P_{ACT}, P_{FEM})$ 和 $\delta(P_{HILL}, P_{FEM})$ 的绝对值都不大于 7.10%。轧制力对比结果表明，该轧机有限元模型具有较高的精度。

表 3.3 不同规格带钢的轧制力对比结果

宽度 B/m	入口厚度 H/mm	出口厚度 h/mm		压下率 ε/%		张力 T/kN		轧制力 P/kN		轧制力相对误差 δ/%		
		h_{ACT}	h_{FEM}	ε_{ACT}	ε_{FEM}	T_F	T_B	P_{ACT}	P_{HILL}	P_{FEM}	$\delta(P_{ACT}, P_{FEM})$	$\delta(P_{HILL}, P_{FEM})$
0.815	1.720	1.150	1.167	33.14	32.16	87.22	123.48	5625	5913	5652	0.48	-4.41
0.945	1.750	1.160	1.167	33.71	33.31	106.82	143.08	7095	7040	7367	3.83	4.64
1.010	2.900	2.200	2.194	24.14	24.33	179.34	266.56	6929	7008	6736	-2.79	-3.88
1.210	2.920	1.880	1.892	35.62	35.21	198.00	324.00	10200	10532	9915	-2.79	-5.86
1.219	3.450	2.470	2.457	28.41	28.79	241.08	361.62	10065	9957	10099	0.34	1.43
1.220	3.480	2.470	2.476	29.02	28.86	233.24	375.34	9643	10007	10328	7.10	3.21

3.3.2.2 带钢横向厚度分布验证

根据实际的轧制工艺参数设置，在轧机现场组织并进行了带钢轧制试验，在带钢完全通过冷连轧机的前两机架并稳定轧制一段后，将连轧机急停机。在这种情况下，分别在一机架和二机架出入口采集带钢试样并测量带钢试样的横向厚度分布。试样的轧制工艺参数从二级过程计算机中获取，见表 3.4。然后按照设定的轧制工艺参数进行带钢轧制的数值模拟实验，为了节省计算时间和方便调整模型参数，采用在模型中往复两道次轧制的形式来模拟实际两道次连轧。

表 3.4 两道次轧制验证实验的工艺参数

道次	入口厚度 /mm	出口厚度 /mm	前张力 /MPa	后张力 /MPa	WRB /kN	IRB /kN	IRS /mm
1	2.92	1.87	142.89	56.04	150.00	92.50	20.00
2	1.87	1.15	141.27	136.52	166.45	69.07	20.00

两道次带钢横向厚度分布的实测值与有限元计算值如图 3.22 所示。由于将

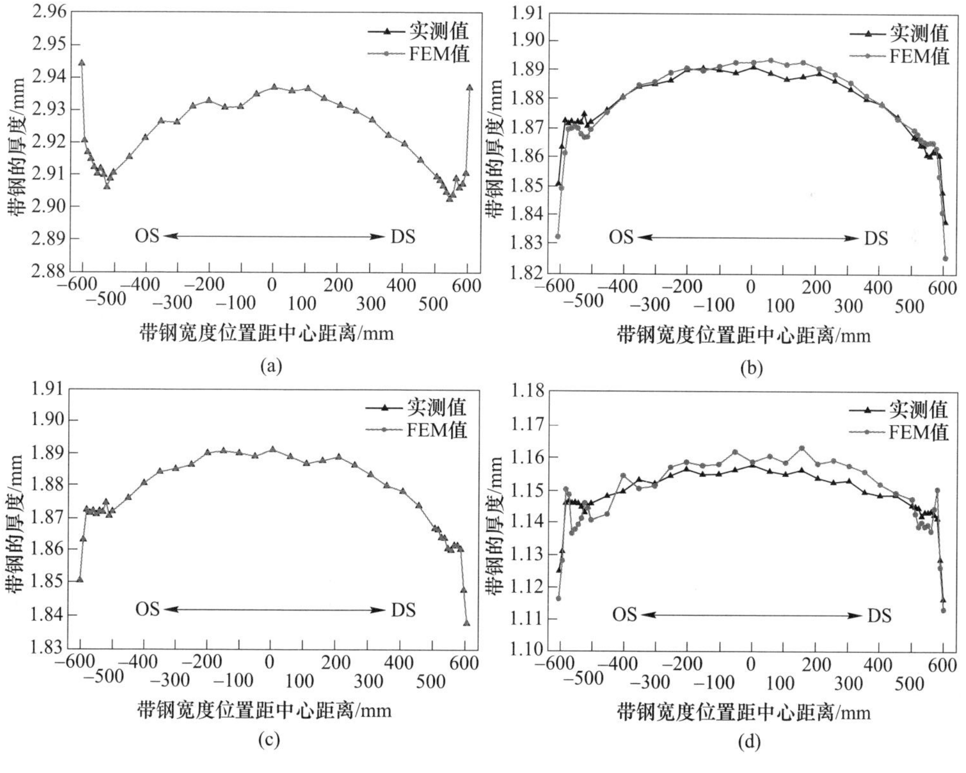

(a) (b) (c) (d)

图 3.22 带钢的横向厚度分布曲线模拟计算值与实际测量值的对比

（a）第一道次入口；（b）第一道次出口；（c）第二道次入口；（d）第二道次出口

轧制实验中实测的带钢入口厚度分布数据作为有限元模型中轧机入口带钢的厚度参数输入到模型中，图 3.22（a）和（c）中第一道次和第二道次带钢入口的横向厚度分布实测值与 FEM 值完全重合。第一道次出口的带钢横向厚度分布 FEM 值与实测值之间的绝对误差和相对误差分别小于 18.24μm 和 0.99%，均方根误差为 5.44μm；第二道次出口的带钢横向厚度分布 FEM 值与实测值之间的绝对误差和相对误差则分别小于 9.33μm 和 0.81%，均方根误差为 4.72μm。带钢厚度对比结果表明，有限元模型计算的轧制力数据与带钢厚度数据与实验测量获得的数据有很高的一致性，该轧机三维有限元模型具有很高的精度和稳定性，能够满足研究内容的需要。

3.3.3　中间辊横移对轧机纵刚度特性的影响

在一般的冷轧机上，研究厚度控制时，用轧机的弹跳方程确定带钢的出口厚度：

$$h_j = S_0 + \frac{P_j}{K_m} \tag{3.29}$$

式中　h_j——第 j 道次轧后带钢出口厚度，mm；

j——冷连轧第 j 道次；

S_0——预设定的空载辊缝，mm；

P_j——第 j 道次的轧制力，kN；

K_m——第 j 道次轧机的综合纵刚度系数，kN/mm。

一般情况下，轧机辊缝的弹跳量一部分是由辊系的弹性变形引起，另一部分是由轧机牌坊的弹性变形造成的。如果分别定义辊系和轧机牌坊的纵刚度系数分别 K_r 和 K_h，那么轧机综合纵刚度系数 K_m 与 K_r 和 K_h 之间的关系为：

$$\frac{1}{K_m} = \frac{1}{K_r} + \frac{1}{K_h} \tag{3.30}$$

当轧机牌坊的结构一定时，K_h 为常数，因此轧机的综合刚度系数 K_m 仅取决于辊系的刚度系数 K_r。对于普通的四辊轧机来讲，辊系的刚度系数是不变的，但对于六辊 UCM 轧机而言，中间辊横移会改变辊系的刚度系数，造成带钢出口厚度发生变化。图 3.23 所示为不同中间辊横移位置时出口带钢厚度和轧制力的变化。在轧辊横移量 IRS 从 80mm 降到-210mm 的过程中，轧制力从 9716kN 下降到 8547kN，而出口厚度从 2.095mm 增大到 2.191mm，且中间辊横移对轧制力和带钢厚度的影响是非线性的。回归结果表明，它们近似为指数函数关系，轧辊横移量 IRS 与轧制力 P、带钢出口厚度 h 的回归方程为：

$$\begin{aligned} P &= -171\mathrm{e}^{-\Delta S/107} + 9755 \\ h &= 0.034\mathrm{e}^{-\Delta S/160} + 2.070 \end{aligned} \tag{3.31}$$

该结果表明，中间辊横移导致的辊间接触长度的变化对轧制力和出口带钢有一定程度的影响，这必然会改变辊系的纵刚度系数。

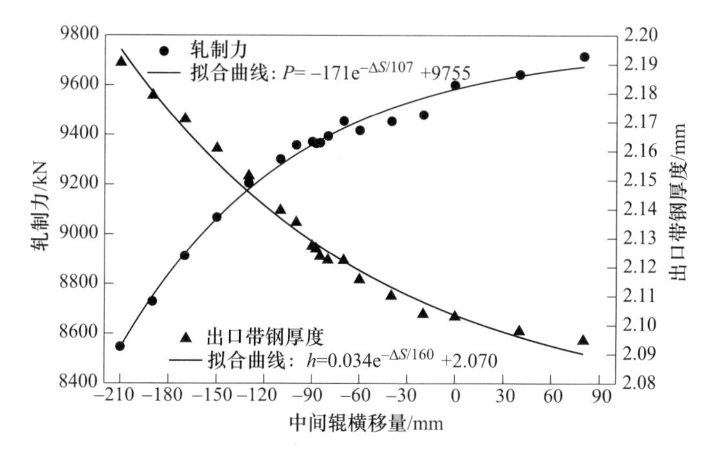

图 3.23　中间辊横移对轧制力和出口带钢厚度的影响

如图 3.24 所示，辊系纵刚度系数 K_r 与轧辊横移量 IRS 也呈现非线性关系。随 IRS 的增大，K_r 也逐渐增大，但 K_r 增大的速率会随 IRS 增大而下降。回归分析表明，辊系纵刚度系数 K_r 也是轧辊横移量 IRS 的指数函数：

$$K_r = -155e^{-\Delta S/126} + 4712 \tag{3.32}$$

显然，从式（3.32）可以看出，UCM 轧机的纵刚度特性是随中间辊横移位置的变化而变化。因此，为了满足带钢厚度控制的要求，在带钢板形缺陷发生时，通常不采用在线动态窜辊的方法来消除冷连轧过程中的板形偏差，因为这种操作会引起出口带钢厚度的波动，但可以采用液压弯辊如工作辊弯辊、中间辊弯辊等这些对轧机的纵刚度特性没有明显影响板形调控机构。同时，在板形预设定

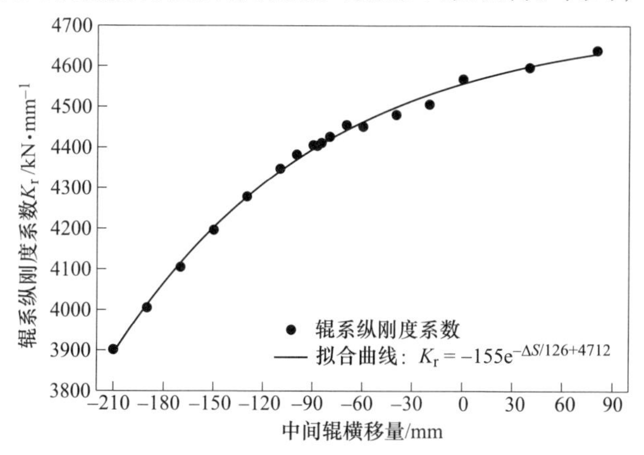

图 3.24　中间辊横移影响的辊系纵刚度特性曲线

模型中给定中间辊横移量 IRS 时，应考虑中间辊横移预设定值对轧机纵刚度系数的影响，尽量减小 IRS 对带钢厚度控制精度的影响。在这些综合考虑的基础上，才可以同时满足板形控制和厚度控制的要求。

3.3.4　中间辊横移对轧机横刚度特性的影响

轧机的横刚度特性与板形控制密切相关，一定程度反映了轧机对板形的控制能力。因此，轧机的横刚度是衡量轧机板形控制能力的一项重要指标。在六辊 UCM 轧机或者四辊 HC 轧机上，中间辊或工作辊可以轴向窜动，其位置随带钢宽度的变化而变化。由于中间辊横移位置的不同会导致轧机的横刚度特性发生变化。因此，研究 UCM 轧机不同中间辊横移位置下的辊系横刚度系数变化规律，对实现带钢板形的精确控制具有重要意义。通常用横刚度系数 K_t 来表示轧机的横刚度：

$$K_t = \frac{\partial P}{\partial C} \tag{3.33}$$

式中　P——轧制力；

∂P——轧制力波动值；

C——带钢凸度；

∂C——带钢凸度波动值。

在一般情况下，轧制力与板凸度的关系比较复杂，凡是对工作辊变形产生影响的因素，如轧件宽度、张力分布、轧辊直径、辊凸度等均会对其产生影响。然而，当其他条件保持不变并且轧制力在正常工作范围内波动时，轧制力和板凸度之间的关系可以近似认为是线性的。因此，在工程计算中，可以近似地将式（3.34）改写为差分格式：

$$K_t = \frac{P_1 - P_2}{C_1 - C_2} = \frac{\Delta P}{\Delta C} \tag{3.34}$$

式中　P_1，P_2——工作范围内的两个轧制力波动值；

C_1，C_2——与轧制力相对应的板凸度；

ΔP——轧制力增量；

ΔC——板凸度增量。

图 3.25 所示为中间辊横移 IRS 设定值分别为 80mm、0mm、－80mm、－100mm、－150mm 和－210mm 时出口带钢的压下应变分布云图和相对应的横向厚度分布曲线。

从图 3.25（a）可以明显看出，当 IRS 设定值为 80mm 时，带钢边部的压下率明显大于中部的压下率，且越靠近带材中部压下应变越小，在带材中部形成深色应变区，这种严重的压下率分布不均匀状态使得出口带具有较大的横向厚度差和正凸性。此外，带钢边部 40mm 范围内的压下率急剧变大，使得带钢厚度迅速

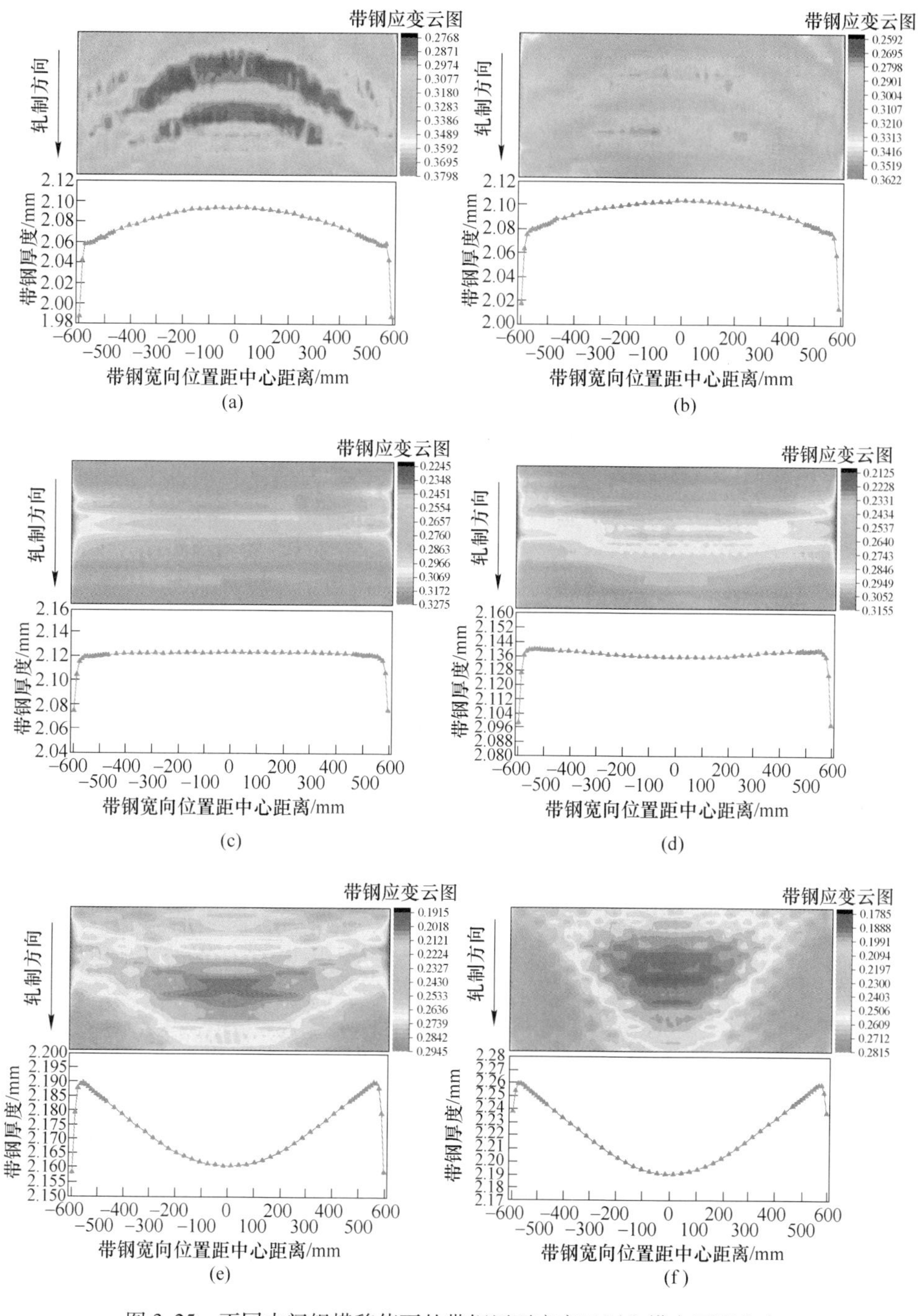

图 3.25 不同中间辊横移值下的带钢压下应变云图和横向厚度分布

(a) IRS=80mm；(b) IRS=0mm；(c) IRS=-80mm；

(d) IRS=-100mm；(e) IRS=-150mm；(f) IRS=-210mm

减小，形成所谓的“边部减薄”，即边降。如图 3. 25（b）和（c）所示，随着 IRS 设定值的减小，带钢压下率分布不均的现象得到缓解，横向厚度差逐渐减小，正凸度逐渐消失。当 IRS 减小到-80mm 时，带材沿宽度方向的压下率趋于均匀，横向厚度差基本被消除，正凸度几乎降低到零，但带钢仍然存在较明显的边降，如图 3. 25（e）所示。然而，继续减小 IRS 的设定值，带钢的压下率分布不均现象和横向厚度差分布将向图 3. 25（a）中的反方向发展，这意味着带钢中部区域的压下率变大，边部区域相对变小，使得带材横向厚度分布曲线呈现较大的负凸性，如图 3. 25（d）~（f）所示。

中间辊横移技术可以通过改变轧辊挠曲变形影响轧机的横刚度特性，使得带钢的横向厚度差发生改变，从而达到调节带钢凸度和板形的目的。图 3. 26 所示为带钢凸度随中间辊横移值 IRS 变化的规律，从图中可以看出板凸度与 IRS 并非呈线性关系。回归分析表明，凸度随 IRS 的增大呈指数增加，拟合结果为：

$$C = -27.16e^{-IRS/126} + 52.66 \tag{3.35}$$

根据式（3. 35）可以求得，当带钢凸度为零时的 IRS 为-83. 4mm，此时压下率沿带材宽度方向的分布最均匀。

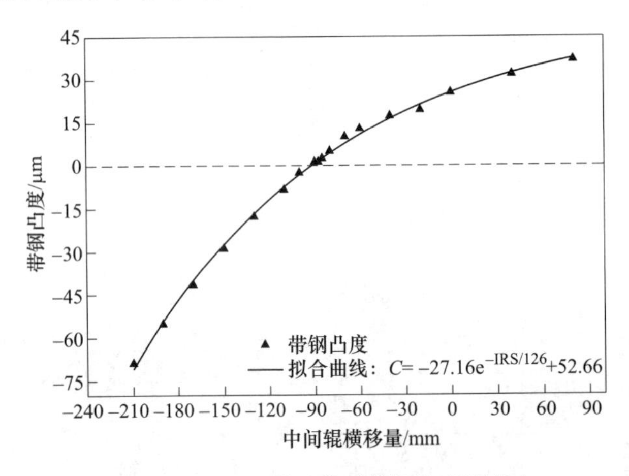

图 3. 26　中间辊横移值对带钢凸度的影响

根据中间辊不同横向位置下带钢凸度和轧制力的数据，得到轧机横刚度系数 K_t 与中间辊横移 IRS 之间的关系曲线，如图 3. 27 所示。

当 IRS 为 80mm 时，K_t 为正值且较小，为 264. 10kN/μm。随着 IRS 的减小，K_t 逐渐增大，当 IRS 减小为-87. 5mm 时，K_t 增大到 7510. 47kN/μm。因此，从图 3. 27 可以看出，当 IRS 接近某一数值时，K_t 急剧增加并趋于无穷，但进一步减小 IRS 的值，K_t 则会变成负值，并且随着 IRS 的减小 K_t 由负的无穷大逐渐向零趋近，当 IRS 减小到-210mm 时，横刚度系数 K_t 变为-124. 15kN/μm。上述分析表明，在特定的轧制工艺条件下，存在一个中间辊横移位置使得轧机的横刚度系数趋于无穷大，这个使 K_t 趋于无穷大的 IRS 即为该工艺条件下的横刚度无穷大点。此外，当轧制带钢宽度不同时，横刚度无穷大点也会不同。当中间辊横移位置设置在横刚度无穷大点进行轧制时，即使轧制力发生变化，带钢板形也不会改变。此时，带钢板形控制稳定性最好，弯辊力不需要随轧制力的波动而调整。

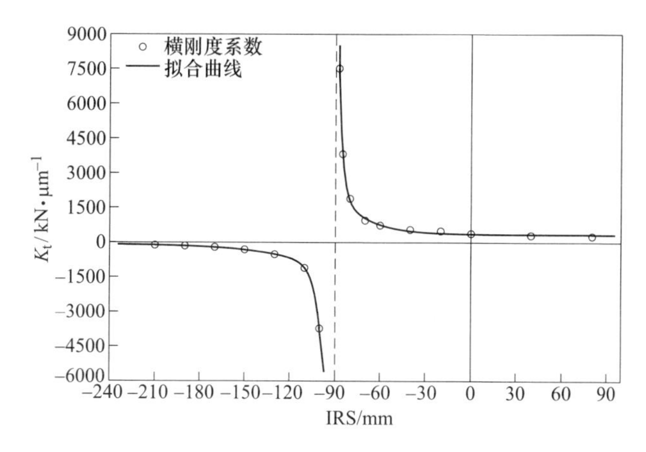

图 3.27 UCM 轧机辊系横刚度特性曲线与中间辊横移量的关系

3.3.5 中间辊横移对 UCM 轧机刚度特性影响的机理

本节采用三维弹塑性有限元方法对带钢冷轧过程中的等效应力场进行分析，研究辊间压力分布的特征及压力分布随中间辊横移位置改变而变化的规律，发现辊间压应力分布的改变对轧辊和带钢的变形行为有明显的影响。将中间辊横移 IRS 分别设定为 80mm、0mm、−80mm、−100mm、−150mm 和−210mm 进行带钢轧制，得到上工作辊与上中间辊的辊间接触等效应力云图，如图 3.28 所示。

中间辊的辊身长度为 1410mm，所轧制带钢宽度为 1210mm。因此，当 IRS 为 100mm 时，轧机两侧的轧辊末端与带钢边缘之间的距离是相等的，此时，辊间接触应力呈对称脊形分布，无应力集中现象，如图 3.28（a）所示。

但是，随着 IRS 的减小，传动侧的辊间接触应力迅速减小，操作侧的辊间接触应力迅速增大，导致了接触应力沿着轧辊轴向呈极度不对称分布，且 IRS 越小，辊间压应力不均现象越严重，如图 3.28（a）~（f）所示。轧辊间接触应力的不对称变化将导致局部应力集中，应力峰值出现在轧辊的一侧，如图 3.28（f）所示。此外，由于下中间辊的横移方向和上中间辊的相反，因此随着 IRS 的减小，下工作辊与中间辊之间的压力分布与上辊系间的压力分布变化相反。中间辊横移引起的辊间接触应力状态的变化会导致一些工程问题，包括严重的轧辊局部磨损和轧辊开裂。因此，中间辊的设计需要大量的工程实践并与数值模拟相结合，才能合理地优化中间辊的辊形，消除局部应力集中的问题。

为了解释轧辊挠曲变形与 IRS 之间的关系，根据上下轧辊的中轴曲线数据，

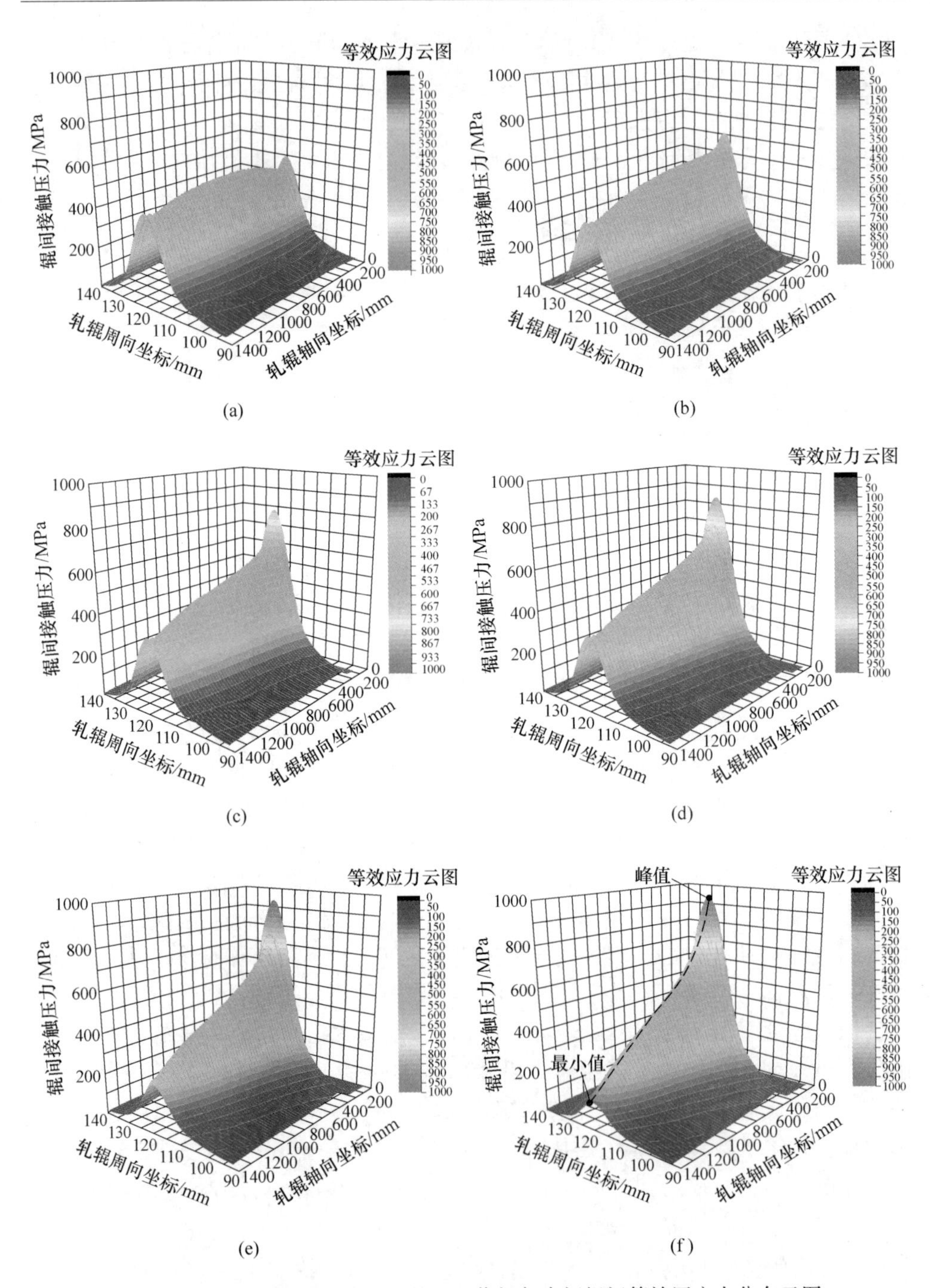

图 3.28　不同中间横移位置下的上工作辊与中间辊间等效压应力分布云图

（a）IRS＝80mm；（b）IRS＝0mm；（c）IRS＝-80mm；

（d）IRS＝-100mm；（e）IRS＝-150mm；（f）IRS＝-210mm

求得工作辊和中间辊的挠曲分布曲线，如图 3.29 所示。

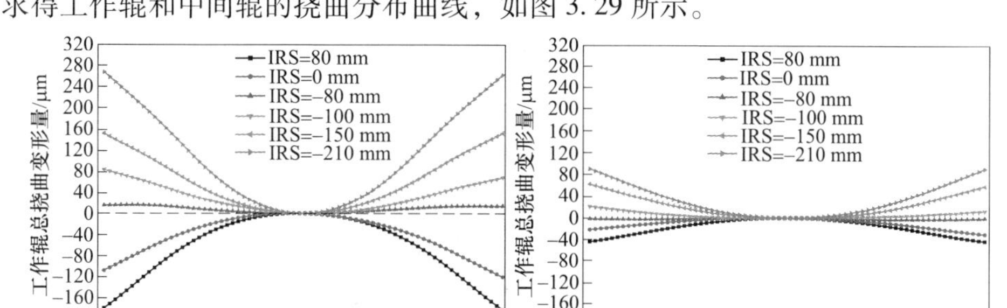

图 3.29　中间辊横移导致的工作辊和中间辊弹性挠曲变形的变化
（a）工作辊；（b）中间辊

从图 3.29 可知，轧辊的挠曲变形受到中间辊横移的严重影响。随着 IRS 从 80mm 减小到-210mm，工作辊的挠曲变形由-180μm 增加到 260μm，中间辊的挠曲变形由-40μm 增大到 90μm，这表明随着 IRS 的减小，轧辊挠曲变形的方向发生了改变。当 IRS 大于零时，工作辊和中间辊向下弯曲变形将导致出口带钢的正凸度，当 IRS 小于-80mm 时，工作辊和中间辊向上弯曲变形，这使得出口带钢的正凸度变为负凸度。

如果没有中间辊横向移动，UCM 轧机轧辊之间的接触面在所轧制带钢宽度范围以外有一段不可改变的接触面，通常称为“有害接触区”，中间辊这部分类似于弯曲的悬臂梁段，如图 3.30 所示。造成轧辊挠曲变形和辊缝凸度过大的主

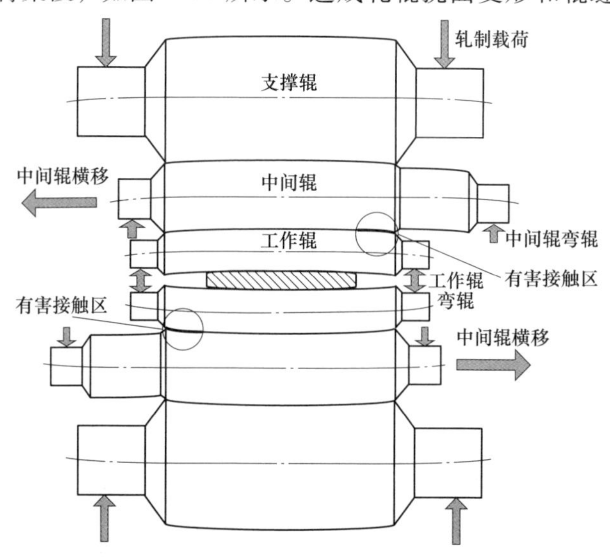

图 3.30　UCM 轧机的有害接触区示意图

要原因之一就是轧辊悬臂梁段产生的额外辊间接触压力。中间辊横移影响轧机横刚度特性的机理是通过改变轧辊之间的实际接触长度，减小或者增加悬臂梁段的有害接触区，改变轧辊间的压力分布状态，从而导致轧辊挠曲和压扁变形的变化，最终使得轧机的横刚度特性发生相应的改变。

3.4 轴向移位变凸度技术的板形控制特性

随着带钢产品质量的要求提高，以及轧制带钢厚度逐渐减小和宽度逐渐增加，下游产业对板形等形状控制的要求也越来越高。根据板形解析数学模型可知，带钢沿宽度方向的厚度偏差（即横向厚度差）是影响带材形状的主要因素。如果在轧制过程中轧辊辊系的弹性变形可恢复，则带钢的横向厚度差取决于轧机的承载辊缝形状。一般情况下，承载辊缝的形貌是由轧辊表面的轮廓形状（即轧辊的原始辊形）、轧辊在轧制过程中的弹性挠曲变形和压扁变形、轧辊的热膨胀以及辊身表面的磨损决定的。

带有原始辊形的轧机就是将工作辊或者中间辊的辊身磨削成 S 形瓶状结构，上下工作辊或中间辊的辊形曲线方程相同，但上下轧辊在轧机上相互倒置反向 180°布置。通过上下辊沿轴向反方向的对称移动，得到连续变化的辊缝形状，其效果相当于配置了一系列带有不同凸度的轧辊。这种技术也被称为轴向移位变凸度（Variable Crown by Axial Shifting，VCAS）技术。

3.4.1 CVC、CVC plus 与 SmartCrown 辊形的数学模型

轴向移位变凸度技术是目前提高轧机板形控制能力的有效方法，如图 3.31 所示。根据 VCAS 技术的原理，凡是满足上述基本原理的反对称函数曲线都可以用作 VCAS 辊的辊形曲线，常见的 VCAS 技术有 CVC、CVC plus 和 SmartCrown 等。

3.4.1.1 辊缝形状的模式识别

在带材轧制过程中，板形执行机构实际上是通过对辊缝形状的控制来实现对板形的控制，一般认为，辊缝形貌是关于中心线左右对称的，并且可采用四次多项式函数来表示：

$$f(x) = g_0 + g_2x^2 + g_4x^4 \qquad x \in [-1, +1] \tag{3.36}$$

式中 g_0，g_2，g_4——各项拟合系数；

x——以辊缝中心作为原点归一化的宽度坐标。

因此，承载辊缝的形状曲线可以分解为常数部分 f_0、二次部分 $f_2(x)$ 以及四次部分 $f_4(x)$，即 $f(x) = f_0 + f_2(x) + f_4(x)$。如图 3.32 所示，图中 C_{W2} 和 C_{W4} 分别为辊缝二次部分和四次部分对应的二次凸度和四次凸度。

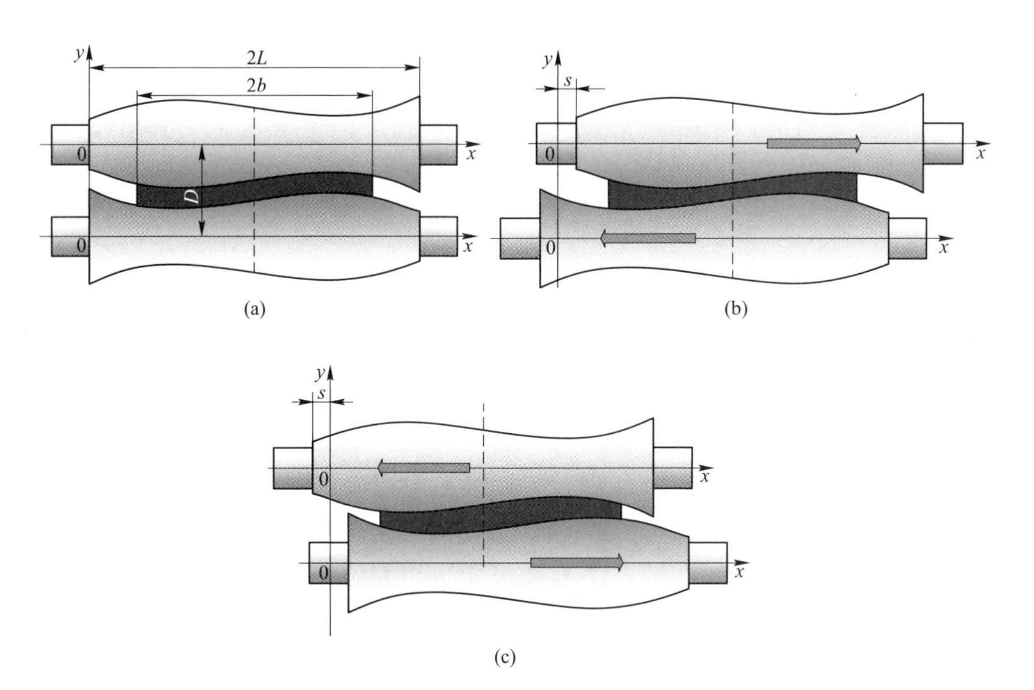

图 3.31 VCAS 技术轧辊横向移动示意图
（a）无轧辊横移；（b）轧辊正向横移；（c）轧辊负向横移

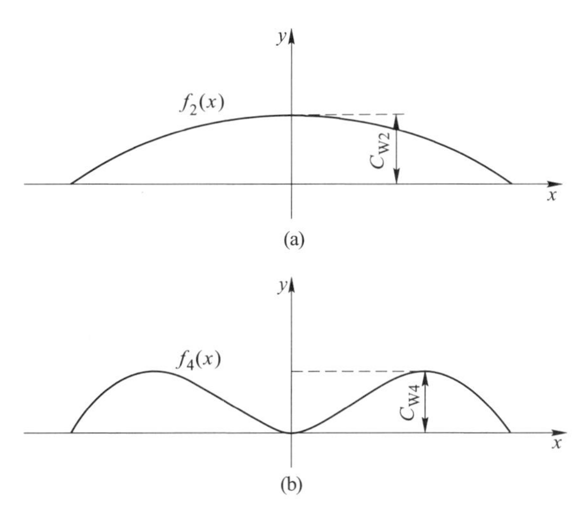

图 3.32 辊缝形状曲线的凸度分量
（a）二次分量；（b）四次分量

辊缝形状曲线中的常数部分 f_0 为：

$$f_0 = f(\pm 1) = g_0 + g_2 + g_4 \tag{3.37}$$

二次部分$f_2(x)$为：

$$f_2(x)=C_{W2}(1-x^2) \tag{3.38}$$

如图3.32所示，辊缝的二次凸度C_{W2}可以用辊缝曲线的中间值（$x=0$）减去边部值（$x=\pm1$）得到：

$$\begin{aligned}C_{W2}&=f(0)-f(\pm1)\\&=g_0-[g_0+g_2\times(\pm1)^2+g_4\times(\pm1)^4]\\&=-(g_2+g_4)\end{aligned} \tag{3.39}$$

因此，辊缝的二次分量$f_2(x)$为：

$$f_2(x)=-(g_2+g_4)\times(1-x^2) \tag{3.40}$$

此外，将辊缝曲线函数减去常数项部分和二次分量，可得到辊缝的四次分量$f_4(x)$：

$$\begin{aligned}f_4(x)&=f(x)-f_0-f_2(x)\\&=(g_0+g_2x^2+g_4x^4)-(g_0+g_2+g_4)-[-(g_2+g_4)(1-x^2)]\\&=g_4(x^4-x^2)\end{aligned} \tag{3.41}$$

因此，辊缝的四次凸度C_{W4}可以用辊缝四次分量$f_4(x)$的极值点$\left(x=\pm\frac{\sqrt{2}}{2}\right)$减去边部值（$x=\pm1$）求得：

$$\begin{aligned}C_{W4}&=f_4\left(\pm\frac{\sqrt{2}}{2}\right)-f_4(\pm1)\\&=g_4\left[\left(\pm\frac{\sqrt{2}}{2}\right)^4-\left(\pm\frac{\sqrt{2}}{2}\right)^2\right]-g_4[(\pm1)^4-(\pm1)^2]\\&=-\frac{1}{4}g_4\end{aligned} \tag{3.42}$$

有载辊缝的二次凸度C_{W2}和四次凸度C_{W4}分别为：

$$\begin{cases}C_{W2}=-(g_2+g_4)\\C_{W4}=-g_4/4\end{cases} \tag{3.43}$$

辊缝的形状曲线可表示为常数项、二次分量和四次分量的叠加，即：

$$f(x)=f_0+f_2(x)+f_4(x)=g_0+(4C_{W4}-C_{W2})x^2-4C_{W4}x^4 \tag{3.44}$$

根据板形与横向厚度差控制的关系可知，承载辊缝的二次分量与带钢二次浪形（如中浪或者双边浪）对应，四次分量与四次板形（如M形浪或W形复合浪）相对应。因此轧机对带钢二次浪形缺陷的控制主要是通过对有载辊缝的二次凸度控制来实现，而对四次浪形的控制则是通过控制有载辊缝的四次凸度分量来实现的。

3.4.1.2　CVC 辊形的数学描述与参数推导

如图 3.33 所示，将坐标系原点取在轧辊左侧中心，图中 L_{REF} 为轧辊设计辊身长度。

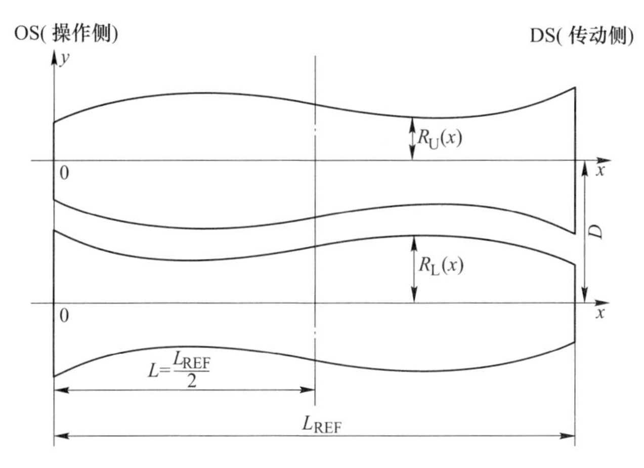

图 3.33　CVC 辊形的坐标系

CVC 轧辊的半径沿辊身长度方向是变化的，辊形曲线函数是一个三次多项式函数，上辊的辊形曲线函数（半径函数）$R_U(x)$ 为：

$$R_U(x) = R_0 + a_1x + a_2x^2 + a_3x^3 \tag{3.45}$$

式中　$R_U(x)$——上辊在坐标点 x 处的半径，mm；

R_0——轧辊名义半径，mm；

x——轧辊轴向坐标，mm；

a_1，a_2，a_3——轧辊设计时的辊形系数。

根据上下辊形曲线反对称的特点，可得到下辊的半径函数：

$$R_L(x) = R_0 + a_1(2L - x) + a_2(2L - x)^2 + a_3(2L - x)^3 \tag{3.46}$$

当上辊和下辊沿相反方向横向移动 s 距离时，上辊和下辊的辊形曲线函数变为：

$$\begin{aligned} R_U(x) &= R_0 + a_1(x - s) + a_2(x - s)^2 + a_3(x - s)^3 \\ R_L(x) &= R_0 + a_1(2L - x - s) + a_2(2L - x - s)^2 + a_3(2L - x - s)^3 \end{aligned} \tag{3.47}$$

如图 3.31 所示，当中间辊横向移动一段距离 s 后，由辊形曲线引起的空载辊缝形状函数为：

$$\begin{aligned} G(x,\ s) &= D - R_U(x,\ s) - R_L(x,\ s) \\ &= (D - 2R_0) + 2[3a_3(s - L) - a_2](x - L)^2 + \\ &\quad 2[a_3(s - L)^3 - a_2(s - L)^2 + a_1(s - L)] \end{aligned} \tag{3.48}$$

式中　D——上下中间辊中心的距离。

轧机空载辊缝的等效凸度 C_W 为辊缝中心值与两端点值之差：

$$
\begin{aligned}
C_W(s) &= G(L,\ s) - (G(0,\ s) + G(2L,\ s))/2 \\
&= (6a_3L + 2a_2)L^2 - 6a_3L^2s
\end{aligned}
\tag{3.49}
$$

从式（3.49）可知，辊缝等效凸度 C_W 仅与辊形系数 a_2 和 a_3 有关，且与轧辊横向位移 s 呈线性关系。此外，轧辊的等效凸度与辊缝的等效凸度互为相反关系，因此由上辊和下辊形成的轧辊等效凸度 C_{RW} 为：

$$C_{RW}(s) = -C_W(s) = 6a_3L^2s - (6a_3L + 2a_2)L^2 \tag{3.50}$$

若已知中间辊横向移动到最大位置 s_{max} 时，轧辊的等效凸度为 C_{RWmax}，则有：

$$C_{RWmax} = C_{RW}(s_{max}) = 6a_3L^2s_{max} - (6a_3L + 2a_2)L^2 \tag{3.51}$$

同样，当中间辊横向移动到最小位置 s_{min} 时，轧辊的等效凸度为 C_{RWmin}，则有：

$$C_{RWmin} = C_{RW}(s_{min}) = 6a_3L^2s_{min} - (6a_3L + 2a_2)L^2 \tag{3.52}$$

由式（3.51）和式（3.52）联立求解，可得待定辊形系数 a_2 和 a_3 分别为：

$$
\begin{cases}
a_2 = -\dfrac{C_{RWmax}}{2L^2} + 3a_3(s_{max} - L) \\
a_3 = \dfrac{C_{RWmax} - C_{RWmin}}{6L^2(s_{max} - s_{min})}
\end{cases}
\tag{3.53}
$$

最后一个待定辊形系数 a_1 与轧辊的等效凸度无关，可通过以下三种方法确定。

A　辊径差法

当轧辊操作侧和传动侧的辊径值一定时，辊形系数 a_1 由轧辊的操作侧和传动侧两端半径差值 ΔR 计算。若已知 CVC 辊的最大和最小半径分别为 R_{max} 和 R_{min}，且其位置分别为轧辊两侧端点 x_{max} 和 x_{min}，则根据上辊的辊形函数，有：

$$R_{max} = R_0 + a_1x_{max} + a_2x_{max}^2 + a_3x_{max}^3 \tag{3.54}$$

$$R_{min} = R_0 + a_1x_{min} + a_2x_{min}^2 + a_3x_{min}^3 \tag{3.55}$$

联立式（3.54）和式（3.55）即可得以下关系式：

$$\Delta R = R_{max} - R_{min} = a_1(x_{max} - x_{min}) + a_2(x_{max}^2 - x_{min}^2) + a_3 \cdot (x_{max}^3 - x_{min}^3) \tag{3.56}$$

因此，根据实际辊形设计所要求的半径差值，可求得 a_1：

$$a_1 = \frac{\Delta R - a_2(x_{max}^2 - x_{min}^2) - a_3(x_{max}^3 - x_{min}^3)}{x_{max} - x_{min}} \tag{3.57}$$

B　轧件水平法

在实际生产中，工艺要求板材在宽度方向上轧机的操作侧和传动侧两端的厚度要相等，轧制后的带钢是水平的。如图 3.31（a）所示，对应于带钢左右两端点的上辊的辊形曲线的点应该处于同一水平高度上，假定带钢宽度为 B，则根据轧辊半径函数可得：

$$R_{U}(L-B)=R_{U}(L+B) \tag{3.58}$$

因此，可推导出 a_1 与 L 和 B 的关系：

$$a_1=-\frac{2BLa_2+(3L^2B+B^3)a_3}{B} \tag{3.59}$$

根据这种方法计算 a_1 时，a_1 应由轧辊和可轧板材的最窄和最宽范围来确定。

C 最小轴向力法

将轴向力最小化作为计算辊形系数 a_1 的标准，即以轴向力的大小作为设计目标，求出最优的 a_1 使得轧制过程中产生的轧辊轴向力最小。

在带钢轧制过程中，辊间压力作用在带有辊形的轧辊上的轴向分力如图 3.34 所示。

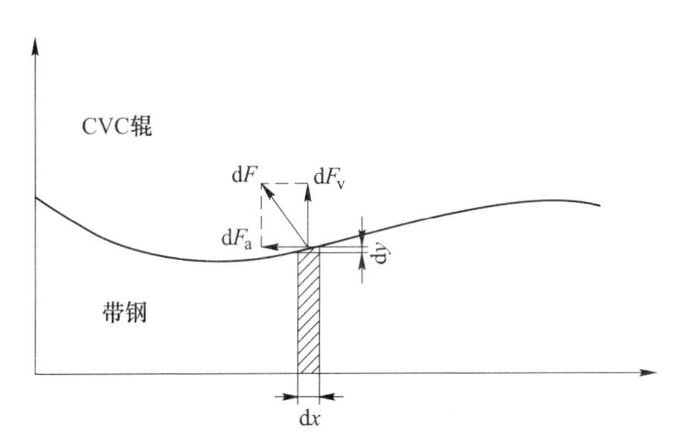

图 3.34 辊间作用在轧辊上的力示意图

由图中的几何关系和受力分解可得：

$$\frac{dF_a}{dF_v}=\frac{dy}{dx} \tag{3.60}$$

式中 dF_a——作用在轧辊面积微元上的轴向力；

dF_v——作用在轧辊面积微元上的垂直方向的轧制力。

假设在带钢轧制过程中，轧制应力为常数，即：

$$\frac{dF_v}{dx}=p_0 \tag{3.61}$$

式中 p_0——轧制应力常数。

当轧制宽度为 $2b$ 的带钢时，作用在轧辊上的总轴向力为：

$$F_{a} = \int_{R_U(L-b)}^{R_U(L+b)} \mathrm{d}F_{a} = \int_{R_U(L-b)}^{R_U(L+b)} \frac{\mathrm{d}F_{v}}{\mathrm{d}x}\mathrm{d}y = \int_{R_U(L-b)}^{R_U(L+b)} p_0 \mathrm{d}y$$

$$= p_0 [R_U(L+b) - R_U(L-b)] \tag{3.62}$$

式（3.62）中，$R_U(L+b) - R_U(L-b)$ 代表 CVC 辊形曲线对轧辊所受轴向力的影响程度。因此，这里定义辊形曲线对轧辊所受轴向力大小的影响系数 E：

$$E = [R_U(L+b) - R_U(L-b)]^2 = 4b^2 [a_1 + 2a_2(L-s) + 3a_3 (L-s)^2 + a_3 b^2]^2 \tag{3.63}$$

当设计辊形曲线时，辊形系数 a_2 和 a_3 求解方法在 3.4.1.2 小节前半部分已经给出，因此由式（3.63）可知，E 只是辊形系数 a_1、板带半宽度 b 和轧辊横移量 s 的函数。此时，a_1 可以采用数值解法，以辊形曲线对轧辊轴向力的影响系数最小化为原则进行求解，具体的求解流程如图 3.35 所示。

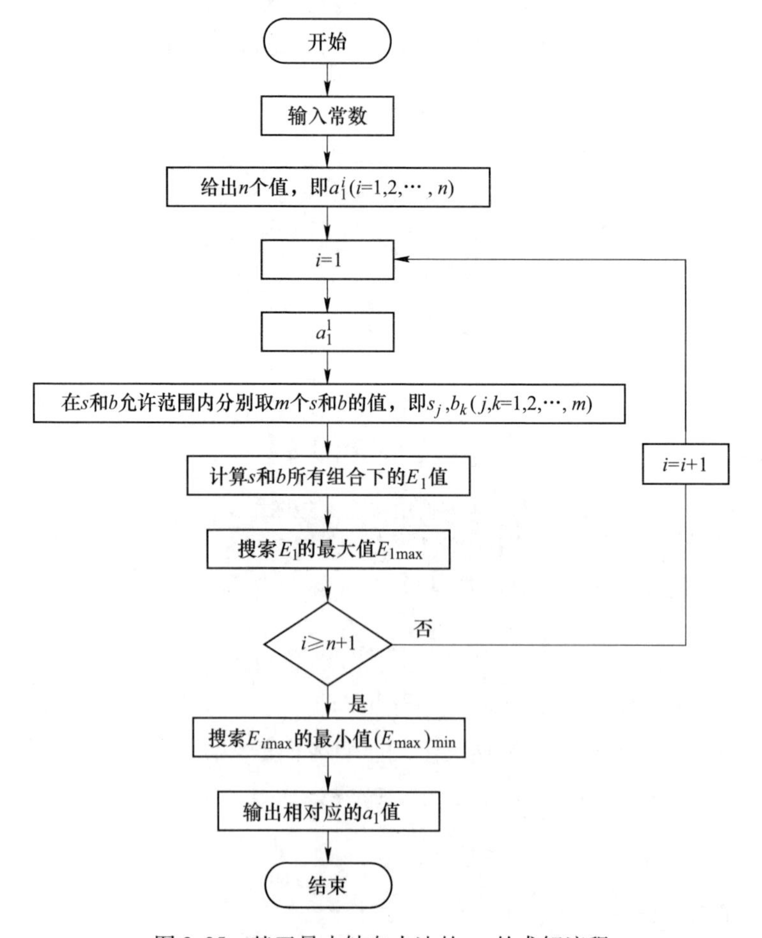

图 3.35　基于最小轴向力法的 a_1 的求解流程

3.4.1.3 CVC plus 辊形的数学描述与参数推导

为弥补三次 CVC 辊形对高次板形缺陷的控制能力不足的问题，SMS 公司在三次 CVC 曲线的基础上设计了五次 CVC plus 辊形曲线，其技术的核心是通过轧辊横向移动改变辊缝形状中的二次分量和四次分量，从而相应地调节出口带钢的二次凸度和四次凸度，控制带钢的二次浪、M 形复合浪以及 W 形高次浪。在 CVC plus 辊形设计时，同样建立图 3.33 中的轧辊坐标系，上辊和下辊的辊形曲线函数分别为：

$$R_U(x) = R_0 + a_1x + a_2x^2 + a_3x^3 + a_4x^4 + a_5x^5 \tag{3.64}$$

$$R_L(x) = R_0 + a_1(2L - x) + a_2(2L - x)^2 + a_3(2L - x)^3 + a_4(2L - x)^4 + a_5(2L - x)^5 \tag{3.65}$$

式中 $a_1 \sim a_5$——待定辊形系数。

此外，在轧制过程中，当上下轧辊反方向横向移动 s 距离时，上下轧辊的辊形曲线函数为：

$$R_U(x) = R_0 + a_1(x - s) + a_2(x - s)^2 + a_3(x - s)^3 + a_4x^4 + a_5(x - s)^5 \tag{3.66}$$

$$R_L(x) = R_0 + a_1(2L - x - s) + a_2(2L - x - s)^2 + a_3(2L - x - s)^3 + a_4(2L - x - s)^4 + a_5(2L - x - s)^5 \tag{3.67}$$

此时，上下轧辊形成的空载辊缝形状函数为：

$$G(x, s) = D - R_U(x, s) - R_L(x, s) \tag{3.68}$$

这里为方便推导，假定轧辊横移量 s 为常量，将辊缝函数简化为关于横坐标 x 的一元函数 $G(x) = D - R_U(x) - R_L(x)$，并将辊缝函数分解为常数部分，二次分量和四次分量：

$$G(x) = G_0 + G_2(x) + G_4(x) \tag{3.69}$$

式中 G_0——常数部分，并假设其值为 $G_0 = B$，B 为常数；

$G_2(x)$——二次分量 $G_2(0) = G_2(2L) = 0$；

$G_4(x)$——四次分量，$G_4(0) = G_4(L) = G_4(2L) = 0$。

那么，轧辊形成的二次等效凸度为：

$$C_{RW2} = G_2(0) - G_2(L) \tag{3.70}$$

根据式（3.71）：

$$\begin{cases} G_4(0) = G_4(L) = G_4(2L) = 0 \\ G_2(x) = G(x) - G_0(x) - G_4(x) \end{cases} \tag{3.71}$$

可知，C_{RW2} 还可表示为：

$$C_{RW2} = G(0) - G(L) = R_U(L) + R_L(L) - R_U(0) - R_L(0) \tag{3.72}$$

因此，将 $R_U(L)$、$R_L(L)$、$R_U(0)$ 和 $R_L(0)$ 的表达式代入式（3.70），可求得二次等效凸度为：

$$C_{RW2}=-2L^2a_2+(6L^2s-6L^3)a_3+(-12L^2s^2+24L^3s-14L^4)a_4+(20L^2s^3-60L^3s^2+70L^4s-30L^5)a_5 \tag{3.73}$$

假定辊缝形状曲线二次分量的表述式为：

$$G_2(x)=b_0+b_1x+b_2x^2 \tag{3.74}$$

式中　$b_0 \sim b_2$——各项待定系数。

那么根据式（3.74）可得到以下方程组：

$$\begin{cases}G_2(0)=b_0=0\\C_{RW2}=G_2(0)-G_2(L)=-b_0-b_1L-b_2L^2\\G_2(2L)=b_0+b_1(2L)+b_2(2L)^2=0\end{cases} \tag{3.75}$$

联立式（3.75）求解待定系数 b_0、b_1 和 b_2：

$$\begin{cases}b_0=0\\b_1=\dfrac{-2C_{RW2}}{L}\\b_2=\dfrac{C_{RW2}}{L^2}\end{cases} \tag{3.76}$$

因此，辊缝形状曲线的二次分量为：

$$G_2(x)=C_{RW2}\left[\left(\frac{x}{L}\right)^2-\frac{2x}{L}\right] \tag{3.77}$$

此外，在上述推导的基础上，可以得到辊缝形状曲线的四次分量为：

$$G_4(x)=G(x)-G_0-G_2(x)=G(x)-G_0-C_{RW2}\left[\left(\frac{x}{L}\right)^2-\frac{2x}{L}\right] \tag{3.78}$$

因此，由辊形曲线形成的轧辊四次等效凸度为：

$$C_{RW4}=G_4(0)-G_4\left(\frac{L}{2}\right) \tag{3.79}$$

将式（3.78）代入式（3.79）可求得轧辊四次等效凸度为：

$$C_{RW4}=G_4(0)-G_4\left(\frac{L}{2}\right)=-\frac{3}{8}L^4a_4+\frac{15}{8}(-L^5+L^4s)a_5 \tag{3.80}$$

由式（3.73）和式（3.80）可知，CVC plus 辊的轧辊二次等效凸度是轧辊横移量 s 的三次函数，其值与辊形系数 a_2、a_3、a_4 和 a_5 有关，与 a_1 无关；轧辊四次等效凸度是轧辊横向位移 s 的线性函数，其值与 a_4 和 a_5 有关，与 a_1、a_2 和 a_3 无关系。在设计轧辊形状曲线时，给定轧辊横向移动范围［$-s$，s］以及轧辊二次等效凸度调节范围 [$C_{\mathrm{RW2\,min}}$，$C_{\mathrm{RW2\,max}}$] 和四次等效凸度调节范围 [$C_{\mathrm{RW4\,min}}$，$C_{\mathrm{RW4\,max}}$]，根据式（3.73）和式（3.80），可以得到关于 a_2、a_3、a_4 和 a_5 的 4 个方程：

$$
\begin{cases}
C_{\mathrm{RW2min}} = -2L^2a_2 + (-6L^2s - 6L^3)a_3 + (-12L^2s^2 - 24L^3s - 14L^4)a_4 + (-20L^2s^3 - 60L^3s^2 - 70L^4s - 30L^5)a_5 \\
C_{\mathrm{RW2max}} = -2L^2a_2 + (6L^2s - 6L^3)a_3 + (-12L^2s^2 + 24L^3s - 14L^4)a_4 + (20L^2s^3 - 60L^3s^2 + 70L^4s - 30L^5)a_5 \\
C_{\mathrm{RW4min}} = -\dfrac{3}{8}L^4a_4 + \dfrac{15}{8}(-L^5 - L^4s)a_5 \\
C_{\mathrm{RW4min}} = -\dfrac{3}{8}L^4a_4 + \dfrac{15}{8}(-L^5 + L^4s)a_5
\end{cases}
\tag{3.81}
$$

联立式（3.81）中的 4 个方程，可求得 CVC plus 辊形曲线的 4 个待定系数 a_2、a_3 和 a_4 和 a_5，分别为：

$$
\begin{cases}
a_2 = -\dfrac{C_{\mathrm{RW2min}} + C_{\mathrm{RW2max}}}{4L^2} - 3La_3 - (7L^2 + 6s^2)a_4 - (15L^3 + 30Ls^2)a_5 \\
a_3 = \dfrac{C_{\mathrm{RW2max}} - C_{\mathrm{RW2min}}}{12L^2s} - 4La_4 - \dfrac{35}{3}L^2a_5 - \dfrac{10}{3}s^2a_5 \\
a_4 = -\dfrac{4(C_{\mathrm{RW4max}} + C_{\mathrm{RW4min}})}{3L^4} - 5La_5 \\
a_5 = \dfrac{4(C_{\mathrm{RW4max}} - C_{\mathrm{RW4min}})}{15L^4s}
\end{cases}
\tag{3.82}
$$

此外，辊形系数 a_1 与轧辊的等效凸度无关，其值可由小节 3.4.1.2 中给出的三种方法之一来确定。

3.4.2　六辊 SmartCrown 轧机三维数值仿真分析

本节基于弹塑性有限元法建立 1740mm 六辊 SmartCrown 轧机的三维数值仿真模型，分析 SmartCrown 轧机中间辊横移的板形控制能力，并通过对模型施加质量缩放和质量阻尼系数，提高模型的计算效率和精度，同时分析了中间辊横移对辊间压力分布和轧辊挠曲变形的影响，明确了 SmartCrown 中间辊横移调节带钢板形的工作原理。

3.4.2.1　轧机的辊形配置

如图 3.36 所示，国内某 1740mm 带钢冷连轧生产线的五机架全部为六辊 SmartCrown 机型，并且，第五机架后配置了板形检测辊，第五机架的板形控制执行机构主要包括工作辊弯辊、中间辊弯辊以及带 SmartCrown 辊形曲线的中间辊横向移动等。轧机的尺寸参数见表 3.5。

图 3.36　某 1740mm 五机架冷连轧机布置图

表 3.5　轧辊的尺寸参数

项　目	工作辊	中间辊	支撑辊
辊径/mm	450	550	1400
辊身长度/mm	1740	1990	1750

轧机的工作辊采用传统的圆柱型平辊，中间辊配有 SmartCrown 辊形，以增强轧机的凸度和板形控制能力。中间辊的 SmartCrown 辊形参数设定值见表 3.6。此外，下中间辊的辊形曲线与上中间辊的辊形曲线相同，但下中间辊与上中间辊在轧机中反向放置，如图 3.37 所示。

表 3.6　中间辊 SmartCrown 辊形参数

参　数	数　值
辊形设计参考辊身长度 L_{REF}/mm	1990
辊形曲线造成的辊径差 ΔD/μm	1600
中间辊横移变化范围 s/mm	-120~120
轧辊等效凸度变化范围 C_{RW}/μm	0~1000
形状角 φ/(°)	180
辊形系数 A	-0.36374
辊形系数 B	-0.00040
辊形系数 C	-120

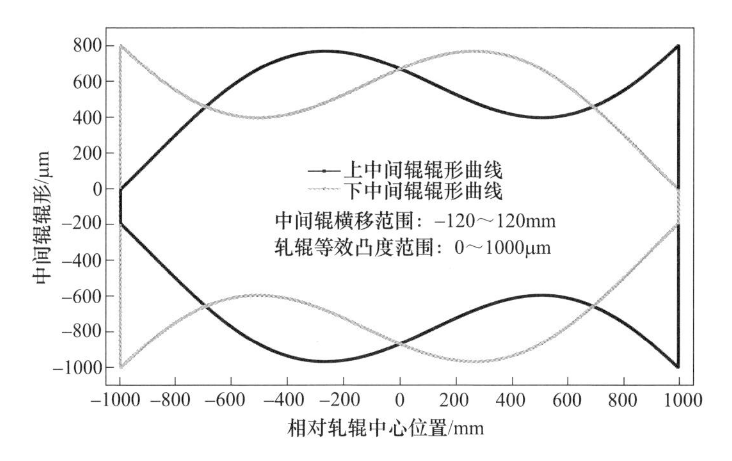

图 3.37 中间辊的 SmartCrown 辊形曲线

为了消除中间辊横移过程中由于局部辊间压力过大造成的潜在轧辊缺陷，支撑辊采用与中间辊 SmartCrown 辊形状互补的辊形曲线。此外，为了避免中间辊和支撑辊之间传递的局部载荷过大，支撑辊两侧的端部被做适当的倒角处理，轧辊的弧形边界倒角及参数定义如图 3.38 所示。

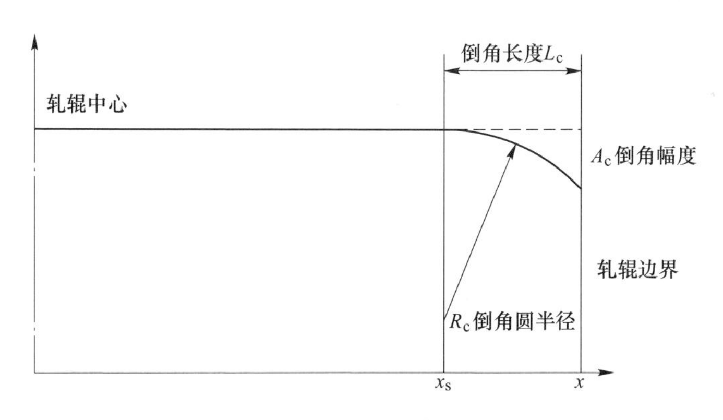

图 3.38 支撑辊倒角参数示意图

如图 3.38 所示，在除倒角起始点 x_s 以外的任意位置 x，由倒角线引起的支撑辊的辊径减小量 ΔD 由下式确定：

$$\Delta D(x) = 2\left(R_c - \sqrt{R_c^{\ 2} - (x - x_s)^2}\right) \tag{3.83}$$

图 3.38 中轧机支撑辊的倒角参数为：$L_c = 175\text{mm}$，$A_c = 1.5\text{mm}$，$R_c = 20417\text{mm}$。

另一方面，由于支撑辊并非圆柱型平辊，而是带有 SmartCrown 辊形，如果采用传统的倒角设计，倒角线只是简单地从支撑辊的辊形线的过渡点向外延续，这将导致支撑辊的辊形曲线在过渡点处曲线斜率不连续。因此，为了获得从辊形线到倒角线的更平滑过渡，应直接从支撑辊的 SmartCrown 辊形线中减去由倒角引起的轧辊直径的减小量，如图 3. 39 所示。

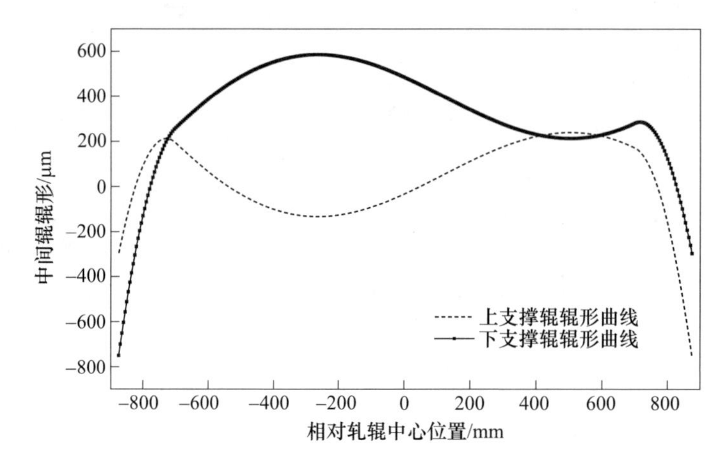

图 3. 39　包含倒角线的支撑辊辊形曲线

在实际磨床上进行轧辊辊形磨削时，支撑辊的辊形曲线和倒角线应该尽可能被同时磨削。该生产线六辊 SmartCrown 轧机的轧辊辊形曲线及板形调节机构配置如图 3. 40 所示。

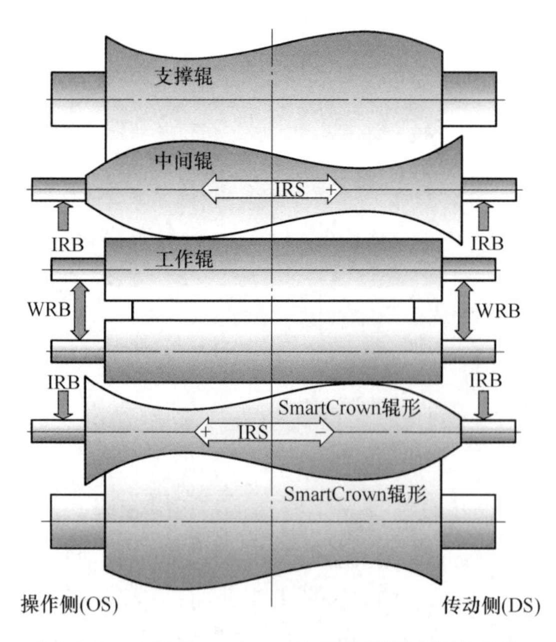

图 3. 40　六辊 SmartCrown 轧机及其板形调节机构

3.4.2.2 轧机三维弹塑性有限元建模

采用弹塑性有限元法对六辊 SmartCrown 轧机进行建模，模型分为上下辊系、支撑辊和工作辊的限位体、工作辊驱动轴和带钢 4 个部分。模拟试验中带钢选用实际生产过程中的钢种，模型各部分的物理性能见表 3.7。

表 3.7 模拟计算的材料模型

项　目	带钢	轧辊	驱动轴和限位体
材料模型	各向同性 双线性硬化模型	各向同性 线弹性模型	刚性体模型
密度/kg·m^{-3}	7850	7850	7850
弹性模量/GPa	207	210	210
泊松比	0.362	0.3	0.3
屈服强度/MPa	245	—	—
切线模量/MPa	670	—	—

为提高模拟计算的效率，减小计算机 CPU 的计算时间，采用质量缩放来控制最小时间步长，将整体质量缩放因子设定为 10，并将质量缩放临界时间步长设定为 7.8×10^{-7}，通过质量缩放增加的模型虚拟质量不超过整体模型质量的 0.5%。采用高次 B 样条曲线精确描绘中间辊和支撑辊的辊形曲线，入口带钢为矩形件，长度为 500mm，厚度为 3.6mm，宽度分别为 1000mm、1200mm、1400mm 和 1600mm。为了提高模型的精度，在变形过程中，在大应力梯度的区域进行网格细化。此外，带钢轧制方向的单元长度为 0.8mm，宽度方向单元长度为 10mm，厚度方向划分单元数量为 12。

3.4.2.3 模型稳定性和准确度验证

通过有限元模型模拟带钢轧制时，带钢被咬入辊缝的过程会对轧机造成冲击，并激励辊系发生振动；而且，质量缩放的影响还会使辊系的惯性增大，使得轧辊振动难以在较短的时间内收敛到较小的范围。由于轧机模型的振动会大大降低仿真计算的精度，因此，需要增加模型阻尼来抑制轧机的振动。

在有限元算法中，Rayleigh 阻尼中的阻尼矩阵定义为：

$$\boldsymbol{C} = \alpha\boldsymbol{M} + \beta\boldsymbol{K} \tag{3.84}$$

式中，$\boldsymbol{C}$、$\boldsymbol{M}$、$\boldsymbol{K}$ 分别表示阻尼矩阵、质量矩阵和刚度矩阵；α、β 分别为质量阻尼常数和刚度阻尼常数。

一般情况下，刚度阻尼对高频振动是有效的，并且与刚体运动具有正交关系；质量阻尼则对低频振动更有效，且对刚体运动具有一定的阻尼效果。此外，如果在模型中使用较大的刚度阻尼系数，那么则可能需要显著地减小时间步长。在 LS-DYNA 程序中，通过关键字“ * DAMPING_GLOBAL”来定义适用于全局变形体节点的质量加权节点阻尼。当质量阻尼施加在模型中时，加速度矢量 $\boldsymbol{a}^n$ 由下式计算：

$$\boldsymbol{a}^n = \boldsymbol{M}^{-1}(\boldsymbol{P}^n - \boldsymbol{F}^n - \boldsymbol{F}^n_{\mathrm{damp}}) \tag{3.85}$$

式中　$\boldsymbol{P}^n$——外载荷矢量；

$\boldsymbol{F}^n$——内载荷矢量；

$\boldsymbol{F}^n_{\mathrm{damp}}$——系统阻尼力矢量。

另一方面，系统阻尼力矢量 $\boldsymbol{F}^n_{\mathrm{damp}}$ 可表示为：

$$\boldsymbol{F}^n_{\mathrm{damp}} = D_{\mathrm{s}} m v \tag{3.86}$$

式中　D_{s}——阻尼常数。

结构的最佳阻尼常数通常接近于最低频率模式下的临界阻尼因子的某个值，即：

$$(D_{\mathrm{s}})_{\mathrm{critical}} = 2\omega_{\min} \tag{3.87}$$

式中　$\omega_{\min}$——结构的固有角频率，并且 $\omega_{\min}$ 通常被认为是结构的基频。

因此，$\omega_{\min}$ 可以通过特征值分析或者非阻尼瞬态分析来确定。另一方面，还可以通过关键字 * DAMPING_PART_MASS_{OPTION} 来分别施加不同的质量阻尼到模型的不同部位，刚度阻尼则是通过关键字 * DAMPING_PART_STIFFNESS_{OPTION} 施加到模型的不同部位，并且刚度加权阻尼系数建议在 0.01~0.25 之间取值，较大的值是强烈不建议使用的，而小于 0.01 的值则对振动的抑制作用可能不明显。

通过对六辊 SmartCrown 轧机有限元模型的非阻尼瞬态分析，发现带钢咬入轧机引起的轧辊振动频率约为 75Hz。因此，全局质量阻尼用以抑制模型中的轧辊振动，将质量权重阻尼系数 D_{s} 的值设置为 750，将压下方向的缩放因子设置为 1，其他方向的缩放因子设置为零。工作辊的轴心在阻尼施加前后压下方向的位移变化如图 3.41 所示。从图 3.41 可以看出，当不施加阻尼时，工作辊的振动幅值在第 40 步

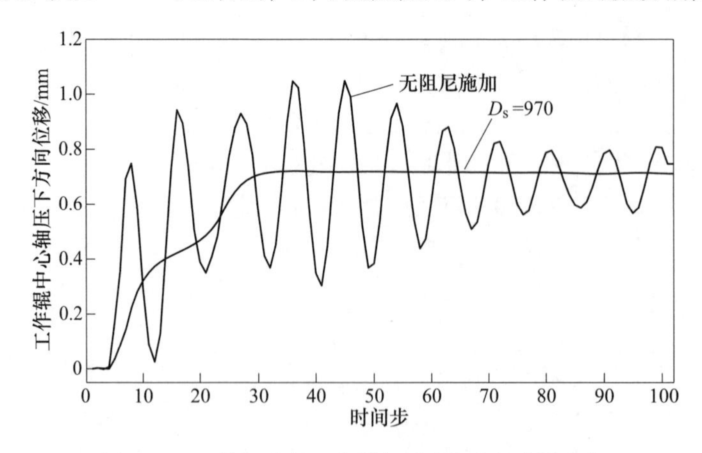

图 3.41　工作辊的轴心在带钢厚度方向的位移变化

时达到最大，约 0.37mm。随着轧制的进行，工作辊的振动逐渐衰减，但并未收敛，直至轧制结束时仍有较大的振动幅值。

图 3.42 所示为轧制力时间历程，轧辊振动引起的轧制过程不稳定导致轧制力剧烈波动，使出口带钢厚度发生变化，最终使轧制过程的模拟计算难以收敛到稳定阶段，从而降低了计算结果的精度。通过对模型的非阻尼瞬态分析和质量阻尼的应用，使工作辊压下方向位移波动迅速消失，并随着轧制过程的进行，迅速收敛到一个恒定值。因此，阻尼系数的应用抑制了带钢咬入引起的轧辊振动，大大减小了轧制力的波动，使模拟的带钢轧制过程很快进入了带钢咬入后的稳定轧制阶段。通过在模型中应用合适的质量阻尼系数 D_s，抑制了轧辊振动，大大提高了模型的精度和稳定性。

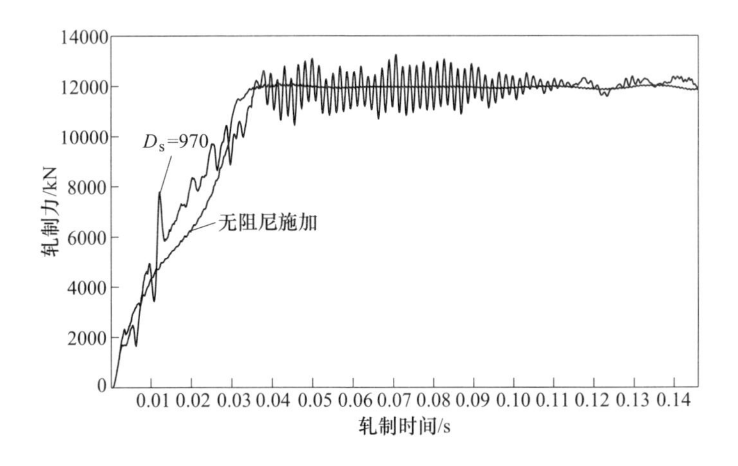

图 3.42 轧制力时间历程

此外，采用 3.4.2.2 节建立的 SmartCrown 轧机三维有限元模型对不同规格的带钢进行模拟轧制。根据模拟结果求得稳定轧制时期的轧制力平均值，并将该模型计算的轧制力有限元值与 Bland-Ford-Hill 轧制力公式计算的理论值进行比较，验证有限元模型的精度。选择 8 组不同规格的带钢进行验证试验，钢种为 SPCC 钢，长度为 500mm，入口厚度从 2.8mm 增大到 6.0mm，宽度从 1100mm 增加到 1600mm。根据轧制工艺条件进行 8 组带材的轧制模拟试验，轧制力验证结果见表 3.8。从表 3.8 中可知，8 组带钢轧制力有限元值 P_{FEM} 与 Bland-Ford-Hill 公式计算的理论值 P_{HILL} 相对误差的绝对值不超过 5%，轧制力的有限元值与理论计算值的误差很小。因此，采用该 SmartCrown 轧机的有限元模型对板形控制进行分析是可靠的。

表 3.8　不同规格带钢的轧制力验证对比结果

带钢宽度 B/m	入口厚度 H/mm	出口厚度 h/mm	压下率 /%	张力 T/MPa		轧制力 P/kN		轧制力相对误差/%
				前张力	后张力	P_{HILL}	P_{FEM}	
1100	2. 8000	2. 0527	26. 689	146. 15	64. 94	8092	7915	-2. 187
1200	4. 8000	3. 2562	32. 163	84. 45	34. 72	12823	13272	3. 502
1300	3. 2000	2. 2951	28. 278	110. 60	48. 08	10916	10505	-3. 765
1300	6. 0000	4. 0663	32. 228	62. 43	25. 64	15395	15917	3. 391
1400	3. 9000	2. 6826	31. 215	87. 87	36. 63	13716	13999	2. 063
1400	5. 2000	3. 6589	29. 637	64. 42	27. 47	15039	14969	-0. 465
1500	4. 6000	3. 0924	32. 774	71. 14	28. 99	16275	17085	4. 977
1600	5. 8000	4. 3389	25. 191	47. 54	21. 55	16672	16042	-3. 779

3. 4. 2. 4　SmartCrown 中间辊横移对辊间压力的影响

有学者研究 CVC 六辊冷轧机的轧辊异常磨损时，发现中间辊端部表面易产生损伤，损伤裂纹深浅不一且伴随毛刺，沿着整个圆周方向呈环状分布。表面损伤部位发生在上中间辊的传动侧和下中间辊的操作侧，即上下中间辊的损伤位置正好相反，但损伤程度基本相同。此外，轧辊的损伤位置刚好位于中间辊与工作辊末端的接触点附近，且损伤沿着轴向分布的区域与常用的中间辊横移范围一致。板带轧机的这类轧辊异常磨损、掉肉和脱肩现象是轧辊在服役周期内易出现的缺陷，轧辊间的接触载荷分布不均匀，局部压力峰值过大是形成这类轧辊缺陷的主要原因。轧辊的不均匀磨损使轧辊的辊形不能保持在理想状态，直接影响成品带钢板形控制精度，同时也缩短了轧辊的更换周期，增加辊耗，影响生产效率。改善辊间压力分布不均问题，减少轧辊不均匀磨损和辊面剥落事故的发生，一直是困扰板带轧制领域的一个技术难题。

中间辊横移是 SmartCrown 轧机控制带钢板形的主要手段之一，在板形控制系统中经常配合弯辊使用。如果不考虑其他因素的影响，辊间压力的局部峰值将随着中间辊的横向移动而偏移。因此，有必要研究中间辊横移对辊间压力分布的影响。

为分析 SmartCrown 辊形的辊间压力分布特点及中间辊横移对辊间压力分布的影响，将中间辊横移的设定值从-120mm 连续变化到 120mm，分别进行模拟轧制实验。带钢入口厚度和宽度分别为 3. 6mm 和 1400mm，压下率设定为 30%。从计算结果文件中提取辊间压力数据，绘制不同中间辊横向移动位置时辊间压力的三维分布图。图 3. 43 所示为上工作辊与上中间辊之间的三维压力分布。图 3. 43（a）为当中间辊横移量为最小时工作辊与中间辊之间的压力分布情况。由于工作辊为平辊而中间辊带有辊形，导致辊间压力分布与辊形曲线基本一致，

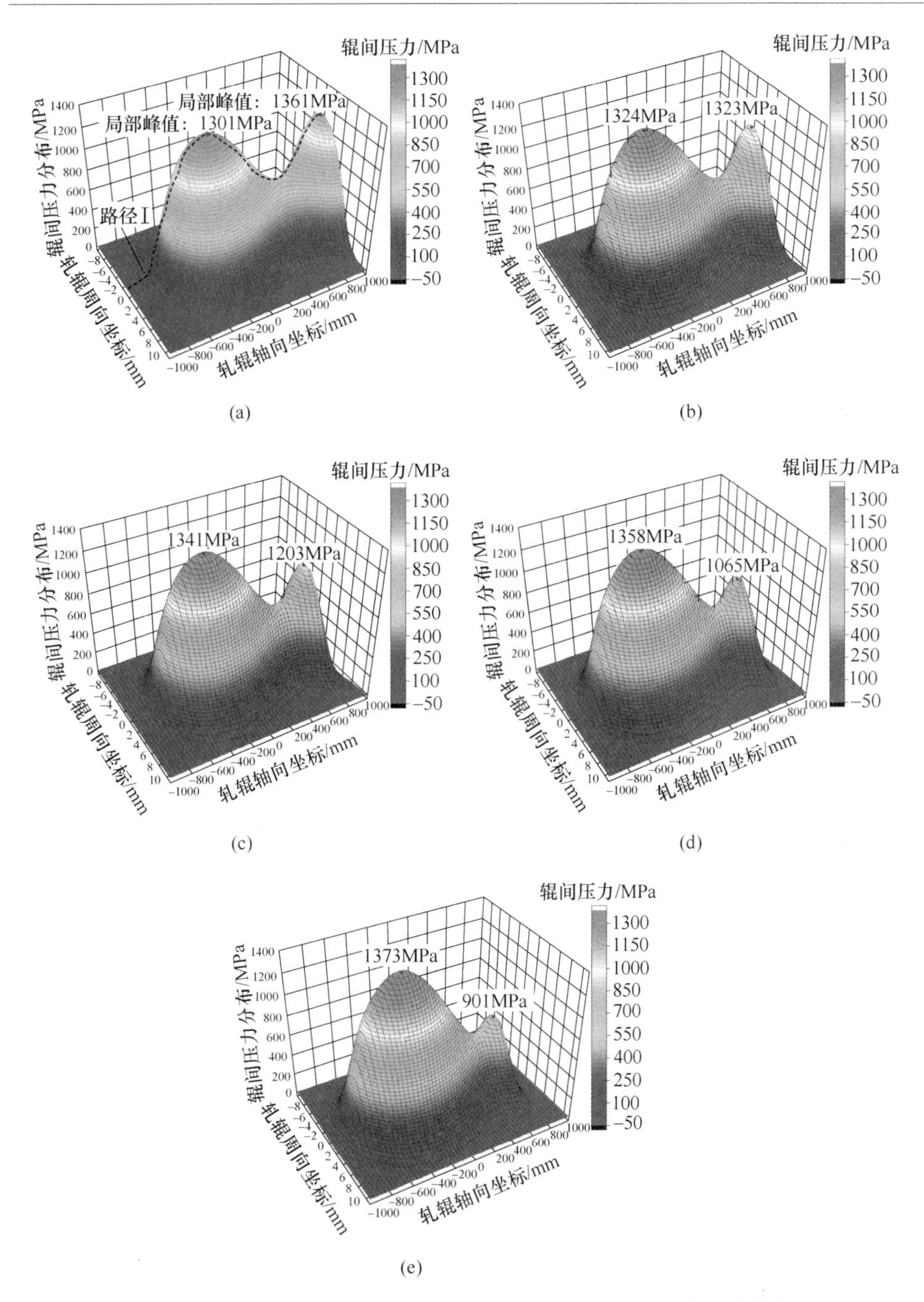

图 3.43　不同中间辊横移量下工作辊与中间辊之间的压力三维分布

（a）IRS=-120mm；（b）IRS=-60mm；（c）IRS=0mm；（d）IRS=60mm；（e）IRS=120mm

压应力在轧辊横向坐标为-215mm 和 975mm 处存在 2 个局部峰值（1301MPa 和 1361MPa）。因此，当中间辊横移量为-120mm 时，辊间压应力峰值分别出现在操作侧的辊径较大区域和传动侧的辊端区域。图 3. 43（b）是中间辊横移值为-60mm 时的辊间压力分布情况，此时，2 个压应力局部峰值分别为 1323MPa 和 1324MPa，相应的轴向坐标分别为-265mm 和 915mm。继续增大中间辊横移量，对比图 3. 43（a）~（e）可知，操作侧的局部压应力峰值略有增加，从 1301MPa 增大到 1373MPa，相应轴向坐标由-215mm 移动到-285mm；传动侧局部压应力峰值明显减小，从 1361MPa 下降到 901MPa，相应轴向坐标由 975mm 移动到 735mm。

为了更详细地研究中间辊横移对工作辊与中间辊之间压力分布的影响，根据图 3. 43（a）所示的路径Ⅰ，截取该面的辊间压应力分布曲线，并绘制该辊间压力分布曲线随中间辊横移量变化的三维图，如图 3. 44 所示。

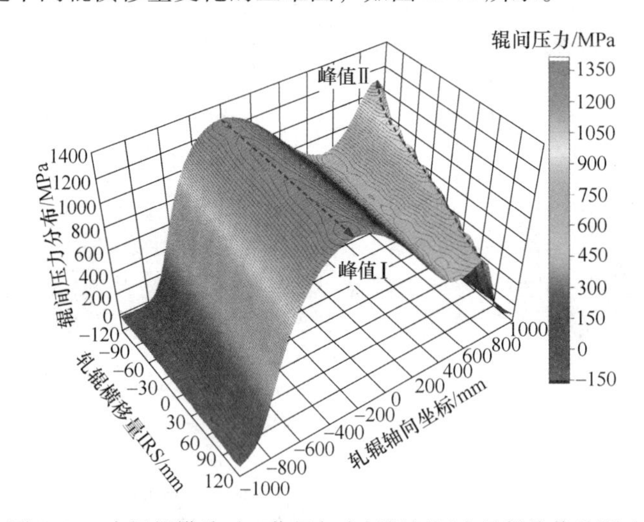

图 3. 44　中间辊横移对工作辊与中间辊间压力局部峰值的影响

如图 3. 44 所示，工作辊与中间辊之间的压力分布有 2 个峰值区，其中压应力峰值Ⅰ在中间辊横移变化过程中都保持较高的数值，并且随中间辊横移量增大，其值有略微增加，当中间辊横移值为 120mm 时达到极值 1373MPa；压应力峰值Ⅱ的变化与峰值Ⅰ相反，随中间辊横移量的减小，其值显著增加，并在中间辊横移量为-120mm 时达到极值 1361MPa。工作辊与中间辊之间的压力分布随中间辊位移的变化，将导致负中间辊横移范围内轧辊有 2 个区域易发生磨损，即轴向坐标为-210~-290mm 的区域和轴向坐标为 730~980mm 的区域；而在正中间辊横移范围内，仅轴向坐标为 210~290mm 区域内轧辊易发生磨损。

图 3. 45 所示为不同中间辊横移量下的上中间辊和上支撑辊之间的三维压力分布。中间辊横移为-120mm 时，辊间压力呈鞍形分布，在轧辊两端轴向坐标为-595mm 和 835mm 处出现了 2 个压力峰值（1129MPa 和 1174MPa），如图 3. 45（a）所示。此外，对比图 3. 45（a）~（e）可知，随着中间辊横移的增加，

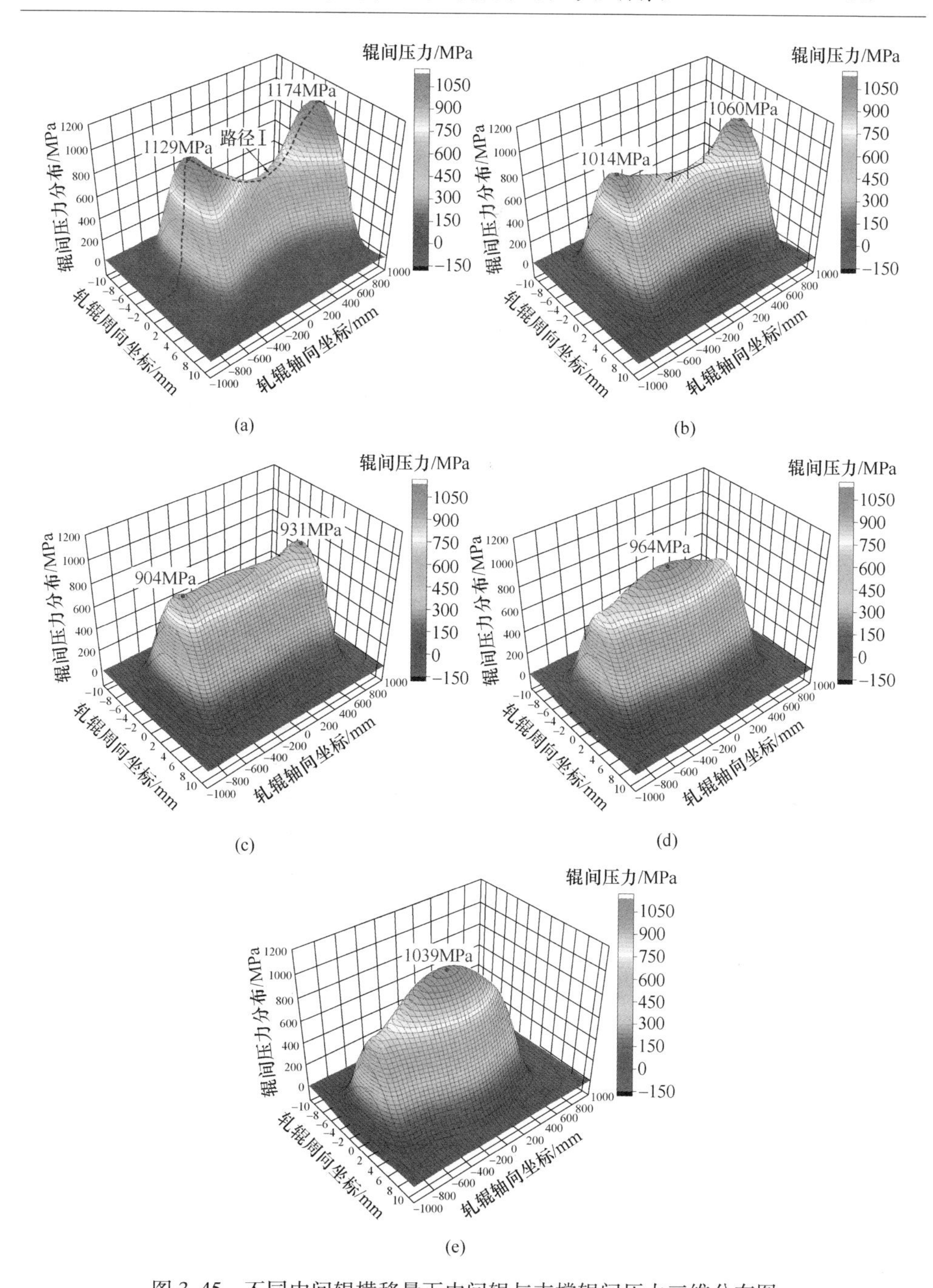

(a)

(b)

(c)

(d)

(e)

图 3.45 不同中间辊横移量下中间辊与支撑辊间压力三维分布图

(a) IRS=-120mm；(b) IRS=-60mm；(c) IRS=0mm；(d) IRS=60mm；(e) IRS=120mm

轧辊两端的压应力峰值逐渐减小，而中心区域的压应力逐渐增大。当中间辊横移为 0mm 时，即中间辊无横向移动，中间辊与支撑辊之间的压力分布相对均匀，无应力峰值，如图 3.45（c）所示。中间辊横移由零值继续增大，使轧辊两侧辊间压力减小，而轧辊中心区域压力增大并出现峰值应力。中间辊横移达到最大值 120mm 时，轧辊中心区域的压应力峰值达到最大，为 1039MPa。

类似地，根据图 3.45（a）所示的路径Ⅰ，获取该截面的辊间压应力分布曲线，并绘制该辊间压力分布曲线随中间辊横移变化的三维图，如图 3.46 所示。对比图 3.44 和图 3.46 可知，由于支撑辊的辊径较大，中间辊与支撑辊之间的接触面积相对较大，从而导致中间辊与支撑辊在整个接触面上的接触压应力小于工作辊与中间辊之间的接触压应力。此外，由于支撑辊具有与中间辊形状相匹配的辊形，使得中间辊与支撑辊之间的压力分布比较均匀。但是，当中间辊横移量达到最小时，轧辊两侧也出现 2 个应力峰值。中间辊横移由零继续增大，轧辊两侧的压力峰值迅速减小，而轧辊中心区域的压力逐渐增加，当中间辊横移位置达到最大时，压力峰值又出现在轧辊的中心区域，如图 3.46 所示。

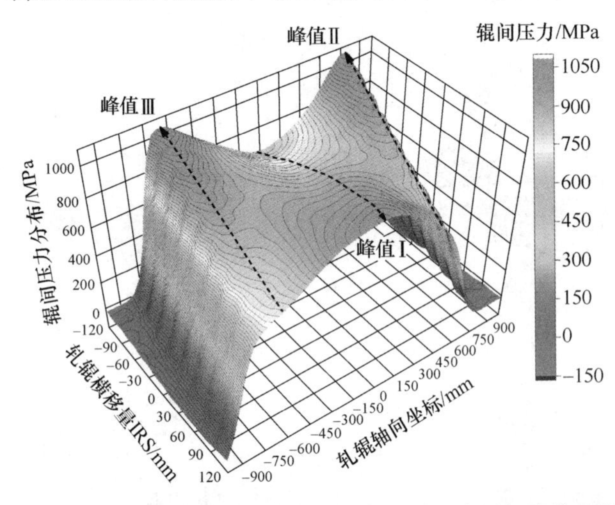

图 3.46　中间辊横移值对中间辊与支撑辊间压力局部峰值的影响

通过以上分析可知，由于中间辊带有 SmartCrown 辊形，导致其辊径较大的部分在轧制带钢过程中会率先与其他辊发生接触，因此这些部位传递的载荷相对较大。如图 3.47 所示，在一个较大的局部压应力峰值作用下，工作辊的辊肩很容易对中间辊的表面划出深浅不一的痕迹。随着轧制的进行，持续的交变应力会引起中间辊表面出现疲劳裂纹，并逐渐扩展形成疲劳损伤引起的局部磨损，这个磨损区域几乎与中间辊的横向位移区域相吻合。在负中间辊横移范围内，辊间压力的局部应力集中现象更加明显，因此也更容易导致轧辊磨损。支撑辊由于带有与中间辊形状匹配的辊形，因此可以改善支撑辊与中间辊之间的接触状态，从而减轻辊间压力分布的不均匀性。考虑到中间辊与支撑辊和工作辊同时接触，轧制过程中存在 2 个同时传递载荷的接触面，因此更易出现轧辊磨损问题。为了缓解或消除中间辊的疲劳裂纹问题，一方面需要设计合理的辊身，避免轧辊间压力的局部应力集中现象；另一方面，则需要提高轧辊的表面质量，改善轧辊表面硬度，以提高轧辊的耐磨性和抗疲劳性。

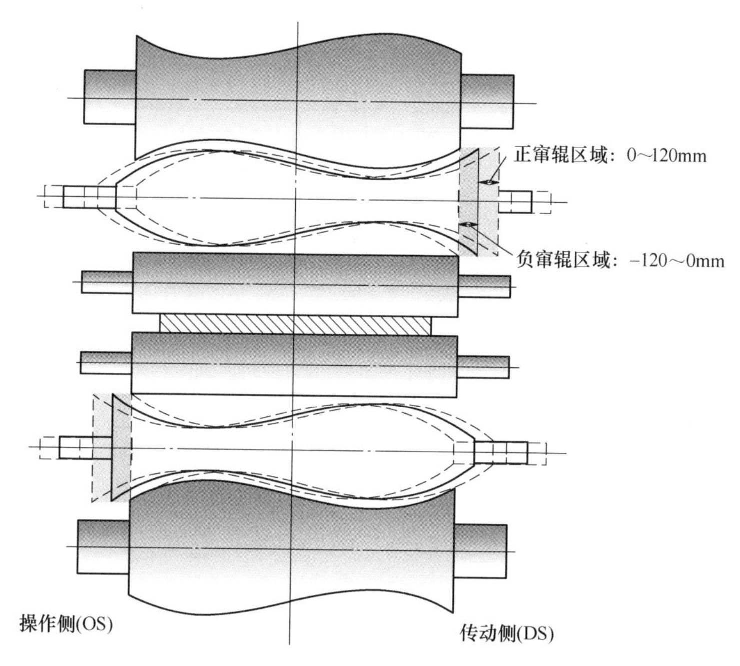

图 3.47　中间辊横向移动范围示意图

3.4.2.5　SmartCrown 中间辊横移对轧辊挠曲变形的影响

为了分析中间辊横移对轧辊弹性挠曲变形的影响，需要从轧辊位移数据中计算出轧辊的弹性挠曲变形。通过消除上下工作辊垂直位移数据中所包含的轧辊刚性位移，可得到上下工作辊的总弹性挠曲变形量，如图 3.48 所示。

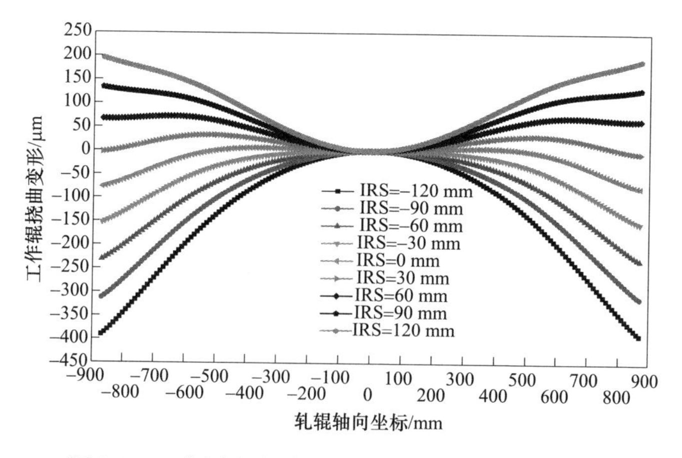

图 3.48　不同中间辊横移量下的工作辊弹性挠曲变形

为了更详细地分析中辊横向位移对轧辊挠曲的影响，用式（3.36）对图3.48中的工作辊挠度曲线进行拟合，得到工作辊在不同中间辊横移下的二次挠曲变形量和四次挠曲变形量的变化，如表3.9所示。

表3.9 不同中间辊横移量下的工作辊弹性挠曲分析

中间辊横移/mm	−120	−90	−60	−30	0	30	60	90	120
g_0	1.83	2.22	2.55	2.89	3.25	3.53	3.83	4.13	4.34
g_2	−437.26	−320.82	−203.39	−90.27	20.04	126.26	227.07	322.15	410.56
g_4	35.53	−3.33	−41.06	−76.77	−111.68	−145.42	−177.24	−207.17	−234.37
R_s^2	0.99958	0.99921	0.99832	0.99563	0.98178	0.90807	0.97901	0.99228	0.99576
总挠曲变形量/μm	389.78	311.22	230.67	152.52	76.36	3.12	−66.58	−132.42	−194.14
二次挠曲变形量/μm	401.73	324.15	244.45	167.05	91.64	19.16	−49.83	−114.97	−176.19
四次挠曲变形量/μm	−8.88	0.83	10.26	19.19	27.92	36.35	44.31	51.79	58.59

在表3.9中，R_s^2 表示调整后的 R 平方，衡量的是函数拟合轧辊挠曲变形曲线的程度，其值越接近于1，拟合程度越高，一般认为 R_s^2 大于0.75，表示该数学模型对数据具有较高的拟合度。从表3.9中可知，R_s^2 的值均大于0.9，表明多项式函数对于不同的轧辊挠曲变形曲线具有很高的拟合度。当中间辊横移量为−120mm时，工作辊的二次和四次挠曲变形量分别为401.73μm和−8.88μm，随着中间辊横移的增加，二次挠曲变形量逐渐减小，四次挠曲变形量逐渐增大。当中间辊横移增大至120mm时，二次挠曲变形量减小到−176.19μm，减小了577.92μm；四次挠曲变形量增大到58.59μm，增大了67.47μm。从以上分析可以得知，带原始SmartCrown辊形的中间辊横移可以改变轧辊的等效凸度，也会很大程度影响轧辊的挠曲变形，从而调整出口带钢的板形和板凸度。

中间辊横移对中间辊弹性挠曲变形的影响如图3.49所示，从图中可知，与工作辊的挠曲变形相比，中间辊横移对中间辊挠曲变形的影响相对较小。

3.4.2.6 SmartCrown中间辊横移的板形控制能力分析

根据生产现场的工艺条件，设定模型计算过程中的工艺参数，通过模拟计算得到中间辊横移对带钢横向厚度分布的影响。轧制带钢的宽度为1400mm，入口横截面为矩形。

在模拟轧制过程中，其他工艺参数保持不变，图3.50所示为仅改变中间辊横移时的带钢横截面形状的变化。当中间辊横移为−120mm时，SmartCrown辊的等效凸度为零，此时带钢的横截面形状除边部减薄区以外近似呈现二次抛物线形状，带钢的凸度非常大。随着中间辊横移的增大，SmartCrown辊的等效凸度逐渐增大，使得带钢中心厚度增加，边部厚度减小，板凸度逐渐减小。当中间辊横移增加到30mm时，带钢的横向厚度分布曲线几乎为平直的。中间辊横移继续增加

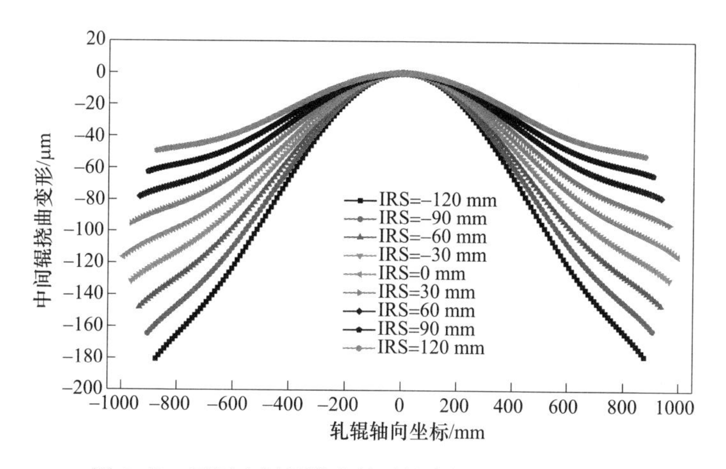

图 3.49 不同中间辊横移量下的中间辊弹性挠曲变形

至 120mm，带钢的横截面形状有很大的负凸度，这与中间辊横移为-120mm 时的形状发生很大的改变。

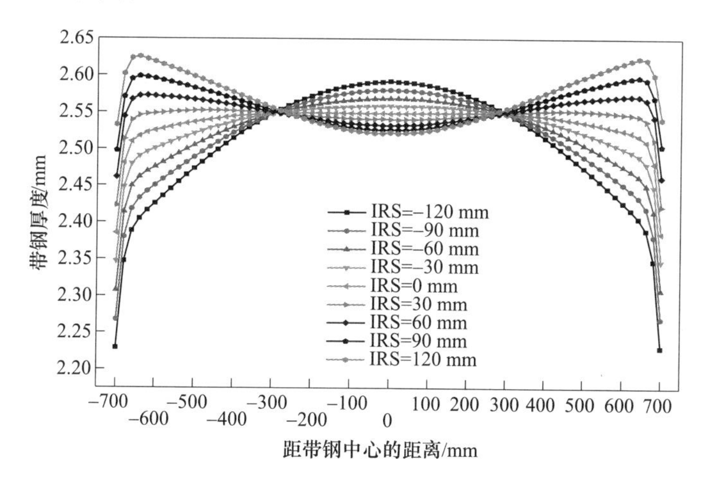

图 3.50 不同中间辊横移量对带钢横截面形状的影响

为了定量分析带钢横截面形状的变化，根据带钢横向厚度分布曲线，计算得到中间辊横移对带钢凸度 C_{40}、边部减薄 E_{40}、二次凸度分量 C_{W2} 和四次凸度分量 C_{W4} 的影响。如图 3.51 所示。随着中间辊横移从-120mm 增加至 120mm，带钢凸度 C_{40} 呈近似线性减小，从 203μm 降至-100μm，减小了 303μm；带钢边部减薄 E_{40} 也近似呈线性减小，但变化量相对较小，从 160μm 降低到 86μm，减小了 74μm。因此，带 SmartCrown 辊形的中间辊横移对带钢的板凸度控制能力相对较强，而对带钢的边部减薄控制能力较弱。

此外，如图 3.52 所示，随着中间辊横移的增加，带钢的二次凸度 C_{W2} 从

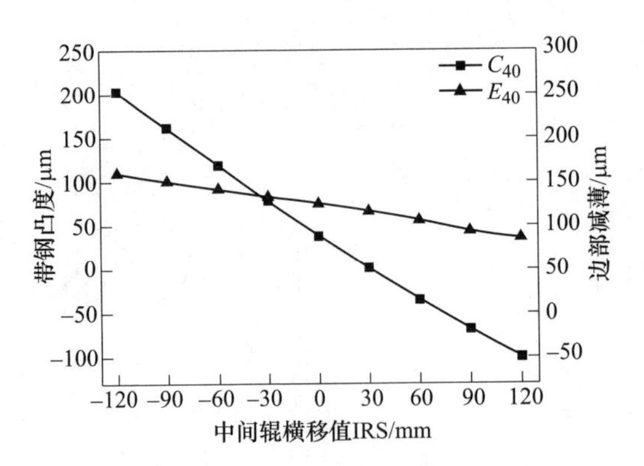

图 3.51　中间辊横移对板凸度和边部减薄的影响

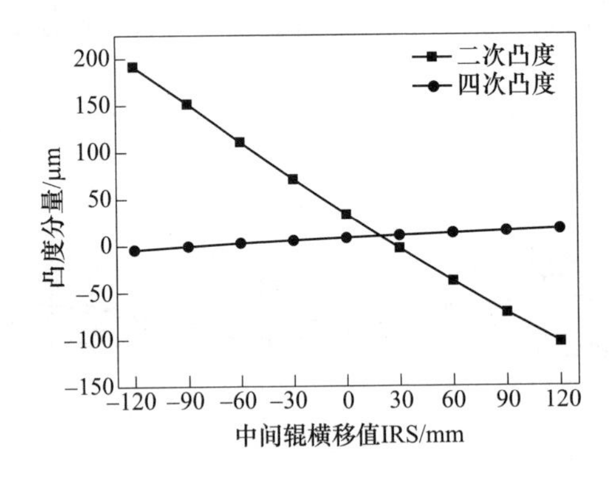

图 3.52　中间辊横移对凸度分量的影响

191μm 减小至−103μm，四次凸度 C_{W4}从−4μm 增加至 17μm。C_{W2}和 C_{W4}随中间辊横移的变化趋势与轧机空载辊缝的等效凸度变化趋势是一致的，但是，对于 1400mm 宽带钢的四次凸度 C_{W4}，中间辊横移的控制能力相对较弱。

为了研究中间辊横移对不同宽度带钢的横截面形状和板形的控制能力，将中间辊横移量分别设定为−120mm、−60mm、0mm、60mm 和 120mm，其他工艺参数不变，分别模拟计算宽度为 1000mm、1200mm、1400mm 和 1600mm 的带钢轧制，得到中间辊横移对不同宽度带钢的横截面形状和板形的影响。图 3.53 所示为中间辊横移对不同宽度带钢的横截面形状的影响。结果表明，中间辊横移对宽度不同的带钢横截面形状的调控能力是不同的，带钢越宽，中间辊横移对带钢横截面的影响程度越深，截面形状变化越明显。

根据带钢厚度数据，得到中间辊横移对带钢凸度 C_{40}、边部减薄 E_{40}、二次凸度 C_{W2}和四次凸度 C_{W4}的影响，如图 3.54 和图 3.55 所示。随着中间辊的横向位移增大，C_{40}、E_{40}和 C_{W2}显著减小，C_{W4}则明显增加，且带钢越宽，四者的变化量越大。

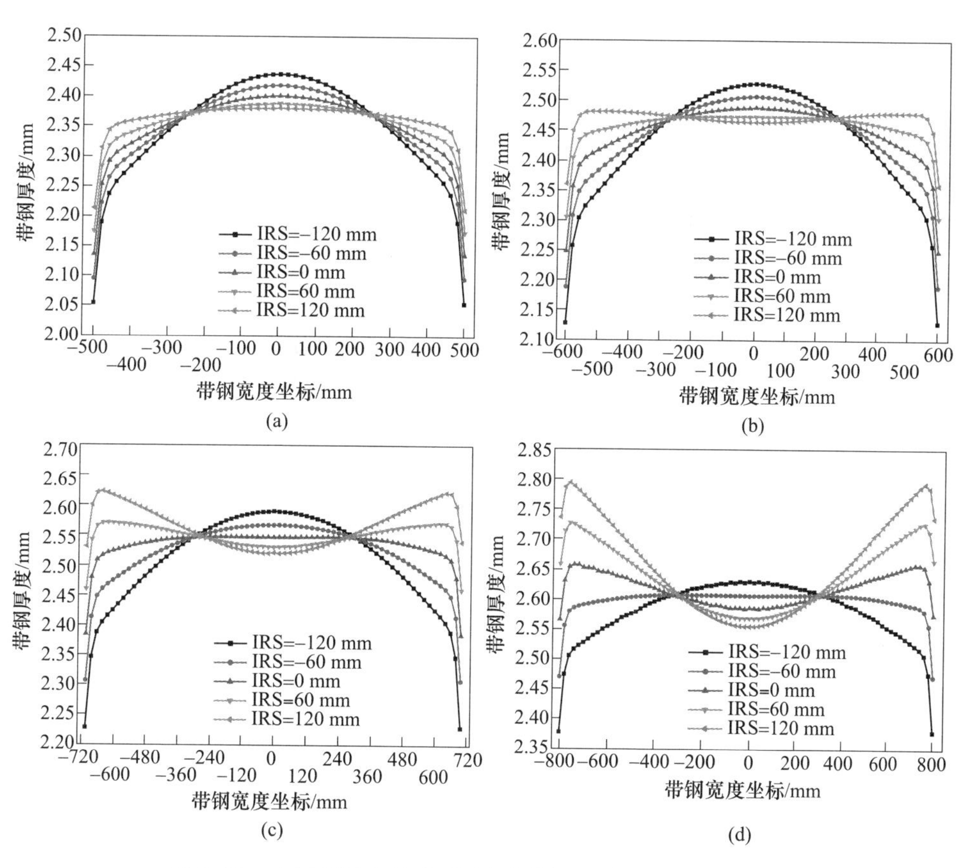

图 3.53 中间辊横移量对不同宽度带钢的横截面形状的影响

（a）带钢宽度 1000mm；（b）带钢宽度 1200mm；

（c）带钢宽度 1400mm；（d）带钢宽度 1600mm

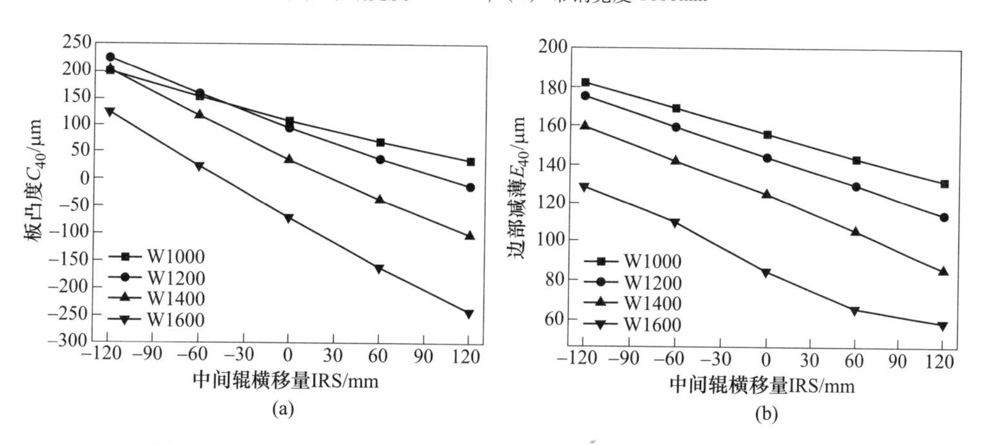

图 3.54 中间辊横移量对不同宽度带钢的板凸度和边部减薄的影响

（a）板凸度；（b）边部减薄

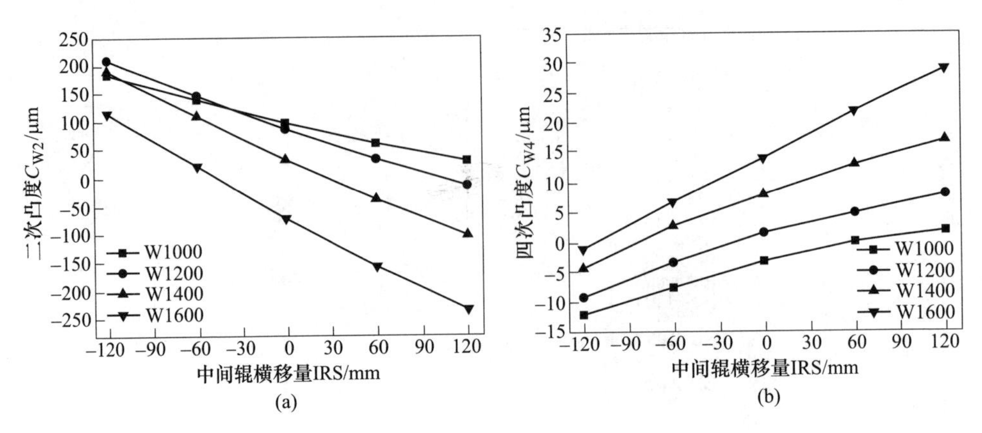

图 3.55　中间辊横移量对不同宽度的带钢凸度分量的影响

（a）二次凸度；（b）四次凸度

图 3.56 所示为中间辊横移对不同宽度带钢 C_{40}、E_{40}、C_{W4} 和 C_{W2} 控制能力的对比柱状图，结果表明，带钢宽度越宽，中间辊横移对带钢横截面的影响越大，即随带材宽度的增加，带有 SmartCrown 辊形的中间辊横移对带钢横截面形状的控制能力增大。

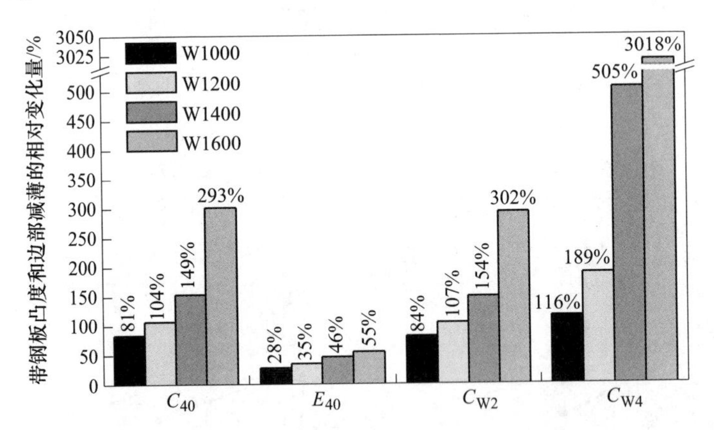

图 3.56　中间辊横移对不同宽度带钢的板凸度和边降的控制能力对比

参 考 文 献

[1] Wang Qinglong, Li Xu, Sun Jie, et al. Mathematical and numerical analysis of cross-directional control for SmartCrown rolls in strip mill [J]. Journal of Manufacturing Processes, 2021, 69: 451-472.

[2] Wang Qinglong, Sun Jie, Li Xu, et al. Analysis of lateral metal flow-induced flatness deviations of rolled steel strip: Mathematical modeling and simulation experiments [J]. Applied Mathematical Modelling, 2020, 77: 289-308.

[3] Wang Qinglong, Sun Jie, Li Xu, et al. Numerical and experimental analysis of strip cross-directional control and flatness prediction for UCM cold rolling mill [J]. Journal of Manufacturing Processes, 2018, 34: 637-649.

[4] Wang Qinglong, Li Xu, Hu Yunjian, et al. Numerical analysis of intermediate roll shifting-induced rigidity characteristics of UCM cold rolling mill [J]. Steel Research International, 2018, 89 (5): 1700454.

[5] Wang Qinglong, Sun Jie, Liu Yuanming, et al. Analysis of symmetrical flatness actuator efficiencies for UCM cold rolling mill by 3D elastic-plastic FEM [J]. International Journal of Advanced Manufacturing Technology, 2017, 92 (1-4): 1371-1389.

[6] Cao Lei, Li Xu, Wang Qinglong, et al. Vibration analysis and numerical simulation of rolling interface during cold rolling with unsteady lubrication [J]. Tribology International, 2021, 153: 106604.

[7] 李旭，王青龙，张宇峰，等. 基于弹塑性有限元的板形控制机理研究现状与展望 [J]. 轧钢，2020，37 (4): 1-4.

[8] Moazeni B, Salimi M. Investigations on formation of shape defects in square rolling of uniform thin flat sheet product [J]. ISIJ International, 2013, 53 (2): 257-264.

[9] Ma Xiaobao, Wang Dongcheng, Liu Hongmin. Coupling mechanism of control on strip profile and flatness in single stand universal crown reversible rolling mill [J]. Steel Research International, 2017, 88 (9): 1600495.

[10] Ginzburg V B, Azzam M. Selection of optimum strip profile and flatness technology for rolling mills [J]. Iron and Steel Engineer, 1997, 74 (4): 30-38.

[11] Weisz-Patrault D. Nonlinear and multiphysics evaluation of residual stresses in coils [J]. Applied Mathematical Modelling, 2018, 61: 141-166.

[12] Weisz-Patrault D. Inverse cauchy method with conformal mapping: application to latent flatness defect detection during rolling process [J]. International Journal of Solids and Structures, 2015, 56-57: 175-193.

[13] 徐宏彬，丁淑蓉，万继波，等. 平板轧制过程的三维数值模拟研究 [J]. 力学季刊，2013，34 (4): 546-556.

4　冷轧板形预设定控制

一个完整的板形自动控制系统，由预设定控制模块和反馈控制模块组成。预设定控制是指板形控制计算机在带钢进入辊缝前，根据所选定的目标板形，预先设置板形调控机构的调节量并输出到执行机构。如果轧机或机架没有反馈控制，则该设定值在没有人工干预的条件下，将会自始至终对当前带钢产生作用，影响整个轧制过程；如果轧机或机架有反馈控制，则从带钢带头进入辊缝至建立稳定轧制的一段时间内，在反馈控制模块未能投入运行之前，仍需要设定值保证这一段带钢的板形，因此设定控制的精度关系到每一卷带钢的废弃长度，亦即成材率。而且，当反馈控制模块投入运行时，当时的设定值就是反馈控制的起始点、初始值，它的正确与否将影响到反馈控制模块调整板形达到目标值的收敛速度和收敛精度。因此，设定计算的精度会直接影响带钢板形质量和轧制稳定性。板形设定计算的组成与功能框图如图 4.1 所示。

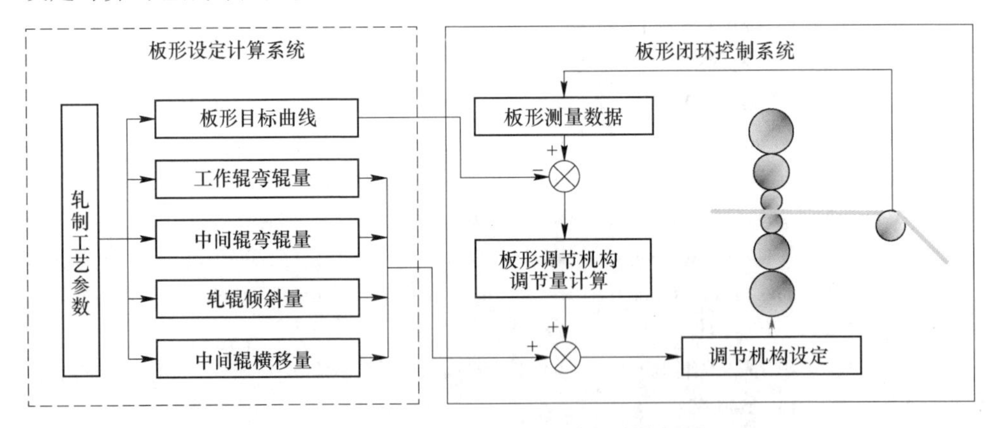

图 4.1　板形设定计算的组成与功能框图

4.1　板形设定控制策略

现代板带轧机的板形调控手段一般都有 2 个或 2 个以上，因此设定计算时必须考虑这些调控手段如何搭配以实现最佳的板形控制。设定计算的控制策略就是根据板形调控机构的数量和各自特点，确定设定计算调节的优先级，以及计算初值和极限值如何选取。

设定值计算的基本过程为：根据各调控手段的优先级，按照选定的初值，具有高优先级的先进行计算，对辊缝凸度进行调节，当调节量达到极限值，但辊缝凸度没有达到要求且还有控制手段可调时，剩下的偏差则由具有次优先级的调控手段进行调节，以此类推，直至辊缝凸度达到要求或再没有调节机构可调为止。

各调节机构优先级的选取，一般根据两个原则。第一个原则是对响应慢的、灵敏度小的、轧制过程中不可动态调节的调节机构先调。这是因为在轧制过程中，操作工或者闭环反馈控制系统还要根据来料和设备状态的变化情况，动态调节板形调控手段，因此希望响应快、灵敏度大的调节机构的设定值处于中间值，这样在轧制过程中可调节的余量最大。反之，如果响应快的先调，当调节量达到极限值时，再进入下一个调控手段的计算，这样如果在轧制过程中还需要进一步调节，就只能调节响应慢的调节机构，会影响调节的速度和效率。第二个原则是轧制过程中也就是带钢运行过程中不能调节的手段先调，其原因与第一条原则相似。

在板形调控手段中，轧辊横移属于响应慢、灵敏度小的一类，工作辊弯辊属于响应快、灵敏度大的一类，中间辊弯辊介于二者之间。PC 轧辊交叉属于动态不可调的一类。

图 4.2 所示为某 1250mm 单机架六辊轧机的设定策略。调节机构有轧辊倾斜、工作辊弯辊、中间辊弯辊、中间辊横移 4 种。设定计算的优先级划分如下：轧辊横移、中间辊弯辊、工作辊弯辊，轧辊倾斜。

4.2 板形目标曲线动态补偿设定

板形目标曲线也称板形标准曲线，其实质是轧后带材内部残余应力沿带钢宽度方向上的分布曲线，代表轧后带钢的板形状况，反映了生产者所期望的实物板形质量。以往的板形控制概念认为只要消除带钢残余内应力的不均匀分布，使其在线实测的张应力分布为一条水平直线，则轧后带钢的板形就是良好的。然而实际情况并非如此，由于各种因素的影响以及后续机组的特殊要求，轧后带钢最终的实际板形与轧制时在线实测板形有一定的差别。板形目标曲线的引入，使人们不必在轧制过程一味追求绝对平直的板形，只需将实测带钢内部张应力分布偏差曲线控制到板形目标曲线，消除这两者之间的差值即可，从而将板形控制从轧制过程扩大到了整个冷轧生产过程，充分考虑了后步工序对带钢板形质量的要求，同时板形目标曲线能有效地补偿各种附加因素对板形的影响和实现板凸度控制功能，使得板形控制具有了更大的灵活性。

板形目标曲线是板形控制的目标，控制时将实际的板形曲线控制到标准曲线上，尽可能消除两者之间的差值。它的作用主要是补偿板形测量误差、补偿在线板形离线后发生变化、有效控制板凸度以及满足轧制及后续工序对板形的特殊要

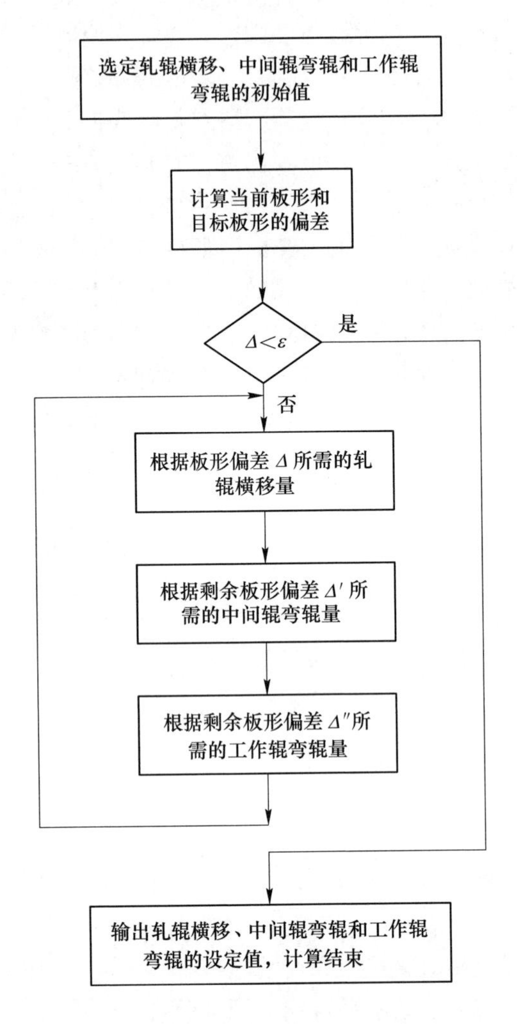

图 4.2　单机架六辊轧机的板形预设定策略

求等。设定板形目标的主要作用是满足下游工序的需求，而不是仅仅为了获得轧机出口处的在线完美板形。在板形控制系统的消差性能恒定情况下，板形目标曲线的设定是板形控制的重要内容。

板形标准曲线模型是板形控制的基本模型之一，是板形控制的目标模型，目前我国引进的先进的板形控制系统，只引进了一些可供选择的板形标准曲线，而没有引进制定板形标准曲线的原理、模型和方法，这是技术的源头和秘密，难以引进。在实际生产中如何选择板形标准曲线，也只有根据大量的操作经验，逐步摸索，属经验性选择，缺少理论分析计算，这对于轧制新产品是很不利的。

4.2.1 板形目标曲线的确定原则

板形目标曲线的设定随设备条件（轧机刚度、轧辊材质、尺寸）、轧制工艺条件（轧制速度、轧制压力、工艺润滑）及产品情况（尺寸、材质）的变化而不同，总的要求是使最终产品的板形良好，并降低边部减薄。制定板形目标曲线的原则如下。

4.2.1.1 目标曲线的对称性

设定的板形目标曲线在轧件中心线的两侧要具有对称性，曲线连续而不能出现突变，板形目标曲线函数沿宽度方向上（归一化宽度范围 [-1，1]）的积分值要等于零，即要满足带钢内部残余应力横向上自相平衡的原理。

4.2.1.2 板形板凸度综合控制原则

轧件的板形和板凸度（横向厚差）两种因素相互影响、相互制约。在板形控制中，不能一味地控制板形而牺牲对板凸度的要求，带材的板凸度也是衡量最终产品质量的重要指标。板凸度控制在前几道次进行，板形控制在后几道次进行。

4.2.1.3 补偿附加因素对板形的影响

板形辊在测量带钢横向张应力分布的过程中会受到多种因素的影响，主要考虑温度补偿、卷取补偿及边部补偿。因此板形辊测量得到的张应力除了卷取机的平均卷取张应力和带钢内部不均匀分布的张应力以外，还包含上述因素所造成的附加应力。为了实现高精度的板形控制，必须进行相应的补偿，而直接对板形辊实测板形值作补偿是困难的，因此需要消除这些因素对板形测量造成的影响，以及减轻边部减薄。

4.2.1.4 满足后续工序的要求

无论是从理论上，还是为了避免生产中板形缺陷对带钢的咬入、焊接和对中带来的麻烦，保证生产顺利进行的角度上来考虑，后步工序都要求来料具有完全平直的板形。但是在实际轧制生产中，不可能生产出理想平直板形的带钢，虽然从外观上看，带钢的板形良好，但实际上可能存在着或多或少的潜在板形不良。由于带钢经过退火、拉伸矫直和平整等后步工序处理后板形会得到较大的改善，因而在板形目标曲线的设定时，需要充分考虑冷轧后各种工序对板形的控制能力以减轻冷连轧机对板形的控制压力，即考虑后步工序对板形的要求。例如罩式退火炉希望来料带卷具有对应微边浪的应力形式，以防止带钢在退火过程中发生黏结，并利于氢气进入带卷的层间，有利于改善退火质量，提高退火效率；而连续退火过程则希望带钢具有一定的微中浪，以利于连续退火的同板控制；热镀锌机组上则要求带钢的浪形高度小于一定值，以免带钢表面被气刀擦伤，保证镀锌层厚度的均匀和表面质量良好。

4.2.2　板形目标曲线的设定方法

当来料和其他轧制条件一定时，一定形式的板形目标曲线不但对应着一定的板形，而且对应着一定的板凸度。选用不同的板形目标曲线，将会得到不同的板形和板凸度。板形目标曲线对板凸度的控制主要体现在前几个道次。通常，前几个道次带材较厚，不易出现轧后翘曲变形，且此时带材在辊缝中横向流动现象相对明显，因此充分利用这一工艺特点，选用合适的板形目标曲线，既可达到控制板凸度的目的，又不会产生明显的板形缺陷。此外，板形目标曲线还可以用来保持中间道次的比例凸度一致。

板形目标曲线是由各种补偿曲线叠加到基本板形目标曲线上形成的。基本板形目标曲线根据后续工序对带钢凸度的要求由过程计算机计算得到，然后传送给板形控制计算机。带钢凸度改变量的计算以带钢不发生屈曲失稳为条件，保证在对板凸度控制的同时不会产生轧后瓢曲现象。补偿曲线主要是为了消除板形辊表面轴向温度分布不均匀、带钢横向温度分布不均匀、板形辊挠曲变形、板形辊或卷取机几何安装误差、带卷外廓形状变化等因素对板形测量的影响。与基本板形目标曲线不同，补偿曲线在板形控制基础自动化中完成设定。

4.2.2.1　基本板形目标曲线

基本板形目标曲线主要基于对板凸度的控制设定。在减小带钢凸度时，为了不造成轧后带钢发生瓢曲，需要以轧后带材失稳判别模型为依据，不能一味地减小带钢凸度，必须保证板形良好。可根据残余应力的横向分布，判别带材是否失稳或板形良好程度，从而决定如何进一步调整板凸度和板形。带材失稳判别模型是一个力学判据，机理是轧制残余应力沿板宽方向分布不均匀而发生屈曲失稳。

轧后带材失稳判别模型基于带钢的屈曲理论制定，计算方法主要有解析法、有限元法、条元法。本章采用条元法进行板形良好判据的计算。条元法的基本原理是，将轧后带材离散为若干纵向条元，用三次样条函数和正弦函数构造挠度模式，应用薄板的小挠度理论和最小势能原理，进行带材失稳判别的计算。若失稳，则认为板形不好；若不失稳，则认为板形可以比较好。条元法用判别因子 ξ 判断板形状况，即：

$$\begin{cases} \xi < 1, & \text{带材失稳屈曲} \\ \xi = 1, & \text{带材临界失稳} \\ \xi > 1, & \text{带材没有失稳} \end{cases} \tag{4.1}$$

式中　ξ——带钢失稳判别因子。

基本板形目标曲线的设定以轧后带材失稳判别模型为依据，充分考虑来料带材凸度以及后续工序对带钢板形的要求。基本板形目标曲线的形式为二次抛物线，由过程计算机计算抛物线的幅值，并传送给板形计算机。基本板形目标曲线的形式为：

$$\sigma_{\text{base}}(x_i) = \frac{A_{\text{base}}}{x_{\text{os}}^2}x_i^2 - \bar{\sigma}_{\text{base}} \tag{4.2}$$

式中　$\sigma_{\text{base}}(x_i)$——每个测量段处带钢张应力偏差的设定值，MPa；

A_{base}——过程计算机依据带钢板凸度的调整量以及带材失稳判别模型计算得到的基本板形目标曲线幅值，其符号与来料形貌有关，MPa；

x_{os}——操作侧带钢边部有效测量点的坐标；

x_i——以带钢中心为坐标原点的各个测量段的坐标，带符号，操作侧为负，传动侧为正；

$\bar{\sigma}_{\text{base}}$——平均张应力，MPa。

过程计算机计算幅值 A_{base} 时，根据不同的来料带钢规格，以带材失稳判别模型为基础，在保证板形不产生缺陷，即判别因子 $\xi > 1$ 的情况下，在前几道次尽可能地减小带钢凸度；在后几道次则着重控制板形，保持带钢比例凸度一致。

平均张应力计算公式为：

$$\bar{\sigma}_{\text{base}} = \frac{1}{n}\sum_{i=1}^{n}\frac{A_{\text{base}}}{x_{\text{os}}^2}x_i^2 \tag{4.3}$$

式中　n——板形有效测量段数。

以某 1250mm 单机架六辊可逆冷轧机为例，在冷轧机的板形控制系统中，板形辊共有 23 个测量段，因此带钢上最大有效测量段数为 23。基本板形目标曲线的形式为二次曲线，在每个道次开始时，板形计算机接收到过程计算机发送的幅值后，首先判断带钢是否产生跑偏，然后根据传动侧和操作侧的带钢边部有效测量点来确定总的有效测量点数，并按照式（4.2）逐段计算每个有效测量点处的张应力设定值，最终形成完整的基本板形目标曲线，如图 4.3 所示。

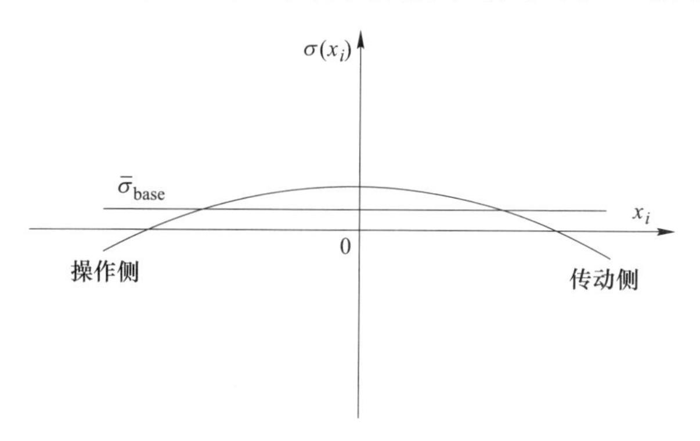

图 4.3　基本板形目标曲线

其次，由带材内应力自相平衡条件，在带钢宽度范围内，基本板形目标曲线还应满足下式：

$$\sum_{i=1}^{n} \sigma_{\text{base}}(x_i) = 0 \tag{4.4}$$

4.2.2.2　卷取形状补偿

卷形修正又称为卷形补偿。由于带钢横向厚度分布呈正凸度形状，随着轧制的进行，卷取机上钢卷卷径逐渐增大，致使卷取机上钢卷外廓沿轴向呈凸形或卷取半径沿轴向不等，这将导致带钢在卷取时沿横向产生速度差，使带钢在绕卷时沿宽度方向存在附加应力。卷取附加应力的计算公式为：

$$\sigma_{\text{cshc}}(x_i) = \frac{A_{\text{cshc}}}{x_{\text{os}}^2} \frac{d - d_{\min}}{d_{\max} - d_{\min}} x_i^2 \tag{4.5}$$

式中　A_{cshc} ——卷形修正系数，由过程计算机根据实际生产工艺计算得到，MPa；

d ——当前卷取机卷径，m；

$d_{\min}$ ——最小卷径，m；

$d_{\max}$ ——最大卷径，m。

4.2.2.3　卷取机安装几何误差补偿

由于设备安装条件限制，常常会出现卷取机轴线与板形辊轴线不平行的情况，如图 4.4 所示。造成卷取过程中存在不均匀的卷取张力，对带钢的板形测量造成影响。

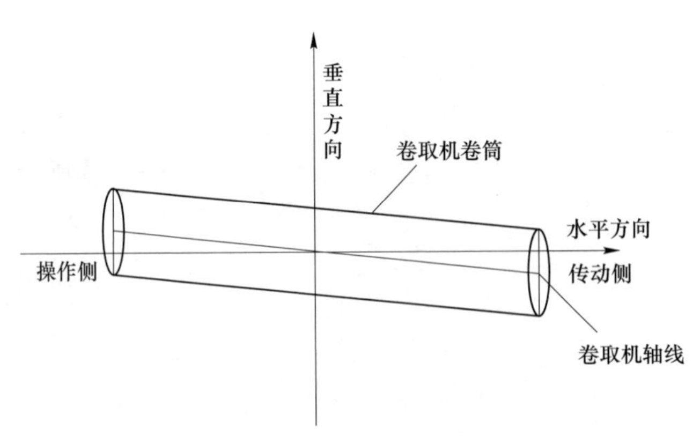

图 4.4　卷取机安装几何误差

为了消除这种影响，在板形目标曲线中增加了板形辊安装几何误差补偿环节，该误差补偿为线性修正，根据卷取机与板形辊之间的偏斜方向及偏斜角度来制定，其计算公式为：

$$\sigma_{geo}(x_i) = -x_i \frac{A_{geo}}{2x_{os}} \tag{4.6}$$

式中 A_{geo}——线性补偿系数，MPa；

式（4.6）中的 A_{geo} 与卷取机及板形辊轴线之间的偏斜方向和偏斜角度有关，表征由于卷取机轴线与板形辊轴线之间的偏斜，导致的板形辊操作侧与传动侧之间产生的板形偏差大小。当卷取机传动侧在水平方向低于操作侧时，A_{geo} 值为负，反之为正。

4.2.2.4 带钢横向温差补偿

轧制过程中，变形使带钢在宽度方向上的温度存在差异，它将引起带钢沿横向出现不均匀的横向热延伸，这反映为卷取张力沿横向产生不均匀的温度附加应力。如不修正其影响，尽管在轧制过程中将带钢应力偏差调整到零，仍不能获得具有良好平直度的带钢。这是因为当带钢横向温差较大时，板形辊在线实测板形与轧后最终实际板形并不相同，轧后带钢温差消失后，沿带钢横向原来温度较高的部分由于热胀冷缩的影响会产生回缩，从而影响板形控制效果。当带钢横向两点之间存在 Δt(℃) 的温差时，按照线弹性膨胀简化计算，则可以得到产生的浪形为：

$$\frac{\Delta l}{l} = \frac{\Delta t \alpha l}{l} = \Delta t \alpha \tag{4.7}$$

式中 Δl，l——分别为带钢长度方向上的延伸差和基准长度，m；

α——带钢热膨胀系数，$℃^{-1}$。

以某 1250mm 单机架六辊可逆冷轧机为例，该冷轧机分为 5 道次轧制，在经过前几个道次的轧制后，带钢产生了较大的变形量，导致带钢在宽度上有较大的温差，必将影响最终的板形控制效果。为了消除带钢横向温差对轧后板形的影响，可以采用设定温度补偿曲线的方法。

由式（4.7）结合胡克定律可知温度附加应力表达式为：

$$\Delta\sigma_t(x) = kt(x) \tag{4.8}$$

式中 $\Delta\sigma_t(x)$——不均匀温度附加应力，MPa；

k——比例系数；

$t(x)$——温差分布函数，℃。

使用红外测温仪实测出机架出口带钢各部位温度后，通过曲线拟合可以确定其温度分布函数，如图 4.5 所示。经过数学处理后的温差分布函数为：

$$t(x) = ax^4 + bx^3 + cx^2 + dx + m \tag{4.9}$$

式中，a、b、c、d、m 分别为曲线拟合后的温差分布函数的系数；x 为带钢宽度方向坐标。

则用于抵消带钢横向温差产生的附加应力曲线为：

$$\sigma_t(x_i) = -2.5(ax_i^4 + bx_i^3 + cx_i^2 + dx_i + m) \tag{4.10}$$

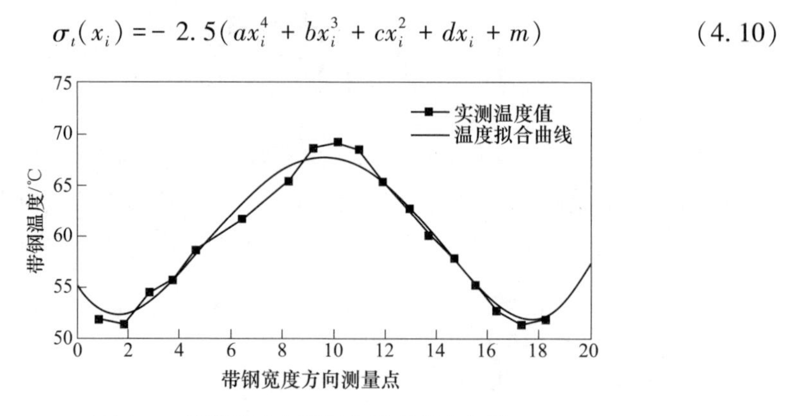

图 4.5　带钢温度实测值与温度拟合曲线

4.2.2.5　边部减薄补偿

冷轧带钢的横截面轮廓形状，除边部区域外，中间区域的带钢断面大致具有二次曲线的特征；而在接近边部处，厚度突然迅速减小，形成边部减薄，就是生产中所说的边缘降，简称边降。边部减薄是带钢重要的断面质量指标，直接影响到边部切损的大小，与成材率有密切的关系。为了降低边部减薄，制定了边部减薄补偿方案，根据生产中边部减薄的情况，在操作侧和传动侧各选择若干个测量点进行补偿，操作侧补偿计算公式为：

$$\sigma_{os\_edge}(x_i) = \frac{A_{edge} + A_{man\_edge}}{(x_{os} - x_{os\_edge})^2}(x_i - x_{os\_edge})^2 \quad (x_{os} \leqslant x_i \leqslant x_{os\_edge}) \tag{4.11}$$

式中　A_{edge} ——边部减薄补偿系数，根据生产中出现的带钢边部减薄情况确定，由过程计算机计算得到，发送给板形计算机，MPa；

A_{man_edge} ——边部减薄系数的手动调节量，这是为了应对生产中边部减薄不断产生变化而设定的，由斜坡函数生成，并经过限幅处理，MPa；

x_{os_edge} ——从操作侧第一个有效测量点起，最后一个带有边部减薄补偿的测量点坐标，它们都是整数。

则操作侧进行边部减薄补偿的测量点个数为：

$$n_{os} = |x_{os} - x_{os\_edge}| \tag{4.12}$$

传动侧的边部减薄补偿计算公式为：

$$\sigma_{ds\_edge}(x_i) = \frac{A_{edge} + A_{man\_edge}}{(x_{ds} - x_{ds\_edge})^2}(x_i - x_{ds\_edge})^2 \quad (x_{ds\_edge} \leqslant x_i \leqslant x_{ds}) \tag{4.13}$$

式中　x_{ds_edge} ——从传动侧第一个有效测量点起，最后一个带有边部减薄补偿的测量点坐标。

操作侧进行边部减薄补偿的测量点个数为：

$$n_{ds} = |x_{ds} - x_{ds\_edge}| \tag{4.14}$$

根据轧制工艺及生产中出现的边部减薄情况，一般使操作侧和传动侧边部补偿的测量点数目相同，即 $n_{os} = n_{ds}$。

4.2.2.6 板形调节机构的手动调节附加曲线

为了得到更好的板形控制效果，以及更适应实际生产的灵活性，除了补偿各种影响因素对板形测量造成的影响，还应根据轧机具有的板形调节机构对板形控制的特性，分别制定弯辊和轧辊倾斜手动调节附加曲线，可以根据实际生产中出现的板形问题，由操作工在画面上在线调节板形目标曲线。

（1）弯辊手动调节附加曲线：

$$\sigma_{bend}(x_i) = \frac{A_{man\_bend}}{x_{os}^2} x_i^2 \tag{4.15}$$

式中 A_{man_bend}——弯辊手动调节系数，不进行手动调节时值为0，调节时由斜坡函数生成，并经过限幅处理，MPa。

（2）倾斜手动调节附加曲线：

$$\sigma_{tilt}(x_i) = -\frac{A_{man\_tilt}}{2x_{os}} x_i \tag{4.16}$$

式中 A_{man_tilt}——轧辊倾斜手动调节系数，不进行手动调节时值为0，调节时由斜坡函数生成，并经过限幅处理，MPa。

4.3 板形目标曲线自适应设定

板形目标曲线是板形控制的目标，目前基于静态模型的研究对板形目标曲线设定提供了理论依据，但其计算过程基于许多假设条件和简化过程，忽略了非稳态轧制条件下工艺参数存在时变的情况。例如轧制力变化、乳化液浓度变化及其他工艺参数的变化。基于静态建模的板形目标曲线设定模型难以适应规格及工艺参数的变化，无法满足多品种多规格频繁切换的板形控制要求。实际生产中出现板形问题时，熟练的操作人员会断开板形自动控制系统而采用手动方式对板形目标曲线参数进行调节，若板形质量开始平稳，则重新启动板形自动控制系统。熟练操作人员的动作主要是对轧机辊缝形貌进行定性修正，板形自动控制系统的动作则是定量地调节辊缝形貌。因此，这两种动作并不矛盾，而是互相补偿。换句话说，启发式知识具有充分发掘板形自动控制系统功能的潜能。因此，进一步借鉴生产数据和经验知识，将轧制机理模型与知识工程有机融合，研究具有推理能力的板形目标曲线自适应修正系统，用于模仿熟练操作人员在板形质量不理想时的手动调节行为，是提升板形目标曲线设定模型与轧制过程匹配度的有效途径。

4.3.1 归一式板形目标曲线设定

归一化就是把需要处理的数据经过处理后限制在需要的一定范围内。首先归一化是为了后面数据处理的方便，其次是保证程序运行时收敛加快。归一化的具体作用是归纳统一样本的统计分布性。

本节以某厂1450mm UCM五机架六辊冷连轧机组为对象介绍归一式板形目标曲线的设定方法。该冷轧带钢生产线的具体情况如下：

（1）来料情况：以 C_{20} 与 C_{40} 作为板凸度的判别标准；以 W_{20} 和 W_{40} 作为楔形的判别标准。

（2）机械设备情况：工作辊的辊面凸度略大；分段冷却装置的部分喷嘴有堵塞情况。

（3）下游工艺：镀锌、镀锡和外卖卷。

该冷连轧机组末机架装备有压磁式板形仪，板形仪的有效测量宽度为1326mm，共39个测量段，以第20测量段为中心线呈轴对称分布，小编号侧为传动侧，大编号侧为操作侧。第14～第26测量段为中部检测段，每段间隔52mm；第1～第13测量段和第27～第39测量段为边部检测段，每段间隔为26mm。第13和第14测量段、第26和第27测量段是中部测量段与端部测量段的分界处，间隔为39mm。

4.3.1.1　板形目标设定基本曲线

A　板形目标设定的基本曲线

为获得板形目标设定基本曲线的一般表达形式，依据之前的研究和现场应用情况，将式（4.2）板形目标设定基本目标曲线抽象为二次项函数，表达形式为：

$$y_{\text{base}} = a_{\text{base}} y_i^2 + b_{\text{base}} y_i + c_{\text{base}} \tag{4.17}$$

式中　a_{base}——板形目标设定基本曲线的二次项系数；

b_{base}——板形目标设定基本曲线的一次项系数；

c_{base}——板形目标设定基本曲线的常数项系数；

y_i——以轧制中心线为原点，经归一化处理的有效测量段的位置，mm。

依据归一化计算理论，y_i 的计算公式为：

$$y_i = \frac{y - Y_{\min}}{Y_{\max} - Y_{\min}}, \qquad Y_{\max} = 1, \qquad Y_{\min} = -1 \tag{4.18}$$

式中　y——有效测量段位置的原始值，mm。

B　带钢横向温差补偿曲线

研究发现，当带钢宽度小于1m时，带钢表面温度分布一般呈四次多项式函数；当带钢宽度大于1m，带钢表面温度分布一般呈六次多项式函数或八次多项式函数。由于此处使用的带钢宽度大于1m，并且为尽可能包含多种生产情况，遂将带钢表面温度分布函数 $t(x)$ 设为八次多项式函数，如式（4.19）所示：

$$t(y_i) = \sum_{j=1}^{8} a_{t_j} y_i^j, \qquad j \in Z \tag{4.19}$$

式中 a_{t_j}——温度分布函数的各次项系数，$j=1\sim8$。

将式（4.19）代入式（4.8）中，得到如式（4.20）所示的板形目标曲线的横向温差补偿函数：

$$\sigma_t(y_i)=k\alpha t(y_i)=k\alpha\sum_{j=1}^{8}a_{t_j}y_i^j,\qquad j\in Z \tag{4.20}$$

将式（4.20）转化为多项式函数的一般形式为：

$$y_t=\sum_{i=0}^{8}a_{t_j}y_i^j \tag{4.21}$$

C 成品钢卷形状补偿曲线

卷曲附加应力在 4.2.2.2 中给出，根据式（4.5）将卷曲附加应力 $\sigma_{\rm cshc}(y_i)$ 转化为一般函数表达式为：

$$y_{\rm cshc}=a_{\rm cshc}y_i^2+b_{\rm cshc}y_i+c_{\rm cshc} \tag{4.22}$$

式中 $y_{\rm cshc}$——卷曲补偿函数；

$a_{\rm cshc}$——卷曲补偿函数的二次项系数；

$b_{\rm cshc}$——卷曲补偿函数的一次项系数；

$c_{\rm cshc}$——卷曲补偿函数的常数项。

D 卷取机安装误差补偿曲线

根据式（4.6）将卷取机安装误差补偿曲线抽象为一般函数表达式为：

$$y_{\rm geo}=b_{\rm geo}y_i+c_{\rm geo} \tag{4.23}$$

式中 $y_{\rm geo}$——卷取机安装误差补偿函数；

$b_{\rm geo}$——卷取机安装误差补偿函数的一次项系数；

$c_{\rm geo}$——卷取机安装误差补偿函数的常数项系数。

板形目标曲线由板形目标基本曲线和补偿曲线两部分组成。板形目标基本曲线已由 4.2.2.1 给出，令板形目标曲线基本曲线为 $y_{\rm original}$，则 $y_{\rm original}$ 的表达式为：

$$y_{\rm original}=y_{\rm base}+y_{\rm t}+y_{\rm cshc}+y_{\rm geo} \tag{4.24}$$

将式（4.24）进行合并和泛化处理，得到的表达式为：

$$y_{\rm original}=a_8x^8+a_7x^7+a_6x^6+a_5x^5+a_4x^4+a_3x^3+a_2x^2+a_1x+a_0 \tag{4.25}$$

式（4.25）中的 $a_1=b_{\rm base}+a_{t_1}+b_{\rm cshc}+b_{\rm geo}$，$a_2=a_{\rm base}+a_{t_2}+a_{\rm cshc}$，$a_0=c_{\rm base}+a_{t_0}+c_{\rm cshc}+c_{\rm geo}$，$a_j=a_{t_j}$ 且 $j\in[3,\ 8]$。因为式（4.25）中共有 9 个系数值，会增加板形目标曲线的设置难度，因此拆分成对称式的由偶数项系数组成的方程（4.26）和非对称式的由奇数项系数组成的方程（4.27）：

$$y_{\rm original}^{\rm even1}=a_8x^8+a_6x^6+a_4x^4+a_2x^2+a_0 \tag{4.26}$$

$$y_{\rm original}^{\rm odd1}=a_7x^7+a_5x^5+a_3x^3+a_1x \tag{4.27}$$

4.3.1.2 归一式板形目标曲线设定预处理

在冷轧带钢的生产过程中，需依据带钢目标宽度设定不同的使用测量段区间。若每一种规格的带钢都使用一种测量段区间，则会导致带钢边部区域的板形信号值被遗漏或板形信号值为零的情况，使板形测量信号与带钢实际板形不匹配，进而导致板形质量缺陷。在板形目标曲线的设定过程中须采集每个测量段的位置数据，但板形辊各个传感器的物理位置数值过大，不宜应用于板形偏差的计算，需将传感器的物理位置进行归一化处理。因此，板形目标曲线设定预处理过程包括测量段起始段及终止段的计算和传感器位置归一化处理两部分。

A 使用测量段的起始段及终止段计算

将板形辊上的传感器从 1 开始编号，共有 39 个传感器，则测量段的选择范围为［1, 39］，遂令 $n_{os} = 1$, $n_{oe} = 39$。

设成品带钢宽度为 B，中间测量段的标号为 n_c，则 n_c 的计算公式为：

$$n_c = \mathrm{int}\left(\frac{B/2 - 13 \times 26}{26}\right) + 6 \tag{4.28}$$

令 n_c' 为：

$$n_c' = \frac{B/2 - 13 \times 26}{26} + 6 \tag{4.29}$$

设板形覆盖率为 C_v，令 $C_v = 0.5$，则带钢宽度 B 所对应的使用测量段的起始段 n_s 为：

$$n_s = \begin{cases} \mathrm{int}\left(\dfrac{n_{oe}}{2}\right) - n_c + 1, & n_c' - n_c < C_v \\ \mathrm{int}\left(\dfrac{n_{oe}}{2}\right) - n_c, & n_c' - n_c \geqslant C_v \end{cases} \tag{4.30}$$

宽度为 B 的带钢所对应的使用测量段的终止段 n_e 为：

$$n_e = \begin{cases} \mathrm{int}\left(\dfrac{n_{oe}}{2}\right) + n_c + 1, & n_c' - n_c < C_v \\ \mathrm{int}\left(\dfrac{n_{oe}}{2}\right) + n_c + 2, & n_c' - n_c \geqslant C_v \end{cases} \tag{4.31}$$

B 传感器位置归一化处理

设板形辊中第 i 个传感器的物理位置为 P_{sen}^i 且 $P_{sen}^i \in [-663, 663]\mathrm{mm}$。令归一化后的传感器距离为 l_i，则 l_i 的计算公式为：

$$l_i = \frac{2P_{sen}^i}{B}, \qquad i \in [1,39] \tag{4.32}$$

将 l_i 代入式（4.25）得到：

$$y_{original} = a_8 l_i^8 + a_7 l_i^7 + a_6 l_i^6 + a_5 l_i^5 + a_4 l_i^4 + a_3 l_i^3 + a_2 l_i^2 + a_1 l_i + a_0 \tag{4.33}$$

4.3.1.3 归一式偶数项板形目标曲线

设 $y_{original}^{even1}$ 的 $n_e - n_s + 1$ 个测量段的板形计算值之和为 $y_{original\ sum}^{even1}$，则 $y_{original\ sum}^{even1}$ 的

表达式为：

$$y_{\text{original sum}}^{\text{even1}} = \text{sum}(a_8 l_i^8 + a_6 l_i^6 + a_4 l_i^4 + a_2 l_i^2 + a_0) \tag{4.34}$$

设 a_0 的分布量为 Δa_0，则 Δa_0 的表达式为：

$$\Delta a_0 = \frac{y_{\text{original sum}}^{\text{even1}}}{n_e - n_s + 1} \tag{4.35}$$

设 $a_0^M = a_0 - \Delta a_0$，将式（4.33）中的 a_0 替换成 a_0^M，则 $y_{\text{original}}^{\text{even1}}$ 的表达式变为：

$$y_{\text{original}}^{\text{even1}} = a_8 l_i^8 + a_6 l_i^6 + a_4 l_i^4 + a_2 l_i^2 + a_0^M \tag{4.36}$$

令式（4.36）中 $y_{\text{original}}^{\text{even1}}$ 的最大值为 $y_{\text{original max}}^{\text{even1}}$。则 $y_{\text{original max}}^{\text{even1}}$ 的表达式为：

$$y_{\text{original max}}^{\text{even1}} = \max(a_8 l_i^8 + a_6 l_i^6 + a_4 l_i^4 + a_2 l_i^2 + a_0^M) \tag{4.37}$$

利用线性归一化算法对 $y_{\text{original}}^{\text{even1}}$ 进行归一化处理。令归一化前的最大值为 $Y_{\max 1}$、最小值为 $Y_{\min 1}$，则线性归一化算法的表达式为：

$$y_{\text{original normalizd}}^{\text{even1}} = \frac{y_{\text{original}}^{\text{even1}} - Y_{\min 1}}{Y_{\max 1} - Y_{\min 1}} \tag{4.38}$$

本次归一化过程将使用测量段内的端部测量段的板形值设为 1IU，然后令 $Y_{\max 1}$ 等于 $y_{\text{original max}}^{\text{even1}}$。因表达式（4.36）为对称曲线，遂令 $Y_{\min 1} = 0$，因此式（4.38）可简化为：

$$y_{\text{original normalizd}}^{\text{even1}} = \frac{y_{\text{original}}^{\text{even1}}}{Y_{\max 1}} = \frac{y_{\text{original}}^{\text{even1}}}{y_{\text{original max}}^{\text{even1}}} \tag{4.39}$$

将式（4.36）代入式（4.39）中，得到表达式为：

$$y_{\text{original normalizd}}^{\text{even1}} = \frac{a_8 l_i^8 + a_6 l_i^6 + a_4 l_i^4 + a_2 l_i^2 + a_0^M}{y_{\text{original max}}^{\text{even1}}} \tag{4.40}$$

令：$a_8^F = \dfrac{a_8}{y_{\text{original max}}^{\text{even1}}}$，$a_6^F = \dfrac{a_6}{y_{\text{original max}}^{\text{even1}}}$，$a_4^F = \dfrac{a_4}{y_{\text{original max}}^{\text{even1}}}$，$a_2^F = \dfrac{a_2}{y_{\text{original max}}^{\text{even1}}}$，$a_0^F = \dfrac{a_0^M}{y_{\text{original max}}^{\text{even1}}}$，则 a_8^F、a_6^F、a_4^F、a_2^F、a_0^F 为偶数项板形目标曲线的归一化系数，因此 $y_{\text{original normalizd}}^{\text{even1}}$ 可表示为：

$$y_{\text{original normalizd}}^{\text{even1}} = a_8^F l_i^8 + a_6^F l_i^6 + a_4^F l_i^4 + a_2^F l_i^2 + a_0^F \tag{4.41}$$

则归一式偶数项板形目标曲线 $y_{\text{original normalizd}}^{\text{even1}}$ 的表达式为：

$$y_{\text{original normalizd}}^{\text{even1}} = a_8^F l_i^8 + a_6^F l_i^6 + a_4^F l_i^4 + a_2^F l_i^2 + a_0^F, \quad i \in [n_s, n_e] \tag{4.42}$$

4.3.1.4 归一式奇数项板形目标曲线

将 l_i 代入式（4.27）中得到：

$$y_{\text{original}}^{\text{odd1}} = a_7 l_i^7 + a_5 l_i^5 + a_3 l_i^3 + a_1 l_i \tag{4.43}$$

令 $y_{\text{original}}^{\text{odd1}}$ 的最大值为 $y_{\text{original max}}^{\text{odd1}}$，则 $y_{\text{original max}}^{\text{odd1}}$ 的表达式为：

$$y_{\text{original max}}^{\text{odd1}} = \max(a_7 l_i^7 + a_5 l_i^5 + a_3 l_i^3 + a_1 l_i), \quad i = 1,3,5,7 \tag{4.44}$$

利用“收益型”归一化方式对非对称式板形目标曲线系数进行归一化处理。设“收益型”归一化公式一般表达方程为：

$$y = \frac{x}{\max\limits_{1<i<n}(x)} \tag{4.45}$$

式中 x——未经归一化处理后的值；

y——经归一化处理后的值。

利用式（4.45）对 $y_{\text{original}}^{\text{odd1}}$ 进行归一化处理，得到 $y_{\text{original}}^{\text{odd1}}$ 的归一化方程为：

$$y_{\text{original normalizd}}^{\text{odd1}} = \frac{y_{\text{original}}^{\text{odd1}}}{y_{\text{original max}}^{\text{odd1}}} \tag{4.46}$$

将式（4.43）代入式（4.46）中，得到表达式为：

$$y_{\text{original normalizd}}^{\text{odd1}} = \frac{y_{\text{original}}^{\text{odd1}}}{y_{\text{original max}}^{\text{odd1}}} = \frac{a_7 l_i^7 + a_5 l_i^5 + a_3 l_i^3 + a_1 l_i}{y_{\text{original max}}^{\text{odd1}}} \tag{4.47}$$

令：$a_7^{\text{F}} = \frac{a_7}{y_{\text{original max}}^{\text{odd1}}}$，$a_5^{\text{F}} = \frac{a_5}{y_{\text{original max}}^{\text{odd1}}}$，$a_3^{\text{F}} = \frac{a_3}{y_{\text{original max}}^{\text{odd1}}}$，$a_1^{\text{F}} = \frac{a_1}{y_{\text{original max}}^{\text{odd1}}}$，则 a_7^{F}，a_5^{F}，a_3^{F}，a_1^{F} 为非对称板形目标曲线归一化后的系数。因此，归一式奇数项板形目标曲线 $y_{\text{original normalizd}}^{\text{odd1}}$ 的表达式为：

$$y_{\text{original normalizd}}^{\text{odd1}} = a_7^{\text{F}} l_i^7 + a_5^{\text{F}} l_i^5 + a_3^{\text{F}} l_i^3 + a_1^{\text{F}} l_i^1, \qquad i \in [n_{\text{s}}, n_{\text{e}}] \tag{4.48}$$

4.3.1.5 归一式板形目标曲线最终表达式

归一式板形目标曲线的最终表达式由归一式偶数项板形目标曲线和归一式奇数项板形目标曲线两部分组成。对式（4.42）和式（4.48）分别任取4组系数并得到如图4.6所示的曲线图形。

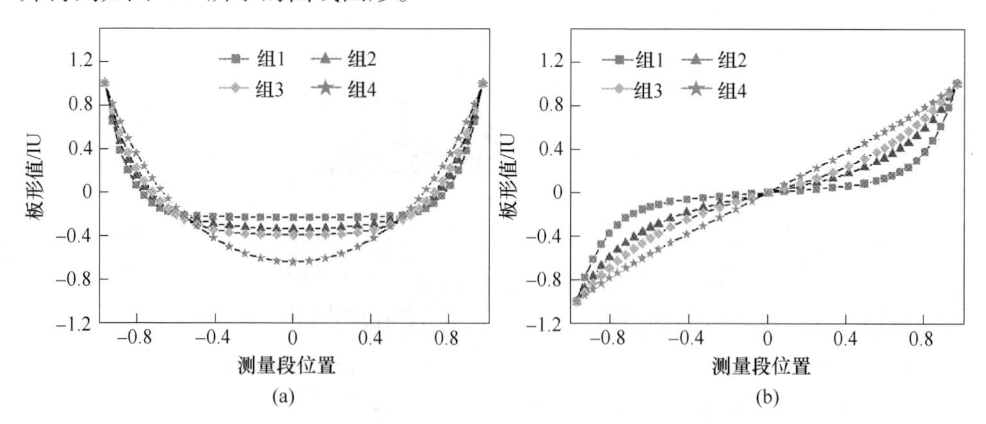

图4.6 归一式板形目标曲线计算示意图

（a）归一式对称板形目标曲线；（b）归一式非对称板形目标曲线

由图4.6可观察到，无论两种曲线取任何系数，板形值均在［-1，1］范围内，并不能满足实际生产需求，因此须将上述两种曲线均乘以不同的增益系数。

设归一式偶数项板形目标曲线的增益系数为 A_{sym}，归一式奇数项板形目标曲线的增益系数 A_{asym}，则归一式奇数项板形目标曲线 y_{odd} 可表示为：

$$y_{odd} = A_{sym} y_{original\ normalizd}^{odd1} \tag{4.49}$$

归一式偶数项板形目标曲线 y_{even} 可表示为：

$$y_{even} = A_{sym} y_{original\ normalizd}^{even1} \tag{4.50}$$

设 y_{curve} 为最终使用的板形目标曲线，依据不同的使用场景，可将 y_{curve} 设定为对称式板形目标曲线或非对称式板形目标曲线，表达式为：

$$y_{curve} = \begin{cases} y_{even}, & A_{sym} \neq 0, A_{asym} = 0 \\ y_{even} + y_{odd}, & A_{sym} \neq 0, A_{asym} \neq 0 \end{cases} \tag{4.51}$$

图 4.7 所示为乘以增益系数后的对称式板形目标曲线和非对称式板形目标曲线的示意图。由图 4.7 可看出，板形目标曲线的计算范围随着增益系数的变化而变化，可以满足不同工况下的生产要求。

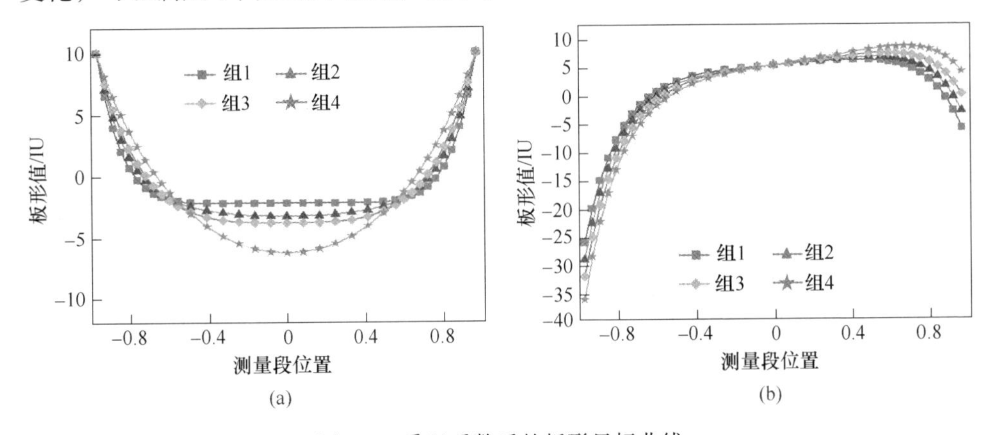

图 4.7 乘以系数后的板形目标曲线

（a）乘以增益系数的对称板形目标曲线；（b）乘以增益系数的非对称板形目标曲线

4.3.2 板形目标曲线系数动态规划设定

动态规划算法是将复杂问题分解成若干个子问题，通过逐步求解以确定复杂问题的最终解。其优势在于：（1）每个子问题仅求解一次，可减少计算量并提高计算速度；（2）各个子阶段的运算结果相互独立，不受其他状态影响；（3）只要有一个子阶段有最优解，则可认为总问题有最优解。由 4.3.1 节所述可知，本次使用的板形目标曲线的最高项次数为 8，各次项系数间存在强耦合关系，同一种板形目标曲线形状会有几种不同的系数组合方式，各次项系数的设置顺序如果不遵循一定的规律，则会出现某一系数值极大但另一系数值极小的异常情况。

本次调试采用某 1450mm UCM 五机架六辊冷连轧机组，工艺顺序设定为：前三机架实现较大压下量且尽可能减小板凸度，第四机架保证比例凸度，第五机架实现板形控制。依据每种带钢规格的生产频次，共设定 4 组板形目标曲线，设置结果见表 4.1。

表 4.1　板形目标曲线系数

编　号	a_2	a_4	a_6	a_8
1	0.05	0.35	0.37	0.28
2	0.12	0.32	0.27	0.35
3	0.20	0.28	0.20	0.40
4	0.25	0.20	0.15	0.45

4.3.2.1　描述性统计分析环境搭建

A　描述性统计分析平台简介

SPSS 分析软件的全称为“Statistical Product and Service Solutions”，是由 3 位美国博士研究生于 1986 年成功开发出第一代 SPSS 分析软件，后由 IBM 公司于 2009 年正式收购 SPSS 软件的著作权。SPSS 软件包含数据预处理功能、数据转换功能、数据分析、数据可视化和实用程序扩展五大功能。数据预处理功能可以实现数据排序、加权计算、异常值处理、数据汇总、重复个案标记等功能；数据转换功能可实现数据重新编码、创建虚拟变量、异常值处理、随机数生成和数据分箱等功能；数据分析是 SPSS 软件的核心内容，包含了统计学中绝大部分数据分析类别，例如数据描述统计、贝叶斯统计分析、不同种类的线性模型、回归分析、数据分类分析、数据降维、数据检验等，每个类别又包含了若干常用分析方法；数据可视化功能包括威布尔图、条形图、折线图、箱图和误差条形图等数据分析专用图形表达方式；实用程序扩展部分可以运行脚本程序、定义宏功能等，可以满足深度用户更为专业的数据分析需求。

基于 Windows 操作系统的 SPSS 软件界面简洁、分析结果清晰明了、操作简单且具有引导功能，已广泛应用于我国的自然科学研究和社会科学研究中，并为众多领域的科学研究事业做出了巨大的贡献。本部分将结合 SPSS 软件的数据统计分析功能详述本节的结果。

B　描述性回归统计分析模式建立

描述性回归统计基本信息包括预估模型和评价指标两大类。预估模型为被拟合数据提供初选模型；评价指标则是判定拟合后的方程及方程系数与被拟合数据间的符合程度。

a　曲线回归分析预估模型

回归预估模型旨在根据数据散点图简要估计回归曲线的函数特征，对每种可能的函数形式分别进行回归分析，并依据评价指标选出最优解。本次拟采用的备选曲线预估模型见表 4.2。

表 4.2 回归曲线预估模型

1	指数模型	$y = p_0 + e^{p_1 x}$	6	增长模型	$y = e^{p_0 + p_1 x}$
2	对数模型	$y = p_0 + p_1 \ln(x)$	7	复合模型	$y = p_0 p_1^x$
3	逆模型	$y = p_0 + (p_1/x)$	8	二次模型	$y = p_0 + p_1 x + p_2 x^2$
4	幂模型	$y = p_0 p_1^x$	9	三次模型	$y = p_0 + p_1 x + p_2 x^2 + p_3 x^3$
5	S 模型	$y = e^{p_0 + (p_1/x)}$	10	Logistic	$y = 1/[(1/p_0) + p_1 p_2^x]$

b 建立回归分析评价指标

回归分析评价旨在量化结果模型与分析数据间的匹配程度及模型系数与分析数据间的差异程度，分别以 R^2 和 Sig/F 表示。

（1）R^2 为拟合优度，即回归模型可以准确表征自变量与因变量间关系的程度为 $R^2\%$。R^2 的计算公式为：

$$R^2 = \frac{SSR}{SST} = 1 - \frac{SSE}{SST} \tag{4.52}$$

式中 SSR ——回归平方和；

SSE ——残差平方和；

SST ——总偏差平方和。

依据统计分析原理，SSR 的计算公式为：

$$SSR = \sum_{i=1}^{n} (\hat{y}_i - \bar{y}_i)^2 \tag{4.53}$$

式中 $\hat{y}_i$ ——被分析数据的回归值；

$\bar{y}_i$ ——被分析数据的平均值；

n ——被分析数据的个数。

依据统计分析原理，SSE 的计算公式为：

$$SSE = \sum_{i=1}^{n} (y_i - \bar{y}_i)^2 \tag{4.54}$$

式中 y_i ——被分析数据值。

依据统计分析原理，SST 的计算公式为：

$$SST = SSR + SSE \tag{4.55}$$

设：$R^2 \in [0, 0.2)$ 为弱相关，$R^2 \in (0.2, 0.5)$ 为一般相关，$R^2 \in (0.5, 0.7)$ 为较强相关，$R^2 \in (0.7, 1)$ 为强相关，R^2 等于 1 为完全相关，R^2 等于 0 为不相关。

（2）Sig/F 为显著性检验，由系数显著性检验 Sig（t 检验）与模型显著性检验（F 检验）两部分构成。设 Sig/F 的显著性水平标准为 0.01，若计算结果小于

0.01，则认为预测系数可正确表征被分析数据的概率大于 99%。*Sig/F* 值越大，回归方程准确度越高。

4.3.2.2　板形目标曲线系数描述性回归统计

板形目标曲线系数描述性回归统计是利用 4.3.2.1 节 a 中的回归分析方法建立曲线系数与板形计算值间的函数隶属关系，并用 4.3.2.1 节 b 中的评价指标判别回归表达式的准确性的分析过程。其技术路线如图 4.8 所示。

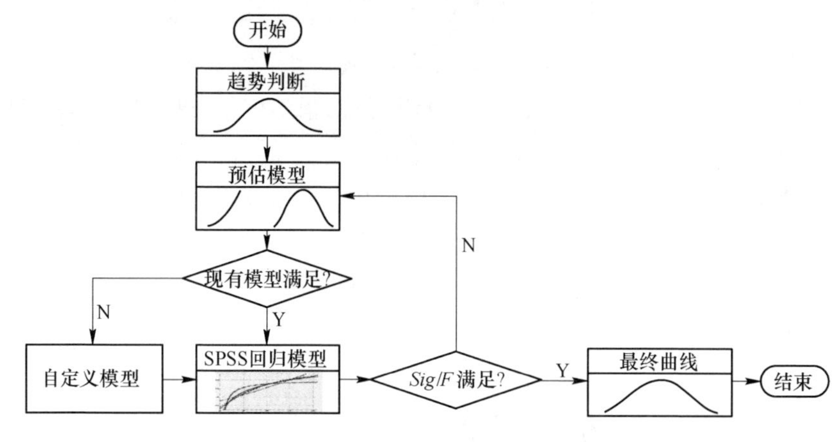

图 4.8　描述性回归统计技术路线

描述性回归统计的具体操作步骤为：（1）回归模型预分析；（2）建立回归模型；（3）拟合优度分析；（4）模型评价；（5）确定分析结果。

A　对称式板形目标曲线系数回归统计

对称式板形目标曲线系数描述性回归统计包括各系数作用区间的解耦分析和建立各系数与板形计算值间的关系方程。各系数作用区间的解耦分析是单独改变某一系数值后，找出板形目标曲线中板形值改变较为明显的测量段范围，以此确定该系数的作用区间；建立各系数与板形计算值间的关系方程则是依据某一系数的变化量及其对应的板形计算值的变化量建立隶属关系表达式。由于归一式板形目标曲线存在 A_{sym} 和 A_{asym} 系数，因此除 A_{sym} 和 A_{asym} 系数外，其他系数的设定值不允许超过 20。

a　系数作用区间解耦分析

系数作用区间是指在单一系数作用下，板形目标曲线中显著变化的有效测量段簇，可反映被分析系数对板形目标曲线形状的影响范围和作用程度。系数作用区间既可为板形目标曲线系数的动态设定理论提供计算依据并解除各系数间的耦合作用，也可辨别板形计算值改变量最大的测量段。该作用区间仅展示变化较为明显的测量段区间，并以测量段编号显示。本部分以表 4.1 中的 1 号曲线为例进行相关分析。

（1）增益系数 A_{sym} 的作用区间分析。

以 A_{sym} 为自变量，其他系数均取先验值。令 $A_{sym}\in[-1, -20]$ 且 $A_{sym}\in Z$ 和 $A_{sym}\in[1, 20]$ 且 $A_{sym}\in Z$，得到如图 4.9 所示的 A_{sym} 作用区间示意图。

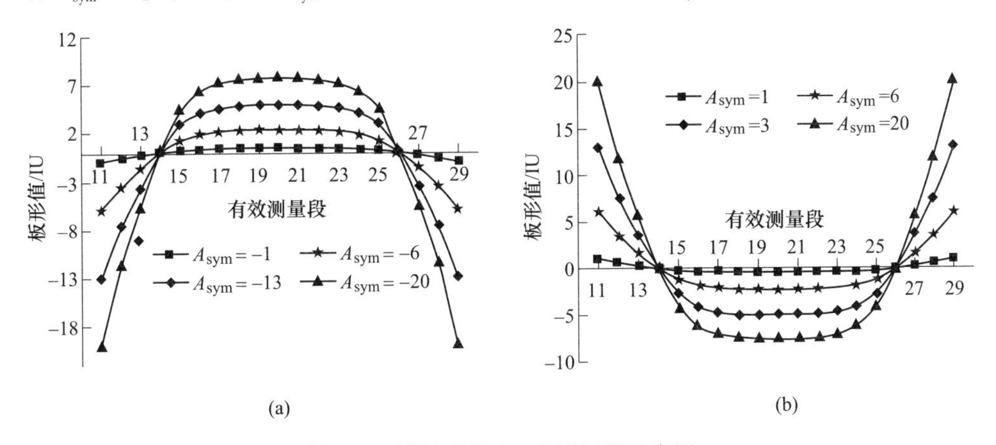

图 4.9　增益系数 A_{sym} 作用区间示意图

（a）A_{sym} 小于 0 的作用区间示意图；（b）A_{sym} 大于 0 的作用区间示意图

从图 4.9 可以看出，A_{sym} 的作用参照区间为端部两个测量段，且随着 A_{sym} 的增大而增大，端部两个测量段的板形计算值也随 A_{sym} 的减小而减小。该现象说明，A_{sym} 的变化趋势与板形计算值的变化趋势完全相同，且二者为一一对应关系。

（2）a_i（$i=2, 4, 6, 8$）系数作用区间分析。

将 a_2、a_4、a_6 和 a_8 系数分别在（0, 2］区间内取 20 个测量点，当取其中任何一个系数为变量时，其他系数则无变化。图 4.10 所示为 a_i（$i=2, 4, 6, 8$）系数取测量点后板形目标曲线的变化情况。

从图 4.10（a）可以看出，当 a_2 改变时，第 16~24 测量段板形值变化最为明显，但第 16~17、23~24 测量段与第 17~23 测量段相比，前者板形值变化趋势相对较小，因此可确定 a_2 系数的有效作用测量段为第 17~23 段；由图 4.10（b）可知，当 a_4 改变时，第 15~25 测量段板形值变化最为明显，但第 15~16、24~25 测量段与第 16~24 测量段相比，前者板形值变化趋势相对较小，因此可确定 a_4 系数的有效作用测量段为第 16~24 段；由图 4.10（c）可知，当 a_6 改变时，第 16~24 测量段板形值变化最为明显，但第 16~17、23~24 测量段与第 17~23 测量段相比，前者板形值变化趋势相对较小，因此可确定 a_6 系数的有效作用测量段为第 17~23 段；由图 4.10（d）可知，当 a_8 改变时，第 15~25 测量段板形值变化最为明显，但第 15~16、24~25 测量段与第 16~24 测量段相比，前者板形值变化趋势相对较小，因此可确定 a_6 系数的有效作用测量段为第 16~24 段。以同样的方式对第 2、3、4 号曲线系数进行作用区间分析，可得到如表 4.3 所示的各个板形目标曲线系数的作用区间分析结果。

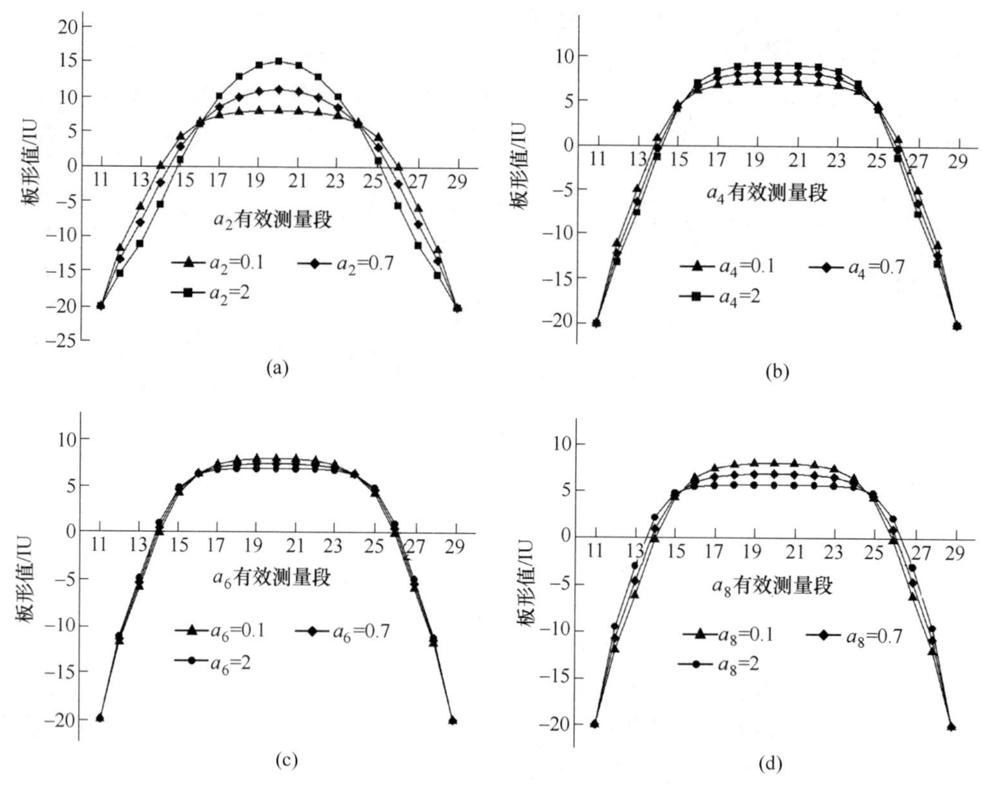

图 4.10　$a_i(i=2, 4, 6, 8)$系数作用区间分析示意图

（a）a_2作用区间；（b）a_4作用区间；（c）a_6作用区间；（d）a_8作用区间

表 4.3　偶数项系数作用区间分析表

曲线编号	A_{sym}	a_2	a_4	a_6	a_8
1	两侧端部	[17, 23]	[16, 24]	[17, 23]	[16, 24]
2	两侧端部	[16, 24]	[15, 25]	[16, 24]	[15, 25]
3	两侧端部	[16, 24]	[15, 25]	[16, 24]	[15, 25]
4	两侧端部	[14, 26]	[13, 27]	[14, 26]	[13, 27]

由表 4.3 可知，a_2、a_6系数的作用区间相同，a_4、a_8系数的作用区间相同，但是每个系数对板形值的影响程度不同。由图 4.10 可看出，a_2系数对板形值的影响最为明显，a_8系数次之；a_6系数作用较为明显，a_4系数作用则最不明显。确定各系数作用区间和作用程度的大小是为后续制定板形目标曲线系数的调节顺序建立分析基础。

(3) 各系数作用区间参照测量段确定。

参照测量段指某一系数改变时，其所在有效作用区间内板形值改变最为显著的测量段。因此，a_2、a_4、a_6和a_8系数的参照测量段均是第20测量段。

b 对称式板形目标曲线系数回归分析

对称式板形目标曲线系数描述性回归分析是利用等间隔取值法建立各系数与参照测量段板形计算值间的数学模型，该数学模型可定量计算不同系数值所对应的参照测量段的板形计算值。详细分析步骤如下：

(1) 确定系数取值范围、步长和个数，计算每个取值点对应的参照测量段的板形计算值。

(2) 制作板形计算值散点图并初步判定模型的基本形式。

(3) 依据步骤 (2) 中的观测模型，利用SPSS工具对板形值进行"曲线回归估计分析"。

(4) 利用统计评价标准判断回归曲线的符合程度，选出拟合程度最高的模型作为最终的关系表达式。

以A_{sym}等于-20时的1号板形目标曲线为例进行分析。令$a_i \in (0, 20]$且在此区间内取20个测量点，在A_{sym}等于-15、-16、-17、-18、-19和-20的情况下，分别计算各系数参照测量段在测量点处的板形计算值，计算结果如图4.11所示。

由图4.11知，当$a_i \in (0, 2]$时，a_2和a_4系数的计算曲线迅速增长，a_6和a_8系数的计算曲线迅速下降；当$a_i \in [2, 10]$时，a_2、a_4、a_6和a_8系数的计算曲线的增长速度均变慢；当a_i大于10时，a_2、a_4、a_6和a_8系数的计算曲线的增长速度几乎为零。因此，将$a_i(i=2, 4, 6, 8)$系数分成$(0, 2]$和$[2, 20]$两个区间并对两个区间分别进行回归分析。

(1) a_2和a_4系数在区间$(0, 2]$内的回归分析。

在$(0, 2]$区间内以0.1步长取20个测量点作为样本数据并对样本数据进行曲线回归分析，回归形式设定为4.3.2.1节a中的4、5、6、7、9号模型，表4.4是回归分析结果。

从表4.4可知，对于a_2系数，5组回归曲线的显著性均小于0.01，但S曲线的R^2只有0.753，其余4条曲线均大于0.9，且三次函数的R^2为1，说明三次曲线可完全描述样本数据的回归趋势。因此可得出结论：当$a_2 \in (0, 2]$时，a_2系数与其参照测量段板形计算值$f_{a_{21}}^{-20}$呈三次函数关系，表达式为：

$$f_{a_{21}}^{-20} = 0.552x^3 - 2.856x^2 + 6.093x + 7.463 \tag{4.56}$$

对于a_4系数，5组曲线的显著性均小于0.01，三次曲线的R^2最大且为0.999，说明三次曲线可高度描述样本数据的回归趋势。因此可得出结论：当

$a_4 \in (0, 2]$ 时，a_4系数与其参照测量段板形计算值$f_{a_{41}}^{-20}$呈三次函数关系，表达式为：

$$f_{a_{41}}^{-20} = 0.254x^3 - 1.199x^2 + 2.152x + 7.034 \tag{4.57}$$

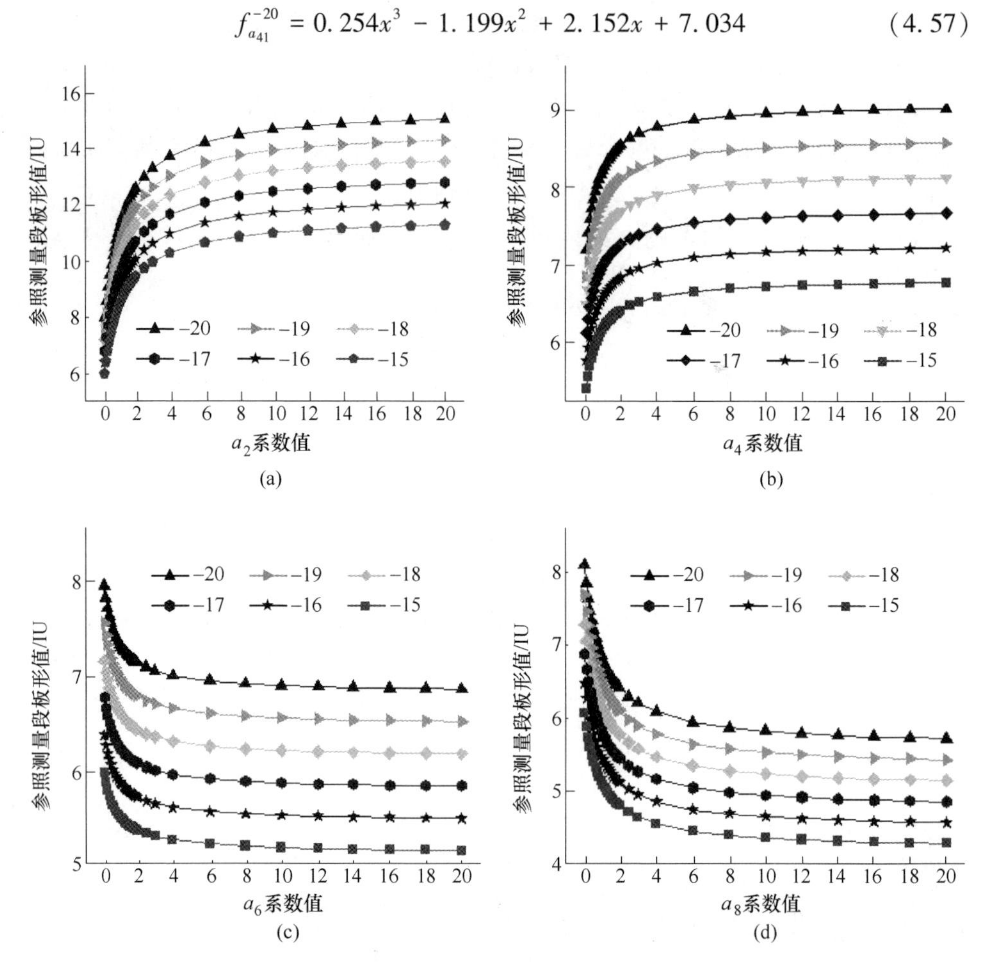

图 4.11　$a_i(i = 2, 4, 6, 8)$ 系数参照测量段板形计算值的趋势图

（a）a_2系数分析趋势图；（b）a_4系数分析趋势图；（c）a_6系数分析趋势图；（d）a_8系数分析趋势图

表 4.4　a_2和a_4系数在第一区间的模型摘要和参数估算

系数	方程	R^2	Sig/F	显著性	常量	系数 1	系数 2	系数 3
a_2	三次	1.000	22605.220	<0.01	7.463	6.093	−2.856	0.552
	复合	0.903	166.796	<0.01	8.705	1.237	—	—
	幂	0.993	2415.444	<0.01	11.227	0.162	—	—
	S	0.753	55.005	<0.01	2.481	−0.051	—	—
	增长	0.903	166.796	<0.01	2.163	0.213	—	—

续表 4.4

系数	方程	R^2	Sig/F	显著性	常量	系数 1	系数 2	系数 3
a_4	三次	0.999	5018.779	<0.01	7.034	2.152	-1.199	0.254
	复合	0.879	130.179	<0.01	7.483	1.081	—	—
	幂	0.996	4946.445	<0.01	8.215	0.061	—	—
	S	0.784	65.301	<0.01	2.130	-0.020	—	—
	增长	0.879	130.179	<0.01	2.013	0.078	—	—

(2) a_2和a_4系数在区间［2，20］内的回归分析。

在［2，20］区间内取 12 个测量点作为样本数据并对其进行曲线回归分析，回归形式设定为 4.3.2.1 节 a 中的 1、2、3、4、7、8、9 号模型。表 4.5 是 $a_2 \in$［2，20］的回归分析结果，表 4.6 是 $a_4 \in$［2，20］的回归分析结果。

表 4.5　a_2系数在第二区间的模型摘要和参数估算

模型	R^2	Sig/F	显著性	常量	系数 1	系数 2	系数 3
对数	0.955	213.946	<0.01	8.478	0.200	—	—
逆	0.996	2426.744	<0.01	9.078	-1.086	—	—
二次	0.951	88.189	<0.01	8.495	0.070	-0.002	—
三次	0.988	217.923	<0.01	8.351	0.138	-0.010	0.001
复合	0.779	35.287	<0.01	8.657	1.003	—	—
幂	0.953	201.586	<0.01	8.484	0.023	—	—
指数	0.779	35.287	<0.01	8.657	0.003	—	—

表 4.6　a_4系数在第二区间的模型摘要和参数估算

模型	R^2	Sig/F	显著性	常量	系数 1	系数 2	系数 3
对数	0.966	287.124	<0.01	12.152	1.047	—	—
逆	0.991	1115.756	<0.01	15.283	-5.638	—	—
二次	0.961	110.594	<0.01	12.266	0.358	-0.011	—
三次	0.991	303.814	<0.01	11.583	0.681	-0.047	0.001
复合	0.790	37.634	<0.01	13.084	1.009	—	—
幂	0.959	231.751	<0.01	12.241	0.075	—	—
指数	0.790	37.634	<0.01	13.084	0.009	—	—

从表 4.5 可知，8 组曲线的显著性均小于 0.01，逆曲线的 R^2为 0.996 且为 8 组曲线中的最大值，逆曲线的 Sig/F 值为 2426.744 且同样为 8 组曲线中的最大值，说明逆曲线可高度描述样本数据的回归趋势。因此可得出结论：当 $a_2 \in$［2，20］时，a_2与其参照测量段板形计算值$f_{a_{22}}^{-20}$ 呈逆函数关系，表达式为：

$$f_{a_{22}}^{-20} = 9.078 - (1.086/x) \tag{4.58}$$

从表4.6可知，8组曲线的显著性均小于0.01，逆曲线与三次曲线的R^2均为0.991且为8组曲线中的最大值，但逆曲线的*Sig/F*值为1115.756，三次曲线的*Sig/F*值仅为303.814，说明逆曲线可高度描述样本数据的回归趋势。因此可得出结论：当$a_4 \in [2, 20]$时，a_4与其参照测量段板形计算值$f_{a_{42}}^{-20}$呈逆函数关系，表达式为：

$$f_{a_{42}}^{-20} = 15.283 - (5.638/x) \tag{4.59}$$

（3）a_6和a_8系数在区间（0，2］内的回归分析。

在（0，2］区间内以0.1步长取20个测量点作为样本数据并对样本数据进行曲线回归分析，回归形式设定为4.3.2.1节a小节中的1、2、4、7、9号模型，表4.7是回归分析结果。

表4.7　a_6和a_8系数在第一区间模型摘要和参数估算

系数	模型	R^2	*Sig/F*	显著性	常量	系数1	系数2	系数3
a_6	对数	0.995	3331.533	<0.01	7.354	−0.291	—	—
	三次	0.999	4828.122	<0.01	8.075	−1.310	0.733	−0.156
	复合	0.900	162.725	<0.01	7.809	0.951	—	—
	幂	0.993	2525.987	<0.01	7.352	−0.039	—	—
	指数	0.900	162.725	<0.01	7.809	−0.051	—	—
a_8	对数	0.990	1873.007	<0.01	6.847	−0.600	—	—
	三次	0.999	8428.601	<0.01	8.289	−2.494	1.313	−0.270
	复合	0.927	228.711	<0.01	7.808	0.894	—	—
	幂	0.985	1147.560	<0.01	6.836	−0.084	—	—
	指数	0.927	228.711	<0.01	7.808	−0.112	—	—

从表4.7可知，10组曲线的显著性均小于0.01，且a_6和a_8系数的三次曲线的R^2均为0.999，是10组曲线中的最大值，说明三次曲线可高度描述样本数据的回归趋势。因此可得出结论：

当$a_6 \in (0, 2]$时，a_6与其参照测量段板形计算值$f_{a_{61}}^{-20}$呈三次函数关系，表达式为：

$$f_{a_{61}}^{-20} = -0.156x^3 + 0.733x^2 - 1.31x + 8.075 \tag{4.60}$$

当$a_8 \in (0, 2]$时，a_8与其参照测量段板形计算值$f_{a_{81}}^{-20}$呈三次函数关系，表达式为：

$$f_{a_{81}}^{-20} = -0.27x^3 + 1.313x^2 - 2.494x + 8.289 \tag{4.61}$$

（4）a_6和a_8系数在区间［2，20］内的回归分析。

在［2，20］区间内取12个测量点作为样本数据并对样本数据进行曲线回归分析，回归形式设定为4.3.2.1节a小节中的2、3、4、8、9号模型，表4.8是回归分析结果。

表4.8　a_6和a_8系数在第二区间模型摘要和参数估算

系数	模型	R^2	Sig/F	显著性	常量	系数1	系数2	系数3
a_6	对数	0.955	212.536	<0.01	7.199	-0.120	—	—
	逆	0.996	2483.232	<0.01	6.840	0.650	—	—
	二次	0.951	87.727	<0.01	7.189	-0.042	0.001	—
	三次	0.988	216.255	<0.01	7.275	-0.083	0.006	-0.0001
	幂	0.957	222.478	<0.01	7.201	-0.017	—	—
a_8	对数	0.959	234.775	<0.01	6.526	-0.289	—	—
	逆	0.995	1812.502	<0.01	5.661	1.565	—	—
	二次	0.955	94.881	<0.01	6.500	-0.101	0.003	—
	三次	0.989	242.537	<0.01	6.701	-0.196	0.014	-0.0003
	幂	0.964	268.841	<0.01	6.543	-0.048	—	—

从表4.8可知，10组曲线的显著性均小于0.01，a_6和a_8系数回归模型中的逆曲线的R^2分别为0.996和0.995，均为各自回归曲线中的最大值，说明逆曲线可高度描述a_6、a_8系数样本数据的回归趋势。因此可得出结论：

当$a_6 \in [2, 20]$时，a_6与其参照测量段板形计算值$f_{a_{62}}^{-20}$呈逆函数关系，表达式为：

$$f_{a_{62}}^{-20} = 6.84 + (0.65/x) \tag{4.62}$$

当$a_8 \in [2, 20]$时，a_8与其参照测量段板形计算值$f_{a_{82}}^{-20}$呈逆函数关系，表达式为：

$$f_{a_{82}}^{-20} = 5.661 + (1.565/x) \tag{4.63}$$

B　非对称板形目标曲线系数回归统计

非对称板形目标曲线系数描述性回归统计分析中的分析内容、回归方程类别、评价指标、分析环境、分析方法和技术路线均与对称板形目标曲线的相同。为分析方便，以1号曲线为例进行系数作用区间分析。

a　系数作用区间分析

(1) 增益系数A_{asym}作用区间分析。

以A_{asym}为自变量，其他系数均取先验值，则非对称式板形目标曲线可表示为：

$$y = -20 \times (0.05x_i^2 + 0.35x_i^4 + 0.4x_i^6 + 0.28x_i^8) + A_{\text{asym}}(0.1x_i^1 + 0.1x_i^3 + 0.1x_i^5 + 0.1x_i^7) \tag{4.64}$$

令：$A_{\text{asym}} \in [-1, -20]$且$A_{\text{asym}} \in Z$和$A_{\text{asym}} \in [1, 20]$且$A_{\text{asym}} \in Z$，得到如图4.12所示的$A_{\text{asym}}$作用区间示意图。

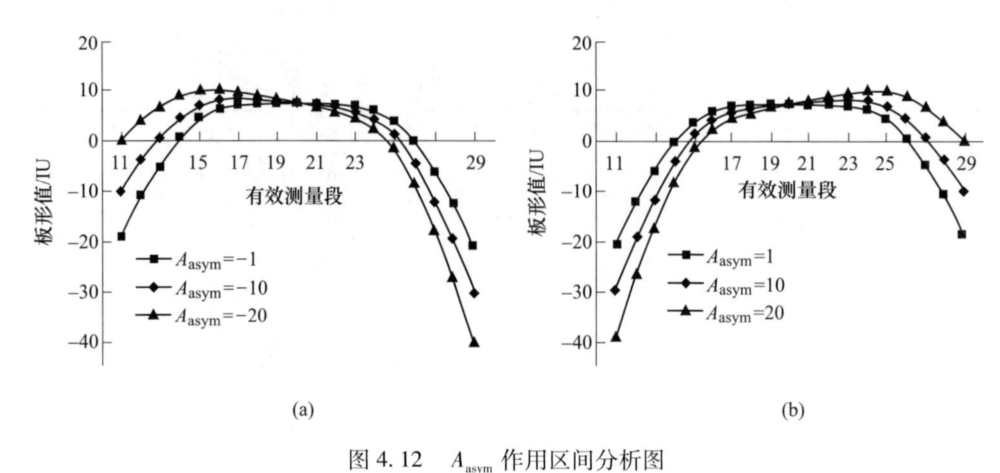

图 4.12　A_{asym} 作用区间分析图

(a) A_{asym} 小于 0 的作用区间示意图；(b) A_{asym} 大于 0 的作用区间示意图

当 A_{asym} 在［-1，-20］区间内，传动侧端部测量段板形值以 1IU 为步长从 -20IU 上升至 0，操作侧端部测量段板形值以 1IU 为步长从-20IU 下降至-40IU，板形目标曲线最终呈“左高右低”形状；当 A_{asym} 在［1，20］区间内，操作侧端部测量段板形值以 1IU 为步长从-20IU 上升至 0，传动侧端部测量段板形值以 1IU 为步长从-20IU 下降至-40IU，板形目标曲线最终呈“右高左低”形状。在板形目标曲线变化的过程中，两侧端部测量段的板形值变化最为明显，则可认为 A_{asym} 的作用区间为操作侧端部测量段和传动侧端部测量段，与 A_{sym} 的作用区间相同。

(2) A_{asym} 小于 0 的奇数项系数作用区间分析。

分别以 a_1、a_3、a_5 和 a_7 为自变量，在（0，2］区间内以 0.1 步长取 20 个测量点作为样本数据进行分析。图 4.13 是当 A_{asym} 为负值时 a_1、a_3、a_5 和 a_7 系数的作用区间分析图像。

由图 4.13 可知，改变 a_1 系数后，第 14～17 有效测量段的板形值变化明显，第 15 测量段的变化最为明显；改变 a_3 系数后，仅在第 16～19 测量段发现微小变化，第 17 测量段为最高点；改变 a_5 系数后，第 14～17 有效测量段的板形值变化明显，第 15 测量段的变化最为明显；改变 a_7 系数后，第 13～18 有效测量段的板形值变化明显，第 15 测量段的变化最为明显。因此，将第 15 测量段作为 a_1、a_5 和 a_7 系数的参照测量段；将第 17 测量段作为 a_3 系数的参照测量段。

(3) A_{asym} 大于 0 的奇数项系数作用区间分析。

令 A_{sym}=-20，A_{asym}=10。分别以 a_1、a_3、a_5 和 a_7 为自变量，在（0，2］区

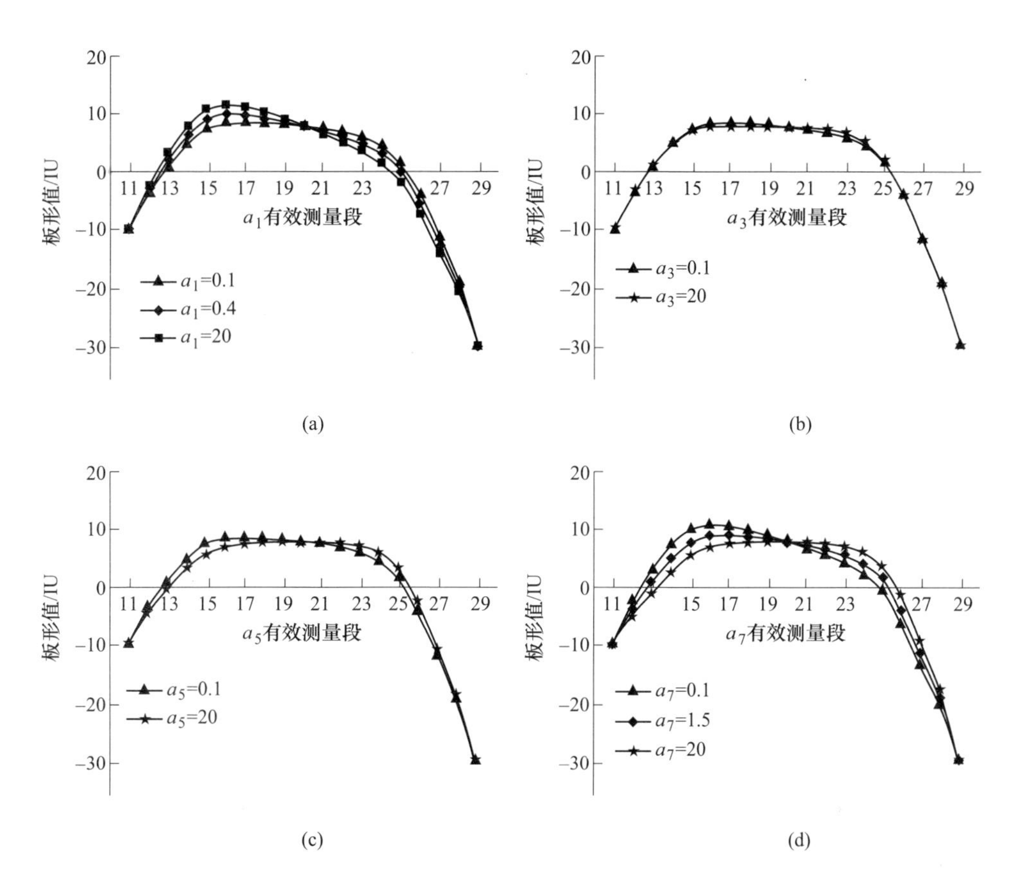

图 4.13　A_{asym}小于 0 的奇数项系数作用区间分析图

（a）A_{asym}小于 0 的 a_1作用区间；（b）A_{asym}小于 0 的 a_3作用区间

（c）A_{asym}小于 0 的 a_5作用区间；（d）A_{asym}小于 0 的 a_7作用区间

间内以 0.1 步长取 20 个测量点作为样本数据进行作用区间分析。图 4.14 为当 A_{asym} 为正时，a_1、a_3、a_5和 a_7系数的作用区间分析图像。改变 a_1系数后，第 22~25 有效测量段的板形值变化明显，第 24 测量段为最高点；改变 a_3系数时，仅在第 22~24 测量段发现微小变化，第 23 测量段为最高点；改变 a_5系数后，第 23~26 有效测量段的板形值变化明显，第 23 测量段为最高点，但第 23 测量段板形值变化没有第 24 段明显，因此将第 24 段设为“至高点”；改变 a_7系数后，第 23~26 有效测量段的板形值变化明显，第 24 测量段为最高点。因此，将第 23 测量段设为 a_1和 a_3系数的参照测量段，将第 24 测量段设为 a_5和 a_7系数的参照测量段。

表 4.9 为 1、2、3、4 号曲线各系数的作用区间测量段的分析结果。

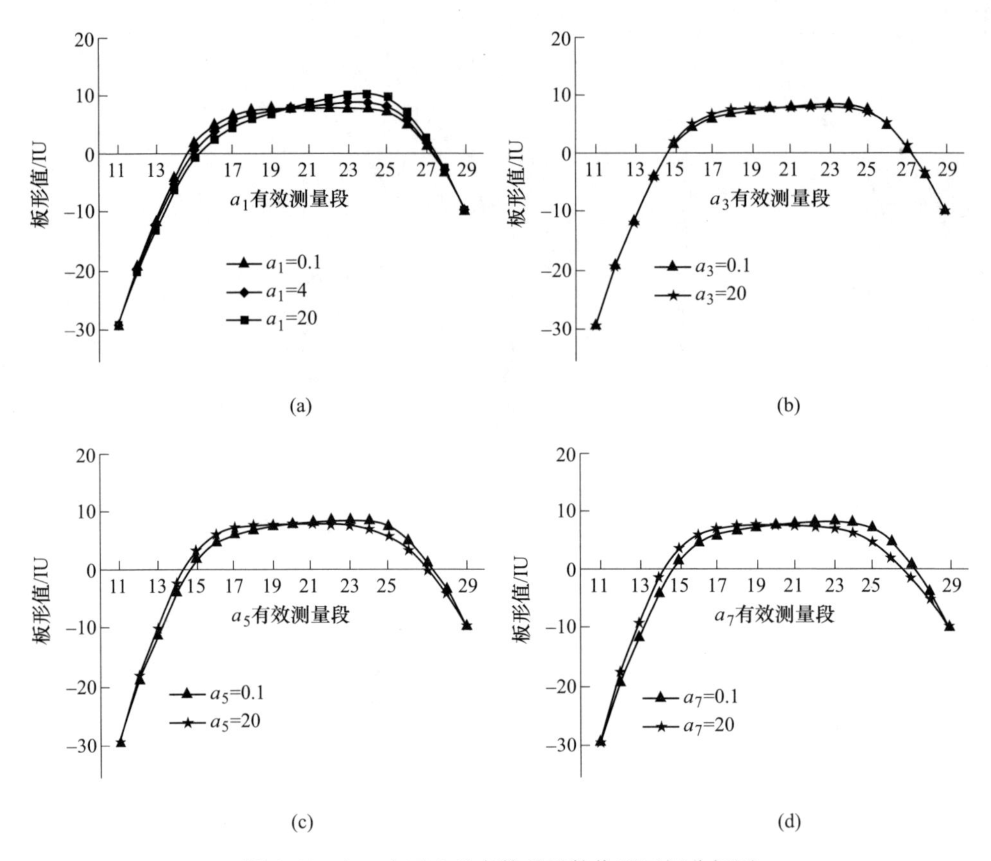

图 4.14　A_{asym}大于 0 的奇数项系数作用区间分析图

（a）A_{asym}大于 0 的 a_1作用区域；（b）A_{asym}大于 0 的 a_3作用区域

（c）A_{asym}大于 0 的 a_5作用区域；（d）A_{asym}大于 0 的 a_7 作用区域

表 4.9　奇数项系数作用区间分析表

分类	编号	A_{asym}	a_1	a_3	a_5	a_7
$A_{asym}>0$	1	两侧端部	[22, 25]	[22, 24]	[23, 26]	[23, 26]
	2	两侧端部	[21, 24]	[21, 25]	[22, 27]	[22, 27]
	3	两侧端部	[22, 25]	[22, 24]	[23, 26]	[23, 26]
	4	两侧端部	[21, 24]	[21, 25]	[22, 27]	[22, 27]
$A_{asym}<0$	1	两侧端部	[14, 17]	[16, 19]	[14, 17]	[13, 18]
	2	两侧端部	[15, 16]	[17, 18]	[15, 16]	[14, 17]
	3	两侧端部	[14, 17]	[16, 19]	[14, 17]	[13, 18]
	4	两侧端部	[15, 16]	[17, 18]	[15, 16]	[14, 17]

表 4.9 是利用上述分析方法而得到的其他曲线系数作用区间的分析结果。由表 4.9 可看出，不同编号曲线的相同系数的作用区间大体相似，因此可简化后续的建模分析过程。

b A_{asym}小于 0 的非对称式板形目标曲线系数回归分析

令 $a_i \in$（0，20］且在此区间内取 20 个测量点，在 A_{asym} 分别等于-15、-16、-17、-18、-19 和-20 的情况下，分别计算各系数参照测量段在测量段处的板形计算值，计算结果如图 4.15 所示。

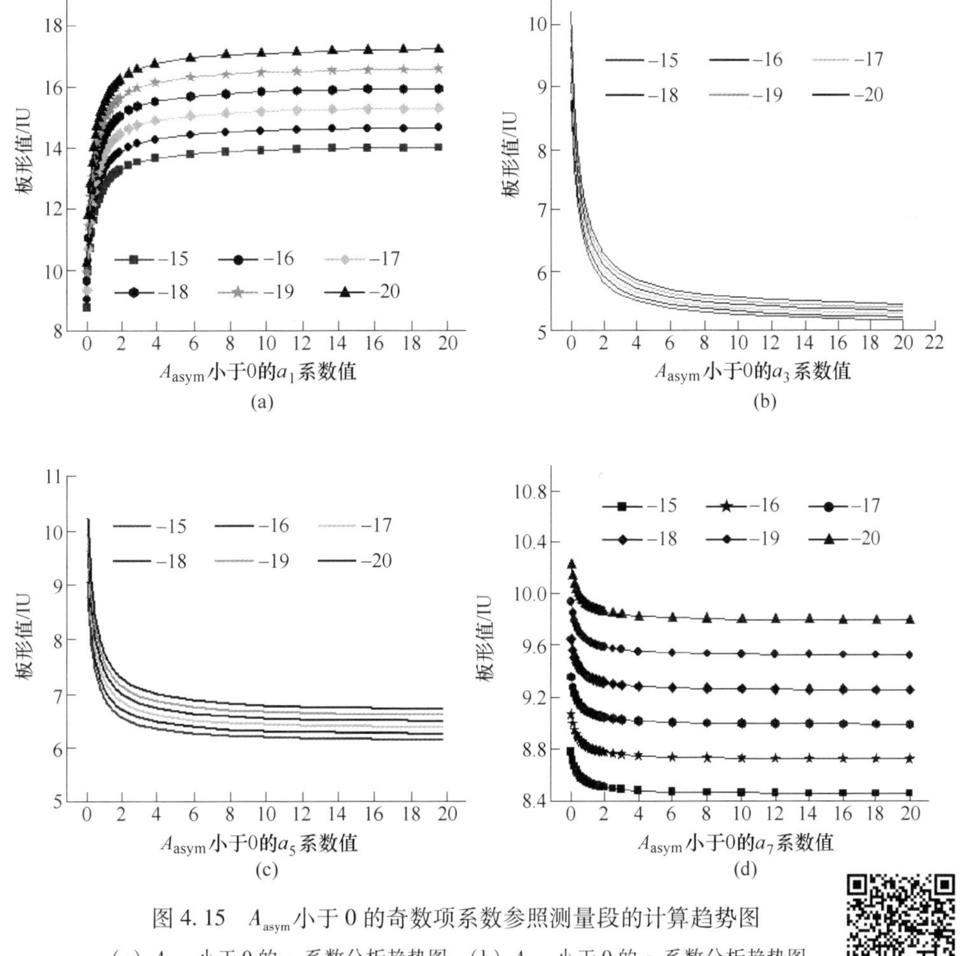

图 4.15 A_{asym}小于 0 的奇数项系数参照测量段的计算趋势图

（a）A_{asym}小于 0 的 a_1 系数分析趋势图；（b）A_{asym}小于 0 的 a_3 系数分析趋势图；
（c）A_{asym}小于 0 的 a_5 系数分析趋势图；（d）A_{asym}小于 0 的 a_7 系数分析趋势图

从图 4.15 可知，当 $a_i(i=1, 3, 5, 7) \in$（0，2］时，a_1系数的计算曲线显著上升，a_3、a_5和 a_7系数的计算曲线均呈显著下降趋势；当 a_i（i=1，3，

5，7) ∈［2，20］时，板形值变化速率显著减慢并有趋于零的趋势。因此，将 $a_i(i=1, 3, 5, 7)$ 分成（0，2］和［2，20］两个区间段分别进行分析。

(1) $a_i \in (0, 2](i=1, 3, 5, 7)$ 的回归分析。

在（0，2］区间内以 0.1 步长取 20 个测量点作为样本数据并对样本数据进行曲线回归分析，回归形式设定为 4.3.2 节 a 小节中的 3、4、5、7、9 号模型，表 4.10 是回归分析结果。

表 4.10　奇数项系数在第一区间的模型摘要与参数估计

系数	模型	R^2	Sig/F	显著性	常量	系数 1	系数 2	系数 3
a_1	逆	0.890	145.684	<0.01	16.020	-0.681		
	三次	0.990	524.682	<0.01	9.440	12.777	-8.828	2.089
	复合	0.720	46.371	<0.01	12.262	1.189		
	幂	0.966	508.354	<0.01	15.103	0.146		
	S	0.928	231.597	<0.01	2.781	-0.052		
a_3	逆	0.876	127.222	<0.01	9.874	0.042		
	三次	0.992	659.080	<0.01	10.278	-0.768	0.520	-0.122
	复合	0.793	68.778	<0.01	10.109	0.985		
	幂	0.990	1703.465	<0.01	9.927	-0.012		
	S	0.873	123.329	<0.01	2.290	0.004		
a_5	逆	0.862	112.211	<0.01	7.443	0.335		
	三次	0.994	835.115	<0.01	10.625	-5.909	3.923	-0.910
	复合	0.839	93.949	<0.01	9.343	0.864		
	幂	0.997	5524.801	<0.01	7.838	-0.116		
	S	0.829	86.966	<0.01	2.011	0.039		
a_7	逆	0.847	99.852	<0.01	6.527	0.449		
	三次	0.995	1067.119	<0.01	10.763	-7.682	4.990	-1.144
	复合	0.867	117.714	<0.01	9.132	0.804		
	幂	0.997	6655.956	<0.01	7.040	-0.170		
	S	0.798	71.082	<0.01	1.884	0.055		

从表 4.10 可知，所有回归模型的显著性均小于 0.01。a_1 和 a_3 系数对应的三次曲线的 R^2 分别为 0.990、0.992，均为各自对比曲线中的最大值，说明三次曲线可高度描述 a_1 和 a_3 系数的样本数据的回归趋势；以相同方式分析可得：幂函数可高度描述 a_5 和 a_7 系数的样本数据的回归趋势。因此可得出结论：

当 $a_1 \in (0, 2]$ 时，a_1 与其对应板形计算值 $f_{a_{11}}^{-20}$ 呈三次函数关系，表达式为：

$$f_{a_{11}}^{-20} = 2.089x^3 - 8.828x^2 + 12.777x + 9.44 \tag{4.65}$$

当 $a_3 \in (0, 2]$ 时，a_3与其对应板形计算值$f_{a_{31}}^{-20}$呈三次函数关系，表达式为：

$$f_{a_{31}}^{-20} = -0.122x^3 + 0.52x^2 - 0.768x + 10.278 \tag{4.66}$$

当 $a_5 \in (0, 2]$ 时，a_5与其对应板形计算值$f_{a_{51}}^{-20}$呈幂函数关系，表达式为：

$$f_{a_{51}}^{-20} = 7.838x^{-0.116} \tag{4.67}$$

当 $a_7 \in (0, 2]$ 时，a_7与其对应板形计算值$f_{a_{71}}^{-20}$呈幂函数关系，表达式为：

$$f_{a_{71}}^{-20} = 7.04x^{-0.17} \tag{4.68}$$

（2）$a_i \in [2, 20]$（$i=1, 3, 5, 7$）的回归分析。

表4.11是在［2，20］区间内，4.3.2节a小节中1、2、3、7和9号模型的回归分析结果。

表4.11　奇数项系数在第二区间模型摘要与参数估计

系数	模型	R^2	Sig/F	显著性	常量	系数1	系数2	系数3
a_1	对数	0.940	156.049	<0.01	16.089	0.401		
	逆	0.999	14282.197	<0.01	17.296	-2.199		
	三次	0.982	149.558	<0.01	15.790	0.297	-0.0220	0.0010
	复合	0.753	30.559	<0.01	16.451	1.003		
	指数	0.753	30.559	<0.01	16.451	0.003		
a_3	对数	0.941	160.074	<0.01	9.868	-0.027		
	逆	0.999	11317.82	<0.01	9.786	0.149		
	三次	0.983	154.331	<0.01	9.888	-0.020	0.001	0.0000
	复合	0.760	31.659	<0.01	9.843	1.000		
	指数	0.760	31.659	<0.01	9.843	0.000		
a_5	对数	0.943	164.693	<0.01	7.375	-0.236		
	逆	0.999	9013.413	<0.01	6.665	1.293		
	三次	0.984	159.697	<0.01	7.547	-0.173	0.013	0.000
	复合	0.769	33.335	<0.01	7.163	0.996		
	指数	0.769	33.335	<0.01	7.163	-0.004		
a_7	对数	0.944	169.832	<0.01	6.414	-0.347		
	逆	0.999	7252.228	<0.01	5.370	1.900		
	三次	0.984	165.742	<0.01	6.663	-0.252	0.018	0.000
	复合	0.777	34.929	<0.01	6.104	0.993		
	指数	0.777	34.929	<0.01	6.104	-0.007		

从表4.11可知，所有回归模型的显著性均小于0.01。a_1、a_3、a_5、a_7系数对

应的逆曲线的 R^2 值均为 0.999，为回归曲线中的最大值，说明逆曲线可高度描述 a_1、a_3、a_5 和 a_7 系数样本数据的回归趋势。因此可得出结论：

当 $a_1 \in [2, 20]$ 时，a_1 与其对应板形计算值 $f_{a_{12}}^{-20}$ 呈逆函数关系，表达式为：

$$f_{a_{12}}^{-20} = 17.296 - (2.199/x) \tag{4.69}$$

当 $a_3 \in [2, 20]$ 时，a_3 与其对应板形计算值 $f_{a_{32}}^{-20}$ 呈逆函数关系，表达式为：

$$f_{a_{32}}^{-20} = 9.786 + (0.149/x) \tag{4.70}$$

当 $a_5 \in [2, 20]$ 时，a_5 与其对应板形计算值 $f_{a_{52}}^{-20}$ 呈逆函数关系，表达式为：

$$f_{a_{52}}^{-20} = 6.665 + (1.293/x) \tag{4.71}$$

当 $a_7 \in [2, 20]$ 时，a_7 与其对应板形计算值 $f_{a_{72}}^{-20}$ 呈逆函数关系，表达式为：

$$f_{a_{72}}^{-20} = 5.37 + (1.9/x) \tag{4.72}$$

c　A_{asym} 大于 0 的非对称式板形目标曲线系数回归分析

A_{asym} 大于 0 的非对称式板形目标曲线系数回归分析的样本数据的取样方法、分析方法、分析步骤、回归模型以及评价标准均与 4.3.2.1 节 B 相同。现将 A_{asym} 大于 0 时的 1 号曲线的非对称式板形目标曲线系数的回归分析结果及相关评价指标呈现在如表 4.12 所示的内容中，其具体分析过程可参照本节 b 中的内容，此处不再赘述。

表 4.12　1 号曲线奇数项系数回归结果

区　间	系数	R^2	Sig/F	回归结果
$a_i \in (0, 2]$	a_1	0.99	524.673	$0.95x^3-4.012x^2+5.807x+7.918$
	a_3	0.99	1815.725	$7.868x^{-0.021}$
	a_5	0.994	3126.209	$7.65458x^{-0.04176}$
	a_7	0.997	5541.425	$7.08418x^{-0.06808}$
$a_i \in [2, 20]$	a_1	1	21630.594	$e^{2.4415-(0.08896/x)}$
	a_3	0.999	11289.83	$7.674+(0.205/x)$
	a_5	0.999	9010.444	$e^{7.25863-(0.43086/x)}$
	a_7	0.999	7252.914	$e^{6.44391-(0.71651/x)}$

上述内容通过回归统计技术对板形目标曲线中，各系数的作用区间、作用最明显的测量段以及系数值与作用最明显测量段间的函数关系进行了详述分析，为之后板形目标曲线系数顺序的设定建立了基础。

4.3.3　板形目标曲线设定专家系统

专家系统是利用计算机语言模仿领域专家利用专有知识对真实世界中复杂问

题进行分析和求解，并得到与人类专家相同的处理结果。专家系统一般由知识库、数据库、推理机三大部分构成，并与人机交互技术共同组成专家系统的4个基本层次，即全局层、运行层、连接层和基础层。全局层包括知识库、全局数据库和基础数据库；运行层包括知识获取单元、推理单元、解释单元和推理评价单元；连接层包括人机交互技术；基础层为使用用户。每个层级之间可以相互联通，以实现各个单元间的数据共享、数据使用和运行反馈。专家系统的组织结构如图4.16所示。

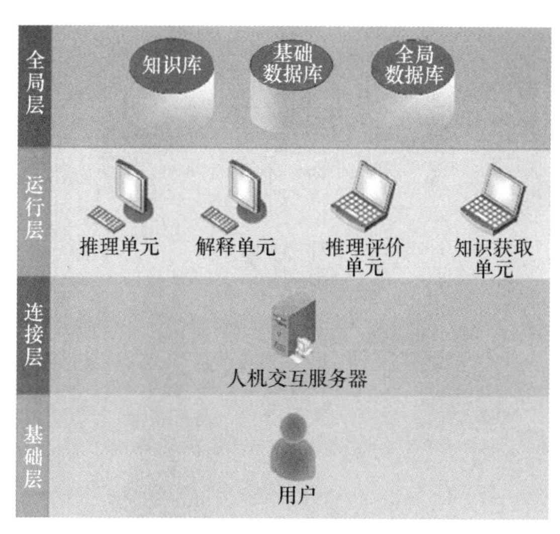

图4.16　专家系统组织结构

将专家系统按照任务类别分类，可分为规划专家系统、解释专家系统、调试专家系统和预测专家系统等；将专家系统按照系统工作模式分类，可分为基于语义网络、模型、框架和规则4种专家系统。

首先采用动态规划设定理论建立板形目标曲线设定的基础模型，为板形目标曲线自适应过程提供初值。然后建立基于知识工程推理的板形目标自适应修正系统，从板形控制系统中获取过程数据，在推理和调整的基础上，得到与当前轧制状态相适应的板形目标曲线修正量，然后将其送回至板形控制系统中，D-FCES（Dynamic-Flatness Control Expert System）板形目标曲线专家系统如图4.17所示。

4.3.3.1　板形目标曲线动态规划设定

板形目标曲线系数动态规划设定理论由板形目标曲线系数动态规划设定基本理论和板形目标曲线系数动态规划设定计算定理两部分组成。板形目标曲线系数动态规划设定基本理论是以动态规划基本理论为基础，从机理分析角度分析板形目标曲线系数动态规划设定过程中，各子问题求解函数的一般表达式；板形目标

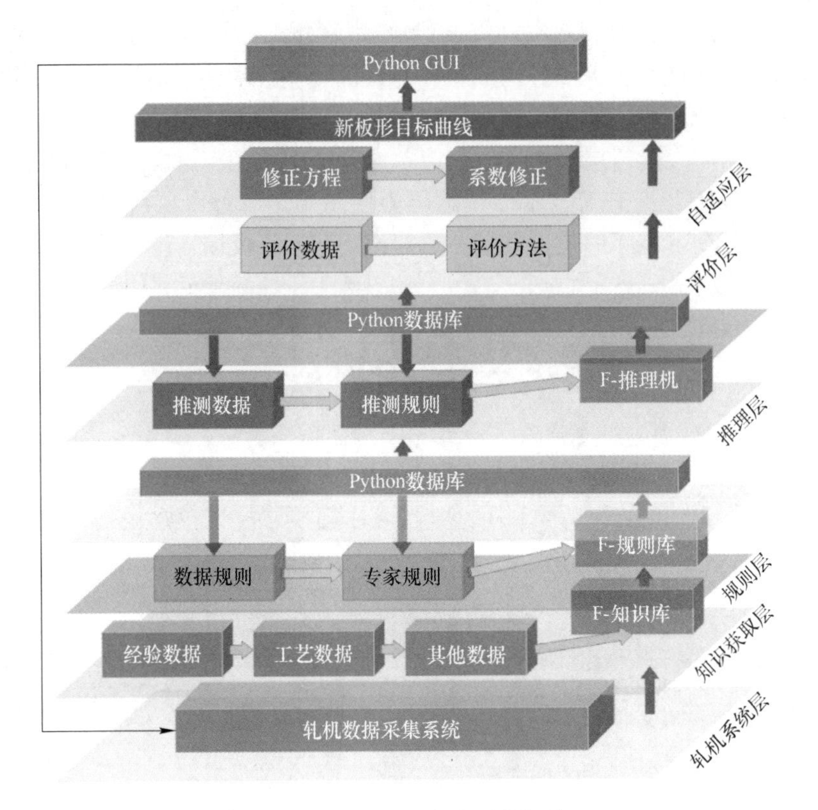

图 4.17　D-FCES 专家系统架构

曲线系数动态规划设定计算定理定义各子问题中被修正变量的具体计算形式。前者是后者的设定基础，后者是前者的具体内容。

A　板形目标曲线系数动态规划设定基本理论

设状态向量 x_k 表示第 k 层级的动态规划求解过程，由其组成的状态空间 X_k 囊括了动态规划问题所有阶段的求解过程，是动态规划的核心部分。其中，x_1 是初始状态，x_{n+1} 是终止状态，当 x_1 确定后，整个动态规划过程也随之确定，且 $X_k=\{x_k,\ x_{k+1},\ \cdots,\ x_{n+1}\}$。设决策函数为 $u_k(x_k)$，决策集为 $U_k(x_k)$，则 $U_k=\{u_1(x_1),\ \cdots,\ u_k(x_k),\ \cdots,\ u_{n+1}(x_{n+1})\}$。决策变量是表征状态变量 x_k 的求解信息，是最优化问题的解决方法，由 $\{x_k,\ u_k(x_k)\}$ 组成的决策对可完全确定状态 x_k 的最优解。

设第 k 阶的状态为 x_k，其下一阶的状态为 x_{k+1}，对应的映射函数为 $g_k(\cdot)$，则动态规划问题的状态方程的泛函表达式为：

$$x_{k+1}=g_k(x_k,u_k),\qquad k=1,2,\cdots,n \tag{4.73}$$

板形目标曲线动态规划设定方法调节量的计算表达式为：

$$U_{k+1}=g(y(x_i),U_k),\qquad k=1,2,\cdots,n \tag{4.74}$$

式中 U_{k+1} ——第 $k+1$ 阶子问题的各系数参照测量的板形计算值，IU；

U_k ——第 k 阶子问题的各系数参照测量段的板形计算值，IU；

$y(x_i)$ ——板形目标曲线方程。

设第 $k+1$ 层级的板形目标曲线动态规划设定方法的控制量为 $U_{k+1}^{O}(z)$ ，则其泛函数表达式为：

$$U_{k+1}^{O}(z)=f(t,f(x_i),U_k^{O}(z),U_k(t)),\qquad t\in[t_1,t_2] \tag{4.75}$$

式中 $U_k^{O}(z)$ ——第 k 层级的板形目标曲线动态规划设定方法的控制量，IU；

t_1 ——动态规划设定方法的起始时间，s；

t_2 ——动态规划设定方法的终止时间，s。

由高等数学函数基本设定原理知，U_{k+1} 与 U_{k+1}^{O} 在［t_1，t_2］上均为连续有界函数，则各系数参照测量段的板形调节量 $U_{k+1}(t)$ 的计算表达式为：

$$U_{k+1}(t)=\frac{E(U_k(t)-U_k^{M}(t_0))}{(n_e-n_s+1)}=\frac{\int_{t_1}^{t_2}t(f(t)-f^{M}(t_0))\mathrm{d}t}{n_e-n_s+1} \tag{4.76}$$

式中 $U_{k+1}(t)$ ——在 t 时刻 U_{k+1} 的值，IU；

$U_k^{M}(t_0)$ ——第 k 层级在 t_0 时刻的板形测量值，IU；

$f(t)$ ——在 t 时刻参照测量段的板形计算值，IU；

$f^{M}(t_0)$ ——在 t_0 时刻参照测量段的板形测量值，IU。

$U_{k+1}^{O}(z)$ 的计算表达式为：

$$U_{k+1}^{O}(z)=\frac{\sum_{k=t_1}^{t_2}(F(z)-F^{M}(z_0))}{(n_e-n_s+1)(t_2-t_1)} \tag{4.77}$$

式中 $U_{k+1}^{O}(z)$ ——在 t 时刻 U_{k+1} 的值，IU；

$F(z)$ ——$f(t)$ 在 t 时刻的离散计算值，IU；

$F^{M}(z_0)$ ——$f^{M}(t_0)$ 在 t_0 时刻的离散计算值，IU。

B 板形目标曲线系数的设定顺序

按照 4.3.2 节中分析的各系数对其所在作用区间内各测量段板形计算值的变化程度，将对称式板形目标曲线系数的设定顺序依次设置为 A_{sym}、a_2、a_8、a_4、a_6，设定步骤如图 4.18 所示；将非对称式板形目标曲线的系数设定顺序设置为 A_{sym}、a_2、a_8、a_4、a_6、A_{asym}、a_1、a_7、a_5、a_3，设定步骤如图 4.19 所示。

C 板形目标曲线动态规划设定计算定理

为充分说明板形目标曲线动态规划设定计算定理的设置流程，现定义如下变量：

(1) a_i 系数作用区间内第 k 测量段的板形计算值为 $FU_i^k(t)$ ，对应的离散值

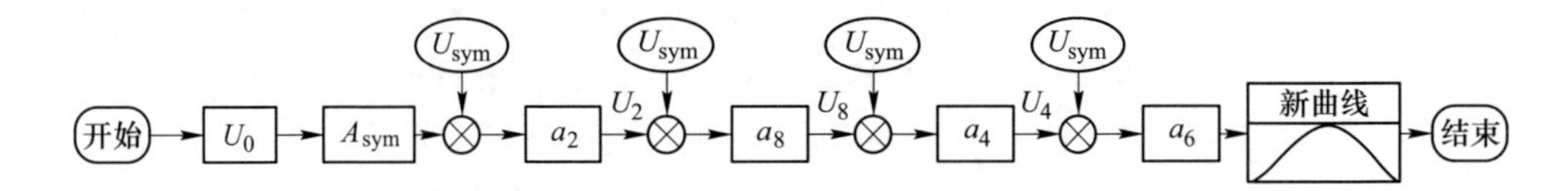

图 4.18　对称式板形目标曲线的系数设定顺序

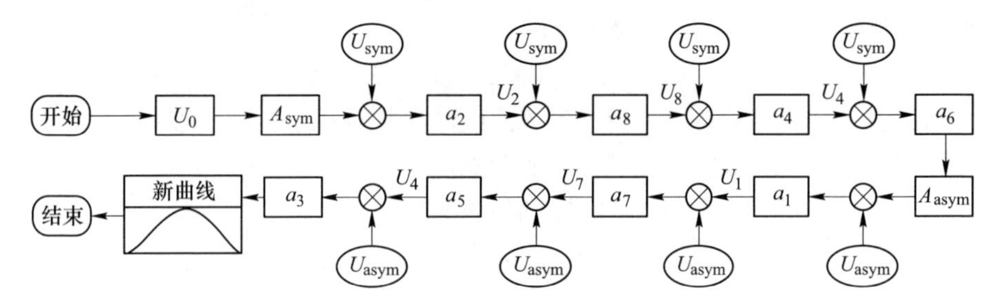

图 4.19　非对称式板形目标曲线的系数设定顺序

为 $FU_i^k(z)$ ，$FU_i^k(t)$ 的概率密度函数为 $fu_i^k(t)$ 。

(2) a_i 系数作用区间内各测量段的板形计算值的平均值为 $FA_i(t)$ ，对应的离散形式为 $FA_i(z)$ 。

(3) 经 a_i 系数调整后，a_j 系数作用区间内第 k 测量段的板形计算值为 $FU_{ij}^k(t)$ ，对应的离散形式为 $FU_{ij}^k(z)$ ，$FU_{ij}^k(t)$ 的概率密度函数为 $fu_{ij}^k(t)$ 。

(4) 经 a_i 系数调整后，a_j 系数作用区间内各测量段的板形计算值为 $FA_j^i(t)$ ，对应的离散形式为 $FA_j^i(z)$ 。

(5) a_i 系数作用区间的起始测量段为 n_s^i ，终止测量段为 n_e^i 。

(6) a_i 系数对应参照测量段的调节量为 $V_{a_i}(t)$ ，对应的离散形式为 $V_{a_i}(z)$ 。

(7) a_i 系数对应参照测量段的控制量为 $y_{a_i}(z)$ 。

(8) a_i 系数作用区间内各测量段的板形实测值为 $MU_i^k(t)$ ，对应的离散形式为 $MU_i^k(z)$ ，$MU_i^k(t)$ 的概率密度函数为 $mu_i^k(t)$ ，$k \in [n_s^i,\ n_e^i]$ 。

(9) a_i 系数作用区间内各测量段的板实测值的平均值为 $MA_i(t)$ ，对应的离散形式为 $MA_i(z)$ 。

(10) A_{sym} 系数对应参照测量段的调节量为 $V_{A_{sym}}(t)$ ，A_{asym} 系数对应参照测量段的调节量为 $V_{A_{asym}}(t)$ 。

(11) A_{sym} 系数作用区间内各测量段板形计算值分别为 $FU_{sym}^{n_s^{sym}}(t)$ 和 $FU_{sym}^{n_e^{sym}}(t)$ ，对应的概率密度函数分别为 $fu_{sym}^{n_s^{sym}}(t)$ 和 $fu_{sym}^{n_e^{sym}}(t)$ ，离散形式分别为 $FU_{sym}^{n_s^{sym}}(z)$ 和 $FU_{sym}^{n_e^{sym}}(z)$ ；A_{sym} 系数作用区间内各测量段板形实测值分别为 $MU_{sym}^{n_s^{sym}}(t)$ 和 $MU_{sym}^{n_e^{sym}}(t)$ ，对应的概率密度函数分别为 $mu_{sym}^{n_s^{sym}}(t)$ 和 $mu_{sym}^{n_e^{sym}}(t)$ ，离散形式分别为 $MU_{sym}^{n_s^{sym}}$ 和 $MU_{sym}^{n_e^{sym}}$ 。

（12）A_{asym} 系数作用区间内各测量段板形计算值分别为 $FU_{asym}^{n_s^{asym}}(t)$ 和 $FU_{asym}^{n_e^{asym}}(t)$，对应的概率密度函数为 $fu_{asym}^{n_s^{asym}}(t)$ 和 $fu_{asym}^{n_e^{asym}}(t)$，离散形式为 $FU_{asym}^{n_s^{asym}}$ 和 $FU_{asym}^{n_e^{asym}}$；A_{asym} 系数作用区间内各测量段板形实测值分别为 $MU_{asym}^{n_s^{asym}}(t)$ 和 $MU_{asym}^{n_e^{asym}}(t)$，对应的概率密度函数分别为 $mu_{asym}^{n_s^{asym}}(t)$ 和 $mu_{asym}^{n_e^{asym}}(t)$，离散形式分别为 $MU_{asym}^{n_s^{asym}}$ 和 $MU_{asym}^{n_e^{asym}}$。

利用（1）~（12）中定义的变量，现将板形目标曲线中各系数动态规划计算定理及方法的详细计算流程、设定步骤叙述如下。

a　A_{sym} 与 A_{asym} 系数计算

$$V_{A_{sym}}(t)=\begin{cases}\displaystyle\int_{t_1}^{t_2}t\left(fu_{sym}^{n_s^{sym}}(t)+fu_{sym}^{n_e^{sym}}(t)-mu_{sym}^{n_s^{sym}}(t)-mu_{sym}^{n_e^{sym}}(t)\right)\mathrm{d}t, & \text{非稳态阶段}\\ \displaystyle\int_{t_1}^{t_2}t\left(mu_{sym}^{n_s^{sym}}(t)+mu_{sym}^{n_e^{sym}}(t)\right)\mathrm{d}t, & \text{稳态阶段}\end{cases}\tag{4.78}$$

$$V_{A_{asym}}(t)=\begin{cases}\displaystyle\int_{t_1}^{t_2}t\left(fu_{sym}^{n_s^{sym}}(t)+fu_{sym}^{n_e^{sym}}(t)-mu_{sym}^{n_s^{sym}}(t)-mu_{sym}^{n_e^{sym}}(t)\right)\mathrm{d}t, & \text{操作侧楔形}\\ \displaystyle-\int_{t_1}^{t_2}t\left(fu_{sym}^{n_s^{sym}}(t)+fu_{sym}^{n_e^{sym}}(t)-mu_{sym}^{n_s^{sym}}(t)-mu_{sym}^{n_e^{sym}}(t)\right)\mathrm{d}t, & \text{传动侧楔形}\end{cases}\tag{4.79}$$

则 A_{sym} 与 A_{asym} 的计算方程为：

$$A_{sym}=\begin{cases}\left[\dfrac{\displaystyle\sum_{z=t_1}^{t=t_2}\left[MU_{sym}^{n_s^{sym}}(z)+MU_{sym}^{n_e^{sym}}(z)\right]}{2\times(t_2-t_1)}\right], & \text{非稳态阶段}\\ -\left[\dfrac{\displaystyle\sum_{z=t_1}^{t=t_2}\left|FU_{asym}^{n_s^{asym}}(z)+FU_{asym}^{n_e^{asym}}(z)-MU_{sym}^{n_s^{sym}}(z)-MU_{sym}^{n_e^{sym}}(z)\right|}{2\times(t_2-t_1)}\right], & \text{稳态阶段}\end{cases}\tag{4.80}$$

$$A_{asym}=\begin{cases}\left[\dfrac{\displaystyle\sum_{z=t_1}^{t=t_2}\left(FU_{asym}^{n_s^{asym}}(z)+FU_{asym}^{n_e^{asym}}(z)-MU_{asym}^{n_s^{asym}}(z)-MU_{asym}^{n_e^{asym}}(z)\right)}{2\times(t_2-t_1)}\right], & \text{操作侧楔形}\\ -\left[\dfrac{\displaystyle\sum_{z=t_1}^{t=t_2}\left(FU_{asym}^{n_s^{asym}}(z)+FU_{asym}^{n_e^{asym}}(z)-MU_{asym}^{n_s^{asym}}(z)-MU_{asym}^{n_e^{asym}}(z)\right)}{2\times(t_2-t_1)}\right], & \text{传动侧楔形}\end{cases}\tag{4.81}$$

b　$a_i(i=1\sim8)$ 系数计算

令 $FA_i(t)$ 的计算方程为：

$$FA_i(t)=\frac{\sum\limits_{n_s^i}^{n_e^i}E(FU_i^k(t))}{n_e^i-n_s^i+1}=\frac{\sum\limits_{n_s^i}^{n_e^i}\int_{t_1}^{t_2}tfu_i^k(t)\,\mathrm{d}t}{n_e^i-n_s^i+1},\qquad i=1\sim8 \tag{4.82}$$

则 $FA_i(z)$ 的计算方程为：

$$FA_i(z)=\frac{\sum\limits_{k=n_s^i}^{n_e^i}\sum\limits_{z=t_1}^{t_2}FU_i^k(z)}{(n_e^i-n_s^i+1)(t_2-t_1)} \tag{4.83}$$

令 $FA_j^i(t)$ 的计算方程为：

$$FA_j^i(t)=\frac{\sum\limits_{n_s^j}^{n_e^j}E(FU_{ij}^k(t))}{n_e^j-n_s^j+1}=\frac{\sum\limits_{n_s^j}^{n_e^j}\int_{t_1}^{t_2}t\cdot fu_{ij}^k(t)\,\mathrm{d}t}{n_e^j-n_s^j+1},\qquad i=1\sim8,\ j=1\sim8 \tag{4.84}$$

则 $FA_j^i(z)$ 的计算方程为：

$$FA_j^i(z)=\frac{\sum\limits_{k=n_s^j}^{n_e^j}\sum\limits_{z=t_1}^{t_2}FU_{ij}^k(z)}{(n_e^j-n_s^j+1)(t_2-t_1)},\qquad i=1\sim8,\ j=1\sim8 \tag{4.85}$$

令 $MA_i(t)$ 的计算方程为：

$$MA_i(t)=\frac{\sum\limits_{k=n_s^i}^{n_e^i}E(MU_i^k(t))}{n_e^i-n_s^i+1}=\frac{\sum\limits_{k=n_s^i}^{n_e^i}\int_{t_1}^{t_2}t\cdot mu_i^k(t)\,\mathrm{d}t}{n_e^i-n_s^i+1},\qquad i=1\sim8 \tag{4.86}$$

则 $MA_i(z)$ 的计算方程为：

$$MA_i(z)=\frac{\sum\limits_{k=n_s^i}^{n_e^i}\sum\limits_{z=t_1}^{t_2}MU_i^k(z)}{(n_e^i-n_s^i+1)(t_2-t_1)},\qquad i=1\sim8 \tag{4.87}$$

依据系数调节顺序的设定结果，将 $V_{a_i}(t)$ 计算公式设定为：

$$V_{a_1}(t)=\left|FA_1^{\mathrm{asym}}(t)-MA_1(t)\right|=\frac{\sum\limits_{k=n_s^1}^{n_e^1}\int_{t_1}^{t_2}t\left|fu_{\mathrm{asym1}}^k(t)-mu_1^k(t)\right|\mathrm{d}t}{n_e^2-n_s^2+1} \tag{4.88}$$

$$V_{a_2}(t)=\left|FA_2^{\mathrm{sym}}(t)-MA_2(t)\right|=\frac{\sum\limits_{k=n_s^2}^{n_e^2}\int_{t_1}^{t_2}t\left|fu_{\mathrm{sym2}}^k(t)-mu_2^k(t)\right|\mathrm{d}t}{n_e^2-n_s^2+1} \tag{4.89}$$

$$V_{a_3}(t) = |FA_5^1 - FA_3^5 + MA_3| = \frac{\sum_{k=n_s^3}^{n_e^3} \int_{t_1}^{t_2} t |fu_{15}^k(t) - fu_{53}^k(t) + mu_3^k(t)| dt}{n_e^3 - n_s^3 + 1} \quad (4.90)$$

$$V_{a_4}(t) = |2FA_4^8 - MA_4| = \frac{\sum_{k=n_s^4}^{n_e^4} \int_{t_1}^{t_2} t |fu_{84}^k(t) - mu_4^k(t)| dt}{n_e^4 - n_s^4 + 1} \quad (4.91)$$

$$V_{a_5}(t) = |2FA_5^7 - MA_5| = \frac{\sum_{k=n_s^5}^{n_e^5} \int_{t_1}^{t_2} t |2 \cdot fu_{75}^k(t) - mu_5^k(t)| dt}{n_e^5 - n_s^5 + 1} \quad (4.92)$$

$$V_{a_6}(t) = |FA_4^2 - FA_6^4 + MA_6| = \frac{\sum_{k=n_s^4}^{n_e^4} \int_{t_1}^{t_2} t |fu_{24}^k(t) - fu_{46}^k(t) + mu_6^k(t)| dt}{n_e^4 - n_s^4 + 1} \quad (4.93)$$

$$V_{a_7}(t) = |FA_7^2 - MA_7| = \frac{\sum_{k=n_s^7}^{n_e^7} \int_{t_1}^{t_2} t |fu_{17}^k(t) - mu_7^k(t)| dt}{n_e^8 - n_s^8 + 1} \quad (4.94)$$

$$V_{a_8}(t) = |FA_8^2 - MA_8| = \frac{\sum_{k=n_s^8}^{n_e^8} \int_{t_1}^{t_2} t |fu_{28}^k(t) - mu_8^k(t)| dt}{n_e^8 - n_s^8 + 1} \quad (4.95)$$

则 $V_{a_i}(z)$ 的计算公式为:

$$V_{a_1}(z) = \left[\sum_{k=n_s^1}^{n_e^1} \sum_{z=t_1}^{t_1} |FU_{asym1}^k(z) - MU_1^k(z)| \right] / [(n_e^1 - n_s^1 + 1)(t_2 - t_1)] \quad (4.96)$$

$$V_{a_2}(z) = \left[\sum_{k=n_s^2}^{n_e^2} \sum_{z=t_1}^{t_2} |FU_{sym2}^k(z) - MU_2^k(z)| \right] / [(n_e^2 - n_s^2 + 1)(t_2 - t_1)] \quad (4.97)$$

$$V_{a_3}(z) = \left[\sum_{k=n_s^3}^{n_e^3} \sum_{z=t_1}^{t_2} |FU_{53}^k(z) - FU_{53}^k(z) + MU_3^k(z)| \right] / [(n_e^3 - n_s^3 + 1)(t_2 - t_1)] \quad (4.98)$$

$$V_{a_4}(z)=\left[\sum_{k=n_s^4}^{n_e^4}\sum_{t=t_1}^{t_2}\left|2FU_{84}^k(z)-MU_4^k(z)\right|\right]/[(n_e^4-n_s^4+1)(t_2-t_1)] \tag{4.99}$$

$$V_{a_5}(z)=\left[\sum_{k=n_s^5}^{n_e^5}\sum_{t=t_1}^{t_2}\left|2FU_{75}^k(z)-MU_5^k(z)\right|\right]/[(n_e^5-n_s^5+1)(t_2-t_1)] \tag{4.100}$$

$$V_{a_6}(z)=\left[\sum_{k=n_s^6}^{n_e^6}\sum_{z=t_1}^{t_2}\left|FU_{24}^k(z)-FU_{24}^k(z)+MU_6^k(z)\right|\right]/[(n_e^6-n_s^6+1)(t_2-t_1)] \tag{4.101}$$

$$V_{a_7}(z)=\left[\sum_{k=n_s^7}^{n_e^7}\sum_{z=t_1}^{t_2}\left|FU_{17}^k(z)-MU_7^k(z)\right|\right]/[(n_e^7-n_s^7+1)(t_2-t_1)] \tag{4.102}$$

$$V_{a_8}(z)=\left[\sum_{k=n_s^8}^{n_e^8}\sum_{z=t_1}^{t_2}\left|FU_{28}^k(z)-MU_8^k(z)\right|\right]/[(n_e^8-n_s^8+1)(t_2-t_1)] \tag{4.103}$$

令 $y_{a_i}(z)$ 的计算公式为：

$$y_{a_i}(z)=\begin{cases}b_i+\dfrac{c_i-b_i}{V_{a_i}^{\max}-V_{a_i}^{\min}}(V_{a_i}(z)-V_{a_i}^{\min}), & V_{a_i}(z)\notin[V_{a_i}^{\min},V_{a_i}^{\max}]\\ V_{a_i}(z), & V_{a_i}(z)\in[V_{a_i}^{\min},V_{a_i}^{\max}]\end{cases}\quad i=1\sim8 \tag{4.104}$$

式中　$V_{a_i}^{\min}$ —— $V_{a_i}(z)$ 的最小值；

$V_{a_i}^{\max}$ —— $V_{a_i}(z)$ 的最大值；

c_i —— $y_{a_i}(z)$ 的最大值，由 4.3.2.2 节中回归结果决定；

b_i —— $y_{a_i}(z)$ 的最小值，由 4.3.2.2 节中回归结果决定。

由 4.3.2.2 节分析可知，不同系数对板形目标曲线的影响程度是不同的，因此 $V_{a_i}^{\max}$ 与 $V_{a_i}^{\min}$ 的计算方程需根据不同系数的作用特点单独设定，设定结果为：

$$\begin{cases}V_{a_1}^{\min}=FA_1^{\mathrm{asym}}(z)=\dfrac{\sum\limits_{n_s^1}^{n_e^1}\sum\limits_{z=t_1}^{t_2}FU_{\mathrm{asym1}}^k(z)}{(n_e^1-n_s^1+1)(t_2-t_1)}\\ V_{a_1}^{\max}=FA_1^{\mathrm{asym}}(z)=\dfrac{\sum\limits_{k=n_s^1}^{n_e^1}\sum\limits_{z=t_1}^{t_2}FU_{\mathrm{asym1}}^k(z)}{(n_e^1-n_s^1+1)(t_2-t_1)}\end{cases} \tag{4.105}$$

$$\begin{cases} V_{a_2}^{\min} = \min(MU_2^k(z)), & k \in [n_s^2, n_e^2] \\ V_{a_2}^{\max} = FA_2^{\text{sym}}(z) = \dfrac{\sum\limits_{k=n_s^2}^{n_e^2} \sum\limits_{z=t_1}^{t_2} FU_{\text{sym}2}^k(z)}{(n_e^2 - n_s^2 + 1)(t_2 - t_1)}, & k \in [n_s^2, n_e^2] \end{cases} \tag{4.106}$$

$$\begin{cases} V_{a_3}^{\min} = \min(MU_3^5(z)), & k \in [n_s^3, n_e^3] \\ V_{a_3}^{\max} = FA_3^5(z) = \dfrac{\sum\limits_{k=n_s^3}^{n_e^3} \sum\limits_{z=t_1}^{t_2} FU_{53}^k(z)}{(n_e^3 - n_s^3 + 1)(t_2 - t_1)}, & k \in [n_s^3, n_e^3] \end{cases} \tag{4.107}$$

$$\begin{cases} V_{a_4}^{\min} = FA_4^8(z) = \dfrac{\sum\limits_{n_s^4}^{n_e^4} \sum\limits_{z=t_1}^{t_2} FU_{84}^k(z)}{(n_e^4 - n_s^4 + 1)(t_2 - t_1)} \\ V_{a_4}^{\max} = FA_4^2(z) = \dfrac{\sum\limits_{k=n_s^4}^{n_e^4} \sum\limits_{z=t_1}^{t_2} FU_{24}^k(z)}{(n_e^4 - n_s^4 + 1)(t_2 - t_1)} \end{cases} \tag{4.108}$$

$$\begin{cases} V_{a_5}^{\min} = FA_5^7(z) = \dfrac{\sum\limits_{n_s^5}^{n_e^5} \sum\limits_{z=t_1}^{t_2} FU_{75}^k(z)}{(n_e^5 - n_s^5 + 1)(t_2 - t_1)} \\ V_{a_5}^{\max} = FA_5^1(z) = \dfrac{\sum\limits_{k=n_s^5}^{n_e^5} \sum\limits_{z=t_1}^{t_2} FU_{15}^k(z)}{(n_e^5 - n_s^5 + 1)(t_2 - t_1)} \end{cases} \tag{4.109}$$

$$\begin{cases} V_{a_6}^{\min} = FA_6^4(z) = \dfrac{\sum\limits_{n_s^6}^{n_e^6} \sum\limits_{z=t_1}^{t_2} FU_{46}^k(z)}{(n_e^6 - n_s^6 + 1)(t_2 - t_1)} \\ V_{a_6}^{\max} = FA_4^2(z) = \dfrac{\sum\limits_{k=n_s^6}^{n_e^6} \sum\limits_{z=t_1}^{t_2} FU_{24}^k(z)}{(n_e^6 - n_s^6 + 1)(t_2 - t_1)} \end{cases} \tag{4.110}$$

$$\begin{cases} V_{a_7}^{\min} = \min(MU_7^k(z)), & k \in [n_s^7, n_e^7] \\ V_{a_7}^{\max} = FA_7^1(z) = \dfrac{\sum\limits_{k=n_s^7}^{n_e^7} \sum\limits_{z=t_1}^{t_2} FU_{17}^k(z)}{(n_e^7 - n_s^7 + 1)(t_2 - t_1)}, & k \in [n_s^7, n_e^7] \end{cases} \tag{4.111}$$

$$
\begin{cases}
V_{a_8}^{\min} = \min(MU_8^k(z)), & k \in [n_s^8, n_e^8] \\
V_{a_8}^{\max} = FA_8^2(z) = \dfrac{\sum\limits_{k=n_s^8}^{n_e^8}\sum\limits_{z=t_1}^{t_2} FU_{28}^k(z)}{(n_e^8 - n_s^8 + 1)(t_2 - t_1)}, & k \in [n_s^8, n_e^8]
\end{cases}
\tag{4.112}
$$

c　动态规划设定评价机制

以板形标准差作为动态规划设定的评价标准。设评价函数为 $I(z)$，则其表达式为：

$$
I(z) = \frac{\sum\limits_{z=t_1}^{t_2} \sqrt{\left[\sum\limits_{k=n_s^i}^{n_e^i} (FU_{ij}^k(z) - MU_i^k(z))^2\right] / (n_e^i - n_s^i + 1)}}{t_2 - t_1} \leqslant D, \qquad i = 1 \sim 8
\tag{4.113}
$$

式中　D——板形标准差允许最大值，IU。

D　动态规划设定方法实例应用

以牌号 DC01、目标宽度 1227mm、目标厚度 0.495mm 带钢的对称式板形目标曲线设定为例，说明动态规划算法在设定板形目标曲线中的实际应用过程。经动态规划设定前，归一式板形目标曲线的表达式为：

$$
y = -5 \times (1.80x^2 + 0 \times x^4 + 0 \times x^6 + 0 \times x^8 - 0.78) \tag{4.114}
$$

图 4.20 所示为该曲线与实际板形的对比图。由图中可以看出，该曲线与实际板形完全不符，而且现场工作人员不熟悉板形曲线的设定机理与步骤，导致板形闭环控制系统始终处于未使用状态。

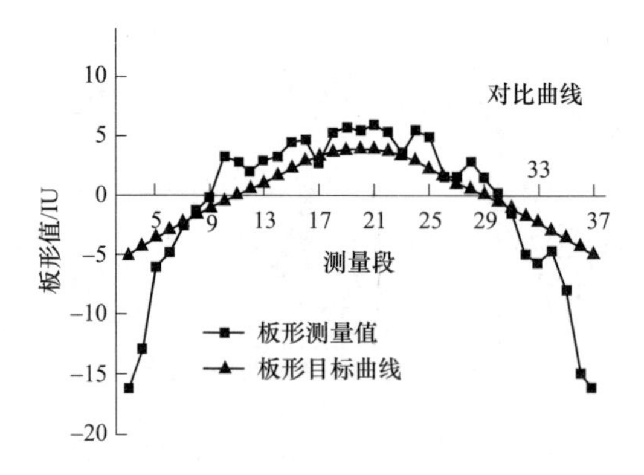

图 4.20　原始板形目标曲线

通过查询分类表可知该规格的带钢归属于 F4 类，对应 4 号曲线。但 4 号曲线是根据 SPCC-1B 钢种设定，不一定适用于当前实验钢种，因此需要动态规划步骤对板形目标曲线系数进行重新设定。设定采样时间为 40s，每秒采集 10 个数据，有效测量段的最大数量为 15 个，则在采样时间内，共采集 6000 个实测数据作为动态规划的设定依据。依据板形闭环反馈控制系统采集到的数据，此次板形目标曲线的动态设定计算过程如下：

（1）A_{sym} 系数计算：

$$A_{\text{sym}} = \left[\frac{\sum_{t=t_1}^{t=t_2} (MU_{\text{sym}}^{n_s^{\text{sym}}} + MU_{\text{sym}}^{n_e^{\text{sym}}})}{2 \times 40} \right] \approx [-15.62] = -15$$

（2）a_2 系数计算：$V_{a_2}^{\min} = \min(MU_2^k(z)) = 2.61\text{IU}$，$V_{a_2}^{\max} = FA_2^{\text{sym}}(z) = 9.03\text{IU}$。由 4.3.2.2 节分析可得到 $c_2 = 9.47$，$b_2 = 5.03$。

$$V_{a_2}(z) = \frac{\sum_{k=n_s^2}^{n_e^2} \sum_{z=t_1}^{t_2} |FU_{\text{sym2}}^k(z) - MU_2^k(z)|}{(n_e^2 - n_s^2 + 1)(t_2 - t_1)} = \frac{\sum_{k=14}^{26} \sum_{z=1}^{120} (9.03 - MU_2^k(z))}{13 \times 40} \approx 4.45\text{IU}$$

因 $4.45 \notin [b_2, c_2]$，则 $y_{a_2}(z)$ 的计算结果为：

$$y_{a_2}(z) = b_2 + \frac{c_2 - b_2}{V_{a_2}^{\max} - V_{a_2}^{\min}} (V_{a_2}(z) - V_{a_2}^{\min}) \approx 6.30 \tag{4.115}$$

将式（4.115）的计算结果代入到 $A_{\text{sym}} = -15$ 时的回归方程 $f_{a_{21}}^{-15}(a_{21})$ 中，得到 a_2 的求解方程为：

$$6.3 = 0.63271a_{21}^3 - 3.15591a_{21}^2 + 6.28924a_{21} + 4.48601 \tag{4.116}$$

利用 Python 函数求解器求解方程（4.116），得到的求解结果为 $a_{211} = 0.33899$，$a_{212} = 2.32447 - 1.72077\text{i}$，$a_{213} = 2.32447 - 1.72077\text{i}$。取 a_2 保留两位小数后的实数解，则 a_2 的值为 0.34。

（3）a_8 系数计算：

$$V_{a_8}^{\min} = \min(MU_8^k(z)) = 1.49\text{IU}$$

$$V_{a_8}^{\max} = FA_8^2(z) = \frac{\sum_{k=13}^{27} \sum_{z=1}^{120} FU_{28}^k(z)}{15 \times 40} = 7.76\text{IU}$$

由 4.3.2.2 节分析可得到 $c_8 = 7.21$，$b_8 = 4.37$。

$$V_{a_8}(z) = \frac{\sum_{k=n_s^8}^{n_e^8} \sum_{z=t_1}^{t_2} |FU_{28}^k(z) - MU_2^k(z)|}{(n_e^8 - n_s^8 + 1)(t_2 - t_1)} = \frac{\sum_{k=13}^{27} \sum_{z=1}^{120} (7.76 - MU_2^k(z))}{15 \times 40} \approx 3.49\text{IU}$$

因 $3.49 \notin [b_8, c_8]$，则 $y_{a_8}(z)$ 的计算结果为：

$$y_{a_8}(z) = b_8 + \frac{c_8 - b_8}{V_{a_8}^{\max} - V_{a_8}^{\min}} (V_{a_8}(z) - V_{a_8}^{\min}) \approx 5.28 \tag{4.117}$$

将式（4.117）的计算结果代入到 $A_{\text{sym}} = -15$ 时的 a_8 系数回归方程 $f_{a_{81}}^{-15}(a_{81})$

中，得到 a_{81} 系数求解方程为：

$$5.28 = -0.60545a_{81}^3 + 2.79264a_{81}^2 - 4.79086a_{81} + 7.58605 \quad (4.118)$$

利用 Python 函数求解器求解方程（4.118），得到求解结果为 $a_{811} = 0.76141$，$a_{812} = 1.92555 - 1.12823i$，$a_{813} = 1.92555 + 1.12823i$。取 a_8 保留两位小数后的实数解，则 a_8 的值为 0.76。

（4）a_4 系数计算：$V_{a_4}^{\min} = FA_4^8(t) = 4.39$，$V_{a_4}^{\max} = FA_4^2(t) = 7.76$。由 4.3.2.2 节分析可得到 $c_4 = 6.15$，$b_4 = 5.85$。

$$V_{a_4}(z) = \frac{\sum_{k=n_s^4}^{n_e^4}\sum_{t=t_1}^{t_2} \left|2FU_{84}^k(z) - MU_4^k(z)\right|}{(n_e^4 - n_s^4 + 1)(t_2 - t_1)} = \frac{\sum_{k=13}^{27}\sum_{z=1}^{120}(2 \times 4.39 - MU_2^k(z))}{15 \times 40} \approx 4.52\text{IU}$$

因 $4.52 \notin [b_4, c_4]$，则 $y_{a_4}(z)$ 的计算结果为：

$$y_{a_4}(z) = b_4 + \frac{c_4 - b_4}{V_{a_4}^{\max} - V_{a_4}^{\min}}(V_{a_4}(z) - V_{a_4}^{\min}) \approx 5.86 \quad (4.119)$$

将式（4.119）的计算结果代入到 $A_{\text{sym}} = -15$ 时的 a_4 系数回归方程 $f_{a_{41}}^{-15}(a_{41})$ 中，得到 a_4 系数求解方程为：

$$5.86 = -0.04579a_{41}^3 - 0.22285a_{41}^2 + 0.42378a_{41} + 5.82297 \quad (4.120)$$

利用 Python 函数求解器求解方程（4.120），得到求解结果为 $a_{411} = 0.09172$，$a_{412} = 2.38753 - 1.76538\text{i}$，$a_{413} = 2.38753 + 1.76538\text{i}$。取 a_4 保留两位小数后的实数解，则 a_4 的值为 0.09。

（5）a_6 系数计算：

$$V_{a_6}^{\min} = FA_6^4(z) = \frac{\sum_{k=14}^{26}\sum_{z=1}^{120} FU_{46}^k(z)}{15 \times 40} \approx 4.67$$

$$V_{a_6}^{\max} = FA_2^4(z) = \frac{\sum_{k=14}^{26}\sum_{z=1}^{120} FU_{42}^k(z)}{15 \times 40} \approx 7.76$$

由 4.3.2.2 节分析可得到：$c_6 = 5.83$，$b_6 = 4.88$；

$$V_{a_6}(z) = \frac{\sum_{k=n_s^6}^{n_e^6}\sum_{z=t_1}^{t_2} \left|FU_{24}^k(z) - FU_{24}^k(z) + MU_6^k(z)\right|}{(n_e^6 - n_s^6 + 1)(t_2 - t_1)} = \frac{\sum_{k=14}^{26}\sum_{z=1}^{120} \left|7.76 - 4.67 + MU_6^k(z)\right|}{15 \times 40} = 7.36$$

因 $7.36 \notin [b_6, c_6]$，则 $y_{a_6}(z)$ 的计算结果为：

$$y_{a_6}(z) = b_6 + \frac{c_6 - b_6}{V_{a_6}^{\max} - V_{a_6}^{\min}}(V_{a_6}(z) - V_{a_6}^{\min}) \approx 5.71 \quad (4.121)$$

将式（4.121）的计算结果代入到 $A_{\text{sym}} = -15$ 时的 a_6 系数回归方程 $f_{a_{61}}^{-15}(a_{61})$ 中，得到 a_6 系数求解方程为：

$$5.71 = -0.066a_{61}^3 + 0.45499a_{61}^2 - 1.19803a_{61} + 5.99306 \quad (4.122)$$

利用 Python 函数求解器求解方程（4.122），得到求解结果为 $a_{611} = 0.2612$，$a_{612} = 3.31629 - 2.32846\text{i}$，$a_{613} = 3.31629 + 2.32846\text{i}$ 。取 a_6 保留两位小数后的实数解，a_6 的值为 0.26。则归一式板形目标曲线为：

$$y = -15 \times (0.32x_i^2 + 0.09x_i^4 + 0.25x_i^6 + 0.72x_i^8 - 0.34) \quad (4.123)$$

图 4.21 所示为设定新目标曲线后板形标准差的计算结果。

图 4.22 所示为经动态规划设定后获得的新目标曲线的衍变过程。从图 4.21 中可以看出，改变系数前，板形标准差在［8IU，11IU］区间内波动；改变系数后，板形标准差在［5IU，8IU］区间内波动，而且变化后的曲线波动幅度要小于变化后的曲线波动幅度。因此可以说明由动态设定方法计算出的板形目标曲线系数可以提高带钢的生产质量。

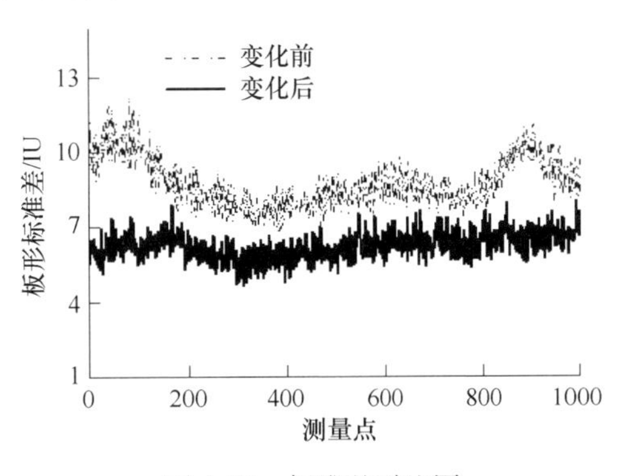

图 4.21 标准差对比图

此处通过应用实例展示了板形目标曲线系数动态规划设定的具体计算流程。虽然应用结果表明该方法可以准确设置板形目标曲线，但为提升轧制阶段的板形质量和解决板形目标曲线失配问题，还需将动态规划设定部分引入 D-FCES 专家系统中，以建立不同工况条件下板形目标曲线各系数的设置方式。

4.3.3.2 知识图谱建立

知识图谱以网状结构形象生动展示各事物间的隶属关系，并代替传统的文字表达方式，便于信息提取、发掘、分析和使用。知识图谱目前主要应用于 Google、Baidu、Bing 等各大搜索平台，在医疗和工业领域也具有巨大的应用价值。知识图谱的常用建立方法有五步法、六步法、七步法和三阶语义法。六步法和七步法适用于建立结构关系复杂的多层知识图谱，三阶语义法适合建立基于知识图谱的知识数据库系统，五步法适用于小体量数据的知识图谱建立。本小节采用五步法建立用于解释板形目标曲线与冷轧闭环反馈控制系统间关系的 D-FCES 知识图谱。“五步法”包括知识定义、知识提取、知识描述、知识连接和图谱生成。

（1）知识定义：此步骤应明确建立图谱所需要的知识范围、类型和数量，

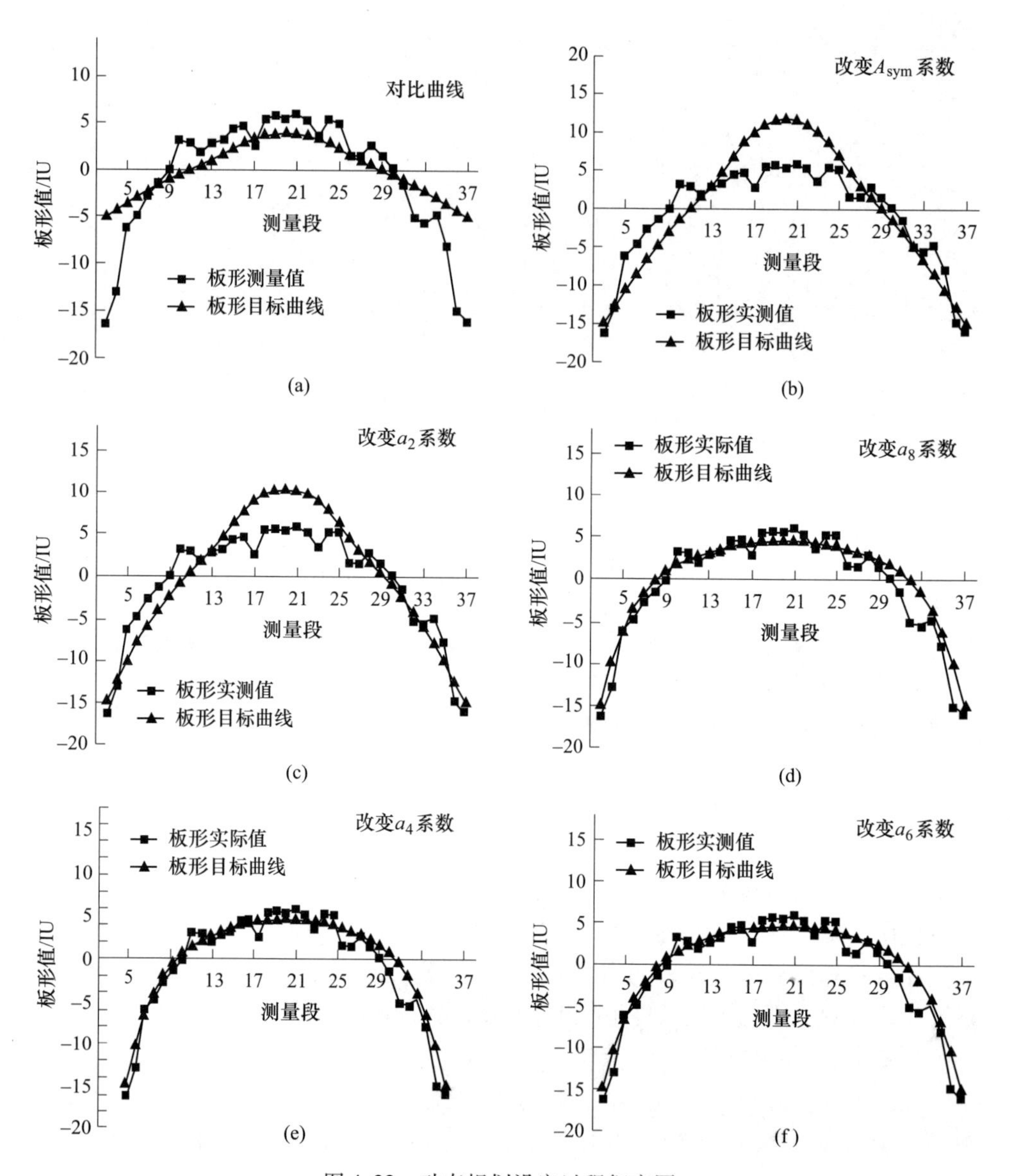

图 4.22　动态规划设定过程衍变图

(a) 更改曲线前；(b) 更改 A_{sym}后；(c) 更改 a_2后；(d) 更改 a_8后；(e) 更改 a_4后；(f) 更改 a_6后

并分类汇总出可搜索到的知识和应该被定义的知识。“知识定义”是建立图谱的“风向标”。

(2) 知识提取：首先区分个体知识和群体知识。个体知识指个体的基本信息，如年龄、部门、性格特点等，可直接获得；群体知识包括文件、报告、会议记录等形式，采集方法有调查问卷、采访、专家咨询等，获取周期长、难度大。

（3）知识描述：对经过“知识提取”步骤的知识通过图像、音频、文字、图表等方式进行适当描述，同时对知识进行审查、补充和拓展。

（4）知识连接：通过数据挖掘、聚类分析等方法寻找各知识节点间有价值的联系，使各知识节点间形成一个语义网络。

（5）图谱生成：利用 Visio、Cite-Space 等可视化作图工具或 E-Chart 等专业知识图谱工具依据（1）~（4）步的分析结果制作知识图谱。

依据上述 5 个步骤，结合 D-FCES 板形控制专家系统与板形闭环控制反馈系统之间的隶属关系建立 D-FCES 知识图谱。该图谱包含板形目标曲线系数信息、带钢基本信息、与板形目标曲线设置相关的轧制工艺数据、带钢生产检测数据等信息，将板形目标曲线系数设定过程与轧制环境、工艺数据间的关系进行可视化处理，形成设立 D-FCES 专家系统的基础环节。其中，带钢基本信息包括来料宽度与厚度、来料凸度、目标宽度、目标厚度以及钢种牌号；轧制工艺数据包括稳态与非稳态生产状态下的轧制速度、弯辊力预设定值、各机架预设压下量、轧制力预设定值等；检测信号包括成品带钢板形信号、弯辊力实际值、轧制力实际值等。图 4.23 所示为上述 D-FCES 知识图谱。

4.3.3.3 知识表示形式与知识库

现引入知识工程理论中的因素、关系和状态三种概念以详尽说明专家知识与知识库间的隶属关系。因素是知识表示过程中的任意属性描述量，分为变量型、符号型、开关型和程度型。设 v_i 为因素、$\boldsymbol{V}$ 是由 v_i 组成的因素空间，二者的隶属关系为：

$$\boldsymbol{V} = \{v_1, v_2, \cdots, v_n\} \tag{4.124}$$

关系是指各因素之间的联系，是组成知识库内容的“桥梁”，用 r_i 表示。由关系组成的集合称为关系空间，用 $\boldsymbol{R}$ 表示，二者间隶属关系为：

$$\boldsymbol{R} = \{r_1, r_2, \cdots, r_n\} \tag{4.125}$$

状态则是依据特定关系将不同类型的因素连接在一起而组成的集合，用 u_i 表示。由各状态组成的集合称为状态空间，用 $\boldsymbol{U}$ 表示，二者间隶属关系为：

$$\boldsymbol{U} = \{u_1, u_2, \cdots, u_n\} \tag{4.126}$$

因素、关系与状态三者间的空间关系式为：

$$\boldsymbol{V} \xrightarrow{\boldsymbol{R}} \boldsymbol{U} \tag{4.127}$$

在知识工程领域中，知识的表示形式主要有产生式、语义网络式、三元组式和剧本式，各方式之间仅以不同场景的应用形式作为区分。产生式规则十分符合人类语言的语法规范，也是应用较为广泛的一种方法。该方法依照 Backus-Naur 范式将知识定义为如下表示形式：

（句子）：：= <主语> <谓语> <#><结束符>

“：：=”是元语言符号，意为“被定义为”，尖括号“< >”中的元素被称为“项”，尖括号“< >”则为表示项的符号，“<#>”表示可以添加其他语法元素，圆括号“（ ）”为语句表示符。定义好每个知识语句后，依照不同分类将各语句组成类别不同的集合，进而形成不同类别的知识库。

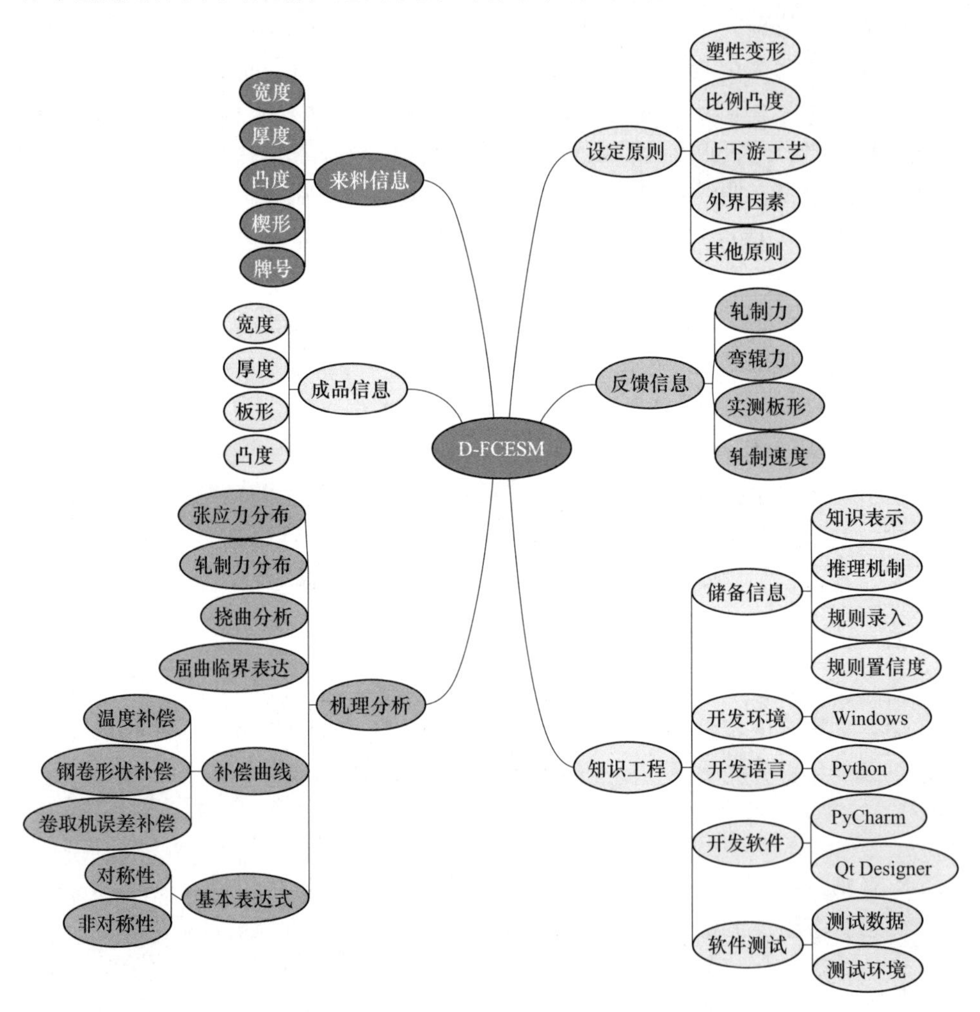

图 4.23　D-FCES 知识图谱

例如“牌号是 DC01，目标宽度是 1200mm，目标厚度是 0.495mm，下游工序是外卖卷”，以句号为结束符，则用 Backus-Naur 范式可表示为：

（句子 1）：：= <牌号> <是> <DC01><。>

（句子 2）：：= <目标厚度> <是> <0.495mm ><。>

（句子 3）：：= <下游工序> <是> <外卖卷><。>

且 3 个句子分别隶属于 3 个不同的知识库中。

D-FCES 专家系统的知识库由基础库、专家经验库和全局数据库三部分组成，知识库的结构如图 4.24 所示。

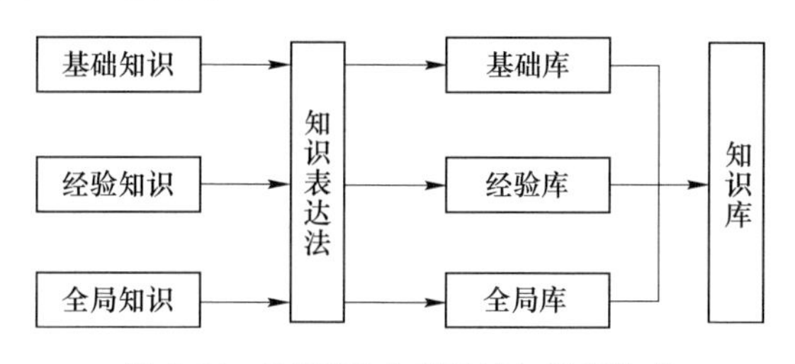

图 4.24　D-FCES 专家系统知识库构成

基础库由带钢基本信息、板形目标曲线信息、动态规划回归函数三部分构成。其中，板形目标曲线信息包括曲线系数、编号和类号；动态规划函数则是由第 3 章分析得出的系数与板形计算值间的关系方程；经验库是由冷轧板形控制领域专家依据工作经验和现场实际生产环境，向工程师提供的针对具体问题的特定解决方案；全局库是带钢生产工艺数据库，包含与板形目标曲线系数设定有关的轧制工艺数据和轧机运行监测数据。各数据库所包含的具体子库内容如下：

（1）基础信息库：来料宽度子库、来料厚度子库、钢种牌号子库、基本板形目标曲线编号子库、带钢分类子库、板形目标曲线系数子库、动态规划设计子库。

（2）经验信息库：板带倾斜处理子库、中浪处理子库、肋浪处理子库、边浪处理子库、异常情况处理子库。

（3）全局信息库：板形测量值子库、轧机运行速度子库、轧制力实际值子库、工作辊弯辊力实际值子库、中间辊弯辊力实际值子库。

4.3.3.4　推理机设计

现有的专家系统，如轴承故障诊断专家系统，其推理机均采用逻辑推断形式，推断的准确性完全由专家知识决定。D-FCES 专家系统的推理机是以数据预测为基础、以专家知识为辅的推断方式进行设计。数据预测来源于回归分析内容，该部分的作用是得到合理的板形目标曲线系数数值，并由专家系统评判该值是否符合应用要求。若不符合，D-FCES 系统则依据知识库中的规则对计算结果进行修正。

A　推理形式

规则的表达方法采用“IF…THEN”形式。对于单一因果的规则推断，采用单层“IF…THEN”即可得到结论；对于递进式因果关系的推断，则需嵌套式“IF…THEN”形式，其表达形式为：

$$\text{IF } A_1 \text{ THEN } B_1$$
$$\text{IF } B_1 \text{ THEN } C_1$$
$$\vdots$$
$$\text{IF } Z_N \text{ THEN } Z_{N+1}$$

对于单因多果或多因多果的情况，同样采用嵌套式逻辑运算实现，相关的表达形式为：

$$\text{IF } (A_1 \text{ and } A_2) \text{ or } A_3 \text{ THEN } B_1$$
$$\text{IF } (A_1 \text{ and } A_2) \text{ or } A_3 \text{ THEN } B_1,\ B_2 \text{ and } B_3$$

B　评价机制

D-FCES 评价机制是评价 D-FCES 专家系统应用效果的关键因素，分为量化评价标准和规则评价标准两部分。

a　量化评价标准

为了保证统计数据和统计方法的有效性和正确性，结合动态规划设定方法的计算特征，决定采用板形标准差 $I(z)$ 、典型测量段在 t 时刻的平均值 $\overline{U}(t)$ 和各系数作用区间板形测量值的有效率 η 作为 D-FCES 板形控制专家系统的量化评价标准。其中，以 $I(z)$ 作为主要评价指标，当 $I(z)$ 值满足要求时，则证明 D-FCES 系统设定有效；当 $I(z)$ 不满足要求时，若 $\overline{U}(t)$ 和 η 同时满足要求时，则证明 D-FCES 系统有效；若三者均不满足要求时，专家设定介入。具体评价流程如图 4.25 所示。

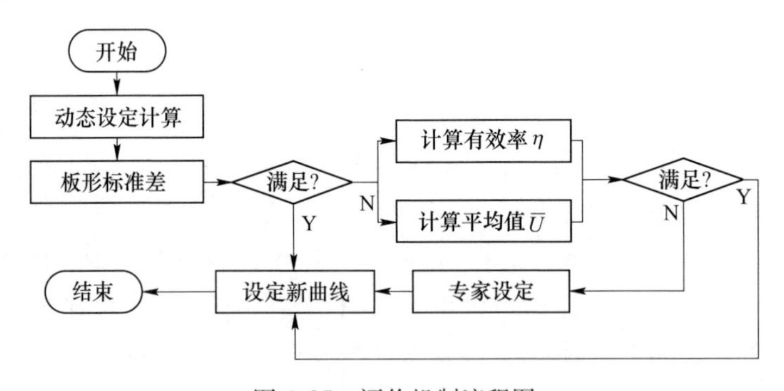

图 4.25　评价机制流程图

$I(z)$ 的计算公式与 4.3.3.1 节的式（4.113）相同。$\overline{U}(t)$ 的计算公式为：

$$\overline{U}(t) = \frac{\sum_{k=16}^{24} MU_t^k(t)}{9} \leqslant \overline{U} \tag{4.128}$$

式中　$MU_t^k(t)$ ——任意 t 时刻第 k 测量段的实际板形值，IU；

$\overline{U}$ —— $\overline{U}(t)$ 的最大允许值，IU。

η 的计算公式为：

$$\eta = \frac{\mathrm{cou}(MU_t^k(t) < I_{\max})}{\mathrm{tal}(MU_t^k(t))} \times 100\% \leqslant \eta_s \tag{4.129}$$

式中 $\mathrm{cou}(MU_t^k(t) < I_{\max})$ —— $MU_t^k(t)$ 小于 $I_{\max}$ 的总个数；

$\mathrm{tal}(MU_t^k(t))$ —— $MU_t^k(t)$ 的总个数；

$I_{\max}$ ——允许的测量段板形最大值，IU；

η_s ——η 的最大允许值。

b 规则评价机制

D-FCES 专家系统采用置信度评价标准来度量规则的使用等级，置信度越大则规则使用等级越高。

设 $x_i(i=1, 2, \cdots, P)$ 表示组成规则的元素，$r_j(j=1, 2, \cdots, M)$ 表示由元素 x_i 组成的规则，$D_k(k=1, 2, \cdots, N)$ 表示经规则 r_j 推理后得到的结论，θ_k 表示结论 D_k 的权重，$\delta_{j,i}$ 表示第 j 条规则中第 i 个组成元素的权重，$\beta_{j,k}$ 表示第 j 条规则对于第 k 个结论 D_k 的置信度，置信度规则的表达形式为：

$$\begin{aligned}&\text{If } r_1 \wedge r_2 \wedge \cdots \wedge r_M\\&\text{Then } \{(D_1, \beta_{j,1}),(D_2, \beta_{j,2}),\cdots,(D_N, \beta_{j,N})\}\\&\text{With a rule weight } \theta_k \text{ and attitude weight } \delta_{j,i}\end{aligned} \tag{4.130}$$

令由 x_i 元素组成的空间向量为 $\boldsymbol{x}$，由子规则 D_j 组成的规则空间向量为 $\boldsymbol{D}$，则式（4.130）可表达为：

$$\begin{aligned}&\text{if } \boldsymbol{x}\\&\text{Then } \boldsymbol{D}\\&\text{With belief degree } \beta_k\end{aligned} \tag{4.131}$$

令 X 为规则库的全局输入，其对于结果 D 的评价函数 $S(X)$ 则可表示为：

$$S(X) = \{(D_k, \beta_k), \ k = 1,2,\cdots,N\} \tag{4.132}$$

（1）确定激活度函数 ω_k。

现定义激活度 ω_k 以表征每条结论被选中的优先级，其计算公式为：

$$\omega_k = \frac{\theta_j \prod_{i=1}^{N} (\beta_{i,k})^{\delta_{j,i}}}{\sum_{j=1}^{N} \theta_j \prod_{i=1}^{N} (\beta_{i,k})^{\delta_{j,i}}} \tag{4.133}$$

（2）置信度 $\beta_{i,k}$ 与 $\delta_{j,i}$ 的选取原则。

对于置信度 $\beta_{i,k}$ 与 $\delta_{j,i}$ 有如下两种选取原则：

1）对于数值型元素：规则转化法。

设专家对规则 $\boldsymbol{r}_k$ 的偏好程度的最大值和最小值分别为 $\gamma_{\max}$ 和 $\gamma_{\min}$，专家对规

则 $\boldsymbol{r}_k$ 的偏好程度为 ζ_k，则 $\beta_{i,k}$ 的计算公式为：

$$\beta_{i,k} = \frac{\gamma_{\max} - \zeta_k}{\gamma_{\min} - \gamma_{\min}}, \qquad \gamma_{\min} \leqslant \zeta_k \leqslant \gamma_{\min} \tag{4.134}$$

同理，$\delta_{j,i}$ 的计算公式为：

$$\delta_{j,i} = \frac{\lambda_{\max} - \zeta_k}{\lambda_{\max} - \lambda_{\min}}, \lambda_{\min} \leqslant \zeta_k \leqslant \lambda_{\max} \tag{4.135}$$

式中　$\lambda_{\max}$——专家对 $\delta_{j,i}$ 偏好程度的最大值；

$\lambda_{\min}$——专家对 $\delta_{j,i}$ 偏好程度的最小值；

ζ_k——专家对 $\delta_{j,i}$ 的偏好程度。

2）对于非数值型元素，$\beta_{i,k}$ 与 $\delta_{j,i}$ 均由主观决策定量输入置信度。

该方法适用于不能量化的规则与元素，由决策者的主观判断来决定规则 r_k 的置信度水平。

经（1）或（2）的设定，可将任意规则与结论间的置信关系表示为如表 4.13 所示的形式。

表 4.13　置信关系表

结论	$r_1(\omega_1)$	…	$r_k(\omega_k)$	…	$r_M(\omega_M)$
D_1	$\beta_{1,1}$	⋮	$\beta_{1,k}$	⋮	$\beta_{1,M}$
⋮	⋮	…	⋮	…	⋮
D_k	$\beta_{k,1}$	…	$\beta_{i,k}$	…	$\beta_{i,M}$
⋮	⋮	…	⋮	…	⋮
D_N	$\beta_{N,1}$	…	$\beta_{N,k}$	…	$\beta_{N,M}$

C　系数设定模式

以 4.3.2 节中的分析结果为基础，依据不同的应用场景，设置 3 种板形目标曲线系数的动态设定模式，分别是完全设置模式、条件设置模式和人工设置模式。

a　完全设置模式

完全设置模式是依据 4.3.3.1 小节 C 中的计算定理将板形目标曲线的系数全部重新计算，并将新板形目标曲线作为该规格带钢的生产依据，以板形标准差作为评价标准。当板形标准差小于其工艺设定值时，说明新板形目标曲线可有效提升带钢生产质量。自动模式需在稳态轧制过程中使用，并以轧制速度作为自动模式的开启条件。在完全模式开关开启的条件下，当轧制速度达到稳态阶段的生产速度时，自动模式运行。当使用新的板形目标曲线所计算出的板形标准差满足工艺要求时，运算停止。该模式适用于新规格带钢的板形目标曲线的设定。完全设置模式由系统自动运行，系统依据第 3 章动态规划的分析方程计算出具体的板形目标曲线的系数值后，传递给数据库中曲线系数选择表，板形反馈控制系统识别表中的新数值后，生成新的板形目标曲线。图 4.26 所示为完全设置模式的流程。

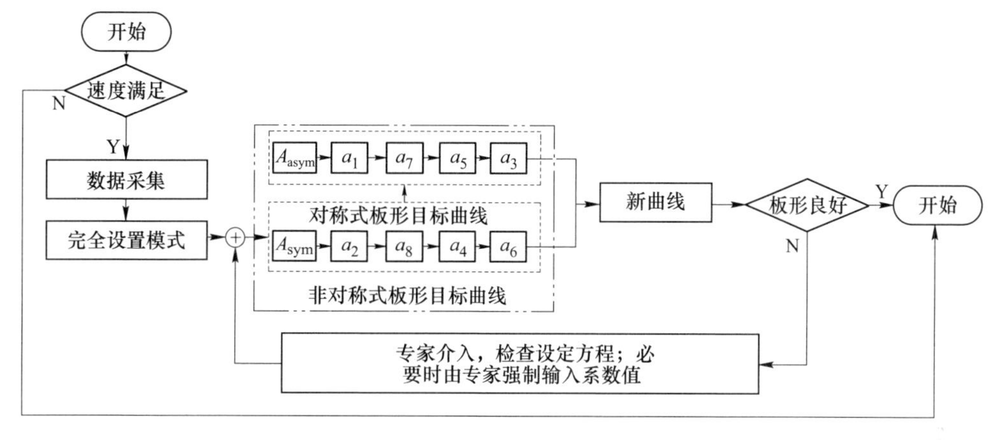

图 4.26　完全设置模式系数设定流程

b　条件设置模式

条件设置模式应用于非稳态轧制阶段以提高非稳态轧制阶段的带钢产品质量。条件设置模式以轧制速度为开启条件，依据 4.3.3.1 小节 C 中的计算定理将 $A_{sym}(A_{asym})$ 和 a_i 系数重新计算，但与自动设定模式的不同之处在于：

（1）对称式板形目标曲线只设定 A_{sym} 、a_2 和 a_8 系数，非对称式板形目标曲线只设定 A_{sym} 、a_2、a_8、A_{asym} 、a_1 和 a_7 系数。

（2）将生产中的加速过程按照速度的工艺设定值分成 3 个不同设定阶段，每个阶段的速度标准分别为 V_1^S、V_2^S 和 V_3^S。当速度达到 V_1^S 时，按照 a 步中的规则进行系数动态设定；当速度达到 V_2^S 时，依照系统推理结果只更改 A_{sym} 或 A_{asym} 系数；当速度达到 V_3^S 时，板形目标曲线系数恢复预设定值。

（3）将生产中的减速过程分为单个设定阶段，以 V_1^J 为该阶段的速度标准。当速度减速至 V_1^J 时，依照系统推理结果只更改 A_{sym} 或 A_{asym} 系数。各系数的条件设置流程如图 4.27 所示。

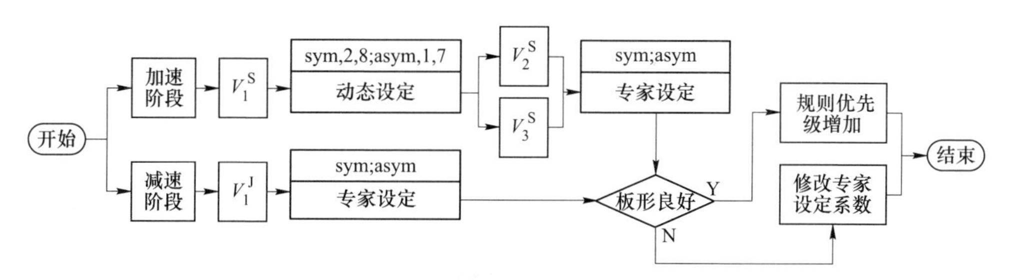

图 4.27　条件设置模式系数设定流程

c　人工模式

人工模式允许操作人员依据生产经验直接输入板形目标曲线系数或进行推理设定，以实际板形和板形值标准差作为评价标准，满足要求则停止输入或推理，不满足则重新进行上述操作。

D　自适应设定

自适应设定是D-FCES专家系统的核心环节，由动态规划设定和专家设定两部分组成。动态规划设定是依据系数设定模式、板形目标曲线的描述性回归分析结果以及动态规划设定理论进行系数求解。专家设定是以专家经验为基础，通过推理的方式对系数进行求解。若采用完全设置模式和条件设置模式，则会在完成运算过程后，系统通过人机互动模式向用户询问是否需要进行专家推理过程，以补偿预测计算结果与实际生产状态间可能产生的偏差。图4.28所示为D-FCES专家系统的系数自适应设定运行流程。

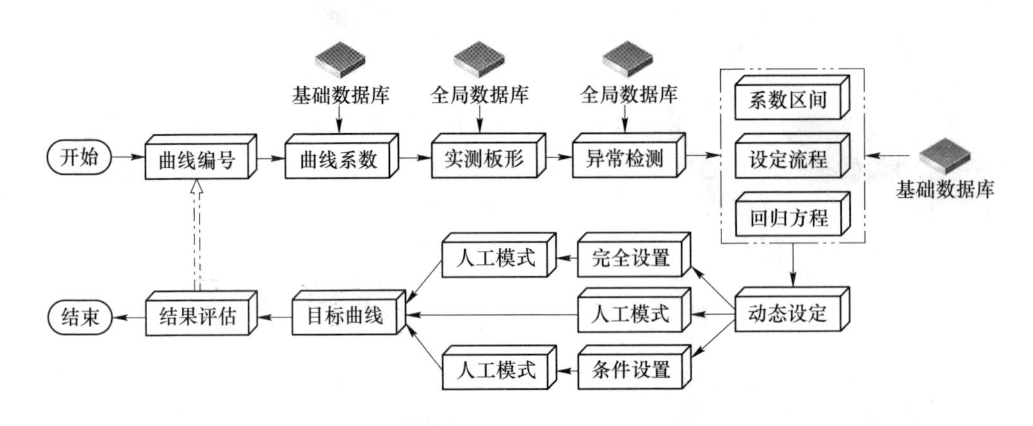

图4.28　D-FCES专家系统推理机运行流程

D-FCES自适应设定流程如下：

（1）依据板形目标曲线编号的选择结果在基础知识库中的动态规划设计子库选择曲线各系数作用区间、设定方式和回归方程。

（2）依据步骤（1）中的选择结果在全局知识库中的板形测量值子库中采集系数作用区间内，各测量段的实测板形值。

（3）利用步骤（2）中的实测板形值，结合动态规划计算原理和系数设定模式，计算新的板形目标曲线系数值；若采用完全设置模式和条件设置模式，则系统向用户询问是否需要进行专家推理。

（4）用户依据板形值标准差和实际生产状态确认是否需要进行专家设定。该部分设定有两种方式：一是进行专家推理；二是进行系数设定模式中的人工模式。

(5) 判断经专家设定修正后的带钢质量状态是否满足生产工艺要求。若满足，则将修正后的板形目标曲线设定为该类别带钢的板形目标曲线；若不满足，则重复 (2)~(5) 步。

4.3.3.5 板形目标曲线设定专家系统人机界面设计

D-FCES 交互界面由“主界面”和“规则添加”界面两个部分组成，包括信息录入、图像显示、推理结果显示、信息提示和运算结果显示五大功能。D-FCES 专家系统利用 Python 语言并基于 Windows 平台完成系统结构设计，利用 PyCharm 和 Qt Designer 完成程序录入和界面设计。

系统初始界面包含“主界面”按钮、“规则添加”按钮和“退出系统”按钮。单机对应按钮可以进入相关界面。初始界面如图 4.29 所示。

图 4.29 D-FCES 系统初始界面

主界面是程序运行时的主要操作界面。界面中包含曲线实时图像、系数推理显示、系数手动输入框、规则查询输入、带钢基本信息、推理结果显示、规则提示及执行、清除按钮，如图 4.30 所示。D-FCES 主界面主要包含功能如下：

(1)“推理系数值”部分显示经动态规划后计算出的结果，如果执行专家推理则最终显示的是经动态规划算法与专家推理两种方法共同得到的板形目标曲线系数，D-FCES 系统中各系数初始值为零。

(2)“手动设定系数”是允许操作人员判断经 D-FCES 专家系统动态计算部分得到的数据不符合生产实际情况后，可手动输入对应系数，点击确定按钮即可生产新的曲线。系统后台记录修改结果并将此目标曲线传入数据库系统作为该规格带钢板形目标曲线的设定依据。

(3)“板形目标曲线的功效系数”显示得到的功效系数数据，该数据可为操作人员在手动输入系数时提供判别依据。

(4)“规则提示”界面显示系统现有规则信息。

(5)“黑板”显示推理结果、程序运行结果和警告信息。

(6)“板形目标曲线显示界面”则显示实时曲线形状。

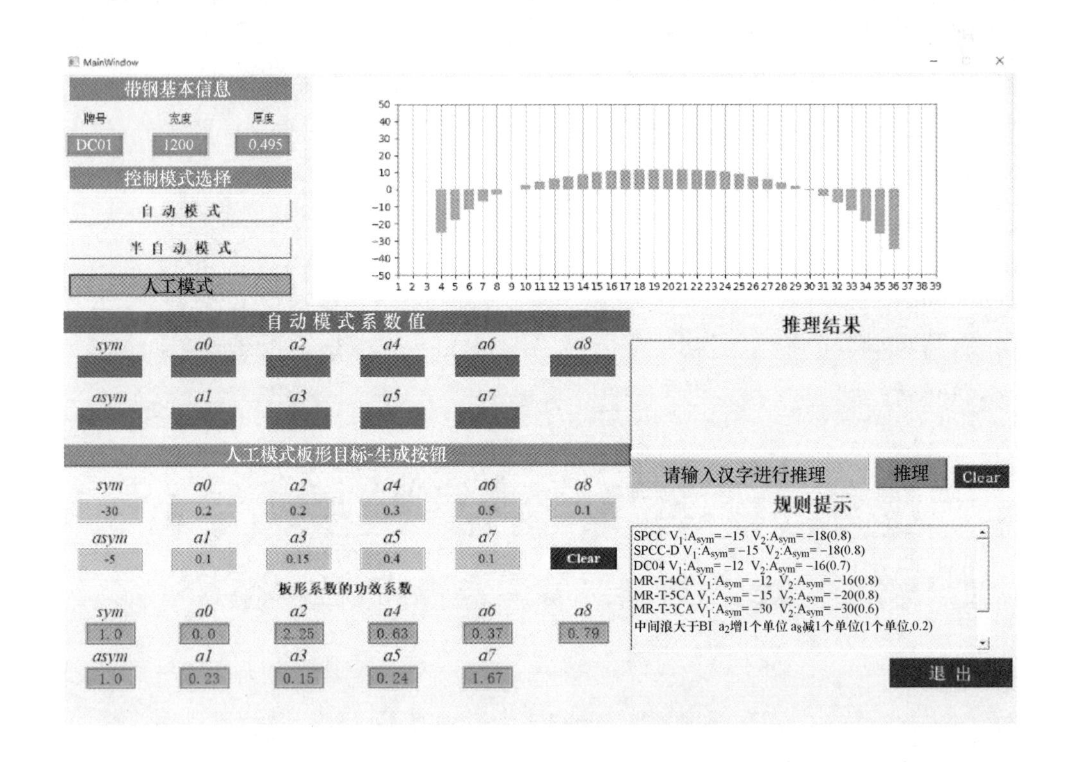

图 4.30　D-FCES 系统的主界面

“D-FCES 添加规则界面”为专业操作者提供了添加规则和删除规则操作平台。操作者首先查询需要修改的现有规则，当显示查询结果后，点击对应按钮执行“删除”或“添加”操作。“规则库”界面显示当前规则库中的所有规则，点击“更新规则库”则可显示经“删除”或“添加”后的新规则库。“规则输入格式说明”则为操作者提供各输入框的录入标准格式。图 4.31 所示为“规则添加”操作界面。

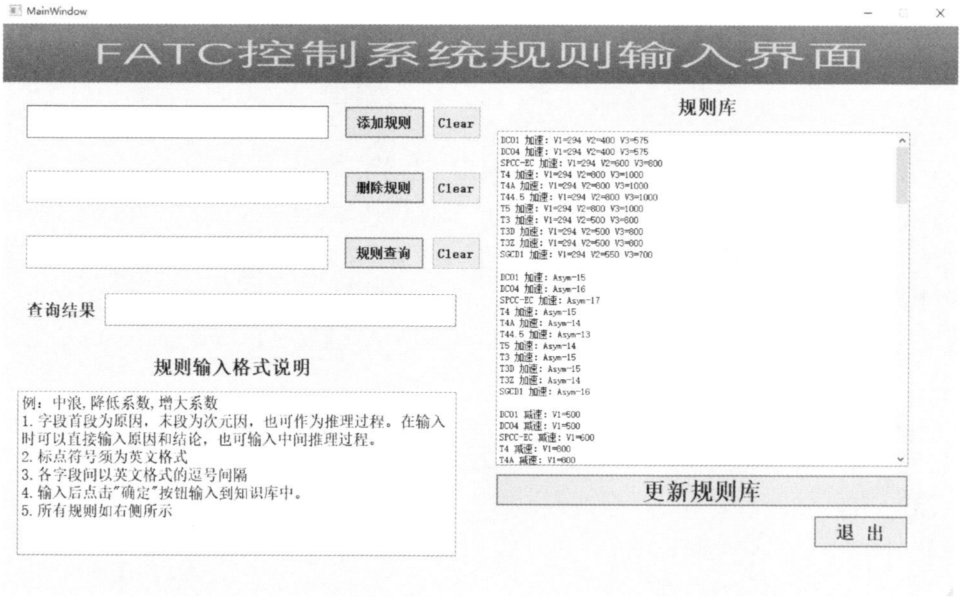

图 4.31 D-FCES 系统的规则添加界面

4.4 冷轧板形目标曲线设定实例

板形设定的基本功能为修正板形测量偏差、修正在线板形过渡到离线板形的改变、高精度的控制带钢板形和单独提出的板形要求。设定板形目标的主要作用是满足下游工序的需求，而不是仅仅为了获得轧机出口处的在线完美板形。在板形控制系统的消差性能恒定情况下，板形目标曲线的设定是板形控制的重要内容。

4.4.1 板形目标设定曲线的叠加

实际用于板形控制的板形目标曲线是在基本板形目标曲线的基础上叠加补偿曲线和手动调节曲线形成的。具体方法是：首先计算各个有效测量点的补偿量及手动调节量的平均值，然后将各个测量点的补偿设定值减去该平均值得到板形偏差量，将板形偏差量叠加到基本目标板形曲线上即可得到板形目标曲线。各个有效测量点补偿量及手动调节量的平均值为：

$$\bar{\sigma} = \frac{1}{n}\sum_{i=1}^{n}\left[\sigma_{\text{cshc}}(x_i) + \sigma_{\text{geo}}(x_i) + \sigma_t(x_i) + \sigma_{\text{os\_edge}}(x_i) + \sigma_{\text{ds\_edge}}(x_i) + \sigma_{\text{bend}}(x_i) + \sigma_{\text{tilt}}(x_i)\right] \tag{4.136}$$

则伸长率形式的板形目标曲线为：

$$\lambda_{\mathrm{T}}(x_i)=\frac{10^5}{E}[\sigma_{\mathrm{base}}(x_i)+\sigma_{\mathrm{cshc}}(x_i)+\sigma_{\mathrm{geo}}(x_i)+\sigma_t(x_i)+\sigma_{\mathrm{os\_edge}}(x_i)+\sigma_{\mathrm{ds\_edge}}(x_i)+\sigma_{\mathrm{bend}}(x_i)+\sigma_{\mathrm{tilt}}(x_i)-\overline{\sigma}] \tag{4.137}$$

式中　$\lambda_{\mathrm{T}}(x_i)$——坐标 x_i 处测量段的板形目标值，IU。

在板形控制系统中，与板形测量值的插值转换过程相同，为了简化数据处理过程，将各个有效测量点沿宽度方向插值为若干个特征点，然后计算每个特征点处的张应力设定值，作为板形控制的张应力分布的目标值。

4.4.2　板形目标曲线设定软件开发

板形目标曲线设定软件是理论模型的载体，通过编写板形目标曲线设定计算软件，可以将烦琐的目标曲线设定过程转化为生产工艺工程师可以很轻松就能完成的工作。软件采用高级程序语言编写，具有界面友好、功能强大、计算准确、操作简单、移植性好的特点。模型计算部分调用 MATLAB 计算引擎，可以快速、精确地完成模型中的迭代、回归以及拟合计算。板形目标曲线设定计算软件主要是通过输入生产过程参数，用来完成基本目标曲线模型的设定计算、补偿曲线的设定计算以及最后对叠加后的目标曲线进行多项式拟合，输出多项式系数。板形目标曲线设定计算软件的结构如图 4.32 所示。

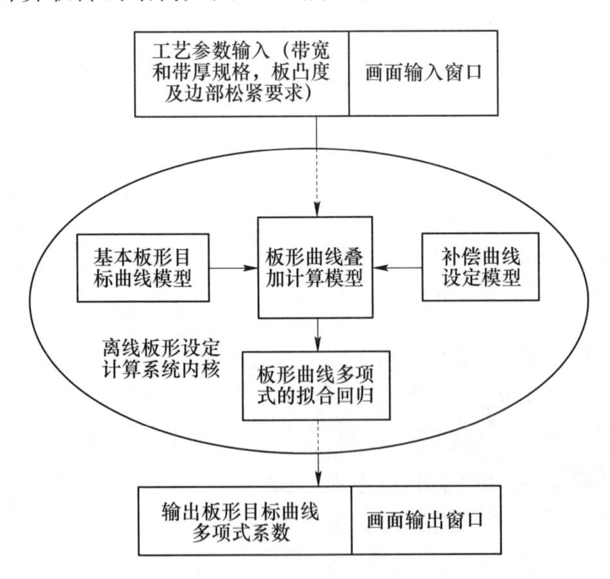

图 4.32　板形目标曲线设定计算软件的结构

板形目标曲线设定计算软件与板形控制系统的接口采用了两种方案。一种是离线计算模式，另一种是在线设定计算模式。在离线模式下，操作工程师将本批带钢的宽度、厚度、凸度规格，以及对后续加工的要求，如“松边轧制”“紧边轧制”等输入到计算软件画面中后，启动计算按钮，得到用于板形设定的系数和有效测量段上的板形目标值。板形目标曲线设定软件的安装及运行画面如图4.33所示。

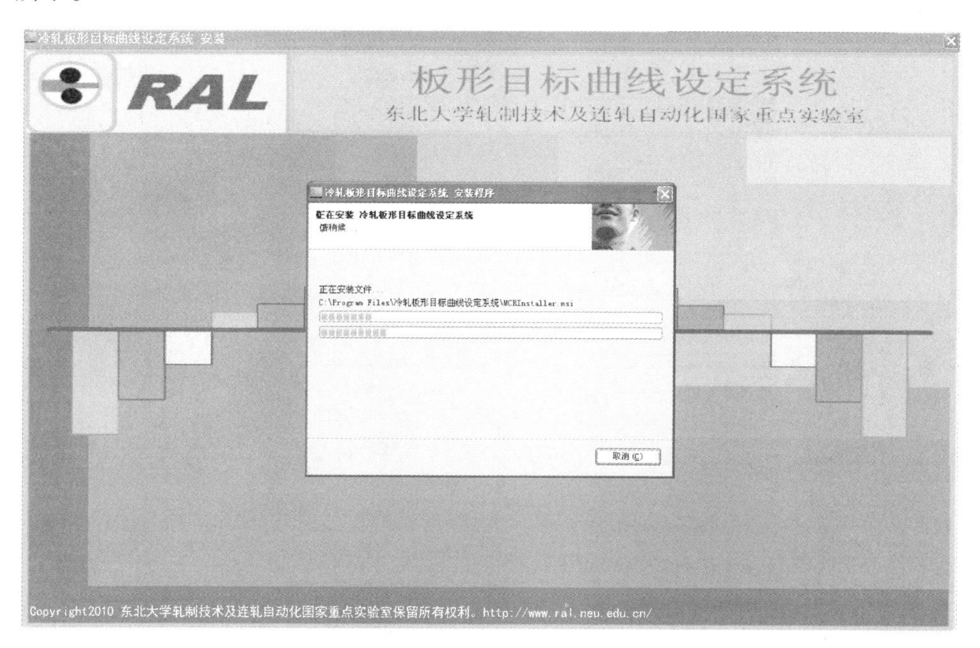

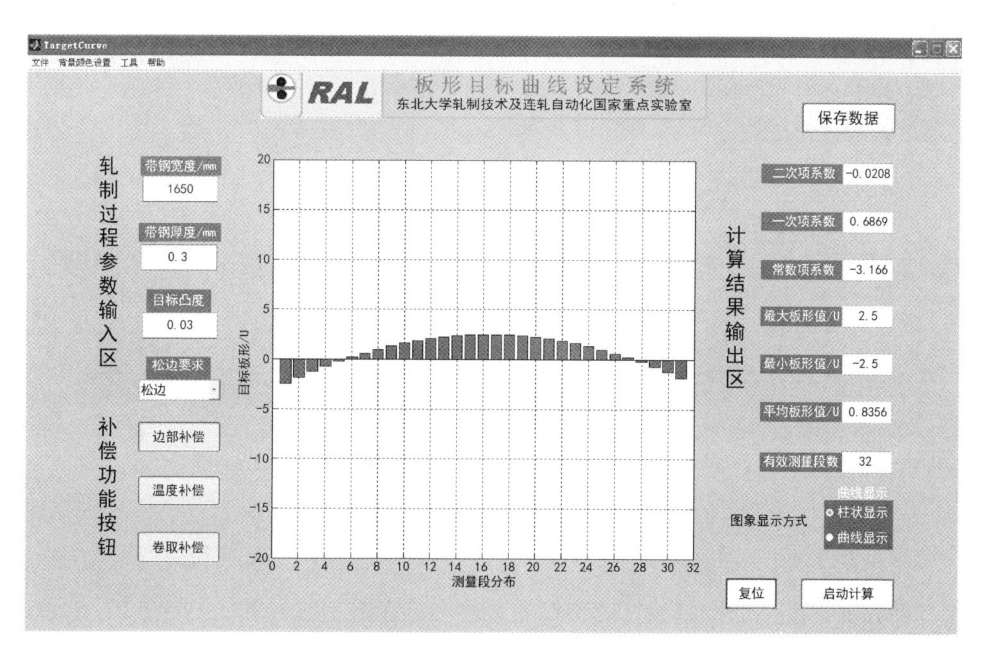

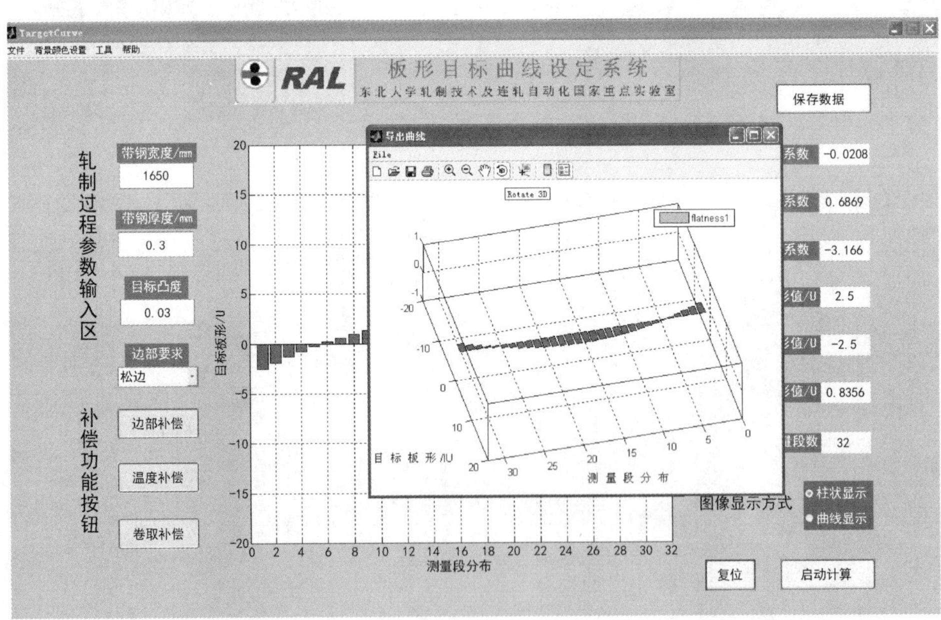

图 4.33　板形目标曲线设定系统软件画面

在线模式是指通过接口编程，使设定软件直接从板形控制系统中获取相关轧制过程数据，由板形控制系统的跟踪变量触发计算进程，计算的结果直接自动输入到板形控制系统的目标曲线设定程序中，实现板形目标曲线的在线自动设定。

4.4.3 板形目标曲线设定模型的应用效果

本模型已用于某1250mm单机架六辊可逆冷轧机改造项目中，使用上述计算方法确定处理后的板形目标曲线后，将其用于板形闭环反馈控制系统中。

为了检测模型的使用效果，从PDA中引出相应的在线实测数据进行分析。

表4.14为模型投入后，两个冷轧卷带钢凸度的变化情况，来料规格分别为：2.62mm×1020mm、2.76mm×1053mm。由表中数据可知，轧制具有中凸断面的带钢时，两卷带钢的凸度分别从来料的28.4μm和29.7μm逐步减少到5.23μm和5.62μm。前三个道次凸度消除的较多，轧后带钢凸度分布均匀，可满足下游工序对带钢板形的要求。

表4.14 1250mm冷轧机成品主要参数

道次	厚度/mm	凸度/mm	厚度/mm	凸度/mm
0	2.62	28.4	2.76	29.7
1	1.88	20.2	1.93	21.1
2	1.42	14.6	1.47	15.2
3	1.03	9.30	1.09	10.4
4	0.84	7.63	0.87	8.02
5	0.78	5.23	0.81	5.62

在减小带钢凸度的同时，带钢板形也取得了很好的板形控制效果。图4.34所示为模型投入后，末道次带钢的一组沿带钢宽度方向上的板形测量值分布图[产品规格（厚×宽）：0.8mm×1090mm，材质：ST12，轧制速度500~600m/min]。由数据分析可知，带钢横断面板形偏差基本上控制在10IU以内。同时，边部减薄情况也得到了明显的减轻，相比模型投入前，边部减薄可以控制在5μm以内。

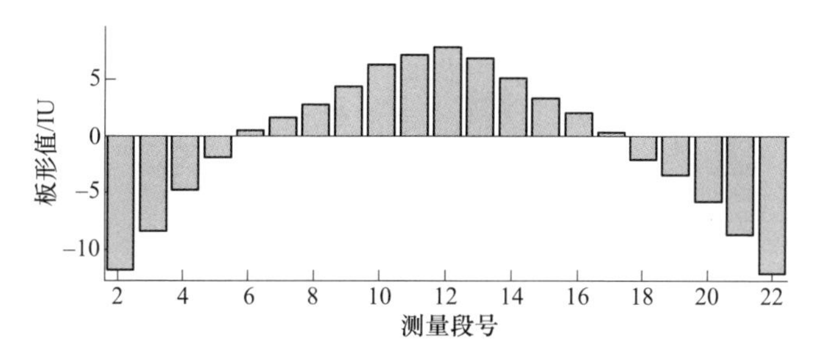

图4.34 带钢横断面板形分布

为了检测板形目标设定模型能否满足实际的下游工序要求，针对某批次带钢的规格、级别、压下率以及后续工序要求等根据上述设定模型完成了板形目标曲线的设定，并跟踪了该批次钢卷在镀锌线入口的开卷板形状况，该镀锌线工艺对板形的要求为可以出现微中浪，但是必须杜绝边浪。

考虑到来料板形良莠不齐的状况，为了避免任何一卷带钢出现边浪的情况，将目标板形设置为中间伸长率较大、边部伸长率较小。设定的目标板形曲线如图4.35所示。

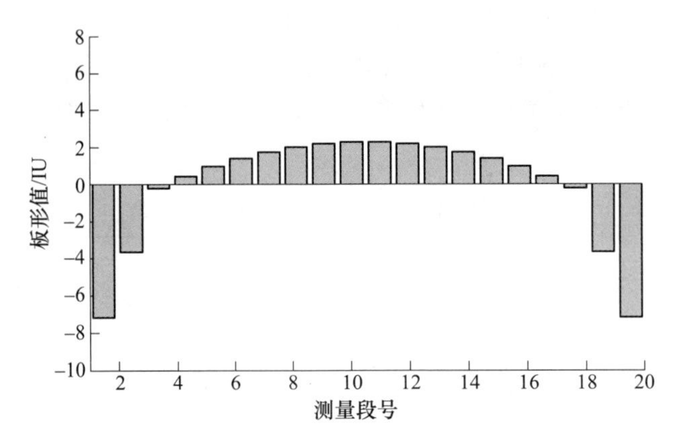

图4.35　带钢横断面板形分布

跟踪数据如表4.15所示。由跟踪数据可知，轧后带钢的板形分布与目标曲线的趋势相同，避免了双边浪情况。由于各卷带钢的来料板形不齐，在板形控制

表4.15　某批次带钢的板形跟踪数据

卷　号	原料厚度	目标厚度	原料宽度	压下率/%	等级	开卷板形
1WY2039	2.5	0.7	1050	72.8	CQ3	轻微中浪
1WY2040	2.5	0.7	1050	72.8	CQ3	无浪，中部略松
1WY2041	3	0.7	1050	77.33	CQ3	无浪，中部略松
1WY2042	3	0.9	1050	71.33	CQ3	无浪，中部略松
1WY2043	3	0.9	1050	71.33	CQ3	轻微中浪
1WY2044	3.5	0.9	1050	75.43	CQ3	轻微中浪
1WY2045	3.5	0.9	1050	75.43	CQ3	轻微中浪
1WY2046	3.5	0.9	1050	75.43	CQ3	无浪，中部略松
1WY2047	3.5	0.9	1050	75.43	CQ3	轻微中浪
1WY2048	3.5	0.9	1050	75.43	CQ3	轻微中浪
1WY2049	3.5	0.9	1050	75.43	CQ3	无浪，中部略松
1WY2050	3.5	0.9	1050	75.43	CQ3	轻微中浪
1WY2051	3.5	0.9	1050	75.43	CQ3	无浪，中部略松

系统消差率一定的情况下，实际轧后带钢板形并不一致。但实现了任意一卷带钢都无边浪的效果，可满足镀锌工艺对板形的要求。实际的结果与理论分析相吻合，完成了板形目标曲线设定理论与实际应用的对接，也证明了板形目标曲线设定理论模型的合理性。

目标曲线的具体给定形式多种多样，下面列举3个实例。

4.4.3.1　ABB板形闭环控制系统

ABB板形闭环控制系统采用的目标曲线方程为：

$$\sigma(x) = \frac{K}{100} \times (C_0 + C_2x^2 + C_4x^4 + C_8x^8) \tag{4.138}$$

式中　K——目标曲线的幅值百分比系数；

x——带宽正则因子，取值范围为-1.0～+1.0；

C_0，C_2，C_4，C_8——分别为常数项、二次项、四次项及八次项系数。

系数C_2、C_4、C_8可以由工艺工程师根据工艺要求和用户对板形的要求进行确定，C_0是经过计算确定，用来平衡目标曲线的零点，具体需要满足下述条件。

$$\int_{-1}^{+1} \sigma(x)\,\mathrm{d}x = 0 \tag{4.139}$$

4.4.3.2　西门子板形闭环控制系统

西门子板形闭环控制系统采用的目标曲线方程为：

$$\sigma(x) = \sigma_0(x) + \sigma_{\text{tilt}}(x) + \sigma_{\text{bend}}(x) + \sigma_{\text{edge}}(x) + \sigma_{\text{cshc}}(x) \tag{4.140}$$

式中　σ_0——基本目标曲线；

σ_{tilt}——目标曲线倾斜修正量；

σ_{bend}——目标曲线弯曲修正量；

σ_{edge}——目标曲线边部修正量；

σ_{cshc}——目标曲线卷形修正量；

x——带宽正则因子，取值范围为-1.0～+1.0。

4.4.3.3　日立电气的板形闭环控制系统

日立电气的板形闭环控制系统采用的目标曲线由3个板形参数ξ_1、ξ_2和ξ_4直接给定。ξ_1的绝对值表示目标曲线的压下倾斜程度，是带钢最边部点板形差值的一半；ξ_2的绝对值定义为带钢两侧最边部点与中点的板形差值的均值；ξ_4定义为带钢两侧距中点$\frac{1}{\sqrt{2}}$处与中点的板形差值的均值。

其目标曲线可以用多项式表示为：

$$\sigma(x) = c_1x + c_2x^2 + c_4x^4 \tag{4.141}$$

式中各项系数c_1、c_2、c_4与板形参数ξ_1、ξ_2、ξ_4的换算关系为：

$$\begin{cases} c_1 = \xi_1 \\ c_2 = 4\xi_4 - \xi_2 \\ c_4 = 2\xi_2 - 4\xi_4 \end{cases} \quad 或 \quad \begin{cases} \xi_1 = c_1 \\ \xi_2 = c_2 + c_4 \\ \xi_4 = 0.5c_2 + 0.25c_4 \end{cases}$$

由于这 3 个参数的含义简单明了，使得操作者不用分析研究，就能通过三个板形参数的直观确定，直接定义所需要的目标曲线形状。

此外，从换算关系中还可以看出，当板形对称，即多项式一次系数 c_1 为零，并且二次参数 ξ_2 是四次参数 ξ_4 的 2 倍时，多项式的四次系数 c_4 为零，板形曲线为二次曲线。

4.5　板形调节机构设定计算的流程

以影响函数法为例，说明设定计算的流程。设定计算的具体过程是：首先根据来料情况和轧机状态计算目标辊缝凸度和实际辊缝凸度，然后计算板形调控手段对辊缝的影响函数。此时的影响函数为对应于离散化分段的一组系数，因此也称为影响系数。根据目标辊缝和实际辊缝的偏差以及影响系数的数值，计算板形调控机构的设定值，使实际辊缝和目标辊缝的偏差最小。具体过程分为如下 6 个步骤。

4.5.1　离散化

根据轧制的对称性，为提高计算速度，一般在计算时只取一半轧辊和一半带钢进行计算。

在计算过程中首先将轧辊和带钢在辊缝宽度方向上离散化，即沿轴线方向分成 n 个单元，各单元的编号分别为 1，2，3，…，n。编号的方式有两种，第一种是以带钢中心位置为 0 点，从中心向边部编号；第二种是以带钢边部为 0 点，从边部向中心编号。第二种方法计算时表达式较为复杂。

4.5.2　辊缝凸度目标值计算

由带钢的入口凸度、入口板形、目标出口板形、入口厚度和出口厚度计算带钢的目标出口凸度，也就是目标辊缝凸度：

$$C'_s(i) = C_1(i) = \left\{\left[\frac{C_0(i)}{h_0} + \lambda_0(i)\right] - \lambda_1(i)\right\} h_1 \tag{4.142}$$

式中　i——轴向单元序号；

$C'_s(i)$——目标辊缝凸度，mm；

$C_1(i)$——带钢的出口凸度，mm；

$C_0(i)$——带钢的入口凸度，mm；

$\lambda_1(i)$——带钢的出口板形，IU；

$\lambda_0(i)$ ——带钢的入口板形，IU；

h_1 ——带钢的出口厚度，mm；

h_0 ——带钢的入口厚度，mm。

4.5.3 板形调节机构的影响系数计算

当将辊间压力或轧制力等分布力离散化为一系列集中力后，应用影响函数的概念可得出集中力 $p(1)$，$p(2)$，…，$p(n)$ 引起的第 i 单元的位移，如图 4.36 所示。

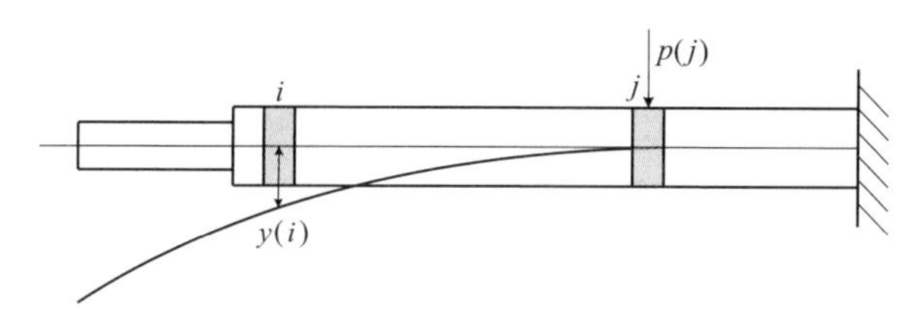

图 4.36 影响函数法的计算原理

第 i 单元的位移可以按下式叠加：

$$y(i) = \sum_{i=1}^{n} eff(i,j)p(j) \tag{4.143}$$

式中 $y(i)$ ——分布力作用下轧辊在第 i 单元处产生的挠曲变形，mm；

$eff(i, j)$ ——在 j 单元处的分布力对轧辊第 i 单元挠曲变形的影响系数，mm/kN；

$p(j)$ ——j 单元处的分布力，kN。

式（4.143）中 $y(i)$ 就是离散化了的变形，它表示在载荷系列 $p(1)$，$p(2)$，…，$p(n)$ 作用下第 i 单元的中点所产生的总变形。可以看出，分布力的影响系数为一个二维数组。

同理，也可以定义弯辊力、轧辊横移量、PC 轧辊交叉角等板形调控手段对辊缝的影响系数 $eff(i)$，也称为效率因子。此时，影响系数为一维数组：

$$C_s(i) = eff(i)F \tag{4.144}$$

式中 $C_s(i)$ ——板形调控机构作用下辊缝在第 i 单元处产生的改变量，mm；

$eff(i)$ ——板形调控机构对辊缝在第 i 单元的影响系数，mm/kN（弯辊），mm/mm（轧辊横移），$\frac{180}{\pi\theta}$ mm（轧辊交叉）；

F ——板形调节机构的调节量，kN（弯辊），mm（轧辊横移），$\frac{\pi\theta}{180}$（轧辊交叉）。

影响系数的大小可以根据材料力学的理论由卡氏定理求出，也可以由简化方法近似计算得出。

4.5.4　实际辊缝凸度计算

利用计算得到的影响系数，实际辊缝凸度可以由式（4.145）求出：

$$C_s(i) = y_r(i) + r_{sr}(i) - k(i) + k(0) + y_l(i) + r_{sl}(i) - k(i) + k(0) \tag{4.145}$$

式中　$C_s(i)$ ——实际辊缝凸度，mm；

$y_r(i)$ ——工作辊右侧挠曲变形轴线；

$r_{sr}(i)$ ——工作辊右侧初始凸度，mm；

$y_l(i)$ ——工作辊左侧挠曲变形轴线；

$k(i)$ ——工作辊压扁量，mm；

$k(0)$ ——工作辊中心点处的压扁量，mm。

工作辊的初始凸度为：

$$r_s(i) = c(i) + c_t(i) + c_w(i) \tag{4.146}$$

式中　$c(i)$ ——工作辊原始凸度，mm；

$c_t(i)$ ——工作辊热凸度，mm；

$c_w(i)$ ——工作辊磨损凸度，mm。

4.5.5　实际辊缝凸度和目标辊缝凸度之间的偏差计算

实际辊缝凸度和目标辊缝凸度的偏差可以由式（4.147）计算：

$$C_{dev}(i) = C_s(i) - C'_s(i) \tag{4.147}$$

式中　$C_{dev}(i)$ ——实际辊缝凸度和目标辊缝凸度的偏差，mm；

$C'_s(i)$ ——目标辊缝凸度，mm。

该辊缝凸度偏差 $C_{dev}(i)$ 用于计算板形调控机构的设定值。

4.5.6　板形调节机构的设定值计算

计算板形调控机构设定值的方法一般选用最小二乘法建立最优评价函数。最小二乘法的基本原理是使板形偏差的控制误差平方和达到最小。令最优评价函数为 U，则有：

$$U = \sum_{i=1}^{n} \left[C_{dev}(i) - eff(i)F \right]^2 \tag{4.148a}$$

对式（4.148a）求偏导：

$$\frac{\partial U}{\partial F} = 0 \tag{4.148b}$$

求出设定值的表达式为：

$$F = \frac{\sum_{i=0}^{n} C_{\mathrm{dev}}(i)\,eff(i)}{\sum_{i=0}^{n} eff(i)^2} \tag{4.149}$$

通过式（4.149）即可求出用于板形预设定的各个板形调节机构的设定值。

4.6　轧辊热凸度计算

轧辊的热凸度是由轧辊内部温度分布场和轧辊材料热膨胀参数决定的。因此热凸度计算一般分为两步完成，第一步进行温度场计算，第二步按照温度场结果计算出轧辊热凸度。

轧辊内部温度场计算具有一定难度，因为其涉及轧辊与带钢、冷却液、空气及其他轧辊之间的热交换过程，是一个非线性问题。求解轧辊内部温度场，一般采用有限差分法，包括一维、二维和三维差分。

以标准二维有限差分法求解轧辊内部温度场时如图 4.37 所示，首先将轧辊沿轴向分为有限个相等的区段，沿径向分为若干层等截面积的圆筒，建立离散化的轧辊热模型。

图 4.37　轧辊温度场计算的二维有限差分法的单元划分

每个离散单元体按照有限差分的基本原理采用一定的假设，建立每个单元的温度计算公式。沿工作辊轴向和径向的温度分布由式（4.150）的热传导方程确定：

$$c\rho \frac{\partial T}{\partial t} = \frac{\lambda}{r} \frac{\partial}{\partial r}\left(r \frac{\partial T}{\partial r}\right) + \lambda \frac{\partial^2 T}{\partial z^2} \tag{4.150}$$

轧辊表面的边界条件为：

$$-\lambda \frac{\partial T}{\partial r} = h_{\mathrm{w}}(T - T_{\mathrm{w}}) - q \tag{4.151}$$

在轧辊的边部，边界条件为：

$$-\lambda \frac{\partial T}{\partial z} = h_{\mathrm{a}}(T - T_{\mathrm{a}}) \tag{4.152}$$

式中　T——轧辊在轴向坐标 z、径向坐标 r 点处的温度，℃；

t——传热时间，s；

c——轧辊的比热容，kJ/(kg·℃)；

ρ——轧辊的密度，kg/m^3；

λ——轧辊的热传导率，W/(m · ℃)；

h_w——冷却液的散热系数，W/(m · ℃)；

h_a——空气的散热系数，W/(m · ℃)；

T_w，T_a——分别为冷却液和空气的温度，℃；

q——从带钢到轧辊的热流量，J。

在建立每个单元的温度计算公式之后，将这些方程组成整体方程组，然后采用迭代法计算出各个单元体的温度。得出温度场后，按线膨胀计算每个单元体的变形，叠加得出轧辊的热变形 $D(i)$：

$$D(i) = \frac{D_0 \sum_{j=0}^{N-1} \alpha[T(i)(j) - T_0(i)(j)]}{N} \quad (i = 1,2,\cdots,M) \tag{4.153}$$

式中　$T(i)(j)$——第 i、j 单元体的温度，℃；

$T_0(i)(j)$——第 i、j 单元体的初始温度，℃；

i——轴向第 i 段；

j——径向第 j 段；

D_0——轧辊初始直径，m；

α——线膨胀系数，$℃^{-1}$；

N，M——分别为径向圆筒数层数和轴向的段数。

通过这种方法进行轧辊热凸度计算的流程图如图 4.38 所示。

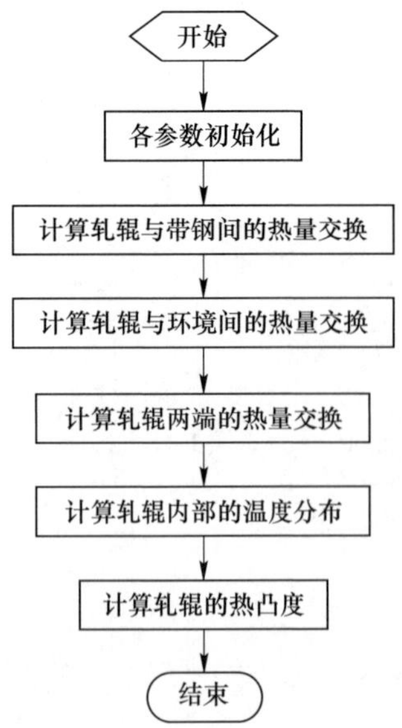

图 4.38　轧辊热凸度的计算流程

4.7 轧辊磨损计算

与轧辊热凸度和辊系弹性变形相比，轧辊磨损具有更多的不确定性和难以控制性，且磨损一旦出现，便不可恢复，不能在短期内加以改变。轧辊磨损对设定计算也有很大影响，而且随着带钢轧制长度的增加，这种影响也越来越大。轧辊磨损模型一般采用统计模型。

轧辊磨损与带钢轧制长度、轧辊负荷分布及轧辊磨损系数成正比。轧辐负荷分布沿轧辊长度是变化的，为便于计算，将轧辊分成等距离的若干段，从轧制辊缝计算模型可以得到轧辊每段的负荷分布。另外，轧辊的磨损与轧辊的材质有极大的关系，轧辊磨损系数主要由轧辊材质、轧辊的工作环境等因素确定。

以某 6H3C 轧机为例，建立轧辊磨损计算模型。

（1）工作辊与带钢间磨损计算模型。

$$E(i) = \Delta l \times d \times \frac{F \times q(i)}{\overline{Q} \times b} \tag{4.154}$$

式中 i——轧辊分段序号；

$E(i)$——工作辊第 i 段直径的变化，mm；

Δl——两次计算之间的轧制带钢长度，km；

F——轧制力，kN；

b——带钢宽度，mm；

d——磨损系数；

$\overline{Q}$——平均轧制力，MPa；

$q(i)$——i 单元单位宽轧制力，kN/mm。

（2）辊间磨损计算模型。

工作辊与中间辊辊间磨损模型

$$E(i) = \Delta L \times d \times \frac{F + 2F_W}{\overline{P}_{WI} L_{\_con}} \times p_{wi}(i) \tag{4.155}$$

式中 F_W——工作辊弯辊力，kN；

$\overline{P}_{WI}$——工作辊与中间辊辊间压力平均值，kN；

$L_{\_con}$——工作辊与中间辊辊间接触长度，mm；

$p_{wi}(i)$——i 单元载荷，kN。

中间辊与支撑辊间磨损模型

$$E(i) = \Delta L \times d \times \frac{F + 2F_W + 2F_I}{\overline{P}_{IB} L_b} \times p_{ib}(i) \tag{4.156}$$

式中 F_I——中间辊弯辊力，kN；

$\overline{P}_{IB}$——工作辊与中间辊辊间压力平均值，kN；

L_b——支撑辊长度，mm；

$p_{ib}(i)$——i 单元载荷，kN。

通过这种方法进行轧辊磨损计算的流程图如图 4.39 所示。

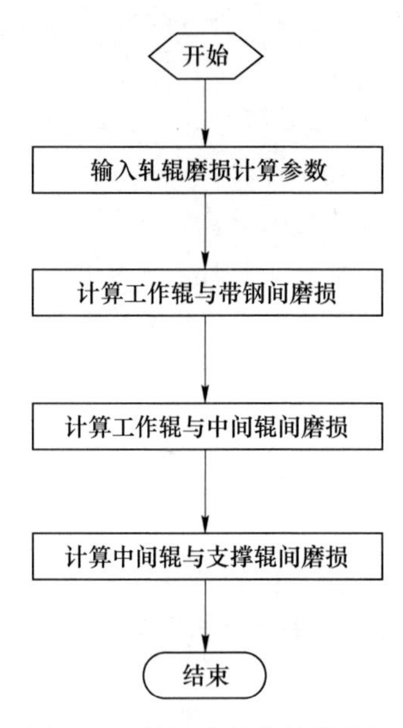

图 4.39　轧辊磨损的计算流程

参 考 文 献

[1] 王鹏飞，张殿华，刘佳伟，等．冷轧板形目标曲线设定模型的研究与应用［J］．钢铁，2010，45（4）：50-55.

[2] 陈树宗，彭良贵，王力，等．冷轧四辊轧机弹性变形在线模型的研究［J］．中南大学学报（自然科学版），2017，48（6）：1432-1438.

[3] Chen Shuzong，Zhang Xin，Peng Lianggui，et al. Multi-objective optimization of rolling schedule based on cost function for tandem cold mill［J］. Journal of Central South University，2014，21（5）：1733-1740.

[4] 陈树宗，彭文，姬亚锋，等．基于目标函数的冷连轧轧制力模型参数自适应［J］．东北大学学报（自然科学版），2013，34（8）：1128-1131.

[5] 王军生，白金兰，刘相华．带钢冷连轧原理与过程控制［M］．北京：科学出版社，2009.

[6] 梁勋国．六辊冷连轧机弯辊力设定模型［J］．钢铁，2014，49（10）：40-43.

[7] 刘佳伟，张殿华，王军生，等．冷带非稳态轧制弯辊力设定值的研究与应用［J］．东北大

学学报（自然科学版），2010，31（6）：830-833.

[8] Zipe M E. Multi-variable shape actuation capabilities envelopes of 6-high mills with applications to mill set-up and scheduling optimization [J]. SEAISI Quarterly Journal, 2013, 42 (2): 10-17.

[9] Kabugo J C, Jämsä-Jounela S L, Schiemann R, et al. Industry 4.0 based process data analytics platform: A waste-to-energy plant case study [J]. International Journal of Electrical Power and Energy Systems, 2020, 115: 1-18.

[10] Usamentiaga R, Garcia D F, Gonzalez D, et al. Compensation for uneven temperature in flatness control systems for steel strips [C]. Conference Record of the 2006 IEEE Industry Applications Conference, IEEE 2006, V1: 521-527.

[11] Mukhopadhyay A, Pradhan B, Adiga N, et al. Online prediction and optimisation of shape of cold rolled sheet for better dimensional control [J]. Ironmaking and Steelmaking, 2008, 35 (5): 343-358.

[12] Hyojin P, Sangmoo H. 3-D coupled analysis of deformation of the strip and rolls in flat rolling by FEM [J]. Steel Research International, 2017, 88 (12): 1-13.

[13] Guo R M. Development of anoptimal crown/shape level-2 control model for rolling mills with multiple control devices [J]. IEEE Transactions on Control Systems Technology, 1998, 6 (2): 172-179.

5　冷轧板形自动控制系统

板形控制系统主要分为开环和闭环两种。在没有板形检测装置的情况下，只能采用开环控制系统，板形调节机构的调节量依据规程给定的板宽和实测的轧制力由合理的数学模型给出。如果具有板形检测装置，则可以进行反馈式闭环控制。板形闭环反馈控制是在稳定轧制工作条件下，以板形仪实测的板形信号为反馈信息，计算实测板形与目标板形的偏差，并通过反馈计算模型分析计算消除这些板形偏差所需的板形调控手段的调节量，然后不断地对轧机的各种板形调节机构发出调节指令，使轧机能对轧制中的带材板形进行连续的、动态的、实时的调节，最终使板带产品的板形达到稳定、良好。板形闭环反馈控制的目的是消除板形实测值与板形目标曲线之间的偏差，图 5.1 所示的板形控制系统正是这样一个典型的闭环反馈式板形控制系统。

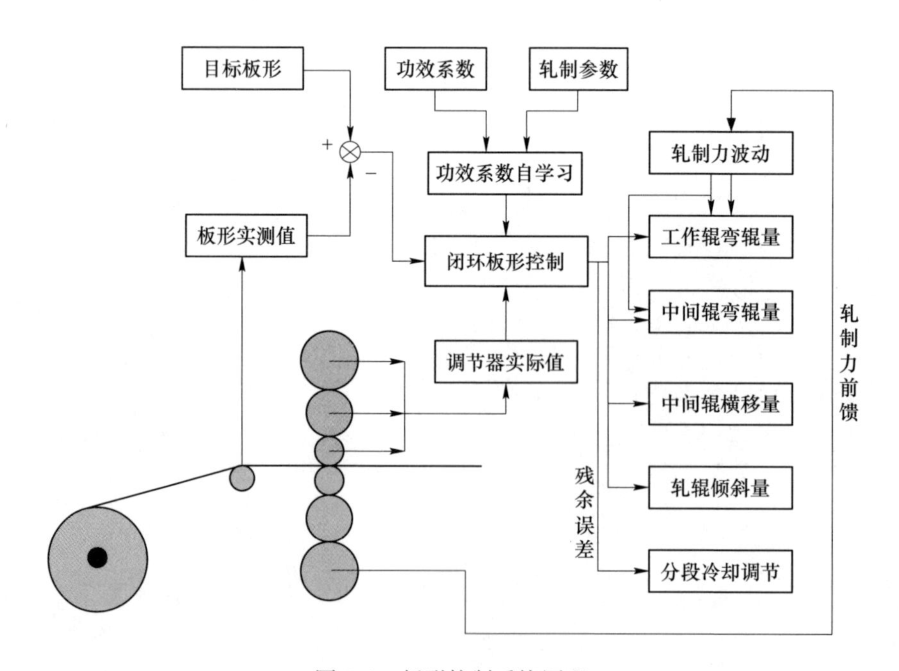

图 5.1　板形控制系统原理

5.1　多变量最优板形闭环控制

板形质量对冷轧带钢产品而言至关重要。为了提高冷轧带钢的板形质量，目前多采用对板形具有较强控制能力的六辊轧机进行冷轧薄带钢的生产。如常见的六辊 UCM 冷轧机通常装备了工作辊弯辊、中间辊弯辊、轧辊倾斜、中间辊横移等机械类板形调节机构，相比普通四辊轧机，对板形的控制能力大大增强。板形调节机构的增多提高了轧机的板形调节能力，但也造成这类轧机的板形控制系统建模较为复杂。板形控制的过程就是按照各个板形调节机构调节能力的大小和特点，相互配合，综合运用，进而实现板形偏差的控制和消除。因此，制定精确的控制数学模型，实现各个板形调节机构调节量的最优化分配，是实现高精度板形控制过程的前提条件。

5.1.1　基于全局优化方式的多变量板形闭环控制

板形控制系统是一个多变量控制系统，高精度板形控制的关键问题是确定板形调节机构调节量的最优化分配。为了确定板形调节机构调节量的最优化分配，首先建立板形控制过程的多变量优化模型，将实际板形控制问题简化为箱式约束的非线性优化问题。本节围绕这一优化问题，分析现有优化算法的特点和适用性。基于坐标下降法，本节提出了一种新的具有全局收敛性的多变量优化算法。该算法可以将多变量优化问题转化为一系列单变量优化问题，通过沿坐标方向搜索求解，使得目标函数迅速下降，并确保每次迭代都在可行域内进行，同时采用加速步长法确定迭代步长，通过一系列迭代得到一系列可行点，使目标函数逐渐减小，直到得到最优解。最后，用实际板形控制过程的生产数据对该算法进行了数值实验验证。数值实验表明，该算法不仅能满足响应速度的要求，而且具有良好的精度，为实现冷轧带钢的高精度板形控制提供了参考。

5.1.1.1　全局优化模型的建立

最优化问题的数学模型由三个基本要素构成，即决策变量、目标函数和约束条件。求解最优化问题最重要的步骤就是从研究问题的叙述中建立该问题的数学模型，包括完整确定变量个数、写出清晰目标表达式和列出明确的约束条件。对于多变量最优板形控制过程而言，其目的就是在板形调节机构可调区间内求解用于消除当前板形偏差所需要的轧辊倾斜、工作辊弯辊、中间辊弯辊以及中间辊横移等调节机构的最优调节量。在求解时，还需要量化确定各个板形调节机构对带钢板形的影响规律，即各个板形调节机构的调控功效系数。因此，构成多变量最优板形控制问题的 3 个基本要素就可以确定下来了。决策变量即为当前控制周期的板形偏差、各个板形调节机构的调控功效系数及待求最优调节量，约束条件则是各个板形调节机构的可调区间。

目标函数的选取是建立最优化问题数学模型的关键问题之一。板形控制的目标就是最大程度地消除板形偏差，因此可以使用当前板形偏差值与板形调节机构动作后能消除的板形偏差进行作差运算，结果就是板形调节机构完成调节后的残余板形偏差，若是残余板形偏差越小，则说明板形调节机构的调节量越优。考虑到无论目标函数为单变量还是多变量，若闭合的寻优区间不满足凸性或至少为单峰条件时，无论采用何种非线性规划方法，所得结果是局部而非全局最优解。因此，采用对残余板形偏差的平方加权和法设计多变量最优板形控制模型的目标函数。以上述分析为依据，建立的多变量最优调节机构调节量的优化模型由式（5.1）表示：

$$\min\begin{cases}J(\Delta u)=\sum\limits_{i=1}^{m}\left[g_i(\Delta y_i-\sum\limits_{j=1}^{n}\Delta u_j Eff_{ij})\right]^2\\ S.t.\quad BL_j\leqslant \Delta u_j+u_j\leqslant BU_j,\ j\in[1,n]\end{cases}\tag{5.1}$$

式中　m，n——测量段数量和板形调节机构的数量；

i，j——测量段数和板形调节机构编号；

$J(\Delta u)$——全局优化模型的目标函数，表示残余板形偏差；

Δu——各调节机构的最优调节量向量，$\Delta u\in R^n$；

g_i——第 i 个测量段板形偏差的权重系数；

Δy_i——第 i 个测量段的板形偏差，

Δu_j——第 j 个调节机构计算的最优调节量；

u_j——第 j 个调节机构在当前位置的设定值。

Eff_{ij}——第 j 个调节机构在带材第 i 个测量段的板形调控功效系数；

BL_j，BU_j——第 j 个调节机构的机械设计下限和机械设计上限。

权重系数 g_i 用于对沿带材宽度方向的板形偏差进行修正，带材边部的偏差可以与带材中心区域的偏差标定不同的权重系数，以减少冷轧带材的边部减薄。当 $J(\Delta u)$ 的值最小时，对应的调节量 Δu_j 为最优调节量，即工作辊弯辊最优调节量为 Δu_{wrbr}，中间辊弯辊最优调节量为 Δu_{irb}，轧辊倾斜最优调节量为 Δu_{tr}，中间辊横移最优调节量为 Δu_{irs}。

为了清晰地描述所提出的算法，将式（5.1）表示的优化模型变换为标准形式的优化模型。在变换形式中，板形调节机构的最优调节量 Δu 用 x 表示，约束调节范围用集合 Ω 表示，在集合 Ω 中，l 和 u 对应于 BL 和 BU。变换后的优化模型如式（5.2）所示：

$$\min\begin{cases}f(x)\\ S.t.\quad x\in\Omega=\{x\in R^n\mid\leqslant x\leqslant u\}\end{cases}\tag{5.2}$$

式中，$l\in R^n$，$u\in R^n$ 和 $l_i<u_i$（$i=1,2,\cdots,n$）。

由多变量最优调节机构调节量的优化模型的数学表达式（5.1）、式（5.2）

可知，它是一个带有箱式约束条件的全局多变量非线性规划问题。求解非线性规划全局最优解的主要困难在于搜索过程中缺乏跳出局部最优解或平稳点的技巧。因此，求全局最优解的关键是要如何“超越局部最优性”或者更一般地讲，“超越当前”，即给定一个可行解（当前得到的最优解），如果它不是全局最优解，如何找到一个更好的可行解，或者怎样证明该解已经是全局最优解。

由于求解局部最优解的传统非线性规划技术不能顺利地应用于求解全局最优化问题，近几十年来，对于该类优化问题，目前所开发的算法大致分为两种，一种是基于梯度信息的算法，另一种是基于采样技术的直接搜索算法。与基于目标函数梯度的方法相比，直接搜索方法不需要构建基于梯度信息的复杂方法，易于工程实现。在直接搜索方法中，如果变量是松散耦合的，那么坐标下降法的收敛速度是可以接受的，特别适合于板形控制过程的多变量优化模型求解。

5.1.1.2 改进的坐标下降法

针对多变量板形闭环控制中的约束优化问题，本节提出了一种改进的坐标下降法用以解决板形控制过程中的多变量约束优化问题。该算法通过沿坐标方向对目标函数进行采样，研究目标函数在可行域上的局部行为。每当检测到合适的下降方向时，通过沿该坐标方向执行线性搜索来生成新的采样点。与传统的坐标下降法相比，设计的具有自适应能力的终止准则和搜索方法提高了计算效率。为了保证算法的全局收敛性和高效率，首先应考虑该算法能够找到一个目标函数充分减小的良好的可行下降方向，然后才能沿该方向执行足够大的搜索步长。

与无约束优化问题相反，有界约束的存在对搜索方向的选择增加了更强的限制。在每个驻点，搜索方向必须包含一个可行的下降方向。

如果一个可行点 x 不是 $f(x)$ 的驻点，那么必存在一个可行点 y，使得 $\nabla_k f(x)^T \cdot (y-x)^k < 0$，$k \in \{1, \cdots, n\}$。如果 $t=(y-x)^k>0$，那么考虑到可行域 Ω 是由箱式约束定义的，如式（5.3）所示：

$$t \cdot \nabla f(x)^{\mathrm{T}} \cdot e_k < 0, \qquad x + t \cdot e_k \in \Omega \tag{5.3}$$

式中 $\nabla f(x)$ ——$f(x)$ 在坐标 x 处的梯度；

e^k——坐标方向上的正交集，$k \in \{1, \cdots, n\}$。

$\nabla f(x)$ 的连续性和可行域 Ω 的凸性，意味着必存在一个正值 λ，使得：

$$f(x + t \cdot e_k) < f(x), \qquad x + t \cdot e_k \in \Omega, \qquad t \in (0, \lambda) \tag{5.4}$$

用 $-e^k$ 替换 e^k，使得 $t=(y-x)^k<0$，也得出相同的结论，因此与任何不是驻点的可行点 x 相对应，存在一个坐标方向，沿着该坐标方向或沿其相反方向必存在目标函数降低的可行点。

改进的坐标下降法旨在探测目标函数可以充分降低的可行方向。一旦这样的方向可行，将沿着这个方向执行足够大的步长，以便尽可能多地利用搜索方向的下降特性。使用坐标方向作为搜索方向和采用的特定采样技术使梯度计算的困难能够被克服，并确保生成序列的每个极限点都是驻点。设计的算法步骤说明如下：

（1）选择初始点 $x_0 \in \Omega$，初始步长 $t_0 \in (0, \infty)$，初始方向 e_i，$i \in \{1, \cdots, n\}$，设定初始 k 值为 1，$k \in \{1, \cdots, K\}$，$K = (1, \cdots, \infty)$，$\delta \in (0, 1)$，$\theta \in (0, 1)$ 及 ε_1、ε_2、$\varepsilon_3 \in (0, 1)$。

（2）计算 t_{max}，且应满足 $x_k + t_{max} \cdot e_1 \in \Omega$，以步长 $t = \min\{t_0, t_{max}\}$ 沿 e_1的正方向从 x_{k-1}开始搜索，使得 $x_k = x_{k-1} + t \cdot e_1$。当 $t > 0$，$f(x_k) < f(x_{k-1})$，设 $t = \min\{t_0/\delta, t_{max}\}$。如果步长 $t = t_{max}$或 $f(x_k) > f(x_{k-1})$，则加速向前搜索，直到达到约束的边界或目标函数不再减小时为止；然后返回到上一个迭代点，并将此迭代点设置为沿此搜索方向的最后一个点。如果以步长 $t = \min\{t_0, t_{max}\}$ 沿 e_1的正方向从 x_{k-1}开始搜索，目标函数不能发生任何减小，则 e_1的负方向将被选为搜索方向，此时，计算 t_{max}，且应满足 $x_k - t_{max} \cdot e_1 \in \Omega$，并计算步长 $t = \min\{t_0, t_{max}\}$。类似地，在沿 e_1的正方向搜索时，可以获得最后一个点 $x_k^{(1)}$。如果 $x_k^{(1)}$沿着 e_1的正向和负向搜索仍然失败，那么起始点 x_{k-1}将作为沿该搜索方向的终点，随后将沿下一个坐标方向进行搜索。

（3）计算 t_{max}，且应满足 $x_k + t_{max} \cdot e_2 \in \Omega$，以步长 $t = \min\{t_0, t_{max}\}$ 沿 e_2的正方向或负方向从 $x_k^{(1)}$ 开始搜索，采用与步骤（2）中相同的方式，可以获得最后一点 $x_k^{(2)}$。依此类推，沿着从第 3 个坐标方向 e_3开始的方向执行类似的搜索到第 n 个坐标方向 e_n，将获得候选坐标点 $x_k^{(n)}$，并被选择为第 k 次搜索的最优点，使得 $x_k = x_k^{(n)}$。

（4）如果 $\| x_k - x_{k-1} \| < \varepsilon_1$则转到步骤（5）。否则，如果迭代次数 k 尚未达到指定的整数 K，即 $k \leqslant K$，则让 $k=k+1$，然后转到步骤（2），否则 x_k被确定为最优点 x^*，并停止搜索。

（5）检查终止准则，包括搜索步长大小和目标函数值的变化。如果搜索步长 t_0足够小，即 $t_0 < \varepsilon_2$，或目标函数变化值 $\| f(x_k) - f(x_{k-1}) \|$ 小于给定的正值 ε_3，那么 x_k将被选为最优点 x^*。否则搜索步长 t_0将被缩小为 $t_0 = \theta t_0$，然后转到步骤（2）。

步骤（2）与步骤（3）中描述的算法如图 5.2 所示。当候选坐标点 $x_k^{(n)}$已被发现，搜索过程将进入图 5.3 所示的主循环体①位置。

主循环体的算法如图 5.3 所示，其中循环变量 k 从 1 增加到 K 用来统计迭代次数。

如图 5.3 所示，在步骤（4）与步骤（5）中，会检查搜索终止准则，以判断在步骤（1）与步骤（2）中生成的序列 $\{x_k\}$ 是否已收敛到极值点。事实证明，如果由坐标下降法生成的序列 $\{x_k\}$ 收敛到一个极值点，则每个极值点都是一个驻点或驻点的近似值。与传统的坐标下降法相比，改进算法的终止准则包含

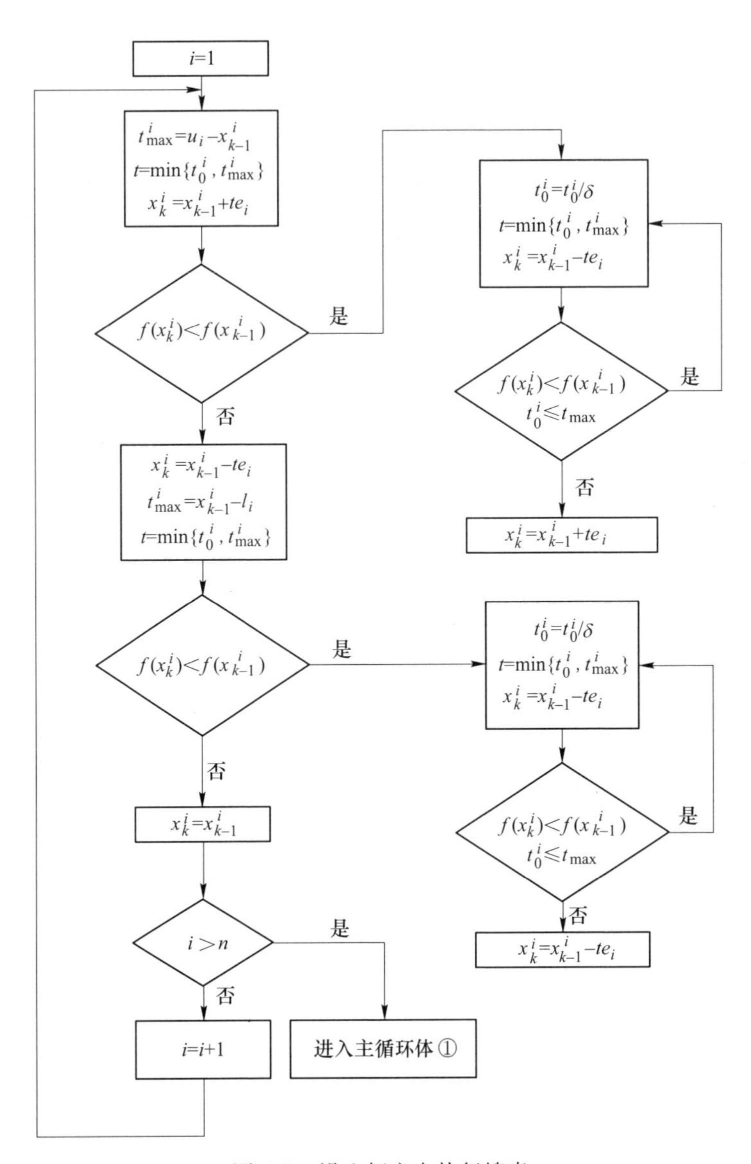

图5.2　沿坐标方向执行搜索

3个层次，分别为 $\|x_k - x_{k-1}\|<\varepsilon_1$，$t_0<\varepsilon_2$和 $\|f(x_k) - f(x_{k-1})\|<\varepsilon_3$。三级终止准则的设置不仅可以加快搜索过程，还可以避免输出伪最优点，伪最优点在传统坐标下降法中经常被误认为是最优点。指定的数字 K 用作迭代次数的限制，如果序列 $\{x_k\}$ 在设定的迭代次数下没有收敛到终止准则条件下的一个极值点，则搜索过程被视为不成功，那么上一个迭代点 x_{k-1} 将被选中作为最优点。

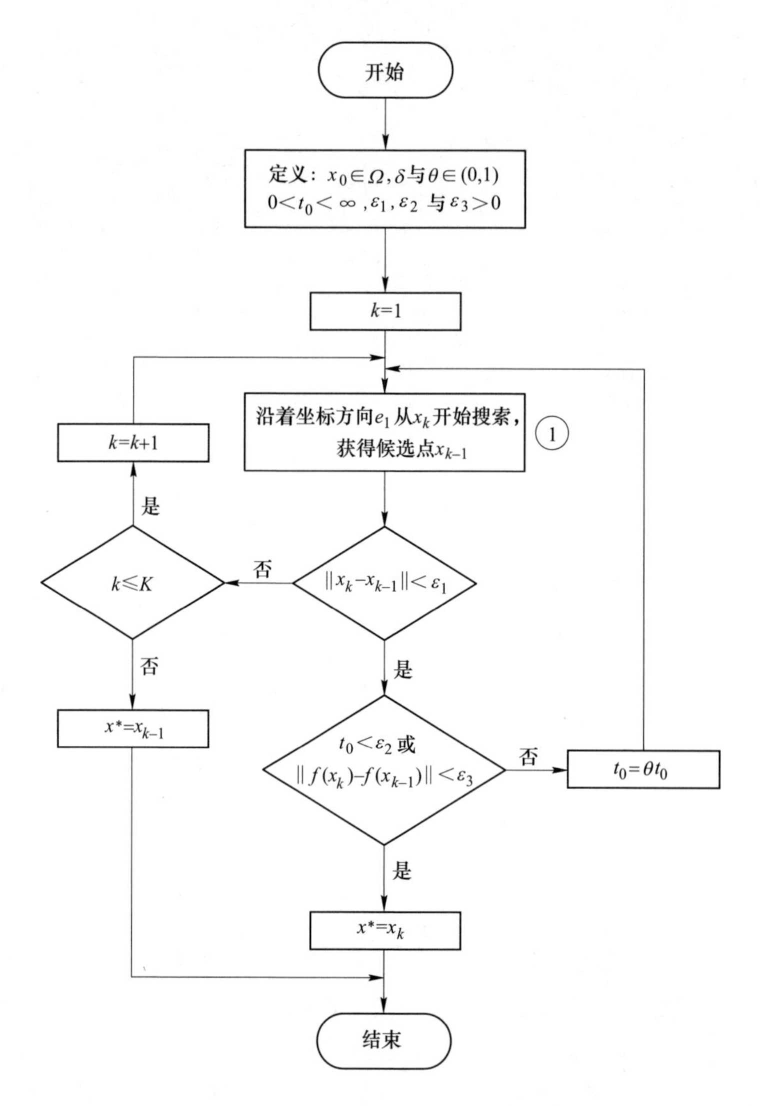

图 5.3　改进的坐标下降法主循环体

5.1.1.3　数值实验

为清晰描述测试过程，将所提出的改进的坐标下降法定义为算法 1，传统坐标下降方法定义为算法 2。为了更好地符合现场实际情况，选择由式（5.1）表示的多变量最优调节机构调节量的优化模型进行测试，测试参数取自某 1250mm UCM 冷轧机的实际板形闭环控制过程数据。由于该 UCM 冷轧机装备有 4 个板形调节机构，因此参数 n 设置为 4。假设沿带材宽度方向有 20 个板形测量段，则式（5.1）中的参数 m 设置为 20。式（5.1）中的其他参数见表 5.1。

表 5.1 优化测试参数

$i\in(1, 20)$	$\Delta y\in R^{20}$	$Eff\in R^{20\times4}$				$g\in R^{20}$
1	-0.17725	-1.7640	1.8375	0.18375	4.90	1
2	-0.09606	-1.48764	1.2250	0.137812	2.10	1
3	-0.02365	-1.26714	0.7350	0.091875	1.05	1
4	0.004747	-1.04664	0.3675	0.055125	0.56	1
5	0.014061	-0.82614	0.06125	0.018375	-0.14	1
6	0.03016	-0.60564	-0.1225	-0.01838	-0.56	1
7	0.021724	-0.4410	-0.30625	-0.05513	-1.12	1
8	0.046821	-0.33075	-0.6125	-0.09188	-1.68	1
9	0.079574	-0.24255	-0.9800	-0.13781	-2.10	1
10	0.105353	-0.1323	-1.1025	-0.16538	-2.24	1
11	0.109947	0.1323	-1.1025	-0.16538	-2.24	1
12	0.068732	0.24255	-0.9800	-0.13781	-2.10	1
13	0.046821	0.33075	-0.6125	-0.09188	-1.68	1
14	0.021724	0.4410	-0.30625	-0.05513	-1.12	1
15	0.03016	0.60564	-0.1225	-0.01838	-0.56	1
16	0.014061	0.82614	0.06125	0.018375	-0.14	1
17	0.004747	1.04664	0.3675	0.055125	0.56	1
18	-0.02365	1.26714	0.7350	0.091875	1.05	1
19	-0.09606	1.48764	1.2250	0.137812	2.10	1
20	-0.17725	1.7640	1.8375	0.18375	4.90	1

在表 5.1 中，Eff 表示板形调控功效系数矩阵。由于该 UCM 冷轧机具有 4 种板形调节机构，故 $Eff\in R^{20\times4}$ 。为了简化计算过程，将各测量段板形偏差的加权系数 $g\in R^{20}$ 均设置为 1。板形调节机构的当前设定值设置为 0，即 $u=\{0, 0, 0, 0\}$。调节机构上限 BU 和下限 BL 见表 5.2。

表 5.2 调节机构的上下限设置

界限	$\Delta u\in R^4$，1=100% 和 -1=-100%			
BL	-1	-1	0	-1
BU	1	1	1	1

如表 5.2 所示，1 = 100%表示调节机构已达到机械设计正极限，-1=-100%表示调节机构以达到机械设计负极限。对算法 1 和算法 2 的测试采用了两种不同的终止准则，即 $\varepsilon=10^{-3}$ 和 $\varepsilon=10^{-6}$。算法 1 的终止准则设置为 $\varepsilon=\varepsilon_1=\varepsilon_2=10\varepsilon_3$。指定的迭代次数 K 设置为 4000，搜索步长的比例因子设置为 0.5，即 $\delta=\theta=0.5$。初始点参数分别为 $x_0=(0.5, 0.5, 0.5, 0.5, 0.5)$ 和 $f(x_0)=57.32483$。终止

准则设置为 $\varepsilon=10^{-3}$时的测试结果见表 5. 3。

表 5. 3　数值实验测试结果（$\varepsilon=10^{-3}$）

测试结果	算法 1	算法 2
ε	10^{-3}	10^{-3}
k	61	31
nf	572	1242
时间/ms	2	3
x^*	-0. 000107，-0. 050781，0. 129883，-0. 021973	-0. 000107，0. 074219，-1. 46875，0. 003906
$f(x^*)$	0. 005262	0. 036257

如表 5. 3 所示，当终止准则设置为 $\varepsilon=10^{-3}$时，算法 1 在 61 次迭代后完成搜索，算法 2 需要 31 次迭代。从迭代次数方面看，算法 2 需要的迭代次数比算法 1 少。然而，在优化过程中大部分的优化时间都被计算目标函数值所消耗，由于算法 1 的优化过程中有 572 次的目标函数值计算，而算法 2 的函数计算超过 1240 次，因此算法 1 的总优化时间小于算法 2。此外，算法 1 的目标函数值 $f(x^*)=$ 0. 005262 小于算法 2 的目标函数函数值 $f(x^*)=0.036257$，表明算法 1 的精度优于算法 2。

当 $\varepsilon=10^{-6}$时也获得了类似的结果。对于两种算法，主要结果见表 5. 4。当终止准则由 $\varepsilon=10^{-3}$变成 $\varepsilon=10^{-6}$时，不仅迭代次数和函数计算次数大幅增加，而且优化时间也迅速增加。对于算法 1，当终止准则由 $\varepsilon=10^{-3}$变为 $\varepsilon=10^{-6}$后，目标函数的最小值没有太大变化，但算法 2 的变化很大，这表明算法 1 优化过程中具有比算法 2 更高的效率，在不太严苛的终止准则下就能迅速接近最优点。

表 5. 4　主要的全局优化测试结果（$\varepsilon=10^{-6}$）

测试结果	算法 1	算法 2
ε	10^{-6}	10^{-6}
k	96	42
nf	1023	2174
时间/ms	5	9
x^*	-0. 000107	-0. 000107
	-0. 034523	0. 102051
	0. 129700	-1. 000000
	-0. 028793	-0. 029297
$f(x^*)$	0. 005070	0. 015043

5.1.2　基于接力优化方式的多变量板形闭环控制

板形闭环控制的周期取决于板形测量的频率。如果优化算法比控制周期需要更长的时间，则无法在正常控制周期内完成各板形调节机构调节量的计算，进而影响板形控制效果。如果增加板形控制周期，则必将降低系统的实时性能，进而增加控制死区时间。全局优化方法在理论上保证了计算的准确性和收敛性，但计算的复杂性大大增加。计算复杂度的增加使得优化过程占用了大量的控制器资源，因此，这种优化算法只能在高性能硬件平台上实现。事实上，仍有许多冷轧机并没有配备高性能的工业控制器，特别是对于要改造的旧冷轧机。这类全局优化算法很难应用于这些陈旧轧机的控制系统平台，难以实现冷轧板形的优化升级。针对这种情况，本节提出了一种高效的接力优化算法，以实现多变量板形闭环控制过程的模型快速求解。通过该算法，可以将多变量优化过程转换为一系列单变量优化过程。采用接力方式的优化算法，可以大大提高计算效率，并保证较高的控制精度。即使没有高性能的工业控制器，采用基于接力优化算法的板形控制系统也能实现精确有效的控制过程。

5.1.2.1　接力优化方式的多变量板形闭环控制策略

多变量板形闭环控制采用接力方式的控制策略。具体过程是：首先计算实测板形和板形目标之间的偏差，通过在板形偏差和各板形调节机构调控功效之间做最优计算，确定各个调节机构的调节量。本层次调节量计算循环结束后，按照接力控制的顺序开始计算下一个控制层次的调节量，此时板形偏差需作更新，即要从原有值中减去由上次计算得出的消除部分的调节量，并在新的基础上进行下一层次的调节量计算。

在同一控制层次中，如果有两种或者两种以上的板形调节机构的效果相似，则按照设定的优先级只调节一种。当高优先级的板形调节机构调节量达到极限值，但板形偏差没有达到要求且还有可调的板形调节机构时，剩下的板形偏差则由具有次优先级的板形调节机构进行调节，以此类推，直至板形偏差达到要求或者再没有板形调节机构可调为止。接力优化方式的多变量板形控制系统结构如图5.4所示。

在图5.4中，Eff_{wrb}、Eff_{irb}、Eff_{rt}和Eff_{irs}分别为工作辊弯辊、中间辊弯辊、轧辊倾斜和中间辊横移的板形调控功效系数；$G_c(s)^{wrb}$、$G_c(s)^{irb}$、$G_c(s)^{rt}$和$G_c(s)^{irs}$分别为工作辊弯辊、中间辊弯辊、轧辊倾斜和中间辊横移控制的控制器；Δu_{wrb}、Δu_{irb}、Δu_{rt}和Δu_{irs}分别指通过接力优化模型计算的各个板形调节机构的调节量；ΔF_{wrb}、ΔF_{irb}、ΔF_{rt}和ΔF_{irs}分别为工作辊弯辊、中间辊弯辊、轧辊倾斜和中间辊横移控制器的输出量；P_{wrb}、P_{irb}、P_{rt}和P_{irs}分别为工作辊弯辊、中间辊弯辊、轧

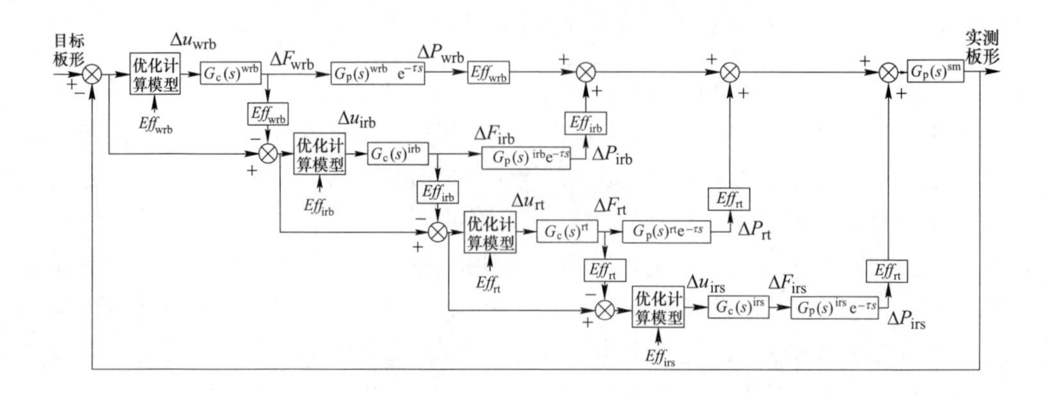

图 5.4　接力优化方式的多变量板形控制系统结构

辊倾斜和中间辊横移的位置设定值；$G_p(s)^{sm}$是板形仪的过程模型，$e^{-\tau s}$是纯滞后部分；$G_p(s)^{wrb}$、$G_p(s)^{irb}$、$G_p(s)^{rt}$和$G_p(s)^{irs}$分别为工作辊弯辊、中间辊弯辊、轧辊倾斜和中间辊横移控制不含滞后环节的过程模型。

5.1.2.2　新型的坐标下降法

基于接力优化方式的多变量板形闭环控制模型的建立与全局优化方式的模型建立过程相同，不同之处在于模型的求解算法设计。

与坐标下降法类似，也是在每次迭代中只调整一个变量，其他变量保持不变，然后将多变量优化过程转化为一系列单变量优化过程。两种算法的区别在于，接力优化算法将原始多变量目标函数转换为一系列单变量目标函数，而坐标下降法不会改变原始目标函数。

对于这类具有箱式约束条件的非线性多变量优化问题而言，其梯度为：

$$\nabla f(x)=\left[\frac{\partial f(x)}{\partial x_1},\frac{\partial f(x)}{\partial x_2},\cdots,\frac{\partial f(x)}{\partial x_k},\frac{\partial f(x)}{\partial x_{k+1}},\frac{\partial f(x)}{\partial x_n}\right]^{\mathrm{T}} \tag{5.5}$$

假定第 k 个变量发生变化，而其余 $n-1$ 个变量保持为定值，则其余 $n-1$ 个变量的偏导数均为 0，此时有：

$$\nabla f(x)=[0,0,\cdots,\nabla f(x_k),0,0]^{\mathrm{T}} \tag{5.6}$$

若令原目标函数式（5.1）中的 $n-1$ 个变量均为 0，只保留一个变量，则只包含第 k 个变量的原始多变量目标函数可写为：

$$\min\begin{cases}f_k(x_k)=\sum\limits_{j=1}^{m}(\Delta y_j-x_k Eff_{jk})^2\\ S.t.\quad x_k\in\Omega_k=\{x_k\in R^1\,|\,BL_k\leqslant x_k\leqslant BU_k\}\end{cases} \tag{5.7}$$

式（5.6）中 $\nabla f(x)$ 可以看作是式（5.7）单变量目标函数的梯度，且只包含第 k 个变量，其余 $n-1$ 个变量均为零。令 $\nabla f_k(x_k)$ 为单变量目标函数式（5.8）的梯度，式（5.6）可以变换为：

$$\nabla f(x) = [0,0,\cdots,\nabla f_k(x_k),0,0]^{\mathrm{T}} \tag{5.8}$$

对于该单变量目标函数 $f_k(x_k)$ 而言，若存在一个容许方向可以使目标函数值沿该方向下降，即满足：

$$t \cdot \nabla f_k(x_k)^{\mathrm{T}} \cdot e_k < 0, \qquad x_k + te_k \in \Omega \tag{5.9}$$

式中　$\nabla f(x)$ ——$f(x)$ 在坐标 x 处的梯度；

　　e_k——坐标方向的正交集合，$k \in [1, \cdots, n]$。

则该方向也必然满足：

$$t \cdot \nabla f(x)^{\mathrm{T}} \cdot e_k < 0, \qquad x + te_k \in \Omega \tag{5.10}$$

即该方向也必然是原多变量目标函数 $f(x)$ 的下降方向。由于原多变量目标函数具有严格的连续性且可行域 Ω 是凸的，因此，沿每个单变量目标函数的下降方向原多变量目标函数值都会下降。也就是说，沿着下降方向，存在目标函数严格下降的可行点。因此，可以将原多变量目标函数的优化问题依次转换为多个单变量目标函数的优化问题，然后利用最速下降法求解每个单变量目标函数的最优解。

如图 5.5 所示为接力优化算法的主环路算法框图，各种板形调节机构的调节量是在接力方式下逐个计算的，而不是全局计算。当发生板形缺陷时，根据所制定的接力优化方式多变量板形闭环控制策略，将首先计算具有更高优先级的调节机构的调节量。此外，为了避免具有相似板形效率的调节机构之间的重叠计算，需要在每个优化过程结束时更新板形偏差。通过这种方式，优化过程将继续进行，直到计算出所有板形调节机构的调节量或残余板形偏差足够小。

如图 5.6 所示为采用最速下降法来解决单变量优化问题。d^l 和 α^l 分别表示第 l 次迭代中的搜索方向和步长。如果目标函数的梯度在 l 次迭代后足够小，即 $\| \nabla f(x^l) \| < \varepsilon$，则 x^{l+1} 将被选为单变量优化问题的最优点 x^*。否则，令 $l = l+1$ 继续重复迭代过程。

5.1.2.3 数值实验

为验证所提出的接力优化方法是否提高了计算效率，并保证较高的控制精度，对其与传统的坐标下降法进行了对比测试。为了反映实际情况，测试数据仍从某 1250mm 单机架 UCM 冷轧机的实际板形控制过程提取。各个板形调节机构的优先级由高到低依次是工作辊弯辊、中间辊弯辊、轧辊倾斜和中间辊横移。式（5.1）中的主要参数见表 5.5。

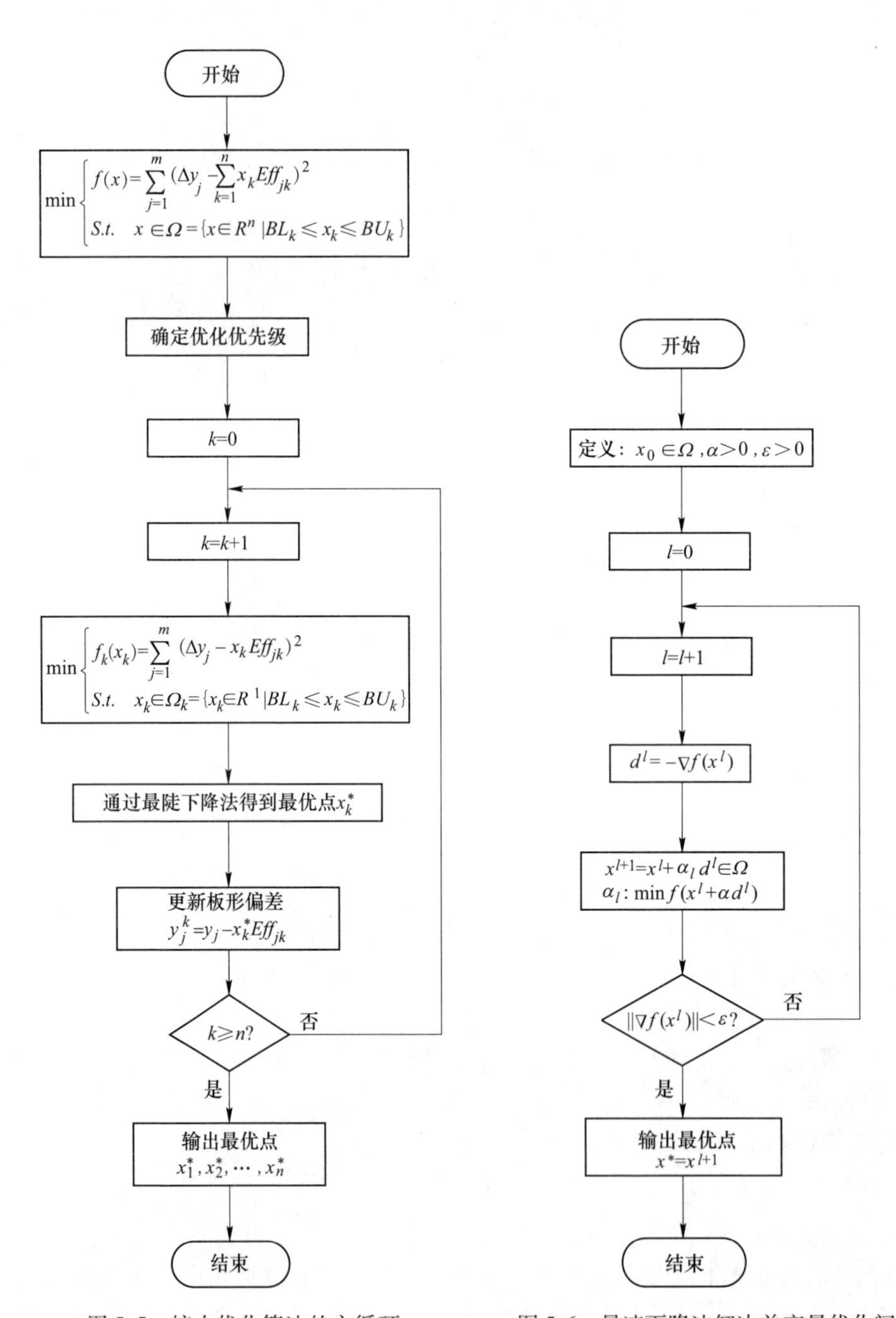

图 5.5　接力优化算法的主循环

图 5.6　最速下降法解决单变量优化问题

表 5.5 优化测试参数

$i\in(1,20)$	$\Delta y\in R^{20}/10^{-2}$	$Eff\in R^{20\times4}$				$g\in R^{20}$
1	-2.91103	-1.76400	1.83750	0.18375	4.90	1
2	-1.13804	-1.48764	1.22500	0.13781	2.10	1
3	-2.47011	-1.26714	0.73500	0.09188	1.05	1
4	0.16960	-1.04664	0.36750	0.05513	0.56	1
5	2.95822	-0.82614	0.06125	0.01838	-0.14	1
6	5.25976	-0.60564	-0.12250	-0.01838	-0.56	1
7	6.50662	-0.44100	-0.30625	-0.05513	-1.12	1
8	5.70448	-0.33075	-0.61250	-0.09188	-1.68	1
9	5.87518	-0.24255	-0.98000	-0.13781	-2.10	1
10	4.26275	-0.13230	-1.10250	-0.16538	-2.24	1
11	-0.76014	0.13230	-1.10250	-0.16538	-2.24	1
12	-1.21192	0.24255	-0.98000	-0.13781	-2.10	1
13	0.88185	0.33075	-0.61250	-0.09188	-1.68	1
14	1.94558	0.44100	-0.30625	-0.05513	-1.12	1
15	3.92548	0.60564	-0.12250	-0.01838	-0.56	1
16	1.70609	0.82614	0.06125	0.01838	-0.14	1
17	-1.29547	1.04664	0.36750	0.05513	0.56	1
18	-1.92987	1.26714	0.73500	0.09188	1.05	1
19	-7.29045	1.48764	1.22500	0.13781	2.10	1
20	-11.2679	1.76400	1.83750	0.18375	4.90	1

与全局优化方式一样，为了简化计算过程，对板形调节机构的权重因子和当前设定值进行同样的处理。接力优化算法和传统坐标下降法使用相同的终止准则进行测试，即 $\varepsilon=10^{-6}$。初始点参数分别为 $x_0=(0.5, 0.5, 0.5, 0.5, 0.5)$ 和 $f(x_0)=57.32483$。根据上述参数，在测试中得到了迭代次数 k、函数计算次数 nf 和优化所消耗的时间。目标函数的相应下降轨迹如图 5.7 所示，$\varepsilon=10^{-6}$ 的主要测试结果见表 5.6。

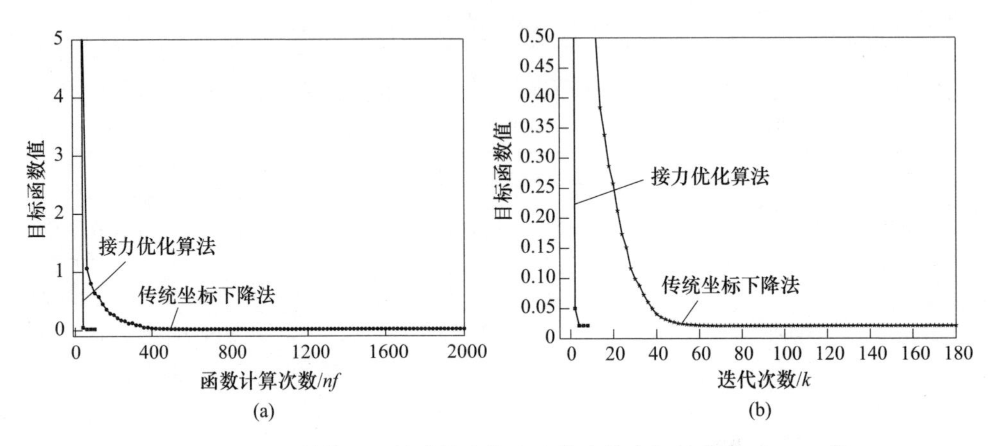

图 5.7　目标函数值、函数计算次数和迭代次数之间的关系（$\varepsilon=10^{-6}$）
（a）函数计算次数；（b）迭代次数

表 5.6　主要的优化测试结果

测试结果	接力优化算法	传统坐标下降法
k	5	213
nf	5	2013
时间/ms	<1	9
x^*	−0.0091690，−0.04167，0.0087189，−0.00085	−0.009169，−0.056029，0.234695，−0.006153
$f(x^*)$	0.021654	0.021012

如图 5.7 和表 5.6 所示，接力优化算法比传统坐标下降法具有更高的效率。从迭代次数来看，当终止准则设置为 $\varepsilon=10^{-6}$时，接力优化算法的搜索在 5 次迭代后就停止了，而传统坐标下降法需要 213 次迭代。由于在接力优化算法的优化过程中只有 5 个函数计算，而传统坐标下降法的函数计算超过 2013 个，传统坐标下降法大部分优化时间都由函数计算消耗。因此接力优化算法的总优化时间在 1ms 以内，而传统坐标下降法需要 9ms。与传统坐标下降法算法相比，接力优化算法的唯一缺点是精度略低。在优化过程结束时，接力优化算法的目标函数值 $f(x^*)=0.021654$，与传统坐标下降法的目标函数值 $f(x^*)=0.021012$ 在数值结果上相近。考虑到板形控制的实时性能的大幅提高，是可以容忍接力优化算法略低的精度。

5.2 板形闭环控制系统的滞后补偿模型

5.2.1 系统滞后及其补偿方法

在轧制过程中，许多控制对象存在着严重的滞后时间。这种纯滞后往往是由于物料或能量的传输过程引起的，或者是由于过程测量传感器的客观布置引起的。在板形控制中，由于板形仪和辊缝之间有一定的距离，导致板形仪反馈的板形测量信号并不是当前辊缝中带材的实际板形，而是滞后一定的时间，因此板形控制也是一种典型的滞后控制过程。一方面，由于滞后的影响，使得被调量不能及时控制信号的动作，控制信号的作用只有在延迟τ以后才能反映到被调量，使控制系统的稳定性降低；另一方面，当对象受到干扰而引起被调量改变时，控制作用不能立即对干扰产生抑制作用。这样，含有纯滞后环节的闭环控制系统必然存在较大的超调量和较长的调节时间。因此，纯滞后对象也成为很难控制的问题。由于纯滞后过程是一类复杂的过程，所以它的控制问题一直是困扰着自动控制和计算机应用领域的一大难题。因此，对滞后工业过程方法和机理的研究一直受到专家学者普遍的重视。1958 年，美国人 Smith 提出了著名的 Smith 预估器来控制含有纯滞后环节的对象，从理论上解决了纯滞后系统的控制问题。

以常规的单回路闭环控制为例，其控制系统结构如图 5.8 所示。

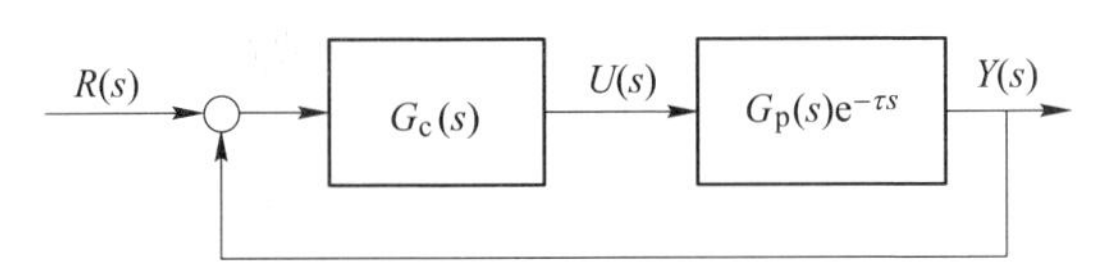

图 5.8 带有纯滞后的单回路控制系统结构

图 5.8 中 s 为拉普拉斯算子，$R(s)$ 为输入信号，$Y(s)$ 为输出信号，$U(s)$ 为控制器的输出信号，$G_c(s)$ 表示调节器的传递函数，$G_p(s)e^{-\tau s}$表示对象的传递函数，其中 $G_p(s)$ 为对象不包含纯滞后部分的传递函数，$e^{-\tau s}$为对象纯滞后部分的传递函数。

其闭环传递函数为：

$$G_s(s)=\frac{G_c(s)G_p(s)e^{-\tau s}}{1+G_c(s)G_p(s)e^{-\tau s}} \tag{5.11}$$

可见特征方程中包含有纯滞后环节 $e^{-\tau s}$，使系统的稳定性降低，如果τ足够大的话，系统是不稳定的。为了改善这类大纯滞后对象的控制质量，引入一个补偿环节，即 Smith 预估器，对系统滞后进行补偿，如图 5.9 所示。

图 5.9 的传递函数为：

$$G_s(s)=\frac{Y(s)}{R(s)}=\frac{G_c(s)G_p(s)}{1+G_c(s)G_p(s)}e^{-\tau s} \tag{5.12}$$

由式（5.12）可知，经纯滞后补偿后，已消除了纯滞后部分对系统的影响，即式（5.12）的 $e^{-\tau s}$在闭环控制回路之外，不影响系统的稳定性。由拉氏变换的位移定理可以证明，它仅仅将控制过程在时间坐标上推移了一个时间τ，其过渡过程的形状及其他所有质量指标均与对象特性为 $G_p(s)$（不存在纯滞后部分）时完全相同。所以，对任何大滞后时间τ，系统都是稳定的。

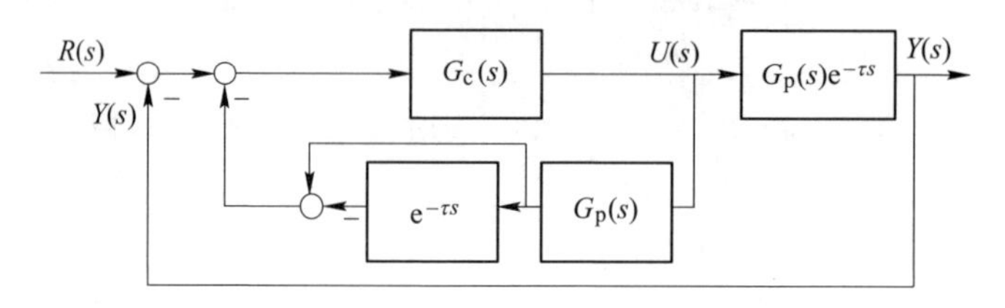

图 5.9　带 Smith 补偿的系统结构

5.2.2　板形闭环控制系统建模

由上述分析可知，Smith 预估器的引入，可以消除纯滞后部分对系统的影响，而不影响控制系统的特性。为此，将 Smith 预估控制的思想引入板形控制系统中，建立控制外环采用最优控制算法求解板形调节机构的调节量，内环采 Smith 预估+PID 控制完成对板形调节机构位置控制的控制策略。由图 5.1 可知，板形闭环控制系统由 4 个单独的板形调节机构控制回路组成。由于各种控制回路之间没有耦合，因此可以选择其中任何一个控制回路进行建模和分析。下面以工作辊弯辊对板形的控制回路为例，对该过程建模并进行仿真，进而确定闭环控制的方式，没有采用 Smith 预估器补偿的工作辊弯辊控制系统结构如图 5.10 所示。

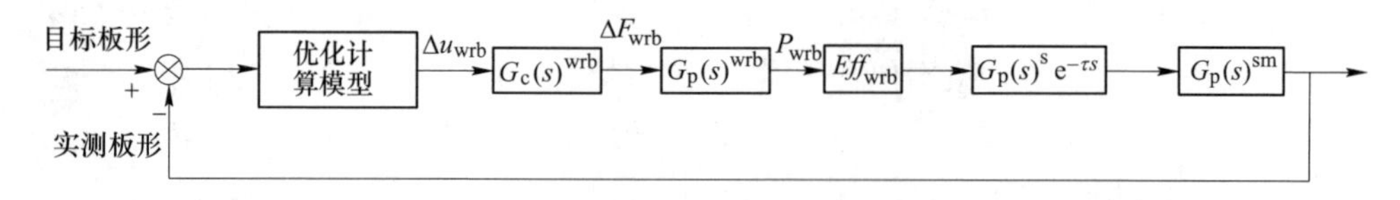

图 5.10　没有 Smith 预估器补偿的工作辊弯辊控制系统结构

图 5.10 中 $G_c(s)^{wrb}$为工作辊弯辊控制器（PID 控制器）的传递函数；ΔF_{wrb}为工作辊弯辊力的调节量；$G_p(s)^{wrb}$为工作辊弯辊控制不含滞后环节的传递函数；$e^{-\tau s}$为纯滞后部分；$G_p(s)^s$为带钢从末机架辊缝到卷取机之间的传递函数模型；$G_p(s)^{sm}$为板形仪的过程模型。

由于此处仅选择工作辊弯辊控制回路，因此原多变量板形闭环优化模型中只有一个变量。此外，由优化模型计算的工作辊弯辊调节量仍需要在控制器中进行处理，因此该多变量板形闭环优化模型可以等效为一个比例环节，即可用比例系数 K 代替。K 将根据板形偏差的变化而变化，这可以看作是控制器的可变增益处理。工作辊弯辊控制回路的闭环传递函数为：

$$G(s)=\frac{KG_c(s)^{\mathrm{wrb}}G_p(s)^{\mathrm{wrb}}G_p(s)^{\mathrm{s}}G_p(s)^{\mathrm{sm}}Eff_{\mathrm{wrb}}\mathrm{e}^{-\tau s}}{1+KG_c(s)^{\mathrm{wrb}}G_p(s)^{\mathrm{wrb}}G_p(s)^{\mathrm{s}}G_p(s)^{\mathrm{sm}}Eff_{\mathrm{wrb}}\mathrm{e}^{-\tau s}} \tag{5.13}$$

则该回路的闭环控制系统特征方程为：

$$1+KG_c(s)^{\mathrm{wrb}}G_p(s)^{\mathrm{wrb}}G_p(s)^{\mathrm{s}}G_p(s)^{\mathrm{sm}}Eff_{\mathrm{wrb}}\mathrm{e}^{-\tau s}=0 \tag{5.14}$$

显然，特征方程中出现了纯滞后环节 $\mathrm{e}^{-\tau s}$，导致控制系统的稳定性降低。如果滞后时间 τ 足够大，系统将不稳定，这就是大滞后过程难以控制的原因。$\mathrm{e}^{-\tau s}$ 出现在特征方程中是因为控制回路正在反馈过时的信息。如果能将纯滞后部分移除到控制回路之外，则受控变量在滞后时间 τ 之后仍将保持相同的变化，这正是 Smith 预测器的思想。图 5.11 所示为带有 Smith 预估器补偿的工作辊弯辊控制回路。

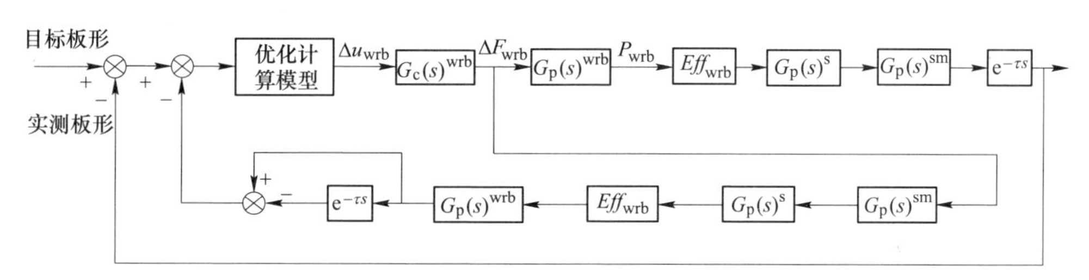

图 5.11 带有 Smith 预估器补偿的工作辊弯辊控制回路

此时，工作辊弯辊控制回路的闭环控制系统传递函数为：

$$G(s)=\frac{KG_c(s)^{\mathrm{wrb}}G_p(s)^{\mathrm{wrb}}G_p(s)^{\mathrm{s}}G_p(s)^{\mathrm{sm}}Eff_{\mathrm{wrb}}\mathrm{e}^{-\tau s}}{1+KG_c(s)^{\mathrm{wrb}}G_p(s)^{\mathrm{wrb}}G_p(s)^{\mathrm{s}}G_p(s)^{\mathrm{sm}}Eff_{\mathrm{wrb}}} \tag{5.15}$$

闭环控制系统的特征方程为：

$$1+KG_c(s)^{\mathrm{wrb}}G_p(s)^{\mathrm{wrb}}G_p(s)^{\mathrm{s}}G_p(s)^{\mathrm{sm}}Eff_{\mathrm{wrb}}=0 \tag{5.16}$$

如式（5.16）所示，纯滞后部分 $\mathrm{e}^{-\tau s}$ 不再出现在控制系统的特征方程中，这表明滞后对系统稳定性的影响已被消除。根据拉普拉斯变换的时移特性，它仅将控制过程延迟 τ 时间，系统过渡过程的形状和所有其他性能参数与原始过程完全相同。虽然 Smith 预估器的精度取决于对象模型的精度，且预估值与实际值不完全相同，但当预测模型与实际对象模型之间的差异不太大时，Smith 预估器仍然可用。虽然时滞的影响不能完全消除，但它确实可以改善控制系统的性能。

基于上述分析，这里对工作辊弯辊控制回路进行建模和仿真，以确定板形闭环控制策略。工作辊弯辊是板形闭环控制系统中的调节机构之一。它由液压辊缝控制系统中的电液伺服系统驱动。由于本节目的是研究时滞对板形控制系统稳定性的影响，然后确定合适的控制策略，因此这里将工作辊弯辊控制的模型等效为一阶惯性环节，以简化建模过程。设不含纯滞后环节的工作辊弯辊过程传递函数为：

$$G_p(s)^{wrb} = \frac{1}{1 + T_{wrb}s} \tag{5.17}$$

式中　T_{wrb}——工作辊弯辊液压缸的时间常数，s。

一些研究人员指出，当调整板形后的带钢到达板形仪时，板形仪只能感知部分控制效果。直到调整板形后的带钢盘绕到卷取机上，它才能完全测量到控制效果。因此，必须考虑从辊缝到卷取机的带钢动态特性。带钢板形在辊缝至卷取机之间传输的动态特性与 St. Venant 原理有关，该原理指出，载荷的具体分布只影响载荷作用区附近的应力分布，在远离载荷作用区的地方，端部牵引导致的应力变化将以指数形式衰减为零。由于末轧机辊缝到卷取机之间有一段距离，带钢传递过程中的动态特性随带钢速度变化，因此，这里制定的传递函数为：

$$G_p(s)^{s} = \frac{1}{1 + T_s s} \tag{5.18}$$

式中，$T_s = \frac{D}{v}$，v 为带材速度，D 为末机架辊缝处到卷取机位置的距离。

板形仪的过程模型可以等效为一阶惯性环节，其传递函数为：

$$G_p(s)^{sm} = \frac{1}{1 + T_{sm}s} \tag{5.19}$$

式中　T_{sm}——板形仪的时间常数，s。

系统滞后时间 τ 可以通过带材速度和板形仪距辊缝的距离求出，即：

$$\tau = \frac{l_{Delay}}{v_{Strip}} \tag{5.20}$$

式中　l_{Delay}——板形仪和辊缝之间的距离，m；

　　　v_{Strip}——带材速度，m/s。

轧制过程通常分为三个阶段：加速阶段、稳定轧制阶段和减速阶段。因此，时滞会随轧制速度而变化。由于时滞估计是一个复杂的问题，在接下来的仿真中，将时滞假设为一个已知值，并在不同的时滞下评估控制策略的效果。

因为只是考察 Smith 预估器对改善板形控制系统性能的效果，故忽略其他板形调节机构的影响，将求解工作辊调节量的最优控制算法等效为一个比例环节。

冷轧带钢的板形控制基本上是通过轧辊倾斜、工作辊弯辊、中间辊弯辊及轧辊横移等调节机构对辊缝形状进行控制来完成的。板形调节机构位置的变化会立即引起辊缝形状的变化。在忽略其他板形调节机构影响的情况下，当工作辊弯辊的设定值 P_{wrb} 被确定后，辊缝的形状和带材的板形也被确定，板形变化量和工作辊弯辊的板形调控功效 Eff_{wrb} 均为一组矢量，它们之间的数学关系为：

$$|Flatness|_{1\times m}^{wrb} = P_{wrb} \cdot Eff_{wrb} \tag{5.21}$$

式中 $|Flatness|_{1\times m}^{wrb}$——工作辊弯辊作用到带材上板形的变化量矢量，I。

为了简化建模过程，将工作辊弯辊的板形调控功效、目标板形矢量以及实测板形矢量分别等效为一个单一数值。

则整个系统对象控制模型的传递函数为：

$$G_p(s) = \frac{Eff_{wrb}}{(1 + T_{wrb}s)(1 + T_s s)(1 + T_{sm}s)} e^{-\tau s} \tag{5.22}$$

通常，将目标板形曲线设置为特定形状以补偿测量误差，这些误差通常是由带材宽度、卷曲形状和带材跑偏等误差产生的。为了对仿真过程进行清晰的描述，将目标板形曲线设置为近似抛物线形状，以匹配仿真中工作辊弯辊调控功效系数，如图 5.12 所示。

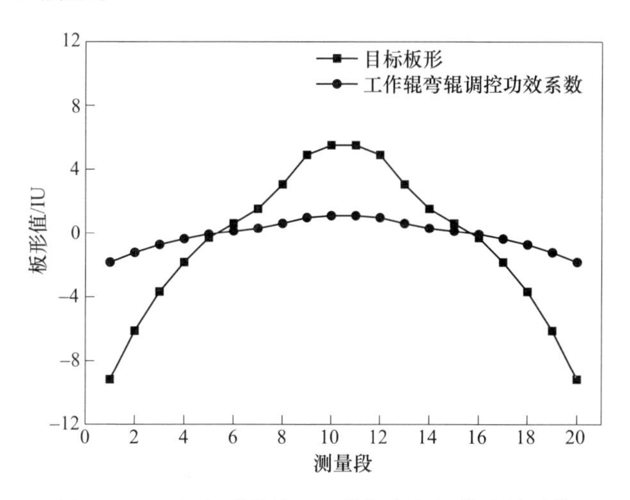

图 5.12 目标板形曲线和工作辊弯辊调控功效系数

为了反映实际的板形控制过程，提取某 1450mm 五机架 UCM 冷连轧机的生产数据进行仿真。用于系统仿真的主要参数见表 5.7。

表 5.7 主要仿真参数

主要参数	数值
板形仪测量段数量	20
辊缝到板形仪的距离/m	2.15
辊缝到卷取机的距离/m	10.38
板形闭环控制系统开关的速度/m·min^{-1}	100

续表 5.7

主 要 参 数	数　值
最大轧制速度/m · min^{-1}	1350
滞后时间/s	0.096~1.290
带材动力学时间常数/s	0.461~6.230
工作辊弯辊时间常数/s	0.010
板形仪时间常数/s	0.003

将上述参数带入式（5.22）中，可得系统对象的传递函数为：

$$G_p(s) = \frac{Eff_{wrb}}{0.00003T_s s^3 + (0.00003 + 0.013T_s)s^2 + (0.013 + T_s)s + 1} e^{-\tau s} \tag{5.23}$$

其中，$\tau \in [0.096, 1.29]$，$T_s \in [0.461, 6.23]$。

5.2.3　板形闭环控制系统仿真

根据上述系统结构和模型参数进行控制系统的仿真实验。PID 参数的整定通过 Ziegler-Nichols 方法完成。为了防止过度振荡，加上了限幅器。考虑到实际轧制过程中，板形测量及信号处理过程中会受到许多外界干扰，在过程中加入了白噪声发生模拟器。

图 5.13 所示为带 Smith 预估控制的工作辊弯辊控制器的输入偏差信号和常规 PID 控制器的输入偏差信号曲线（滞后时间 τ =0.5s，带钢的动态特性时间常数 T_s）。

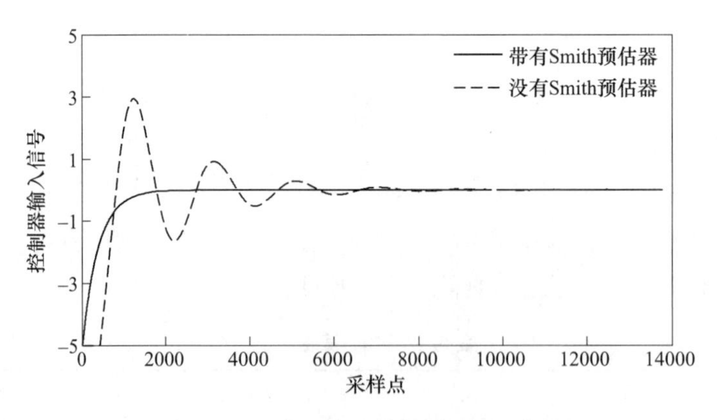

图 5.13　工作辊弯辊控制器的输入信号

由图 5.13 可知，当输入信号在 0 时刻产生时，Smith 预估器可以直接将信号反馈给工作辊弯辊的 PID 控制器，同时偏差信号也会发生变化。相比之下，没有 Smith 预估器的常规 PID 控制需要 0.5s 的时间才能将信号反馈给控制器，导致控制过程缓慢，动态性能差。

图 5.14 所示为常规 PID 控制的系统阶跃曲线与仿真结果，输入信号值为目标板形的标准偏差值 4.6153。当滞后时间 τ =0.5s 时，控制器的阶跃响应产生振荡和超调，且由系统仿真得到的板形值和板形偏差值也会出现较长时间的振荡。如果滞后时间继续增大，系统的超调和振荡将增大，导致板形控制系统的控制性能下降。

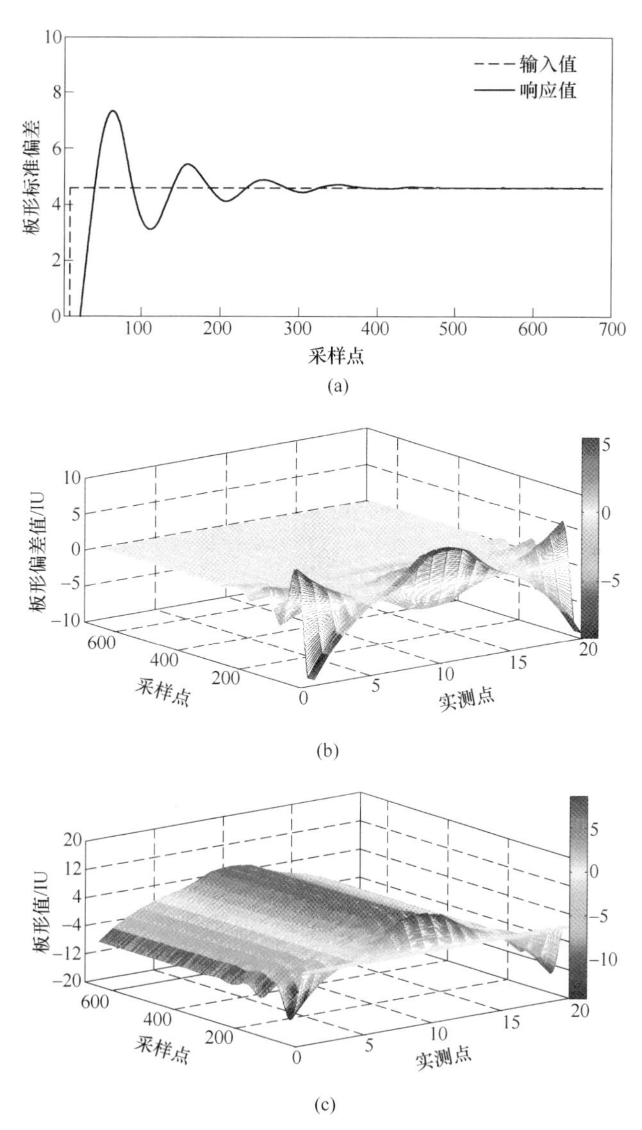

图 5.14 常规 PID 控制的板形控制系统仿真（τ=0.5s）
（a）常规 PID 控制的系统阶跃响应曲线；（b）板形偏差值；（c）板形值

如图 5. 15 所示，当 Smith 预估器应用于控制系统时，系统的动态特性非常好，系统的调节时间和稳态误差都很小且控制器的阶跃响应几乎没有振荡或超调。除初始阶段外，系统仿真得到的板形值和板形偏差值也很稳定。

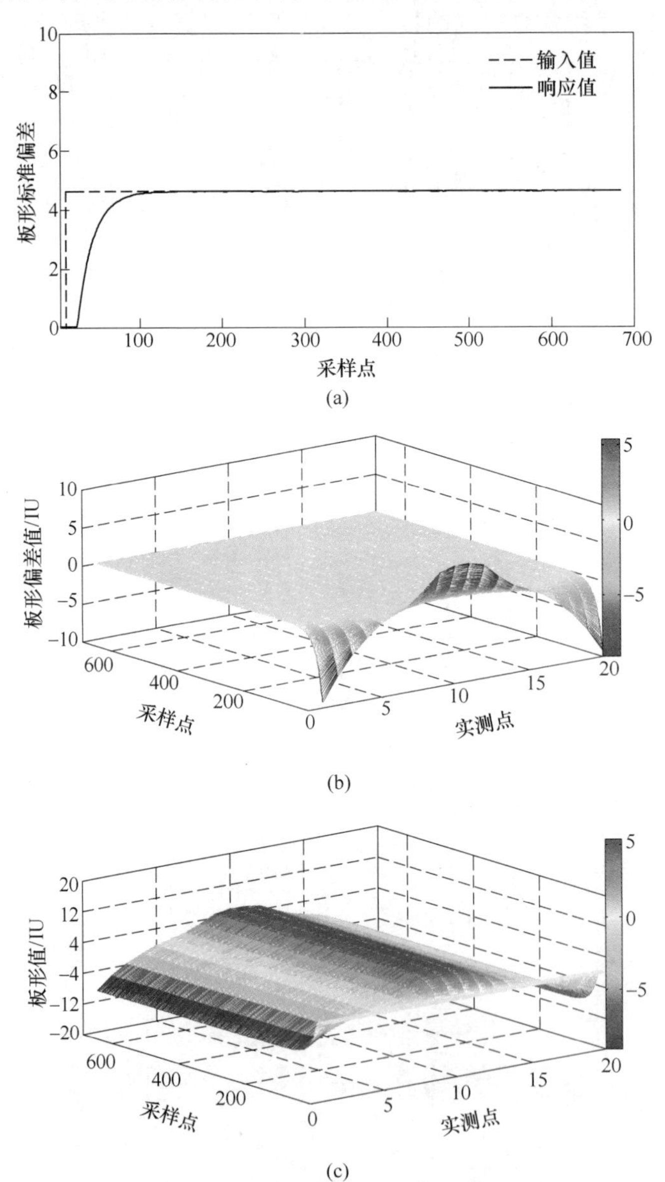

图 5. 15　Smith 预估+PID 控制的系统阶跃响应曲线和仿真（$\tau=0.5$s）

（a）Smith 预估 PID 控制的系统阶跃响应曲线；（b）板形偏差值；（c）板形值

当板形控制处在高速轧制阶段时，系统滞后时间很小。常规 PID 控制与

Smith 预估+PID 控制在阶跃响应、调节时间和稳态误差等方面几乎相同。图 5.16 所示为在小滞后时的常规 PID 控制的系统仿真曲线（滞后时间 $\tau=0.2$s，带钢的动态特性时间常数 $T_s=0.96$）。

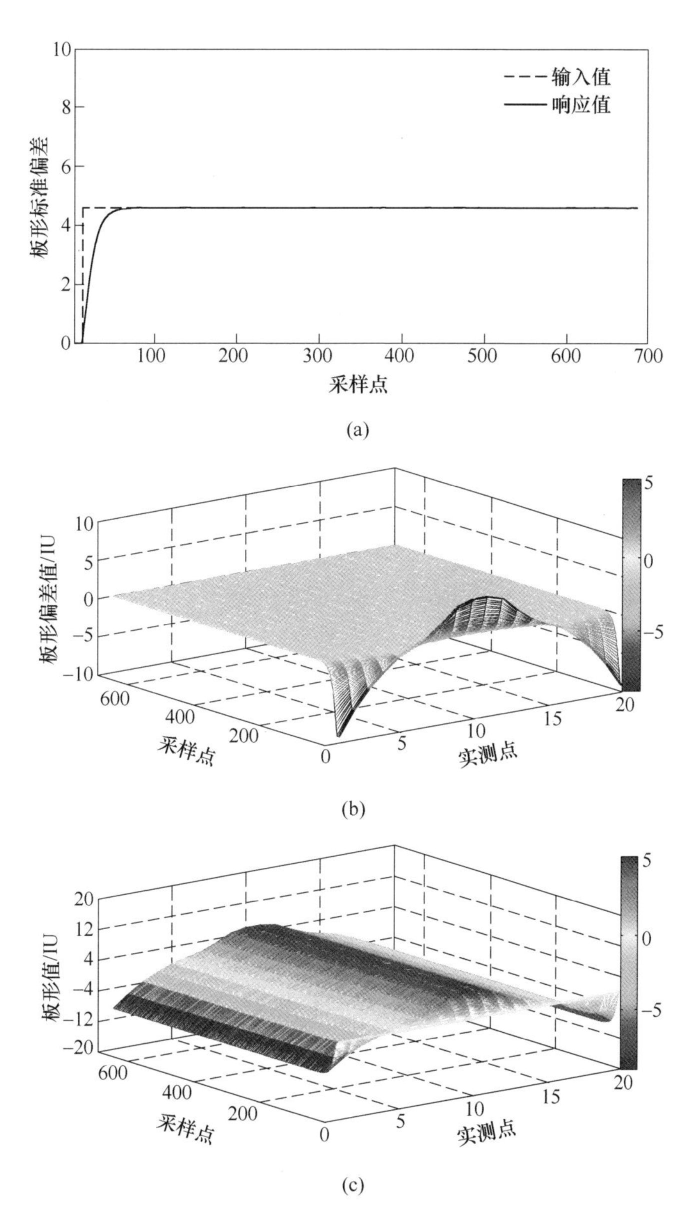

图 5.16 常规 PID 控制的系统阶跃响应曲线和仿真（$\tau=0.2$s）

(a) 常规 PID 控制的系统阶跃响应曲线；(b) 板形偏差值；(c) 板形值

在实际轧制过程中，控制对象模型的某些参数可能会发生变化。例如，工作辊弯辊的效率系数会随着轧制力和带钢宽度变化。因此，当模型参数发生变化时，可能会出现错误。为了研究模型误差对控制系统的影响，通过修改传递函数参数对控制系统进行了仿真。在该仿真中，带有 Smith 预估控制的 PID 参数和传递函数保持不变。常规 PID 控制和 Smith 预估+PID 控制的工作辊弯辊控制器阶跃响应如图 5.17 所示。

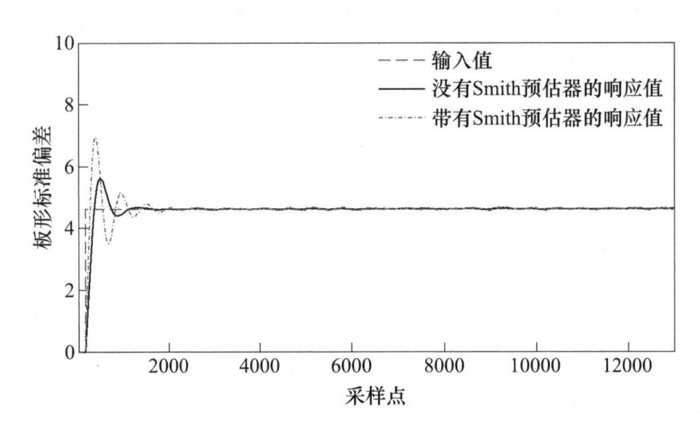

图 5.17　工作辊弯辊控制器的阶跃响应曲线（$\tau=0.2s$）

如图 5.17 所示，当控制对象模型的某些参数改变时，Smith 预估+PID 控制的阶跃响应曲线有较大的振荡，控制系统的稳态误差也增大。因此，其对控制对象模型的误差非常敏感，当对象模型误差增加到一定程度时，需要重新调整 PID 参数。相比之下，除了初始阶段，常规 PID 控制器的阶跃响应变化不大，表明其仍然适用于板形控制过程。

5.2.4　系统控制方式的选择

由于板形调节机构众多，板形控制系统是多回路控制系统，每个板形调节机构的控制回路结构与对工作辊弯辊控制结构都是一样的，不同的仅是控制器参数和对象模型，因此，对工作辊弯辊控制的仿真分析也适用于其他板形调节机构。

由上述工作辊弯辊的板形控制过程仿真分析可知，当系统滞后较大时，引入 Smith 预估控制思想可以克服常规 PID 调节器必须经过延时τ后才能收到调节信号的缺点，使得控制系统的动态参数得到很好的改善。当系统滞后较小时，两者具有相同的控制效果。相比常规 PID 控制方式，Smith 预估+PID 控制对对象模型偏差更为敏感，更容易导致系统振荡。

为此，制定板形闭环控制的方式为：低速轧制时，Smith 预估+PID 控制方式；高速轧制时，采用常规 PID 控制方式。板形闭环控制方式的选择如图 5.18 所示，图中 V_{lim} 是用于控制方式切换的轧制速度极限。

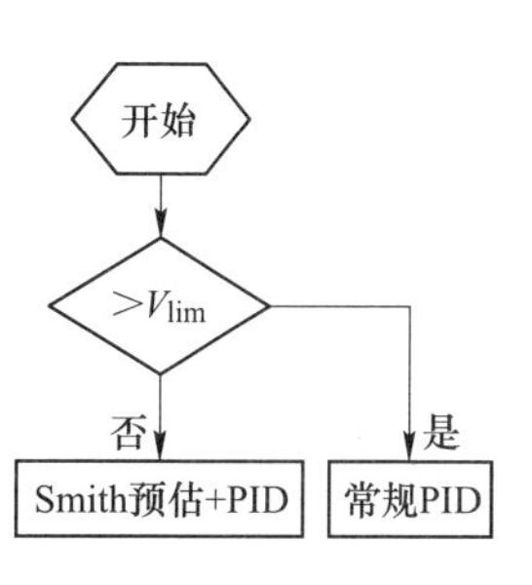

图 5.18　板形闭环控制方式的选择

将提出的控制策略应用于某 1450mm 五机架 UCM 冷连轧机的板形控制系统，图 5.19 所示为某卷带钢生产过程数据。将整个带材宽度方向上板形偏差的标准差用于评估板形控制性能，对应的板形标准偏差曲线和轧制速度曲线如图 5.19 所示。板形闭环控制系统开启的速度为 100m/min，板形控制模式切换的速度为 400m/min。

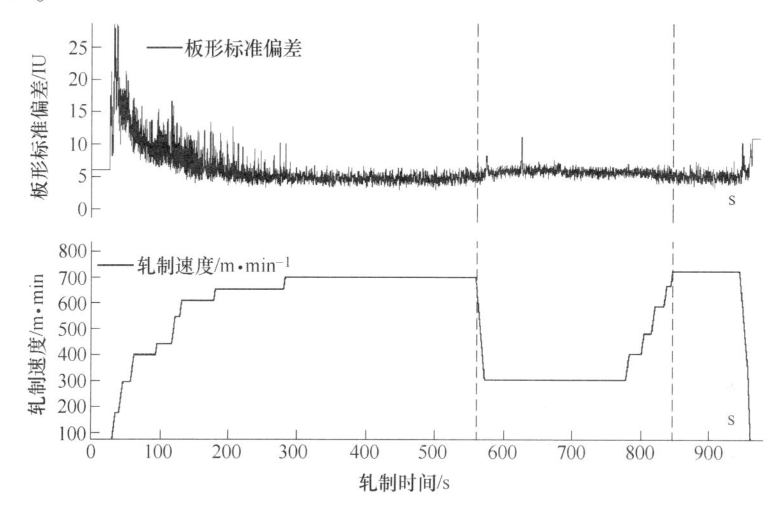

图 5.19　板形标准偏差曲线和轧制速度曲线

如图 5.19 所示，当轧制速度尚未达到 100m/min 时，板形闭环控制系统未投入使用，目标板形通过手动操作进行调整，在此阶段，板形标准偏差很大。当轧制速度继续上升到速度 100m/min 时，打开板形闭环控制系统，由于在此阶段目标板形仍在调整中，因此标准偏差减小，但振荡较大。在加速阶段滞后仍然很大，采用 Smith 预估+PID 控制器模式，直到轧制速度上升到 400m/min，虽然在此阶段存在目标板形调整引起的扰动，但标准偏差和振荡均迅速减少。随着轧制速度的提高，滞后对控制系统稳定性的影响越来越小。当轧制速度超过 400m/min，控制模式采用常规 PID 控制器替代 Smith 预估+PID 控制器，板形标准偏差曲线趋于稳定，精度仅仅 5IU 左右。当轧制速度从 700m/min 下降到 300m/min，则滞后再次变大。由于当轧制速度小于 400m/min 时，控制模式可以从 PID 控制自动切换到 Smith 预估+PID 控制，故该阶段板形偏差的标准偏差保持稳定，且具有较高的控制精度。

5.3　多变量板形前馈控制

轧制力前馈控制主要是用来补偿轧制力波动引起的辊缝形状的变化。轧制力产生波动时，辊缝的形貌随之改变，必然影响出口板形。为此，必须制定轧制力波动的补偿控制模型。

5.3.1　板形前馈控制策略

板形前馈控制策略实质上就是对轧制力波动的补偿控制，由于相对于闭环控制系统而言没有滞后，因此称为板形前馈控制。根据板形调控功效系数分析，轧制力对板形的影响与弯辊控制相似，因此，采用弯辊控制来抵消轧制力波动对板形的影响。对于 UCM 冷轧机而言，轧机同时装备有工作辊弯辊和中间辊弯辊，可通过这两种弯辊控制来完成板形前馈控制。板形前馈控制系统结构如图 5.20 所示。

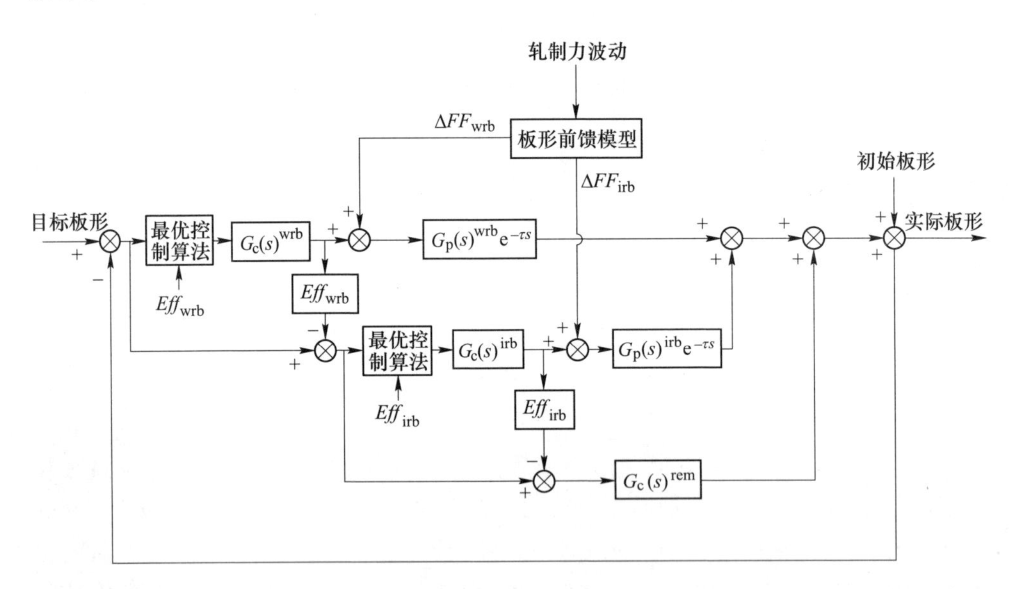

图 5.20　板形反馈—前馈控制系统结构

图 5.20 中，ΔFF_{wrb} 和 ΔFF_{irb} 分别为由板形前馈模型计算的工作辊弯辊和中间辊弯辊的附加调节量。$G_c(s)^{rem}$ 为剩余板形调节机构的传递函数。

为了避免出现调节振荡，设置有轧制力波动补偿死区。若轧制力波动在死区范围内，则不投入板形前馈控制功能。同时，考虑到工作辊弯辊和中间辊弯辊对轧制力波动的补偿效率不同，对这两种补偿机构设定了不同级别的优先级，调节速度快的、效率高的先调；反之，则后调。

5.3.2 板形前馈控制模型

和闭环反馈板形控制策略相同，板形前馈计算模型也是以板形调控功效为基础，基于最小二乘评价函数的板形控制策略。其评价函数为：

$$J' = \sum_{i=1}^{m} \left[\left(\Delta p Eff'_{\mathrm{ip}} - \sum_{j=1}^{n} \Delta u_j Eff_{ij} \right) \right]^2 \tag{5.24}$$

式中 Δp ——轧制力变化量的平滑值，kN；

Eff'_{ip} ——轧制力在板宽方向上测量段 i 处的影响系数（等同于轧制力的板形调控功效系数）；

Δu_j ——用于补偿轧制力波动对板形影响的板形调节机构调节量；

Eff_{ij} ——用于补偿轧制力波动对板形影响的板形调节机构在测量段 i 处的调控功效系数。

使 J' 最小时可得到用于补偿轧制力波动的各板形调节结构的调节量 Δu_j 。由于该模型也属于带箱式约束条件的多变量优化问题，因此该模型的求解可采用5.1节中介绍的多变量优化方法完成。

5.4 板形前馈-反馈协调优化控制

在轧制过程中，轧制力、张力及轧辊热凸度等实时变化的轧制工艺参数，都会对出口带材板形产生影响。相比其他板形影响因素，轧制力波动在加减速、动态变规格等非稳态轧制阶段更为活跃。在加减速阶段，轧制速度的变化会改变轧辊间及轧辊与带材之间的摩擦与润滑状态，导致轧制力出现较大的波动；在动态变规格期间，为了保证所轧带钢由一种规格稳定过渡到另一种规格，厚度自动控制系统需要不断地调整辊缝，造成带头带尾的厚度波动、强度波动，也会导致轧制力在很大的范围内发生变化。轧制力的变化，必然会引起轧辊弹性变形及挠曲程度的变化，进而使辊缝形状发生变化，最终会影响到带钢的板形。

由于轧制力对轧辊的变形影响类似于弯辊，因此目前常采用弯辊来做轧制力波动的补偿控制，也就是板形前馈控制。当前的板形前馈控制模型大多采用的是基于来料凸度方程的轧制力波动补偿方式。首先建立有载辊缝凸度增量与弯辊力增量、轧制力增量及横向刚度、辊型、轧辊热凸度及轧辊磨损等工艺参数之间的协调方程，然后在假定有载辊缝凸度增量为零的情况下分别求解用于抵消轧制力波动的工作辊和中间辊弯辊调节量。这种控制模型原理简单，易于实现且稳态轧制阶段的应用效果很好，在目前的六辊冷连轧机中得到了广泛的应用。然而，对于轧制力波动较大的非稳态轧制过程而言，这种控制模型则很难奏效。第一是因为传统的板形前馈控制模型逐级独立计算每个板形调节机构的前馈调节量，而不是整体优化建模的计算方式，无法得到全域最优板形前馈调节量。第二是因为板形前馈控制与反馈控制作为两个相互独立的子系统分别计算工作辊弯辊和中间辊弯辊的前馈调节量和反馈调节量，无法实现两个控制子系统间调节量的最佳分配。在非稳态轧制阶段，板形质量的起伏较大，导致板形调节机构也会有较大的动作行程。当前馈调节量与反馈调节量叠加后发生调节机构超限的情况时，系统只能进行单纯的限幅输出，无法做到最优输出，使得轧制力波动对板形的影响无法得到消除，导致非稳态轧制阶段的板形质量难以得到保证。针对非稳态轧制阶段的板形控制问题，本节给出了一种基于双层优化策略的冷轧板形前馈-反馈协调最优控制模型，通过整体求解板形前馈-反馈控制的最优调节量，在调节机构的整个可行域内实现两个控制子系统之间调节量的全域最优分配。

板形前馈-反馈协调最优控制策略采用整体建模及双层优化的思路。首先采用板形调控功效量化轧制力波动对带材板形的影响量，然后将该影响量与板形反馈控制回路的板形偏差进行叠加，以该叠加值最小为原则建立板形前馈-反馈控制的全域最优调节量优化模型，求解该优化模型即可得到用于消除反馈控制回路板形偏差和用于抵消轧制力波动的工作辊弯辊及中间辊弯辊最优调节量，即为板形前馈-反馈协调最优控制策略的第一层优化过程。

第一层优化过程得到的工作辊弯辊和中间辊弯辊调节量是由板形闭环调节量和板形前馈调节量叠加而成。它既不是板形闭环反馈控制回路的最优调节量，也不是板形前馈控制系统的最优调节量，而是整个板形控制系统中各个板形调节机构的全域最优调节量向量。在求得板形前馈-反馈控制全域最优调节量的基础上，建立板形前馈-反馈控制全域最优调节量的分配优化模型，通过求解该分配优化模型即可得到分别用于板形前馈控制和反馈控制的调节机构最优调节量，也就是板形前馈-反馈协调最优控制策略的第二层优化过程。板形前馈-反馈协调最优控制策略如图 5.21 所示。

5.4.1　板形前馈-反馈控制的全域最优调节量优化模型

选择残余板形偏差的平方加权和作为多变量板形控制的目标函数。每个调节机构的约束条件为机械设计极限。板形前馈-反馈控制的全域最优调节量优化模型由式（5.25）表示：

$$
\min\begin{cases} J(\Delta S_j) = \sum\limits_{i=1}^{n}\left[b_i + p_i - \sum\limits_{j=1}^{m} Eff_{ij} \times \Delta S_j\right]^2 \\ S.t.\quad S_{\min j} \leqslant (\Delta S_j + S_j) \leqslant S_{\max j}, j \in (1,2,\cdots,m), i \in (1,2,\cdots,n) \end{cases} \tag{5.25}
$$

式中　$J(\Delta S_j)$ ——为最优调节量优化模型的目标函数；

ΔS_j ——第 j 个调节机构的调节量；

i，j——分别为第 i 个测量段、第 j 个调节机构；

n，m ——测量段数和调节机构的数量；

b_i——带钢宽度方向上第 i 测量段的板形反馈偏差；

p_i——带钢宽度方向上第 i 测量段的轧制力波动引起的板形前馈偏差；

Eff_{ij}——第 j 个调节机构对应第 i 个测量段的板形调控功效系数；

S_j——第 j 个调节机构的当前值；

$S_{\min_j}$，$S_{\max_j}$——分别为第 j 个调节机构的最小机械设计极限及最大机械设计极限。

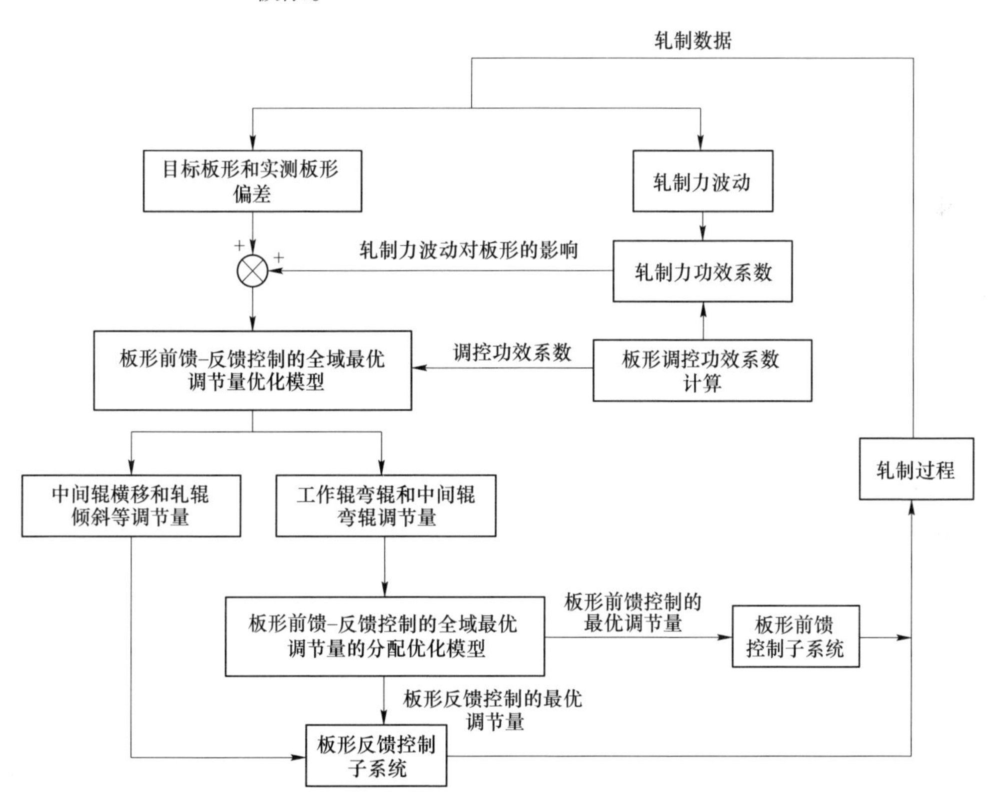

图 5.21 基于双层优化的板形前馈-反馈协调优化控制策略

如果使用向量和矩阵的表达形式，则 $\boldsymbol{\Delta S} = (\Delta S_1,\ \Delta S_2,\ \cdots,\ \Delta S_m)$，$\boldsymbol{b} = (b_1,\ b_2,\ \cdots,\ b_n)$，$\boldsymbol{p} = (p_1,\ p_2,\ \cdots,\ b_n)$，$\boldsymbol{Eff} = (Eff_{ij})_{n \times m}$，$\boldsymbol{S}_{\min} = (S_{\min_1},\ S_{\min_2},\ \cdots,\ S_{\min_m})$、$\boldsymbol{S}_{\max} = (S_{\max_1},\ S_{\max_2},\ \cdots,\ S_{\max_m})$ 和 $\boldsymbol{S} = (S_1,\ S_2,\ \cdots,\ S_m)$。

式（5.25）是一个典型的具有箱式约束条件的多变量优化问题，它通常是一般约束优化问题中的增广拉格朗日或者惩罚规则的子问题。这类优化问题在实际应用中具有重要作用，不少学者开发了许多数值方法用于求解该类优化问题。在这些优化方法中，内点罚函数法采用在可行域内构造惩罚函数的方式，使目标函数最小化和满足约束要求这两个条件互不干涉，可以实现在可行域内求得惩罚函数的最优解。其求解过程严格要求迭代点在可行域内移动，当迭代点接近可行域边界时，内点罚函数在边界会被施加较大的惩罚，迫使迭代点返回可行域的内部，使得每次迭代都在可行域内进行，这种带有惩罚策略的求解方法非常适合于仅具有边界约束的板形控制系统全域最优调节量计算模型的求解。由于传统内点罚函数法的迭代步长是固定倍数，故当迭代点接近最优点时迭代次数会急剧增高，影响其求解效率。鉴于板形控制过程的实时性要求，本节提出一种修正内点罚函数法用于求解式（5.25）。相比传统内点罚函数求解方法，修正内点罚函数法采用自适应步长方式进行迭代，具有更高的计算效率并加速优化过程。

5.4.1.1　内点罚函数优化模型的设计

在板形控制过程中，每个调节机构只能在一定范围的可行域内移动，并且这个区域的边界是确定的，所以根据可行域的边界、当前位置和本次迭代求得的调节机构调节量构建如式（5.26）所示的两个不等式约束函数：

$$\begin{cases} g_j(\Delta S_j) = S_{\min_j} - (\Delta S_j + S_j) \leqslant 0, & j = 1,\cdots,m \\ f_j(\Delta S_j) = (\Delta S_j + S_j) - S_{\max_j} \leqslant 0, & j = 1,\cdots,m \end{cases} \tag{5.26}$$

式中　$g_j(\Delta S_j)$——第 j 个调节机构的下限约束函数；

$f_j(\Delta S_j)$——第 j 个调节机构的上限约束函数。

结合式（5.25）和式（5.26），把约束求极值问题转化为惩罚函数形式，将不等式约束条件 $g_j(\Delta S_j)$ 和 $f_j(\Delta S_j)$ 进行加权处理得到惩罚函数，并与板形调节机构调节量的目标函数结合得到障碍函数，然后求解障碍函数的极小值点即可。惩罚函数形式的目标函数如式（5.27）表示：

$$\min \begin{cases} \Phi(\Delta S_j, r^l) = Q(\Delta S_j) + r^l \gamma(\Delta S_j) \\ S.t. \quad \gamma(\Delta S_j) = \dfrac{1}{g_j(\Delta S_j)} + \dfrac{1}{f_j(\Delta S_j)} \end{cases} \tag{5.27}$$

式中　$\Phi(\Delta S_j,\ r^l)$——障碍函数；

l——迭代惩罚因子的数量；

r^l——惩罚因子；

$r^l\gamma(\Delta S_j)$——惩罚项；

$\gamma(\Delta S_j)$——惩罚函数。

接下来在可行域内部求解惩罚函数的优解，选取可行域内一点 ΔS_j^0 作为初始变化量，首先将初解 ΔS_j^0 代入式（5.28）中确定惩罚因子初始值 r^0：

$$r^0 = \frac{Q(\Delta S_j^0)}{\left| \dfrac{1}{g_j(\Delta S_j^0)} + \dfrac{1}{f_j(\Delta S_j^0)} \right|} \tag{5.28}$$

式中　r^0——处罚因子的初始值；

ΔS_j^0——每个调节机构在可行域内的初始调节量。

求解障碍函数的极小值点，即障碍函数式（5.27）对 ΔS_j 求导，并使导数为零，获得第 k 次迭代极值点处的板形调节机构调节量向量 ΔS^k，如式（5.29）所示：

$$Q'(\Delta S_j^k) + r^l \gamma'(\Delta S_j^k) = 0 \tag{5.29}$$

式中　$Q'(\Delta S_j^k)$——板形调节机构调节量的目标函数的导数；

$\gamma'(\Delta S_j^k)$——惩罚函数的导数；

k——步长迭代次数。

5.4.1.2　内点罚函数法的外循环

根据惩罚函数法的收敛定理，惩罚函数的惩罚项 $r^l \gamma(\Delta S_j^k)$ 需要趋近于零。因此，满足外循环的收敛条件 $r^l \leqslant \varepsilon$，才可以获得精确解。惩罚因子的折扣系数 $c \in (0.1, 0.7)$。为了保证优化的收敛速度和结果精度，折扣系数 c 取 0.1，收敛精度 ε 取 0.00001。同时用式（5.30）计算惩罚因子 r^{l+1}。然后代入到式（5.29），最后 ΔS_j^k 可以通过内循环迭代获得。

$$r^{l+1} = cr^l \tag{5.30}$$

5.4.1.3　内点罚函数法的内循环修正

在式（5.30）中只包含两个未知量 ΔS_j^k 和 r^l，当外循环确定 r^l 是一个定值时，式（5.30）仅包含一个未知量 ΔS_j^k。为了消除固定步长迭代法的收敛速度慢、精度低和局部最优解的缺陷，引入自适应步长 $\boldsymbol{\lambda}^k$ 和跳跃因子 δ 来避免上述问题，快速准确地找到式（5.29）的解。参数 t 的引入是为了在确定最优解后进行局部搜索，改变搜索的方向时取值为-1，保证求解结果的精度：

$$\Delta S_j^{k+1} = \Delta S_j^k + t \cdot \boldsymbol{\lambda}^k \tag{5.31}$$

为了提高优化的收敛速度，在迭代开始时用较大的搜索步长。如果以向量矩阵的形式表示，则可以通过设置自适应步长因子式（5.32）中所示来获得内循环的搜索步长。

$$\boldsymbol{\rho}^k = \| \boldsymbol{b} + \boldsymbol{p} - \boldsymbol{Eff} \cdot \Delta \boldsymbol{S}^k \| \tag{5.32}$$

式中　$\boldsymbol{\rho}^k$——步长行列式因子向量。

$\boldsymbol{b}$——板形反馈偏差向量；

$\boldsymbol{p}$——板形前馈偏差向量；

$\Delta \boldsymbol{S}^k$——调节机构的调节向量。

那么所提出的自适应步长的构造方法可以用方程（5.33）表示。

$$\boldsymbol{\lambda}^k = \alpha \times (1 - \mathrm{e}^{-\boldsymbol{\beta} \times \boldsymbol{\rho}^k}) + \delta \times (\boldsymbol{S}_{\max} - \boldsymbol{S}^k) \tag{5.33}$$

式中　$\boldsymbol{\lambda}^k$——第 k 次迭代的步长；

δ ——跳跃因子。

经验参数 $\alpha>0$ 表示步长区域，经验参数 $\beta>0$ 表示搜索步长的形状。跳变因子 δ 能够在导数遇到零点时被激活；并给步长扩大一个适当的倍数，继续搜索，防止陷入局部最优点，以保证搜索到解是最优解。被激活后的取值范围为(0.2，1)，以保证增加的步长能够跨越出局部最优解，且不会超出可行域。

在函数的内循环中，收敛精度 ε 同样取 0.00001，内循环的收敛条件为 $\|\Delta\boldsymbol{S}^{k}-\Delta\boldsymbol{S}^{k-1}\|\leqslant\varepsilon$，当内循环的收敛条件满足时，跳出循环返回式（5.31）进入下一轮循环。自适应步长搜索法的示意图如图 5.22 所示；图中 $S_{\min}$ 和 $S_{\max}$ 分别为调节机构可行域的下极限和上极限。

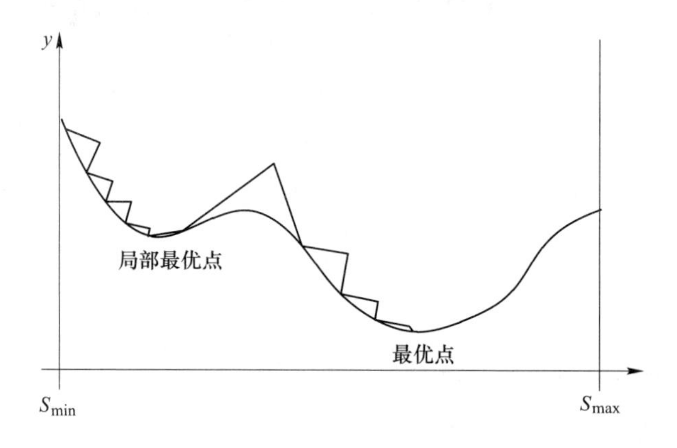

图 5.22　自适应步长法的搜索示意图

5.4.1.4　内点罚函数法最优解的输出条件

当同时满足停止条件 $\|\Delta\boldsymbol{S}^{k}-\Delta\boldsymbol{S}^{k-1}\|\leqslant\varepsilon$ 和 $r^{l}\leqslant\varepsilon$ 时，$\Delta\boldsymbol{S}^{k}(\boldsymbol{r}^{l})$ 将是调节机构的最优调节量，如方程（5.34）所示：

$$\Delta\boldsymbol{S}=\Delta\boldsymbol{S}^{k}(\boldsymbol{r}^{l}) \tag{5.34}$$

5.4.2　板形前馈-反馈控制最优调节量分配模型

5.4.2.1　最优调节量分配优化模型的目标函数

如方程（5.35）所示，$\Delta\boldsymbol{S}$ 是调节机构的全域最优调节量向量。该调节量由板形闭环调节量和板形前馈调节量叠加而成，需要以合理的方式将其分配为两部分。一部分用于实现板形前馈控制的最优调节量输出，另一部分用于实现板形反馈控制的最优调节量输出。因此，需建立一个优化模型来分配板形前馈控制和板形反馈控制的最优调节量，如方程（5.35）所示：

$$\min\begin{cases}J(\Delta\boldsymbol{S})=\|\boldsymbol{b}+\boldsymbol{p}-\boldsymbol{Eff}\cdot(\Delta\boldsymbol{S})\|^{2}\\ S.\,t.\quad \Delta\boldsymbol{S}=\Delta\boldsymbol{S}_{\mathrm{FB}}+\Delta\boldsymbol{S}_{\mathrm{FF}}\end{cases} \tag{5.35}$$

式中　$J(\Delta\boldsymbol{S})$——板形反馈-前馈控制最优调节量分配的目标函数；

$\Delta\boldsymbol{S}_{FB}$——对于板形反馈控制的最优调节向量；

$\Delta\boldsymbol{S}_{FF}$——对于板形前馈控制的最优调节向量。

5.4.2.2　最优调节量的分配优化模型

基于板形调控功效系数建立的最优调节量分配的目标函数，包含板形反馈控制的最优调节向量$\Delta\boldsymbol{S}_{FB}$和板形前馈控制的最优调节向量$\boldsymbol{S}_{FF}$。因为最优调节量$\Delta\boldsymbol{S}$已从式（5.34）获得，$\Delta\boldsymbol{S}=\Delta\boldsymbol{S}_{FB}+\Delta\boldsymbol{S}_{FF}$，方程（5.35）可以转换成方程（5.36）的形式，目标函数最终分解为J_{FB}、J_{FF}和$2J^*$三项和的形式，用等式（5.36）表示：

$$\begin{aligned}J(\Delta\boldsymbol{S}_{FB},\Delta\boldsymbol{S}_{FF})&=\|(\boldsymbol{b}-\boldsymbol{Eff}\cdot\Delta\boldsymbol{S}_{FB})+(\boldsymbol{p}-\boldsymbol{Eff}\cdot\Delta\boldsymbol{S}_{FF})\|^2\\&=J_{FB}(\Delta\boldsymbol{S}_{FB})+J_{FF}(\Delta\boldsymbol{S}_{FF})+2J^*\end{aligned}\tag{5.36}$$

根据板形前馈和板形反馈的控制策略可知$J_{FF}(\Delta\boldsymbol{S}_{FF})$和$J_{FB}(\Delta\boldsymbol{S}_{FB})$分别是板形前馈控制和板形反馈控制的目标函数，用方程（5.37）表示。当J_{FF}和J_{FB}取得极小值时，带材的出口板形偏差最小，相应的板形控制效果最好。

$$\min\begin{cases}J_{FF}(\Delta\boldsymbol{S}_{FF})=\|\boldsymbol{p}-\boldsymbol{Eff}\cdot\Delta\boldsymbol{S}_{FF}\|^2\\J_{FB}(\Delta\boldsymbol{S}_{FB})=\|\boldsymbol{b}-\boldsymbol{Eff}\cdot\Delta\boldsymbol{S}_{FB}\|^2\end{cases}\tag{5.37}$$

如方程（5.36）所示，J_{FB}、J_{FF}和$2J^*$的总和是一个定值。为了使J_{FB}和J_{FF}取得最小值，需使J^*取得极大值，如方程（5.38）所示：

$$\max J^*(\Delta\boldsymbol{S}_{FB},\Delta\boldsymbol{S}_{FF})=(\boldsymbol{b}-\boldsymbol{Eff}\cdot\Delta\boldsymbol{S}_{FB})^{T}(\boldsymbol{p}-\boldsymbol{Eff}\cdot\Delta\boldsymbol{S}_{FF})\tag{5.38}$$

然后，将目标函数J^*转换为与变量$\Delta\boldsymbol{S}_{FB}$相关的方程，如等式（5.39）所示：

$$\begin{aligned}J^*(\Delta\boldsymbol{S}_{FB})&=(\boldsymbol{b}-\boldsymbol{Eff}\cdot\Delta\boldsymbol{S}_{FB})^{T}(\boldsymbol{p}-\boldsymbol{Eff}\cdot\Delta\boldsymbol{S}+\boldsymbol{Eff}\cdot\Delta\boldsymbol{S}_{FB})\\&=\boldsymbol{b}^{T}(\boldsymbol{p}-\boldsymbol{Eff}\cdot\Delta\boldsymbol{S})+(\boldsymbol{b}^{T}-\boldsymbol{p}^{T}+\Delta\boldsymbol{S}^{T}\cdot\boldsymbol{Eff}^{T})\boldsymbol{Eff}\cdot\Delta\boldsymbol{S}_{FB}-\\&\quad\Delta\boldsymbol{S}_{FB}^{T}\cdot\boldsymbol{Eff}^{T}\cdot\boldsymbol{Eff}\cdot\Delta\boldsymbol{S}_{FB}\end{aligned}\tag{5.39}$$

由于目标函数J^*是连续凸函数，因此，只要函数的导数为零，就可以得到函数的最大值$J^*(\Delta\boldsymbol{S}_{FB})$。目标函数$J^*$的导数由方程（5.40）表示

$$\frac{\mathbf{d}J^*(\Delta\boldsymbol{S}_{FB})}{\mathbf{d}\Delta\boldsymbol{S}_{FB}}=\boldsymbol{Eff}^{T}(\boldsymbol{b}-\boldsymbol{p}+\boldsymbol{Eff}\cdot\Delta\boldsymbol{S})-2\cdot\boldsymbol{Eff}^{T}\cdot\boldsymbol{Eff}\cdot\Delta\boldsymbol{S}_{FB}=0\tag{5.40}$$

因此，板形反馈控制的最优调节量可以通过求解方程（5.41）获得，最终结果由方程（5.41）表示：

$$\Delta\boldsymbol{S}_{FB}=\frac{1}{2}[(\boldsymbol{Eff}^{T}\cdot\boldsymbol{Eff})^{-1}\boldsymbol{Eff}^{T}(\boldsymbol{b}-\boldsymbol{p})+\Delta\boldsymbol{S}]\tag{5.41}$$

同理，将等式（5.38）转换为与$\Delta\boldsymbol{S}_{FF}$相关的方程，可以获得板形前馈控制的最优调节量，如方程（5.42）所示：

$$\Delta \boldsymbol{S}_{\mathrm{FF}} = \frac{1}{2}\left[\Delta \boldsymbol{S} - (\boldsymbol{Eff}^{\mathrm{T}} \cdot \boldsymbol{Eff})^{-1} \boldsymbol{Eff}^{\mathrm{T}} (\boldsymbol{b} - \boldsymbol{p}) \right] \tag{5.42}$$

通过上述步骤，就可以在求得前馈-反馈最优调节量的基础上分别获得板形前馈控制和板形反馈控制的最优调节量。

该方法的主要过程如图 5.23 所示。首先，初始化相关参数，求解所述罚函数的最优解，当最优解满足收敛条件时得到板形调节机构的最优调节量；然后，分配所述板形调节机构的最优调节量，获得前馈控制最优调节量和反馈控制最优调节量，利用前馈控制最优调节量和反馈控制最优调节量对板形调节机构进行调节；最后，板形前馈控制和板形反馈控制独立运行，并在各自的控制周期中输出调节机构的最优调节量，从而有效控制带材板形。

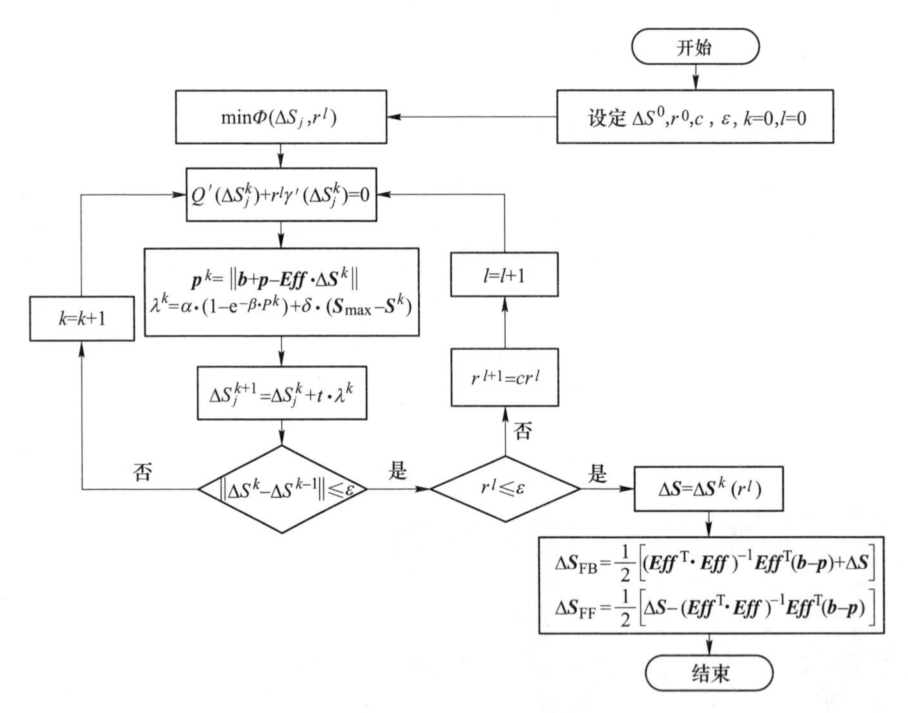

图 5.23　板形前馈-反馈控制算法流程图

5.4.3　数值实验分析

数值实验选取的实验数据来源于某 1450mm 五机架冷连轧机的生产数据。其中带钢宽度为 1000mm，沿其宽度方向上划分为 20 个测量段，每个测量段的板形偏差来源于实际生产数据。来料带钢与成品带钢厚度分别为 2.0mm、0.18mm。轧制力波动、轧辊倾斜、工作辊弯辊和中间辊弯辊的调控功效系数等主要实验数据见表5.8。由于中间辊横移不参与实时闭环控制过程，因此进行数值实验时将其忽略。

表 5.8 优化测试参数

$i\in(1,20)$	Δy	*Erf*	*Eti*	*Ewb*	*Eib*
1	1.594030	−2.000000	−1.373760	1.431000	0.143100
2	7.001400	−0.563547	−1.158538	0.954000	0.107325
3	2.484870	0.446145	−0.986818	0.572400	0.071550
4	−2.225570	1.123365	−0.815098	0.286200	0.042930
5	6.333640	1.550617	−0.643378	0.047700	0.014310
6	−4.007560	1.798620	−0.471658	−0.095400	−0.014310
7	−3.857540	1.926305	−0.343440	−0.238500	−0.042930
8	0.153379	1.980817	−0.257580	−0.477000	−0.071550
9	0.666788	1.997514	−0.188892	−0.763200	−0.107325
10	−1.367550	1.999969	−0.103032	−0.858600	−0.128790
11	−0.936290	1.999969	0.103032	−0.858600	−0.128790
12	1.551050	1.997514	0.188892	−0.763200	−0.107325
13	−0.629430	1.980817	0.257580	−0.477000	−0.071550
14	6.490650	1.926305	0.343440	−0.238500	−0.042930
15	−5.017480	1.798620	0.471658	−0.095400	−0.014310
16	13.731100	1.550617	0.643378	0.047700	0.014310
17	−2.674740	1.123365	0.815098	0.286200	0.042930
18	0.889071	0.446145	0.986818	0.572400	0.071550
19	1.707480	−0.563547	1.158538	0.954000	0.107325
20	−0.227534	−2.000000	1.373760	1.431000	0.143100

5.4.3.1 板形前馈-反馈控制全域优化模型算法的比较分析

将上述生产数据代入式（5.26），通过与传统的内点罚函数法和直接搜索法进行比较，并对改进的内点罚函数法进行测试。在数值实验中调节机构的初始位置设置为$S_0=(0, 0, 0.5)$。在表5.9中，算法1表示改进的内点罚函数算法，算法2表示传统内点罚函数法，算法3表示最初用于1450串联UCM冷轧机的板形控制系统中的直接搜索方法。终止准则设置为$\varepsilon = 10^{-5}$。符号nf和T分别表示迭代时间和收敛时间。A_{tilt}、A_{wrb}和A_{irb}分别表示通过优化算法计算出的轧辊倾斜、工作辊弯辊和中间辊弯辊的最优调节量。Mf是优化后的目标函数值，该值越小，优化算法的精度就越高。

表 5.9　优化测试的主要结果

测试结果	算法 1	算法 2	算法 3
ε	10^{-5}	10^{-5}	10^{-5}
nf	482	1211	874
T	<2ms	<8ms	<6ms
A_{tilt}	0.004046	0.004046	0.003860
A_{wrb}	0.002308	0.002285	0.002202
A_{irb}	-0.196409	-0.196409	-0.187474
Mf	0.108356	0.108566	0.108980

通过对比可以发现算法求解的结果相近，但是精度的对比显示罚函数法的精度要高一些，因此罚函数法的求解结果可以用于板形控制系统；并且改进的罚函数法要比传统的罚函数法性能更好，差别的主要原因是因为改进的内点罚函数法在内循环上采用了变步长迭代，减少了迭代次数，增加了收敛速度。

5.4.3.2　板形前馈-反馈控制协调优化控制与子系统独立建模控制的比较分析

在非稳态轧制过程中，当带材规格发生变化或轧制速度波动时，轧制力会在较大区域内出现波动。工作辊弯辊和中间辊弯辊必须发挥很大作用，以减少轧制力波动对带材板形的影响。基于对工作辊弯辊和中间辊弯辊调控功效系数的分析，中间辊弯辊的影响对轧制力波动对带材板形的影响最大，因此，当轧制力急剧波动时，中间辊弯辊通常需要更大的调整，并且容易达到机械设计极限。在轧制控制实验中，研究分析了两种控制策略，即基于独立子系统的板形前馈控制和板形反馈控制策略和基于板形前馈-反馈协调优化控制策略。在实验中，假设轧制力波动在一定范围内逐渐增加，这导致中间辊弯辊从初始位置逐渐移动到机械设计极限位置。通过比较和分析两种控制策略下的残余板形偏差，以确定更好的控制策略。由于该 UCM 冷轧机只有一个中间辊弯辊，其可行域可以用［0，1］表示。在数值实验的数据选择中，中间辊弯辊的初始位置分别设置为 $S_{-2}=0$，$S_{-1}=0.1$，$S_0=0.5$，$S_1=0.9$ 和 $S_2=1$。然后 S_{-2}、S_{-1}、S_1 和 S_2 表示中间辊弯辊正在接近或达到饱和的位置。两种控制策略的数值实验结果见表 5.10。

表 5.10　中间辊弯辊在两种控制策略下的调节量

位置	板形前馈-反馈协调优控制		板形反馈控制子系统		板形前馈控制子系统	
	ΔS	$Mf(\Delta S)$	ΔS_{FB}	$Mf(\Delta S_{\mathrm{FB}})$	ΔS_{FF}	$Mf(\Delta S_{\mathrm{FF}})$
S_{-2}	0.043270	0.24	0	2.45	0.239684	0.33
S_{-1}	0.043270	0.24	-0.1	1.12	0.239684	0.33
S_0	0.043270	0.24	-0.196415	0.28	0.239684	0.33
S_1	0.043270	0.24	-0.196415	0.28	0.1	1.92
S_2	0	0.32	-0.196415	0.28	0	3.25

如表 5.10 所示，在独立子系统控制策略下，板形反馈控制子系统计算出的中间辊弯辊调节量由 ΔS_{FB} 表示，板形前馈控制子系统计算的调节量由 ΔS_{FF} 表示。两个子系统计算出的调节量的位置是中间辊弯辊的最终调节量输出值。表 5.10 的实验结果表明，在中间辊弯辊的运行过程中，基于板形前馈-反馈控制策略的中间辊弯辊调节量的输出值比基于独立子系统控制策略的输出值更稳定，相应的目标函数值小于独立子系统控制策略的目标函数值，即 $Mf(\Delta S) < Mf(\Delta S_{FB}) + Mf(\Delta S_{FF})$。这意味着板形前馈-反馈控制策略可以获得比传统控制策略更小的残余板形偏差，并发挥出控制系统的最有效的调节能力。

图 5.24 所示为两种控制策略在轧制力波动下的中间辊弯辊调节量输出曲线，图中 FFCC 代表板形前馈-反馈协调优化控制策略，FBC&FCC 代表板形前馈控制和板形反馈控制两个子系统分别独立建模的控制策略。如图 5.24 所示，板形前馈-反馈协调优化控制策略下的中间辊弯辊即使在轧制力大幅波动时仍具有稳定的调节量输出。然而，独立子系统控制策略获得的中间辊弯辊调节量在 0 位置附近波动，这意味着中间辊弯辊已经达到了其机械设计的极限位置，导致输出饱和，无法有效参与板形控制过程。

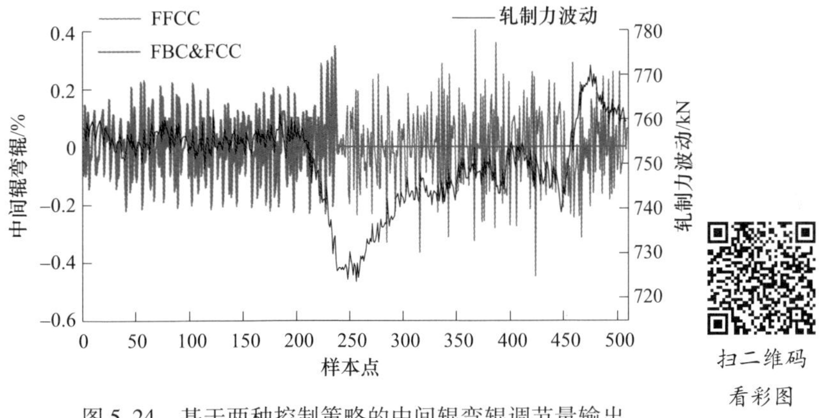

图 5.24 基于两种控制策略的中间辊弯辊调节量输出

参 考 文 献

[1] Wang Pengfei, Wang Haifeng, Li Xu, et al. A double-layer optimization model for flatness control of cold rolled strip [J]. Applied Mathematical Modelling, 2021, 91 (3): 863-874.

[2] Wang Pengfei, Zhang Zhijíe, Sun Jie, et al. Flatness control of cold rolled strip based on relay optimization [J]. Ironmaking and Steelmaking, 2018, 45 (2): 166-175.

[3] Wang Pengfei, Peng Yan, Wang Dongcheng, et al. Flatness control strategy based on delay compensation for cold rolling mill [J]. Steel Research International, 2017, 88 (2): 252-261.

[4] Wang Pengfei, Qiao Dongmiao, Zhang Dianhua, et al. Optimal multi-variable flatness control for

a cold rolling mill based on a box-constraint optimisation algorithm [J]. Ironmaking and Steelmaking, 2016, 43 (6): 426-433.

[5] 王鹏飞，刘宏民，彭艳，等. 1450mm冷连轧机多变量最优板形闭环控制策略研究与应用 [J]. 燕山大学学报, 2014, 38 (2): 122-126.

[6] Zárate L E, Bittencout F R. Representation and control of the cold rolling process through artificial neural networks via sensitivity factors [J]. Journal of Materials Processing Technology, 2008, 197 (1-3): 344-362.

[7] Pin G, Francesconi V, Cuzzola F A, et al. Adaptive task-space metal strip-flatness control in cold multi-roll mill stands [J]. Journal of Process Control, 2013, 23 (2): 108-119.

[8] Alves P G, Adilson C J, Moreira L P. Modeling, simulation and identification for control of tandem cold metal rolling [J]. Materials Research, 2012, 15 (6): 928-936.

[9] Raftery A E, Karny M, Ettler P. Online prediction under model uncertainty via dynamic model averaging: Application to a cold rolling mill [J]. Technometrics, 2010, 52 (1): 52-66.

[10] Bemporad A, Bernardin D, Cuzzola F A, et al. Optimization-based automatic flatness control in cold tandem rolling [J]. Journal of Process Control, 2010, 20 (4): 396-407.

[11] Kaya I. Obtaining controller parameters for a new PI-PD Smith Predictor using autotuning [J]. Journal of Process Control, 2003 (13): 465-472.

[12] Fliess M, Marquez R, Mounier H. An extension of predictive control, PID regulators and Smith predictors to some linear delay systems [J]. International Journal of Control, 2002, 75 (10): 728-743.

[13] 崔承刚，杨晓飞. 基于内部罚函数的进化算法求解约束优化问题 [J]. 软件学报, 2015 (7): 1688-1699.

[14] Prasad B, Haftka R T. A cubic extended interior penalty function for structural optimization [J]. International Journal for Numerical Methods in Engineering, 2010, 14 (8): 1107-1126.

6 冷轧板形控制过程工艺模型

在板形闭环控制系统中，除了建立科学和完善的板形控制策略和板形控制系统外，还要针对实际生产情况以及各个板形调节机构的动态特性制定一系列控制模型。本章以六辊 UCM 冷轧机为研究对象，建立一系列板形控制过程工艺模型，在实际生产中取得了良好的效果。主要的板形控制过程工艺模型有板形调控功效系数计算模型、中间辊横移速度控制模型、工作辊弯辊超限时的替代控制模型、非对称弯辊控制模型以及工作辊分段冷却控制模型。这些核心模型的研究与开发对提高板形控制质量具有重要意义。

6.1 板形调控功效计算模型

板形控制系统是以板形调控功效系数为基础，结合多变量优化算法来构造评价函数，通过最优化方法计算各个板形调节机构的调节量，来达到动态控制板形的目的。板形调控功效系数是在一种板形调节机构的单位调节量作用下，轧机承载辊缝形状沿带材宽度方向上各处的变化量。板形调控功效系数可以看作是各个板形调节机构对带材板形影响规律的量化描述，只有获得准确的板形调控功效系数，才能够准确计算出用于消除板形偏差所需要的弯辊、窜辊、倾斜调节量，以及用于轧制力波动补偿的执行机构调节量。目前板形调控功效系数求解方法是针对特定的轧机和板形调节机构通过轧辊的弹性变形计算和轧件的塑性变形计算，或者通过有限元方法进行离线计算来完成。采用数学解析方式建立的机理模型虽然可以进行在线计算，但在分析轧制过程时做了大量的假设，其计算结果往往与实际有较大的误差。采用有限元仿真模型建立的板形调控功效系数计算方法精度较高，但其计算效率又无法满足在线实时控制要求，只对某几种工况离线计算的方式无法全面反映轧制过程的工况，造成某些轧制条件下无法对板形缺陷进行有效控制。

伴随着工业 4.0 和工业物联网技术的推广，数据分析和处理技术在工业生产中扮演着越来越重要的角色。针对目前板形调控功效系数计算模型与实际轧制过程的模型匹配度较差问题，有学者研究了基于轧制过程数据的无模型自适应方法，力图通过实测数据处理来获取高精度的板形调控功效系数。但由于受到现场复杂环境的影响，大量的实测数据存在噪声、离群、遗漏和偏差等，不具有初始工艺模型的数据自适应进程往往偏离正确的优化方向，甚至会恶化原始的数据集。若是将静态仿真模型与数据处理技术两者结合起来，利用仿真模型获得数据优化进程的起点，通过对板形控制过程中的工艺、设备及控制数据的有效提取和高效利用，则可以将其转化为提高模型精度及适应性的驱动力。因此，采用将仿真建模和数据驱动建模构成串联结构的混合建模方法，以仿真模型计算的若干个轧制工况的板形调控功效系数为基础，通过数据驱动技术提高任意工况下的调控功效系数精度，是一种提高板形调控功效系数精度的新途径。

鉴于轧制过程中产生的大量生产过程数据，以仿真模型计算的若干个轧制工况处的板形调控功效系数为基础，建立基于生产数据的在线优化模型对其改进并获取任意工况下的板形调控功效系数相比传统方法更为有效。基于上述分析，本节介绍了一种融合仿真建模和数据驱动建模的板形调控功效系数获取方法。首先通过建立带材冷轧过程的三维有限元仿真模型获取数据优化进程的起点，然后采用数据驱动方式建立板形调控功效系数的在线自学习模型，利用生产数据不断改进各仿真工况点的板形调控功效系数值，进而精确获取任意轧制工况下的板形调控功效系数，其流程结构如图 6. 1 所示。

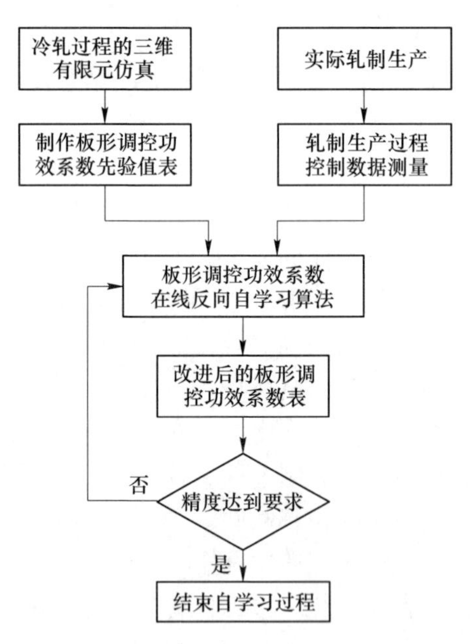

图 6. 1　板形调控功效系数获取方法

6. 1. 1　板形调控功效系数的定义

调控功效系数从实测板形应力分布的角度进行相关的分析和计算，对板形控制机构调节性能的认识不再局限于 1 次、2 次、4 次板形偏差的范畴，可以描述任意形态的板形调节性能，并且不需要再进行板形偏差模式识别与解耦计算。与传统模型相比，能够实现对板形测量信息更为全面的利用，有利于轧机板形控制能力的充分发挥和板形控制精度的提高。板形调控功效是在一种板形控制技术的单位调节量作用下，轧机承载辊缝形状沿带材宽度上各处的变化量，由式（6.1）表示：

$$Eff_{ij} = \Delta Y_i(1./\Delta U_j) \tag{6.1}$$

式中 Eff_{ij}——板形调控功效系数，它是一个大小为 $m\times n$ 的矩阵中的一个元素；

i——板宽方向上的测量点序号；

j——板形调节机构序号；

ΔY_i——第 j 个板形调节机构调节量为 ΔU_j 时，第 i 个测量段带材板形变化量，I；

$1./\Delta U_j$——表示 1 点除 ΔU_j；

ΔU_j——第 j 个板形调节机构调节量，若调节机构为轧制力、弯辊力时，其单位为 kN，若为中间辊横移量和轧辊倾斜量则单位是 mm。

以某 1250mm 单机架六辊 UCM 冷轧机为例，其板宽方向板形测量点有 23 个，为了便于建模，将板宽方向上的测量点插值为 20 个特征点。板形调节机构有 4 个，分别是工作辊弯辊、中间辊正弯辊、中间辊横移、轧辊倾斜。轧制力波动对板形的影响也通过调控功效来表达，因此板形调控功效系数矩阵大小为 20×5，由式（6.2）表示：

$$\begin{aligned} \boldsymbol{Eff} = \Delta \boldsymbol{Y} \cdot (1./\Delta \boldsymbol{U}) &= \begin{bmatrix} \Delta y_1 \\ \Delta y_2 \\ \vdots \\ \Delta y_{20} \end{bmatrix} \cdot \begin{bmatrix} \dfrac{1}{\Delta u_1} & \dfrac{1}{\Delta u_2} & \cdots & \dfrac{1}{\Delta u_5} \end{bmatrix} \\ &= \begin{bmatrix} eff_{1,1} & eff_{1,2} & \cdots & eff_{1,5} \\ eff_{2,1} & eff_{2,2} & & \\ \vdots & & \ddots & \\ eff_{20,1} & & & eff_{20,5} \end{bmatrix} \end{aligned} \tag{6.2}$$

6.1.2 板形调控功效系数先验值的获取

以带材冷轧过程为研究对象，选择轧制工艺参数，制定辊系和带材网格的分布策略。设定轧辊和轧件的材料力学性能参数，制定轧制力、张力及弯辊力等力能载荷的施加方法，采用 ANSYS/LS-DYNA 软件建立带材冷轧过程的三维有限元模型。在此基础上，首先研究分析各轧制状态参数之间的相互影响规律，确定能够用于描述不同轧制工况的特征参数；然后根据每个轧制工况特征参数的变化区间将整个冷轧过程划分为由若干个轧制工况点连接而成的三维空间表征。

三维空间中的每个节点表示一种轧制工况点，对应着此工况下的一组板形调控功效系数矩阵。结合前期研究，以带材宽度、厚度及轧制力作为轧制工况的特征参数进行说明。如轧制工况点 $A(p_A, w_A, h_A)$ 中的 3 个特征参数 p_A，w_A，h_A 分别代表该工况下的轧制力、带材宽度和厚度。假定带材宽度方向上有 m 个测量点，有 n 个板形调节机构参与调节，则该轧制工况点对应的板形调控功效系数矩阵为 Eff_{mn}^{A}，如图 6.2 所示。

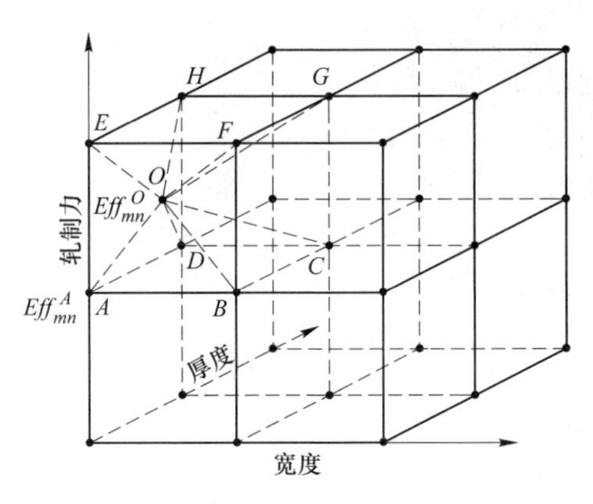

图 6.2　冷轧过程轧制工况点的三维空间表征

根据建立的带材冷轧过程三维有限元仿真模型，分别给定不同的工作辊/中间辊弯辊力、轧辊横移量和轧辊倾斜量，在计算分析各个板形调节机构对辊间压力分布及带材横向厚度分布影响规律的基础上，分别计算每个节点处各个板形调节机构的调控功效系数，形成不同工况下的板形调控功效系数先验值。

图 6.3 所示为通过有限元仿真获取的各个板形调节手段对应的板形调控功效系数先验值曲线。轧制力波动、轧辊倾斜、工作辊弯辊、中间辊弯辊和中间辊横移的板形调控功效系数先验值向量，共同组成了一个板形调控功效系数矩阵。

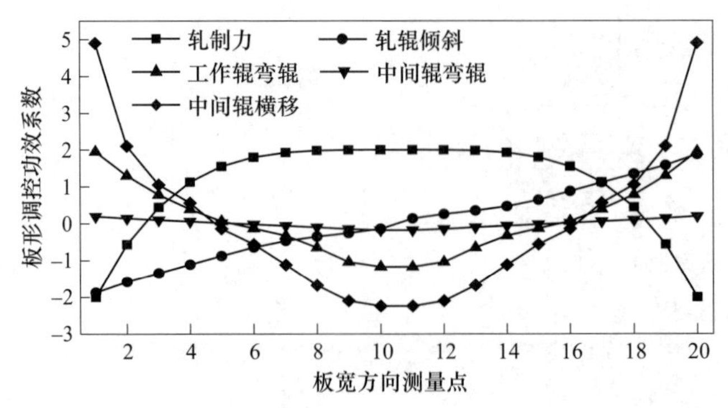

图 6.3　板形调控功效系数先验值

为了得到精确的板形调控功效系数，使其满足实际轧制过程的要求，需要采集轧制过程中的实测数据，再经过数据处理后的板形调控功效实测值来对模型内部的先验值进行优化，从而提高模型精度。

6.1.3 轧制过程实测数据的处理与校验

根据板形调控功效系数的定义，需要采集的数据包括实测板形的变化量和调节机构的变化量。由于受到外界环境噪声的干扰和调节机构响应特性等因素的影响，需要对实测数据进行分析处理，以期得到能够与实际轧制工况相匹配的板形控制过程数据。对实测轧制过程数据处理的过程如图 6.4 所示。

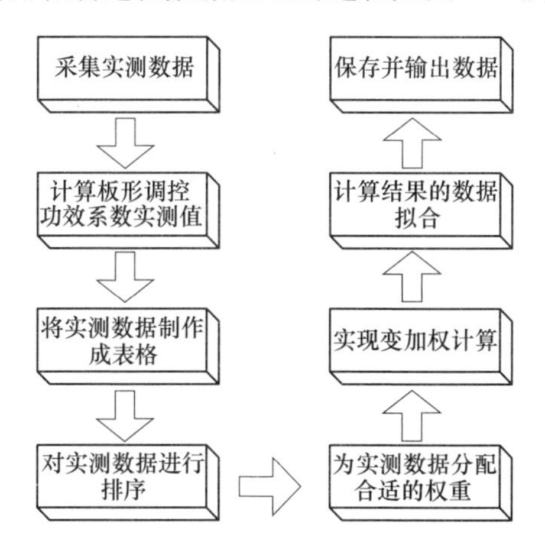

图 6.4 轧制过程数据的处理与校验

6.1.3.1 板形调控功效系数实测数据的计算

根据板形调控功效系数的定义，需要从数据采集系统中采集的数据包括实测板形的数据及其对应的板形调节机构调控数据。在处理数据时要保证板形变化量和调节机构的改变量是同步的，采样时间间隔不宜过小，一般取为 0.5～1s。然后根据板形测量值和调节机构的输出值，计算出板形调节机构的调控功效系数实测数据。将得到的数据做成表格形式，表格的每一列都表示数据的通道数，从 Ch_1 到 Ch_{20}。表的每一行都表示采集到的一组实测数据，从 Gr_1 到 Gr_s，共有 s 组数据。表 6.1 为计算得到的 10 组工作辊弯辊对应的调控功效系数实测数据，分别为第 1，3，5，…，19 通道的数据。

表 6.1 过程数据的实测值

Gr	Ch_1	Ch_3	Ch_5	Ch_7	Ch_9	Ch_{11}	Ch_{13}	Ch_{15}	Ch_{17}	Ch_{19}
1	32.40	1.97	6.04	-1.81	16.02	-10.26	3.70	-7.82	-10.21	-17.62
2	7.40	4.97	1.29	1.54	-2.44	0.91	-0.78	-1.58	-3.78	-3.53

续表 6.1

Gr	Ch_1	Ch_3	Ch_5	Ch_7	Ch_9	Ch_{11}	Ch_{13}	Ch_{15}	Ch_{17}	Ch_{19}
3	0.10	-2.85	-1.73	-3.13	0.03	-1.96	-0.13	2.61	2.35	5.28
4	-0.14	-2.35	-2.77	-3.02	-1.76	-1.09	1.09	1.92	3.21	5.28
5	-40.07	-14.99	-44.67	-20.48	-24.59	11.45	29.82	-1.82	32.21	39.01
6	1.76	-3.28	-1.24	-4.37	-0.27	0.19	0.72	0.17	1.36	3.84
7	5.41	-2.94	2.27	-3.98	2.28	1.24	-1.07	-2.36	-2.11	3.64
8	0.53	-0.72	-1.70	-2.89	-2.36	-1.87	-0.66	3.76	4.77	1.03
9	1.31	-0.06	-2.35	-3.58	-2.35	-0.72	-1.73	2.74	3.83	1.93
10	1.96	0.39	0.17	0.98	-0.87	-1.30	-1.26	0.01	-1.65	1.09

6.1.3.2　板形调控功效系数实测数据的排序

针对实测数据存在的问题，为了进一步挖掘出有效的数据，并将偏差较大的数据剔除，首先使用排序算法对数据从大到小排序。板宽的方向上一共有 20 个通道 Ch，对每一个通道 Ch 内的多组数据（Gr_1 到 Gr_s）使用排序算法，使其从上到下按照数值由大到小的顺序排列。当数据总量很大时，对数据进行排序会使程序运行时间大大增加，影响在线使用时的效果。为了加快程序的运行速度，还需使用高效快速的计算方法。这里给出了一种新的并行结构多维排序算法。这种算法可以增加处理器的缓存速度和利用率。由于该方法可以基于任何排序算法来实现，因此，将该方法引入本节数据处理过程，来节省数据处理过程耗费的时间。

使用排序算法的目的是使偏差较大的数据组聚集在数据集的两端，方便剔除数据或者分配较小的权重，减少其对最终结果的影响，能够使结果更接近实际情况。表 6.2 为经过排序算法后的工作辊弯辊板形调控功效系数实测数据。

表 6.2　实测数据的排序

Gr	Ch_1	Ch_3	Ch_5	Ch_7	Ch_9	Ch_{11}	Ch_{13}	Ch_{15}	Ch_{17}	Ch_{19}
1	32.40	4.97	6.04	1.54	16.02	11.45	29.82	3.76	32.21	39.01
2	7.40	1.97	2.27	0.98	2.28	1.24	3.70	2.74	4.77	5.28
3	5.41	0.39	1.29	-1.81	0.03	0.91	1.09	2.61	3.83	5.28
4	1.96	-0.06	0.17	-2.89	-0.27	0.19	0.72	1.92	3.21	3.84
5	1.76	-0.72	-1.24	-3.02	-0.87	-0.72	-0.13	0.17	2.35	3.64
6	1.31	-2.35	-1.70	-3.13	-1.76	-1.09	-0.66	0.01	1.36	1.93
7	0.53	-2.85	-1.73	-3.58	-2.35	-1.30	-0.78	-1.58	-1.65	1.09
8	0.10	-2.94	-2.35	-3.98	-2.36	-1.87	-1.07	-1.82	-2.11	1.03
9	-0.14	-3.28	-2.77	-4.37	-2.44	-1.96	-1.26	-2.36	-3.78	-3.53
10	-40.07	-14.99	-44.67	-20.48	-24.59	-10.26	-1.73	-7.82	-10.21	-17.62

6.1.3.3　基于中心极限定理实现数据组权重分配

通过实测数据直接计算得到的板形调控功效系数存在波动大、数据不稳定等情况。在数理统计学中，中心极限定理作为一种比较常见的数学定理，已经被广泛应用于数据分析和处理过程。中心极限定理是概率论中最重要的一类定理，具有广泛的实际应用背景，该定理指出大量独立同分布的随机变量近似服从正态分布。因此，我们将实测的板形调控功效系数数据看成是独立同分布的随机变量，并使用正态分布函数来对每组数据进行权重分配，最终实现变加权计算。

为排序处理后的每一组板形调控功效系数数据分配一个对应的权重，并将多组板形调控功效系数矩阵进行加权计算。对排序后的数据进行权重分配，权重的分配规则符合正态分布排列，按照排列分布，两端所占权重小，中间所占权重大；较准确的数据分配较大的权重，差异偏大的数据分配较小的权重；为了防止差异较大的数据对结果产生影响，使排列顺序两端偏差较大的部分所分配的权重为0，权重为0的数据组所占比例设定为20%。

首先，对 Gr_1 到 Gr_s 的数据组编号进行归一化处理，将排序后共 s 组数据的编号进行归一化处理，即1到 s 组数据编号被等距划分到［-1，1］的区间内，并用 x_i 表示。方法如式（6.3）所示：

$$x_i = -1 + \frac{1-(-1)}{s-1}(i-1), \qquad i \in [1,s] \tag{6.3}$$

式中　x_i——第 i 个数据组划分的等距点，$x_i \in [-1,1]$。

求解每组数据各自对应的 rd_i，将式（6.3）求得的所有 x_i 分别代入式（6.4）中

$$rd_i(x_i) = \frac{1}{\sqrt{2\pi}}\exp\left(-\frac{x_i^2}{2}\right) \tag{6.4}$$

式中　rd_i——第 i 组数据对应等距点所表示的数值。

对每一个等距点所对应的 rd_i 进行求和，得到 rd_z；通过式（6.5）进一步确定第 i 组数据对应的权重因子。表6.3所示为各组数据经过计算所分配的权重。

$$Rd_i = \frac{rd_i}{rd_z}, \qquad i \in [1,s] \tag{6.5}$$

式中　Rd_i——第 i 组数据所对应的权重因子；

rd_z——根据公式计算 $rd_z = \sum_{i=1}^{s} rd_i$。

表6.3　实测数据的权重分配

Gr_i	1	2	3	4	5	6	7	8	9	10
Rd_i	0	0.006	0.043	0.155	0.294	0.294	0.155	0.043	0.006	0

在权重因子确定后，通过式（6.6）来计算板形调控功效系数的加权和

$$Eff = \sum_{i=1}^{s} Eff_i Rd_i \tag{6.6}$$

式中　Eff_i——第 i 组的板形调控功效系数，即为 Gr_i 对应的数据。

6.1.3.4　数据拟合及结果判定

对于加权得到的调控功效系数曲线，还可能存在奇异点，为了获得比较理想的板形调控功效系数曲线，需要进行数据拟合使曲线更平滑以获得更理想的板形调控功效系数曲线。拟合曲线的原理是基于最小二乘法的多项式数据拟合策略，其优化模型如式（6.7）所示：

$$\min Q = \sum_{x=1}^{n} [Eff(x) - E(x)]^2 \tag{6.7}$$

式中　n——板宽方向设定的通道数目，值为 20；

$Eff(x)$——数据处理后的实测板形调控功效系数曲线；

$E(x)$——板形调控功效系数的拟合函数曲线。

在对各个板形调控功效系数曲线进行拟合时，根据不同的调节机构，需要采取不同的拟合策略。对于轧辊倾斜调控手段所对应的板形调控功效系数曲线采用一次多项式拟合即可；而对于轧制力波动、工作辊弯辊、中间辊弯辊和中间辊横移对板形的影响规律，则需要采用二次或者四次多项式拟合来获得板形调控功效系数曲线。如式（6.8）所示为调节机构的调控功效系数拟合函数：

$$E(x) = a_0 + a_1 x^1 + a_2 x^2 + a_4 x^4 \tag{6.8}$$

式中　a_0——拟合函数的常数项；

a_1——拟合函数的一次项系数；

a_2——拟合函数的二次项系数；

a_4——拟合函数的四次项系数。

在式（6.8）中，轧辊倾斜的拟合函数需要设置系数 a_2 和 a_4 值为 0；中间辊弯辊的拟合函数需要设置系数 a_4 值为 0；轧制力波动、工作辊弯辊和中间辊横移的拟合函数直接使用该式即可。

判断拟合的结果 $E(x)$ 是否满足要求，可通过对比其与实验计算结果 $Ef(x)$ 来确定，公式如式（6.9）所示：

$$\varepsilon \geqslant \sum_{x=1}^{n} |E(x) - Ef(x)| \tag{6.9}$$

式中　ε——数据偏差的极限，取值为 10；

$Ef(x)$——第 x 个通道板形调控功效系数的实验计算值，实验结果为有限元仿真软件分析计算得到。

当 ε 满足条件时，将计算得到的结果保存并用作模型的输入数据；如果不满足公式的条件则需要导入数据做进一步计算。通过对不同板形调节机构数据的分

析与计算，得到两种板形调节机构调控功效系数的最小 ε 值为 13.572，因此在实际应用中为了避免不同调节机构数据之间互相干扰，ε 的取值为 10。

6.1.4 过程数据与仿真模型相融合的板形调控功效系数在线自学习

6.1.4.1 实际轧制工况点的板形调控功效系数三维拟合模型

根据工况特征参数确定实际轧制工况点在三维空间中的位置及其边界点。如图 6.2 所示，当实际轧制工况点落在 O 点时，则其边界点分别为 A、B 、C、D、E、F、G 和 H 这 8 个点。则点 O 处的板形调控功效系数拟合模型可由式（6.10）表示：

$$Eff_{mn}^{O} = \sum_{i=A}^{H} Eff_{mn}^{i}\gamma_i \quad (i = A,B,C,\cdots,H) \tag{6.10}$$

式中 Eff_{mn}^{i}——边界点处的板形调控功效系数矩阵；

γ_i——实际轧制工况点与第 i 个边界点的权重因子。

权重因子 γ_i 用于表征实际轧制工况点与边界点之间特征参数的加权程度，即 $\gamma_i = f(p_O, w_O, h_O, p_i, w_i, h_i)$。只要确定该因子，即可获得实际轧制工况点板形调控功效系数的拟合模型。

6.1.4.2 权重因子的确定

在确定各个边界点所占权重之前，需要确定边界点 X 和实际工况点 Y（图 6.5 中的 O 点）的相似度，通过相似程度来判断被优化的边界点所占权重的大小，实际工况点与边界点的相似程度越高，所占权重也越大；反之越小。

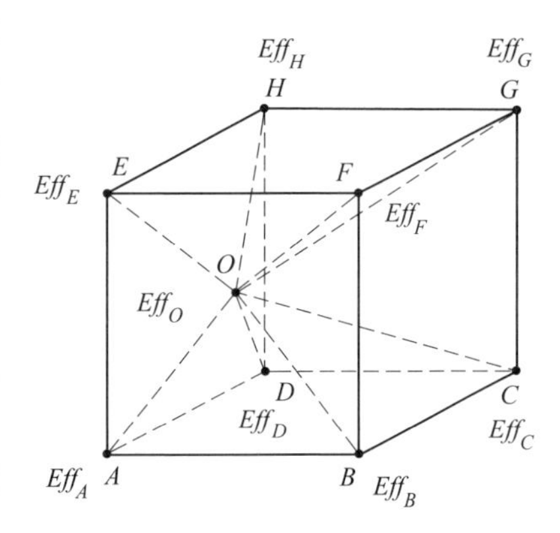

图 6.5 边界点与实际工况点建立关系

首先根据式（6.11）求出实际工况点周围每个边界点与实际工况点的欧氏距离，通过欧式距离大小来确定相似度的大小；欧氏距离越小，则相似度越大，说明实际工况点对边界点的影响越大，所占权重也越高。欧氏距离的计算公式如下所示：

$$d(X,Y) = \sqrt{\sum_{i=1}^{3} (X_i - Y_i)^2} \tag{6.11}$$

式中 d——两个点的欧氏距离；

X_i——X 点对应的第 i 个坐标参数；

Y_i——Y 点对应的第 i 个坐标参数。

由于本方法是基于带材宽度、带材厚度和轧制力 3 个参数建立的模型，所以

i 的取值为整数 1、2 和 3，分别对应 3 个坐标参数。

下面通过相似度来确定各个边界点的权重。在求出每个边界点与实际工况点的欧氏距离之后，通过欧式距离表征其相似度。欧氏距离越小，则相似度越大，说明实际工况点对边界点的影响越大，所占权重因子也越高。为了处理实际工况点周围的边界点数目较多的问题，使用标准正态分布函数来确定每个边界点与实际工况点之间的相似度，即用式（6.12）表示：

$$\omega(d) = \frac{1}{\sqrt{2\pi}\sigma}\exp\left(-\frac{d^2}{2\sigma^2}\right) \tag{6.12}$$

式中　$\omega(d)$——实际工况点与边界点的欧氏距离为 d 时所对应的相似度；

σ——正态分布的标准差。

为了给各个边界点分配合适的相似度，首先确定各个边界点之间的最大距离 d_{max}，然后将 $0.5d_{max}$ 代入式（6.12）确定合适的 σ 值，最后将每个边界点与实际工况点的欧氏距离分别代入式（6.12），求得每个边界点与实际工况点所对应的相似度。根据每个边界点的相似度在所有边界点的相似度之和中所占比例，由式（6.13）可得各个边界点的权重因子：

$$\gamma_i = \omega_i \Big/ \sum_{i=A}^{H} \omega_i \qquad (i = A, B, C, \cdots, H) \tag{6.13}$$

式中　γ_i——各个边界点的权重因子；

ω_i——每个边界点的相似度。

6.1.4.3　基于生产数据驱动的板形调控功效系数在线自学习

轧制过程中，通过数据分析处理可以得到实际工况点 O 处的调节机构调节向量 $\Delta U^O = [(\Delta u^O)_1, (\Delta u^O)_2, (\Delta u^O)_3, \cdots, (\Delta u^O)_n]^T$ 和相应的板形变化量向量 $\Delta Y^O = [(\Delta y^O)_1, (\Delta y^O)_2, (\Delta y^O)_3, \cdots, (\Delta y^O)_m]^T$。根据板形调控功效系数的定义则有公式为：

$$\Delta \overline{Y^O} = Eff_{mn}^O \Delta U^O \tag{6.14}$$

式中　$\Delta \overline{Y^O}$——实际工况点 O 处板形变化量的模型计算值。

工况点 O 处的实测板形变化量与模型计算值的差值 $\delta^O = \Delta Y^O - \Delta\overline{Y^O}$ 越小，说明板形调控功效系数越准确。因此建立基于数据反馈方式的扩散学习机制，利用实际工况点的实测数据对各节点处的板形调控功效系数先验值不断改进，由式（6.15）表示：

$$(Eff_{mn}^i)' = f(\delta^O, \Delta U_{mn}^O, \gamma_i, v, Eff_{mn}^i) \qquad (i = A, B, C, \cdots, H) \tag{6.15}$$

式中　$(Eff_{mn}^i)'$——经过反向学习改进后的板形调控功效系数矩阵；

v——学习速度因子。

式（6.15）的模型采用指数平滑法，能自动识别数据的变化而加以调整，特别适用于板形调控功效系数模型中的短期预测。

6.1.4.4　学习速度因子的确定

学习速度因子反映了自学习算法对轧制过程数据信息的利用程度。为了充分发挥板形调控功效系数的在线自学习功能，可通过综合考虑实测板形数据的可信度及在线自学习过程中板形调控功效系数的变化趋势，建立学习速度因子的在线动态优化模型，使其能够适应动态生产过程并保证自学习过程的稳定性和连续性。

6.1.5　模型外部工况点预测

若当前工况参数中有任意一个超出了三维工况模型空间范围，也就意味着轧制工况点在优化模型外部，无法直接采用上述方式获得板形调控功效系数矩阵，因此，引入趋势外推法建立板形调控功效系数的外部预测模型。外部预测模型采用一次函数进行外推构造，仍以坐标 O（w_O, h_O, r_O）表示模型空间外的实际工况点特征参数，如图 6.6 所示。

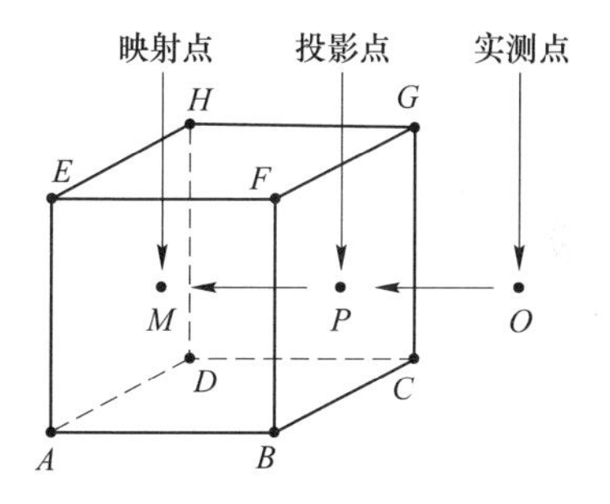

图 6.6　三维模型外部工况点的板形调控功效系数预测模型

预测模型的主要计算步骤如下所示：

（1）将实际工况点 O 垂直投影到三维模型空间六面体上，确定其投影点坐标 $P(w_P, h_P, r_P)$。

（2）确定实际工况点在三维模型空间内部的映射点 $M(w_M, h_M, r_M)$。映射点坐标的选取原则：工况点、投影点与映射点三点在一条直线上，且工况点到投影点的距离等于投影点到映射点的距离，由式（6.16）表示：

$$\begin{cases} w_M = 2w_P - w_O \\ h_M = 2h_P - h_O \\ r_M = 2r_P - r_O \end{cases} \tag{6.16}$$

（3）分别确定投影点 P 和映射点 M 在三维空间中的位置及其边界点，通过前面所述板形调控功效系数三维拟合模型计算这两点的板形调控功效系数矩阵 Eff_{mn}^P、Eff_{mn}^M。

（4）根据趋势外推原理，实际轧制工况点的板形调控功效系数 Eff_{mn}^O 可以通过其映射点和投影点的板形调控功效系数矩阵计算获得，由式（6.17）表示：

$$Eff_{mn}^O = 2Eff_{mn}^P - Eff_{mn}^M \tag{6.17}$$

趋势外推法需要满足两个假设条件是：（1）假设预测的事物跟随参数变化呈现特定的规律，其在变化的过程中没有发生跳跃，即事物的发展和变化是渐进式；（2）假设所研究的对象，其系统、结构和功能在事物发展过程中不发生质变，即假定根据当前数据模型建立的外推方法能用于推测未知的数据，能发掘事物的发展变化规律。由以上两个条件可知，趋势外推预测法是描述事物发展变化过程的一种统计预测方法。简而言之，就是基于当前数据集拟合一条趋势线，用这条趋势线外推预测未知数据。其优点是可以与三维模型的预测相匹配，并可以依据当前模型定量地预测未知数据的大小。

综上所述，融合仿真建模和数据驱动建模的板形调控功效系数获取方法主要包括三个环节。第一是板形控制过程数据的分析处理；第二是板形调控功效系数三维优化模型的建立；第三部分是模型内部节点的板形调控功效系数优化及外部轧制工况点板形调控功效系数的预测。其流程如图 6.7 所示。

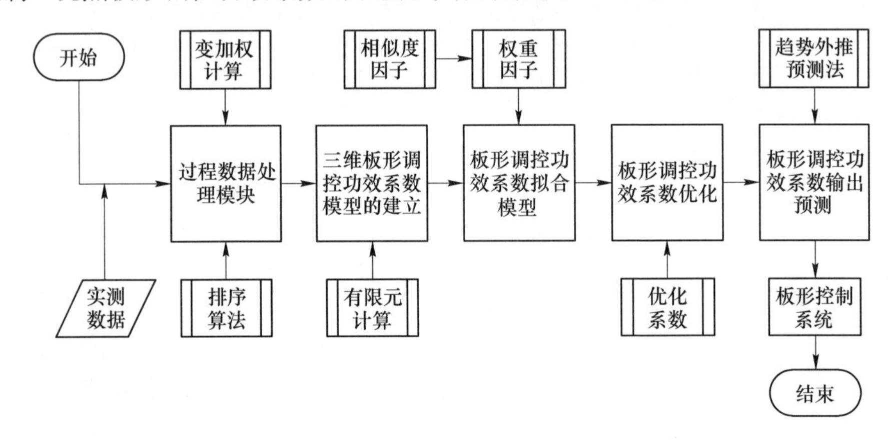

图 6.7　融合仿真建模和数据驱动建模的板形调控功效系数获取流程

6.2　中间辊横移速度控制模型

UCM 轧机通过上下中间辊沿相反方向进行轴向的相对横移，改变工作辊与中间辊的接触长度，使工作辊和支承辊在板宽范围之外脱离接触，可以有效地消除有害接触弯矩，使工作辊弯辊的控制效果得到大幅增强。通过轧机中间辊的横移，可以适应轧制板宽的变化，实现轧机的较大横向刚度，具有较强的板形控制能力。

然而，大部分冷轧机组中间辊的横移控制主要通过预设定以及在线手动调节完成。由于轧制过程中带材板形质量起伏较大，仅靠中间辊横移预设定和在线弯辊调节很难满足板形质量要求。当弯辊达到极限时，需要通过中间辊横移来降低工作辊弯辊的负荷。为了调高轧机的板形控制能力，本节以某 1250mm 六辊可逆 UCM 冷轧机为例，介绍了一种实现中间辊横移闭环控制功能的控制模型及策略。首先由预设定给出中间辊横移量的初值，进入稳定轧制时，再由闭环板形控制系统根据板形偏差实时调节中间辊横移量。为了减少中间辊在线横移对轧辊的损害性磨损，通过理论计算以及实验确定横移阻力大小。根据轧制压力、横移阻力和移辊速比之间的关系，给出中间辊横移速度设定模型。通过制定中间辊在线横移控制模型及控制策略，充分发挥了 UCM 轧机的板形控制能力。

6.2.1　中间辊初始位置计算

中间辊横移时，上下中间辊同时相互反向沿轧辊轴向横移。每个中间辊都配有 2 个横移缸，分别安装在轧机出口侧和入口侧，每个横移缸均安装有位置传感器，并且有单独的伺服阀控制。从带材带头进入辊缝直至建立稳定轧制的一段时间内，板形闭环反馈控制功能未能投入使用，为了保证这一段带材的板形，需要对各板形调节机构进行设定。中间辊的初始位置设定主要考虑来料带材宽度和钢种。设定模型为：

$$S_{ir} = (L - B)/2 - \Delta - \delta \tag{6.18}$$

式中　S_{ir}——中间辊横移量，以横移液压缸零点标定位置为原点，mm；

L——中间辊辊面长度，mm；

B——带材宽度，mm；

Δ——带材边部距中间辊端部的距离，mm；

δ——中间辊倒角宽度，rad。

6.2.2　中间辊横移阻力的确定

UCM 轧机各轧辊的辊身部分可以看作是相互接触的圆柱体，由于中间辊与工作辊的接触面相对于辊径很小，所以可以认为两接触体是半无限体，且接触应力沿接触区宽度方向上近似成椭圆形分布，故可采用 Hertz 接触理论来分析该模型中的接触宽度问题。

图 6.8 所示为两个相互接触圆柱体在匀速转动中产生相对移动时的横移力分析模型。柱体之间的总接触压力为 p_0，它沿轴向的分布为 $p(y)$，沿接触宽度方向呈椭圆分布状态：

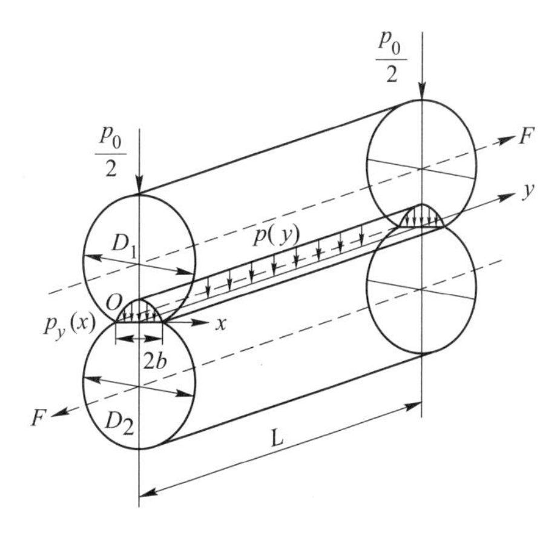

图 6.8　中间辊横移力分析模型

$$\frac{p_y^2(x)}{p_m^2} + \left(\frac{x}{b} - 1\right)^2 = 1 \tag{6.19}$$

式中　x——以 O 点（接触区咬入点）为坐标原点的接触宽度方向坐标；

y——圆柱体轴向坐标；

p_m——最大单位接触压力，N/mm；

$p_y(x)$——接触压力沿接触宽度方向的压力分布，N/mm；

b——半接触宽度，可由 Hertz 公式求出，mm。

对受力椭圆分析可知，$p(y)$为作用在该椭圆上半部的合力，则椭圆面积为$p(y)$的2倍，有：

$$p_m = p(y)\frac{2}{\pi b} \tag{6.20}$$

式中　$p(y)$——接触压力轴向分布，可根据轧机的辊系平衡方程和变形协调条件求解。

将式（6.20）代入式（6.19）即可求出接触宽度上的压力分布$p_y(x)$。

当以相同线速度v_R转动的两圆柱体在轴向力F的作用下产生相对移动速度v_F时，相互接触的表面点对必然会产生轴向相对位移Δs。接触区内任意接触点对的轴向相对位移可由下式求出：

$$\Delta s = v_F t_x = v_F x / v_R \tag{6.21}$$

式中　t_x——接触点对沿接触宽度方向由接触区入口移至x处所需时间，s。

根据预位移理论，由于2个相互接触的粗糙表面弹性体在产生相对滑动之前会产生一定量的预位移ξ，只有当预位移达到极限预位移［ξ］时，两表面的接触点对才产生相对滑动。因此，接触区可以分为两个部分，一部分是黏附区，另一部分是滑动区。在黏附区，摩擦规律可通过预位移原理表达：

$$\xi = [\xi]\left\{1 - \left[1 - \frac{T}{f \cdot N}\right]^{2/(2\mu+1)}\right\} \tag{6.22}$$

式中　T——摩擦力，N；

f——摩擦系数；

N——正压力，N；

μ——表面状态系数。

滑动区与黏附区的分界点可由表面各接触点对的相应轴向相对位移达到极限预位移这一条件确定。根据预位移原理，［ξ］沿接触宽度的分布为：

$$[\xi] = k p_y^{2/(2\mu+1)}(x) \tag{6.23}$$

式中　k——比例系数。

将式（6.23）与式（6.21）联立求解可以得到滑动区和黏附区的分界点x_1，x_1是方程$\Delta s = [\xi]$的非零解。分别求出各区域的单位轴向摩擦力τ，在黏附区域位移ξ等于相应轴向相对位移Δs，将式（6.21）代入式（6.22）中得：

$$\tau = f p_y(x)\left\{1 - \left[1 - \frac{x v_F}{v_R[\xi]}\right]^{(2\mu+1)/2}\right\} \quad (0 \leqslant x \leqslant x_1) \tag{6.24}$$

在滑动区有：

$$\tau = fp_y(x) \qquad (x_1 \leqslant x \leqslant 2b) \tag{6.25}$$

在整个接触区内对单位轴向摩擦力积分，通过数值积分求解即可求出两接触圆柱体在匀速转动中产生轴向移动时的移动力 F，为：

$$F = \int_0^L \int_0^{x_1} fp_y(x)\left\{1 - \left[1 - \frac{v_F}{v_R}\frac{x}{[\delta]}\right]^{(2\mu+1)/2}\right\}\mathrm{d}x\mathrm{d}y + \int_0^L \int_{x_1}^{2b} f \cdot p_y(x)\,\mathrm{d}x\mathrm{d}y \tag{6.26}$$

在对 UCM 轧机中间辊横移时，中间辊分别受到来自支承辊和工作辊的轴向摩擦力 F_1、F_2，两者之和就是中间辊横移阻力 F_S，即：

$$F_S = F_1 + F_2 \tag{6.27}$$

根据两圆柱体横移阻力模型对式（6.26）进行数值积分求解就可以得到中间辊横移时所需要的横移力。模型计算所使用的部分参数值见表 6.4。

表 6.4 轧机参数与计算参数

参　数	数　值
工作辊尺寸/mm	ϕ420×1250
中间辊尺寸/mm	ϕ470×1310
支承辊尺寸/mm	ϕ1150×1250
成品带材规格/mm	宽度 800~1130，厚度 0.2~0.55
最大轧制力/kN	18000（动压），20000（静压）
表面状态系数 μ	0.02~0.03
比例系数 k	0.19~0.25
摩擦系数 f	0.03~0.06
沿轴向分布应力 σ_s/MPa	140~450

6.2.3 中间辊横移速度的设定

在正常轧制模式下，随着中间辊横移速度的增加，横移阻力会不断增加，为了不损伤辊面，除了增大辊间的乳液润滑，还需要确定中间辊的横移速度。由上述分析可知，横移阻力受轧制压力以及移辊速比 v_F/v_R 两者的影响，因此可以通过分析三者之间的关系来确定横移速度。

如图 6.9 所示，横移阻力与轧制力基本呈线性关系，随着速比的增大，两者线性关系的斜率也逐渐增大。图 6.10 所示为根据中间辊横移阻力表达式计算出来的轧制力恒定时横移阻力与速比的关系。速比较小时，横移阻力与速比近似呈线性关系。

由图 6.9、图 6.10 及上述横移阻力表达式推导分析可知，当移辊速比较小时，横移阻力与速比近似呈线性关系，而横移阻力又与轧制压力近似呈线性关

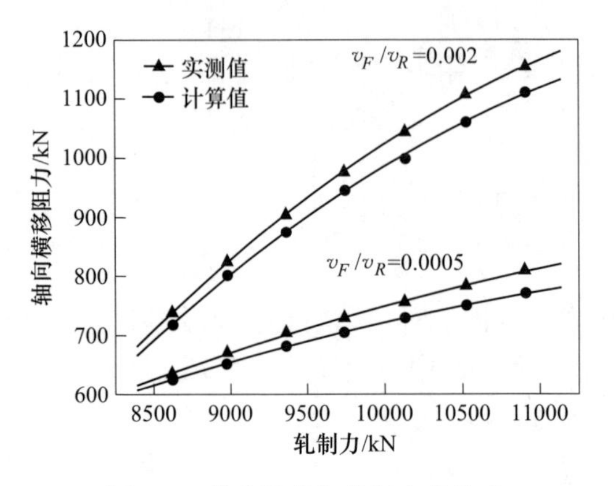

图 6.9　横移阻力与轧制力的关系

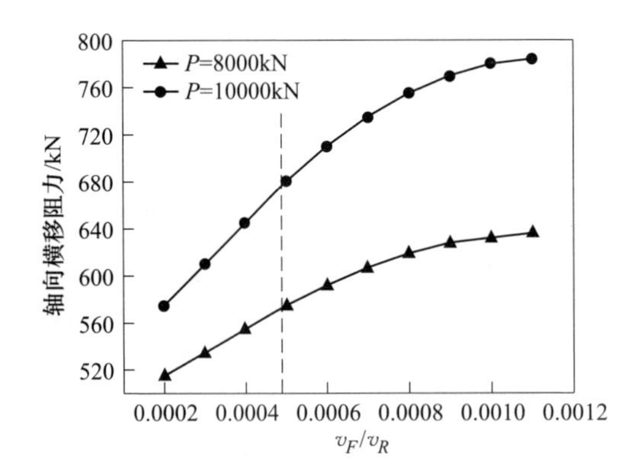

图 6.10　横移阻力与速比的关系

系，因此可以在相应的线性区间内将速比 v_F/v_R 作为轧制力的线性函数来设定中间辊横移速度，如图 6.11 所示。

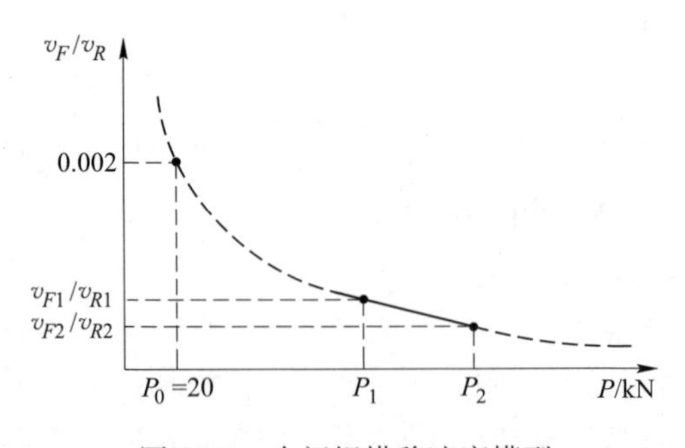

图 6.11　中间辊横移速度模型

当辊缝打开时，辊间压力较小，中间辊横移阻力也较小，横移速度可以不考虑轧制力因素，只设为轧辊线速度的函数，并根据轧辊线速度通过斜坡函数进行调节。穿带后，中间辊的横移速度不仅要考虑轧制速度，还要考虑轧制力的因素。当轧制力较大时，必须降低中间辊的横移速度。

在速比 v_F/v_R 与横移阻力对应的线性区间内，相应的速比 v_F/v_R 和轧制力对应的区间范围分别为$[v_{F1}/v_{R1},v_{F2}/v_{R2}]$和$[P_1,P_2]$。在此线性区间内，横移速度设定为：

$$v_F = \left[\frac{v_{F2}/v_{R2} - v_{F1}/v_{R1}}{P_2 - P_1}(P - P_1) + \frac{v_{F1}}{v_{R1}}\right] v_R \qquad (P_1 \leqslant P \leqslant P_2) \tag{6.28}$$

式中，v_{F1}/v_{R1}、v_{F2}/v_{R2} 分别为 0.0005 和 0.00025；P_1、P_2 分别为 2000kN 和 10000kN。

根据该 1250mm 单机架可逆 UCM 冷轧机的轧制工艺和设备参数，正常轧制操作基本处于该线性区间范围内。在线性区间范围外，横移速度按照下式设定为轧制速度的函数：

$$v_F = \begin{cases} \dfrac{v_{F1}}{v_{R1}} v_R & (P \leqslant P_1) \\ \dfrac{v_{F2}}{v_{R2}} v_R & (P \geqslant P_2) \end{cases} \tag{6.29}$$

当轧制力小于 20kN 时，认为辊缝处于打开状态，此时中间辊的横移速度设定为：

$$v_F = v_R/500 \qquad (P \leqslant P_0) \tag{6.30}$$

式中 P_0——辊缝打开时的轧制力，值为 20kN。

6.3 板形调节机构动态替代控制技术

实际轧制过程中，当带材沿宽度方向上发生不均匀的延伸变形时，就会产生瓢曲、浪形等板形缺陷。板形缺陷分为全局板形缺陷和局部板形缺陷。弯辊和中间辊横移控制主要用于消除全局板形缺陷中的对称部分板形缺陷，轧辊倾斜控制主要用于消除全局板形缺陷中的非对称部分。对于局部板形缺陷，则采用轧辊分段冷却控制来加以消除。对于一般的对称性板形缺陷，工作辊弯辊可以起到良好的板形控制效果，然而，当来料带材或者在线轧制带材出现较大的对称性板形缺陷时，就会出现对称性板形缺陷还没完全被消除，工作辊弯辊就达到了调节极限的状况。此时，如果其他板形调节机构还没有超限，并且可以控制带材的对称性板形缺陷，则可以利用它们在其调节区间内进行调节来消除那些工作辊弯辊未能消除的对称性板形缺陷，这就是板形调节机构动态交替控制的研究思路。

6.3.1 工作辊弯辊超限时的替代板形调节机构选择

通过在线自学习模型获得各个板形调节机构的调控功效系数之后，分别对它们进行分析，找出同工作辊弯辊具有相似板形调控功效的板形调节机构，用于完成对工作辊弯辊调节超限时剩余的对称板形缺陷的调节。

对 6. 1. 2 节获取的各板形调节机构的板形调控功效系数先验值曲线进行分析可知，工作辊弯辊的板形调控功效系数曲线呈对称分布，且曲线上各点的斜率比较大，对带材的对称性板形缺陷有较高的调控能力。但是，由于工作辊辊径较小，在弯辊力较大的情况下容易发生挠曲变形，导致对带材中部的板形调控能力降低，尤其是在轧制超薄带材时这种情况更为突出。从工作辊弯辊的板形调控功效系数曲线也可以看出，其曲线并不完全呈抛物线形状分布，而是在靠近带材中部的区域出现了拐点，带材中部区域其调控功效系数曲线基本趋于一条水平线，这说明工作辊弯辊对靠近带材中部的对称性板形缺陷调控能力不足。如果来料带材或者轧制过程中的带材在沿宽度方向上从中部到边部出现较大的对称性板形缺陷，在对边部的对称性板形缺陷起到控制作用的同时，若要消除带材中部的对称性板形缺陷，很容易使工作辊弯辊控制达到调节极限；而且，如果使用工作辊负弯辊时，一味地增大弯辊力还容易导致上下两工作辊端部无带材处发生两工作辊接触压扁的情况，导致工作辊端部磨损加速。

中间辊弯辊和横移的板形调控功效系数曲线也呈对称性的抛物线分布，曲线上各点的斜率较小，相比工作辊弯辊控制而言，对带材的对称性板形缺陷调控能力较弱。但是，由于中间辊弯辊和横移对带材中部的对称性板形缺陷具有一定程度上的调控能力，而且中间辊辊径较大，靠近辊颈处不易发生挠曲变形，因此，在对带材中部对称性板形缺陷进行调节的同时，不会影响到带材边部的板形控制效果。

根据上述分析，可以确定用于工作辊弯辊调节超限时的替代板形调节机构有中间辊和中间辊横移两个。

6. 3. 2　工作辊弯辊与其他替代执行器的在线控制模型

工作辊弯辊及其他替代执行器的在线控制模型在板形闭环控制系统中制定，如图 6. 12 所示。

如图 6. 12 所示，工作辊弯辊超限替代控制的过程是：首先按照最优控制算法根据实测板形偏差以及板形调控功效系数来计算轧辊倾斜、工作辊弯辊、中间辊弯辊和中间辊横移等板形调节机构的调节量，若计算后的工作辊弯辊实际值超过其极限值，则检查用于实现替代功能的中间辊弯辊/横移的实际值是否超过其极限值，若不超限，则使用替代模式进行控制，反之则使用正常控制模式。

6. 3. 3　工作辊弯辊超限替代模型的制定

为了更符合现场实际生产状况，在研究制定工作辊弯辊超限替代控制方案时，按照工作辊弯辊实际值超限的程度制定了两种替代控制模式。

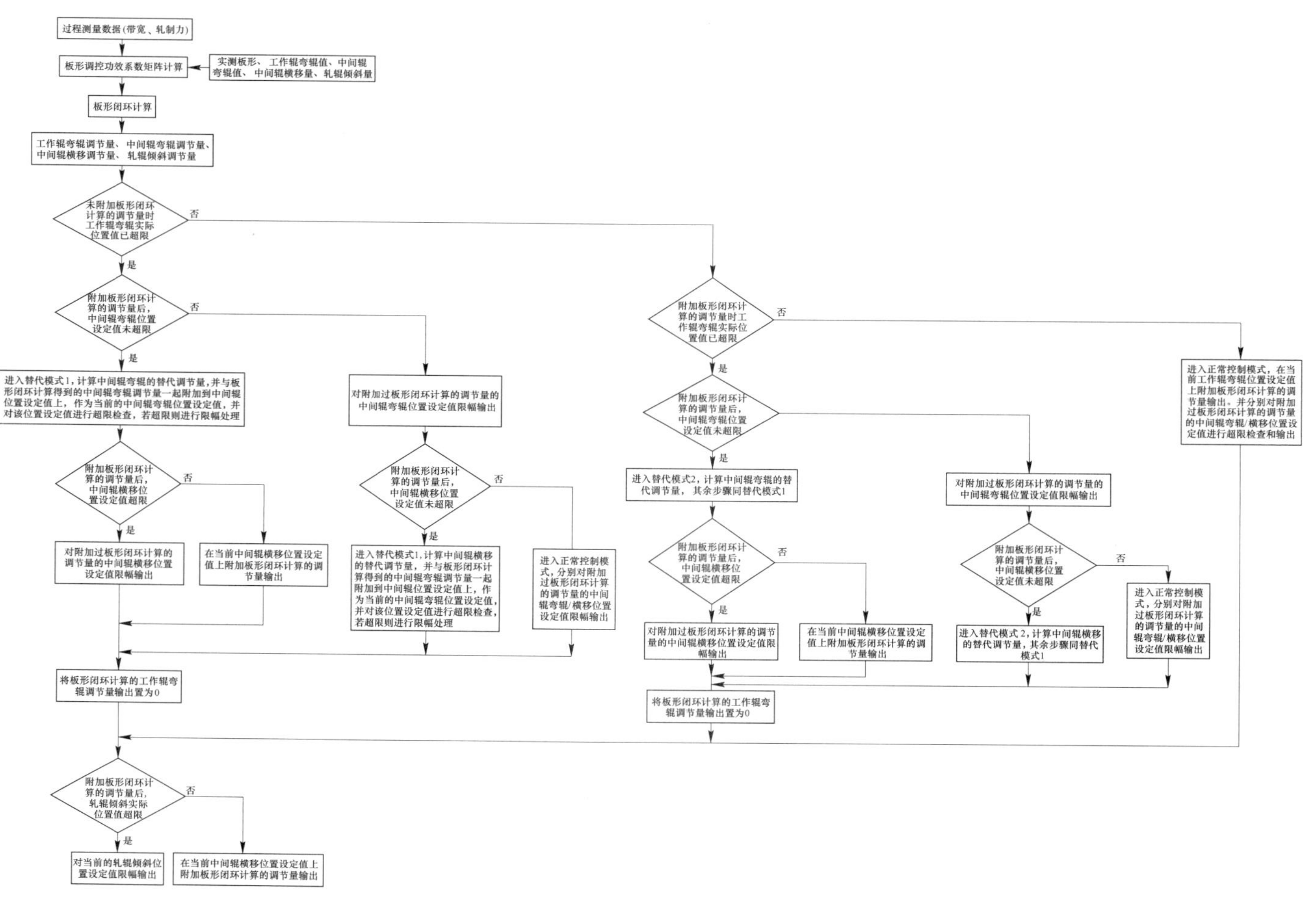

图 6.12　工作辊弯辊超限替代控制流程

6.3.3.1　替代控制模式 A

此时，工作辊正弯辊的实际值已经超限，即：

$$WB_{act} \geq WB_{max} k_{WB\_max} \tag{6.31}$$

式中　WB_{act}——工作辊弯辊的实际值，kN；

WB_{max}——工作辊弯辊的正极限值，kN；

k_{WB_max}——工作辊正弯辊极限约束系数，值在 0~1 之间取，按照实际生产情况设定。

或者工作辊负弯辊的实际值已经超过了极限，即：

$$WB_{act} \leq WB_{min} k_{WB\_min} \tag{6.32}$$

式中　WB_{min}——工作辊弯辊的负极限值，kN；

k_{WB_min}——工作辊负弯辊极限约束系数，值在 0~1 之间取，根据实际生产情况设定。

考虑到实际生产中工作辊弯辊控制的动态特性，还可以根据其执行效率设定动作滞后因子，将工作辊弯辊控制的响应滞后考虑进来，来判断工作辊弯辊是否调节超限，则式（6.31）变为：

$$WB_{act} \geq WB_{max}(k_{WB\_max} - k_{WB\_max\_hyst}) \tag{6.33}$$

式中　$k_{WB\_max\_hyst}$——工作辊正弯辊的响应滞后因子，取值在 0~1 之间，与轧机的工作辊弯辊机构动态特性有关，各个轧机不同。

同理，工作辊负弯辊超限的判断依据可以设定为：

$$WB_{act} \leq WB_{min}(k_{WB\_min} - k_{WB\_min\_hyst}) \tag{6.34}$$

式中　$k_{WB\_min\_hyst}$——工作辊负弯辊的响应滞后因子，取值在 0~1 之间，与轧机的工作辊弯辊机构动态特性有关，各个轧机不同。

设由多变量板形闭环最优控制算法，即由 5.1 节中最优控制算法和 5.2.2 节中板形前馈控制模型根据板形偏差和轧制力波动求解得到的轧辊倾斜调节量为 Δu_{T}，工作辊弯辊调节量为 Δu_{WB}，中间辊弯辊调节量为 Δu_{IB}，中间辊横移调节量为 Δu_{IS}。在这种替代模式下，由于工作辊弯辊的实际值已经超限，根据板形闭环最优控制算法求解得到的本周期的工作辊弯辊附加量 Δu_{WB} 不能再输出给工作辊弯辊控制机构。在制定替代控制方案时，还要检查中间辊正/负弯辊实际值并附加本周期的调节量后是否超限，若不超限，则可将中间辊弯辊/横移作为替代工作辊弯辊控制的调节机构。考虑到中间辊横移控制会导致辊间压力分布不均情况更加突出，加速轧辊的磨损，故为了避免中间辊出现高频横移动作，在制定工作弯辊超限替代控制模型时，将中间辊弯辊设定为具有最高优先级，一旦出现工作辊弯辊超限，在中间辊弯辊和横移控制都不超限的情况下，首先选择中间辊弯辊作为替代执行机构；若出现中间辊弯辊替代调节超限时，再使用中间辊横移来进行替代控制。

以工作辊正弯辊超限为例，若满足式（6.35），则可以使用中间辊正弯辊控制替代工作辊正弯辊进行板形调节。

$$IB_{act} + \Delta u_{IB} \leqslant IB_{max} \tag{6.35}$$

式中 IB_{act}——本周期中间辊弯辊的实际值，kN；

Δu_{IB}——本周期由板形闭环最优控制算法和板形前馈控制模型计算得到的中间辊弯辊附加调节量，kN；

IB_{max}——中间辊正弯辊的设定极限值，kN。

同理，当工作辊负弯辊超过极限时，检查中间辊负弯辊的实际值并附加本周期的调节量后是否超限，若不超限，则可将中间辊负弯辊作为替代工作辊弯辊控制的调节机构。

在进行上述的中间辊弯辊超限检查时，若出现中间辊弯辊的实际值附加本周的调节量超限，则运用同样的方法判断中间辊横移是否超限；若不超限，则使用中间辊横移作为替代工作辊弯辊控制的调节机构。若中间辊弯辊和横移均超限，则取消替代控制模式，进入正常控制模式。

执行完以上的调节机构超限检查后，制定替代控制模式 A 的控制模型。采用的思路是以板形调控功效为基础，建立最小二乘评价函数。首先由板形闭环控制系统根据实测板形偏差通过板形闭环最优控制算法计算本周期的轧辊倾斜调节量 Δu_{T}，工作辊弯辊调节量 Δu_{WB}，中间辊弯辊调节量 Δu_{IB} 和中间辊横移调节量 Δu_{IS}，对于工作辊弯辊和中间辊弯辊而言，它们的调节量中还包括由板形前馈控制模型计算的附加调节量。然后确定用于替代控制的板形调节机构，例如中间辊弯辊或中间辊横移，并使用替代控制模型计算该替代执行机构的附加调节量，对由板形闭环最优控制算法计算得到的该替代执行机构的调节量和替代控制模型计算得到的附加调节量进行叠加，作为用于实现替代功能的板形调节机构的输出量。输出之前，还要对替代执行机构的输出量进行超限检查。

以工作辊弯辊正弯辊发生调节超限为例，若替代执行器为中间辊弯辊，则制定的替代控制模型为：

$$J_{IB} = \sum_{i=1}^{m} (\Delta u_{WB} Eff_{iWB} - \Delta u'_{IB} Eff_{iIB})^2 \tag{6.36}$$

式中 J_{IB}——替代调节机构为中间辊弯辊时的评价函数；

Eff_{iWB}——工作辊弯辊的板形调控功效系数；

Eff_{iIB}——中间辊弯辊的板形调控功效系数；

$\Delta u'_{IB}$——替代控制的中间辊弯辊附加调节量，kN。

使 J_{IB} 最小时有：

$$\partial J_{IB} / \partial \Delta u'_{IB} = 0 \tag{6.37}$$

在满足约束条件的情况下求解该偏微分方程，即可得到用于替代工作辊弯辊超调的中间辊弯辊附加调节量 $\Delta u'_{IB}$。同时，还要对中间辊弯辊总的调节量是否超限进行检查，即判断式（6.38）是否成立：

$$IB_{act} + \Delta u_{IB} + \Delta u'_{IB} \leqslant IB_{max} \tag{6.38}$$

若式（6.38）成立，则本周期中间辊弯辊的总附加调节量输出为：

$$\Delta U_{IB} = \Delta u_{IB} + \Delta u'_{IB} \tag{6.39}$$

若式（6.38）不成立，即中间辊弯辊的总调节量超限，则对中间辊弯辊的总调节量进行限幅输出：

$$\Delta U_{IB} = IB_{max} - IB_{act} \tag{6.40}$$

本周期内其他未参与替代控制的轧辊倾斜调节量输出 ΔU_T、中间辊横移的附加调节量输出 ΔU_{IS}不变，仍为：

$$\Delta U_T = \Delta u_T \tag{6.41}$$

$$\Delta U_{IS} = \Delta u_{IS} \tag{6.42}$$

在替代控制模式 A 下，由于工作辊弯辊的实际值已经超限，因此本周期的工作辊弯辊调节量输出设为 0，即：

$$\Delta U_{WB} = 0 \tag{6.43}$$

同理，若替代执行机构为中间辊横移时，替代控制模型仍采用以板形调控功效为基础，建立最小二乘评价函数的思路。即：

$$J_{IS} = \sum_{i=1}^{m} (\Delta u_{WB} Eff_{iWB} - \Delta u'_{IS} Eff_{iIS})^2 \tag{6.44}$$

式中　J_{IS}——替代调节机构为中间辊弯辊时的评价函数；

Eff_{iIS}——中间辊横移的板形调控功效系数；

$\Delta u'_{IS}$——替代控制的中间辊横移附加调节量，kN。

使 J_{IS}最小时即可得到用于替代工作辊弯辊超调的中间辊横移的附加调节量。同中间辊弯辊替代控制一样，还要对中间辊横移总的调节量是否超限进行检查，若不超限，则本周期中间辊横移的总调节量输出为：

$$\Delta U_{IS} = \Delta u_{IS} + \Delta u'_{IS} \tag{6.45}$$

若超限，则对中间辊横移的总调节量进行限幅输出：

$$\Delta U_{IS} = IS_{max} - IS_{act} \tag{6.46}$$

式中　IS_{max}——中间辊横移设定的最大值，mm；

IS_{act}——本周期中间辊横移设定的实际值，mm。

本周期内其他未参与替代控制的轧辊倾斜调节量输出 ΔU_T 不变。如前文中对替代调节机构优先级的描述中所述，在中间辊横移作为替代调节机构时，中间辊弯辊的实际值 IB_{act}叠加本周期的调节量 Δu_{IB}后已经超限，即不满足式（6.35），因此不再输出闭环板形控制系统计算的调节量 Δu_{IB}，而是按照式（6.40）进行限幅输出。由于工作辊实际值超限，因此工作辊的本周期输出量仍旧为 0。

同工作辊正弯辊超限一样，工作辊负弯辊调节超限时的替代控制方案也是按照上述模型制定。

6.3.3.2 替代控制模式 B

在替代控制模式 B 的描述中，仍以工作辊正弯辊调节超限为例说明。此时，工作辊弯辊的实际值还未超限，但附加本周期的弯辊调节量之后则会产生超限，即：

$$WB_{\mathrm{act}} < WB_{\max} k_{\mathrm{WB\_max}} < WB_{\mathrm{act}} + \Delta u_{\mathrm{WB}} \tag{6.47}$$

在这种情况下，制定的方案是，对本周期计算的工作辊弯辊调节量 Δu_{WB} 进行限幅处理，超限部分的工作辊弯辊量调节则采用替代控制方式。

本周期的工作辊弯辊调节量限幅输出为：

$$\Delta U_{\mathrm{WB}} = WB_{\max} k_{\mathrm{WB\_max}} - WB_{\mathrm{act}} \tag{6.48}$$

超限部分的工作辊弯辊调节量为：

$$\Delta u'_{\mathrm{WB}} = \Delta u_{\mathrm{WB}} - (WB_{\max} k_{\mathrm{WB\_max}} - WB_{\mathrm{act}}) \tag{6.49}$$

同替代控制模式 A 一样，执行完用于替代控制的调节机构超限检查后，制定替代控制模式 B 的控制模型。采用的思路也是以板形调控功效为基础，建立最小二乘评价函数。若替代执行器为中间辊弯辊，则有：

$$J'_{\mathrm{IB}} = \sum_{i=1}^{m} (\Delta' u_{\mathrm{WB}} Eff_{i\mathrm{WB}} - \Delta u'_{\mathrm{IB}} Eff_{i\mathrm{IB}})^2 \tag{6.50}$$

式中 J'_{IB}——替代控制模式 B 下替代调节机构为中间辊弯辊时的评价函数。

使 J'_{IB} 最小时即可得到用于替代工作辊弯辊超调的中间辊弯辊附加调节量 $\Delta u'_{\mathrm{IB}}$。同时，还要对中间辊弯辊总的调节量是否超限进行检查，即判断式（6.38）是否成立。若满足式（6.38）的判断条件，则按照式（6.39）输出；若不满足，则按照式（6.40）输出。

在替代控制模式 B 下，工作辊负弯辊调节超限时，替代控制模型的制定也是按照上述方式。工作辊弯辊的替代执行机构为中间辊横移时，替代控制模型和中间辊弯辊作为替代执行机构时的控制模型一样，也是按照上述方案制定。

6.4 非对称弯辊控制技术

在冷轧机板形控制中，轧辊倾斜和弯辊是最常用和最主要的板形控制手段，可以满足高速轧制的需要，在现代化轧机上得到了广泛的应用。一般来说，轧辊倾斜可以用来消除非对称的一次板形缺陷，弯辊控制是通过改变工作辊的辊缝凸度来消除对称的二次、四次板形。但是在轧制薄带材及极薄带材时，尤其是在板形闭环控制投入初期，使用轧辊倾斜控制消除单边浪形容易产生跑偏以及断带情况，使轧机生产效率大大降低。对于 UCM 轧机，中间辊横移控制可以大大增强工作辊弯辊对板形的调控能力，但是会加速轧辊间的磨损，导致轧辊寿命降低。

而分段冷却控制主要是针对无法通过轧辊倾斜、弯辊以及横移控制消除的复杂板形缺陷进行控制。轧辊分段冷却可以控制高次板形缺陷，但受到轧制过程中温度和润滑条件的限制，其板形调节范围较小且控制的滞后时间较长。因此研究一种新型的非对称板形缺陷控制手段对于提高板形质量具有重要意义，本节针对实际生产情况，提出了通过非对称弯辊控制来消除一定程度上的非对称板形缺陷的方法；分别研究了工作辊非对称弯辊和中间辊非对称弯辊对控制非对称板形缺陷的作用，为板形控制开辟了一条全新思路。

6.4.1　非对称弯辊的工作原理

液压弯辊是现有的板形控制手段中最为广泛的一种控制手段，在板形控制中起着举足轻重的作用，是冷轧带材生产中最主要的保证成品板形质量的手段之一。液压弯辊是靠辊端液压缸产生推力，作用在轧辊辊颈上，使轧辊产生附加弯曲，瞬时地改变轧辊的有效挠度，从而改变轧机承载辊缝的形状和轧后带材沿横向的张力分布，实现板形控制功能。

对于 UCM 轧机而言，同时具有工作辊弯辊和中间辊弯辊，通常所说的弯辊控制是指对称弯辊控制，即操作侧和传动侧施加相等的弯辊力，如图 6.13 所示。

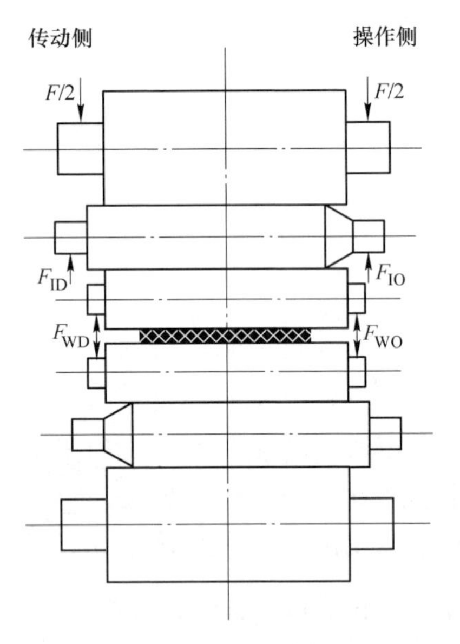

图 6.13　UCM 轧机弯辊图示

图 6.13 中 F 为总轧制力；F_{ID}为传动侧中间辊弯辊力；F_{IO}为操作侧中间辊弯辊力；F_{WD}为传动侧工作辊弯辊力；F_{WO}为操作侧工作辊弯辊力。

对于传统的对称弯辊控制而言，有 $F_{ID}=F_{IO}$，$F_{WD}=F_{WO}$，因此传统意义上的弯辊控制主要是用来消除二次、四次等对称板形缺陷的，对非对称的板形缺陷没有调控能力。中间辊的横移控制可以有效扩大弯辊的控制能力，但同时也改变了辊间的接触状态，使轧辊局部磨损加剧。

非对称弯辊包括工作辊非对称弯辊和中间辊非对称弯辊。工作辊非对称弯辊是在工作辊两端轴承座上施加不相等的弯辊力，即 $F_{WD}\neq F_{WO}$。此时，工作辊产生的附加弯曲将是非对称的，导致承载辊缝也非对称分布，若此种非对称的辊缝分布形貌刚好抵消板形缺陷中的非对称浪形，则可以起到控制带材板形的作用。同理，在中间辊两端轴承座上施加大小不同的弯辊力，即 $F_{ID}\neq F_{IO}$时，也必将产生相似的结果。

6.4.2　非对称弯辊的板形调控功效

按照上述板形调节机构调控功效的计算方法，计算出非对称弯辊条件下的板形调控功效系数，就可以分析出非对称弯辊的对单边浪等非对板形缺陷的控制能力。分别考虑单独使用工作辊非对称弯辊和中间辊非对称弯辊两种情况，并通过在线自学习算法计算它们的板形调控功效。非对称弯辊也采用了两种形式，分别是单侧弯辊和双侧非对称弯辊。

以某 1250mm 六辊 UCM 冷轧机为例，其工作辊单侧弯辊和双侧非对称弯辊的调控功效系数曲线如图 6.14 所示。

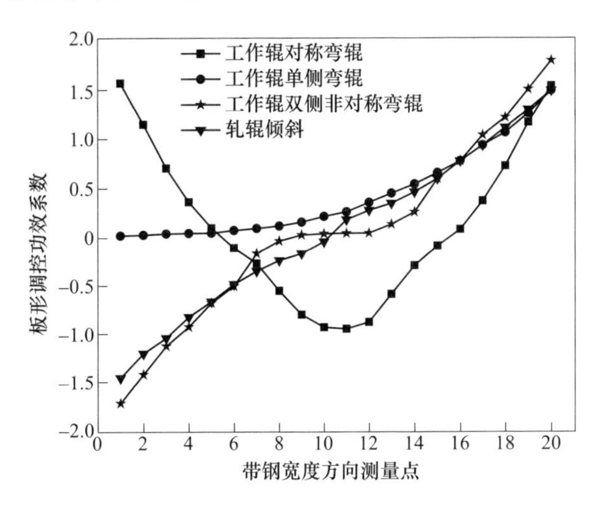

图 6.14　工作辊非对称弯辊板形调控功效系数曲线
（轧制力：8000kN，带材宽度：1120mm）

由图 6.14 可知，工作辊对称弯辊的板形调控功效系数曲线呈抛物线分布，因此，对消除双边浪等对称板形缺陷有较好的效果，而对边浪等非对称板形缺陷则无能为力。工作辊单侧弯辊指在工作辊一侧轴承座上施加正/负弯辊力，另一侧不施加弯辊力，使其产生非对称的板形调控效果。由图 6.14 中工作辊单侧弯辊板形调控功效系数曲线可知，工作辊单侧弯辊的板形调控功效虽然是非对称的，可以在一定程度上消除一部分非对称的板形缺陷，但是由于工作辊辊径较小，容易发生挠曲变形，从施加弯辊力侧到未施加弯辊力侧，板形调控功效系数曲线斜率逐渐减小，这说明，工作辊单侧弯辊对带材中部板形调控能力较低，而且是在越靠近未施加弯辊力侧的地方，其板形调控效果越低。工作辊双侧非对称弯辊是指在工作辊的一侧轴承座上施加正弯辊力，另一侧施加大小相同的负弯辊力，使工作辊产生更为明显的非对称变形，形成非对称的辊缝形貌。当带材产生边浪时，在产生边浪的一侧施加正弯辊力，另一侧施加负弯辊力，可使其产生轧辊倾斜控制的效果，用于控制边浪。由图 6.14 可知，除了带材中部，工作辊双侧非对称弯辊板形调控功效系数曲线基本呈大斜率直线分布，这说明其具有较强的控制边浪能力，可以用于消除带材边浪。在控制时，也可以根据带材实际板形，在工作辊轴承座两端施加大小不同的正负弯辊力，使板形调控功效曲线两边的斜率发生改变，用于控制消除复杂的非对称板形缺陷。

图 6.15 所示为中间辊单侧弯辊和双侧非对称弯辊的板形调控功效系数曲线。由图可知，中间辊对称弯辊呈抛物线分布，且曲线平缓，只能在一定程度上消除较小的边浪、二肋浪等对称板形缺陷，对非对称的边浪不起任何作用。中间辊单侧弯辊与工作辊单侧弯辊板形调控功效系数曲线较为相似，但其曲线较为平缓，除施加弯辊力侧的几个测量点外，靠近未施加弯辊力侧的测量点板形调控功效系数几乎为零，因此，中间辊单侧非对称弯辊对控制带材的边浪等非对称板形缺陷能力较小。中间辊双侧非对称弯辊的板形调控功效系数曲线虽然具有明显的非对称分布形式，但其曲线平缓，趋近于线性部分的曲线斜率较小，因此，对带材边浪等非对称板形缺陷的调控能力也较为有限。

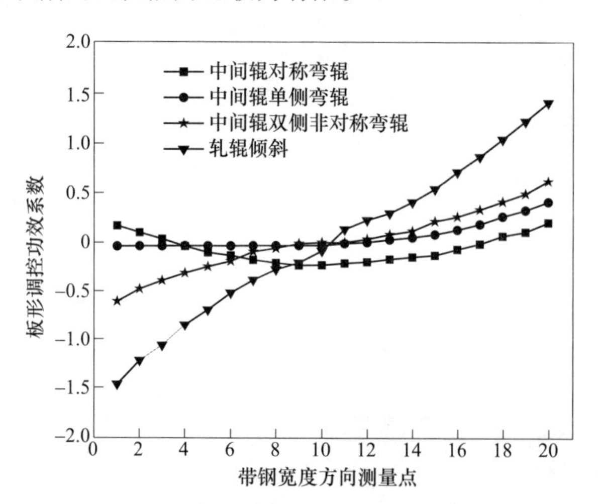

图 6.15　中间辊非对称弯辊板形调控功效系数曲线
（轧制力：8000kN，带材宽度：1120mm）

通过上述分别对工作辊和中间辊单侧及双侧非对称弯辊的板形调控功效系数曲线分析可知，中间辊单侧及双侧非对称弯辊对带材边浪的调控能力较弱，工作辊单侧非对称弯辊对带材边浪具有一定的调控能力，但也较为有限。由于工作辊辊径较小，尤其在宽带轧机中，辊身较长，因此在施加弯辊力后容易在边部发生挠曲变形，对带材中部调控能力较弱；除此之外，工作辊双侧非对称弯辊的板形调控功效系数曲线几乎和轧辊倾斜的板形调控功效系数曲线相同，具有较强的边浪调控能力，因此也可以在轧制薄带材代替轧辊倾斜用于消除带材边浪，避免板形闭环控制系统投入初期时轧辊倾斜控制超调带来的带材跑偏、断带等情况，当工作辊两侧施加大小不同的正负弯辊力时，还可以消除部分复杂的非对称板形缺陷。

6.4.3 非对称弯辊控制对辊间压力分布的影响

对于 UCM 轧机而言，虽然中间辊的横移有效扩大了弯辊的控制范围，但同时也导致了辊身边部接触压力的增加，加剧轧辊的磨损。为此，用影响函数法计算了对称弯辊和非对称弯辊时六辊轧机的辊间压力分布，并对其进行分析。在计算过程中，考虑到实际生产中该轧机中间辊横移量预设定通常为 50mm 左右，故在模型参数设定时将中间辊横移量设定为 50mm。另外，由于单侧非对称弯辊与双侧非对称弯辊对辊间压力的影响相似，故只列出了双侧非对称弯辊情况下辊间的压力分布情况。

图 6.16 所示为非对称弯辊时工作辊与中间辊间单位宽度辊间压力分布。由图 6.16 可知，中间辊的横向移动改变了工作辊的受力状态，使工作辊与中间辊间的接触压力由对称分布变为非对称分布。采用对称弯辊时，这种辊间压力分布不均匀状况极为严重，局部辊间压力非常大；而采用非对称弯辊时，这种辊间压力分布不均的状况有所改善，并且，中间辊非对称弯辊比工作辊非对称弯辊对改善辊间压力分布不均的情况效果要好。

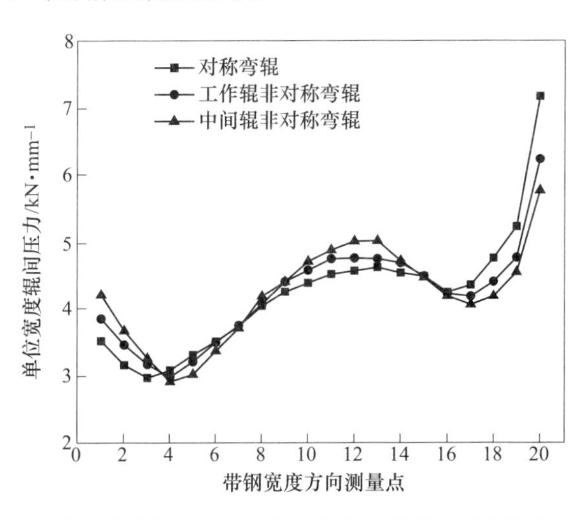

图 6.16 非对称弯辊时工作辊与中间辊间单位宽度辊间压力分布

图 6.17 所示为非对称弯辊时中间辊与支承辊间的压力分布。由图 6.17 可知，非对称弯辊对中间辊和支撑辊间压力分布的影响与工作辊和中间辊间压力分布的影响趋势相同；并且，中间辊非对称弯辊对缓解中间辊与支撑辊间的压力分布不均情况效果更好。

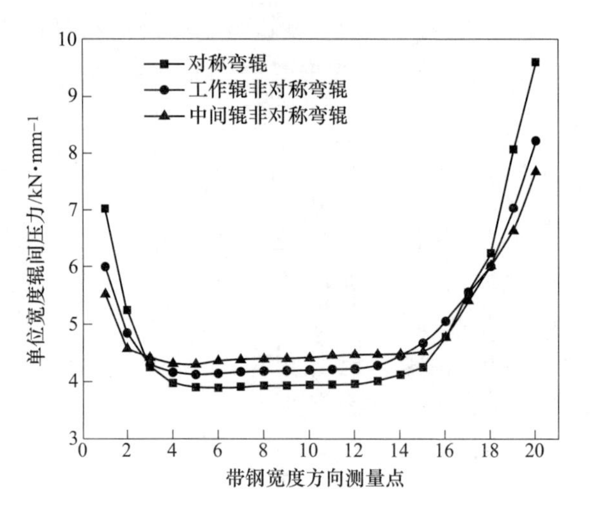

图 6.17　非对称弯辊时中间辊与支撑辊间的压力分布

通过对非对称弯辊下的辊间压力分布计算分析可知，采用非对称弯辊可以缓解由于中间辊的横移带来的辊间压力分布不均的情况，可以降低局部压力峰值，而轧辊磨损的主要影响因素就是载荷分布情况，因此，通过非对称弯辊可以减缓轧辊的不均匀磨损。尤其是对于中间辊非对称而言，虽然对出口带材板形的影响很小，但对减缓轧辊磨损具有重要意义。

6.4.4　非对称弯辊与轧辊倾斜控制的选择

在实际轧制生产中，为了更好地发挥工作辊非对称弯辊的板形调控效果，需要将其与轧辊倾斜控制进行协调使用。通常工作辊非对称弯辊处于常开状态，而轧辊倾斜控制则根据工作辊操作侧和传动侧的弯辊力差来决定是否打开。当来料带材存在楔形，或者生产中出现大边浪时，工作辊双侧非对称弯辊控制不足以消除这些大的边部板形缺陷，当工作辊传动侧与操作侧的压力差超过某一设定极限时，则打开轧辊倾斜控制，与工作辊非对称弯辊控制同时作用，增强轧机对大边浪的控制能力。轧辊倾斜控制的选择如下式所示：

$$\begin{cases} \text{轧辊倾斜控制打开}, & |F_{\mathrm{WD}} - F_{\mathrm{WO}}| \geq F_{\mathrm{Lim}} \\ \text{轧辊倾斜控制关闭}, & |F_{\mathrm{WD}} - F_{\mathrm{WO}}| < F_{\mathrm{Lim}} \end{cases} \tag{6.51}$$

式中　F_{Lim}——工作辊传动侧与操作侧的弯辊力大小之差，kN。

6.5　工作辊分段冷却控制

轧辊分段冷却技术又称为轧辊的选择性冷却、多点冷却或精细冷却技术，是一种常用的控制局部平直度缺陷的方法。轧辊分段冷却技术自 20 世纪 80 年代初开始成为冷轧领域国内外关注的问题之一。高精度的轧辊分段冷却技术可以显著提高冷轧带材平直度质量，因而轧辊分段冷却技术已成为世界各国钢铁及有色金属加工领域研究的重要课题。

6.5.1 工作辊分段冷却控制原理及设备

一般的平直度缺陷可以通过弯辊、横移以及倾斜予以消除。但是，在冷轧带钢生产中，带钢变薄要放出大量的变形热，带钢和轧辊之间也会产生大量的摩擦热，由于接触区内接触条件不同以及轧辊和带钢的散热条件不同，因而变形热和摩擦热沿轧辊长度方向上会出现不均匀的分布，这将导致轧辊的辊形发生变化。尤其当轧制过程中出现非对称轧制负荷以及散热不均时，会引起轧辊局部“热点”，进而造成该部位辊径增大，形成轧辊辊径的不均匀分布，导致产生局部复杂板形缺陷。这类局部板形缺陷很难通过传统的弯辊、横移、倾斜等机械调节手段予以消除，尤其是在轧制超薄带钢时这种局部缺陷更为明显。通过喷射乳化液对轧辊进行润滑和冷却能减少摩擦热，并能不断地吸收带钢的变形热，降低轧辊温度，可以起到控制轧辊热辊形的作用。利用轧辊分段冷却控制技术，可以在线调整轧辊热凸度，消除轧制过程中带钢张应力的不均匀分布，进而达到控制带钢平直度的目的。

6.5.1.1 工作辊分段冷却控制原理

以某厂 1250mm 冷轧机轧辊分段冷却控制系统为例，喷射梁位于机架入口，上下对称布置，如图 6.18 所示。冷却方式分为基础冷却和分段精细冷却两种。其中，中间辊和工作辊下排控制阀属于基础冷却方式，在带钢宽度范围内，根据辊缝功率大小进行喷射，以实现轧辊的润滑冷却功能；工作辊上排控制阀属于分段精细冷却方式，在带钢宽度范围内喷射量可调，对沿轧辊辊身长度方向上的热平直度偏差进行控制。带钢宽度范围以外区域控制阀均处于关闭状态。

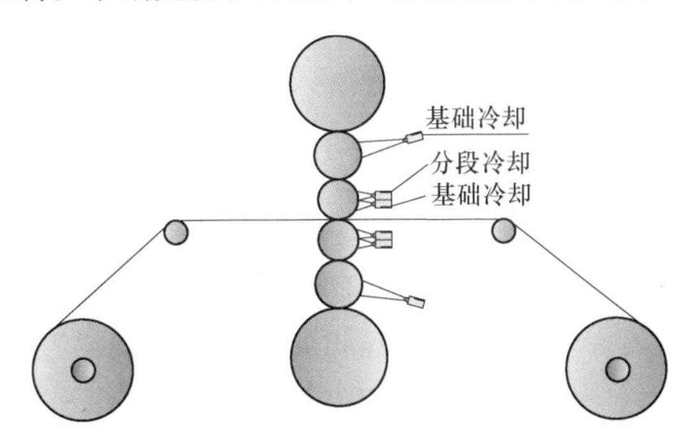

图 6.18 1250mm 冷轧机冷却系统设备布置

板形仪共有 23 个测量段，每个测量段宽度为 52mm，为了精确控制带钢的热平直度，轧辊辊身有效长度内也按照 52mm 的宽度分为 23 个测量段。1250mm 冷轧机冷却控制阀采用 Lecher 公司的 Modulax 阀，其只有开启和关闭两种状态。选定一单位时间，通过调整开启状态在单位时间上的占空比，可实现在冷却控制周期内冷却量的调节，计算占空比的过程即为冷却控制量的求解过程。

按照板形仪上测量段宽度将轧辊辊身划分为与之测量段数目相同的若干区段，每个冷却喷嘴对准一个轧辊辊身区段，根据板形控制系统得到的残余板形偏差，通过喷嘴开闭及乳化液喷射量的多少来改变工作辊及中间辊热膨胀的横向分布，从而改变带钢轧制过程中相应位置的延伸率，控制带钢的板形。

6.5.1.2　分段冷却阀

A　MODULAX 阀

MODULAX 阀的名字来源于它的模块式结构和它内部液体的轴向层流特征。MODULAX 阀中活塞部分是唯一运动部件，采用 Derlin 材料制造，阀体的其他部分全部用不锈钢制造。MODULAX 阀的实物图与结构图如图 6.19 所示。

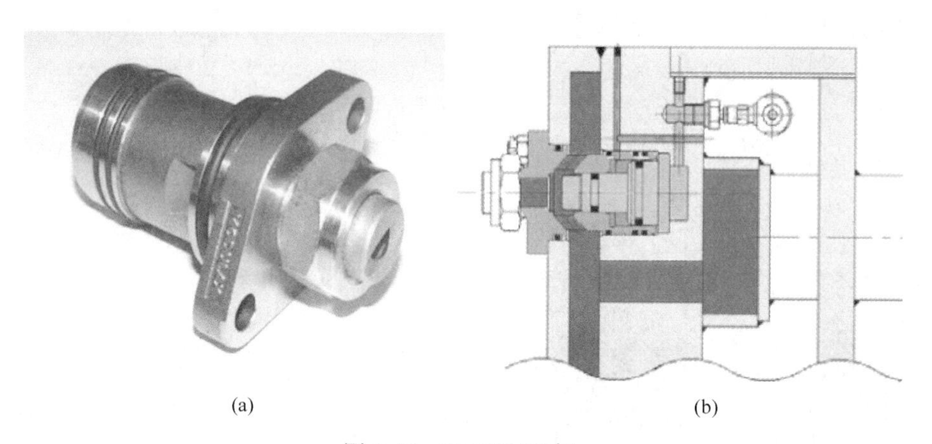

(a)　　(b)

图 6.19　MODULAX 阀

（a）MODULAX 阀实物图；（b）MODULAX 阀结构图

MODULAX 阀安装在喷射梁的内部，被有一定压力的冷却液包围。当控制柜中的电磁阀开启时，压缩空气作用于活塞上，并推动活塞向前移动关闭 MODULAX 阀。当关闭控制柜中的电磁阀时，活塞底部的空气压力被释放，冷却液压力回推活塞，打开 MODULAX 阀，使冷却液流向喷嘴。MODULAX 阀具有的宽大流口保证了冷却液以层流方式径直流向喷嘴。由于阀内部设计的独特几何形状，使冷却液成扇形喷射形状，从而可达到最佳的热交换效率。分段冷却 MODULAX阀的相关技术数据见表 6.5。

表 6.5　MODULAX 阀技术数据

控 制 量	控 制 标 准
喷嘴间最小水平间距/mm	50
冷却液工作压强/Pa	$3.5\times10^5\sim10\times10^5$
压缩空气压强/Pa	最低 3.5×10^5
冷却液质量要求/μm	250（60 目）
7×10^5Pa 压强时冷却液的流量/L · min^{-1}	11.79～149
响应时间(从电信号到喷嘴喷射)/ms	小于 300（气管长度 10m，冷却液压强 6.5×10^5Pa，压缩空气压强 5×10^5Pa 条件下）
每个阀每冲程气量消耗/cm^3	5×10^5Pa 压强空气 39.4
最高工作温度/℃	120

B　Mini-MODULAX 阀

Mini-MODULAX 阀的内部结构和 MODULAX 阀内部结构基本一样，唯一的不同是 Mini-MODULAX 阀的喷嘴做成了板状，保证了喷嘴有正确的偏转角并且便于维护。Mini-MODULAX 阀由控制柜中的电磁阀来控制，Mini-MODULAX 阀的实物图与结构图如图 6.20 所示。

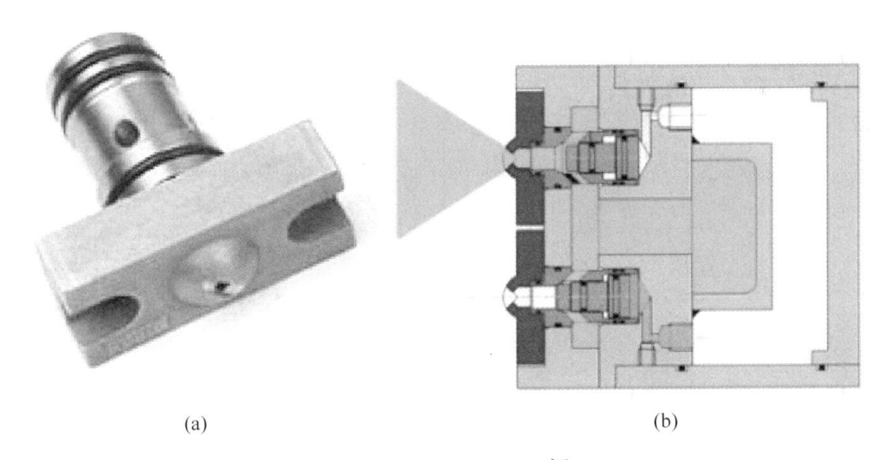

(a)　(b)

图 6.20　Mini-MODULAX 阀
(a) Mini-MODULAX 阀实物图；(b) Mini-MODULAX 阀结构图

通常轧机的设计决定了喷射梁的安装空间。莱克勒公司开发的 Mini-MODULAX 系统非常适用于空间受限的场合。Mini-MODULAX 阀经常用于铝、铜、黄铜轧机的冷却系统中，也可以用于带钢的轧制和温度控制精度要求很高的边部控制冷却系统中。Mini-MODULAX 阀的相关技术数据见表 6.6。

表 6.6　Mini-MODULAX 阀技术数据

控 制 量	控 制 标 准
喷嘴间最小水平间距/mm	25
冷却液工作压强/Pa	3.5×10^5 ~ 10×10^5
压缩空气压强/Pa	最低 3.5×10^5
冷却液质量要求/μm	250（60 目）
7×10^5Pa 压强时冷却液的流量/L · min^{-1}	0.74~59
响应时间（从电信号到喷嘴喷射）/ms	小于 300（气管长度 10m，冷却液压强 6.5×10^5Pa，压缩空气压强 5×10^5Pa 条件下）
每个阀每冲程气量消耗/cm^3	5×10^5Pa 压强空气 9.8
最高工作温度/℃	120

C　直接电磁驱动阀——DSA 阀

随着 MODULAX 阀的成功应用，莱克勒进一步开发了电磁驱动的 MODULAX 阀，即 DSA 阀。DSA 阀集成了 MODULAX 阀结构简单的特点并且它们之间的阀体可以互换，两种阀的区别在于 DAS 的阀体后面带有一个电磁阀。DSA 阀的实物图与结构图如图 6.21 所示。

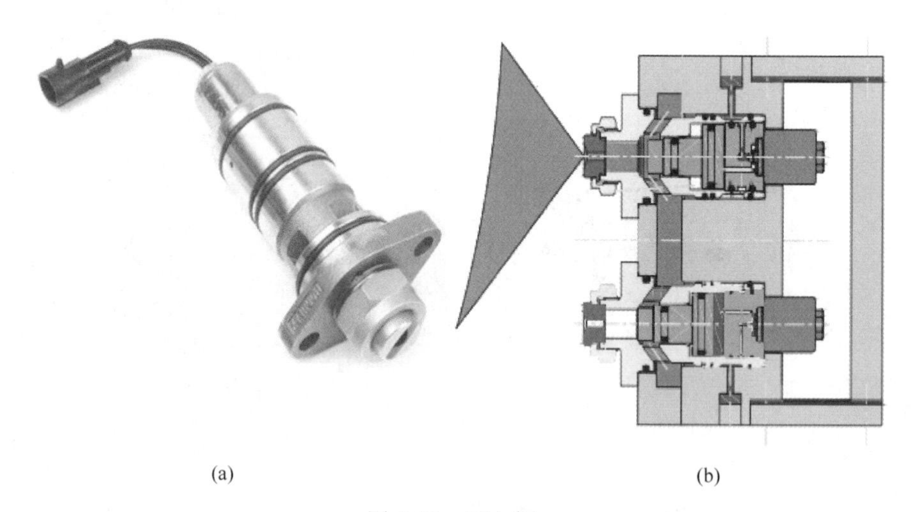

(a)　　(b)

图 6.21　DSA 阀
（a）DSA 阀实物图；（b）DSA 阀结构图

先导压缩空气通过单管与喷射梁连接，当电磁阀开启后，压缩空气直接作用于 DAS 阀上。在正常工作时，DAS 阀比 MODULAX 阀的反应速度更快并且可以在保持喷射形状的同时采用快速开闭的脉冲工作方式。电磁阀的寿命高达两亿周次以上，可完全满足工业化使用。电磁阀可以选择常开和常闭两种模式。由于采用的先导压力低，当轧机在紧急情况下需要关闭冷却液时，可以采用常闭模式。DSA 阀的相关技术数据见表 6.7。

表 6.7 DSA 阀技术数据

控制量	控制标准
喷嘴间最小水平间距/mm	50
冷却液工作压强/Pa	$3.5\times10^5\sim10\times10^5$
压缩空气压强/Pa	最低 3.5×10^5
冷却液质量要求/μm	250（60 目）
7×10^5Pa 压强时冷却液的流量/L·min^{-1}	11.79～149
响应时间(从电信号到喷嘴喷射)/ms	小于 30（冷却液压强 6.5×10^5Pa，压缩空气压强 5×10^5Pa）
电磁线圈功耗/W	1.5
每个阀每冲程气量消耗/cm^3	5×10^5Pa 压强空气 39.4
最高工作温度/℃	120

D 可变流量阀——VFC 阀

VFC 阀的设计有 6 种可选项，其中的一种是采用步进马达控制的无级流量电动可调形式，通过控制气缸推动活塞运动到指定位置，可以实现 20%流量、80%流量和全开三种位置的简单控制，根据需要可以选择常开或常闭。这种设计可以使冷却液喷射无开闭延迟，从而获得更快的响应速度，在最短的时间内抑制热膨胀使板形得到进一步改善。VFC 阀的实物图如图 6.22 所示。

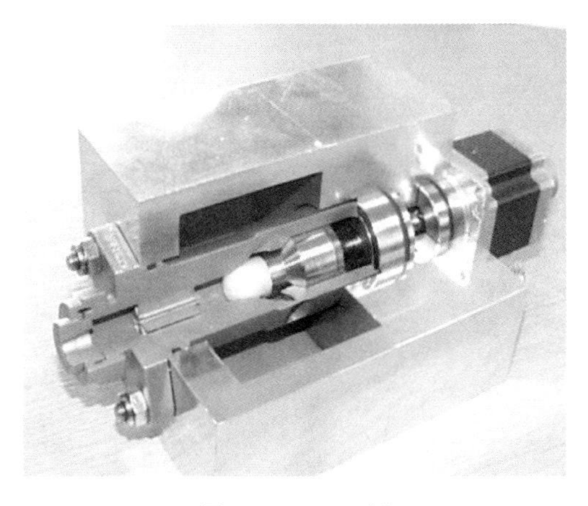

图 6.22 VFC 阀

由于采用的是经过实践检验的可靠的 MODULAX 基本原理，加上专门设计开发的自动诊断系统以及维护软件和硬件系统，因此可以提供很高的操作安全性。VFC 阀的相关技术数据见表 6.8。

表 6.8　VFC 阀技术数据

控 制 量	控 制 标 准
喷嘴间最小水平间距/mm	50
冷却液工作压强/Pa	2×10^5 ~ 8×10^5
冷却液流量调节比	3∶1（1 排阀） 12∶1（2 排阀）
压缩空气压强/Pa	最低 3.5×10^5
冷却液质量要求/μm	250（60 目）
7×10^5Pa 压强时冷却液的流量/L · min^{-1}	3.93 ~ 11.78（喷嘴型号 698.729） 9.97 ~ 29.94（喷嘴型号 698.889） 12.47 ~ 37.31（喷嘴型号 698. 929） 39.28 ~ 117.86（喷嘴型号 698. 129）
响应时间(从电信号到喷嘴喷射)	连续式
电压/V	6(DC)
最高工作温度/℃	120

E　全电磁驱动阀——EVA 阀

采用可燃性轧制油和煤油为冷却液的轧机上（铝冷轧机、铝箔轧机）需要阀可以在无压缩空气的条件下工作，因此设计了 EVA 阀。EVA 阀的实物图和结构图如图 6.23 所示。

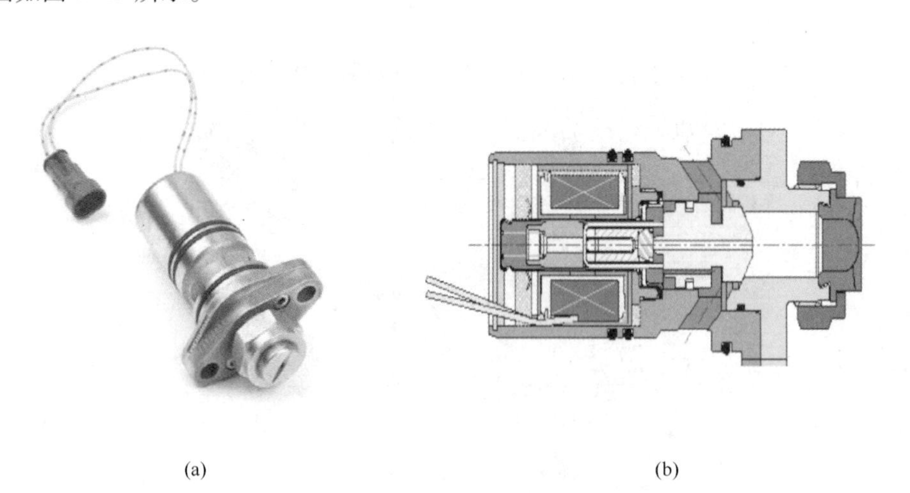

(a)　　(b)

图 6.23　EVA 阀

(a) EVA 阀实物图；(b) EVA 阀结构图

当电磁线圈得电时活塞后移，使冷却液流过 Delrin 活塞的芯部，这样就产生一个压差，作用在活塞中心的沟槽上，Delrin 活塞极轻的重量致使摩擦力几乎为零，从而保证活塞可在几毫秒内打开。当电磁线圈失电后，喷射梁中的冷却液产生压差，这一压差作用在失电状态的活塞后部推动阀关闭。EVA 阀的相关技术数据见表 6.9。

表 6.9 EVA 阀技术数据

控制量	控制标准
喷嘴间最小水平间距/mm	50
冷却液工作压强/Pa	$2.5\times10^5\sim10\times10^5$
冷却液质量要求/μm	200
7×10^5Pa 压强时冷却液的流量/$L\cdot min^{-1}$	0.74~159
响应时间（从电信号到喷嘴喷射）/ms	开启 20，关闭 15，喷射高度为 100mm 时，形成 85%的有效喷射需要 22
电磁线圈功率/W	24V 直流（0.4A）9.7
最高工作温度/℃	120

6.5.2 基于模糊控制方式的工作辊分段冷却控制

生产过程中，熟练操作人员仅利用经验性的知识就可以定性地判断冷却液与带钢板形之间的关系。如果板形偏差在某个局部较大，则向轧辊相应部位喷射冷却液，以控制辊缝形状，减小板形偏差。这种情况不仅考虑了板形偏差大小，而且还考虑了与时间的变化和空间的关系，非常适用于轧辊分段冷却控制这种机理建模较为复杂的工业控制过程。因此，本节介绍了一种依据定性知识进行控制并能提高板形控制精度的工作辊分段冷却模糊控制方法。

6.5.2.1 模糊控制器的结构

板形控制的最关键问题就是消除板形偏差，另外还要考虑板形偏差在时间上以及空间上的变化，因此工作辊分段冷却模糊控制器选择板形偏差 E、板形偏差的变化 EC 以及板形偏差在空间上的变化趋势 ES 作为系统的输入量，输出量为冷却阀开启的占空比 U，即工作辊分段冷却模糊控制器是一个多维模糊控制器，其结构如图 6.24 所示。

图 6.24 中 e 为板形偏差经由弯辊、轧辊倾斜以及中间辊横移等机械调节机构调节后剩余的残余板形偏差。ec 为残余板形偏差变化，对每个测量段有：

$$ec_i = \frac{\partial e_i}{\partial t} = \frac{e_i(k) - e_i(k-1)}{T} \tag{6.52}$$

式中 $e_i(k)$——第 k 个采样周期的残余板形偏差，I；

$e_i(k-1)$——第 $k-1$ 个采样周期的残余板形偏差，I；

i——测量段序号，也就是冷却阀序号；

T——采样周期，s。

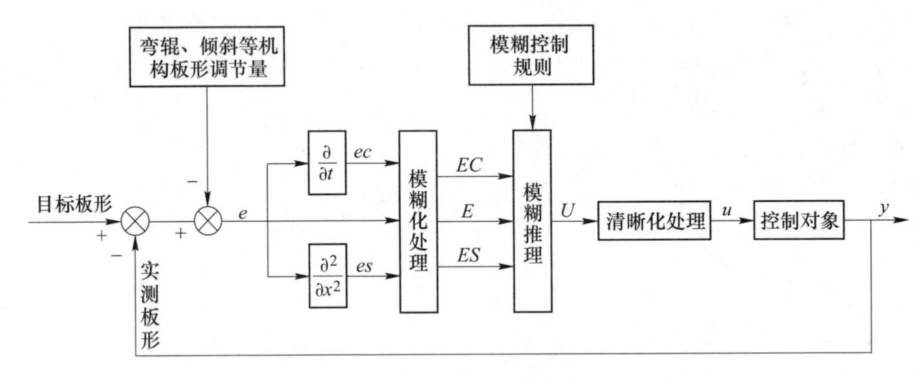

图 6.24　工作辊分段冷却模糊控制器结构

es 为残余板形偏差沿板宽方向上的变化趋势，各个冷却段空间上的变化趋势为：

$$es = \frac{\partial^2 e}{\partial x^2} = e_{i+1}(k) + e_{i-1}(k) - 2e_i(k) \tag{6.53}$$

式中　x——带钢宽度方向上的坐标。

6.5.2.2　输入/输出量的模糊化及模糊规则的制定

A　输入/输出量的模糊化

通常控制器的输入量 e_i、ec_i 和 es_i 都是可以实时测量的精确量，为了便于工程实现，需要将输入变量由实际的物理范围转换到各自的模糊集合论域范围。设定残余板形偏差 e_i、偏差变化 ec_i 以及模糊控制器的输出量 u_i 的物理论域转换为模糊语言变量 E、EC 和 U 后对应的模糊集合论域为{-4,-3,-2,-1,0,1,2,3,4}，板宽方向上残余板形偏差的变化趋势 es_i 的物理论域转换为模糊语言变量 ES 后对应的模糊集合论域为{-2,-1,0,1,2}。实际工作中，精确量 e_i 和 ec_i 的变化范围一般不会在［-4，+4］之间，es_i 的变化范围也不会在［-2，+2］之间，因此需要进行尺度转换，将其变换到要求的论域范围。可以通过式（6.54）和式（6.55）进行变换将其转换为[-4,+4]以及[-2,+2]之间的量：

$$x_0 = \frac{x_{\min} + x_{\max}}{2} + k\left(x_0^* - \frac{x_{\max}^* + x_{\min}^*}{2}\right) \tag{6.54}$$

$$k = \frac{x_{\max} - x_{\min}}{x_{\max}^* - x_{\min}^*} \tag{6.55}$$

式中　x_0^*——实际输入量，其变化范围为［$x_{\min}^*$，$x_{\max}^*$］；

x_0——实际输入量 x_0^* 经过线性变换后的值，其论域为［$x_{\min}$，$x_{\max}$］；

k——比例因子。

以实际生产中板形指标的实际变化范围为依据确定输入量的取值区间，如残

余板形偏差 e_i 的实际范围为［-10I，+10I］，残余板形偏差变化 ec_i 的实际范围为［-60，+60］，板宽方向上残余板形偏差的变化趋势 es_i 的实际范围为［-3.6，+3.6］。通过式（6.54）和式（6.55）可以将系统采样得到的精确量 e_i、ec_i 和 es_i 由实际物理论域转化到模糊集合论域［-4，+4］中，完成精确量的模糊化工作。

B　语言变量的分级和隶属函数的确定

在满足系统分辨率的情况下，为了不增加制定模糊规则的难度，将输入语言变量 E、EC 以及输出语言变量 U 分别划分为 5 级，语言变量值的模糊集合为 {NB，NS，ZO，PS，PB}，对应的含义分别为“负大”“负小”“零”“正小”“正大”。将语言变量 ES 的语言值划分为 3 级，其模糊集合为 {N，ZO，P}，分别代表“负”“零”“正”。

隶属函数通过总结操作者的控制经验确定。隶属函数的形状对控制系统性能的影响并不大，三角形、梯形隶属函数的数学表达和运算较简单，所占内存空间小，在输入值发生变化时，比正态分布或钟形分布隶属函数具有更大的灵活性，当存在一个偏差时，就能很快反应产生一个相应的调整量输出。因此，在1250mm 冷轧机轧辊分段模糊控制器中，选择两极点为梯形，其他部分为等腰三角形隶属函数作为模糊子集的隶属函数。输入语言变量 E、EC，输出语言变量 U 以及 ES 的隶属函数如图 6.25 所示。

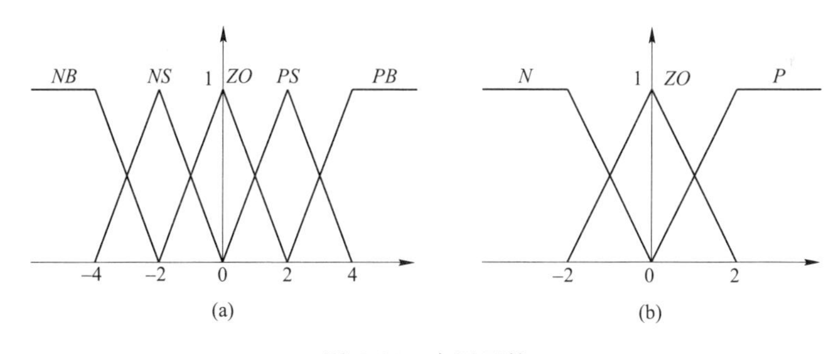

图 6.25　隶属函数

（a）输入语言变量 E、EC，输出语言变量 U 的隶属函数；（b）ES 的隶属函数

C　模糊控制规则的制定

模糊控制规则主要基于操作人员的实际控制经验制定。在实际操作过程中，操作人员会根据板形偏差的大小 e_i、板形偏差的变化 ec_i 以及沿板宽方向上相邻测量段板形变化趋势 es_i 进行轧辊冷却调节控制。如果板形偏差为正，即 $e_i>0$ 时，就增加喷射冷却液而使轧辊冷却，抑制膨胀，减小板形偏差；如果板形偏差为负，则减小冷却液的喷射，利用轧制过程中轧辊的温升使其膨胀，减小板形偏差。如果板形偏差有变大的趋势，即 $ec_i>0$ 时，应增加冷却液；反之，则减少冷

却液。此外，操作人员还需考虑板宽方向上相邻测量段板形变化趋势 es_i 的变化，如果板形偏差在局部突出，则通过增加冷却液喷射量来抑制局部板形偏差。

将上述操作人员的实际控制过程用一系列 IF-THEN 语句描述出来，就形成了模糊控制器的控制规则。

由于具有 3 种输入变量，故模糊控制器为三维模糊控制器，采用分层多规则集结构，由板宽方向上相邻测量段板形变化趋势 ES 的“正”“零”和“负”三种状态，分别确定控制规则集 S_1、S_2 和 S_3。由于输入语言变量 E、EC 均具有 5 个分级，变量 ES 具有 3 个分级，因此这 3 个控制规则集共有 75 条控制规则，这些规则就构成了轧辊分段冷却模糊控制器的控制规则。控制规则集 S_1、S_2 和 S_3 分别见表 6.10～表 6.12。

表 6.10　控制规则集 $S_1(ES=N)$

E 的取值	EC 取不同值时 U 的取值				
	NB	NS	ZO	PS	PB
NB	NB	NB	NB	NB	NB
NS	NB	NS	ZO	ZO	ZO
ZO	NS	ZO	ZO	PS	PB
PS	PS	PS	PB	PB	PB
PB	PB	PB	PB	PB	PB

表 6.11　控制规则集 $S_2(ES=Z)$

E 的取值	EC 取不同值时 U 的取值				
	NB	NS	ZO	PS	PB
NB	NB	NB	NB	NB	NS
NS	NB	NS	ZO	ZO	ZO
ZO	NB	NS	ZO	PS	PB
PS	ZO	PS	PS	PS	PB
PB	PS	PB	PB	PB	PB

表 6.12　控制规则集 $S_3(ES=P)$

E 的取值	EC 取不同值时 U 的取值				
	NB	NS	ZO	PS	PB
NB	NB	NB	NB	NB	NS
NS	NB	NS	NS	ZO	ZO
ZO	NB	NS	ZO	PS	PB
PS	ZO	ZO	PS	PS	PB
PB	PS	PB	PB	PB	PB

6.5.2.3 模糊推理算法

模糊推理机是模糊控制器的核心，由采样时刻的输入和模糊控制规则推导出模糊控制器的控制输出。它具有人的基于模糊概念的推理能力，但推理机制比典型专家系统中的推理要简单，控制作用是基于一级的数据驱动的前向推理，即肯定前件式 GMP。轧辊冷却控制器采用 Mamdani 模糊推理算法，该推理算法采用取最小运算规则定义模糊蕴含表达的模糊关系。

控制规则可以写成条件语句形式，例如 IF $ES=N$ and $E=NB$ and $EC=NB$ THEN $U=NB$，这是一个四维模糊关系，可以表示为：

$$R_i = ES_i \times E_i \times EC_i \times U_i \tag{6.56}$$

式中，“×”为模糊蕴含关系运算符，采用模糊蕴含最小运算方法。

在整个模糊控制器中共有 75 条这样的模糊条件语句，分别求出相应的模糊控制关系 R_1，R_2，R_3，…，R_{75}，于是总的模糊控制关系为：

$$R = \bigcup_{i=1}^{75} R_i \tag{6.57}$$

在实际控制中，对于一组由精确量通过论域转换得到的输入模糊变量 ES_0、E_0 和 EC_0，可通过模糊关系矩阵 $\boldsymbol{R}$ 计算出输出模糊量 U_0：

$$U_0 = (ES_0 \times E_0 \times EC_0) \circ \boldsymbol{R} \tag{6.58}$$

式中，“∘”为合成运算符，采用 MAX-MIN 合成规则计算方法。

6.5.2.4 输出模糊量的清晰化

式（6.58）是采用 Mamdani 的取小运算定义蕴含表达的模糊关系得到的模糊推理算法，它避开了求模糊关系而得到一个简捷的算法公式。通过此公式可得到论域范围内任一输入的控制输出。由于根据此合成规则得到的输出仍是一个模糊子集，而实际被控对象所需的控制信号是精确值，所以模糊控制器的推理输出是不能直接用作实际控制的，须经解模糊后才能控制被控对象。

解模糊的方法有很多，本节介绍的模糊控制器采用加权平均法，这种解模糊方法既简单，又能够全面考虑其他一切隶属度较小的论域元素的作用。它以控制作用论域上的点 $u \in U$ 对控制作用模糊集的隶属度 $U(u)$ 为权系数进行加权平均而求得模糊结果。对于离散论域情况，设 $U=\{u_i | i=1,2,3,\cdots,n\}$，则有：

$$u_0 = \frac{\sum_{i=1}^{n} U(u_i)u_i}{\sum_{i=1}^{n} U(u_i)} \tag{6.59}$$

通过解模糊后，得到的是一个精确的输出。对于离散论域的情况，解模糊的结果不一定正好是控制论域上的点。在处理这种情况时，按照靠近原则取最接近的论域上的点作为解模糊结果。

在用于实际控制前，还需要将清晰量 u_0 进行尺度变换。变换的方法既可以是线性的，也可以是非线性的，本控制器采用线性变换方法：

$$u = \frac{u_{max}^* + u_{min}^*}{2} + k'\left(u_0 - \frac{u_{max} + u_{min}}{2}\right) \tag{6.60}$$

$$k' = \frac{u_{max}^* - u_{min}^*}{u_{max} - u_{min}} \tag{6.61}$$

式中　u_0——模糊控制器的输出量，其论域为$[u_{min}, u_{max}]$；

u——模糊控制器的输出量 u_0 经过线性变换后的值，其变化范围为$[u_{min}^*, u_{max}^*]$；

k'——比例因子。

6.5.2.5　模糊控制器的仿真

首先在 MATLAB 命令空间中输入 fuzzy，打开 FIS 编辑器，此时模糊工具箱会默认建立一个单输入单输出的 Mamdani 型推理系统。由于此模糊控制器为三输入单输出，因此需要添加两个新的变量。在 Edit 菜单选择 Add input 选项，添加变量。将输入变量的默认名分别改为 *E*、*EC* 和 *ES*，将输出变量的默认名改为 *U*。保存控制器的名称为 system。

在 FIS 编辑器的界面上双击要设置的变量，编辑该隶属度函数。按照图 6.25 所示内容设置输入输出变量的隶属度函数，设置后的隶属度函数编辑器如图 6.26 所示。

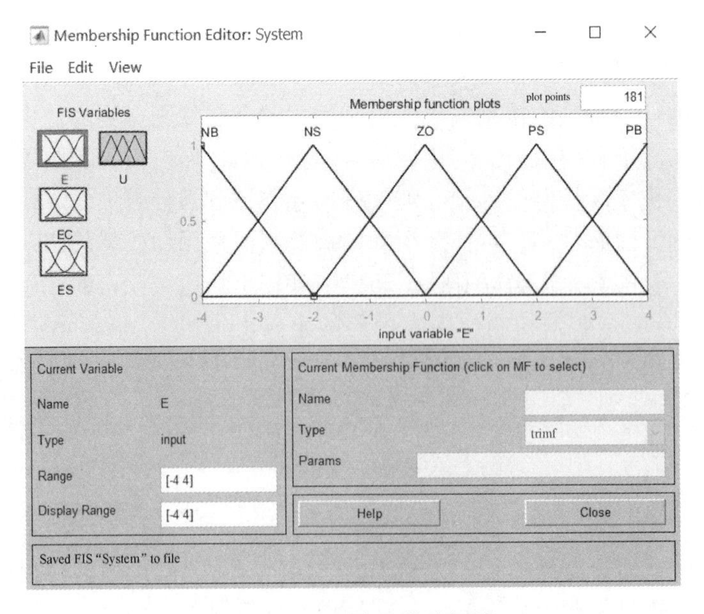

图 6.26　隶属度函数编辑器

模糊规则采用如表 6.10～表 6.12 所示的模糊规则表。为防止规则的遗漏，一般按照模糊规则表从左到右、从上到下的顺序输入模糊规则。

在 FIS 编辑器的 Edit 菜单中选择 Rules 选项，打开模糊规则编辑器。选择输入变量的语言值，并在编辑器左下区的 Connection 框中选择输入变量的关系为 and，然后选择输出变量的语言值，单击 Add rule 按钮，此时会在编辑器的规则显示区域给出第一条规则。按照同样的方法，将表 6.10～表 6.12 所示的模糊规则依次添加到模糊规则编辑器中，如图 6.27 所示。

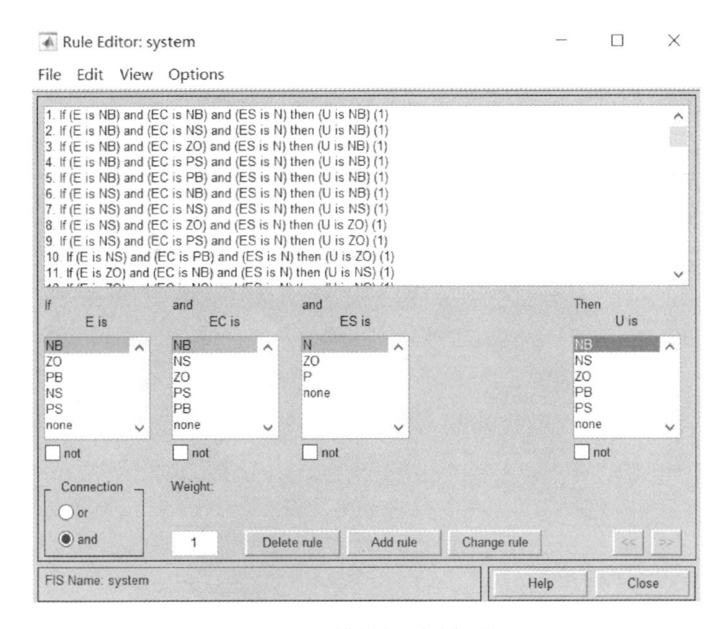

图 6.27 模糊规则编辑器

模糊规则添加完之后，可以在任意一个编辑器的 View 下拉菜单中选择 Rules 以及 Surface，观察模糊规则以及输入输出关系曲面，如图 6.28 所示。

6.5.2.6 离线模糊控制表的制定

由于论域为离散论域，故在实际控制时，不必在每个采样周期都进行模糊化、模糊推理和解模糊，可以离线设计模糊控制器，得到一个由输入论域到输出论域的控制查询表。在线控制时，对于每一种输入，都可以通过查询该表得到其对应的控制输出，这样可以大大加快在线运行的速度。

与控制规则集对应，模糊控制器查询表也有 3 个，这里只列出 $ES=-2$ 时的控制查询表，见表 6.13。

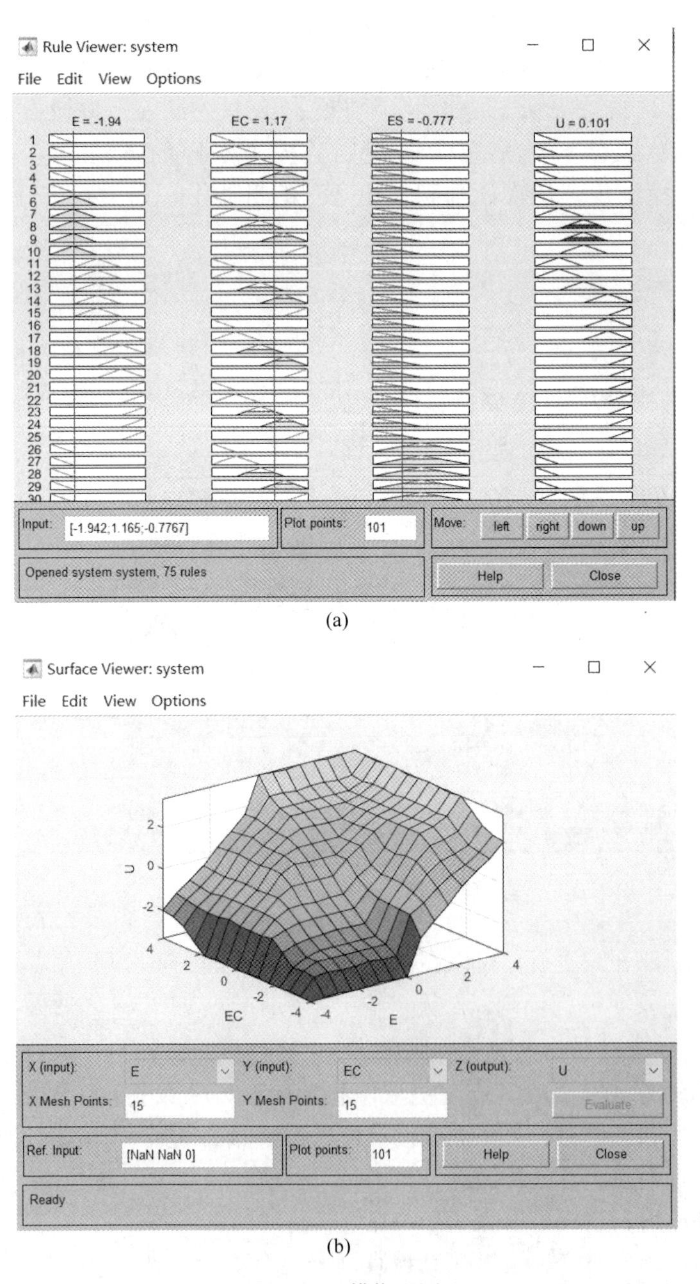

图 6.28　模糊观测

（a）模糊规则观察；（b）模糊曲面

表 6.13 控制表（$ES=-2$）

E 的取值	EC 取不同值时 U 的取值								
	-4	-3	-2	-1	0	1	2	3	4
-4	-3.36	-3.24	-3.36	0	3.36	3.24	3.36	3.24	3.36
-3	-2.26	-2.26	-2.26	-0.591	-0.221	-0.221	-0.221	-0.221	-0.221
-2	-2	-2	-2	-2	-2	-2	-2	-2	-2
-1	-2	-1	-1	0	0	0	0	0	0
0	-2	-1	0	1	2	2	2	2	2
1	-1	0	1	1	2	0.221	0.221	0.591	2.26
2	0	1	2	2	2	0.221	-3.36	0	3.36
3	1.1	1.26	2.26	2.26	2.26	0.591	0	0	3.24
4	3.36	3.24	3.36	3.24	3.36	3.24	3.36	3.24	3.36

求取离线模糊控制表的过程可以用图 6.29 表示。

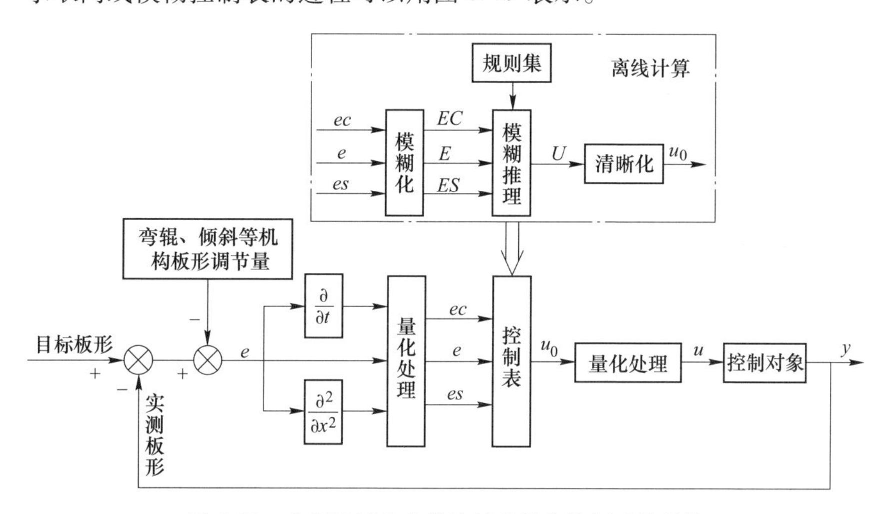

图 6.29 实际论域为离散论域的模糊控制系统结构

6.5.3 基于模糊 PID 控制方式的分段冷却控制

模糊 PID 控制器由 PID 控制器和模糊推理参数整定部分组成。PID 控制的优点在于控制方法简单、灵活以及控制器调节方便，然而轧辊分段冷却控制系统对系统的动态特性要求较高，常规的 PID 控制器很难达到控制要求。因此需要对增益参数进行模糊修正，从而提高轧辊分段冷却控制系统的动态响应性能。

6.5.3.1 传统 PID 控制器

PID 控制是一种非常经典的控制算法，其不需要知道系统的模型，仅根据系统的期望与现状的偏差调节达到消除偏差的目的，传统 PID 控制方法已广泛应用于各大领域。传统 PID 控制器由比例环节、积分环节、微分环节 3 部分组成，由此导出的 PID 控制器的控制规律表达式为：

$$u(t) = K_p\left[e(t) + \frac{1}{T_i}\int_0^t e(t)\,dt + T_d\frac{de(t)}{dt}\right] \tag{6.62}$$

转化为传递函数形式为：

$$G(s) = K_p\left(1 + \frac{1}{T_i s} + T_d s\right) \tag{6.63}$$

式中　K_p——比例环节系数；

T_i——时间积分常数；

T_d——微分时间常数。

PID 控制器各控制环节特点如下：

（1）比例环节 P 的显著特点是有差调节，增大比例系数 K_p，会使得闭环系统的幅值增大，超调量也会增加，从而使系统能更快响应。比例环节主要用于减小稳态误差，但是无法在根本上消除稳态误差。

（2）积分环节 I 的特点是无差调节，积分系数 K_i 增加，系统超调量会降低，但是闭环系统的响应速度会略微减慢。若想消除系统稳态误差，积分环节的调整非常重要。

（3）微分环节 D 可以反映偏差信号的变化趋势，通过修正偏差信号，加快系统的响应速度，缩减调节时间。微分环节的主要作用是改善系统的动态特性，可以使控制过程提前制动，但是微分系数 K_d 值过大，会导致系统过早制动，降低系统调控精度。

6.5.3.2　工作辊分段冷却模糊 PID 控制概述

模糊 PID 控制是将传统 PID 控制与模糊控制结合使用的一种控制方法。不同于传统模糊控制与传统 PID 控制，模糊 PID 控制器以不同时刻板形偏差 e 和偏差的变化 ec 为基础，不断修正 PID 控制器的参数，然后按照传统 PID 控制方式进行轧辊分段冷却控制。

模糊 PID 控制与模糊控制的过程类似，需要将输入数据模糊化，然后通过以往的控制经验构建适当的模糊规则，进行模糊推理，最后将控制量清晰化，反馈给控制系统。模糊 PID 控制原理图如图 6.30 所示。

6.5.3.3　输入、输出变量的模糊化

设定残余板形偏差 e 和偏差的变化 ec 的物理论域转换为模糊语言变量 E 和 EC 对应的模糊论域集合为 {-4，-3，-2，-1，0，1，2，3，4}，模糊控制器的输出量的物理论域转换为模糊语言变量 ΔK_p、ΔK_i、ΔK_d 后对应的模糊论域集合为 {-0.4，-0.3，-0.2，-0.1，0，0.1，0.2，0.3，0.4}。

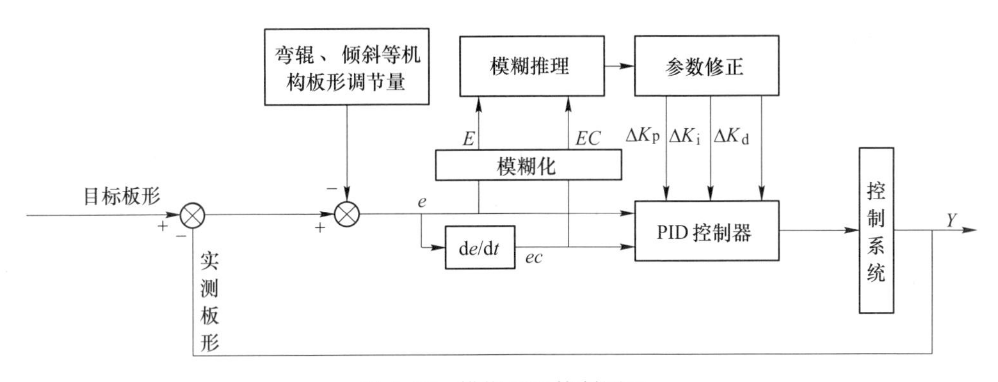

图 6.30　模糊 PID 控制原理

设定模糊变量 E、EC、ΔK_p、ΔK_i 和 ΔK_d 的模糊变量值用 {NB（负大）、NS（负小）、ZO（零）、PS（正小）、PB（正大）} 表示。输入量 E、EC 和输出量 ΔK_p、ΔK_i 和 ΔK_d 的隶属函数如图 6.31 所示。

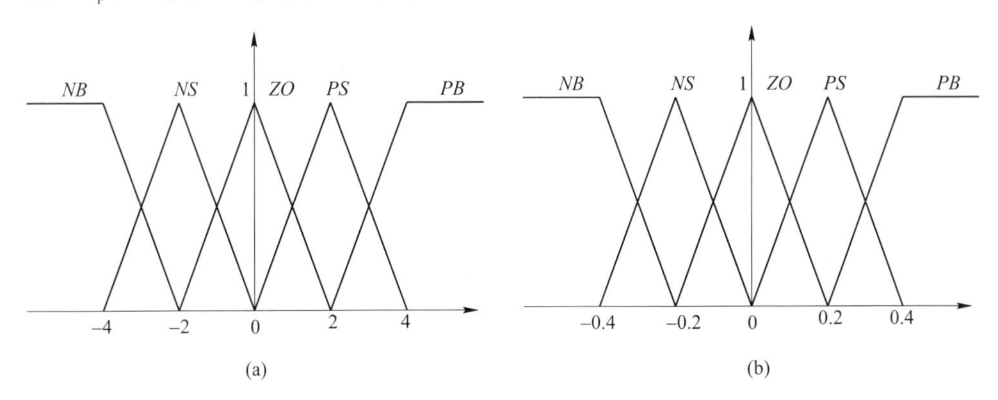

图 6.31　输入、输出隶属函数

（a）输入量 E、EC 的隶属函数；（b）输出量 ΔK_p、ΔK_i 和 ΔK_d 的隶属函数

6.5.3.4　模糊控制规则的制定

在模糊控制中，模糊规则的推理、设计非常重要，模糊 PID 控制规则最终推理出的不是轧辊分段冷却的冷却液喷射量，而是 PID 控制 3 个参数的修正量 ΔK_p、ΔK_i 和 ΔK_d。参数 ΔK_p、ΔK_i 和 ΔK_d 在控制过程中做如下调整：

（1）当 E 较小时，应增大 ΔK_p 和 ΔK_i 的值，使系统具有较好的稳态性，考虑到系统的抗干扰能力以及避免输出响应在设定值附近发生振荡，应适当选取 ΔK_d。当偏差变化率 EC 较大时，ΔK_d 应取较小值；反之，ΔK_d 取大一些。

（2）当 E 和 EC 大小中等时，ΔK_p 取值小一些，使超调量减少，保证系统有一定的响应速度。此时，ΔK_d 对系统影响较大，应取小一些，ΔK_i 的取值要适当。

（3）当 E 较大时，为防止 E 瞬间变大引起微分饱和，取较大的 ΔK_d 和较小的 ΔK_d，此时 ΔK_i 取值要小，通常取 $\Delta K_i=0$，以避免出现积分饱和，系统响应出现较大的超调。

具体控制规则集 S_4、S_5 和 S_6 见表 6.14~表 6.16。

表 6.14　控制规则集 S_4

E 的取值	EC 取不同值时 ΔK_p 的取值				
	NB	*NS*	*ZO*	*PS*	*PB*
NB	*PB*	*PS*	*PS*	*PS*	*ZO*
NS	*PS*	*PS*	*PS*	*ZO*	*NS*
ZO	*PS*	*PS*	*ZO*	*NS*	*NS*
PS	*PS*	*ZO*	*NS*	*NS*	*NS*
PB	*ZO*	*NS*	*NS*	*NS*	*NB*

表 6.15　控制规则集 S_5

E 的取值	EC 取不同值时 ΔK_i 的取值				
	NB	*NS*	*ZO*	*PS*	*PB*
NB	*PS*	*NB*	*NB*	*NB*	*PS*
NS	*ZO*	*NS*	*NS*	*NS*	*ZO*
ZO	*ZO*	*NS*	*NS*	*NS*	*ZO*
PS	*ZO*	*ZO*	*ZO*	*ZO*	*ZO*
PB	*NB*	*NB*	*NB*	*NB*	*NB*

表 6.16　控制规则集 S_6

E 的取值	EC 取不同值时 ΔK_d 的取值				
	NB	*NS*	*ZO*	*PS*	*PB*
NB	*NB*	*NS*	*NS*	*NS*	*ZO*
NS	*NB*	*NS*	*NS*	*ZO*	*PS*
ZO	*NS*	*NS*	*ZO*	*PS*	*PS*
PS	*NS*	*PS*	*PS*	*ZO*	*PB*
PB	*ZO*	*PS*	*PS*	*PS*	*PB*

输出量 ΔK_p、ΔK_i 和 ΔK_d 解模糊的过程参考 6.5.2.4 节“输出模糊量清晰化”。在原有的传统 PID 控制参数值的基础上加上经解模糊后的修正值 ΔK_p、ΔK_i 和 ΔK_d，得到一组新的参数作为最终的 3 个参数值参与 PID 控制调节，从而控制工作辊分段的冷却液量。

6.5.4 基于云模型控制方式的工作辊分段冷却控制

随着不确定性研究的深入，越来越多的科学家相信，不确定性是这个世界的魅力所在，而随机性和模糊性是不确定性的最基本的特征。针对概率论和模糊数学在处理不确定性方面的不足，我国工程院院士李德毅教授在概率论和模糊数学的基础上提出了云的概念，并深入研究了模糊性和随机性及两者之间的关联性。目前，云概念已成功应用到数据挖掘、决策分析、智能控制等众多领域。

6.5.4.1 云模型

设 M 是一个数学集合，$M=\{m\}$ 为一定量论域，B 是满足该论域的一个定性概念，若该定性概念 B 对论域中的任意元素 m 都有一个稳定倾向的随机数 $\mu_M(m)$，则称 $\mu_M(m)$ 为定性元素 m 的隶属度。若论域 M 中的元素有序排列，则可以将 M 看作基础变量，此时 $\mu_M(m)$ 在论域 M 范围内的分布称为云模型。若论域 M 中的元素无序排列，但是通过法则 f 可以将 M 映射到一个有序的论域 $M'=\{m'\}$ 上，且 m 与 m' 存在一对一的关系，此时可以称 M' 为基础变量，将隶属度 $\mu'_M(m)$ 在 M' 上的分布称为云模型。

在随机数学和模糊数学的基础上，提出用“云模型”来统一刻画语言值中大量存在的随机性、模糊性以及两者之间的关联性，把云模型作为用语言值描述的某个定性概念与其数值表示之间的不确定性转换模型。以云模型表示自然语言中的基元——语言值，用云的数字特征——期望 Ex、熵 En 和超熵 He 表示语言值的数学性质。在云模型中，熵代表一个定性概念的可度量粒度，熵越大粒度越大，同时，熵还表示在论域空间可以被定性概念接受的取值范围，即模糊度，是定性概念亦此亦彼性的度量。云模型中的超熵是不确定性状态变化的度量，即熵的熵。

设 $R_1(Ex,En)$ 是以 Ex 为期望，En 为标准差的正态随机函数，如果存在点 x_i 满足式（6.64），则称此点为该云模型的云滴，记作 $drop(x_i,\mu_i)$。

$$\begin{cases} x_i = R_1(Ex,En) \\ k_i = R_1(En,He) \\ \mu_i = \mathrm{e}^{-\frac{1}{2}\left(\frac{x_i-Ex}{k_i}\right)^2} \end{cases} \tag{6.64}$$

大量满足式（6.64）的云滴汇聚组成一维正态云模型，记为 (Ex,En,He)。一维正态云模型云图如图 6.32 所示。

设 R_3 为三维正态随机函数，Exx、Exy 和 Exz 为期望，Enx、Eny 和 Enz 为熵，Hex、Hey 和 Hez 为超熵，如果以上参数满足式（6.65），则称其参数分布为三维正态云模型，数据点 (x_i,y_i,z_i,μ_i) 称为三维云模型云滴。

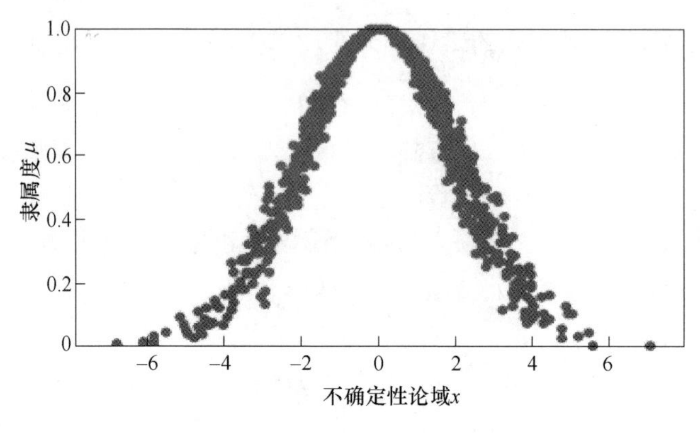

图 6.32　一维正态云模型

$$\begin{cases}(x_i, y_i, z_i) = R_3(Exx, Exy, Exz, Enx, Eny, Enz, Hex, Hey, Hez) \\ (kx_i, ky_i, kz_i) = R_3(Enx, Eny, Enz, Hex, Hey, Hez) \\ \mu_i = e^{-\frac{1}{2}\left[\left(\frac{x_i - Exx}{kx_i}\right)^2 + \left(\frac{y_i - Exy}{ky_i}\right)^2 + \left(\frac{z_i - Exz}{kz_i}\right)^2\right]}\end{cases} \tag{6.65}$$

在云模型的概念中，所描述的某一定性概念点的隶属度总是发生着微小的变化，但其变化趋势很小，对云模型的整体特征的影响可以忽略不计。单独某个云滴是没有意义的，云模型以所有云滴的分布形状反映所描述定性概念的整体特性。因此可以说云模型云滴的凝聚性和汇聚后的整体形状体现了定量转换定性概念的不确定性。

6.5.4.2　云模型的性质

云模型的性质决定了云模型的应用场合，云模型的性质如下：

（1）根据云模型的维数不同，可将云模型为一维云模型、二维云模型、三维云模型等。但无论云模型的维数是多少，论域中所代表不确定性概念的点对隶属区间的映射必然是一对多的。

（2）大量云滴汇聚成云模型，并体现定性概念的整体特性，但是云滴之间却是无序的。因此，讨论单个云滴的定性概念是不切合实际的，而隶属云中包含的云滴数量越多对定性概念的描述越精确。

（3）云模型遵循 $3En$ 规则，$3En$ 规则表述为：在隶属云中对定向概念作出主要贡献的元素基本落在区间 $[Ex-3En, Ex+3En]$ 之上，由此可以忽略此区间外其他元素对定型概念的贡献。

6.5.4.3　云发生器

云发生器是从定性概念到定量表示的过程，即由云的数字特征产生云滴的具体实现过程。云发生器包括正向云发生器、逆向云发生器和条件云发生器。

A 正向云发生器

正向云发生器的作用是完成定性概念到定量数据的映射转换。正向云发生器的已知条件为云的 3 个数字特征(Ex,En,He)，经过计算产生指定数量的满足该云模型的云滴 $drop(x,\mu)$，然后汇聚构造成云模型，转换过程如图 6.33 所示。

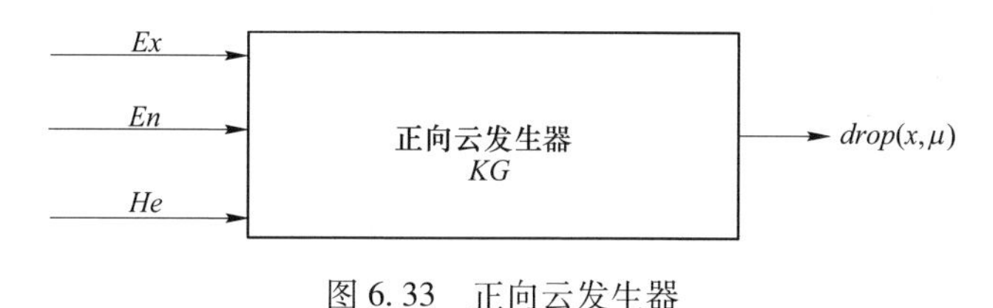

图 6.33 正向云发生器

B 逆向云发生器

逆向云发生器的作用是由精确定量值逆转换为概念的定性语言值的过程。其作用是从大量云滴中总结还原出该云模型的数字特征 Ex、En、He，即完成定量数据到定性概念转换，转换过程如图 6.34 所示。

图 6.34 逆向云发生器

C 条件云发生器

已知某特定的定量值 x_0 和数字特征 Ex、En 和 He，生成满足该条件的云滴 $drop(x_0,\mu_i)$ 的转换过程，称为前件云发生器，又称 X 条件云发生器。如果多次使用同一已知条件，但转换所得的云滴 $drop(x_0,\mu_i)$ 却不尽相同，这种结果的细微变化反映了不同人或者同一个人不同时刻对同一个概念从不同角度观察得到的不同看法。

已知某隶属度 $y=\mu_i$ 和数字特征 Ex、En、He，生成云滴 $drop(x_i,\mu_i)$ 的转换过程，称为后件云发生器，又叫 Y 条件云发生器。当 $y=\mu\neq1$ 时，由于正态云的对称性，此时所生成的云滴必然包含 $drop(|x_i|,\mu_i)$ 和 $drop(-|x_i|,\mu_i)$ 两种分布情况。

经 X 条件云发生器计算所得的云滴，同属于横坐标为 x_0 的竖线上，经 Y 条件云发生器计算所得的云滴，同属于纵坐标为 $y=\mu_i$ 的横线上。X 条件云发生器和 Y 条件云发生器表达过程如图 6.35 所示

6.5.4.4 轧辊分段冷却云模型控制器设计

本节描述了一种以三维云模型为基础的新型轧辊分段冷却云模型控制器。其

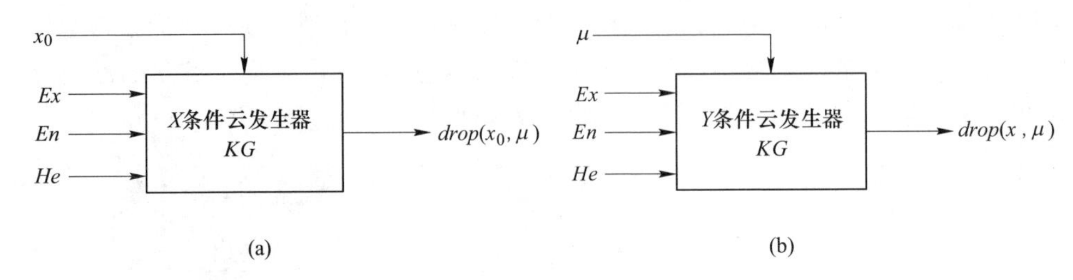

图 6.35　条件云发生器
（a）X 条件云发生器；（b）Y 条件云发生器

控制策略是通过语言值构成控制规则的映射，将操作工人多年的工作经验作为规则库，形成更直观的推理方法，可减小控制系统对精确数学模型的依赖。图 6.36 所示为基于三维云模型轧辊分段冷却控制的框图。

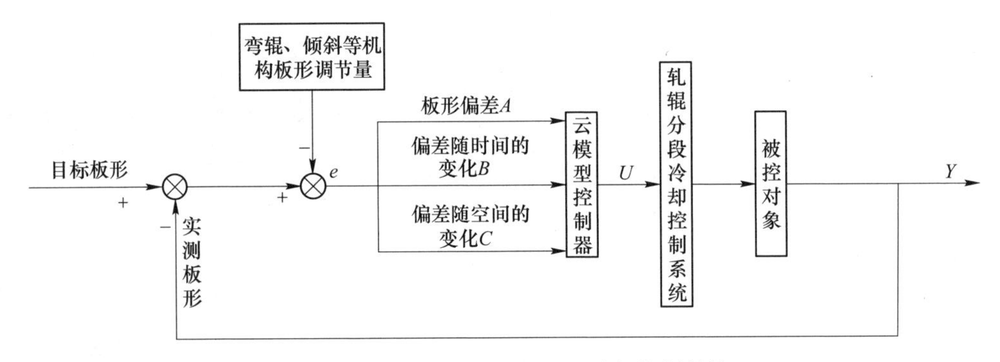

图 6.36　三维云模型轧辊分段冷却控制结构

云模型的轧辊分段冷却控制器的设计可以分为以下两步：

（1）控制器输入输出量的云化，即将输入输出的精确量值论域经过函数映射到隶属云的论域。

（2）根据科研资料、现在工作人员和轧制现场的历史数据推理控制器的规则，完成云模型的推理映射，并设计轧辊分段冷却云模型控制器。

6.5.4.5　输入输出的云化及语言值分割

为了方便与轧辊分段冷却模糊控制系统比较，取相同的输入变量和输出变量。语言值分割如下，对于板形偏差 A、偏差随时间的变化量 B 和冷却液调节量 U 三个变量，采用 PB（正大）、PS（正小）、ZO（零）、NS（负小）、NB（负大）五个语言变量值来表述。偏差随空间的变化 C 分为 CF、CS、CB 三种语言变量。然后划定各语言变量的实数集论域分别为：$A\in[-6,6]$，$B\in[-6,6]$，$U\in[-6,6]$，$C\in[1,5]$。论域中各语言变量值的隶属云数字特征值见表 6.17。

表 6.17 云模型数字特征参数对照

语言值	板形偏差 A			偏差随时间的变化 B			冷却液调整量 U		
	Ex_A	En_A	He_A	Ex_B	En_B	He_B	Ex_U	En_U	He_U
NB	-6	1	0.1	-6	1	0.1	-6	1	0.1
NS	-3	1	0.1	-3	1	0.1	-3	1	0.1
ZO	0	0.667	0.05	0	1	0.1	0	1	0.1
PS	3	1	0.1	3	1	0.1	3	1	0.1
PB	6	1	0.1	6	1	0.1	6	1	0.1

语言值	偏差随空间的变化 C		
	Ex_C	En_C	He_C
CF	1	0.5	0.05
CS	3	0.5	0.05
CB	5	0.5	0.05

表 6.17 中的数字特征所表示的不确定性概念云模型分布如图 6.37 所示。

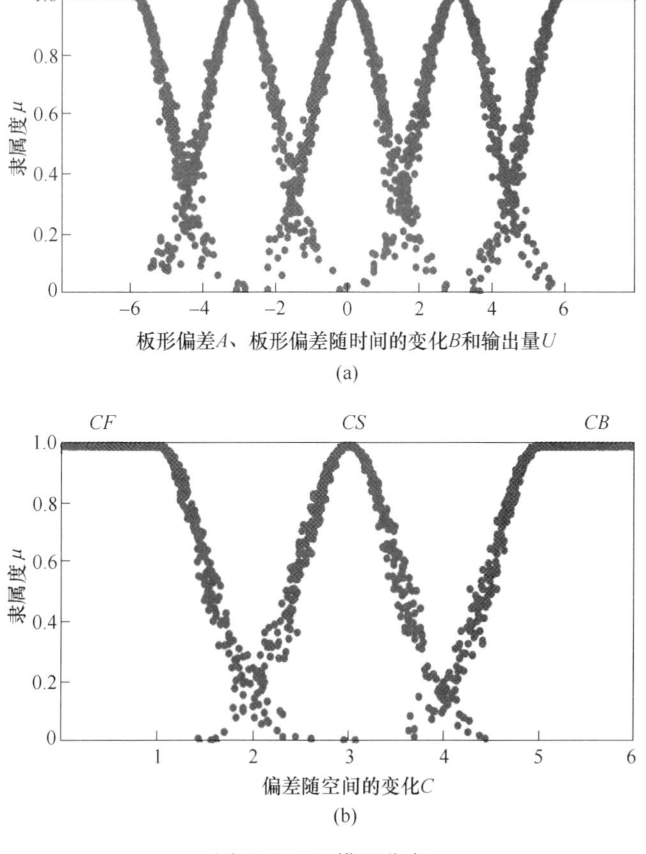

图 6.37 云模型分布

(a) 板形偏差 A、板形偏差随时间的变化 B 和输出量 U 的云模型分布；
(b) 偏差随空间的变化 C 的云模型分布

6.5.4.6　规则库的推理

以 X_1、X_2 和 X_3 表示规则前件中三维云代表的定性概念，数字特征为(Exy, Eny, Hey)一维云模型表示的规则后件，记为 KGy；数字特征分别为(Exx_1, Enx_1, Hex_1)、(Exx_2, Enx_2, Hex_2)和(Exx_3, Enx_3, Hex_3)的三个一维云模型构成三维云模型的规则前件，记为 $KGx_1x_2x_3$。当满足规则前件的定量值 X_1、X_2 和 X_3 刺激 X 条件云 $KGx_1x_2x_3$ 时，云模型开始计算并产生对应规则前件的输出值 μ。如此反复刺激 n 次，可得到 n 个 μ 值，即 $\mu_i(i=1,2,\cdots,n)$。此时，规则后件 KGy 收到规则前件产生的 μ_i 刺激信号 b 次，又会得到 b 个 $y_{ij}(j=1,2,\cdots,b)$。三维云模型单规则推理框图如图 6.38 所示。

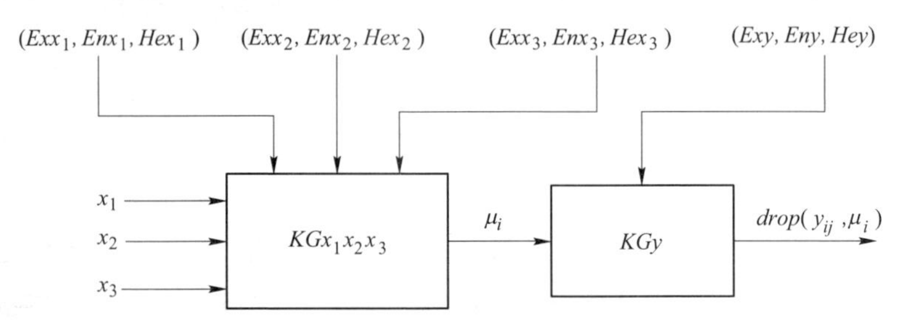

图 6.38　三维云模型单规则推理

以板形偏差、偏差随时间的变化和偏差随空间的变化为三维云模型的输入条件，冷却液的调整量为输出，具体的控制规则推理结果如下：

Rule 1：　IF ($A_i = APB_i$) and ($B_i = BPB_i$) and ($C_i = CP_i$) THEN $U = PB_i$

Rule 2：　IF ($A_i = APB_i$) and ($B_i = BPS_i$) and ($C_i = CB_i$) THEN $U = PB_i$

Rule 3：　IF ($A_i = APB_i$) and ($B_i = BZO_i$) and ($C_i = CB_i$) THEN $U = PB_i$

⋮

Rule 75：IF ($A_i = ANB_i$) and ($B_i = BNB_i$) and ($C_i = CF_i$)THEN $U = NB_i$

6.5.4.7　三维云模型轧辊分段冷却控制器结构及总结

考虑轧辊分段冷却的复杂特性，本节建立多规则三维云模型轧辊分段冷却控制器。以采样时刻轧辊第 i 段的板形偏差 A、偏差随时间变化 B 以及第 i 段空间附近的板形缺陷 C 作为多规则三维云模型的输入，经过三维云模型轧辊分段冷却控制规则的推理，最终得到三维云模型轧辊分段冷却控制器的结构如图 6.39 所示。

三维云模型轧辊分段冷却多规则推理映射器的激励机制如下：当某一时刻的控制器的板形条件输入为 A、B、C 重复 j 次激活任一控制规则时，则由此规则的规则前件部分 KG_{ABC}通过三维 X 条件云的具体算法，可以得到不同的 μ_{ij}值。μ_{ij}反映了此时激励条件 A、B、C 对规则前件的隶属度。然后所得到的 μ_{ij}值作为规则

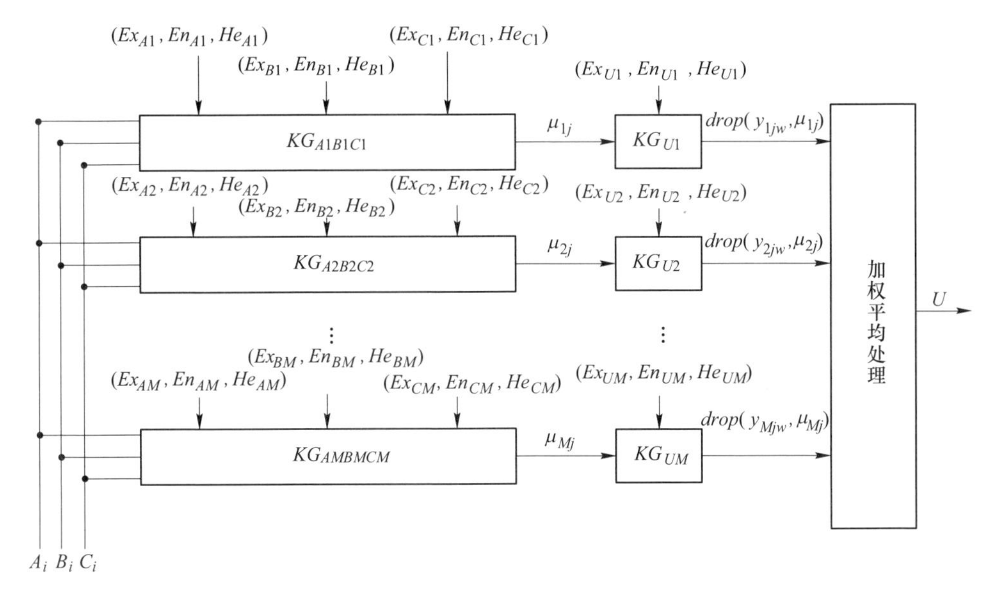

图 6.39　三维云模型多规则映射器

后件 KG_{Ui} 的输入，激活对应规则 W 次，产生一维云滴 $drop(y_{ijW}, \mu_{ij})$，并产生多组云团。对这多组云团进行一维逆向云发生器的逆云化生成对应于其云模型的 3 个数字特征，将所得到的期望进行加权平均作为控制器的最终输出 U。以得到的 U 为调节量，对轧辊分段冷却控制系统进行调节，如此便完成了三维云模型对轧辊分段冷却控制系统的控制。

参 考 文 献

[1] Wang Pengfei, Jin Shuren, Li Xu, et al. Optimization and prediction model of flatness actuator efficiency in cold rolling process based on process data [J]. Steel Research International, 2022, 93 (1): 2100314.

[2] Wang Pengfei, Peng Yan, Liu Hongmin, et al. Actuator efficiency adaptive flatness control model and its application in 1250mm reversible cold strip mill [J]. Journal of Iron and Steel Research, International, 2013, 20 (6): 13-20.

[3] Wang Pengfei, Zhang Dianhua, Li Xu, et al. Research and application of non-symmetrical roll bending control on cold rolling mill [J]. Chinese Journal of Mechanical Engineering, 2012, 25 (1): 123-128.

[4] Wang Pengfei, Zhang Dianhua, Li Xu, et al. Research and application of dynamic substitution control of actuators in flatness control of cold rolling mill [J]. Steel Research International, 2011, 82 (4): 379-387.

[5] 张殿华，王鹏飞，王军生，等．UCM 轧机中间辊横移控制模型与应用［J］. 钢铁，2010，45（2）：53-57.

[6] 张殿华，刘佳伟，王军生，等．带钢冷连轧板形功效系数自学习计算模型［J］. 钢铁，2010，45（3）：52-56.

[7] Ringwood J. Multivariable control using the singular value decomposition in steel rolling with quantitative robustness assessment [J]. Control Engineering Practice, 1995, 3 (4): 495-503.

[8] Elahi S A, Forouzan M R. Increasing the chatter instability speed limit in cold strip rolling using wavy layered composite plates as a damper [J]. Thin-Walled Structures, 2019, 137: 19-28.

[9] Alexa V, Kiss I, Cioată V G, et al. Modelling and simulation of the asymmetric rolling process-establishing the optimal technology parameters to asymmetric rolling [J]. Materials Science and Engineering, 2019, 477 (1): 1-6.

[10] Reginald C, Adam B, Marian B, et al. Towards a data processing plane: an automata-based distributed dynamic data processing model [J]. Future Generation Computer Systems, 2016 (59): 21-32.

[11] Vitaliy B, Konstantin S. Clustering of inaccurate data using information on its precision [J]. Materials Science and Engineering, 2019 (497): 1-7.

[12] 克拉盖尔斯基 И В 等．摩擦磨损计算原理［M］．汪一麟，等译．北京：机械工业出版社，1982.

[13] Guillermo Garcia-Gíl, Rafael Cols. Calculation of thermal crowning in work rolls from their cooling curves [J]. International Journal of Machine Tools & Manufacture, 2000 (40): 1977-1978.

7 冷轧带钢边部减薄控制

冷轧硅钢具有良好的导磁性和表面质量，被广泛作为变压器工业生产中重要的原材料。由于变压器生产过程需要对硅钢进行“叠片”，因此要求其具有均匀的板厚、高表面质量和高精度尺寸，以满足其高磁通率的要求。边部减薄量作为衡量硅钢成品质量的重要评价指标之一，直接决定产品的成材率。如何有效减少冷轧硅钢的边部减薄量，一直是国内外学者十分关注的研究热点，近些年来，许多学者从边部减薄的产生机理出发，通过改变轧辊和带材之间的接触状态对边部减薄进行控制，提出了包括辊形设计、轧辊横移等工艺及设备优化方法，从工艺设定环节和设备优化环节对硅钢的边部减薄情况进行优化控制，取得了不错的控制效果。随着新能源行业的蓬勃发展，对冷轧硅钢的质量要求也在不断提高，如何在目前研究基础上继续提高边部减薄的控制精度，仍然是值得深入研究的课题之一。本章以某厂 1500mm 五机架 UCMW 冷轧硅钢机组为研究对象，结合现场设备和工艺情况，分别对边部减薄的评价模型、边部减薄产生机理、边部减薄调控功效及边部减薄闭环控制系统建模等方面进行研究和分析，为实现高精度的冷轧硅钢边部减薄自动控制提供理论参照。

7.1 边部减薄控制概论

7.1.1 边部减薄评价方法

7.1.1.1 单点边部减薄评价

为更准确地描述带钢横截面，把带钢划分为中心区、边部减薄区、骤减区三个区域，如图 7.1 所示，可以更加方便地对影响横截面的因素进行分析。镰田正诚通过对冷轧过程中的带钢断面分析，得出结论：骤减区的位置约为带钢距离边部 5~15mm 位置；边部减薄区域约为带钢距离边部 15~100mm 位置；中心区域的位置约为带钢距离边部 100mm 到另一侧边部的 100mm。

7.1.1.2 面积边部减薄评价方法

如图 7.2 所示，一般认为发生边部减薄的区域为 0~120mm，故在之前的边部减薄量定义为 $L_{120} \sim L_{20}$，这种对边部减薄的定义忽略边部减薄是连续的概念，而且该表征方式不能客观地评价边部减薄。考虑到带钢本身是存在一定的挠度

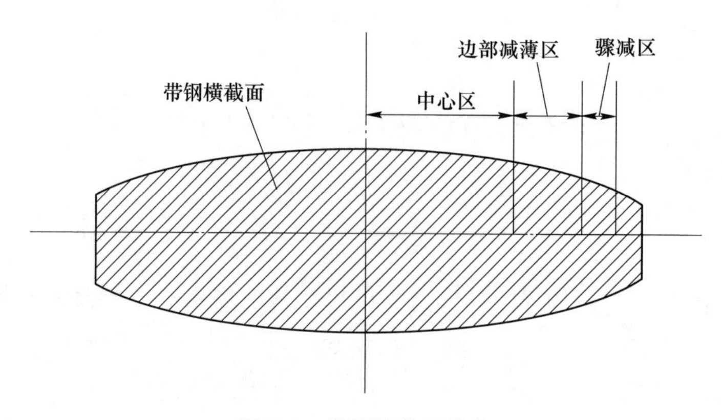

图 7.1　带钢横截面分布

的，对带钢未发生边部减薄的区域进行曲线拟合 $f(L)$，对带钢的真实厚度分布进行曲线拟合 $F(L)$。

其中 $f(L)$ 主要考虑带钢的凸度，不考虑边部减薄的影响，拟合形式为二次函数。$F(L)$ 主要拟合范围为带钢发生边部减薄范围，拟合形式采用四次函数。

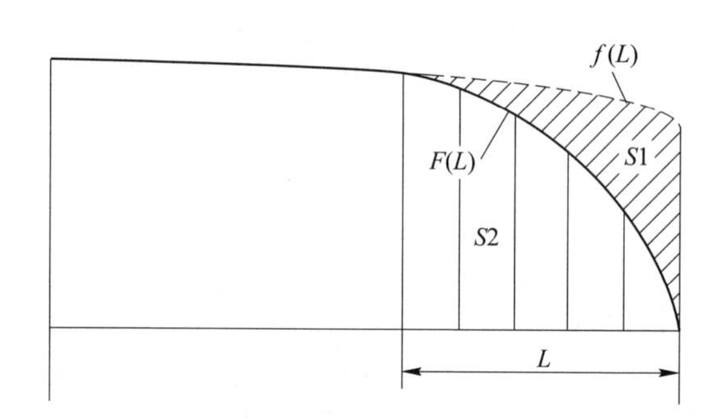

图 7.2　边部减薄评价示意图

采用面积法对边部减薄的评价可通过式（7.1）~式（7.3）表示：

$$S1 = \int_{L=120}^{L=10} f(L) - F(L)\,\mathrm{d}L \tag{7.1}$$

$$S2 = \int_{L=120}^{L=10} F(L)\,\mathrm{d}L \tag{7.2}$$

$$S_{\mathrm{ED}} = \frac{S1}{S1 + S2} \tag{7.3}$$

式中　S_{ED}——边部减薄评价系数，无量纲；

$S1$——边部减薄面积，mm^2；

$S2$——带钢发生边部减薄之后，真实的带钢厚度求出的面积。

考虑到由于金属流动性导致边部会产生较大的边部减薄，故不考虑 $L=0$mm 到 $L=10$mm。边部减薄评价系数 S_{ED} 通过两次曲线拟合，两次求面积，能够客观地量化出带钢的边部减薄程度，可作为一个相对有效的评价指标。

对比单点边部减薄评价方法，基于面积法的边部减薄评价方法能更加量化评价边部减薄的程度，而且该表征方法不受带钢厚度的影响，作为一个无量纲评价指标可以更好地表征边部减薄。

7.1.2 边部减薄控制技术类型

由于常规的板形控制机型如 UCM 类、CVC 类及 PC 类轧机对硅钢边部减薄的控制能力有限，因此在这类机型的基础上又衍生出 T-WRS 边部减薄控制技术、EDC 边部减薄控制技术等特有的边部减薄控制技术手段。

7.1.2.1 T-WRS 边部减薄控制技术

T-WRS（Taper Work Roll Shift）控制技术由日本川崎制铁公司设计并开发，如图 7.3 所示，是最早的以边部减薄控制为控制目标的工作辊辊形设计。

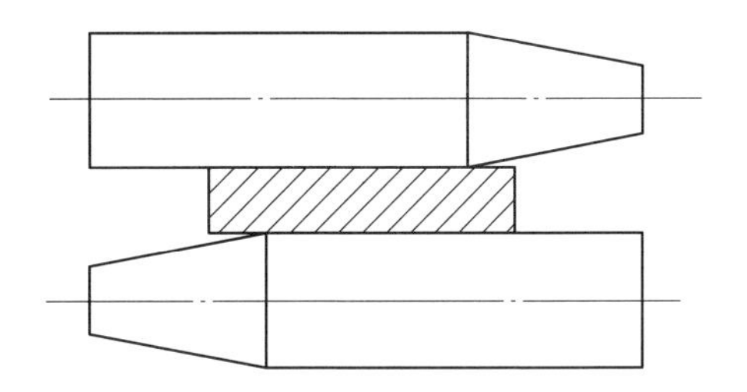

图 7.3 T-WRS 控制技术示意图

T-WRS 是将工作辊的一侧加工出锥形，起初辊形设计为直线，唯一可以修改的参数为辊形的斜率。根据对不同规格、不同生产要求的带材确定出不同的横移量，改变锥形段和带材的重叠范围，一方面可以改变金属边部的流动性；另一方面改变轧件和轧辊的接触状态，改善轧辊弹性压扁的分布不均匀，进而改善带材的边部减薄程度，对带钢的边部减薄控制效果十分明显。在此技术基础上，三菱重工结合 PC 轧机的特性，开发出 T-WRS&C（Taper Work Roll Shift and Cross）边部减薄控制技术，如图 7.4 所示。

T-WRS&C 辊控制技术针对不同带钢规格，改变锥形段和带钢的重叠程度和工作辊的交叉角度，改变金属边部的横向流动和轧辊和轧件的接触状态，从而改善边部减薄程度，具有很强的边部减薄控制能力。国内学者从 T-WRS 技术得到启发，对锥形段的辊形进行研究分析，陆续提出了单侧高次曲线、单侧正弦曲线和单侧弧形曲线等，对各种不同工况下的工作辊辊形设计进行深入研究，取得了一定的效果。

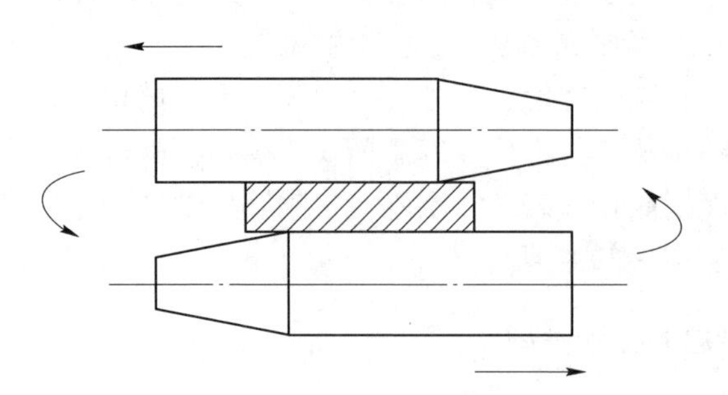

图 7.4　T-WRS&C 辊控制技术示意图

7.1.2.2　EDC 边部减薄控制技术

20 世纪 80 年代，德国西马克公司研制出 EDC（Edge Drop Control）边部减薄控制技术，用于边部减薄的控制，如图 7.5 所示。EDC 轧辊是将工作辊辊身的其中一端挖空一圈，以改变轧辊的刚度，配合工作辊横移机构，减少带钢在边部区域的受力，改变金属在边部的金属流动性，改善带材的边部减薄。在控制过程中，控制效果取决于带钢和 EDC 轧辊挖空区域的重叠程度，在合理的调节范围内，随着重叠长度的增加，带钢的边部减薄会逐渐减少。

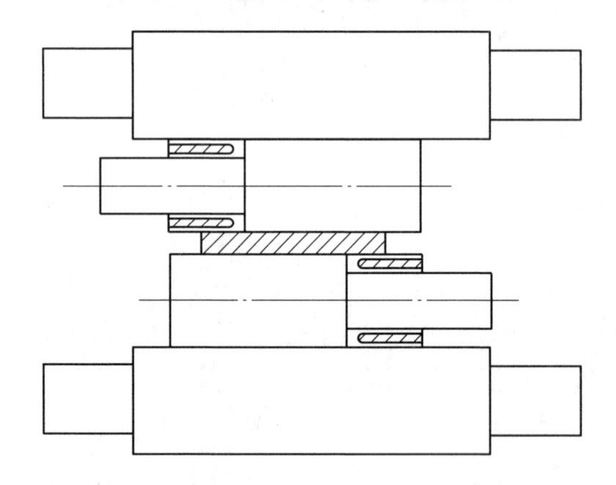

图 7.5　EDC 辊边部减薄控制示意图

7.2　边部减薄机理分析及有限元模拟

边部减薄是带材在轧制过程中各轧辊之间发生弹性变形和带材发生弹塑性变形共同作用的结果。理解边部减薄机理问题，必须综合考虑辊系的弹性变形和轧件的弹塑性变形，在此基础上对边部减薄区金属的三维流动特征做出定性、定量分析。

7.2.1 边部减薄的产生机理

边部减薄的产生原因包括以下四方面：

(1) 工作辊轧制时发生弹性压扁是引起带钢边部减薄的直接原因。如图7.6所示，将辊身分成a、b、c三个区域，其中辊身中部为c区域。考虑到工作辊长度远大于直径，将弹性压扁问题处理为平面应变问题，只考虑垂直方向的弹性压扁，不考虑辊身长度方向的弹性变化。根据圣维南定理，作用力对远处的影响忽略不计，在远离轧制区域的a区域，带钢和工作辊的接触压力q对其没有影响，故弹性压扁为0。区域b为过渡区域，区域b的压扁远小于区域c的压扁，造成工作辊辊身的弹性压扁分布不均匀，导致带钢边部的压下量过大，产生带钢的边部减薄现象。

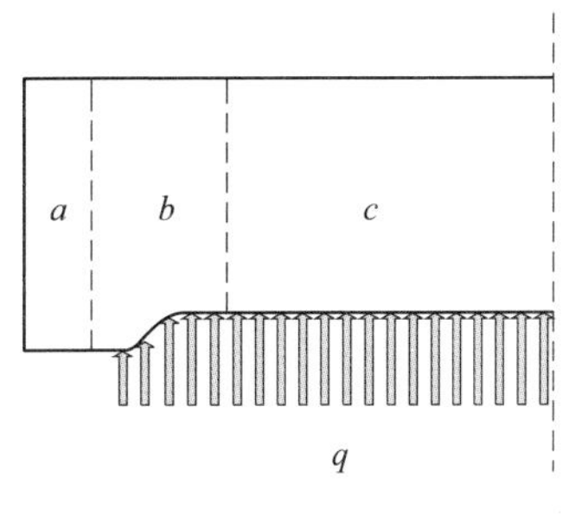

图7.6 工作辊受力示意图

(2) 带钢边部金属在轧制过程中发生横向流动使得带钢边部厚度急剧下降。在轧制过程中边部金属遭受的侧向阻力要小，边部金属在发生纵向流动的同时还发生明显的横向流动，而横向流动会同时减小边部区域轧制力和工作辊的弹性压扁量，从而加剧带钢边部减薄。如图7.7所示，沿带钢宽度方向取两个单元条进行受力分析，其中q为外作用力，f为金属内部的阻力。位于带钢中部的单元条，受到外作用力q时，金属横向会受到两个方向的内部阻力阻止其发生金属流动；位于带钢边部单元条，受到外作用力q时，金属横向只会受到一个方向的内部阻力。故带钢边部会相对于带钢内部发生较明显的金属流动，造成带钢的边部减薄。

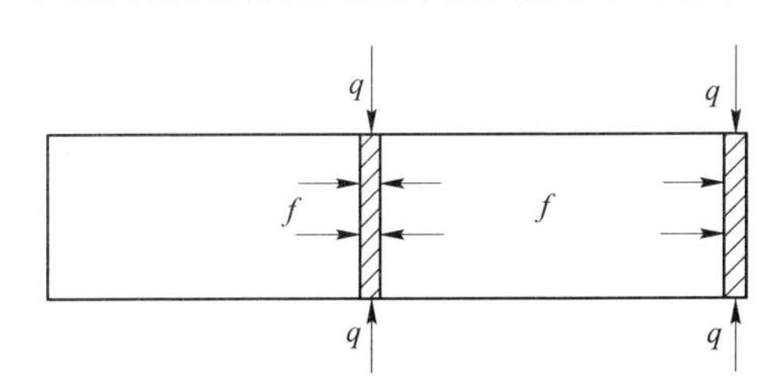

图7.7 带钢单元条受力分析图

(3) 工作辊弹性弯曲导致负载辊缝呈中间大、两端小的形貌，易于带钢产生边部减薄。在轧制过程中工作辊的弹性弯曲程度会随着轧制力、中间辊与工作辊之间有害接触区和中间辊与工作辊之间有害弯矩的增加而增大，进而引起带钢边部减薄。

(4) 由于工作辊磨损不均，一般中间磨损量比边部大，导致负载辊缝中间大、两端小，引起边部减薄。

7.2.2　边部减薄的弹塑性有限元建模

弹塑性有限元分析法是1960年由P. V. Marcal和山田嘉昭导出的弹塑性矩阵发展而来。采用弹塑性有限元法分析金属变形问题，不仅能按照变形路径取得塑性区的发展状况，工件中的应力、应变分布规律以及几何形状的变化，还能有效地处理卸载问题，计算残余应力和应变。

弹塑性有限元核心思想：通过网格划分（前处理）的方式将变形体整体划分为有限数量的单元集合体，将单元集合体用节点互相连接，将所受外力转化为多个加载步，以分步逐步的加载方式进行载荷加载。在每一次加载过程中，由单元载荷增量求解出应力应变增量，后计算出位移增量，以上增量构成整个物体对应的增量，将增加的计算结果进行叠加。以上过程如此反复循环，依次计算叠加到每个载荷步，求出计算结果。

单加载步中单元载荷增量和位移增量的关系公式为：

$$[K]^e \times \{\Delta u\}^e = \{\Delta F\}^e \tag{7.4}$$

整体载荷增量和整体位移增量关系公式为：

$$[K] \times \{\Delta u\}^e = \{\Delta F\} \tag{7.5}$$

其中单元刚度矩阵与总体刚度矩阵的关系为：

$$[K] = \sum_{e=1}^{n} [K]^e \tag{7.6}$$

式中　$[K]$——总体刚度矩阵；

$[K]^e$——单元刚度矩阵；

$\{\Delta u\}$——总体位移增量；

$\{\Delta F\}$——总体载荷增量。

在每次加载步中均会对上述方程组进行求解，通过不断迭代求解，当求解结果达到所设定的迭代收敛条件后，即作为该求解问题的最终求解数值结果进行输出。当单元发生屈服后，刚度矩阵需要通过能量泛涵的变分原理进行求解，如式（7.7）所示。

$$[K]^e = \iiint_{v_e} [B]^{\mathrm{T}} [D]_{\mathrm{ep}} [B] \mathrm{d}v_e \tag{7.7}$$

式中　$[B]$——单元应变矩阵，表示应变和位移的关系：$\{\varepsilon_e\} = [B]\{u\}^e$；

$[D]_{\mathrm{ep}}$——弹塑性矩阵，表示应力增量和应变增量的关系：$d\{\sigma\} = [D]_{\mathrm{eq}} d\{\varepsilon\}$；

v_e——单元变形速率。

带钢冷轧过程要同时考虑动能和不可逆变形能，因此，采用显式动态有限元方法进行建模，建立如图7.8所示的某1500mm五机架UCMW冷连轧机有限元仿真模型，轧制参数见表7.1。该轧机配有工作辊弯辊、中间辊弯辊、中间辊横移、工作辊在线横移等多种控制机构，工作辊为单锥度 Taper 辊。选用等参六面体单元 SOLID164，该单元体由 8 个节点定义，每个节点有 8 个自由度。带钢在轧制过程中经历较大的变形过程，因此使用的单元体很容易出现黏滞沙漏。在轧制过程中，大应变梯度的轧辊和带钢的局部单元采用全积分算法来避免黏滞沙漏，而模型的其他部分则采用单点简化积分加黏性沙漏控制算法。在不损失计算精度的前提下，同时采用局部网格细化和并行计算方法来提高仿真计算的效率。

表 7.1 轧机参数

轧机参数	工作辊		中间辊		支撑辊	
	辊身	辊颈	辊身	辊颈	辊身	辊颈
长度/mm	1500	248	1510	288	1500	780
直径/mm	425	240	490	280	1300	780

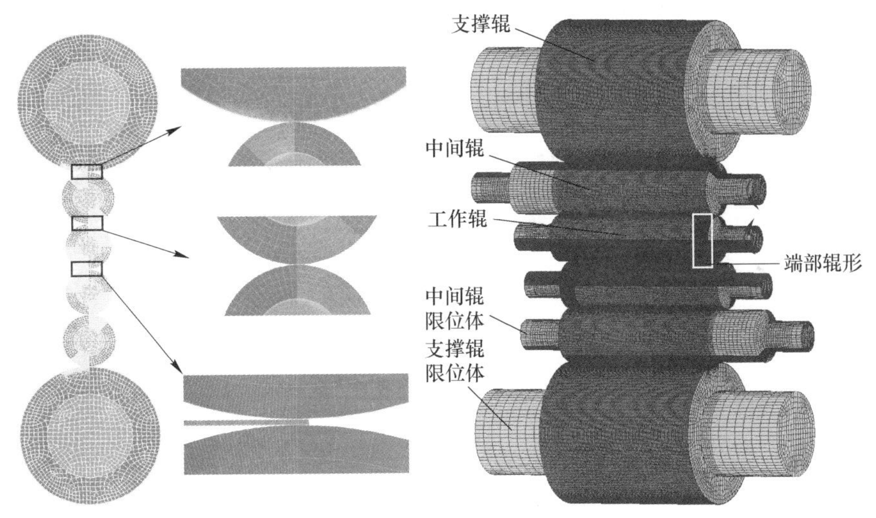

图 7.8 六辊 UCMW 轧机的三维有限元模型

在图 7.8 所示的有限元模型中，在支撑辊外端设置一个刚性的限位体，以限制支撑辊在 3 个方向的运动：轧制方向、压下方向和宽度方向。带钢所受张力以节点力的形式施加在前面和后面。工作辊外侧的刚性体驱动轴作为动力机构，带动工作辊旋转，并通过摩擦力将带钢咬入辊缝，实现轧制。

7.2.3 边部减薄的影响因素分析

为研究不同参数对边部减薄的影响因素，采用控制变量的方式进行模拟实验，然后提取模拟的板厚数据，分析各参数对边部减薄的具体影响规律，为分析弹性压扁的影响，本小节的模拟分析均为不施加弯辊力，对整体的影响规律并无影响。

7.2.3.1　压下率对边部减薄的影响

如图 7.9 所示，分别对带钢宽度 1150mm 和 950mm，入口厚度 3.5mm 的带材设定不同的压下率 17.1%、28.5%、42.8%和 51.4%，进行有限元模拟，提取其边部减薄的情况进行对比分析。

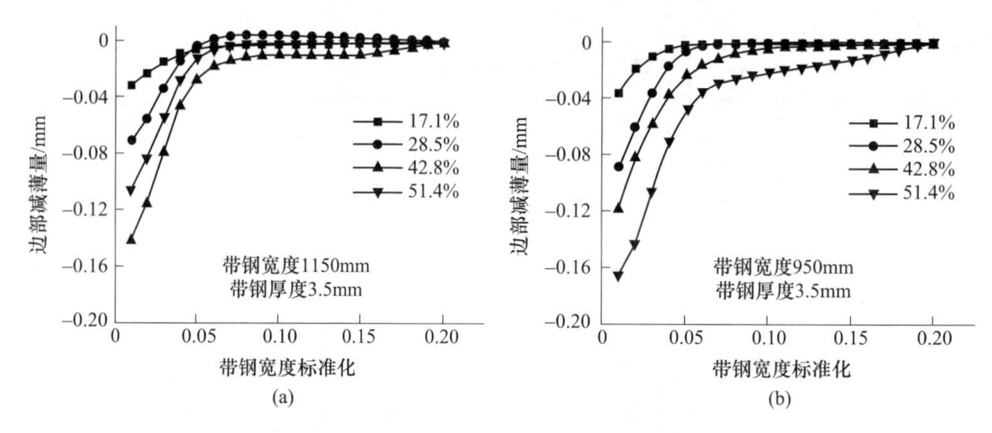

图 7.9　不同压下率对边部减薄的影响规律

（a）带钢宽度 1150mm；（b）带钢宽度 950mm

模拟结果显示，随着带钢压下率增加，边部减薄的程度逐渐增大。分析其原因，一方面，压下率增大，接触弧长随之增大，金属横向阻力增大，金属纵向的金属流动变大，导致边部减薄程度大；另一方面，随着压下率增大，轧制力随之增大，轧辊的弹性压扁增大，弹性压扁的不均匀性分布现象加剧，边部减薄增大。以上两方面共同导致边部减薄程度增大。

7.2.3.2　带钢厚度对边部减薄的影响

如图 7.10 所示，通过对带钢宽度 1050mm 和带钢宽度 950mm 压下率为 28.5%的带钢设定不同厚度（包括 1.4mm、2.1mm、2.8mm 和 3.5mm），进行带材轧制仿真模拟，提取边部减薄量进行对比分析。

通过对模拟结果进行分析发现，在同一个轧制工况下，边部减薄量会随着带材厚度的增加而增加。一方面，随着带钢厚度的增加，带钢在边部的金属的流动性增大，产生较大的边部减薄量，另一方面，随着带材厚度的减小，带钢的加工硬化现象逐渐明显，金属沿宽度方向的金属流动性减弱，改善带材的边部减薄程度。

7.2.3.3　工作辊直径对边部减薄的影响

为验证工作辊直径对边部减薄的影响，对不同辊径进行仿真分析。

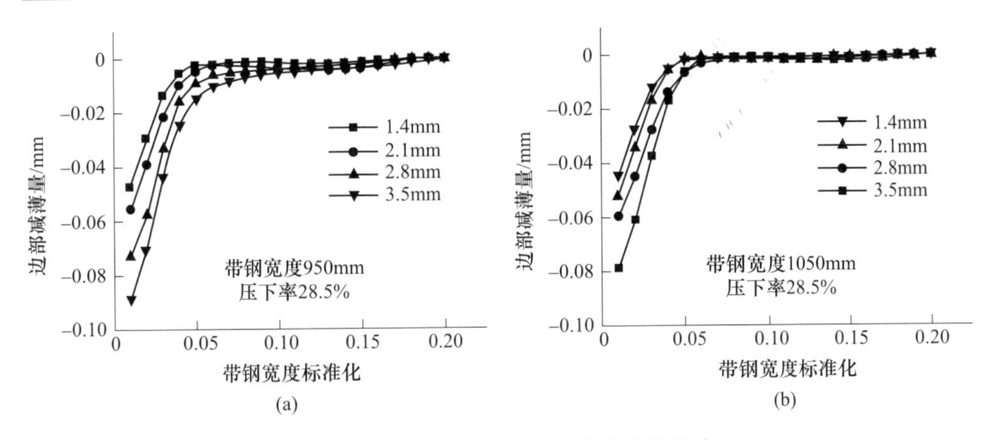

图 7.10　不同带钢厚度对边部减薄的影响
（a）带钢宽度 950mm；（b）带钢宽度 1050mm

如图 7.11 所示，对宽度为 1050mm 和 1250mm，压下率为 28.5%的带钢设定不同的工作辊直径 225mm、325mm、425mm 和 525mm 进行仿真分析。根据仿真结果提取带钢的边部减薄量，进行横向对比分析，模拟结果显示，得出随着工作辊直径的减小，边部减薄量逐渐减小。分析其原理认为，随着工作辊直径变小，导致接触弧长变短，使轧件受到的纵向阻力变小，横向阻力变小也随之变小，轧件的横向金属流动变小，最终使轧件的边部减薄量变小。

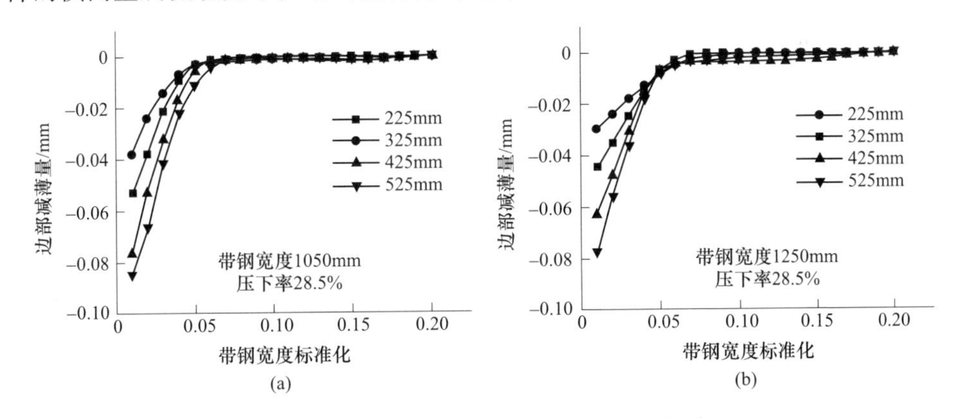

图 7.11　工作辊直径对边部减薄的影响规律
（a）带钢宽度 1050mm；（b）带钢宽度 1250mm

7.2.3.4　轧辊弹性压扁分布的影响

如图 7.12 所示，对宽度 1150mm，入口厚度 3.5mm 的带钢通过设定不同的压下率 14.2%、42.8%和 51.4%进行仿真分析，在仿真模拟中通过设定轧辊分别为弹性体和刚性体（不发生弹性变形）的情况，提取边部减薄量，分析弹性压扁带材边部减薄的影响规律。

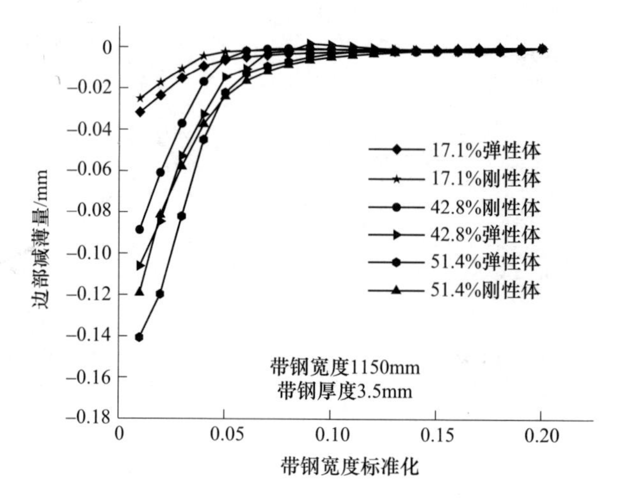

图 7. 12　轧辊弹性压扁对边部减薄的影响

由图 7. 12 的仿真结果可以看出，在考虑轧辊的弹性压扁的时候，相同条件的带钢会产生更大的边部减薄量。边部减薄内因是金属的流动性，外因是轧辊的弹性压扁不均匀，当模拟的处理轧辊为刚性体时，金属的横向流动为主要的影响因素，当轧辊为弹性体时，边部减薄会受到金属的横向和轧辊弹性压扁的不均匀两个因素共同的影响，共同作用会产生更大的边部减薄量。

结合压下率和带钢厚度对边部减薄的影响规律，可得到边部减薄控制系统需要安装在前几个机架。考虑实际生产中前几个机架在轧制的时候变化较大，控制边部减薄相对较容易，且随着带钢厚度的降低，带钢的加工硬化比较明显，减小了带钢的横向流动性，控制边部减薄较难，所以，边部减薄控制系统在前几个机架进行控制，以发挥其最大的边部减薄控制能力。

7. 2. 4　边部减薄不同类型控制技术分析

7. 2. 4. 1　Taper 辊对边部减薄的影响规律

单锥度工作辊（single taper work roll）为边部减薄最为常见的调控方式之一。图 7. 13 为单锥度工作辊的示意图，该技术通过将工作辊的某一端打磨出特殊的辊形，改变轧辊的直径，以及工作辊的在线横移，改变金属的流动性和轧辊弹性压扁分布不均匀的方式，实现对边部减薄的控制。相对于其他控制技术，该技术控制效果相对显著（见图 7. 14）。本节的研究对象采用正弦曲线的形式。

锥形段的公式如式（7. 8）所示：

$$y = L_e T \sin\left(\frac{\pi}{2}\frac{x}{L_e} - \frac{\pi}{2}\right) + L_e T, \qquad 0 \leqslant x \leqslant 155 \tag{7.8}$$

式中 L_e——工作辊端部辊形的长度，取155mm；

T——整个端部辊形的锥度，取1/400。

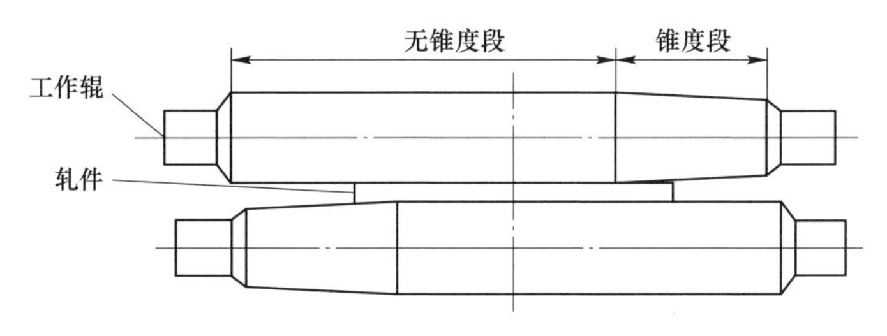

图7.13 单锥度工作辊示意图

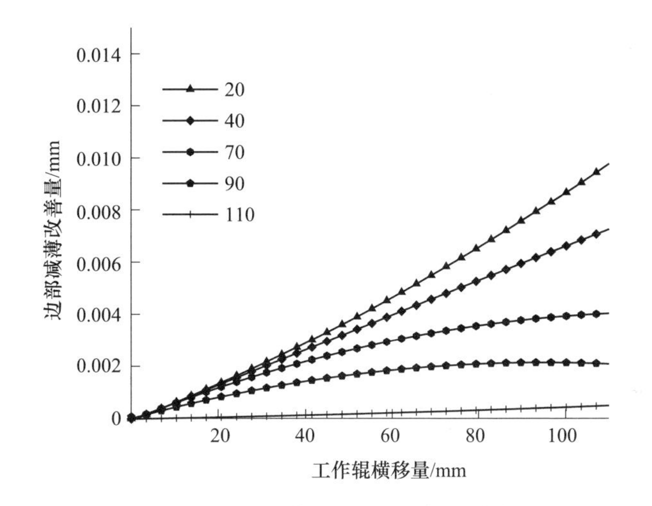

图7.14 工作辊横移对边部减薄改善效果

7.2.4.2 弯辊力对边部减薄的影响规律

如图7.15所示，取带钢宽度1250mm、厚度3.5mm，工作辊弯辊力分别为0kN、50kN、100kN和150kN，对不同工况进行模拟，结果发现随着弯辊力不断增加，带钢的边部减薄程度得到明显改善。在轧制过程中，弯辊力作为有效的控制工作辊弯曲变形的控制手段，对轧辊施加适当的弯辊力从而改变辊缝，进而改变轧件和轧辊弹性压扁的分布状况及带钢的横向流动性。

在轧制过程中，弯辊作为有效的工作辊弯曲的补偿手段，可分为工作辊弯辊和中间辊弯辊，弯辊通过改变轧辊的挠度改变轧辊和轧辊之间或轧辊和轧件之间的压力分布，改善带钢的边部减薄。

7.2.4.3 张力对边部减薄的影响规律

为分析张力对边部减薄的影响规律，分别对入口张力和出口张力进行模拟。

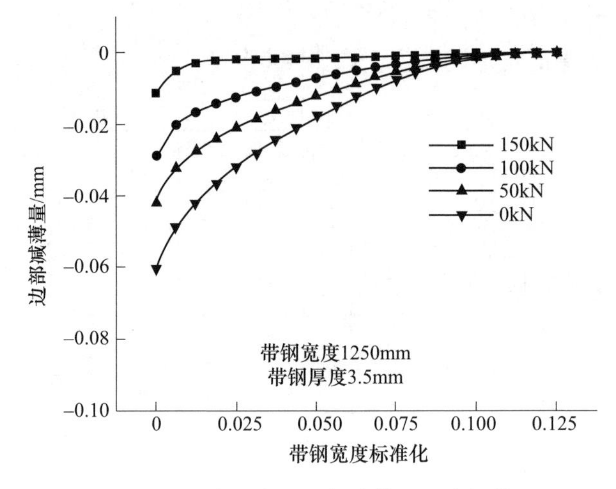

图 7.15　弯辊力对边部减薄的影响规律

由图 7.16 可知，无论是带钢出口还是带钢入口，随着张力的不断增大，边部减薄量均变小。张力的变化主要是通过影响轧制力的变化，在某一个轧制工况下，张力增大需要的轧制力变小；轧制力变小，轧辊的弹性压扁变小，轧辊的弹性压扁不均匀性降低，因轧辊压扁分布不均匀导致的边部减薄就会减少。同时，轧制力变小，接触弧长变小，横向阻力变小，将减少带钢的金属流动性，使边部减薄变小。

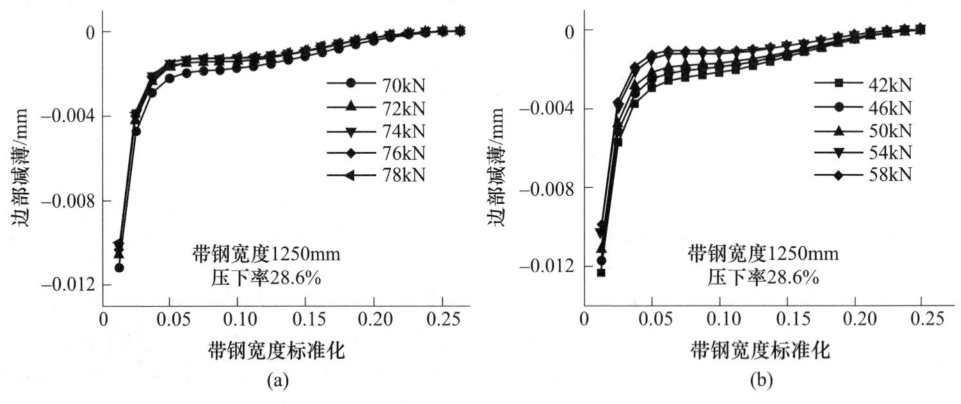

图 7.16　张力对边部减薄的影响
（a）出口张力；（b）入口张力

7.3　冷轧带钢边部减薄闭环控制

边部减薄控制系统可分为闭环控制系统和开环控制系统。开环控制系统通过轧制规程确定横移量、弯辊力和轧制力后，下发至各个子控制系统；闭环控制系统是指稳态轧制时，以边降仪实时检测的带钢厚度，计算出边部减薄量，确定控制目标，通过反馈计算模型计算出不同调节机构的调节量，然后下发至调节机构，如此反复，形成一个闭环系统，实现对边部减薄的实时连续稳定控制。

以某 1500mm 五机架硅钢冷连轧机的边部减薄闭环控制系统为例，其控制模式分为 1~3 机架协同控制模式和 1 机架单独控制模式。两种控制模式都由边部减薄实际值检测、边部减薄状况评价、边部减薄修正量计算和工作辊轴向移位反馈修正量计算 4 个基本模块组成。

（1）边部减薄实际值检测。此模块的功能是获取边降仪的反馈信号，也就是带材边部各个测量段的厚度测量值。

（2）边部减薄状况评价。边部减薄状况评价包括对边部减薄实际值的评价和对边部减薄偏差值的评价。控制系统对边部减薄的评价是多点综合性评价，且对操作侧和驱动侧进行分别评价。当所有被评价点都达到了程序所规定的指标时，边部减薄状况才是优良的，可以不进行闭环反馈控制；但当一个或几个测量点被评价不能满足要求时，闭环反馈控制系统将计算调节机构的调节量。

（3）边部减薄修正量计算。在边部减薄评价结束后，若边部某点或某些点的边部减薄实际值不能达标，需计算修正量，以确定反馈控制的修正方向。边部减薄修正量以边部减薄实际值与目标值之间的差值决定。

（4）工作辊轴向横移调节量计算。工作辊轴向横移反馈调节量计算是整个反馈控制系统的核心。在该环节的计算中，闭环控制系统会根据各个测量段的边部减薄偏差实时计算各机架调节机构的调节量，进而实现对带钢边部减薄的实时控制。当带钢边部出现增厚且超过设定的死区时，系统会直接给定一个固定且较大的工作辊横移调节量，以尽快消除边部增厚。当调节量超过限定范围，就会对其进行调整，原则是保证对边部减薄一侧优先控制。

7.3.1 边部减薄闭环控制策略的确定

边部减薄闭环控制是在稳定轧制工作条件下，以边降仪实测信号为反馈信息，通过反馈模型计算消除实际与目标边部减薄量偏差所需的调节量，然后不断地对各个边部减薄调节机构发出调节指令，最终实现带钢边部减薄区域的连续、动态、实时调节，如图 7.17 所示。

传统的边部减薄控制方法主要包括接力法、经验分配法、三点控制方法和全局优化法。

7.3.1.1 接力法

计算实测边部减薄量和控制目标之间的偏差，根据偏差和各个执行机构边部减薄调控功效之间做最优计算，确定各个执行机构的最优调节量。分别通过第一调节机构、第二调节机构和第三调节机构进行调节，当第一调节机构达到饱和时，再由第二、第三调节机构依次接力调节。

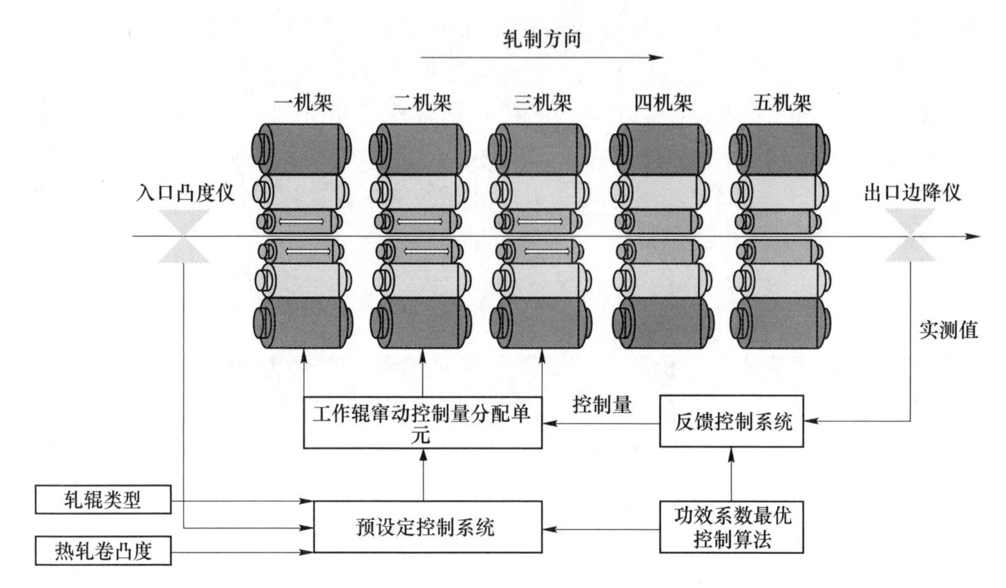

图 7.17　边部减薄闭环控制系统示意图

7.3.1.2　经验分配法

采用经验分配和后期手动干预相结合的控制策略。首先根据当前边部减薄控制偏差采用寻优算法计算出工作辊的总横移量，然后根据经验分配到各个机架进行控制。

7.3.1.3　三点控制方法

工作辊横移机构的调控功效系数模型如式（7.9）所示：

$$Eff_{i,j}x_i = \Delta h_j \tag{7.9}$$

式中　$Eff_{i,j}$——第 i 机架的工作辊对位置 j 处的边部减薄调控功效系数；

x_i——第 i 机架工作辊的调整量，mm；

Δh_j——位置 j 处的控制目标，mm。

为将原有的单点控制转化为三点控制，结合式（7.5）建立三点控制求解模型，如式（7.10）所示。

$$\begin{cases} Eff_{1,20}x_1 + Eff_{2,20}x_2 + Eff_{3,20}x_3 = \Delta h_{20} \\ Eff_{1,40}x_1 + Eff_{2,40}x_2 + Eff_{3,40}x_3 = \Delta h_{40} \\ Eff_{1,90}x_1 + Eff_{2,90}x_2 + Eff_{3,90}x_3 = \Delta h_{90} \end{cases} \tag{7.10}$$

由于在实际工程应用问题中不存在唯一解，只存在最优解的情况。通过对工作辊横移机构的影响规律分析，发现后位机架对靠近带钢中心区域的影响较小，故可将该求解矩阵转化为三角矩阵。可以求出相对最优的结果，以实现对边部减薄的三点控制。在不考虑后位机架对带钢中部区域影响的情况下，将式（7.10）

进行转换即可进行简单代入求解，得到式（7.11）以实现边部减薄多机架协调控制。

$$\begin{cases} Eff_{1,20}x_i + Eff_{2,20}x_2 + Eff_{3,20}x_3 = \Delta h_{20} \\ Eff_{1,40}x_1 + Eff_{2,40}x_2 + 0x_3 = \Delta h_{40} \\ Eff_{1,90}x_1 + 0x_2 + 0x_3 = \Delta h_{90} \end{cases} \tag{7.11}$$

7.3.1.4 全局优化法

以多机架协调控制为基础，多目标控制为出发点，通过建立各机架的控制模型和边界条件建立目标函数，采用寻优算法计算出各个调节机构的最优调节量，以实现边部减薄的精确控制，具有控制精度高和控制目标多的特点，能够实现边部减薄的高精度控制，如图 7.18 所示。

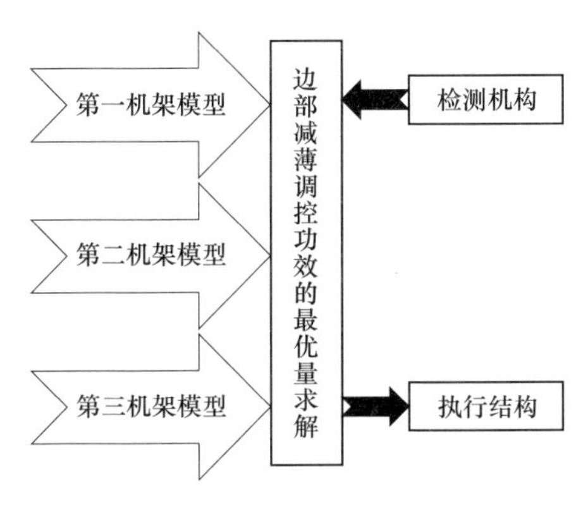

图 7.18 全局优化控制流程

7.3.2 边部减薄最优化控制

目前，针对带钢的边部减薄控制已开发出多种方法。西门子公司开发出用于控制边部减薄的柔性辊，这种轧辊边部比中部的柔性大，轧制时可以通过协调轧辊各部位的弹性压扁达到减少边部减薄的目的。多辊轧制方面，国外开发出在森吉米尔轧机上利用小直径的工作辊和锥形中间辊横移的方法控制带钢横断面厚度差以减少边部减薄。在住友金属设计的冷连轧机组上，前三机架采用 PC 机型进行边部减薄控制。日立公司开发出 UCM 轧机可以通过中间辊横移改善辊系变形，降低轧辊间的有害弯矩，减少边部减薄。西门子公司在铝带轧制生产中利用变凸度支撑辊对边部减薄进行补偿以提高轧制过程中的板形质量。宝钢 2030 冷连轧机组采用变接触长度的支撑辊，通过减少辊系变形的有害弯矩达到减少边部减薄目的。川崎制铁开发的锥形工作辊横移轧机 T-WRS，通过设计锥形区的工作辊有效长度来控制带钢边部的横向流动，补偿工作辊压扁引起的带钢边部变形量。除此，川崎制铁还将锥形工作辊横移与工作辊交叉相组合，进一步提高轧机对带钢边部减薄的控制能力。在对边部减薄控制新设备和新工艺开发的同时，人们还将目光集中到高精度带钢凸度测量仪的研究方面，利用这种凸度仪可以在线检测带钢横断面上的厚度分布，进而实现边部减薄的在线闭环反馈控制，进一步提高边部减薄控制的效果。

实现边部减薄闭环控制的前提是获得工作辊横移对带钢边部减薄的影响规律。通过数值模拟方式可以获得各机架工作辊横移对边部减薄的影响规律。图7.19所示为某硅钢厂1500mm五机架硅钢冷连轧机的工作辊横移对应的边部减薄变化量，各机架工作辊横移对边部减薄影响规律之间的差异主要是由厚度和压下量的差别引起的。

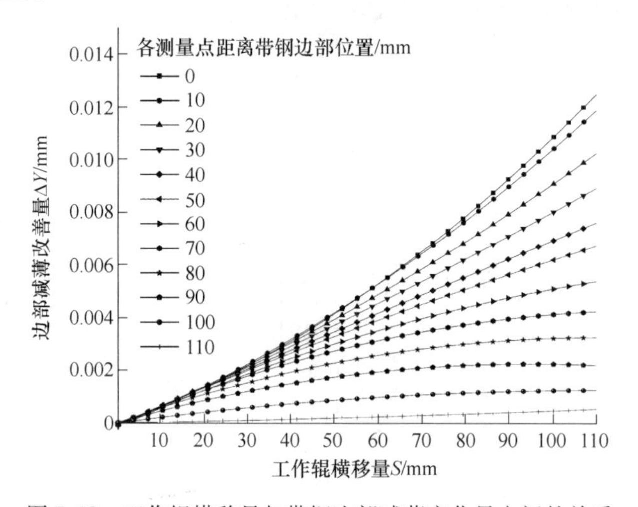

图7.19　工作辊横移量与带钢边部减薄变化量之间的关系

采用有限元模拟方式得到的各机架工作辊横移的边部减薄调控功效系数矩阵如式（7.12）所示：

$$\boldsymbol{Eff}=\begin{bmatrix} eff_{10}10 & eff_{10}20 & \cdots & eff_{10}N \\ eff_{20}10 & eff_{20}20 & \cdots & eff_{20}N \\ \cdots & \cdots & \cdots & \cdots \\ eff_{i}10 & eff_{i}20 & \cdots & eff_{i}N \end{bmatrix} \tag{7.12}$$

式中　eff_iN——工作辊横移量为 i 时对距离带钢边部位置 N 处的边部减薄影响量。

由于边部减薄调控功效矩阵中各参数存在离散性，难以进行连续建模，故对图7.19中各离散点进行数值拟合，拟合模型如式（7.13）所示。

$$f_{i,j}(x_i)=\beta+\alpha_1 x_i+\alpha_2\,(x_i)^2 \tag{7.13}$$

式中　$f_{i,j}(x_i)$——第 i 个调节机构在不同横移量 x_i 的情况下，对距离带钢边部 j 处的边部减薄影响量；

β——多项式拟合的截距项；

α_1——多项式拟合中的一次项系数；

α_2——多项式拟合中的二次项系数。

对第一机架、第二机架、第三机架的仿真结果进行曲线拟合，拟合结果分别见表 7.2~表 7.4。

表 7.2 第一机架边部减薄影响量的曲线拟合各项系数

工作辊横移量/mm	第一机架曲线拟合各项系数值		
	β	α_1	α_2
0	-8.44×10^{-5}	8.17×10^{-6}	5.36×10^{-7}
10	-1.58×10^{-5}	3.09×10^{-5}	2.87×10^{-7}
20	-9.88×10^{-6}	3.23×10^{-5}	2.07×10^{-7}
30	-3.01×10^{-5}	3.39×10^{-5}	1.40×10^{-7}
40	-1.79×10^{-5}	3.40×10^{-5}	8.35×10^{-8}
50	2.74×10^{-6}	3.34×10^{-5}	5.11×10^{-8}
60	-4.91×10^{-5}	3.49×10^{-5}	-1.36×10^{-8}
70	-1.49×10^{-6}	3.30×10^{-5}	-4.78×10^{-8}
80	3.53×10^{-5}	2.73×10^{-5}	-3.94×10^{-8}
90	2.84×10^{-5}	2.17×10^{-5}	-3.18×10^{-8}
100	2.48×10^{-5}	9.11×10^{-6}	4.35×10^{-8}
110	3.12×10^{-5}	-1.99×10^{-6}	9.29×10^{-8}

表 7.3 第二机架边部减薄影响量的曲线拟合各项系数

工作辊横移量/mm	第二机架曲线拟合各项系数值		
	β	α_1	α_2
0	-5.56×10^{-6}	4.08×10^{-5}	3.66×10^{-7}
10	-6.72×10^{-5}	4.70×10^{-5}	2.78×10^{-7}
20	-5.87×10^{-5}	4.91×10^{-5}	1.63×10^{-7}
30	-8.76×10^{-5}	5.13×10^{-5}	6.68×10^{-8}
40	-7.02×10^{-5}	5.14×10^{-5}	-1.34×10^{-8}
50	-4.07×10^{-5}	5.05×10^{-5}	-5.96×10^{-8}
60	-1.15×10^{-5}	5.27×10^{-5}	-1.52×10^{-7}
70	-4.67×10^{-5}	5.00×10^{-5}	-2.01×10^{-7}
80	5.76×10^{-6}	4.18×10^{-5}	-1.89×10^{-7}
90	-4.01×10^{-6}	3.38×10^{-5}	-1.78×10^{-7}
100	-9.25×10^{-6}	1.59×10^{-5}	-7.06×10^{-8}
110	-1.58×10^{-5}	2.25×10^{-6}	1.12×10^{-8}

表 7.4　第三机架边部减薄影响量的曲线拟合各项系数

工作辊横移量/mm	第三机架曲线拟合各项系数值		
	β	α_1	α_2
0	-3.89×10^{-6}	2.86×10^{-5}	2.56×10^{-7}
10	-4.70×10^{-5}	3.29×10^{-5}	1.95×10^{-7}
20	-4.11×10^{-5}	3.43×10^{-5}	1.14×10^{-7}
30	-6.13×10^{-5}	3.59×10^{-5}	4.68×10^{-8}
40	-4.91×10^{-5}	3.60×10^{-5}	-9.38×10^{-9}
50	-2.85×10^{-5}	3.54×10^{-5}	-4.18×10^{-8}
60	-8.04×10^{-5}	3.69×10^{-5}	-1.06×10^{-7}
70	-3.27×10^{-5}	3.50×10^{-5}	-1.41×10^{-7}
80	4.03×10^{-6}	2.92×10^{-5}	-1.32×10^{-7}
90	-2.80×10^{-6}	2.37×10^{-5}	-1.25×10^{-7}
100	-6.47×10^{-6}	1.11×10^{-5}	-4.94×10^{-8}
110	-1.11×10^{-5}	1.57×10^{-6}	7.83×10^{-9}

因前三机架工作辊的边部减薄调控功效系数存在差异，分别建立前三机架的边部减薄控制优化目标函数，第一机架的目标函数如式（7.14）所示：

$$Min_{S1}=[\Delta_1-f_{1,1}(x_1)\Delta S_1]^2+[\Delta_2-f_{1,2}(x_1)\Delta S_1]^2+\cdots+[\Delta_n-f_{1,n}(x_1)\Delta S_1]^2 \tag{7.14}$$

第二机架的目标函数为如式（7.15）所示：

$$Min_{S2}=[\Delta_1-f_{2,1}(x_2)\Delta S_2]^2+[\Delta_2-f_{2,2}(x_2)\Delta S_2]^2+\cdots+[\Delta_n-f_{2,n}(x_2)\Delta S_2]^2 \tag{7.15}$$

第三机架的目标函数为如式（7.16）所示：

$$Min_{S3}=[\Delta_1-f_{3,1}(x_3)\Delta S_3]^2+[\Delta_2-f_{3,2}(x_3)\Delta S_3]^2+\cdots+[\Delta_n-f_{3,n}(x_3)\Delta S_3]^2 \tag{7.16}$$

式中，Min_{S1}、Min_{S2}、Min_{S3}分别为第一、二、三机架的优化目标函数；Δ_n 为第 n 点的控制目标，mm；ΔS_1、ΔS_2、ΔS_3 分别为第一、二、三机架对应的插入量调节增量。

边部减薄控制的整体优化目标函数如式（7.17）所示：

$$Min=Min_{S1}+Min_{S2}+Min_{S3} \tag{7.17}$$

实际控制过程中，每一次反馈控制都是在上一次求解最优点的基础上进行求解，需要加入求解起点作为初始约束条件。原始曲线为 $y=f(x)$，求解起点为$(x_0,f(x_0))$，则加入求解起点后的曲线变化如式（7.18）所示：

$$y+f(x_0)=f(x+x_0) \tag{7.18}$$

第一机架变化后的拟合曲线如式（7.19）所示：

$$f_{1,n}(x_i)+f_{1,n}(X_{10})=\beta+\alpha_1(x_i+X_{10})+\alpha_2(x_i+X_{10})^2 \tag{7.19}$$

第二机架变化后的拟合曲线如式（7.20）所示：

$$f_{2,n}(x_i)+f_{2,n}(X_{20})=\beta+\alpha_1(x_i+X_{20})+\alpha_2(x_i+X_{20})^2 \tag{7.20}$$

第三机架变化后的拟合曲线如式（7.21）所示：

$$f_{3,n}(x_i)+f_{3,n}(X_{30})=\beta+\alpha_1(x_i+X_{30})+\alpha_2(x_i+X_{30})^2 \tag{7.21}$$

式中，X_{10}、X_{20}、X_{30}分别代表第一机架、第二机架、第三机架的工作辊初始横移量。

除了求解起点还有边界条件的约束。边部减薄控制系统中的边界条件为控制设备的最大横移量，边界条件需要转化为惩罚函数对目标函数进行修正。

初始边界如式（7.22）所示：

$$\begin{cases}0\leqslant x_1\leqslant lim_{x1}\\0\leqslant x_2\leqslant lim_{x2}\\0\leqslant x_3\leqslant lim_{x3}\end{cases} \tag{7.22}$$

式中，lim_{x1}、lim_{x2}、lim_{x3}分别表示第一机架、第二机架、第三机架对应最大控制量，即约束边界。

由于各机架厚度、压下量和张力的变化，导致各机架控制的带钢横向流动区宽度不同，需要将初始边界修改，如式（7.23）所示：

$$\begin{cases}0-X_{10}\leqslant x_1\leqslant lim_{x1}-X_{10}\\0-X_{20}\leqslant x_2\leqslant lim_{x2}-X_{20}\\0-X_{30}\leqslant x_3\leqslant lim_{x3}-X_{30}\end{cases} \tag{7.23}$$

将边界条件式（7.23）转化为式（7.24）的惩罚函数形式：

$$\begin{cases}g_1(x_1)=0-X_{10}-x_1\leqslant 0\\g_2(x_1)=x_1-(lim_{x1}-X_{10})\leqslant 0\\g_3(x_2)=0-X_{20}-x_2\leqslant 0\\g_4(x_2)=x_2-(lim_{x2}-X_{20})\leqslant 0\\g_5(x_3)=0-X_{30}-x_3\leqslant 0\\g_6(x_3)=x_3-(lim_{x3}-X_{30})\leqslant 0\end{cases} \tag{7.24}$$

将求解起点和边界条件代入到目标函数中，对目标函数进行修改。对拟合的曲线进行坐标变化之后的第一机架的目标函数为：

$$Min_{S1}=\sum_{k=1}^{n}\{\Delta k-[f_{1,k}(x_1+X_{10})-f_{1,k}(X_{10})]\Delta S_1\}^2 \tag{7.25}$$

对拟合的曲线进行坐标变化之后的第二机架的目标函数为：

$$Min_{S2}=\sum_{k=1}^{n}\{\Delta k-[f_{2,k}(x_2+X_{20})-f_{2,k}(X_{20})]\Delta S_2\}^2 \tag{7.26}$$

对拟合的曲线进行坐标变化之后的第三机架的目标函数为：

$$Min_{S3}=\sum_{k=1}^{n}\{\Delta k-[f_{3,k}(x_1+X_{30})-f_{3,k}(X_{30})]\Delta S_3\}^2 \tag{7.27}$$

前三机架总影响函数为：

$$Min_{all} = Min_{S1} + Min_{S2} + Min_{S3} \tag{7.28}$$

最终优化目标函数为：

$$\begin{cases} \phi(x, r^{(k)}) = Min^2 - r^{(k)} \sum_{u=1}^{6} \dfrac{1}{(g_u(x))^2} \\ r^{(k-1)} gc = r^{(k)} \end{cases} \tag{7.29}$$

设定初始可行域点为$(x_1, x_2, x_3) = (1, 1, 1)$。式（7.29）中 $r^{(k)}$ 为第 k 次的惩罚函数，降低因子 c 取 0.7，当 $k=0$ 时 $r^{(0)}$ 取 3。

最后利用鲍威尔（Powell）法对最优调节量进行求解。鲍威尔法又称为方向加速法，由鲍威尔于 1964 年提出，是利用共轭方向可以加快收敛速度的性质形成的一种搜索方法。鲍威尔法可用于求解一般无约束优化问题，对于维数 $n<20$ 的目标函数求优化问题，此法可以获得较满意的求解结果。如图 7.20 所示为鲍威尔法计算流程图。

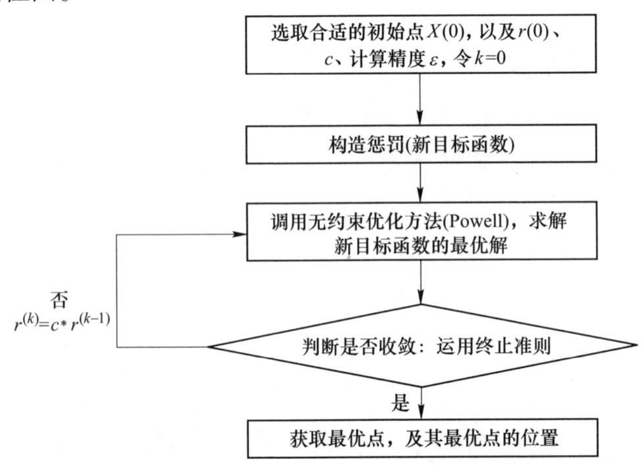

图 7.20　鲍威尔法对最优调节量进行求解的计算流程

具体计算步骤如下。

Step1：设置初始点和相关参数。选取初始点 x_0，以及 n 个线性无关的搜索方向 d_0，d_1，d_2，…，d_{n-1}，给定允许误差 Err，令 $k>0$；

Step2：进行第一次搜索。令 $y_0 = x_1$，依次沿 d_0，d_1，d_2，…，d_{n-1}进行一维搜索。对一切 $j=1$，2，…，n 记：

$$f[y(j-1)] + \lambda(j-1)d(j-1) = \min f[y(j-1)] + \lambda d(j-1) \tag{7.30}$$

$$y(j) = y(j-1) + \lambda(j-1)d(j-1) \tag{7.31}$$

Step3：选取加速方向搜索。取加速方向 $d(n) = y(n) - y(0)$；若 $\| d(n) \| < Err$ 符合，迭代计算终止，得到的 $y(n)$ 即为问题的近似最优解；否则，从点 $y(n)$ 出发沿 $d(n)$ 进行一维搜索，求出 $\lambda(n)$，使得

$$f[y(n)] + \lambda(n)d(n) = \min f[y(n) + \lambda(n)d(n)] \quad (7.32)$$

$$x(k+1) = y(n) + \lambda(n)d(n) \quad (7.33)$$

Step4：调整最优化的搜索方向。在原来 n 个方向 d_0，d_1，d_2，…，d_{n-1} 基础上，将 d_0 替换为 d_n，构成新的搜索方向，返回 Step2 继续进行求解。

结合实际生产数据，采用经验分配法、单点控制法、三点控制法和全局优化法四种主流控制策略，通过计算第一、二、三机架所需的横移量，对 20mm、40mm、70mm、90mm 和 120mm 位置 5 个测量点处厚度的控制偏差进行对比分析。得到不同控制策略的控制量见表 7.5，不同控制策略对各测量点的控制偏差见表 7.6，不同控制策略的调整偏差见图 7.21。

表 7.5 不同控制策略的控制量

控制量/mm	单点控制法	经验分配法	三点控制法	全局优化法
*S*1 计算控制量	98.80	85.73	87.91	90.85
*S*2 计算控制量	50.00	61.60	55.88	58.39
*S*3 计算控制量	30.00	34.93	43.58	14.04

表 7.6 不同控制策略对各测量点的控制偏差

距离边部距离/mm	单点控制法	经验分配法	三点控制法	全局优化法
20	0.039316	0.032517	−0.09998	0.017254
40	−0.32013	−0.38779	−0.51354	−0.27232
70	−0.2751	−0.38771	−0.49762	−0.16416
90	−0.06187	−0.08127	−0.16293	−0.01864
120	−0.01547	−0.02032	−0.04073	−0.00466
标准差	0.020715	0.033222	0.040761	0.012522

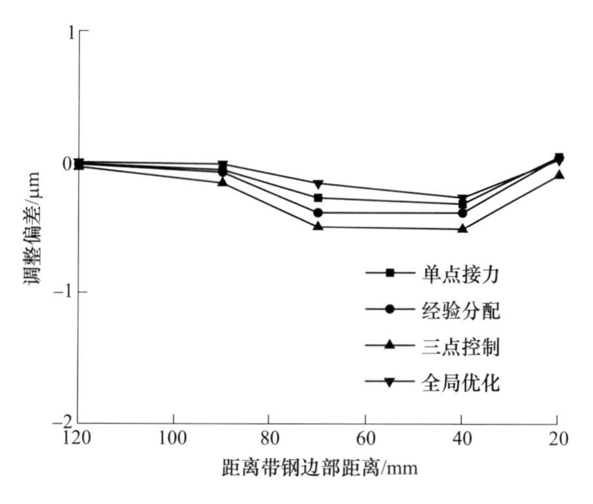

图 7.21 不同控制策略的调整偏差

通过图 7.21 可以看出，单点控制法在中部区域会存在控制偏差，主要原因是单一控制目标只能提高该目标点的控制精度，而对其他位置点的控制效果较差。三点控制法不能完全适应来料的变化，并忽略后面机架的影响，导致求解出的控制量均偏离控制目标较多。全局优化法求解精度最高，但为防止两次求解量间差距较大，还需在惩罚函数中加入公式（7.34）的约束条件。

$$\begin{bmatrix} g_7(x_1) = (X_1 - X_{1,0})^2 \\ g_8(x_2) = (X_2 - X_{2,0})^2 \\ g_9(x_3) = (X_3 - X_{3,0})^2 \end{bmatrix} \tag{7.34}$$

式中，$X_{1,0}$、$X_{2,0}$、$X_{3,0}$分别代表第一、二、三机架对应的求解起点。

7.3.3　边部减薄调控功效系数的在线修正

边部减薄调控功效系数的模型精度会直接影响最优算法的求解精度，需要通过实时的轧制数据进行精度修正，使最优算法达到求解精度要求。工作辊横移的边部减薄调控功效系数在线修正也可以采用板形调控功效系数在线修正方式实现。首先通过建立轧制过程有限元仿真模型，根据厚度与轧制力可以获得每个节点处对应的边部减薄调控功效系数矩阵。由于硅钢轧制过程中各工况点参数的变化具有连续性，且工作辊横移对边部减薄的影响跟随工况参数而变化，因此，二维特征空间中非节点处的边部调控功效系数值可通过其周围相邻节点处的仿真结果进行拟合求解。这样，通过有限个工况点的仿真结果即可获得任意工况下的边部减薄调控功效系数矩阵。如图 7.22 所示为边部减薄自学习关系矩阵。

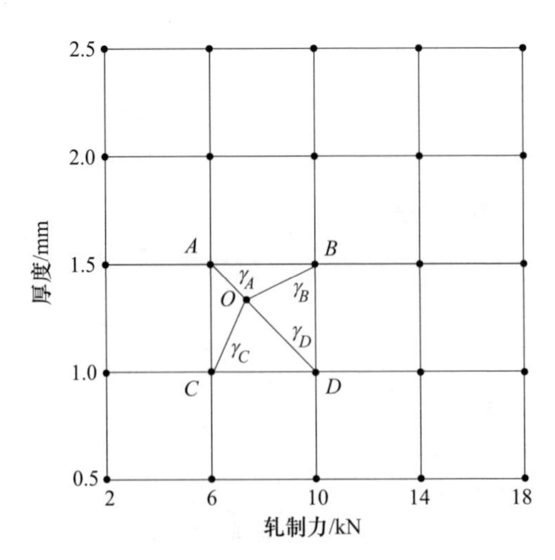

图 7.22　边部减薄自学习关系矩阵

图7.22中O点的调控功效矩阵可通过式（7.35）获得

$$\boldsymbol{Eff}_O = \boldsymbol{Eff}_A \times \gamma_A + \boldsymbol{Eff}_B \times \gamma_B + \boldsymbol{Eff}_C \times \gamma_C + \boldsymbol{Eff}_D \times \gamma_D \tag{7.35}$$

式中，$\boldsymbol{Eff}_O$、$\boldsymbol{Eff}_A$、$\boldsymbol{Eff}_B$、$\boldsymbol{Eff}_C$、$\boldsymbol{Eff}_D$分别为O、A、B、C、D点的调控功效矩阵；γ_A、γ_B、γ_C、γ_D分别为A、B、C、D点的相关性系数。

γ_A、γ_B、γ_C、γ_D可分别由式（7.36）~式（7.39）表示：

$$\gamma_B = \frac{h_O - h_B}{h_D - h_B} \cdot \frac{p_O - p_A}{p_B - p_A} \tag{7.36}$$

$$\gamma_B = \frac{h_O - h_A}{h_C - h_A} \cdot \frac{p_B - p_O}{p_B - p_A} \tag{7.37}$$

$$\gamma_C = \frac{h_O - h_A}{h_C - h_A} \cdot \frac{p_O - p_C}{p_D - p_C} \tag{7.38}$$

$$\gamma_D = \frac{h_O - h_B}{h_D - h_B} \cdot \frac{p_O - p_C}{p_D - p_C} \tag{7.39}$$

式中，h_O、h_A、h_B、h_C、h_D分别表示O，A，B，C，D点处的厚度，mm；p_O、p_A、p_B、p_C、p_D分别表示O，A，B，C，D点处的轧制力，kN。

由于实际轧制过程的复杂性，需要通过轧制动态数据对边部减薄调控功效系数模型进行修正，不断提高控制精度，实现控制要求。此处以O点举例，修正公式如式（7.40）所示：

$$\boldsymbol{Eff}_O = \boldsymbol{Eff}_O + \delta\left(\frac{\Delta Y_O}{\Delta U_O} - \boldsymbol{Eff}_O\right) \tag{7.40}$$

式中　δ——修正系数，取0~0.3；

ΔY_O——实际检测值的差值，mm；

ΔU_O——控制机构的控制量，mm。

误差死区通常作为判断自学习是否完成的条件，当模型精度达到误差死区时，则认为新的调控功效系数已经满足精度要求，不再进行学习。

7.4 边部减薄闭环控制系统的滞后补偿控制策略

由于边降仪安装位置的限制，导致边部减薄闭环控制系统存在测量滞后，对系统的稳定性和控制精度有较大影响。如何在保证控制品质不变的情况下实现闭环控制系统输出路径的前移，进而克服测量滞后对控制系统稳定性的影响，是工业自动化领域亟待解决的问题之一。

7.4.1 边部减薄闭环控制系统的滞后

边部减薄闭环控制系统的滞后主要由两部分组成，包括调节机构的响应时间和带钢从辊缝到边降仪的传输时间。

响应时间 t_{delay_ws} 指工作辊横移机构达到设定目标所需要的时间，如式（7.41）所示：

$$t_{delay\_ws} = \frac{\Delta l}{v_w} \tag{7.41}$$

式中　v_w——指在当前轧制条件下的工作辊的横移速度，mm/s；

Δl——单个控制周期内工作辊的横移量，mm。

如图 7.23 所示，其中 v_{ws} 指工作辊在不发生磨损时的最大横移速度，v_{st} 指轧制速度，FR_{min} 和 FR_{max} 分别指最小轧制力和最大轧制力，工作辊横移速度可通过轧制力和轧制速度获得。带钢从机架辊缝处到边降仪的滞后时间可通过等流量法获得，计算原理如图 7.24 所示。

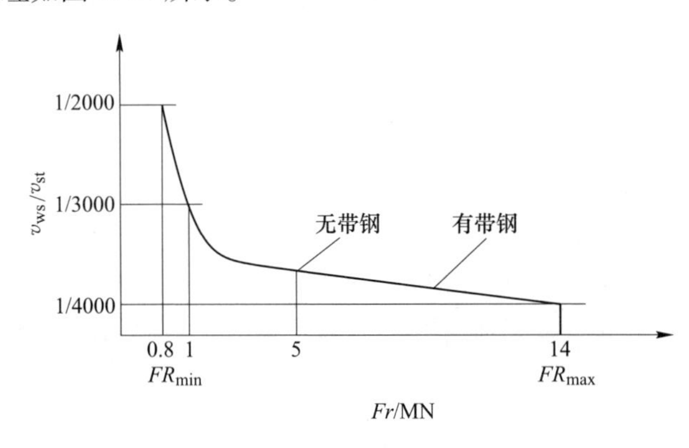

图 7.23　工作辊横移速度和轧制力以及轧制速度的关系

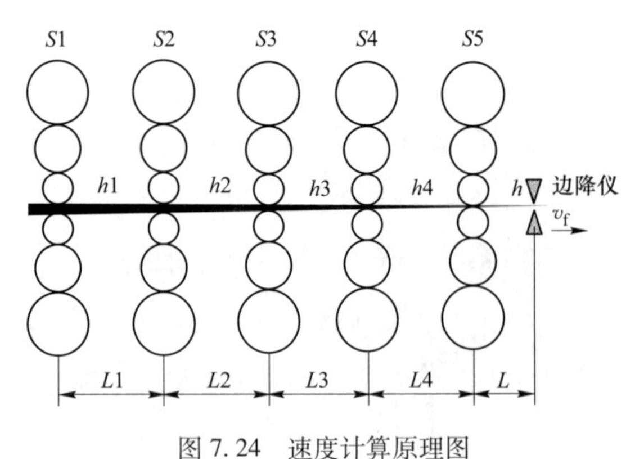

图 7.24　速度计算原理图

以第一机架为例，带钢从辊缝处到边降仪的时间可由式（7.42）求得，其他机架滞后时间求法与之类似，在此不进行重复。

$$t_{delay\_v} = \frac{h1 \times L1 + h2 \times L2 + h3 \times L3 + h4 \times L4 + h \times L}{h \times v_f} \tag{7.42}$$

式中 $h1 \sim h5$——带钢在不同机架辊缝处的厚度，mm；
$L1 \sim L4$——不同轧辊间位置距离，mm；
L——第五机架工作辊缝到边降仪的距离，mm；
h——第五机架出口带钢厚度，mm；
v_f——带钢的出口速度，mm/s。

7.4.2 基于模型预测控制的边部减薄滞后控制方法

7.4.2.1 滞后控制方法

A 串级 PID 控制

PID 控制由于具有算法简单、可靠性强等优点，被广泛应用于机械、冶金等行业中。PID 控制器由比例单元（P）、积分单位（I）和微分单元（D）组成，通过比例系数（K_p）、积分系数（T_i）和微分系数（T_d）进行线性组合，从而改变被控量。

为了进一步提高 PID 控制的适应能力，弥补其局限性对控制系统带来的影响，可以通过以下几种方式增强其控制能力：（1）进行 PID 参数自整定，如采用临界比例度法、曲线衰减法等，还可以结合自适应算法形成自校正 PID 控制器在线修正 PID 参数。（2）寻求新的智能控制方法，如模糊控制、专家系统控制和神经网络控制等，这些方法不需要建立准确的数学模型，依靠大量的生产数据及专家经验就能对被控对象进行精确控制。并且智能控制方法具有高度的学习功能、适应功能、自组织功能和优化功能。（3）将常规 PID 控制和智能控制相结合，建立混合控制模型，如基于自校正 Smith 预估 PID 控制、基于 Smith 预估-模糊 PID 控制、基于专家系统的模糊 PID 控制等。如图 7.25 所示为串级 PID 控制原理图。

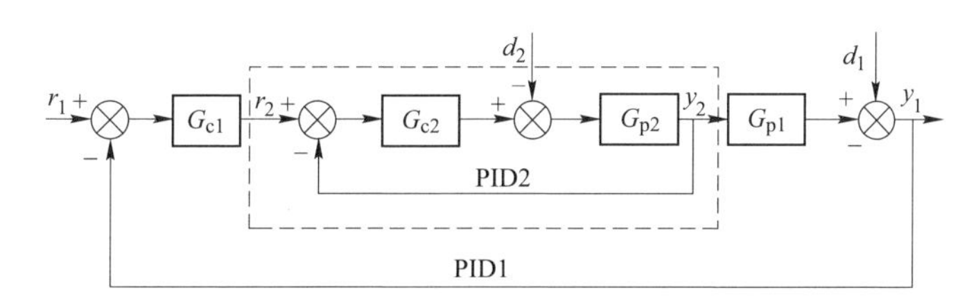

图 7.25 串级 PID 控制原理

B Smith 预估控制

Smith 预估控制是一种纯滞后补偿控制手段，纯滞后是指由传输速度限制导致的滞后。Smith 预估控制通过引入 Smith 预估补偿器对纯滞后进行削弱和消除，控制系统只是延迟了τ时间，稳定性和控制效果并不会产生影响。如图 7.26 所示为 Smith 预估控制原理图。

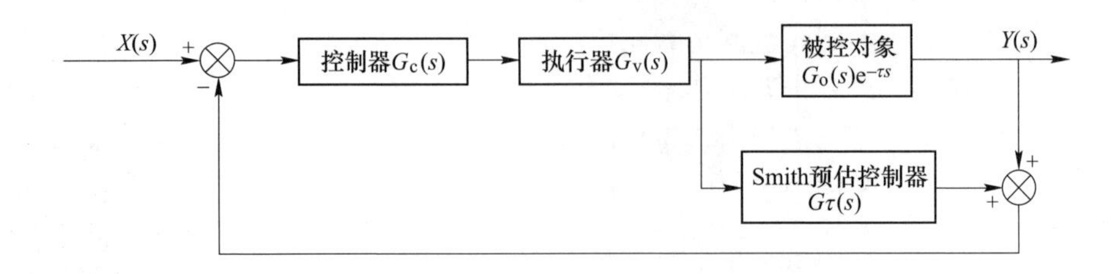

图 7.26　Smith 预估控制原理

Smith 预估器的引入补偿了时间滞后现象的影响，提高了控制系统的稳定性和动态性能。该控制方法主要应用于以稳定性为首、快速性为次的系统，对预估模型的精度依赖性较高，若模型精度过低，反而会造成控制系统不稳定。

C　模型预测控制

模型预测控制（MPC）是利用已有模型、系统当前状态和未来控制量去预测系统未来的输出量，输出量的长度是控制周期的整数倍。由于未来控制量是未知的，故需要根据一定的条件进行求解，来得到未来的控制量序列，并在每个控制周期结束后，系统根据当前实际状态重新预测系统未来的输出量。如图 7.27 所示为模型预测控制原理。

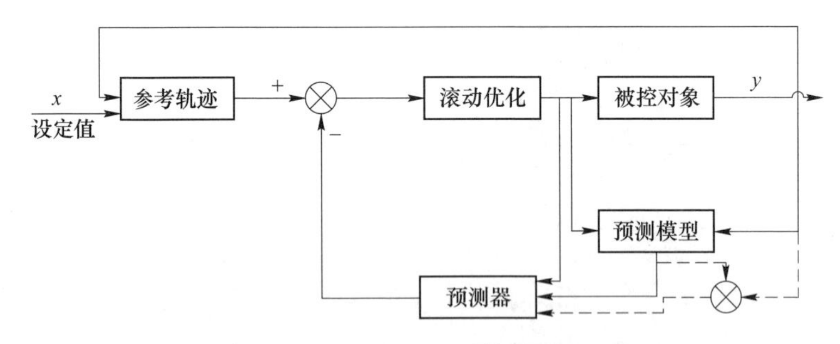

图 7.27　模型预测控制原理

以串级 PID 控制、Smith 预估控制和模型预测控制为代表的大滞后控制方法，通过和最优化控制、模糊控制、神经网络、专家系统等结合，已经取得了较大的成果，但在实际应用中进行模型化较为困难。目前实际应用比较广泛的是增益控制方法，根据轧制速度和压下率给定不同的增益系数，在板形闭环控制中取得了不错的效果。增益控制对滞后较小的控制系统相对有效，但对边部减薄大滞后控制系统控制效果并不理想，同时实际生产环境与控制系统模型的复杂性提高了其应用难度。

7.4.2.2　模型预测控制

模型预测控制源于最优化控制，其基本控制策略是通过建立预测模型、机理模型或数据模型对系统的行为进行预测，并对预测进行优化来生成对控制系统的最佳决策。边部减薄控制系统的预测控制包括预测模型、反馈控制、轨迹优化和模型自修正四个模块，如图 7.28 所示。其通过反馈控制和轨迹优化实现硅钢边部减薄的闭环控制，利用过程数据对预测模型进行修正，提高预测模型的精度，进而实现硅钢冷连轧过程边部减薄的连续高精度控制。

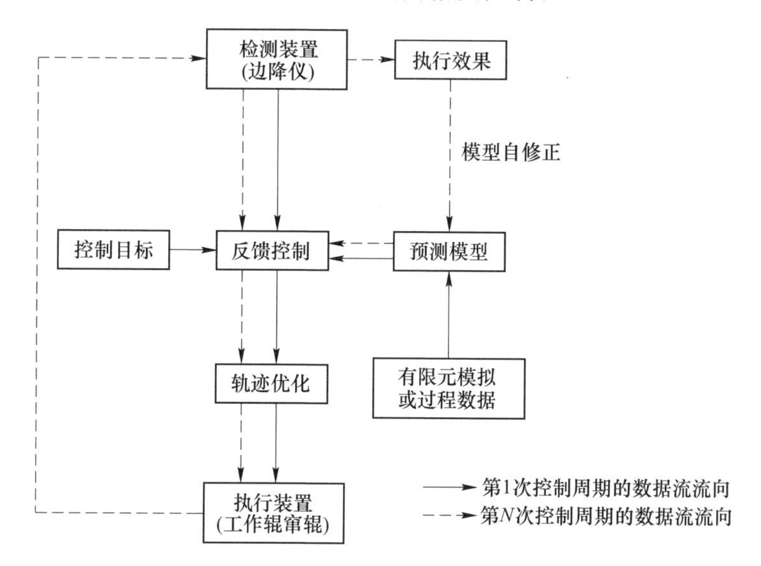

图 7.28　边部减薄控制系统的预测控制模型

A　建立预测模型

预测模型用于预测系统输入与输出之间的关系，也就是调节机构的调节量对带钢边部减薄量的影响规律，并采用调控功效系数矩阵对其进行定量表达。在此以某钢厂 1500mm 五机架 UCMW 冷连轧机为例，通过在线记录每个控制周期的工作辊横移量及相应的硅钢边部减薄变化量数据，利用式（7.43）获得若干节点处工作辊横移调控功效系数。

$$eff_{ED} = \lim_{EL \to 0} \frac{\Delta ED}{\Delta EL} \tag{7.43}$$

式中　eff_{ED}——工作辊横移的调控功效系数；

EL——工作辊横移量，mm；

ED——边部减薄改善量，mm。

前三机架的工作辊调控功效系数向量如式（7.44）~式（7.45）和式（7.46）所示：

$$eff_{w1} = [eff_{w1,1}, eff_{w1,2}, \cdots, eff_{w1,n}] \tag{7.44}$$

$$eff_{w2} = [eff_{w2,1}, eff_{w2,2}, \cdots, eff_{w2,n}] \tag{7.45}$$

$$eff_{w3} = [eff_{w3,1}, eff_{w3,2}, \cdots, eff_{w3,n}] \tag{7.46}$$

式中，eff_{w1}、eff_{w2}、eff_{w3}分别表示第 1、2、3 机架的工作辊横移调控功效系数向量；$eff_{w1,n}$、$eff_{w2,n}$、$eff_{w3,n}$分别表示第 1、2、3 机架中第 n 个点的调控功效系数。

B　预测控制

预测控制与通常的离散最优控制算法不同，它不是采用一个不变的全局最优目标，而是采用滚动式的有限时域优化策略。即优化过程不是一次完成的，而是反复在线进行的。在每一采样时刻，优化性能指标只涉及从该时刻起到未来有限的时间，而到下一个采样时刻，这一优化时段会同时向前。所以，预测控制不是用一个对全局相同的优化性能指标，而是在每一个时刻有一个相对于该时刻的局部优化性能指标。制定的带钢边部减薄预测控制策略如图 7.29 所示。

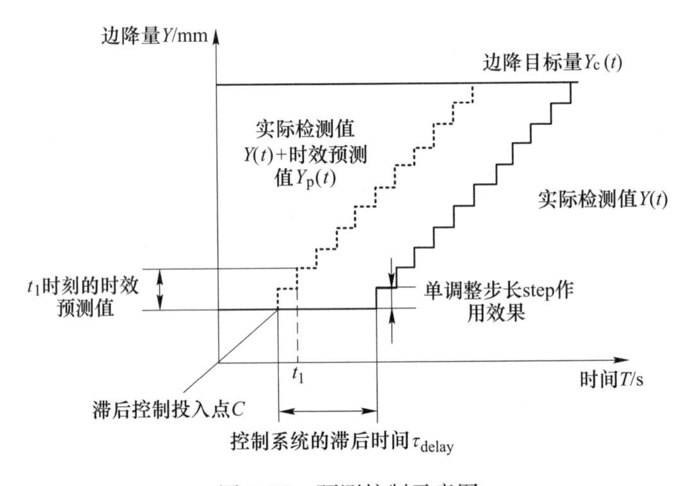

图 7.29　预测控制示意图

在边部减薄闭环控制的周期序列中，第一个控制周期内滞后控制尚未介入，边部减薄的目标设定值向量 $Y_c(t)$ 与边降仪的实测值向量 $Y(t)$ 作差，可得到本周期的控制偏差向量 $Y_{co}(t)$，如式（7.47）所示：

$$Y_{co}(t) = Y(t) - Y_c(t), \qquad t \in [1, +\infty] \tag{7.47}$$

将本周期的控制偏差向量 $Y_{co}(t)$ 输入到预测模型中，可以得到预测时效值 $Y_p(t)$。若 t 时刻给到执行机构的控制量为 $step(t)$，则当前控制量下的预测时效值为：

$$Y_p(t) = step(t) \times eff_w, \qquad t \in [1, +\infty] \tag{7.48}$$

预测时效值 $Y_p(t)$ 是指执行装置执行之后，在检测装置尚未检测出执行效果时，由预测模型根据执行机构执行动作给出的预测值。则 t 时刻下达到控制系统的控制目标可表示为：

$$Y_{co}(t) = Y(t) - Y_c(t) - Y_p(t), \quad t \in [1, +\infty] \tag{7.49}$$

由于控制系统存在滞后，检测装置无法检测到执行机构的动作效果，故需要引入预测时效值。在 t 时刻时，由图 7.29 可知，存在 2 个预测步长，故产生 2 个预测时效值。预测时效值的存在周期为检测装置可以检测到执行机构的动作效果周期。若检测到执行效果，可以通过将预测值和实际效果值进行对比，对模型进行自修正，此时的控制目标为：

$$Y_{co}(t) = Y(t) - Y_p(1) - Y_p(2) - Y_c(t), \quad t \in [1, +\infty] \tag{7.50}$$

式中　$Y_p(1)$——第一个步长对应的时效预测值，mm；

$Y_p(2)$——第二个步长对应的时效预测值，mm。

在第 t 时间时，预测时效值是根据当前控制量和预测模型给出的预测值，在第 $t + t_{delay}$ 时间，检测装置可检测出执行效果，预测时效值变为 0，即预测时效值的时效区间为 $[t, t + t_{delay}]$。其中 t 为执行机构的开始执行时间，t_{delay} 为检测装置和执行装置之间的滞后时间。

C　轨迹平滑

考虑到控制过程的动态特性，为了避免在控制过程出现输入和输出的急剧变化，将系统输出 $Y(t)$ 沿着一条平滑曲线快速达到设定值 $Y_c(t)$，则平滑曲线为参考轨迹 $Y_s(t)$，如图 7.30 所示。

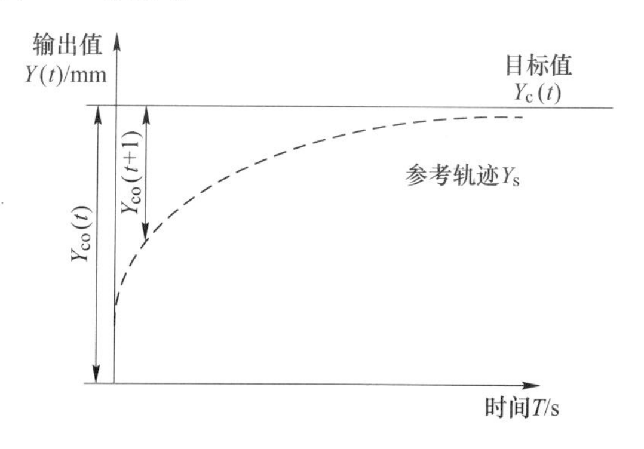

图 7.30　轨迹优化示意图

为保持控制过程的稳定性和快速性，在工作辊不发生磨损的情况下，设定调节机构单个控制周期内的工作辊横移的最大与最小调节步长，如式（7.51）、式（7.52）所示：

$$step_{max} = t_0 \times V_{max} \tag{7.51}$$

$$step_{min} = t_0 \times V_{min} \tag{7.52}$$

式中　$step_{max}$，$step_{min}$——单个控制周期内各机架工作辊横移的最大与最小调节步长，mm；

V_{max}^{s}，V_{min}^{s}——各机架工作辊不发生磨损的情况下的最大和最小横移速度，mm/s；

t_0——控制系统的单个控制周期，s。

参考轨迹一般设置为渐进性一阶指数函数，如图 7.30 所示，Y_s 为渐进性参考轨迹，则 t 时刻的渐近性参考轨迹的值可表示为：

$$Y_s(t) = Y_c - \alpha^t \times Y_{co}(t), \qquad t \in [1, +\infty] \tag{7.53}$$

式中　$Y_s(t)$——第 t 时刻的参考轨迹，mm；

t——时间参数，s；

Y_c——控制系统的目标，mm；

α——优化因子，一般取值为 0.5。

t 时刻的步长可表示为

$$step(t) = \frac{Y_s(t) - Y_s(t-1)}{eff_w}, \qquad t \in [1, +\infty] \tag{7.54}$$

式中　eff_w——泛指的边部减薄调控功效系数。

同时为保证整个控制过程的稳定性，采取步长限制的措施。若 $step$ 大于 $step_{max}$，则取 $step_{max}$，若 $step$ 小于 $step_{min}$，则进行累加寄存，达到 $step_{min}$时再输出。

D　预测模型修正

由于模拟参数和实际轧制参数的差异、非线性被控过程以及外界干扰等不确定因素的影响，在实际的轧制过程中若预测模型出现误差，需要根据实际的执行效果进行模型修正。

若某一个控制周期内，在 $t \in [t, t + t_{delay}]$时，检测装置无法检测到执行机构对应的执行效果，故通过预测模型对控制效果进行预测，当在 $t + t_{delay}$时，检测装置可检测到执行效果，此时预测时效值取零值。将此时输出的测量值 $Y(t)$、上一时刻测量值 $Y(t-1)$和有效的模型预估值 $Y_p(t)$进行比较，可分析出预测模型是否存在偏差。若预测模型存在偏差，则可利用计算预测误差对预测模型进行修正，修正之后的调控功效系数如式（7.55）所示：

$$eff_{new} = eff_{old} + \alpha \times \left[\frac{Y(t) - Y(t-1) - Y_p(t)}{step(t)} - eff_{old}\right], \qquad t \in [1, +\infty] \tag{7.55}$$

式中　α——学习效率，取值范围为 $\alpha \in (0,1)$；

$step(t)$——预测时效值 $Y_p(t)$对应的调整步长；

eff_{old}——调整之前的边部减薄调控功效系数；

eff_{new}——调整之后的边部减薄调控功效系数。

通过增加模型修正模块，可使整个控制过程具有更强的抗扰动性并克服了系统的不确定性，保证了闭环控制精度。

7.4.3 不同控制策略的对比分析

7.4.3.1 控制策略的理论分析

以下针对闭环滞后控制问题，在假定预测模型完全准确的情况下，对模型预测控制方式和增益控制方式这两种控制策略进行对比分析。在理想状态之下，即带钢无厚度波动，轧制速度一定，模型预测控制和增益控制确定的步长一致且预测模型完全准确的情况，模型预测控制达到控制目标的时间如式（7.56）所示：

$$t_{pri} = \frac{Y(0) - Y_c(0)}{step} + t_{delay} \tag{7.56}$$

式中 t_{pri}——模型预测控制达到控制目标的时间，s；

$Y(0)$——初始时刻的检测装置的检测值，mm；

$Y_c(0)$——初始时刻的边部减薄闭环控制系统的控制目标，mm；

t_{delay}——闭环控制系统总的滞后时间，s。

增益控制包括静态增益和动态增益，动态增益由当前的轧制速度确定，静态增益当前的偏差确定，偏差越大，静态增益系数越大。增益系数可由式（7.57）确定为：

$$g = \frac{a}{v} + \frac{\beta}{Y_{co}} \tag{7.57}$$

式中 g——增益控制中的增益系数；

α——动态增益修正系数；

β——静态增益的修正系数；

v——影响动态增益的轧制速度，m/s；

Y_{co}——边部减薄闭环控制的控制目标，mm。

增益控制的达到控制目标所需时间可由式（7.58）确定为

$$t_{gain} = \frac{Y(0) - Y_c(0)}{step \times g} + t_{delay} \tag{7.58}$$

式中 t_{gain}——增益控制中达到控制目标的时间，s。

比较式（7.56）和式（7.58）可以看出，由于增益系数 g 是远小于 1 的，模型预测控制达到控制目标的时间远小于增益控制，故模型预测控制的控制效率要高于增益控制。

7.4.3.2 仿真效果对比分析

为进一步验证对比两种控制方法的控制效果，对模型预测控制和增益控制进行了系统仿真对比，假设模型准确且不进行轨迹平滑，分别建立如图 7.31 所示的模型预测控制框图和如图 7.32 所示的增益控制框图。

在图 7.31 中，s 表示拉普拉斯算子，ΔL_{WRS} 表示工作辊横移量的调整值，

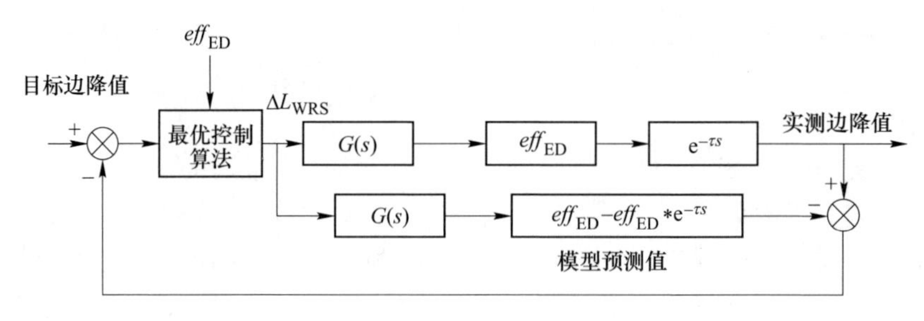

图 7.31　模型预测控制框图

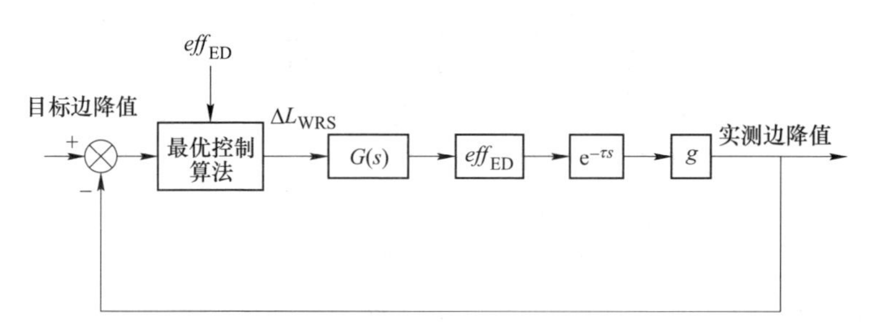

图 7.32　增益控制框图

$G(s)$表示工作辊横移的传递函数。$eff_{ED}\times e^{-ts}$等效为当前时刻检测装置的检测值，$eff_{ED}-eff_{ED}\times e^{-ts}$等效为通过预测模型对控制效果的预测值与实际值之间的差值，通过预测模型可以使闭环控制系统“识别”到控制效果。

工作辊横移的传递函数可通过式（7.59）表示：

$$G(s)=\frac{1}{1+T_{WBS}\times s} \tag{7.59}$$

式中　T_{WBS}——工作辊横移的时间常数，s。

模型预测的控制函数可通过式（7.60）表示：

$$G_p(s)=\frac{eff_{ED}}{1+T_{WBS}\times s}\times e^{-ts} \tag{7.60}$$

假设被控对象的传递函数中eff_{ED}完全准确，结合式（7.56）和图 7.31 可知，模型预测控制和 Smith 预估控制效果类似，即使控制过程整体横移τs，也不会影响到控制系统的控制精度和控制速度。

增益控制的控制函数可由式（7.61）表示为：

$$G_g(s)=\frac{g\times G(s)\times eff_{ED}\times e^{-ts}}{1+g\times G(s)\times eff_{ED}\times e^{-ts}} \tag{7.61}$$

为得到仿真模型预测控制对边部减薄的控制效果，将工作辊横移调控功效等效为一个比例环节，则控制关系可由式（7.62）表示为：

$$\Delta \left| ED \right|_{1\times n} = \Delta L_{\mathrm{WRS}} \times \left| eff_{\mathrm{ED}} \right|_{1\times n} \tag{7.62}$$

为了简化建模过程，将工作辊横移的边部减薄调控功效系数、目标边部减薄向量以及实测边部减薄向量等效为一个单一常值。其中 eff_{ED} 取 0.08μm/mm，边部减薄控制目标设定为 10μm。增益控制策略下 PID 控制器的比例系数、积分系数及微分系数分别为 $k_{\mathrm{P}}=1.5$，$k_{\mathrm{I}}=10$ 和 $k_{\mathrm{D}}=0.01$。同时，为更加符合实际控制过程，在仿真实验过程中，在控制输出处增加单次调节的限幅器。模型预测控制和增益控制的仿真对比如图 7.33 所示。

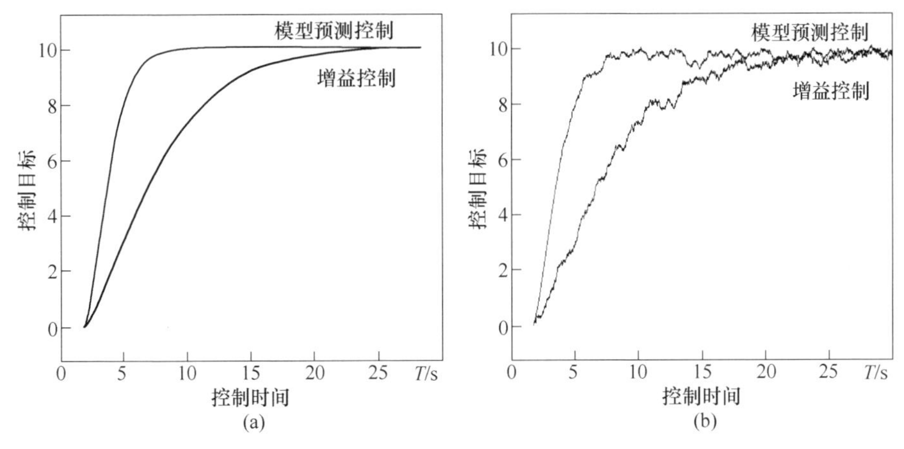

图 7.33 增益控制和模型预测控制的控制效果图

（a）无白噪声；（b）有白噪声

由图 7.33 可知，无论是否加入 50%幅度的白噪声，模型预测控制均比增益控制更快达到稳态值，具有更高的动态响应特性。另外，模型预测控制的超调量取决于输入信号的波动幅度和预测模型精度，通过模型自修正可有效减少系统超调量。增益控制方式的系统超调量由增益系数决定，采用较大的增益系数可以加速系统调整过程，但会加剧系统的超调情况；反之，则又会增大首次达到稳态的时间，需要不断通过修正增益系数来减少系统超调量。相比于传统增益控制方式，预测控制既可以保证系统既能有较快的响应特性，又不会出现严重的超调。

参 考 文 献

[1] Yamamoto H, Baba K, Kakimoto S. Development of accurate control techniques of strip shape and edge-drop in cold rolling [J]. Iron Steel (Japan), 1993, 79 (3): 156-162.

[2] Hirutra T, Akagi I, Mizushima N. Development of advanced transverse thickness profile control

of drop hard steel strips at tandem cold rolling mill [J]. Kawassaki Steel Technical Report, 1997, 37: 19-24.

[3] 朱简如．边缘降前馈控制功能的开发和应用 [J]. 宝钢技术, 2008 (4): 27-29.

[4] 镰田正诚．板带连续轧制：追求世界一流技术的记录 [M]. 北京：冶金工业出版社, 2002.

[5] Cao J G, Chai X T, Li Y L, et al. Integrated Design of Roll Contours for Strip Edge Drop and Crown Control in Tandem Cold Rolling Mills [J]. Journal of Materials Processing Technology, 2018, 252: 432-439.

[6] Yang G H, Zhang J, Li H B, et al. Taper Roll Contour Design for Edge Drop Control of Non-Oriented Electrical Steel on Tandem Cold Rolling Mill [J]. Applied Mechanics & Materials, 2012, 166-169: 670-673.

[7] Wang X C, Yang Q, He H N, et al. Effect of Work Roll Shifting Control on Edge Drop for 6-Hi Tandem Cold Mills Based on Finite Element Method Model [J]. International Journal of Advanced Manufacturing Technology, 2020, 107 (1): 1-15.

[8] Wang Q L, Sun J, Liu Y M, et al. Analysis of Symmetrical Flatness Actuator Efficiencies for UCM Cold Rolling Mill by 3D Elastic-Plastic FEM [J]. International Journal of Advanced Manufacturing Technology, 2017, 92 (10): 1-19.

8 冷轧板形控制技术的典型工程应用

冷轧板形测量值处理模型、板形设定模型、板形前馈控制模型、板形闭环控制模型、边部减薄控制模型以及其他板形控制核心模型的研究构成了冷轧板形控制的理论体系。理论研究对生产实践具有重要的指导意义，同时，生产实践也能丰富和完善理论研究，引导理论研究朝着正确的方向发展。本节从作者参与开发的多条冷轧生产线中选取一些典型工程案例加以介绍，详细阐述冷轧板形控制系统的开发过程及应用情况。

8.1 1250mm 单机架六辊可逆冷轧机板形控制系统开发实例

某冷轧厂 1250mm 冷轧机的前身是我国 20 世纪 50 年代从苏联引进的 2 台四辊冷轧机之一，这 2 台冷轧机是我国冷轧历史的起点。2003 年，该厂对这 2 台冷轧机进行了彻底改造，将其改造成 2 台 1250mm 六辊全液压现代化单机架可逆冷轧机，配备了具有世界一流水准的电气控制系统，如图 8.1 所示。这 2 台冷轧机原先装备了西门子 SI-FLAT 板形测量与控制系统。但实际生产表明该板形测量与控制系统无法满足现场生产质量控制要求。为此，该冷轧厂联合相关科研单位在冷轧板形控制技术方面进行深入研究，使用自主开发的冷轧带钢板形控制系统将其中一台轧机的板形控制系统替换。

图 8.1　1250mm 单机架六辊 UCM 可逆冷轧机

8.1.1 产品方案与大纲

新改造的 1250mm 六辊可逆冷轧机，年生产能力为 18 万吨。产品为 0.2～

1.0mm 冷轧薄板，用于作为热镀锌线、彩涂生产线的冷轧原板。其中，冷轧成形用钢一般用（CQ）占 60%、冲压用（DQ）占 22%、深冲用（DDQ）占 8%、低合金占 10%。产品平均厚度为 0.44mm，平均宽度为 1028mm。原料全部由冷轧厂原有的酸洗机组提供，按成品量 18 万吨计算，年需质量合格的酸洗钢卷 18.18 万吨。1250mm 冷轧机的产品方案见表 8.1。

表 8.1　1250mm 冷轧机的产品方案

厚度/mm	宽度/mm								合　计	
	800~899		900~999		1000~1049		1050~1130			
	产量/t	%	产量/t	%	产量/t	%	产量/t	%	产量/t	%
0.2~0.249			900	0.5	1800	1.0			2700	1.5
0.25~0.299			900	0.5	7200	4.0			8100	4.5
0.3~0.349			900	0.5	16200	9.0	900	0.5	18000	10.0
0.35~0.399			900	0.5	16200	9.0	900	0.5	18000	10.0
0.4~0.449	3600	2.0	3600	2.0	32400	18.0	1800	1.0	41400	23.0
0.45~0.499	5400	3.0	5400	3.0	36000	20.0	3600	2.0	50400	28.0
0.5~0.55	3600	2.0	3600	2.0	32400	18.0	1800	1.0	41400	23.0
合计	12600	7.0	16200	9.0	142200	79.0	9000	5.0	180000	100.0

原料为经过酸洗和切边后的热轧卷，钢种为普碳钢、优碳钢和低合金钢，代表钢种有 Q195~Q235、08Al、16Mn 等。原料和成品规格要求见表 8.2。

表 8.2　1250mm 冷轧机的原料和成品规格

规格参数	带 钢 类 别	
	来料带钢	成品带钢
材料性能/MPa	σ_b = 260-700，σ_s = 140-450	—
带钢厚度/mm	2.0~3.0	0.2~0.55
带钢宽度/mm	800~1130	800~1130
卷材内径/mm	ϕ610	ϕ610
卷材外径/mm	ϕ1100~2000	ϕ1100~2000
最大卷重/t	25	25
钢卷塔形/mm	≤40	≤40
带钢凸度/μm	≤100	≤15
带钢断面楔形/μm	≤50	≤10
带钢表面凸起点/μm	≤15	≤5
镰刀弯 mm/m	≤5/2000	≤2/2000
板形/IU	≤20	≤15
宽度公差/mm	公称宽度 0~+10	公称宽度 0~+10

8.1.2 主要设备及工艺参数

8.1.2.1 机组参数

改造后的 1250mm 单机架六辊可逆冷轧机不仅配备了包括工作辊弯辊、中间辊正弯辊、中间辊横移、轧辊倾斜、分段冷却等主流的板形控制调节机构，还配备了压磁式板形辊，为冷轧板形控制的研发与工业应用提供了良好的应用条件。1250mm 冷轧机的板形检测与控制设备如图 8.2 所示。

(a) (b) (c)

图 8.2 1250mm 冷轧机的板形调节机构与板形检测设备

1250mm 冷轧机的主要技术参数见表 8.3。

表 8.3 1250mm 冷轧机的主要技术参数

参数名称	参数值
最大轧制压力/kN	动压：18000；静压：20000
最大轧制力矩/kN · m	180
最大轧制速度/m · min^{-1}	1200
穿带速度/m · min^{-1}	60
最大开卷速度/m · min^{-1}	400
最大卷取速度/m · min^{-1}	1260
开卷张力/kN	7~70

续表 8.3

参 数 名 称	参 数 值
卷取张力/kN	7～140
工作辊尺寸/mm	ϕ420/ϕ370×1250
中间辊尺寸/mm	ϕ470/ϕ430×1310
支承辊尺寸/mm	ϕ1150/ϕ1050×1250
开卷机卷筒直径/mm	涨/缩：ϕ630/ϕ580
卷取机卷筒直径/mm	涨/缩：ϕ610/ϕ585
机架立柱断面/mm^2	585×760＝444600
工作辊最小开口度/mm	30
工作辊正/负弯辊力/kN	单辊单侧：360/180
中间辊正弯辊力/kN	单辊单侧：500
中间辊最大横移量/mm	275
轧辊倾斜范围/mm	-1.5～1.5

1250mm 冷轧机的工艺润滑冷却与工作辊分段冷却设备参数见表 8.4。

表 8.4　1250mm 冷轧机的工艺润滑冷却与工作辊分段冷却设备参数

位　置	冷却方式	冷却流量/$L \cdot min^{-1}$	冷却段数
中间辊	基础冷却	29.9	23
工作辊上排	分段冷却	93.5	23
工作辊下排	基础冷却	23.4	23

8.1.2.2　板形仪参数

在 1250mm 冷轧机的板形控制系统改造中，板形测量设备采用的是国内某科研单位最新研制的压磁式板形辊。板形辊为整体实心式，由电机单独传动。沿辊身长度方向互相成 180°开出两排凹槽，每个凹槽埋入压磁式传感器，每排共有 23 个凹槽，安放有 23 个压磁式传感器。每个传感器上方安装弹性体，用于承载带钢径向压力，并将该径向压力传导至传感器，产生相应的电压信号，用于表征带钢板形分布。其结构如图 8.3 所示。

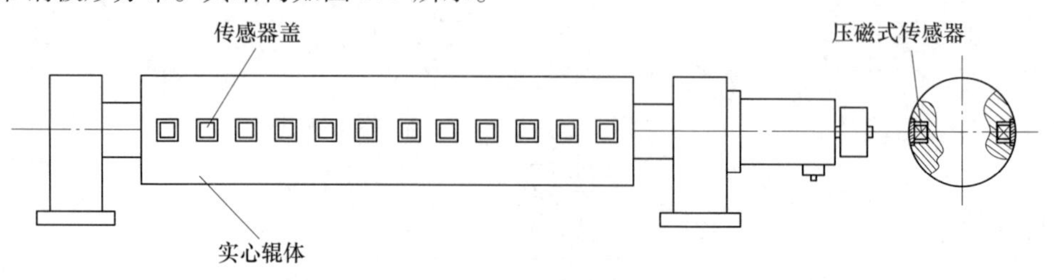

图 8.3　国产无辊环式板形辊

板形辊的主要技术参数见表 8.5。

表 8.5 板形辊的主要技术参数

规格及性能参数	参数值
直径/mm	350
磨削范围/mm	3
辊面硬度/HRC	≥54
辊身长度/mm	1350
测量单元宽度/mm	52
测量段数	23
检测辊有效测量宽度/mm	1196
检测辊质量/kg	800
适应温度/℃	≤200
轧制张力/kN	10~140
轧制速度/$m \cdot s^{-1}$	≤20
检测辊灵敏度/$mV \cdot N^{-1}$	≥0.1
瞬时过载能力/%	≥100
辊面洛氏硬度（HRC）	≤G50
动平衡	G63 精度等级

8.1.3 板形控制系统硬件配置方案

8.1.3.1 硬件配置

板形控制系统的硬件组成主要由板形信号采集与峰值保持单元、板形信号采集与 A/D 转换单元、PROFIBUS DP 控制单元、板形控制器、HOST 计算机以及 PLC 系统等部分组成。

板形控制器由德国 SORCUS 计算机公司提供，型号为 MODULAR-4/586。板形信号采集与峰值保持单元由信号传输电路、A/D 转换单元、DSP 芯片处理单元、D/A 转换单元以及输出电路组成。在这里完成信号的 A/D 转换、信号峰值保持以及随后的 D/A 转换等功能，最后将模拟量形式的板形信号发送给板形控制器的板形信号采集与 A/D 转换单元。板形控制系统的通信方式及硬件配置如图 8.4 所示。

板形辊每旋转一周会产生一个中断触发信号发送给板形控制器，该中断触发信号会启动板形信号采集与 A/D 转换单元。板形信号采集与 A/D 转换单元的功能由模拟量采集板 M-AD12-16 来完成，模拟量板形信号经 A/D 转换单元转换为数字板形信号，转换后的数字板形信号在板形控制器中进行标定。模拟量采集板

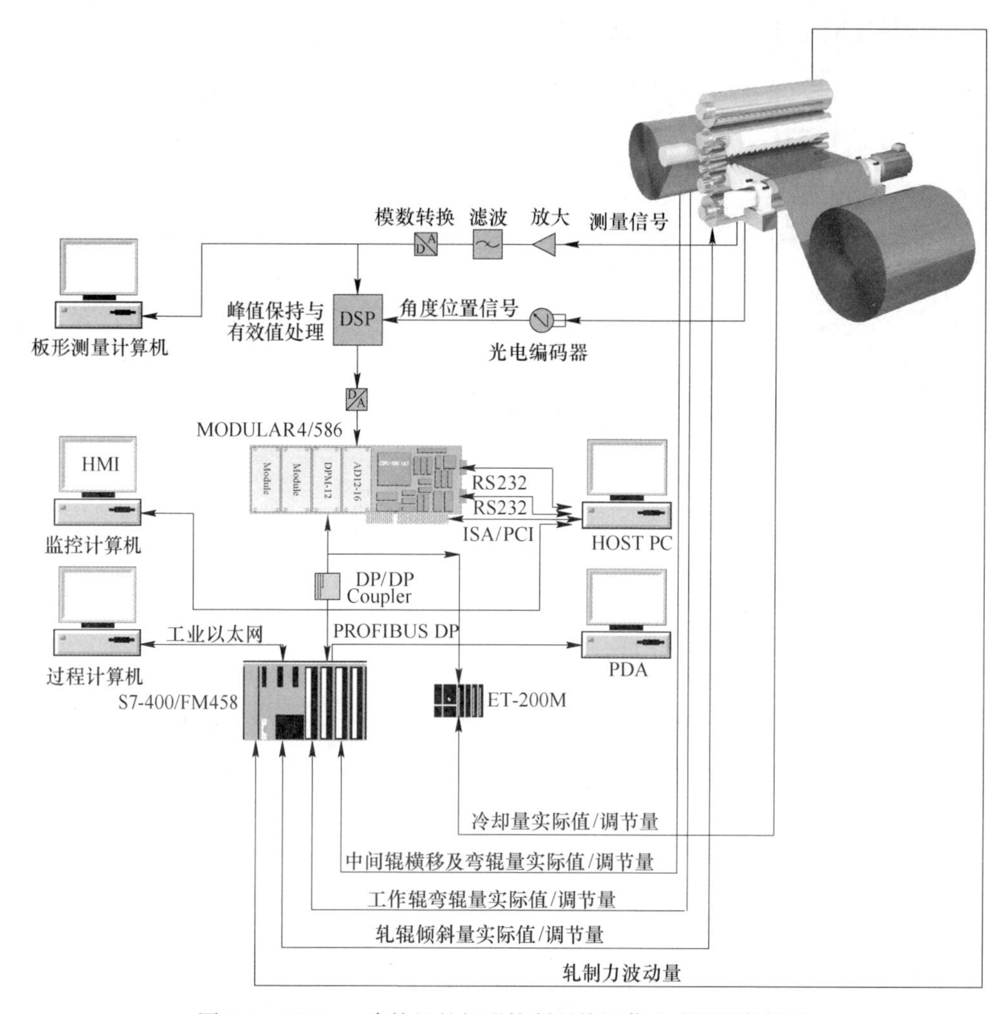

图 8.4　1250mm 冷轧机的板形控制系统通信方式及硬件配置

M-AD12-16 具有 16 个转换通道，内置信号稳定定时器、多路器。转换过程是：多路器选择转换通道，同时，信号稳定定时器开始工作，定时结束时，电压信号已经稳定，转换开始，板形信号采集与 A/D 转换单元的工作过程如图 8.5 所示。

板形控制器通过专用的 A/D 转换单元接收板形信号采集与峰值保持单元发送给板形控制器的测量数据。A/D 转换单元的型号为 M-AD12-16，具备 16 个单端通道或者 8 个差分通道，16 个可调输入范围。它具有 12 位快速转换器，2.8μs 转换时间。内置稳定时间定时器，用于通道改变后的稳定时间定时。而且内置硬件校正偏移量和增益误差。测量通道具有自动增加模式，可以快速获取多通道测量值，同时内置 EEPROM 可用于存储校正软件设定模块，无需任何跳线设定，无需外部电源供电，如图 8.6 所示。

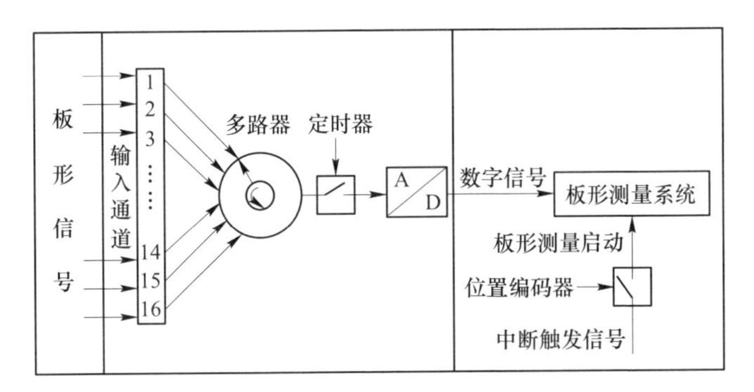

图8.5 板形信号采集与A/D转换单元

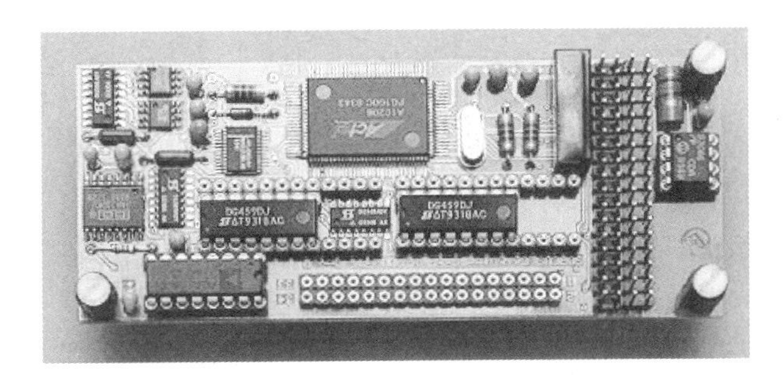

图8.6 模拟量采集与A/D转换模块M-AD12-16

PROFIBUS DP控制单元模块型号是M-DPM-12，如图8.7所示。它用于实现板形控制器与PLC控制器的过程通信，以及向ET200站实时输出冷却控制量。它是一个SORCUS MODULAR-4/586控制器的智能接口模块，用于完成PROFIBUS-DP协议的通信，它支持包括12MB以内的所有波特率的数据传输。它与MODULAR-4/586之间的接口是一个双向RAM（DPRAM），通过它可以传输命令和数据。

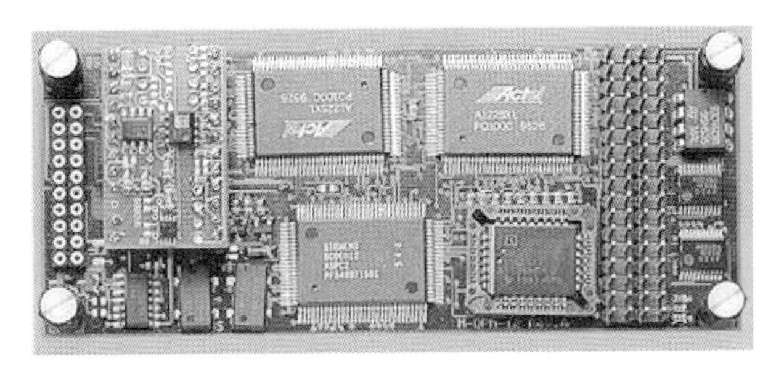

图8.7 智能PROFIBUS-DP控制器模块M-DPM-12

板形控制计算机是一个模块化的嵌入式控制器，这里称为板形控制器。它是板形控制系统的核心组成，承载着板形数据的处理、板形调节机构调节量计算以及大部分的通信工作。板形控制器是一块插板，通过 ISA 总线插槽与 HOST 计算机相连。板形控制系统所有的闭环控制程序都在板形控制器上面运行来实现板形控制功能，如图 8.8 所示。

图 8.8　板形控制器 MODULAR-4/586

板形控制器 CPU 主频为 133MH，RAM 和 ROM 大小分别为 4MB 和 512KB。其中，ROM 为可扩容的 EPROM。时钟模块具有 3 个输入频率分别为 1MH、2.5MH 和 10MH 的 16 位可编程定时器，可用于定时任务以及时钟计时。中断控制器具有 15 个中断输入，可用于外设中断输入和中断任务服务程序。嵌入式的操作系统为实时多任务操作系统，最大支持 1024 个任务进程。

HOST 计算机为板形控制器的物理载体，它为板形控制器提供电源和相关的辅助功能；同时，它还起到调试机的作用。在实时板形程序的编写调试阶段，可以通过它对板形控制器上的实时程序进行变量修改、硬件组态、软件下载和实时监控。另外，HMI 系统与板形控制器之间的数据传输也是通过 HOST 计算机完成。HOST 计算机与板形控制器的连接方式以及接口模块 A/D 转换单元 M-AD12-16 和 PROFIBUS DP 控制单元 M-DPM-12 的连接示意图如图 8.9 所示。

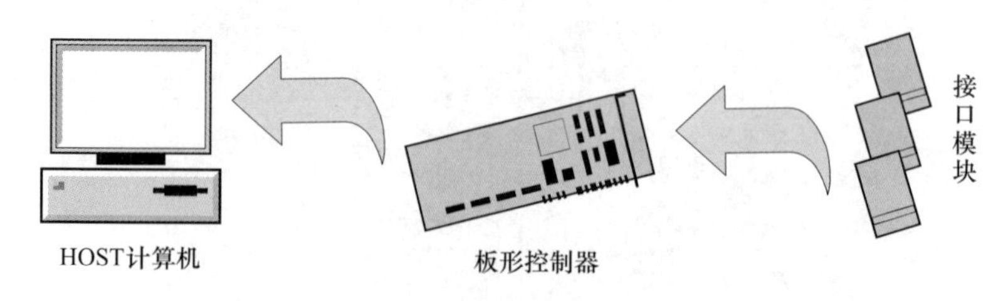

图 8.9　板形控制器的接口连接

HOST 计算机上运行的系统软件使用 VC++编写。软件功能包括带钢张应力分布显示、控制变量显示、平直度分级显示、调控功效系数自学习显示。

8.1.3.2 通信方案

板形控制系统是一个复杂的工业控制系统，分散式的控制方式需要各个子系统之间具备稳定的通信。由于接口类型不同，通信方式也有多种。主要的通信方式有 PROFIBUS DP、工业以太网、ISA 以及 RS-232。

PROFIBUS DP 通信应用于板形控制器与 PLC 控制器之间的数据及信号传输，是一种要求实时性高的通信方式。工业以太网应用于 HOST 计算机与各 HMI 操作站计算机之间的通信，以及过程计算机与 PLC 控制器之间的通信。ISA 通信是板形控制器与 HOST 计算机之间的通信方式，主要是传递数据、在对板形控制器进行组态调试时通过 ISA 通信实现对实时程序的监控与修改。RS-232 通信主要用于程序开发阶段对板形控制器实时程序的调试，通过交叉串口线，使用 Turbo debugger 单步调试程序。

8.1.4 板形控制系统软件开发

8.1.4.1 控制系统软件开发

板形控制系统软件主要包括运行在板形控制器上的实时程序、运行在 HOST 计算机上的通信程序以及 HMI 系统程序和相关辅助程序。板形控制器上运行的实时程序使用 Borland C 开发，主要进行板形数据的处理、控制量计算和通信工作。实时程序共有 20 个任务进程，按照启动方式和运行方式的不同，可以划分为三类任务：中断任务、非中断任务、定时任务。

HOST 计算机上运行的程序有 HMI 系统程序、板形控制器与 HOST 计算机之间的通信程序以及用于板形控制的辅助程序，使用 VC++开发。HMI 系统主要用于控制效果的监控、轧制参数的输入以及部分手动控制功能的调节。通信程序主要完成板形控制器与 HOST 计算机接口的功能，程序正常运行中，数据传输通过通信程序完成。在实时程序的调试阶段，通过通信程序可以对板形控制器上的实时程序进行下载、监控过程变量以及对板形控制器复位。板形控制的辅助程序主要用来完成板形调节机构功效系数的自学习功能，为板形控制系统提供控制依据。

开发的板形控制系统 HMI 画面如图 8.10 所示。它不仅可以显示轧机生产过程中带钢张力、轧制速度、轧制力、带钢厚度、带钢轧制长度、钢卷编号、合金代码和轧制道次号等轧制信息，也可以显示板形控制过程变量与调节机构的状态。

平直度状态信息菜单可以显示轧制带钢沿宽度方向的各测量段的实际板形、板形测量辊的各个测量段上的实际径向力、轧辊分段冷却控制段的关或闭的控制信息，同时通过手动按钮调节板形控制目标曲线的形状；显示轧辊倾斜、工作辊弯辊、中间辊弯辊、中间辊窜辊等板形控制执行器的实际状态和设定状态；同时，可以显示带钢板形实际统计数据。另外，板形控制系统中设有诊断监控功能，可以对轧机板形控制过程中所有的系统进行显示和判断，并对系统运行的状

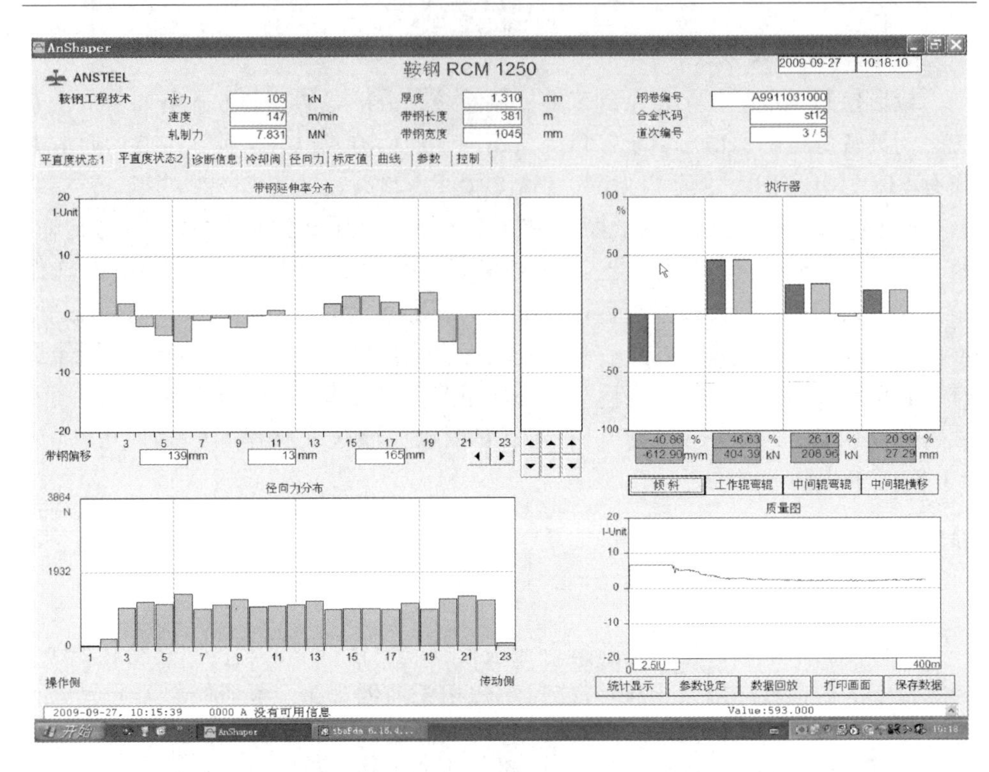
AnShaper
ANSTEEL
鞍钢 RCM 1250
2009-09-27
10:18:10
鞍钢工程技术
张力
105
kN
速度
147
m/min
轧制力
7.831
MN
厚度
1.310
mm
带钢长度
381
m
带钢宽度
1045
mm
钢卷编号
A9911031000
合金代码
st12
道次编号
3 / 5
平直度状态1
平直度状态2
诊断信息
冷却阀
径向力
标定值
曲线
参数
控制
带钢延伸率分布
I-Unit
带钢偏移
139mm
13mm
165mm
径向力分布
3864
N
1932
操作侧
传动侧
执行器
-40.86 %
46.63 %
26.12 %
20.99 %
-612.90mym
404.39 kN
208.96 kN
27.29 mm
倾斜
工作辊弯辊
中间辊弯辊
中间辊横移
质量图
2.5IU
400m
统计显示
参数设定
数据回放
打印画面
保存数据
2009-09-27, 10:15:39 0000 A 没有可用信息
Value:593.000

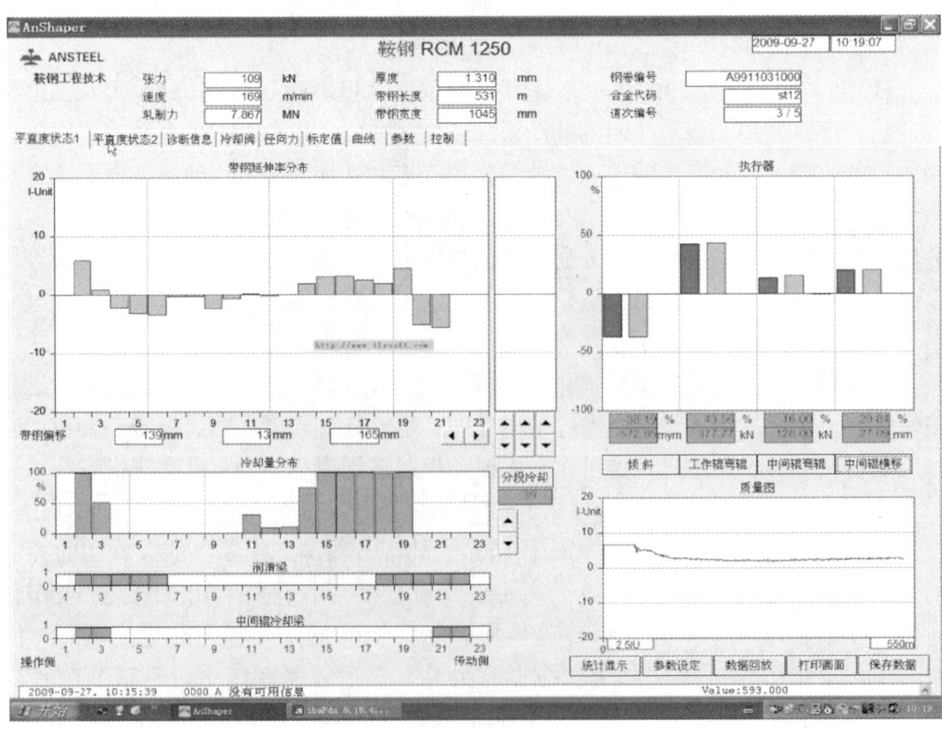
AnShaper
ANSTEEL
鞍钢 RCM 1250
2009-09-27
10:19:07
鞍钢工程技术
张力
109
kN
速度
169
m/min
轧制力
7.867
MN
厚度
1.310
mm
带钢长度
531
m
带钢宽度
1045
mm
钢卷编号
A9911031000
合金代码
st12
道次编号
3 / 5
平直度状态1
平直度状态2
诊断信息
冷却阀
径向力
标定值
曲线
参数
控制
带钢延伸率分布
I-Unit
带钢偏移
139mm
13mm
165mm
冷却量分布
分段冷却
润滑梁
中间辊冷却梁
操作侧
传动侧
执行器
倾斜
工作辊弯辊
中间辊弯辊
中间辊横移
质量图
2.5IU
550m
统计显示
参数设定
数据回放
打印画面
保存数据
2009-09-27, 10:15:39 0000 A 没有可用信息
Value:593.000

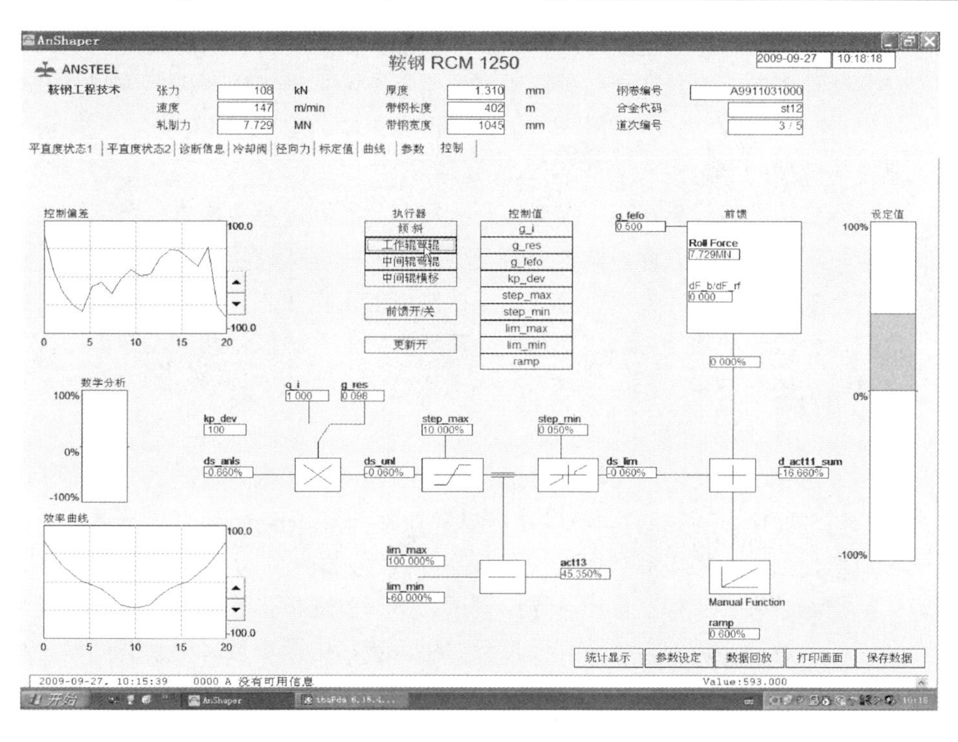

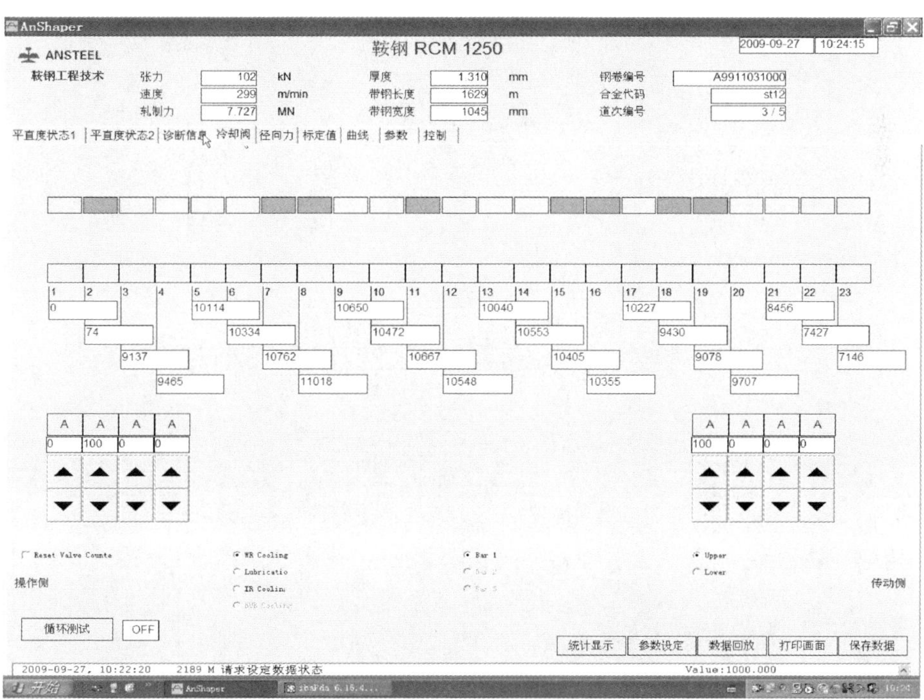

图 8.10 板形控制系统 HMI 画面

态进行记录。系统的诊断功能可以自动显示板形控制运行过程中出现的问题，并触发相应的控制程序进行处理，保证板形控制系统的正常工作。板形控制系统中有板形辊传感器标定功能，可以存储前后两次板形辊的实际测定数据，用于板形测量系统传感器的标定。

控制标签项中可以显示各个板形控制执行器的控制增益数据、各个板形控制执行器所控制的板形偏差值以及各个执行器所用的板形调控功效系数曲线。分段冷却控制标签可以显示轧辊每个分段冷却控制段的工作状态、每段冷却控制段的开关次数。分段冷却功能可以实现每个冷却液喷嘴的单独控制和分段冷却系统的循环测试等功能。

8.1.4.2　控制系统的离线测试

在开发阶段，为了检测实时程序运行的可靠性以及数据处理能力，编写了实时程序的仿真程序。通过编写与现场生产相似的板形数据随机数发生器程序，产生模拟板形数据。模拟板形数据进入板形计算机后，进行一系列的数据处理与传输，模拟控制结果和过程变量通过界面显示，进而验证板形控制系统中数学模型的合理性以及数据传输的准确性。模拟参数主要包括中断次数、中断时间、各个任务运行时间、数据发送与接收状况、系统报警消息处理、闭环控制参数检查等。板形控制系统的离线测试画面如图 8.11 所示。

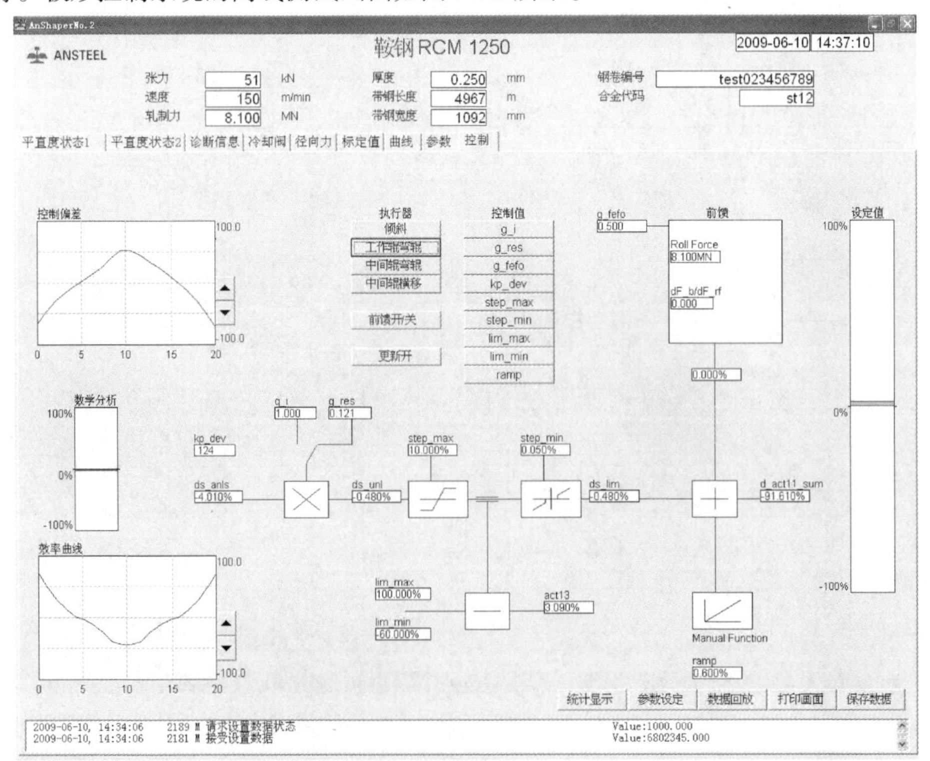

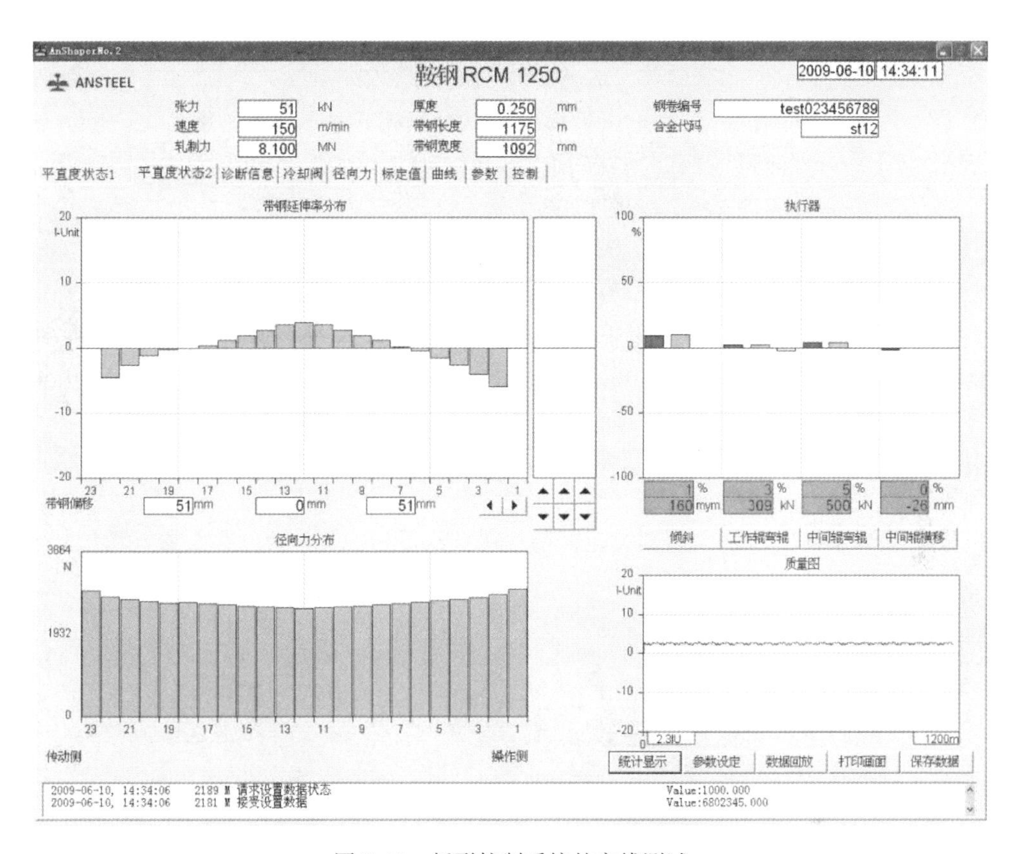

图 8.11　板形控制系统的离线测试

8.1.5　现场应用效果分析

为考察板形控制系统的应用效果，跟踪了若干批带钢的实际板形控制过程，并采集了相关过程数据。为了检验板形控制系统对各种规格带钢的板形控制能力，分别考察了常规厚度规格带钢（0.5～1.5mm）的板形控制效果和薄规格带钢（≤0.3mm）的板形控制效果。

8.1.5.1　常规轧制过程的板形控制效果

从PDA系统中随机选取某卷带钢数据。带钢为宽度1045mm，出口厚度0.8mm，压下率21.3%，钢种为ST12，成品第5道次的板形控制数据。

A　板形控制过程参数分析

图8.12所示为轧制过程中带钢板形偏差与速度变化曲线。图中的带钢板形偏差并不是传统意义上的带钢断面偏差分布，而是带钢断面上各测量段板形偏差绝对值的算术平均数。曲线中板形偏差的表示方法如下：

$$\delta = \frac{1}{m}\sum_{i}^{m-1+i} \left| Mea_i - Tar_i \right| \tag{8.1}$$

式中　δ——带钢断面上各测量段板形偏差绝对值的算术平均数，IU；

m——有效测量段数；

i——板宽方向最小的测量段序号；

Mea_i——第 i 个测量段的板形测量值，IU；

Tar_i——第 i 个测量段的板形目标值，IU。

由图 8.12 中的带钢板形偏差与速度变化曲线可知，在轧机起车阶段，带钢板形偏差较大，并且有较大的起伏。这是因为在轧机起车阶段辊系、板形调节机构以及控制系统都未进入稳定运行时的平衡状态，为了不损坏设备和避免板形调节机构超调而导致断带等生产事故，在轧制速度未到达一个设定极限时，板形闭环控制系统处于关闭状态。这个阶段只是靠人工干预进行轧制。在 1250mm 冷轧机板形控制系统中，这个速度设定极限是 70m/min。

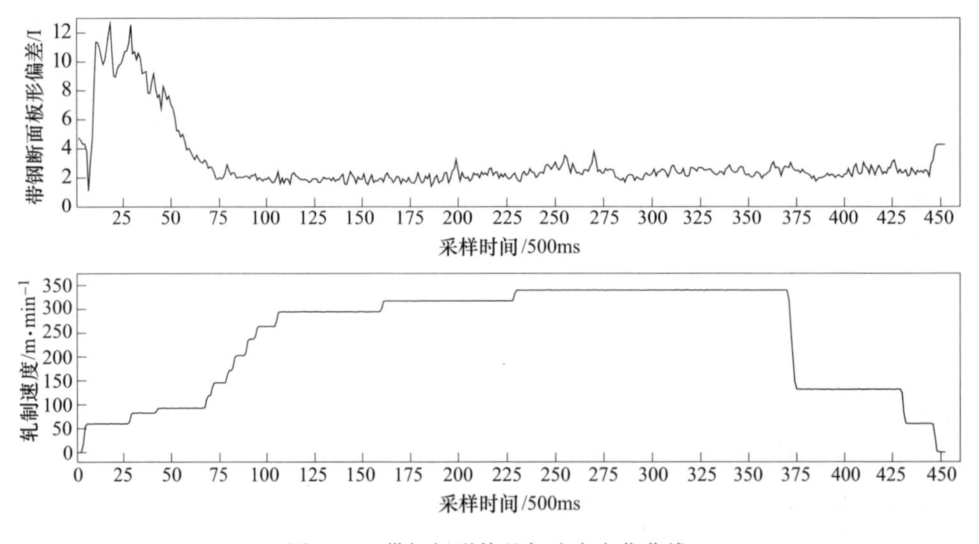

图 8.12　带钢板形偏差与速度变化曲线

当轧制速度超过 70m/min 后，板形闭环控制系统开始投入使用，板形偏差迅速减小。当轧机完成升速过程进入稳定运行状态后，板形偏差也趋于稳定，只是在一个很小的范围内波动。稳定阶段的板形偏差 δ 基本上在 4IU 以内，具有很高的稳态精度。

图 8.13 所示为末道次轧制从开始到结束整个轧制过程中工作辊弯辊、中间辊弯辊和轧辊倾斜的设定值曲线与实际值曲线。这里的设定值和实际值都是百分比，代表着当前执行机构的实际值占到其最大行程的比例。由于有板形前馈控制，因此工作辊弯辊和中间辊弯辊的前馈调节量也会附加到这两个板形调节机构

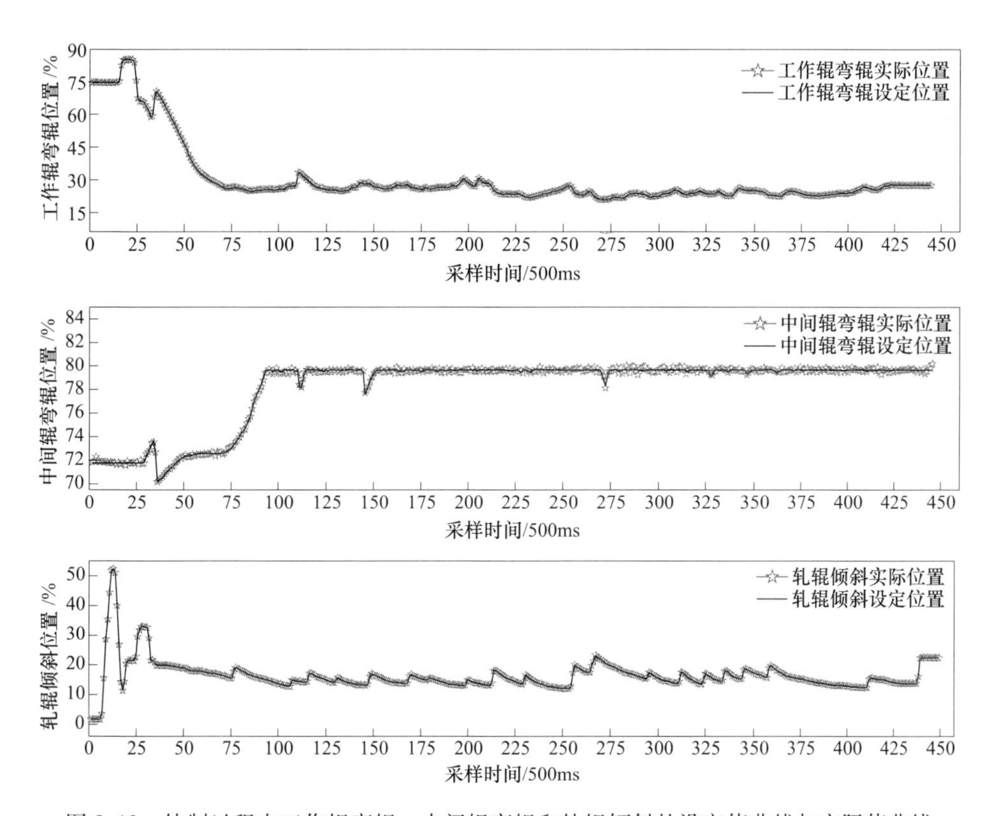

图 8.13 轧制过程中工作辊弯辊、中间辊弯辊和轧辊倾斜的设定值曲线与实际值曲线

的设定值输出中。在轧制开始的初始阶段，由于板形闭环控制功能未投入，因此各个板形调节结构的调节量为0。起始阶段的设定值曲线是一个恒定值，也就是曲线的平台部分，这个值由板形预设定系统给定，是各板形调节机构的初值。当轧制速度达到设定极限时，板形闭环控制系统开始投入。各板形调节机构开始按照板形闭环控制系统计算的调节量动作。

由于采用了低速阶段使用Smith预估+PID，高速阶段使用常规PID控制的板形闭环控制策略，各板形调节机构到达设定值的时间很短，而且完全没有出现超调、振荡等缺陷。在整个轧制过程中，板形控制系统对各个板形调节机构控制精度非常高。

图8.14所示为每个控制周期内的工作辊弯辊、中间辊弯辊和轧辊倾斜调节量。在每个控制周期内，板形闭环控制模型按照不同优先级的划分，逐次计算各个板形调节机构的调节量。每周期计算的调节量值经过速度环节增益、板形偏差环节增益处理后就得到了每个周期的调节量输出值。

由图中数据可知，在轧制起车阶段，各个板形调节机构的调节量有较大起伏，说明带钢头部板形偏差比较大，为了快速消除板形偏差，板形控制系统对板形调节机构有较大的调节量计算值。随着轧制进入稳定阶段，各个板形调节机构

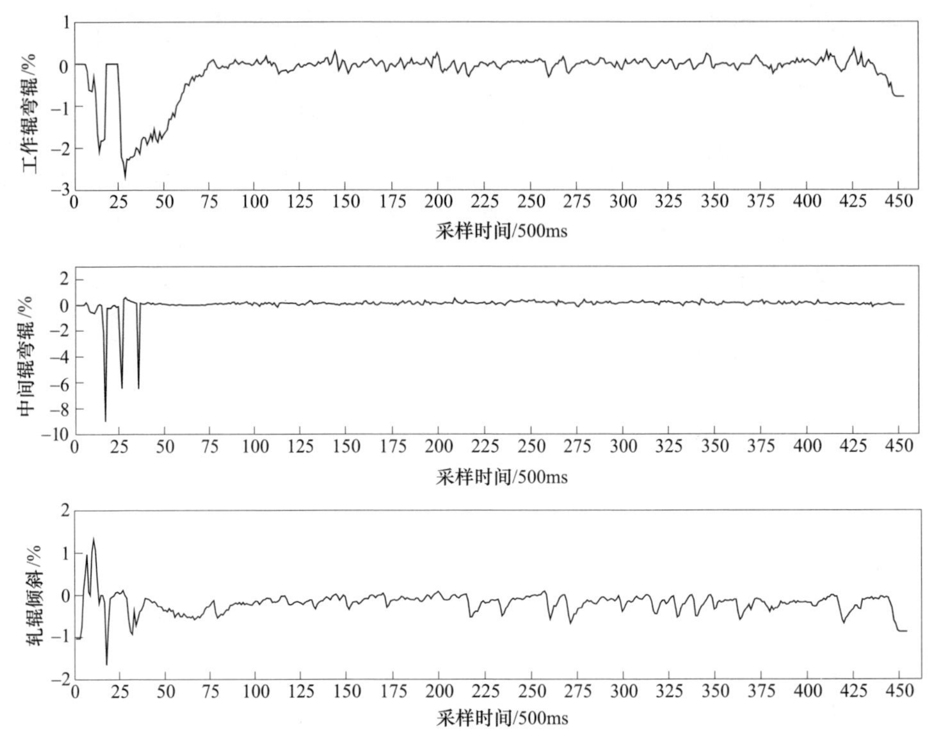

图 8.14　单位控制周期内的工作辊弯辊、中间辊弯辊和轧辊倾斜调节量

的调节量逐渐变得平稳。这说明带钢的板形经过升速阶段的初步调整后，与目标板形有一定的接近，板形偏差逐渐减小。在稳定轧制阶段，除了工作辊弯辊和轧辊倾斜有较大的调节量变化外，中间辊弯辊调节量几乎为零。这种中间辊弯辊调节量几乎为零的情况有两种因素可以导致：一种是根据中间辊弯辊的板形调控功效系数计算出的板形调节量为零，也就是中间辊弯辊对应的带钢板形偏差已消除；另一种是中间辊弯辊已经到达位置极限，虽然有相应的板形偏差要调，但是为了不损坏设备，板形控制系统对已达到调节极限的板形调节机构不再计算其调节量。由于工作辊弯辊与中间辊弯辊具有相似的板形调控功效，而此时工作辊弯辊仍有较大的调节量，说明对应的带钢板形偏差仍旧较大，需要继续快速调节，而不是相对应的板形偏差已消除。因此，可以排除第一种因素。对比图 8.13 中的中间辊弯辊位置曲线可以发现，在稳定轧制阶段，中间辊弯辊的位置几乎为一条直线，说明其已经达到调节极限，这说明是第二种因素所致。同时，这也印证了上述因素分析的正确性。在这三个调节机构的调节量曲线中，轧辊倾斜控制的调节量较工作辊弯辊有较大的波动，这说明带钢的非对称板形偏差波动较大。这种状况伴随着整个轧制阶段，说明来料带钢有楔形厚度分布形貌，最终轧后带钢将会有两边“松”“紧”程度不一致的情况发生。从现场数据分析可知，虽然出

现了两边“松”“紧”程度不一致的情况，但由于轧辊倾斜波动值并不大，带钢并不会产生单边浪的情况。

图 8.15 所示为中间辊横移位置设定值曲线和单位控制周期内的中间辊横移调整值。由于板形闭环控制系统对各个板形调节机构调节量的计算是按照接力方式进行的，中间辊弯辊控制优先级最低，因此经过轧辊倾斜调节、工作辊弯辊和中间辊弯辊调节后剩余的板形偏差很小。这个剩余的板形偏差在中间辊横移控制的死区范围内，因此中间辊的单位控制周期内横移量计算值为零。实时调节量为零，则中间辊横移位置设定值始终是由板形预设定系统下发的预设定值。

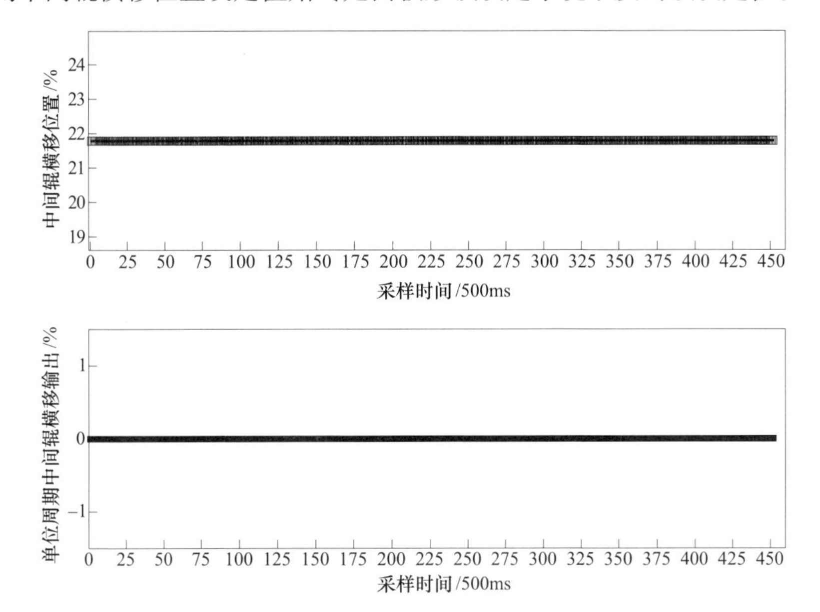

图 8.15　中间辊横移位置设定值曲线和单位控制周期内的中间辊横移调整值

图 8.16 所示为轧制过程中带钢板形值云图。从图中可以看出，在轧制的初始阶段，板形偏差确实比较大，进入稳态轧制阶段后，板形偏差很小，基本在−5~5IU 之间。这种实际的板形偏差分布进一步印证了前面对各个调节曲线的分析。

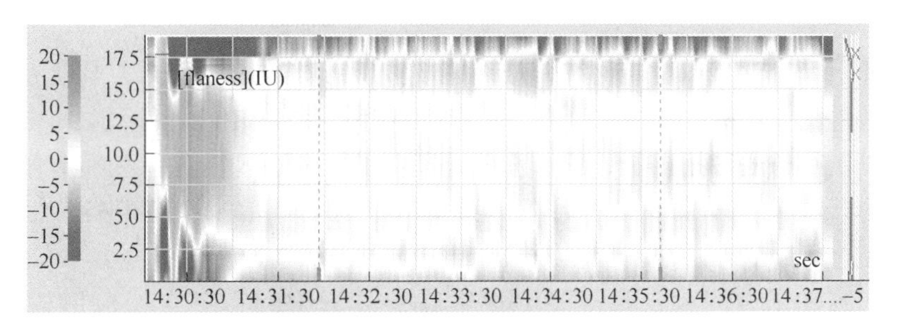

图 8.16　带钢板形偏差云图

图 8. 17 所示为板形辊所测径向力分布和板形值分布的 3D 视图，可以形象表征在整个轧制长度范围内带钢的板形形貌。由图中带钢板形形貌可知，除了带钢头部，整个轧制阶段带钢的板形偏差几乎在一个平面内。另外，板形辊所测径向力的分布与板形值的分布具有明确的对应关系，径向力较大的地方带钢张力大，反映出带钢伸长率小，板形值相应也小。同理，径向力分布均匀的部分板形值分布也均匀。

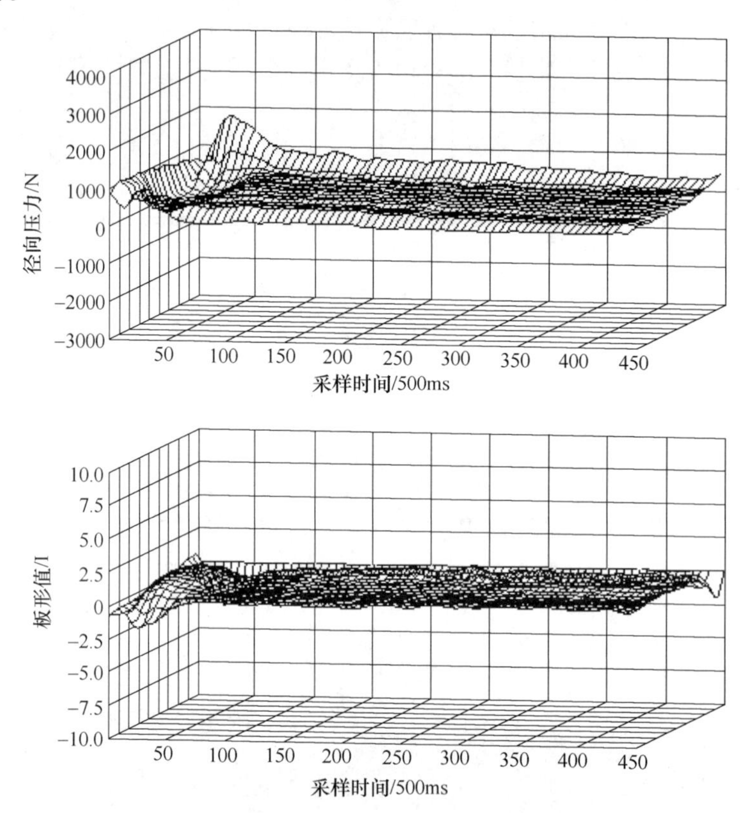

图 8. 17　板形辊所测径向力分布和板形值分布的 3D 视图

B　带钢实际板形控制效果

统计了一批常规厚度规格带钢成品道次的板形控制效果数据，厚度和宽度都为成品带钢数据，见表 8. 6。

由表 8. 6 中的数据可知，板形偏差 δ 基本稳定在 3IU 以内。从板形偏差的正态分布统计来看，99. 73%的板形偏差都在 8IU 之内，常规厚度规格带钢板形控制效果良好。

在实际轧制过程中，常规厚度规格轧制过程中的带钢实物板形如图 8. 18 所示。

表 8.6 成品带钢的板形数据统计

规格参数/mm		板形统计					
		板形偏差 δ/IU			板形偏差的正态分布		
厚度	宽度	最大值	最小值	平均值	1sigma (68.26%)	2sigma (95.44%)	3sigma (99.73%)
0.8	1045	11.47	1.140	2.672	1.140~4.260	1.140~5.848	1.140~7.436
1.4	1150	4.75	0.32	2.07	1.297~2.857	0.517~3.637	0.320~4.417
0.8	993	5.10	1.49	2.85	2.068~3.998	1.490~4.963	1.490~5.100
1.2	1020	6.40	1.14	2.64	1.535~3.791	1.141~4.919	1.141~6.047
1.0	1045	5.20	1.58	2.62	2.110~3.134	1.598~3.646	1.580~4.158

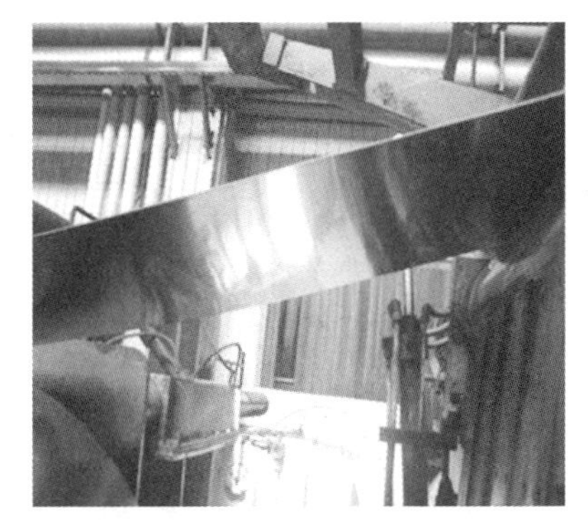

图 8.18 常规厚度规格轧制过程中的带钢实物板形

8.1.5.2 薄规格带钢的板形控制效果

从PDA系统中随机选取某卷带钢数据，具体为带钢宽度1005mm，出口厚度0.18 mm，压下率18.6%，钢种为ST12，成品第5道次的板形控制数据。

A 板形控制过程参数分析

0.18mm轧制已经超过1250mm冷轧机设计要求的极限规格，为了验证板形控制系统的工作效果，对相关轧机极限参数进行修改，使轧机可以进行0.18mm超薄带钢轧制。0.18mm带钢轧制过程中的板形控制系统HMI画面如图8.19所示。

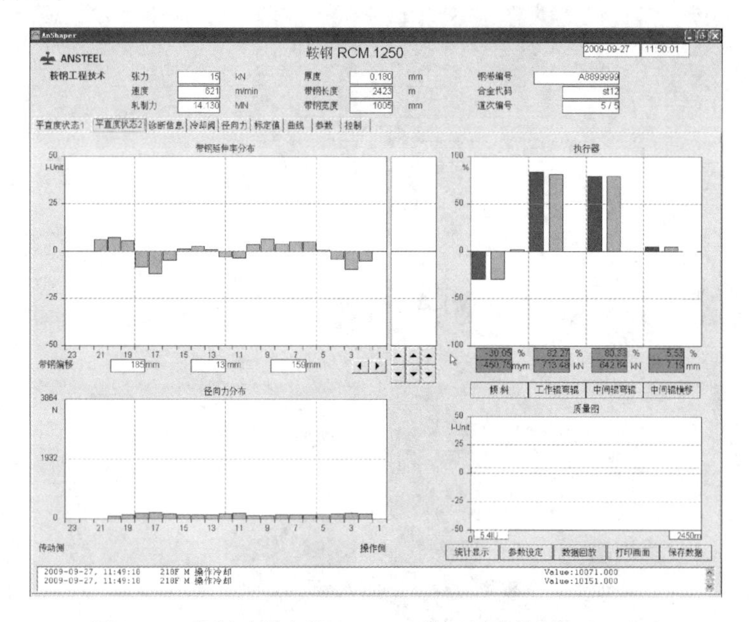

图8.19 轧制过程中的0.18mm带钢板形控制HMI画面

图8.20所示为轧制过程中带钢板形偏差与速度变化曲线。由图8.20中的带钢板形偏差与速度变化曲线可知，在轧机起车阶段，带钢板形偏差较大，并且有较大的起伏。当轧制速度超过70m/min后，板形闭环控制系统开始投入使用，板形偏差迅速减小。高速稳定轧制阶段的板形偏差δ基本上在7IU以内，对于超薄规格带钢而言，板形控制效果良好。

图8.21所示为0.18mm带钢末道次轧制从开始到结束整个轧制过程中工作辊弯辊、中间辊弯辊和轧辊倾斜的设定值曲线与实际值曲线。与常规厚度规格带钢轧制过程一样，在轧制开始的初始阶段，由于板形闭环控制功能未投入，起始阶段的设定值曲线由板形预设定系统给定，是一个恒定值。当轧制速度达到设定极限时，板形闭环控制系统开始投入，各板形调节机构开始按照板形闭环控制系统计算的调节量动作。

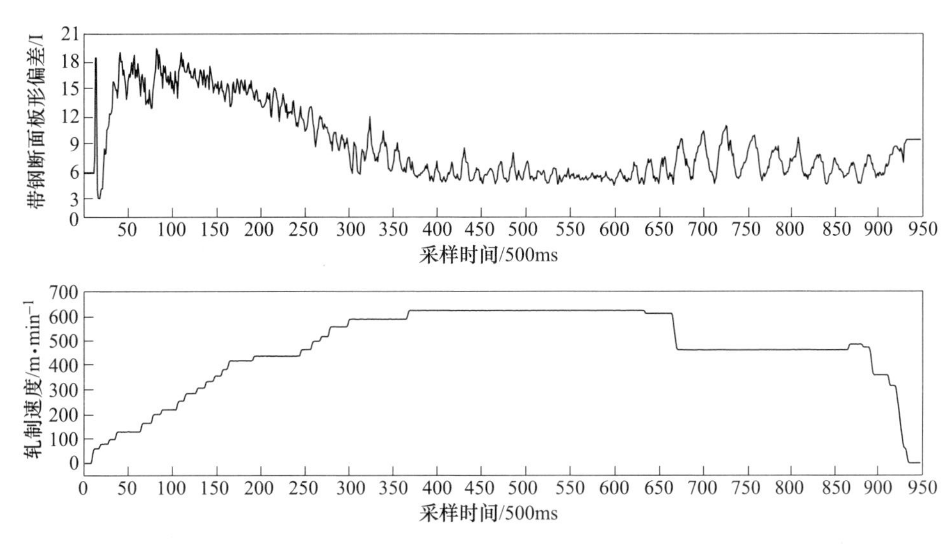

图 8.20 0.18mm 带钢轧制过程中带钢板形偏差与速度变化曲线

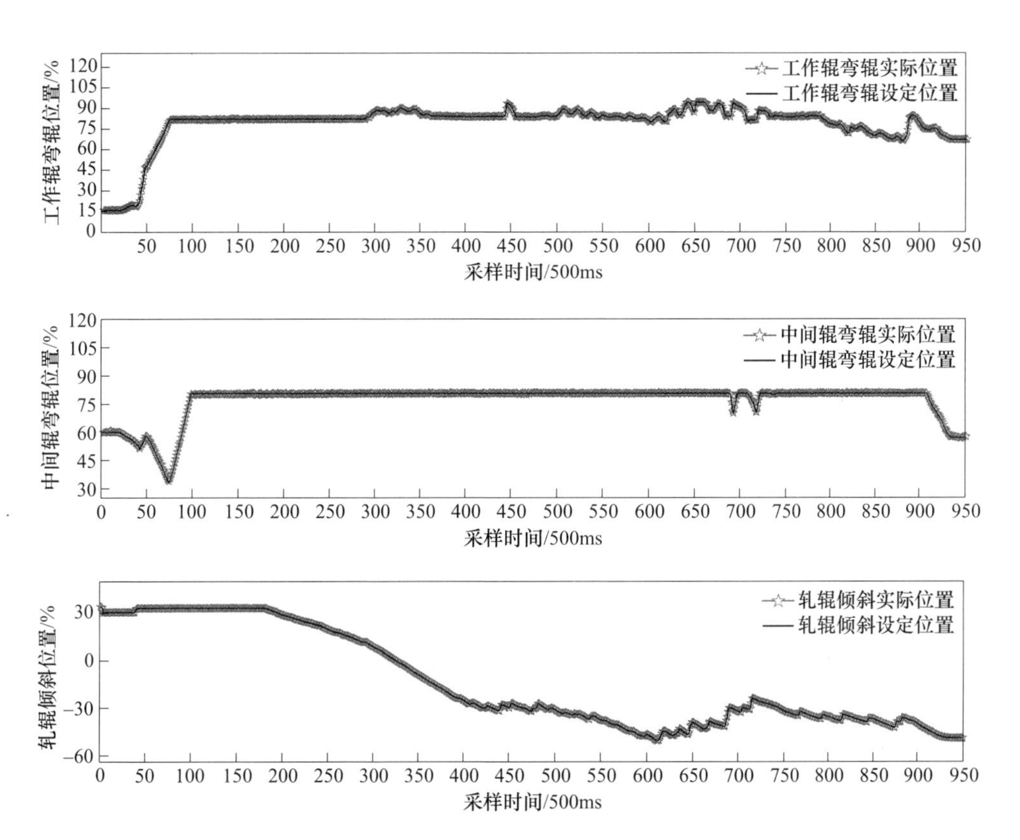

图 8.21 0.18mm 带钢轧制过程中工作辊及中间辊弯辊和轧辊倾斜的设定值与实际值曲线

同常规厚度规格带钢轧制一样，由于采用了低速阶段使用 Smith 预估+PID，高速阶段使用常规 PID 控制的板形闭环控制策略，各板形调节机构到达设定值的时间很短，而且完全没有出现超调、振荡等缺陷。在整个轧制过程中，板形控制系统对各个板形调节机构控制精度非常高。

图 8.22 所示为每个控制周期内的工作辊弯辊、中间辊弯辊和轧辊倾斜调节量。与常规厚度规格带钢轧制不同的是，带钢对称性的板形缺陷基本上被工作辊弯辊控制消除，因此中间辊弯辊调节量几乎为零。另外，工作辊弯辊和轧辊倾斜调节量的变化率明显高于常规厚度规格轧制时的情况，这是因为沿轧制长度方向上超薄规格带钢板形分布不均匀，板形变化率较大所致。除了轧制初始阶段外，闭环系统投入后曲线中的平台部分是由于人工操作干扰造成的，人工干扰是为了防止断带、跑偏等影响实际生产的情况发生。

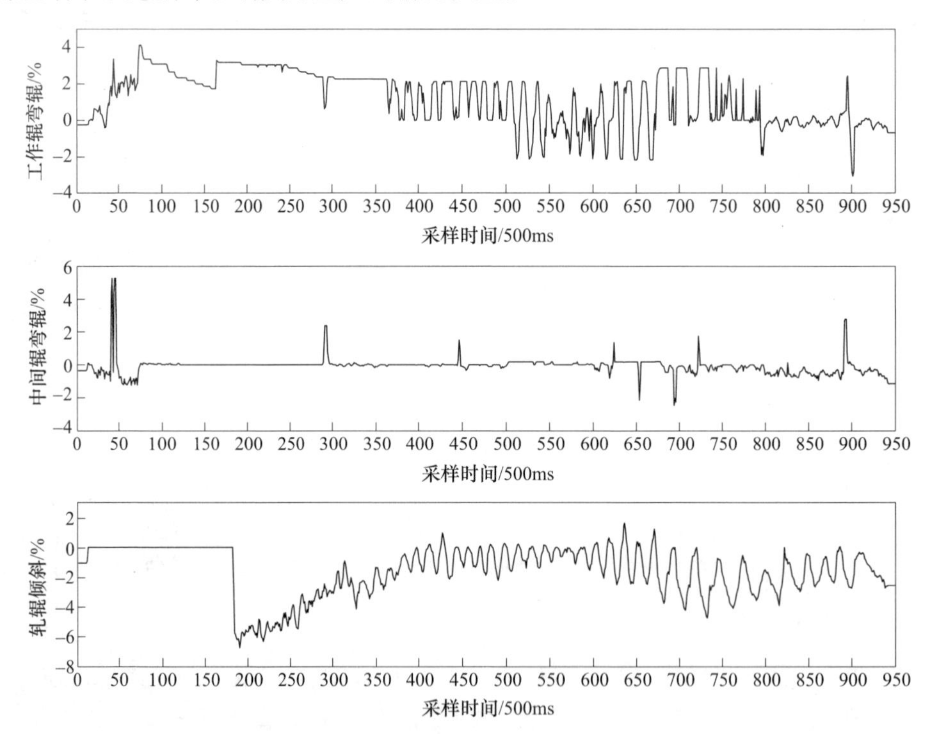

图 8.22　0.18mm 带钢轧制过程中单个周期内的工作辊及中间辊弯辊和轧辊倾斜调节量

图 8.23 所示为中间辊横移位置曲线和单位控制周期内的中间辊横移调整值。

图 8.24 所示为轧制过程中的带钢板形值云图以及板形值分布的 3D 视图。从图中可以看出，从轧制开始一直到 150s 左右的时间段里带钢板形呈现非对称形貌，带钢一侧板形值较小，另一侧板形值较大。这是因为在轧制初期，由于带钢很薄，为了避免倾斜超调导致断带事故，人工干预了倾斜控制，从图 8.22 中单

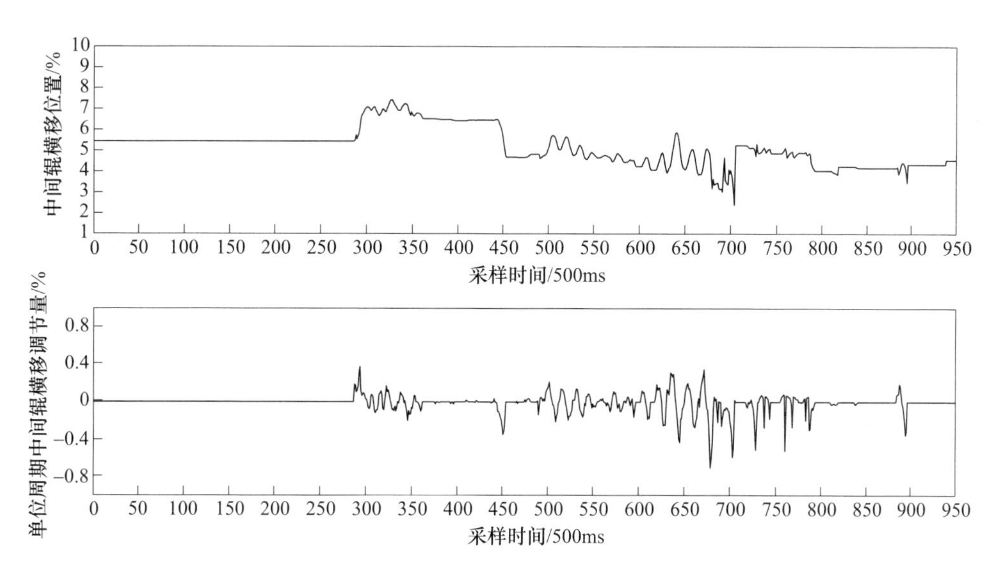

图 8.23　0.18mm 带钢轧制过程中中间辊横移位置曲线和单个周期内的中间辊横移调整值

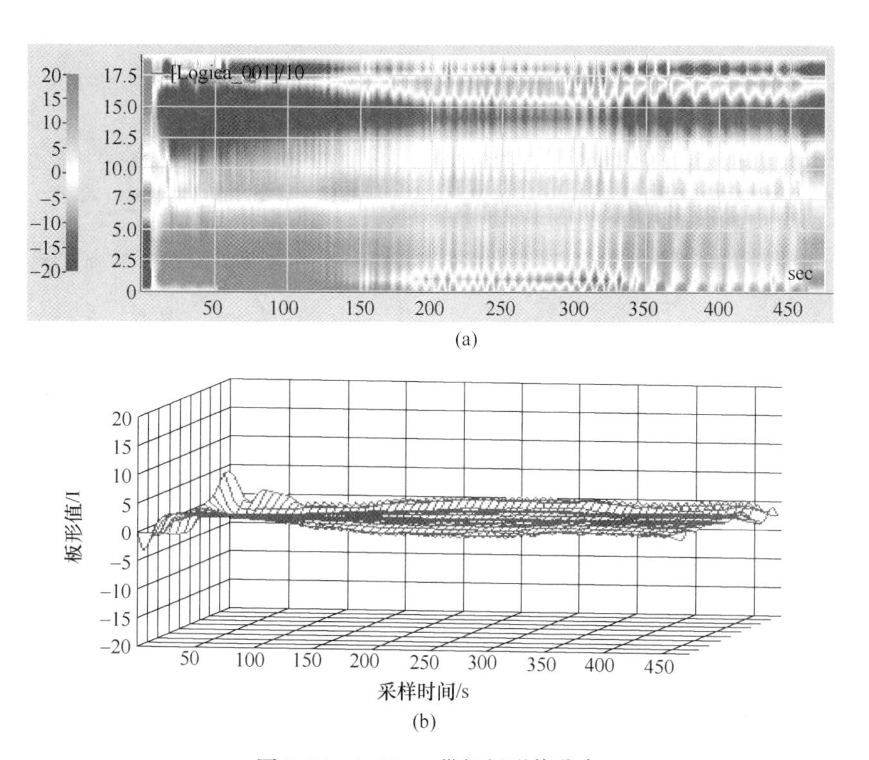

图 8.24　0.18mm 带钢板形值分布

（a）板形偏差云图；（b）板形测量值的 3D 显示

位控制周期内的轧辊倾斜调节量曲线也可以得知，这一段时间内轧辊倾斜的调节量为0，导致了非对称板形缺陷未能消除。当轧辊倾斜自动控制投入后，非对称的板形缺陷开始逐渐得到控制。另外，从板形测量值云图中可以看到，0.18mm厚带钢的板形变化频率很高，带钢板形呈现为波纹形状分布。这是因为与厚规格带钢相比，超薄带钢的可变形空间很小，因此对宽度方向上各点所受辊缝压力波动的吸收能力较小。板形调节机构通过改变辊缝的压力分布对板形进行调节，相对于厚规格带钢而言，板形调节机构轻微的超调就能导致超薄规格带钢发生较大的板形变化。在没有人工干预的区间内，虽然带钢板形变化较快，但是板形波动值并不大，带钢板形偏差很小，基本在-7～7IU之间，这对超薄规格带钢的板形控制而言已经是很高的指标了。

B　带钢实际板形控制效果

板形控制实际效果表明，0.18mm超薄规格带钢在稳态轧制过程中，板形控制系统运行稳定，出口带钢表面平直。0.18mm厚度规格带钢现场轧制后的实物板形如图8.25所示。对该带钢板形数据进行统计，带钢板形控制偏差的平均值

图8.25　0.18mm厚度规格带钢轧制后的实物板形

为6.7IU，达到国际先进板形指标7IU。这表明，该冷轧板形控制系统可以适用于超薄冷轧产品的板形控制，可以满足镀锡板冷轧机产品板形质量控制要求。

8.2 1450mm 五机架冷连轧机板形控制系统开发实例

某1450mm五机架酸轧机组是国内首条具有完全自主知识产权的国产化电镀锡基板生产线，采用分级树状结构的控制系统包括过程控制级和基础自动级两级。过程控制级主要提供最优生产率和最佳产品质量的轧机预设定，基础自动化级主要实现保证产品精度的高响应的厚度、张力和板形闭环控制。该酸轧机组是在常温状态下将材质为碳素结构钢、优质碳素结构钢、IF钢、低合金高强钢等，厚度为1.8~4.0mm、宽度为750~1300mm的原料带钢在酸洗后经冷连轧机连续轧制成各类规格的具有所需厚度、板形和表面粗糙度的冷轧带卷。机组可轧制0.18mm超薄带钢，产品主要用于食品、药品包装。自投产以来，轧机生产稳定，迅速实现了达产达效。机组的板形板厚控制精度达到了较高的水平，常规规格冷轧带材的板形控制偏差的标准差可以控制在7IU以内。

8.2.1 产品方案与大纲

1450mm冷连轧机组是在常温状态下，将材质为热轧低碳钢、超低碳钢、中低牌号硅钢等，厚为2.0~3.0mm、宽为750~1300mm酸洗后的带钢经连轧机连续轧制成各类规格的具有所需厚度、表面粗糙度的冷轧带卷，产品方案及规格见表8.7。

表8.7 产品方案及规格

参数名称	机组入口	机组出口
带钢厚度/mm	2.0~3.0 2.2~2.6（生产电工钢时）	电镀锡产品：0.18~0.55 电工钢产品：0.35、0.5、0.65 冷轧产品：0.25~0.8
带钢宽度/mm	750~1300	电镀锡产品：750~1050 电工钢产品：750~1200 冷轧产品：750~1300
钢卷内径/mm	ϕ610	ϕ610/ϕ508
钢卷外径/mm	最大ϕ2100	最大ϕ2100
钢卷单重/kg · mm^{-1}	最大23	最大23
卷重/t	最大28	最大28
抗拉强度/N · mm^{-2}	最大610	
钢种	碳素结构钢、优质碳素结构钢、电工钢、IF钢、低合金高强钢	
年处理量/t	643000	629000

机组主要用于电镀锡基板、普通冷轧产品以及部分电工钢产品生产，按不同产品类型划分，产品大纲分别见表 8.8～表 8.10。

表 8.8　电镀锡产品生产大纲

品种	入口厚度/mm	出口厚度/mm	宽度/mm							
			750～850		850～950		950～1050		1050～1300	
			t	%	t	%	t	%	t	%
T2.5	2	0.18～0.22	830	10	990	12	650	8	0	0
	2.2	>0.22～0.26	990	12	1070	13	830	10	0	0
	2.5	>0.26～0.35	740	9	990	12	650	8	0	0
	2.6	>0.35～0.45	0	0	160	2	80	1	0	0
	2.8	>0.45～0.55	0	0	160	2	80	1	0	0
		小计	2560	31	3370	41	2290	28	0	0
T3	2	0.18～0.22	5960	8	7450	10	5210	7	0	0
	2.2	>0.22～0.26	8940	12	9680	13	7450	10	0	0
	2.5	>0.26～0.35	6700	9	9680	13	5960	8	0	0
	2.6	>0.35～0.45	1490	2	1490	2	740	1	0	0
	2.8	>0.45～0.55	1490	2	1490	2	740	1	0	0
		小计	24580	33	29790	40	20100	27	0	0
T4	2	0.18～0.22	6620	10	7940	12	5300	8	0	0
	2.2	>0.22～0.26	8610	13	9260	14	7280	11	0	0
	2.5	>0.26～0.35	6620	10	8610	13	5960	9	0	0
		小计	21850	33	25810	39	18540	28	0	0
T5	2	0.18～0.22	1330	8	1660	10	1160	7	0	0
	2.2	>0.22～0.26	4140	25	4470	27	3800	23	0	0
		小计	5470	33	6130	37	4960	30	0	0
	2.8	>0.55～0.70	520	10	890	17	520	10	150	3
	3	>0.70～0.80	150	3	520	10	270	5	100	2
		小计	1040	20	2230	43	1460	28	450	9

8.2.2　主要设备及工艺参数

1450mm 五机架冷连轧机组由五架六辊 UCM 轧机组成，各机架均具备轧辊倾斜、中间辊横移、工作辊正负弯辊及中间辊正弯辊功能。前四机架可实现板形的预设定控制，轧机出口装备有板形仪，末机架装备有工作辊分段冷却喷射装置，

表 8.9 普通冷轧产品生产大纲

品种	入口厚度/mm	出口厚度/mm	宽度/mm							
			750~850		850~950		950~1050		1050~1300	
			t	%	t	%	t	%	t	%
CQ	2.2	0.25~0.40	570	2	2290	8	2000	7	860	3
	2.5	>0.40~0.55	2870	10	2870	10	3450	12	860	3
	2.8	>0.55~0.70	2290	8	3450	12	4300	15	1430	5
	3	>0.70~0.80	290	1	570	2	290	1	290	1
		小计	6020	21	9180	32	10040	35	3440	12
DQ	2.2	0.25~0.40	910	5	1280	7	1460	8	910	5
	2.5	>0.40~0.55	1280	7	1830	10	2740	15	550	3
	2.8	>0.55~0.70	370	2	1460	8	1280	7	550	3
	3	>0.70~0.80	370	2	1460	8	1460	8	370	2
		小计	2930	16	6030	33	6940	38	2380	13
HSS	2.2	0.25~0.40	100	2	200	4	150	3	50	1
	2.5	>0.40~0.55	270	5	620	12	520	10	150	3
	2.8	>0.55~0.70	520	10	890	17	520	10	150	3
	3	>0.70~0.80	150	3	520	10	270	5	100	2
		小计	1040	20	2230	43	1460	28	450	9

表 8.10 电工钢产品生产大纲

序号	品 种	入口厚度/mm	出口厚度/mm	宽度/mm						小计	
				850~950		950~1050		1050~1200			
				t	%	t	%	t	%	t	%
1	35W440	2.2	0.35	4250	1	29820	7	8510	2	42580	10
2	50W470~50W600	2.5	0.5	8510	2	72390	17	25540	6	106440	25
3	50W700~50W1300	2.6	0.5	12760	3	157570	37	42600	10	212930	50
4	65W700~65W1600	2.6	0.65	17030	4	38320	9	8510	2	63860	15
	合 计			42550	10	298100	70	85160	20	426000	100

可实现末机架的板形闭环控制。1450mm 五机架冷连轧机组的主要设备实物如图 8.26 所示，设备配置如图 8.27 所示。

轧机出口装备有压磁式板形仪，可实现带钢板形在线测量。板形仪有效测量宽度为 1352mm，共划分为 38 个测量段。板形仪边部各有 12 个宽度为 26mm 的

图 8. 26　1450mm 五机架冷连轧机

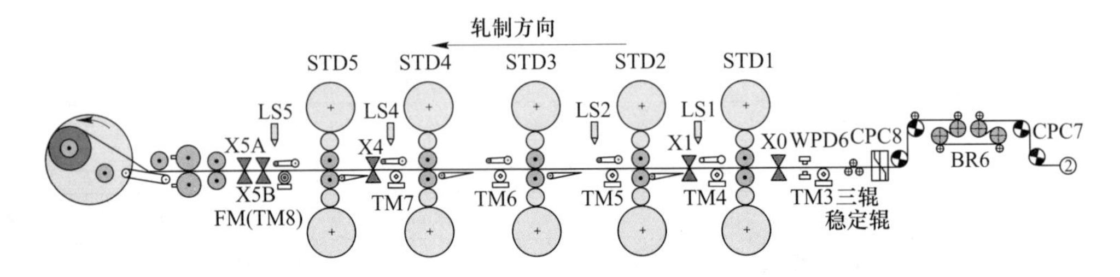

测厚仪(X)　焊缝检测仪(WPD)　板形辊(FM)　测速仪(LS)　张力计(TM)

图 8. 27　1450mm 五机架酸轧机组设备配置

测量段，中间区域布置有 14 个宽度为 52mm 的测量段，各测量段沿板形仪长度方向布置情况如图 8. 28 所示。

板形仪为压磁是板形仪，由 ABB 公司生产。板形仪的主要技术参数见表 8. 11 所示。

工作辊分段冷却设备安装在第五机架入口处，分段冷却喷射梁上喷嘴的排布方式与板形仪测量段的分布保持一致，即共有 38 段喷射区域，每个区域的冷却液喷射量可以单独控制，以实现对工作辊热凸度的有效控制。工作辊分段冷却控制原理如图 8. 29 所示，喷射梁上的喷射阀分布情况如图 8. 30 所示。

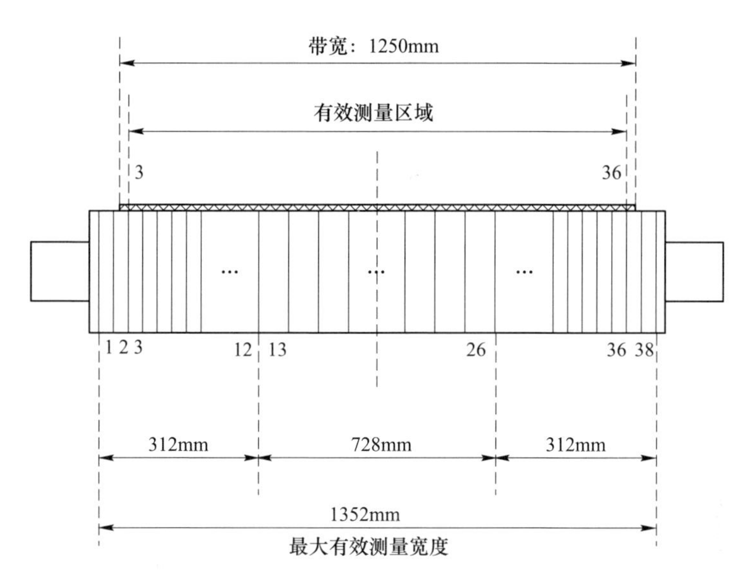

图 8.28 板形仪上各测量段的分布情况（带钢宽度 1250mm 时刻）

表 8.11 板形仪的主要参数

规格及性能参数	参数值
直径/mm	ϕ313±0.5
允许的最小外径/mm	ϕ307
辊面硬度（HRC）	54±2
测量单元宽度/mm	26/52
测量段数	38
最大有效测量宽度/mm	1352
包角范围/(°)	≤70
适应温度/℃	≤175
轧制张力/kN	≤80
轧制速度范围/$m \cdot min^{-1}$	0.5~4000
分辨率/N	≥0.7
每个测量段瞬时过载/N	25000
旋转一周测量频率/次	4
响应周期/ms	5
通信速率（DP 从站）/$Mbit/s^{-1}$	12

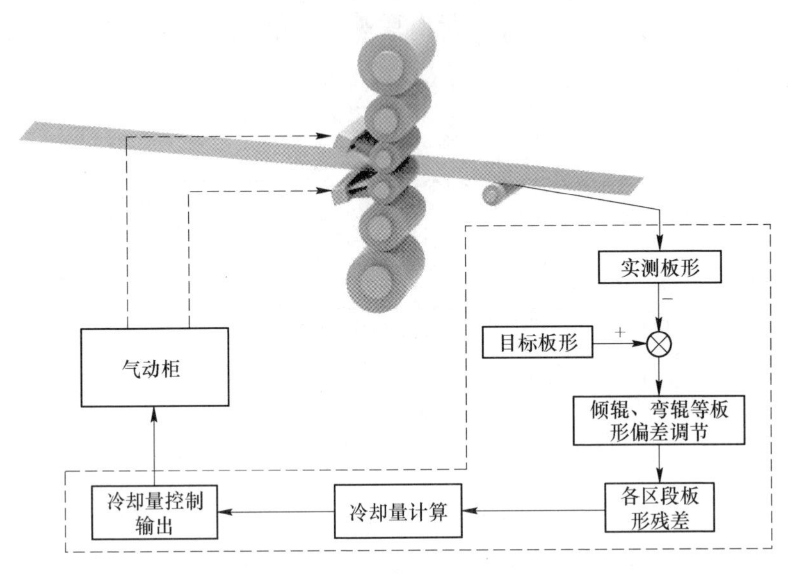

图 8.29　工作辊分段冷却控制原理

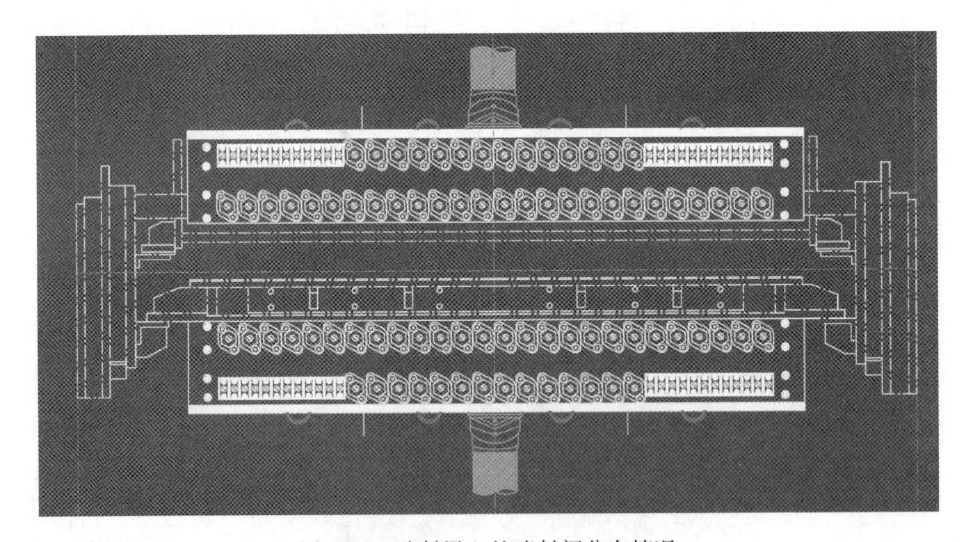

图 8.30　喷射梁上的喷射阀分布情况

分段冷却设备的主要技术参数见表 8.12。

表 8.12　分段冷却设备的主要技术参数

规格及性能参数	参数值
选择性喷射区域数目/个	38（12-14-12）
喷射梁宽度/mm	1450

续表 8.12

规格及性能参数	参数值
喷射梁数目/个	工作辊上、下位置各 1
基本冷却喷射区域数目/个	26（6-14-6）
选择性喷射区域宽度/mm	26/52
基本冷却喷射区域宽度/mm	52
基本冷却喷射阀类型	MODULAX
选择性冷却喷射阀类型	MODULAX/MINI MODULAX
选择性冷却总宽度/mm	1352
压缩空气压强/MPa	0.4~0.6
干燥-露点/℃	2~5
过滤颗粒/μm	40
选择性喷射阀流量（MODULAX）/L·min^{-1}	94.9
选择性喷射阀流量（MINI MODULAX）/L·min^{-1}	47.4
基本冷却喷射阀流量/L·min^{-1}	22.1
响应周期/ms	750

轧机主要技术参数见表 8.13。

表 8.13　1450mm 五机架冷轧机的主要技术参数

参 数 名 称	参数值
最大轧制压力/kN	20000
最大轧制力矩/kN·m	245
最大轧制速度/m·min^{-1}	1350
穿带速度/m·min^{-1}	60
最大甩尾速度/m·min^{-1}	60
最大加减速度/m·s^{-2}	1
最大分切速度/m·min^{-1}	260
最大开卷张力/kN	30
最大卷取张力/kN	60
工作辊尺寸/mm	ϕ425/ϕ385×1450
中间辊尺寸/mm	ϕ490/ϕ440×1410
支承辊尺寸/mm	ϕ1250/ϕ1150×1420
开卷机卷筒直径/mm	涨/缩：ϕ620/ϕ560
卷取机卷筒直径/mm	涨/缩：ϕ610/ϕ586
中间辊横移速度/mm·s^{-1}	5~20

续表 8.13

参 数 名 称	参数值
中间辊单辊最大横移力/kN	750
工作辊正/负弯辊力/kN	单辊单侧：460/210
中间辊正弯辊力/kN	单辊单侧：500
中间辊最大横移量/mm	360
轧辊倾斜范围/mm	-1.5~1.5

8.2.3　控制系统硬件配置方案

板形控制系统硬件平台由西门子 SIMATIC TDC（SIMATIC Technology and Drive Control）控制器、通信模块、监控计算机以及 PDA（Process Data Acquisition）系统组成，如图 8.31 所示。

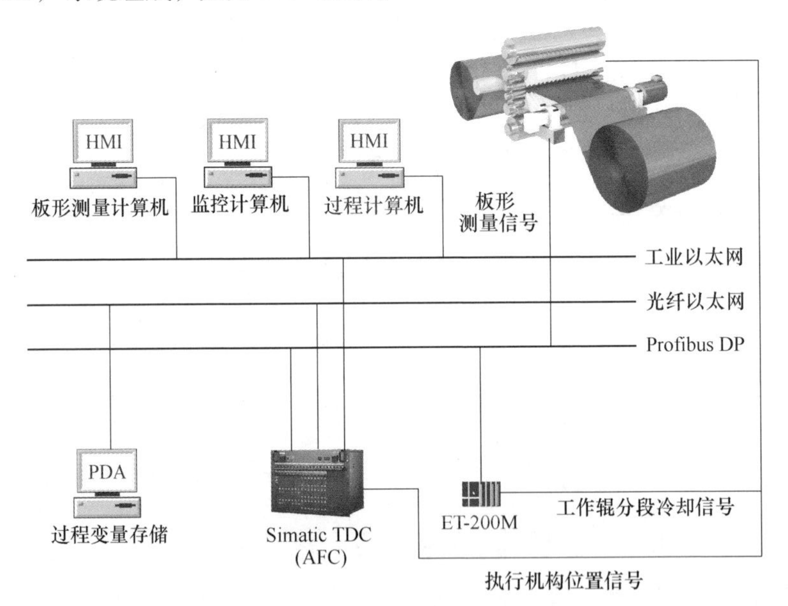

图 8.31　板形控制系统硬件平台配置

板形控制系统模型在西门子 SIMATIC TDC 控制器中运行，完成板形测量信号的获取与处理、板形偏差的计算分析、多变量优化模型的计算、板形调节机构调节量的求解、控制系统参数计算以及系统间的通信等。西门子 SIMATIC TDC 控制器是板形控制系统的核心硬件单元，它是一种先进的工艺和驱动自动化系统。它由一个或多个模板的机架组成，其中可以插入所需模板。多处理器运行方式可以实现性能的几乎无限制扩展，在单一平台上可以拥有最大数量的框架和最短的循环周期，可以解决处理复杂的驱动、控制和通信任务。西门子 SIMATIC

TDC 控制器实物如图 8.32 所示。

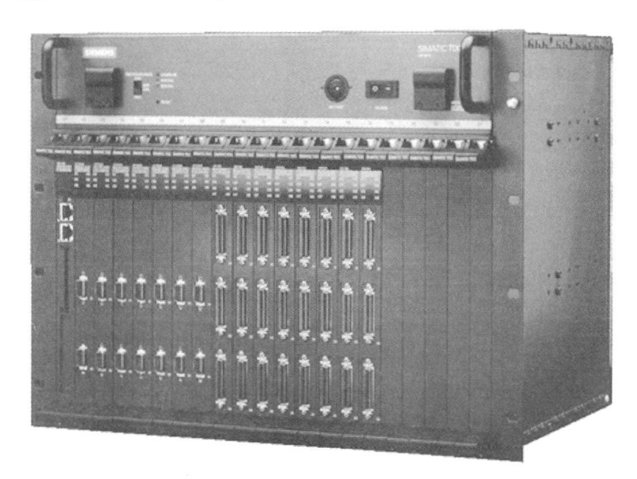

图 8.32 西门子 SIMATIC TDC 控制器

SIMATIC TDC 控制器的中央处理单元模块的型号为 CPU551，适用于具有较高运算要求的开环和闭环控制任务。它采用 64 位 RISC 技术设计，拥有一个 32MB 的用户存储器和插入式存储器模块。CPU 可保证严格根据可调的采样时间间隔（100μs）进行循环处理。对于每个循环，操作系统本身只需要 25~50μs 的循环时间。这就意味着运算时间非常短，例如每个 PI 控制器大约为 1~3μs。另外，CPU 还集成有 4 个具有报警能力的数字量输入和一个诊断接口。中央处理单元模块 CPU551 实物如图 8.33 所示。

图 8.33 中央处理单元模块 CPU551

板形控制系统通过 Profibus DP 方式与板形测量系统、分段冷却控制系统、主令系统、AGC 系统及 HGC 系统进行通信，通信变量主要包括起车信号、停车信号、剪切信号、板形仪状态等设备运行状态状态信号，以及板形测量信号、带钢张力、轧制力、轧制速度以及板形调节机构位置等轧制过程参数信号。Profibus DP 通信模块的型号为 CP50M1，具有 2 个 RS485 形式的物理接口，通信速率达 12Mbit/s，且具有很高的响应特性，可实现系统间的高效通信。Profibus DP 通信模块 CP50M1 的实物如图 8.34 所示。

板形控制系统与监控计算机及二级自动化系统间的通信采用工业以太网通信

方式，通信变量主要包括各测量段的板形偏差、板形测量值、板形实时控制参数以及工艺参数设定值等。工业以太网通信通信模块的型号为 CP51M1，物理接口形式为 RJ45，通信速率达 100Mbit/s 可实现大规模通信变量的高效通信。工业以太网通信通信模块 CP51M1 的实物如图 8.35 所示。

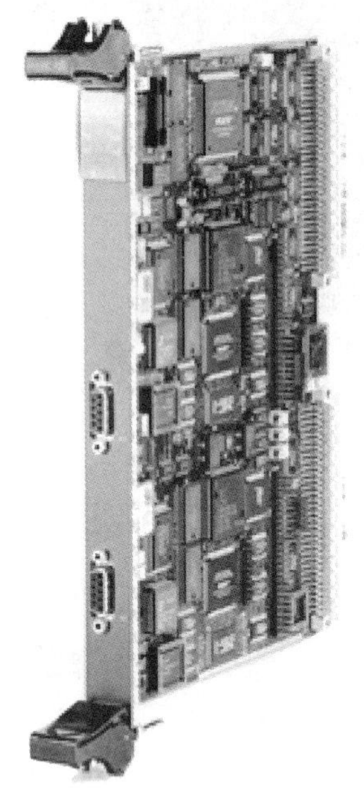
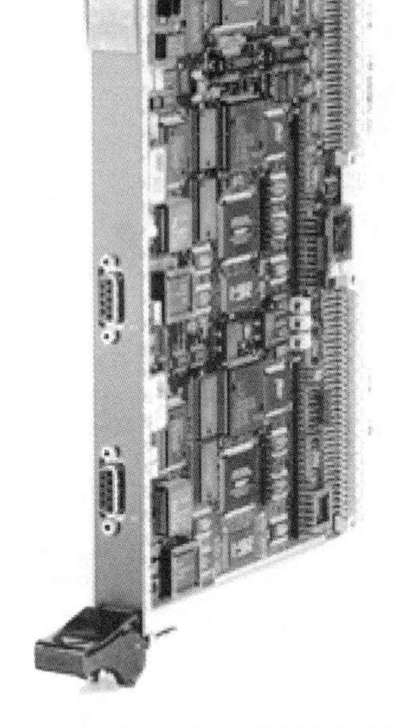

图 8.34　Profibus DP 通信模块 CP50M1

图 8.35　工业以太网通信通信模块 CP51M1

板形控制系统与过程数据采集存储（PDA）之间采用光纤以太网通信方式，可实现 0.1ms 间隔的高速数据采样。数据采集存储采用德国 ibaPDA 数据采集系统，可用于采集、记录、分析和处理轧制过程数据，为生产质量分析和生产设备状态诊断提供依据。

8.2.4　控制系统软件开发

8.2.4.1　下位机系统软件

板形控制系统软件包括两部分：一部分是下位机系统软件，也就是运行在 SIMATIC TDC 控制器中的实时控制软件；另一部分是上位机软件，主要用于参数录入和生产监控。下位机软件采用西门子 S7-CFC（Continuous Function Chart）连续功能图开发，采用图形化方式开发实时控制程序。根据不同的控制要求采用中断任务与循环任务相结合的思路，按照每个任务中的判断条件设置不同的运行组，以节省系统资源。同时，开发部分用户自定义库函数，完成标准库无法实现的一些功能。下位机实时控制软件包含两种任务类型：一种是中断运行任务，另一种是循环运行任务。中断任务由板形仪发送的状态信号唤醒，用于触发板形测量值读取与处理进程。如果板形仪发出测量信号准备完毕信号，则中断程序运行一次，完成本次的板形测量值读取与处理；否则，则该任务一直处于非运行状态。循环运行任务按照设定的周期循环执行，主要用于系统间的通信处理、刷新过程数据、初始化系统参数、执行板形反馈及前馈控制程序等。开发的下位机软件结构如图 8.36 所示。

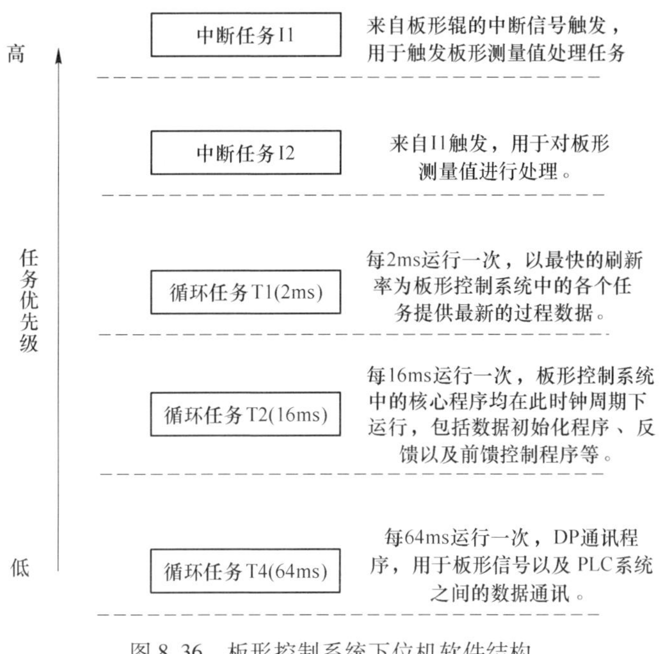

图 8.36 板形控制系统下位机软件结构

板形控制系统下位机软件由若干个标准功能块以及自定义功能块之间的连接实现所需的功能。为了多变量优化算法的工程实现，并将复杂的板形控制系统程序模块化，利用高级语言开发工具组建专有的板形控制功能块库，开发出 30 余个 CFC 专有功能块库，将算法实现的细节有效地隐藏起来，从而有利于进行程序的保护，防止对程序可能进行的破坏。图 8.37 所示为板形控制系统下位机软件的专有 CFC 功能块库。

如图 8.37 所示，板形控制系统下位机软件的专有 CFC 功能块库由若干个具体功能块组成，主要功能块的具体功能如下：

- ACTEFF：板形调节机构的调控功效系数计算
- COOL：工作辊分段冷却量计算
- FBCSET：闭环执行器设定值计算
- FFCSET：前馈执行器设定值计算

- FILTER：滤波计算
- GAIN：板形调节机构增益计算
- OPTFBC：多变量最优板形闭环计算
- OPTFFC：多变量最优板形前馈计算
- PULSCO：分段冷却阀开闭时间计算
- SIMU：板形控制系统仿真测试计算
- TARGET：板形目标曲线设定计算

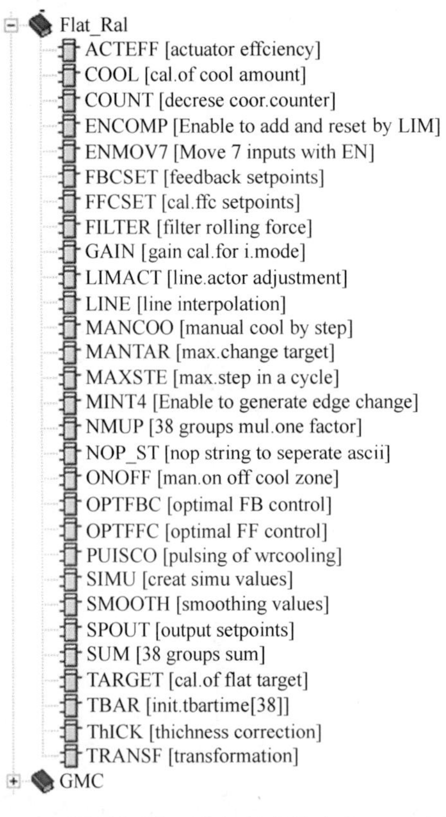

图 8.37　板形控制系统下位机软件的专有 CFC 功能块库

开发的专有功能块库采用图形化编程方式，提供了强大的在线编辑功能，可以进行在线的插入修改，删除特定和硬件无关的功能块等操作，进行功能块参数的在线调整，避免了耗时的编译以及下载过程。每个专有功能块库代表一种功能，留有供技术人员修改的参数接口。用户只需要了解这些功能块之间的连接关系，为这些功能块分配相应的输入/输出地址，而不用花费精力研究功能块里面到底是如何运行的。图 8.38 所示分别是板形调控功效系数计算功能块、多变量最优板形闭环控制计算功能块和板形目标曲线计算功能块。

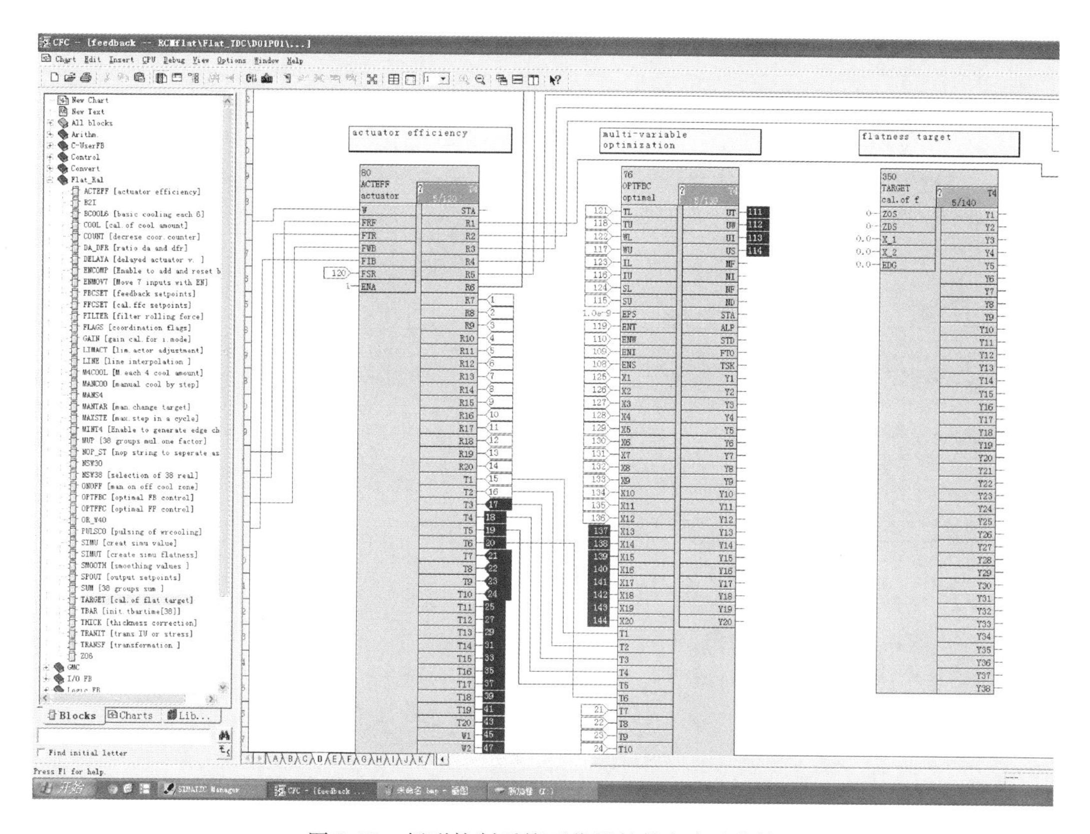

图 8.38 板形控制系统下位机软件专有功能块

8.2.4.2 上位机系统软件

板形控制系统上位机软件采用西门子 SIMATIC WinCC 软件包开发，它是一个可以在 Microsoft Windows 或 Microsoft Windows Server 下使用的功能强大的 HMI 人机界面系统，可以实现板形控制过程的可视化和组态图形用户界面。板形控制过程以图形形式显示在屏幕上，用户可通过用户界面对过程进行操作员控制和监视，只要过程中的状态发生改变，就会立即更新显示。用户可以通过 HMI 系统控制板形控制过程。例如，可以通过用户界面设置板形目标设定值或打开某个分段冷却阀。用户可以通过 HMI 系统监视板形控制过程，出现紧急过程状态时会自动触发报警。除此之外，用户还可通过 HMI 系统归档控制过程数据。

开发的板形控制系统 HMI 画面集成在轧机的基础自动化系统软件画面中，根据现场生产需求开发了主画面和辅助画面。板形控制系统 HMI 主画面运行于板形监控计算机上，正常生产时主画面在前台持续运行，用于操作人员对生产过程的实时监控，如图 8.39 所示。

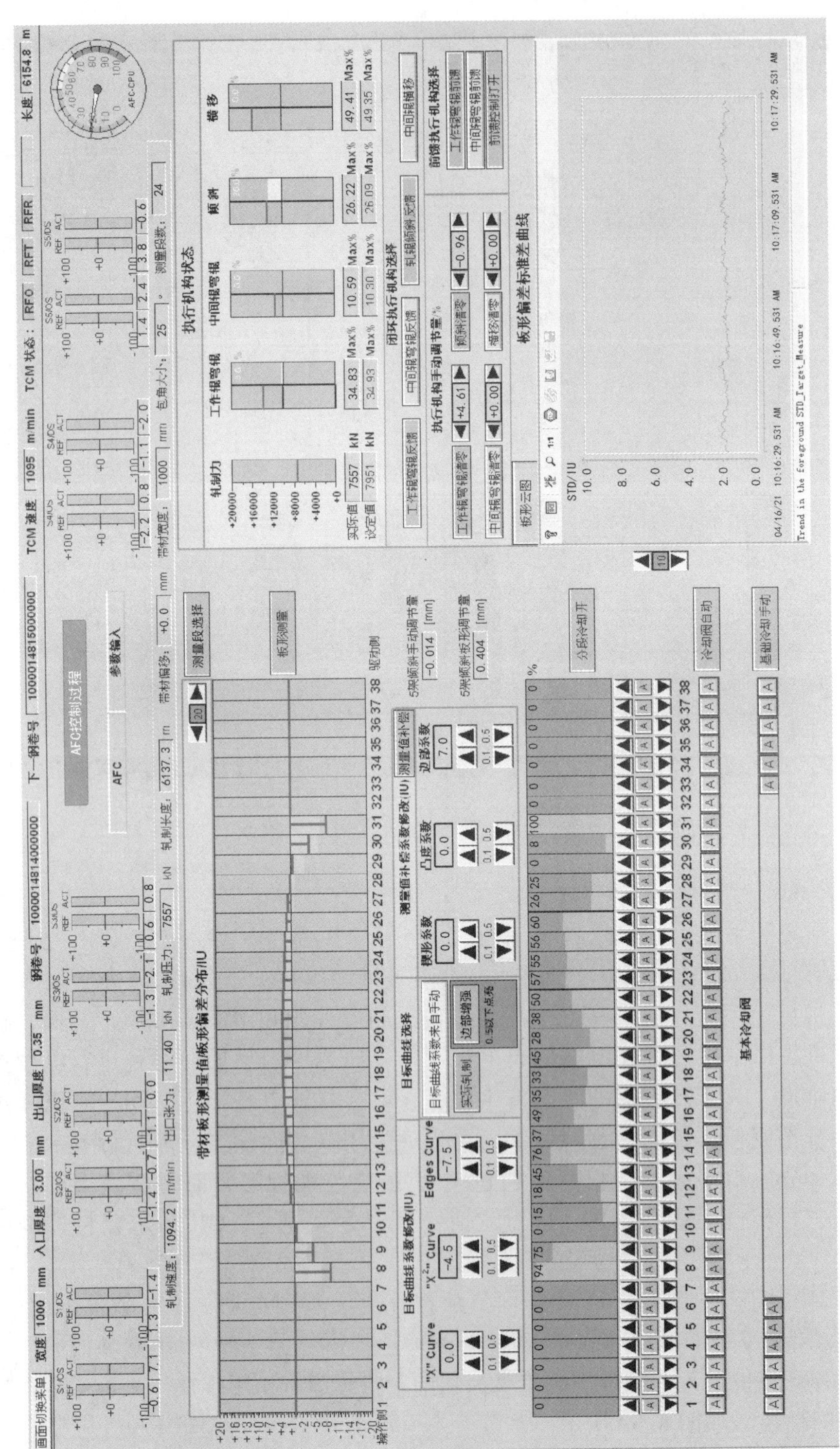

图 8.39　板形控制系统 HMI 主画面

板形控制系统 HMI 主画面主要功能如下：

- 板形测量值/板形控制偏差的显示
- 轧制力及各个板形调节机构位置值显示
- 板形控制偏差/板形云图显示
- 工作辊分段冷却/基本冷却状态显示
- 板形目标曲线系数设定
- 工作辊分段冷却流量手动设置
- 板形调节机构使能信号给定

板形控制系统 HMI 辅助画面主要用于轧制开始前的初始化参数设定，生产时一般置于后台运行，如图 8.40 所示。

板形控制系统 HMI 辅助画面主要功能如下：

- 设备几何参数录入与显示
- 板形调节机构上下限、周期步长及动作死区的录入与显示
- 各个板形调节机构单个周期调节量沿辊缝宽度分布显示
- 各个板形调节机构的板形调控功效系数曲线显示
- 卷形补偿系数设定
- 板形仪运行状态显示
- 板形控制系统的通信状态显示

8.2.5 现场应用效果分析

开发的相关控制模型和控制系统软件自投入使用后一直稳定运行于 1450mm 五机架冷连轧机组的生产过程。为了分析验证实际板形控制效果，提取和分析了 PDA 系统存储的过程数据。所有板形测量数据来自出口板形仪，板形公差并不包括板形仪检测误差和测量噪声所引起的偏差。用来评估板形公差的带钢不包括整个钢卷的未轧制部分和穿带部分。板形指标公差值适用于从板形闭环控制系统投入后进行轧制的情况。采用国际通用标准板形公差（IU）的标准差来表征板形控制技术水平。其定义是板形辊每旋转一周，计算板形测量值与目标值偏差的标准差：

$$PLA = \sqrt{\frac{1}{N}\sum_{i=1}^{N}(x_{\mathrm{ref}}^{i} - x_{\mathrm{mes}}^{i})^{2}} \tag{8.2}$$

式中 PLA——各测量区域板形偏差的标准差；

x_{ref}^{i}——每个测量区域的板形目标值；

x_{mes}^{i}——每个测量区域的板形测量值；

N——板形测量区域个数。

表 8.14 中所列的公差值定义为板形公差的统计值，板形公差在轧制速度达到 100m/min，且板形闭环控制系统投入后有效。由于带钢越薄，板形控制难度

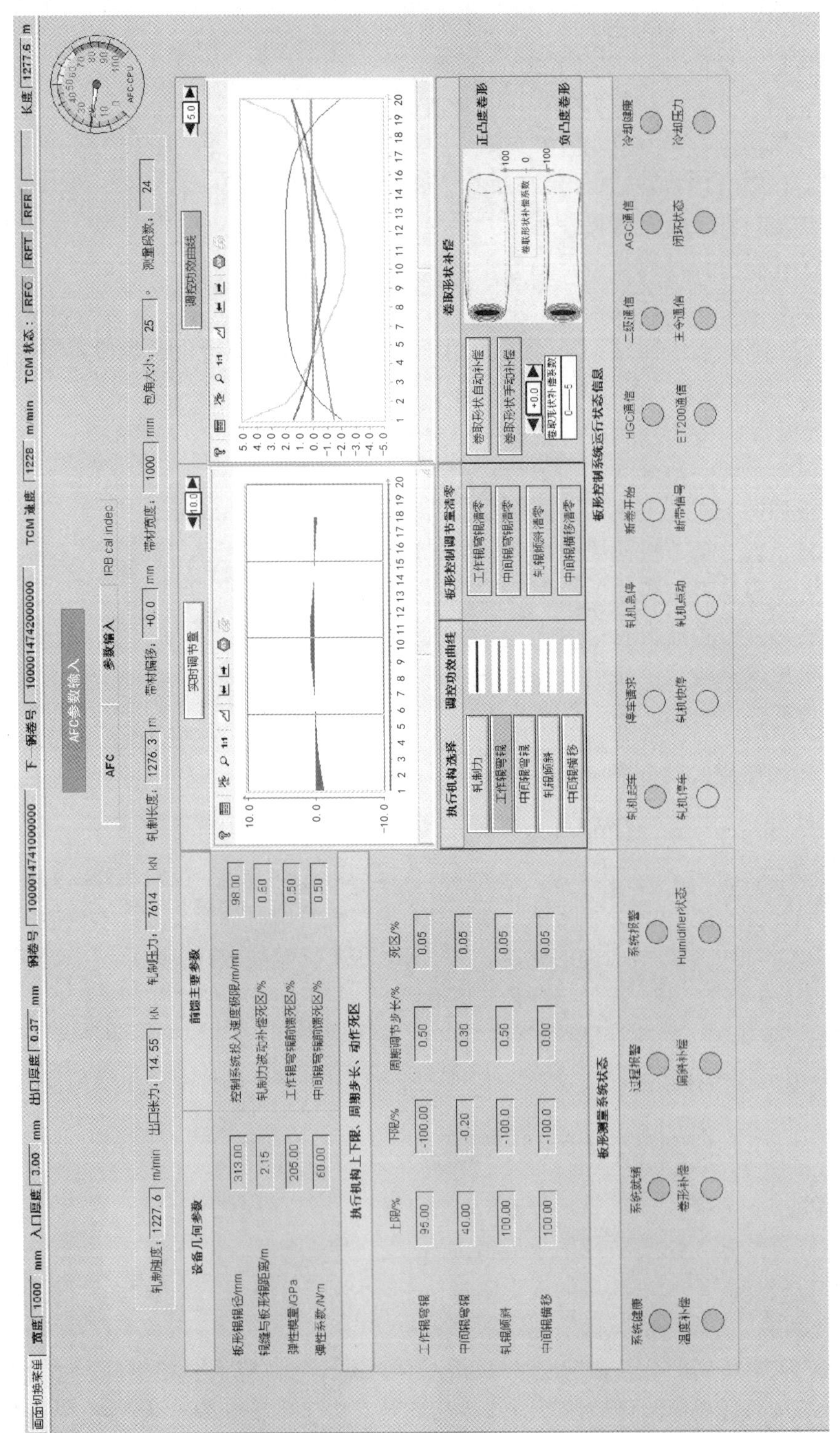

图 8.40　板形控制系统 HMI 辅助画面

越高，也更能反映板形控制模型的精度与适应性，因此，表 8.14 只统计了 1.0mm 厚度以下的冷轧薄带钢板形控制质量均值。

表 8.14 1450mm 五机架冷连轧机冷轧薄带钢板形控制质量均值

厚度/mm	板形/IU			
	小于 800mm	801~1000mm	1001~1200mm	大于 1200mm
0.19~0.30	4.3	4.5	4.6	4.9
0.31~0.40	4.1	4.3	4.4	4.7
0.41~0.50	4.1	4.2	4.2	4.6
0.51~0.60	3.8	4.0	4.1	4.3
0.61~0.70	3.6	3.7	3.9	4.1
0.71~0.80	3.5	3.6	3.9	4.0
0.81~0.90	3.1	3.3	3.5	3.7
0.91~1.00	2.5	3.0	3.2	3.5

对不同规格批次现场生产过程数据的跟踪分析，产品大纲范围内的带钢在稳态及非稳态轧制阶段的板形控制精度在 5IU 以内，达到了冷轧带材板形控制领域内的国际先进水平。

图 8.41 所示为 1450mm 五机架冷连轧机组轧制生产中某卷带钢轧制的板形偏差标准差曲线（宽度 1250mm，厚度 0.18mm）。图中的纵坐标代表板形偏差的标准差，横坐标为轧制时间（s）。如图 8.41 所示，在轧制的初始阶段板形偏差很大，当板形闭环控制系统开始投入后（轧制速度达到 200m/min），板形偏差迅速减小到一个很小的范围内，且在整个板形闭环投入区间内，板形偏差一直稳定在 5IU 以内，具有很高的控制精度。

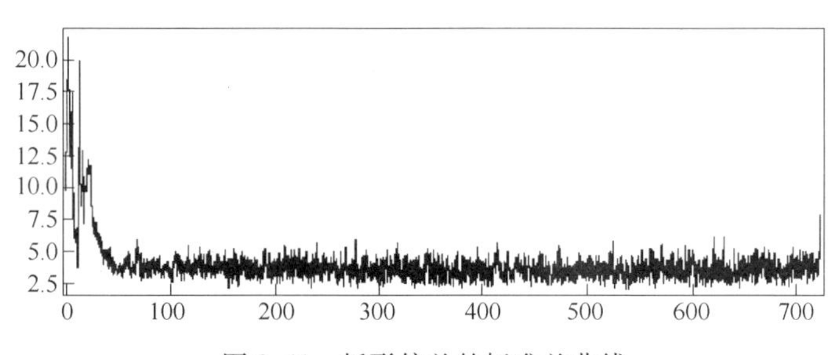

图 8.41 板形偏差的标准差曲线

图 8.42 所示为该卷带钢的板形偏差云图。图中的纵坐标代表带钢的宽度方向测量点，横坐标代表轧制时间（s）。图中颜色标尺对应的板形偏差范围为 -10~10IU，通过不同颜色的分布来表征整个带钢上的板形分布情况。由板形偏差的云图分布可知，整卷带钢的整体板形偏差都很小，且沿整个板面均匀分布。

图 8.43 所示为该卷带钢轧制过程中某个时刻横断面的板形测量值与目标值

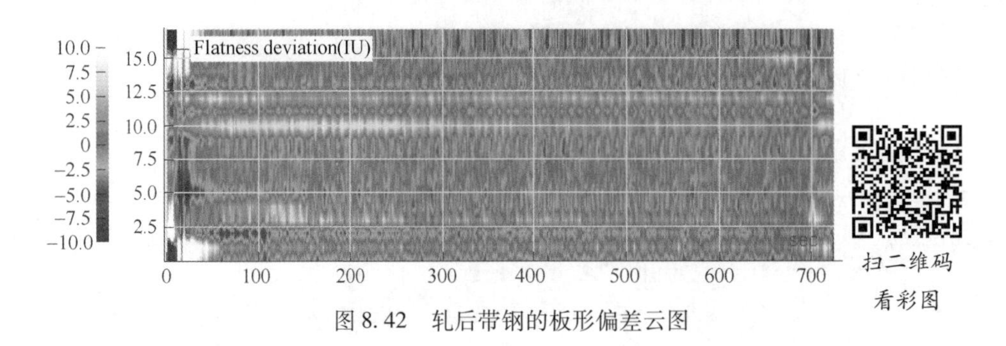

图 8.42　轧后带钢的板形偏差云图

分布情况。每个测量区域的板形测量值都很接近板形目标值，各个测量区域的板形偏差基本上在-2~2IU 之内，具有很高的控制精度。

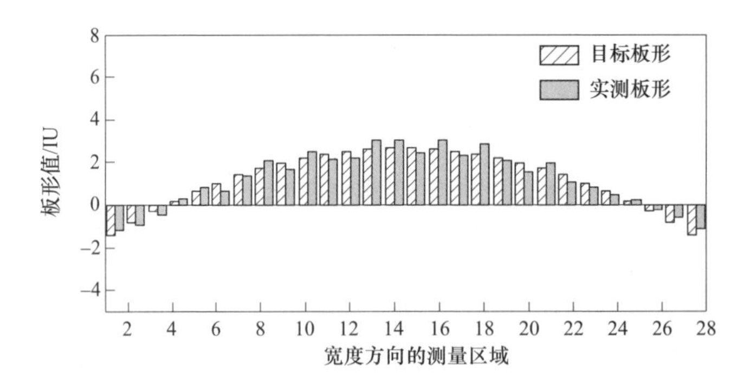

图 8.43　轧制过程中某个时刻带钢横断面的板形测量值与目标值分布

虽然板形控制过程存在许多复杂的多变量优化计算环节，但在第 5 章开发的多变量优化算法在具有高精度的同时，也具有很高的计算效率，可以确保板形控制器始终处于低负荷稳定运行状态。图 8.44 所示为轧制过程中的板形控制器

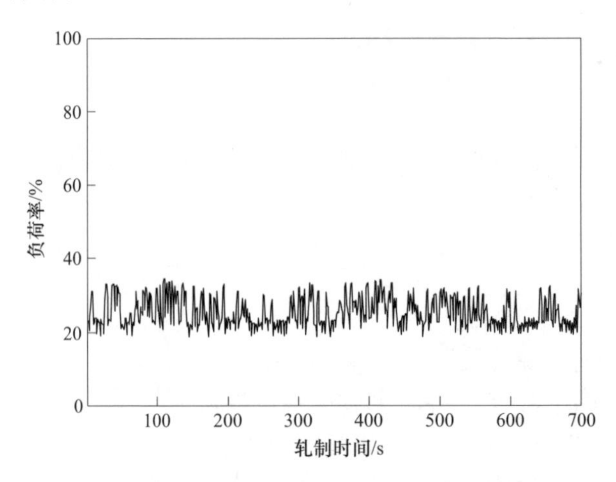

图 8.44　轧制过程中的板形控制器 CPU 负荷率

CPU 负荷率曲线，如图所示，板形控制器的 CPU 负荷率基本控制在 35%以内，系统资源占用处于一个较低的水平。

1450mm 五机架冷连轧机组的轧后实物板形如图 8.45 所示。板形控制实际效果表明，薄规格带钢在连续轧制过程中，板形控制系统运行稳定，出口带钢表面平直，满足了后续加工工序对镀锡基板产品的板形质量要求。

(a)　(b)　(c)　(d)

图 8.45　1450mm 五机架冷连轧机组的轧后实物板形

（a）第一卷带钢下线；（b）钢卷形貌；（c）活套处的带钢形貌；（d）检查台上的带钢板形

8.3　1700mm 五机架冷连轧机板形控制系统优化实例

1700mm 冷连轧机整体由 SIEMENS VAI 公司引进，其中工艺设备和自动化控制系统由 VAI CLECIM 提供，传动电机及其控制系统由东芝三菱提供。该冷连轧机的自动化控制系统具有较高的设定精度和实时控制精度，代表了当时带钢冷连轧生产自动控制技术的先进水平。自投产以来，轧机生产相对稳定，迅速实现了达产达效。但在生产过程中仍存在一些实际问题，如板形目标值设定功能单一且无设定依据，与生产过程不匹配导致板形闭环控制投入率较低；板形控制模型不完善，导致生产中出现斜条纹浪形缺陷无法控制问题。因此，开发适应于实际生产过程的冷轧板形目标曲线设定模型，对提高成品带钢的板形控制精度具有重要的意义。

8.3.1　机组概况

1700mm 冷连轧机年设计产量 140 万吨，原料宽度范围 850～1680mm，厚度范围 0.8～4.0mm，产品主要为 CQ、DQ 和 HSLA，宽度范围 820～1650mm，带卷最大外径 1950mm，最大卷重 29.7t，最大出口速度为 1200m/min。冷连轧机为 5 机架连续轧制，其中前 4 机架为四辊轧机，第 5 机架为六辊轧机，出口采用卡罗塞尔类型卷取机。1700mm 五机架冷连轧机的实物如图 8.46 所示。

图 8.46　某 1700mm 五机架冷连轧机

轧机的出口安装有板形仪，可实现第五机架的板形闭环控制。板形仪为压磁式，由 ABB 公司生产。板形仪安装位置距轧机出口距离为 2.974m，其测量周期为 100ms，沿板形仪宽度方向共有 33 个测量段，每个测量段的宽度是 52mm。

除此之外，在第五机架入口还装备有工作辊的分段冷却控制装置，分段冷却的分段情况与板形仪一致，由电磁阀控制每个分段冷却喷嘴的开闭。1700mm 冷连轧机第 5 机架入口冷却喷嘴的布局如图 8.47 所示。

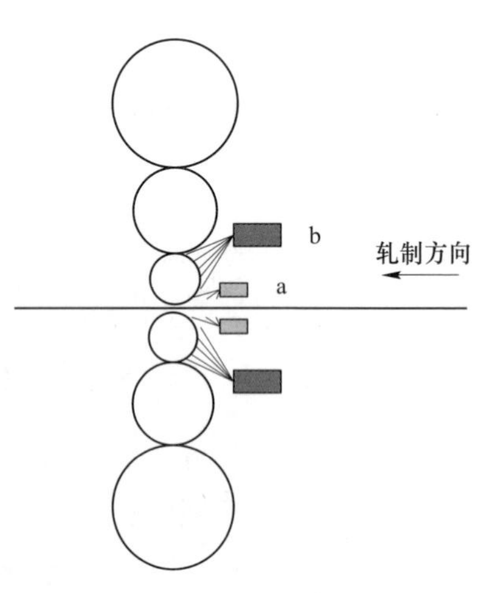

图 8.47　某 1700mm 冷连轧机 5 机架的分段冷却控制

如图 8.47 所示，第 5 机架的冷却装置共分为 a 和 b 两部分。其中 a 部分上下各一排喷嘴，作为基本冷却和润滑之用，目的是避免轧制过程中出现欠润滑而导致带钢和轧辊“烧伤”的危险，同时对轧辊和带钢进行冷却，起到提高轧辊寿命和改善带钢表面光洁度的作用。b 部分喷嘴用于分段冷却以控制工作辊热凸度的变化，上下各一排喷嘴，每排喷嘴数目对应于板形辊的测量段数，共 33 个，每个喷嘴对应于一个板形测量段宽度 52.0mm。为了保证乳化液流量和压力的恒定，33 个喷嘴被分成 5 组，各组乳化液喷嘴的流量和压力可以进行单独控制。喷嘴的编号由工作侧（操作侧）至传动侧从小到大排序，如图 8.48 所示。

上部分喷嘴

1	2	3	4	5	6	7	8	9	10	11	12	13	14	15	16	17	18	19	20	21	22	23	24	25	26	27	28	29	30	31	32	33

工作侧 —— 轧制线 —— 传动侧

1	2	3	4	5	6	7	8	9	10	11	12	13	14	15	16	17	18	19	20	21	22	23	24	25	26	27	28	29	30	31	32	33

下部分喷嘴

图 8.48 分段冷却喷嘴排列示意图

1700mm 五机架冷连轧机的主要设备及仪表布置如图 8.49 所示，主要技术参数见表 8.15。

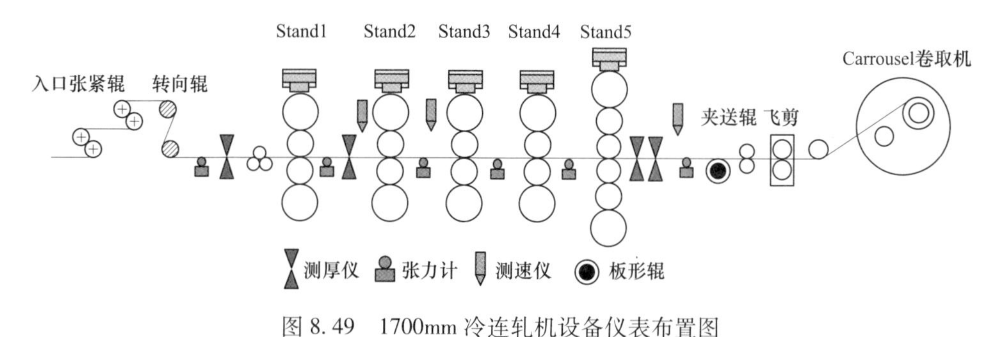

图 8.49 1700mm 冷连轧机设备仪表布置图

表 8.15 1700mm 冷连轧机的主要技术参数

机　架	1 号机架	2 号机架	3 号机架	4 号机架	5 号机架
轧机类型	四辊轧机	四辊轧机	四辊轧机	四辊轧机	六辊轧机
工作辊直径/mm	455～525	455～525	455～525	455～525	425～485
工作辊辊身长/mm	1800	1800	1800	1800	1800
中间辊直径/mm	—	—	—	—	520～580
中间辊辊身长/mm	—	—	—	—	1800
支撑辊直径/mm	1300～1450	1300～1450	1300～1450	1300～1450	1300～1450
支撑辊辊身长/mm	1750	1750	1750	1750	1750
工作辊弯辊力/kN	-800～800	-800～800	-800～800	-800～800	-1300～1300
中间辊弯辊力/kN	—	—	—	—	-1300～1300
中间辊横移量/mm	—	—	—	—	-245～245
轧辊倾斜量/mm	—	—	—	—	-2～2
最大轧制力/kN	25000	25000	25000	25000	25000
电机功率/kW	4250	4250	4250	4250	4250

续表 8.15

机　架	1 号机架	2 号机架	3 号机架	4 号机架	5 号机架
电机转速/r · min^{-1}	715～1500	715～1500	715～1500	715～1500	715～1500
工作辊最高速度/m · min^{-1}	478	624	876	1140	1303
传动比	1/5. 180	1/3. 965	1/2. 824	1/2. 170	1/1. 754

8.3.2　控制系统硬件配置

1700mm 五机架冷连轧机的计算机控制系统分为过程自动化级（L2）和基础自动化级（L1）两级，预留了工厂管理级（L3）接口。L2 与 L1 之间通过以太网交换数据，L1 与远程 I/O、传动装置之间通过 Profibus DP 网进行通信，L1 还通过 OPC 协议和 S7 协议与 HMI 人机界面建立变量地址连接。为了达到数据高速传输目的，在主干网和 HMI LAN 之间采用了光纤通信，如图 8. 50 所示。

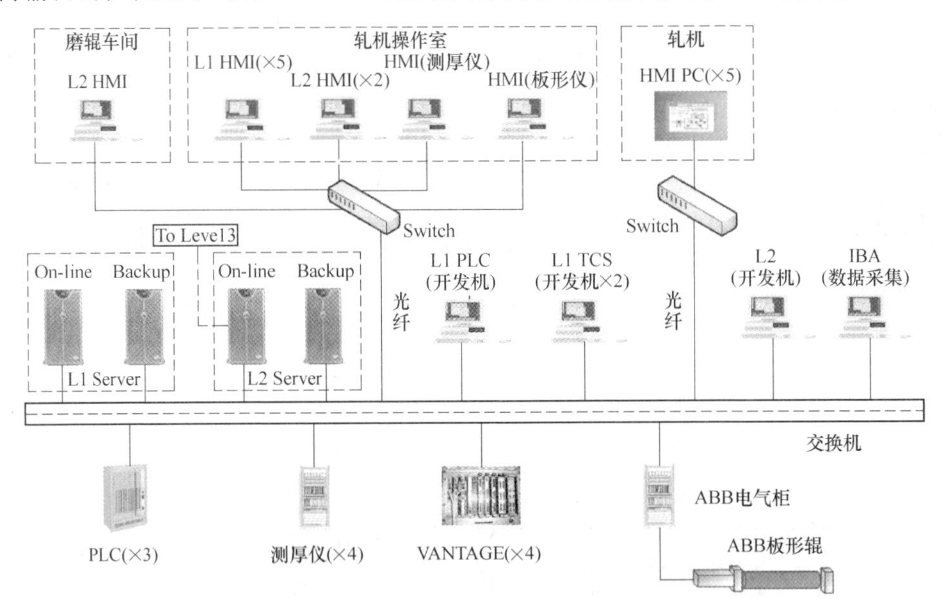

图 8. 50　1700mm 冷连轧机计算机控制系统框图

L1 基础自动化控制系统的核心工艺模型运行于 TCS 控制器，该控制器采用由美国 GE 公司生产的 Vantage 系统，主要用于实现连轧过程的主令控制、张力控制、厚度控制、板形控制以及系统通信，系统开发语言为 logiCAD。上位机主要用于实现控制过程的设定输入和生产监控，开发语言为 SIMATIC WinCC 和 LabVIEW。L1 系统与测厚仪及板形仪采用工业以太网方式通信，与连轧机的其他 PLC 通过 S7 Server 进行通信，与张力计通过硬线连接方式通信。基础自动化系统中的板形程序开发软件画面及 HMI 界面如图 8. 51 所示。

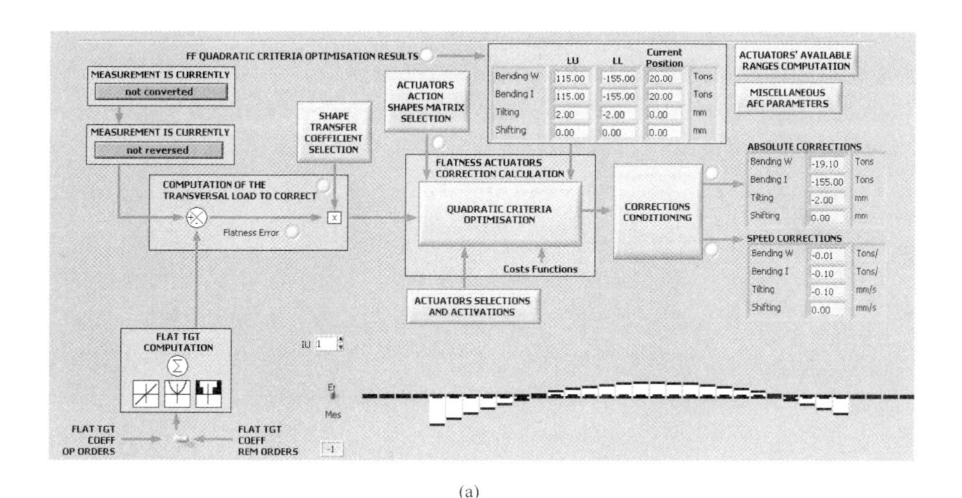

(a)

(b)

图 8.51 基础自动化系统中的板形程序开发软件画面及 HMI 界面

（a）板形控制程序开发软件；（b）板形控制系统的 HMI 主画面

L2 过程控制系统采用了 2 台 PC 服务器，一用一备。操作系统采用 Microsoft Windows2000 Server 版，开发语言为 C++，采用 VAI 公司的 VAIronment 作为软件开发平台，数据库采用 Oracle。另外，过程控制系统采用 Microsoft Visual Basic 开发独立的人机界面，并设置多台终端，实现 L2 的画面显示和操作功能，其中 1 台 HMI 放置在磨辊车间，用于输入和检查轧辊数据，2 台 HMI 放置在轧机操作室，用于显示轧制规程和设定数据等。在电气室配备了一台 L2 开发机，用于 L2 程序开发、调试和维护。

L2 过程控制系统的主要功能是为 L1 提供控制需要的设定数据，按功能可以将 L2 系统分为三部分：数据库系统、人机界面系统以及核心控制系统。

（1）数据库系统：数据库系统存储系统运行过程中需要保存和交换的大量数据，包括工艺数据、轧辊数据、实测数据、报表数据、配置数据等。同时数据库系统还与酸洗线 L2 数据库系统进行数据通信，预留了与 L3 生产管理系统数据库的通信接口。

（2）人机界面系统：人机界面系统实现人机交互功能，它与控制系统直接进行的数据通信包括与运行信息管理功能进行通信，在人机界面上显示系统的运行信息；与标签信息管理功能进行通信，实现人机界面和控制系统之间触发信息的数据交换。

（3）核心控制系统：L2 过程控制系统设定计算的核心是 CORUM™数学模型系统，将基于轧制理论的物理模型和人工神经网络相结合，能获得高精度的预设定值。预设定计算模块的关系如图 8.52 所示。

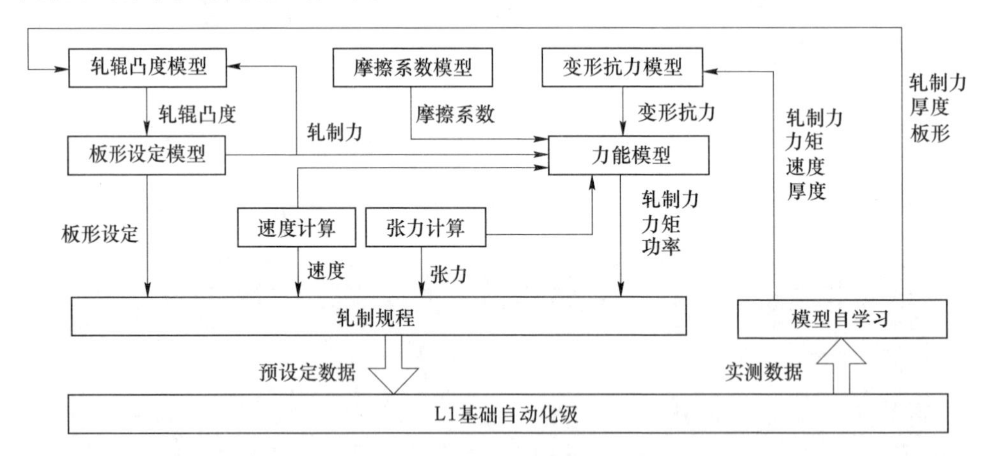

图 8.52　设定计算模块关系图

L2 过程控制系统除了实现预设定计算功能、数据库管理功能以及人机界面—控制系统通信功能以外，还具有系统管理功能、数据通信功能、信息管理功能、酸轧全线协调管理功能以及物料跟踪功能等。

L1 基础自动化级可以分为三部分：TCS（Technology Control System）、PLC 辅助控制系统以及 HMI 人机界面。TCS 采用基于 VME 标准总线的硬件系统，CPU 为 Pentium®系列 PC 处理器，操作平台为具有高实时控制性能的 VxWorks 操作系统，应用软件采用运行于 Microsoft Windows 2000 下的图形编辑软件 LogiCAD。TCS系统包括了4套VAntage系统，其中一套用于1号、2号和3号机架的液压辊缝控制（Hydraulic Gap Control，HGC）、工作辊弯辊控制（Work Rolls Bending Control，WRB）、机架控制（Stand Controller，STAC）以及轧辊偏心补偿（Rolls Eccentricity Compensation，REC）；一套用于4号和5号机架的HGC、WRB、REC、STAC、AFC（Automatic Flatness Control）以及中间辊横移控制；一套主要用于实现AGC功能，同时实现与PLC通信以及和酸洗线L1通信；一套用于轧机MASTER控制、飞剪控制、卷取机控制以及和L2通信。各VAntage系统之间通过高速内存光纤映像网进行通信，周期小于1ms，可满足快速交换数据的要求。PLC采用西门子S7-400，共3套，其中一套PLC负责所有机架的传动控制，一套PLC负责轧机的入口、出口设备的顺序控制和换辊控制，一套PLC负责液压站、润滑和乳化液站的控制等。L1基础自动化级HMI包括轧机操作室的5台HMI PC机和安置在轧机操作侧的5台触摸屏式HMI PC，HMI界面均使用WinCC软件编制，方便显示各种运行信息、实测数据以及实现画面操作功能。L1基础自动化级配备了2台TCS开发机和1台PLC开发机，提供了一台用于数据采集的计算机iba PDA。

8.3.3 板形控制系统功能

图8.53所示为1700mm冷连轧机板形控制系统的结构原理，从功能上可以将其分为板形预设定控制和板形反馈控制两部分。

8.3.3.1 板形预设定控制

板形控制系统的预设定计算充分考虑了轧辊辊身的挠曲变形、轧辊辊颈处的挠曲变形、辊间压扁以及工作辊与带钢之间的压扁变形，从而给出弯辊力的设定值，根据带钢宽度给出优化后的中间辊横移量。由于此部分功能用C++类封装，没有给出具体模型的源代码，因此无法了解到板形预设定的具体物理模型及其实现过程，但是从现场应用效果来看，该模型具有较高的设定精度，完全能满足高精度轧制的要求。

8.3.3.2 板形闭环反馈控制

板形闭环反馈控制根据出口实测板形信息，采用多变量优化控制模型对板形误差进行处理，考虑了当前板形调控机构的调节量，采用一定的数学方法求得最优的闭环反馈调节量。对实时检测的轧制力变化量使用弯辊进行补偿。乳化液分段冷却还考虑了由操作人员手工设定的基本冷却模式。

在LogiCAD的程序实现中，板形闭环反馈控制功能由4个模块组成：S5AFCMea、S5AFCCtr、S5AFCFE和S5Spray，它们之间的数据交换如图8.54所示。

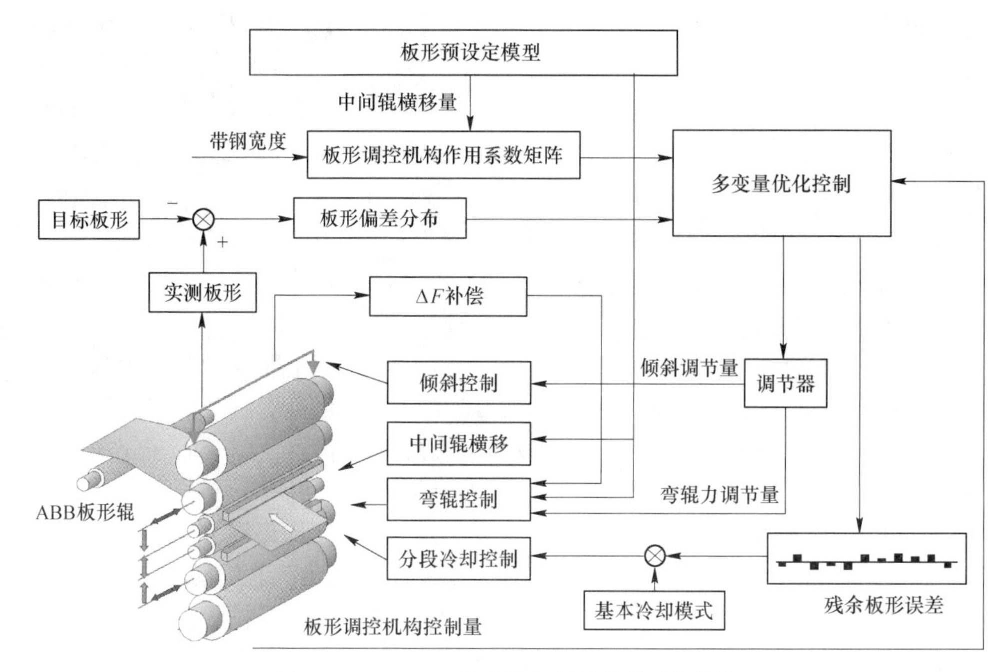

图 8.53　1700mm 冷连轧机板形控制系统结构

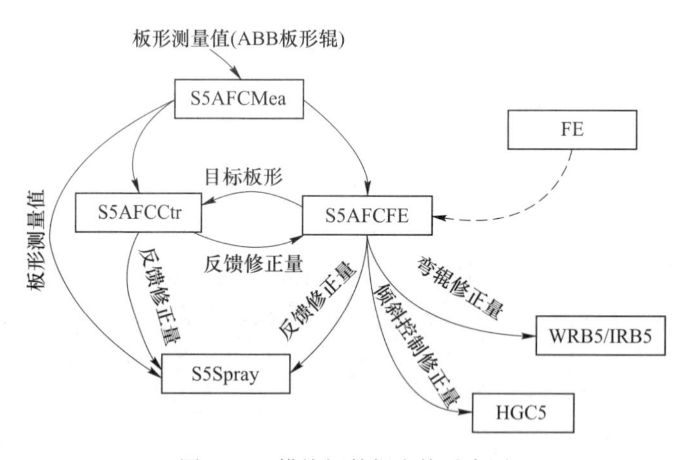

图 8.54　模块间数据交换示意图

A　S5AFCMea 模块

该模块的功能是与 ABB 板形测量系统通信，读取实测板形数据并进行有效性校验，将板形数据在 HMI 上显示等，程序模块触发周期时间为 100ms。

B　S5AFCCtr 模块

该模块的主要功能包括：根据带钢宽度读取相应的板形执行机构调控系数矩

阵；实现板形前馈控制；根据当前的设备状况计算各板形调控机构允许的调节范围，利用优化算法计算各板形调控机构的修正量；考虑各板形调控机构的设备特性，计算动态修正量。

板形前馈是通过计算轧制力的变化量，然后使用工作辊弯辊和中间辊弯辊共同补偿来实现的，这部分弯辊力修正量将与反馈修正量一起发送给 WRB5/IRB5 模块。

在计算板形反馈修正量时，定义以下的目标函数 J：

$$J = \sum_{i=1}^{N} \left[\Delta\varepsilon_i - \sum_{j=1}^{M} \alpha_j e_{ij} \right]^2 \tag{8.3}$$

式中 $\Delta\varepsilon_i$——第 i 测量段上的板形误差，IU；

i——测量段，$i=1\sim N$，N 为测量段数，等于板形辊总段数；

j——板形调控机构，$j=1\sim M$，M 为板形控制执行机构数；

e_{ij}——第 j 个板形执行机构对第 i 测量段的板形调控系数；

α_j——第 j 个执行机构的最优修正量，包括轧辊倾斜、工作辊弯辊和中间辊弯辊。

式（8.3）的意义是需要修正的板形误差与板形调控机构板形修正量差值的平方和，在各个板形调节机构的可行域内使该平方和最小时，此时获得的各个板形调节机构的调节量即为最优调节量。该模型的求解采用 Frank-Wolf 算法完成，其基本思想是将目标函数作线性近似，通过求解线性规划求得可行下降方向，并沿该方向在可行域内作一维搜索。Frank-Wolf 算法是一种可行方向法，在每次迭代中，搜索方向总是指向某个极点，并且当迭代点接近最优解时，搜索方向与目标函数的梯度趋近于正交，因此该算法的收敛速度比较慢。但该方法把求解非线性最优化问题转化为求解一系列线性规划问题，而且各线性规划具有相同的约束条件，因而在实际应用中仍然比较有效。

S5AFCCtr 模块在计算板形偏差时，根据操作人员在 HMI 上的选择，会舍去被带钢边部不完全覆盖的 2 个测量值或 4 个测量值，从而避免带钢边部测量段板形测量信号不准确带来的板形控制误差。

S5AFCCtr 模块的程序触发周期时间为 100ms。

C S5AFCFE 模块

该模块的功能是根据输入的板形目标曲线系数计算目标板形分布，读取当前带卷的预设定数据及有效性校验，读取下一卷带钢预设定数据及有效性校验，计算当前被带钢覆盖的板形辊测量段数，根据当前轧制速度和轧制力大小判断板形前馈和板形反馈控制是否投入，根据板形调控机构的选定和激活状态确定使用哪些板形调控机构进行控制。

目标板形分布根据操作人员输入的边部楔形系数 a_0、一次系数 a_1 和二次系

数 a_2 由下式计算得到：

$$\varepsilon_t(i) = a_0 f_0(i) + a_1 f_1(i) + a_2 f_2(i) \tag{8.4}$$

其中

$$f_0(0) = f_0(n-1) = 1 - \frac{3}{n} \tag{8.5}$$

$$f_0(1) = f_0(n-2) = 0.5 - \frac{3}{n} \tag{8.6}$$

$$f_0(i) = -\frac{3}{n} \tag{8.7}$$

$$f_1(i) = -0.5 + \frac{i}{n-1} \tag{8.8}$$

$$f_2(i) = \left(\frac{2i}{n-1} - 1\right)^2 - \frac{n+1}{3(n-1)} \tag{8.9}$$

式中　$\varepsilon_t(i)$——对应第 i 测量段上的目标板形，IU；

n——被带钢覆盖的有效测量段数；

i——测量段，$i=0\sim n$。

S5AFCFE 模块的程序触发周期时间为 100ms。

D　S5Spray 模块

该模块的主要功能是根据残余板形误差计算乳化液分段冷却喷嘴的控制状态，包括计算残余板形误差，确定乳化液分段冷却控制模式（调试模式、自动控制模式和维护模式），接收来自 L1 HMI 和 L1 TCS 开发机的乳化液喷嘴控制指令，并具有故障诊断功能。

乳化液分段冷却控制采用常规 PI 控制方法：

$$\Delta\chi_i(t) = K_P\left[\Delta\varepsilon_i(t) + \frac{1}{T_S}\int_0^t \Delta\varepsilon_i(t)\,dt\right] \tag{8.10}$$

式中　$\Delta\chi_i(t)$——t 时刻对应第 i 测量段需要消除的残余板形误差，IU；

$\Delta\varepsilon_i(t)$——t 时刻对应第 i 测量段的残余板形误差，IU；

K_P——比例增益；

T_S——积分时间常数。

将 $\Delta\chi$ 向量中最大值对应测量段的残余板形误差百分数设为 100%，其他测量段与其相比后得到相应的残余板形误差百分数，即：

$$r_i = \frac{\chi_i}{\chi_{\max}} \times 100\% \tag{8.11}$$

在实际控制中，考虑乳化液流量压力变化和控制响应等因素的影响，需要设定控制斜坡。设控制斜坡时间为τ，那么每个控制周期的残余板形误差百分数调节步长s为：

$$s = \frac{t}{\tau} \times 100\% \tag{8.12}$$

式中 t——控制周期时间，s。

当$r_i \leqslant ns$（其中n为控制周期数）时，关闭该喷嘴，亦即只有残余板形误差百分数为100%的喷嘴在整个斜坡时间内都是始终打开的。

33个喷嘴被分成5组，每组喷嘴设定一个单独的控制斜坡，各控制斜坡之间存在一个时间差，以避免同时打开过多喷嘴造成乳化液流量和压力的波动。

S5Spray模块的程序触发周期时间为300ms。

E 其他模块

FE模块的功能是与L2和L1通信，它通过OPTOBUS网接收来自L2的带卷数据、轧机参数和轧件跟踪状态数据，以便确定当前反馈控制功能是否投入。

WRB5/IRB5模块功能是对第5机架工作辊和中间辊弯辊进行控制，HGC5模块功能是实现对第5机架轧辊倾斜的控制。

8.3.4 板形控制模型优化

1700mm五机架冷连轧机组自投产以来，轧机生产相对稳定，迅速实现了达产达效。但在生产过程中仍存在一些实际问题，主要表现在板形目标曲线设定功能单一，且设定依据不充分，未能有效适应现场实际生产状况，导致板形闭环控制功能不能实时投入运行。板形标准曲线模型是板形控制的基本模型之一，是板形控制的目标模型，目前引进的板形控制系统，只引进了一些可供选择的板形标准曲线，而没有引进制定板形标准曲线的原理、模型和方法，这是技术的源头和秘密，难以引进。在实际生产中如何选择板形标准曲线，也只有根据大量的操作经验，逐步摸索，属经验性选择，缺少理论分析计算，这对于轧制新产品是很不利的。

板形目标曲线设定问题主要体现在两方面。一方面是由于目标曲线设定模型的复杂性，绝大多数基于机理模型的板形目标曲线设定都是离线完成，无法进行实时计算。该机组仅具有若干条预先为某几种规格材质带材生产设定的板形目标曲线，当所轧带材产品超出这个规格区间后，则只能根据人工操作经验逐步摸索。以动态换规格为例，当一种带材规格过渡到另一种规格时，为了保证出口带材板形质量的稳定性，需要熟练操作人员不断地手动调节板形目标曲线设定系数，尽量使轧机辊缝形貌与来料带钢断面形貌保持一致来保证出口板形质量。另一方面问题是由于板形目标曲线的设定涉及大量的可测量及不可测量的工艺参数及影响因素，而且有很多影响因素对板形目标曲线设定的影响机制并不明确，这就导致基于经验方式的板形目标曲线方法无法满足工艺参数复杂多变而工艺约束条件极其严格的板形控制要求。冷轧生产中时常出现工艺模型数据库中不具有当前所轧带材规格对应的板形目标曲线类型，而依赖操作人员不断尝试手动修正的这种摸索调节方式会导致两种情况出现：一是板形目标曲线的调节效果严重依赖于操作人员的经验和熟练程度，无法保证变规格时的板形质量一致性；二是调节过程缺少理论计算模型，目标曲线的设定值无法达到生产期望的最优目标。随着客户对品种、规格（如板材的宽度、厚度、镀层和机械性能指标等）需求的多样化，企业面临以数以百计不同的订单，轧制过程的产品规格切换更加频繁，这种生产过程由于板形目标设定模型的失配和工艺制度的欠完善导致了规格或品种切换时首块带钢板形控制“命中”率降低，增加了生产成本。因此，开发适应于生产过程的冷轧板形目标曲线设定模型，对提高成品带钢的板形控制精度具有重要的意义。通过借鉴生产数据和经验知识，将数据建模方法与知识工程推理有机融合。首先采用机理模型和动态规划理论建立板形目标曲线设定的基础模型，为板形目标曲线自适应过程提供初值。然后建立基于知识工程推理的板形目标自适应修正系统，从板形控制系统中获取过程数据，在推理和调整的基础上，得到与当前轧制状态相适应的板形目标曲线修正量，然后将其送回至板形控制系统中。

8.3.4.1　板形目标曲线设定的基础模型

板形目标曲线设定的基础模型以轧后带材失稳判别模型为依据，失稳判别模型基于带材的屈曲理论来制定。采用条元法进行板形良好判据的计算，主要步骤是将轧后带材离散为若干纵向条元，用三次样条函数和正弦函数构造挠度模式，应用薄板的小挠度理论和最小势能原理，进行带材失稳判别的计算。在补偿设定模型的制定方面，考虑到带卷形状受来料凸度、轧后凸度、带材跑偏量等多种过程参数的影响，难以建立精确的卷形补偿模型；另外，由于轧制过程中热交换影响因素的不确定性及热传导参数计算的复杂性，也难以建立精确的带材横向温差实时补偿模型，因此，只针对板形仪的安装位置偏差进行补偿，其余附加张应力的补偿则基于知识工程推理的目标曲线修正过程实现。

为了建立与实测板形分布的对应关系，在完成板形目标曲线设定基础模型研究的基础上，需要制定板形目标曲线多项式的回归模型，将板形目标设定曲线转换为可以通过几个系数进行表征的离散表达式。为了与 1700mm 五机架冷连轧机组的板形设定系统接口保持一致，采用分段 4 次多项式来表征板形目标设定曲线，即：

$$
[T_1 \quad T_2 \quad T_3 \quad \cdots \quad T_m]_{\text{Target}} = [\alpha \quad \beta \quad \gamma]\begin{bmatrix} a_1 & a_2 & a_3 & \cdots & a_m \\ b_1 & b_2 & b_3 & \cdots & b_m \\ c_1 & c_2 & c_3 & \cdots & c_m \end{bmatrix} \quad (8.13)
$$

式中 T_1，T_2，T_3，…，T_m——m 个测量段上的板形目标值；

α，β，γ——分别为线性环节、二次项环节及四次项环节的设定系数；

a_1，a_2，a_3，…，a_m——线性环节的基本系数向量；

b_1，b_2，b_3，…，b_m——二次项环节的基本系数向量；

c_1，c_2，c_3，…，c_m——四次项环节的基本系数向量。

通过机理模型获得板形目标曲线设定的初始系数后，结合现场生产数据采用动态规划回归对初始系数做进一步优化，使其接近于实际生产状况，避免在板形目标曲线自适应过程的初始阶段影响正常生产。板形目标曲线的动态规划回归需要采集大量的生产数据作为设定依据，采集的生产数据包含钢种类别、目标宽度和目标厚度等带钢信息。首先建立板形目标曲线系数与板形计算值间的函数隶属关系，根据实测板形分布给出板形目标曲线系数的描述性回归统计，并建立评价指标判别回归表达式准确性的分析过程，最终实现对板形目标曲线设定初始系数的优化。

8.3.4.2 基于知识工程推理的板形目标曲线自适应修正方法

基于生产中熟练操作人员的板形目标曲线手动调整过程，设计特定形式的推理知识库，按不同的控制目标将决策规则分类。选择控制目标时，在满足附加条件的规则中启用当前优先级最大的规则，选择其 THEN 部分的动作。THEN 部分中附加有属性值 VALUE，表示动作应实现到什么程度。这样，板形目标改变后，如果达到了控制目标，启用的规则优先级增加，在下次推理时也启用；否则，降低其优先级，下次推理时不启用该规则，从而避免反复出现同样失败的可能。这样，以知识推理为基础的板形目标曲线自适应修正系统不断从板形自动控制系统中获取轧制过程数据，在推理和调整的基础上，完成对板形目标曲线设定系数 α、β 和 γ 的在线动态修正。基于知识工程推理的板形目标修正模型由 6 个单元及 4 个知识库构成，其结构功能如图 8.55 所示。

基于上述过程，设计 6 个单元的功能如下：（1）数据获取单元，读取来自板形自动控制系统的轧制过程数据；（2）数据分析单元，对数据进行分析，判定轧制状态及其置信度；（3）控制目标选择单元，用数据分析得到的轧制状态及控制目标设定知识来设定板形目标值，并付以与轧制状态同样的置信度；（4）控制动作推理单元，对于控制目标选择单元所得到的各种控制目标，运用动作推理知识并参考动作效果评价单元所得到的前期目标板形的应用效果，决定与当前的目标板形相适应的动作；（5）目标板形修正单元，将控制动作推理单元选定的

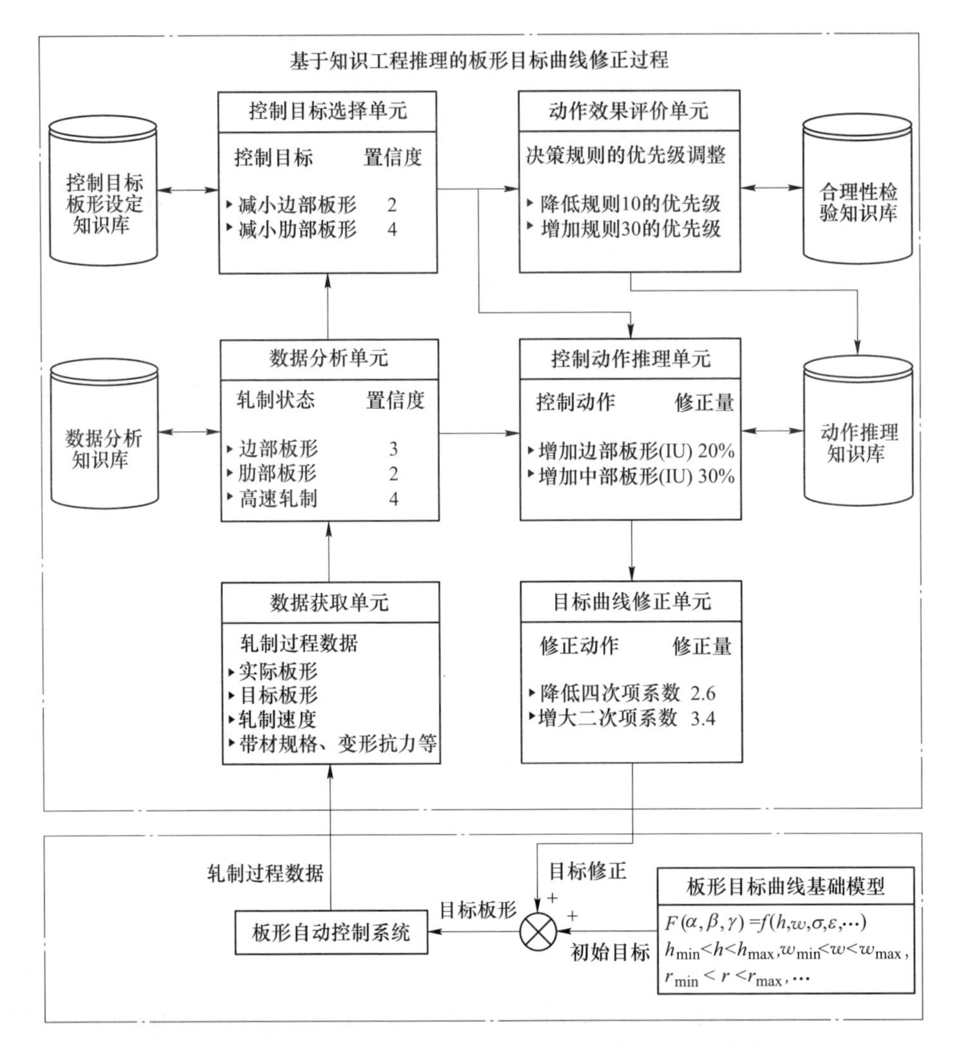

图 8.55　基于知识工程推理的板形目标曲线自适应设定模型

动作应用于计算当前板形目标曲线多项式系数 α、β 和 γ 的调整量，并将其发送给板形自动控制系统；（6）动作效果评价单元，比较目标板形改变前后轧制状态的置信度，判断这次推理动作是否有效，作为以后决策规则优先级调整的参考。

8.3.5　现场应用效果分析

本节对 1700mm 五机架冷连轧机生产现场数据测量、插值、数据拟合及回归等分析手段，制定了板形目标曲线多项式的拟合回归模型，完成了回归模型参数与基于过程数据的知识工程推理系统间的衔接。确定了轧制生产数据的预处理规则及轧制状态置信度的设定方法，建立了板形目标调整的规则集及相应的动作推理知识和动作效果评价机制。在此基础上，制定了板形目标曲线特征参数的分解、推理动作的附加、新板形目标的生成及轧制状态置信度的滚动优化方法，从而实现了板形目标曲线设定系数的在线动态优化。对不同规格批次现场生产过程数据的跟踪分析表明实际应用结果与理论分析相吻合，验证了理论模型的正确性和对实际生产的指导作用。板形目标曲线设定模型优化后带钢板形质量有了明显提升，满足了镀锌工艺对板形的要求。

表 8.16 和表 8.17 分别为板形目标曲线设定模型优化前的板形公差指标和模型优化后的板形公差数据统计，统计数据为各个规格整卷带钢板形控制偏差的平均值。由表 8.16 和表 8.17 相关数据对比可知，模型优化后的板形指标远高于模型优化前的技术指标。

表 8.16 板形目标曲线优化前的板形公差指标平直度 (IU)

目标厚度/mm	带钢宽度/mm		
	850~1000	1000~1300	1300~1650
0.30~0.50	7	7	7
0.51~1.20	6	6	6
1.21~2.50	6	6	5

表 8.17 板形目标曲线优化后板形公差指标平直度 (IU)

目标厚度/mm	带钢宽度/mm		
	850~1000	1000~1300	1300~1650
0.30~0.50	2.21	2.85	—
0.51~1.20	1.52	2.83	3.03
1.21~2.50	2.52	1.63	3.85

图 8.56 所示为某卷带钢轧后的板形偏差标准差曲线（成品厚度：0.7mm，宽度 1220mm）。如图 8.56 所示，板形偏差的标准差 PLA 在轧制的初始阶段比较大，随后迅速降低至一个很小的范围内。这是因为 PDA 中记录的数据包含着带钢甩尾阶段，此时轧制进程处于带钢失张的非稳态阶段，板形偏差较大的时刻正对应于剪切阶段。随着新卷开始轧制，轧制速度逐渐提高。当轧制速度升高至板形闭环控制系统投入极限时，板形偏差的标准差迅速下降，并且始终稳定在一个很小的范围内，整卷带钢的板形偏差基本上在 3IU 以内，表明板形控制系统的控制精度很高，且具有很好的稳定性。

图 8.57~图 8.59 所示分别为生产该卷带钢时板形目标曲线设定值分布、实测板形测量值分布和板形控制偏差分布情况。图中的纵坐标代表板形值，横坐标代表轧制时间序列。由图 8.57 可知，板形目标曲线设定专家系统会跟随轧制过程参数的变化进行自适应调整，实现板形目标曲线设定系数的动态寻优。如图

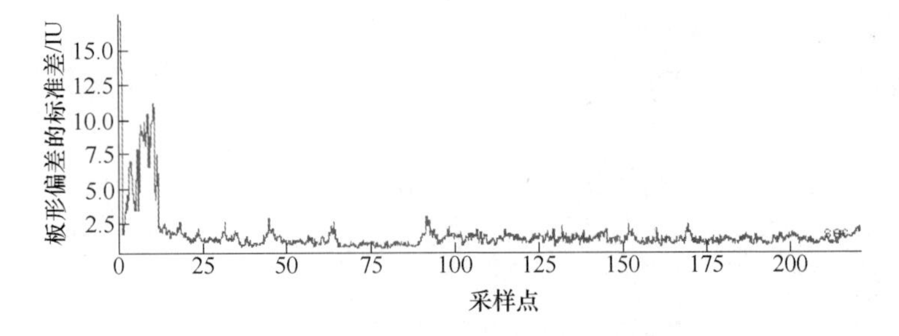

图 8.56　轧后带钢板形偏差的标准差曲线

8.58 及图 8.59 所示，在板形闭环控制系统投入后，板形测量值紧密跟随板形目标设定值，板形偏差也控制在很小的范围内，整卷带钢各测量段的板形偏差均在 −5～5IU 以内，实现了高精度的板形闭环控制过程。

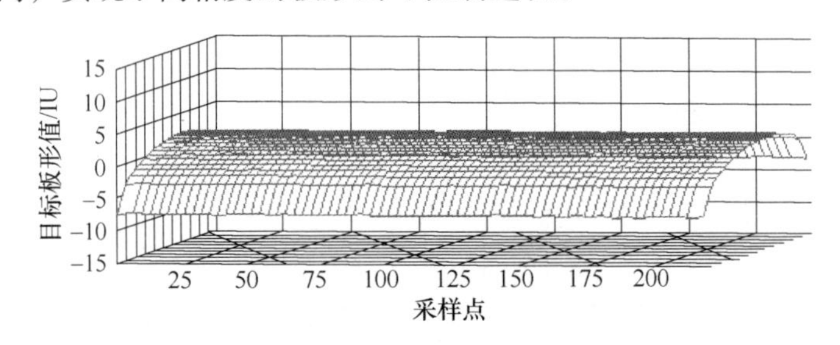

图 8.57　板形设定值分布

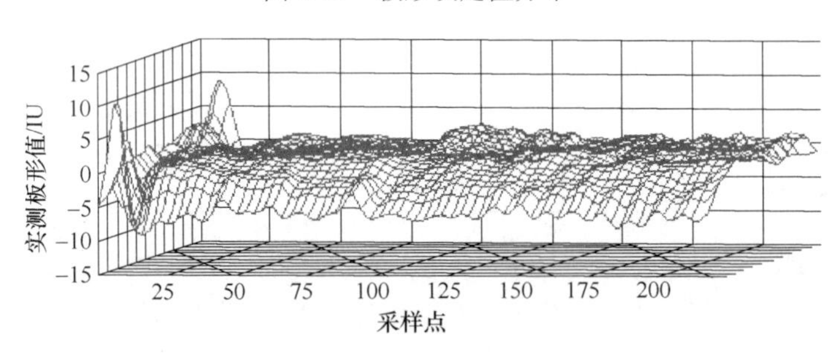

图 8.58　实测板形值分布

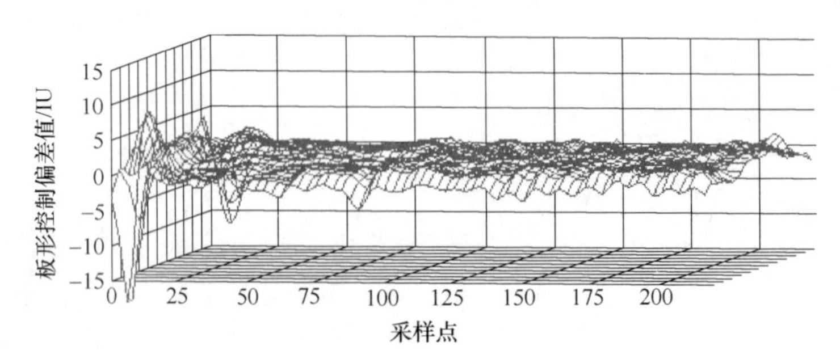

图 8.59　板形控制偏差分布

由于开发的板形目标曲线设定专家系统能够快速适应轧制过程参数的变化，并对板形目标曲线设定系数进行实时调整，带钢头部板形控制质量相比优化前有明显的提升。板形目标曲线设定模型优化前后的带钢头部45m长度板形公差对比见表8.18和表8.19。由生产数据统计可知，模型优化后的头部板形指标远高于投入前的指标。

表8.18　板形目标曲线设定模型优化前的头部45m长度板形公差指标平直度　（IU）

目标厚度/mm	带钢宽度/mm		
	850~1000	1000~1300	1300~1650
0.30~0.50	—	8.7	9.5
0.51~1.20	8.2	8.4	8.9
1.21~2.50	7.5	7.7	8.1

表8.19　板形目标曲线设定模型优化后的头部45m长度板形公差指标平直度　（IU）

目标厚度/mm	带钢宽度/mm		
	850~1000	1000~1300	1300~1650
0.30~0.50	—	3.80	—
0.51~1.20	2.52	3.74	3.86
1.21~2.50	3.54	3.33	3.67